P. Gänssler   W. Stute

Wahrscheinlichkeits-
theorie

Springer-Verlag
Berlin Heidelberg New York 1977

Peter Gänssler
Winfried Stute

Mathematisches Institut, Ruhr-Universität Bochum
D-4630 Bochum

AMS Subject Classification (1970)

Primary: 60 A05, 60 B10, 60 E05, 60 F05, 60 F15, 60 G05, 60 G45, 60 G50
Secondary: 60 G15, 60 G17, 60 G40, 60 J30, 60 J65, 62 D05, 62 E15,
62 E20, 62 G30, 62 L10

ISBN-13: 978-3-540-08418-1   e-ISBN-13: 978-3-642-66749-7
DOI: 10.1007/978-3-642-66749-7

Library of Congress Cataloging in Publication Data. Gänssler, Peter. Wahrscheinlichkeitstheorie. (Hochschultexte). Bibliography: p. Includes index. 1. Probabilities. 2. Measure theory.
3. Stochastic processes. I. Stute, Winfried, 1946- joint author. II. Title. QA273.G314. 519.2.
77-21687

Gesamtherstellung: Beltz Offsetdruck, Hemsbach/Bergstr.
2144/3140-543210

*Ingrid und Gerti
gewidmet*

Vorwort

Der vorliegende Hochschultext entstand aus Vorlesungen über Wahrscheinlichkeitstheorie an der Ruhr-Universität Bochum. Gegenüber dem unter dem Titel "Grundlagen der Wahrscheinlichkeitstheorie" im Bochumer Studienverlag Brockmeyer 1975 erschienenen Vorlesungsskriptum ist die jetzige Fassung methodisch überarbeitet und fast um das Doppelte erweitert worden.

In dem Bemühen, dem jeweiligen Kenntnisstand der Studenten entgegenzukommen, wurden die Vorlesungen mit unterschiedlich gesetzten Schwerpunkten abgehalten. Auf diese Weise entstanden im Laufe der Zeit verschiedene Manuskripte, bei deren Abfassung sich der erste Autor auf Vorlesungen seiner verehrten Lehrer K. Krickeberg (Paris) und J. Pfanzagl (Köln) stützen konnte, was insbesondere im fünften Kapitel zum Ausdruck kommt. Die Abfassung von Abschnitt 3.1 sowie die sonstigen mehr maßtheoretischen Teile im achten Kapitel wurden wesentlich durch Diskussionen mit F. Topsøe (Kopenhagen) beeinflußt. Kapitel I wurde geprägt durch Vorlesungsskripten zur Maßtheorie unseres früheren Bochumer Kollegen und Lehrers H.G. Kellerer (München).

Den Herren Dr. W. Adamski, Dipl.-Math. W. Hummitzsch und Dipl.-Math. J. Strobel sind wir zu großem Dank verpflichtet. Sie haben wertvolle Anregungen beigesteuert und uns beim Lesen der Korrekturen unterstützt. Herr Hummitzsch hat außerdem den Zeichenindex und das Namen- und Sachregister angefertigt.

Als besonders erfreulich empfanden wir stets die Impulse, die von studentischer Seite kamen und uns halfen, Fehler zu entdecken und frühere Entwürfe methodisch zu verbessern.

Unser besonderer Dank gilt Frau Richter, die nicht müde wurde, immer wieder schon fertig geglaubte Teile nach weiteren Überarbeitungen neu zu schreiben. Die endgültige Reinschrift wurde von ihr mit größter Umsicht und Sorgfalt angefertigt.

Nicht zuletzt gilt der Dank des ersten Autors dem Department of
Statistics der Universität Princeton (USA), wo er die letzten Monate
vor der endgültigen Fertigstellung des Textes Gelegenheit zu frucht-
baren Diskussionen hatte.

Schließlich sind wir dem Springer-Verlag außerordentlich dankbar für
sein Entgegenkommen bei der Abfassung dieses Hochschultextes.

                                        Peter Gänssler
Bochum, im Mai 1977   Winfried Stute

Inhaltsverzeichnis

Hinweise

Voraussetzung für das Verständnis des vorliegenden Textes sind Kenntnisse aus Grundvorlesungen über Analysis, linearer Algebra und der mengentheoretischen Topologie. Die notwendigen maßtheoretischen Hilfsmittel werden zu Anfang zusammenfassend so dargestellt, daß damit ohne eine vorausgehende Maßtheorievorlesung ein Einstieg in die Wahrscheinlichkeitstheorie bereits zu einem früheren Zeitpunkt ermöglicht wird. Wünschenswert wären jedoch Grundkenntnisse aus einer Vorlesung "Einführung in die Wahrscheinlichkeitstheorie und Mathematische Statistik", etwa im Umfang des in derselben Reihe erscheinenden Hochschultextes "Stochastische Methoden" von K. Krickeberg und H. Ziezold. Solche Einführungsvorlesungen sind an den meisten deutschen Universitäten mittlerweile Bestandteil der mathematischen Grundausbildung. Auf eine Diskussion diskreter Modelle ist deshalb bewußt verzichtet worden.

Die von uns getroffene Stoffauswahl umfaßt eine zweisemestrige Vorlesung über Wahrscheinlichkeitstheorie (mit in der Regel vier Wochenstunden und zusätzlichen zweistündigen Übungen). Neben der Vermittlung klassischer Grundlagen liegt der methodische Schwerpunkt auf der Konstruktion stochastischer Modelle unter besonderer Berücksichtigung einiger für die Anwendungen in der Mathematischen Statistik wichtigen Resultate. So werden zum Beispiel sehr ausführlich empirische Verteilungen, empirische Prozesse und $\mathcal{U}$-Statistiken behandelt (einschließlich Invarianzprinzipien). Im Rahmen einer allgemeinen Theorie von Zufallselementen in metrischen Räumen werden die wichtigsten Resultate zur Verteilungskonvergenz (schwachen Konvergenz) bereitgestellt, und in einem Kapitel über stochastische Prozesse wird besonderes Gewicht auf die Frage ihrer Realisierbarkeit in bestimmten Funktionenräumen gelegt. Ein breiter Raum ist dabei der Brownschen Bewegung und dem Poissonschen Prozeß gewidmet. Neu, zumindest in Lehrbuchform, ist die Darstellung von zentralen Grenzwertsätzen und Invarianzprinzipien im Fall abhängiger Beobachtungsvariabler (Martingaldifferenzschemata), desgleichen der am Ende angeschnittene Problemkreis sogenannter starker Approximationen für Partialsummen unabhängiger identisch verteilter Variabler.

Besonders wichtig erscheint uns die selbständige Lösung der zu jedem Abschnitt aufgeführten Übungsaufgaben am Ende eines jeden Kapitels, wo der Leser auch Hinweise auf weiterführende Spezialliteratur findet.

Innerhalb des Textes werden die Übungsaufgaben unter U ... zitiert;
A ... verweist auf den Formelanhang am Ende. Über den gesamten Text
sind Formeln, Definitionen und Sätze fortlaufend numeriert. Die zur
Kennzeichnung von Einzelaussagen innerhalb von Beweisen verwendeten
Zeichen (*), (+) usw. haben jeweils nur lokale Gültigkeit. Ein ein-
geschobenes Ausrufungszeichen (!) weist darauf hin, daß der be-
treffende Beweisschritt dem Leser zur (einfachen) Übung überlassen
wird.

Kapitel I, II, IV, V und VI eignen sich als Stoff einer einsemestrigen
Vorlesung "Wahrscheinlichkeitstheorie I". Der Inhalt von Kapitel III
kann hierbei als Ergänzung vom Studenten weitgehend selbständig er-
arbeitet werden. Kapitel IV kann aber auch zu einem späteren Zeitpunkt im Rahmen einer Vorlesung "Wahrscheinlichkeitstheorie II" zusammen mit dem Stoff von Kapitel VIII, IX und X gebracht werden, wobei zum Verständnis nur ein geringer Teil von Kapitel VII benötigt
wird. Kapitel VIII eignet sich besonders als Grundlage für eine
weiterführende Spezialvorlesung über "Topologische Maßtheorie".

Neben der bereits genannten Berücksichtigung einiger für die
Mathematische Statistik bedeutsamen Resultate bestand unser Hauptziel
nicht zuletzt darin, dem an der Mathematischen Statistik interessierten Leser die Grundlagen aus der Wahrscheinlichkeitstheorie etwas
ausführlicher als sonst üblich nahezubringen. Um den Rahmen dieses
Buches nicht zu sprengen, mußten wir daher auf eine eingehende Diskussion weiterer klassischer Themenkreise wie z.B. die der Markoffschen
und stationären Prozesse verzichten. Trotzdem hoffen wir, daß dieser
Text das Interesse an der Mathematischen Stochastik weiter fördern
und gleichzeitig auch dem Fachmann da und dort etwas Neues bieten
möge.

Kapitel 0. Grundlegende Definitionen und Hilfsmittel

<u>0.1 Logische Kürzel, Abkürzungen</u>

Zeichen: Bedeutung:

$A \rightarrow B$ aus Aussage A folgt Aussage B

$A \leftrightarrow B$ Aussage A ist äquivalent mit Aussage B

$A := B$ A ist per definitionem gleich B

$A :\leftrightarrow B$ A gilt per definitionem genau dann,

                     wenn B gilt

$\square$ Ende eines Beweises

o.E.   ohne Einschränkung

p.d.   paarweise disjunkt

W.   Wahrscheinlichkeit (auch in Zusammensetzungen)

<u>0.2 Mengen und Mengenoperationen</u>

Dem nachfolgenden Text wird der sogenannte naive Mengenbegriff von
G. Cantor zugrundegelegt (eine kurze axiomatische Einführung findet
sich z.B. im Anhang von Kelley [77]).

<u>0.2.1.</u> Sei X eine beliebige Menge; dann:

$$x \in X \quad :\leftrightarrow \quad x \ \underline{\text{Element}} \ \text{von } X$$

$$x \notin X \quad :\leftrightarrow \quad x \ \text{nicht Element von } X$$

$$|X| \quad :\leftrightarrow \quad \underline{\text{Mächtigkeit}} \ \text{von } X$$

$$A \subset X \quad :\leftrightarrow \quad (x \in A \rightarrow x \in X) \ (\underline{\text{Teilmenge}})$$

$$\mathscr{P}(X) \quad := \quad \{A: A \subset X\} \ (\underline{\text{Potenzmenge}})$$

$$\mathscr{P}_0(X) \quad := \quad \{A \in \mathscr{P}(X): 0 < |A| < \infty\}$$

$$\emptyset \quad := \quad \{x \in X: x \notin X\} \ (\underline{\text{leere Menge}})$$

<u>0.2.2.</u> Sei X eine beliebige Menge und $\mathscr{A}$ eine nichtleere Gesamtheit
von Teilmengen von X; dann:

$$\bigcup \mathscr{A} := \{x: x \in A \ \text{für ein } A \in \mathscr{A} \} \ (\underline{\text{Vereinigung}})$$

$$\bigcap \mathscr{A} := \{x: x \in A \ \text{für alle } A \in \mathscr{A} \} \ (\underline{\text{Durchschnitt}})$$

2

Im Fall $\mathscr{A} = \emptyset$ sei $\bigcup \mathscr{A} := \emptyset$ und $\bigcap \mathscr{A} := X$ gesetzt.

Ist $\mathscr{A} = \{A_i : i \in I\}$ mit <u>Indexmenge</u> I, so schreibt man auch

$$\bigcup_{i \in I} A_i := \bigcup \mathscr{A} \quad \text{bzw.} \quad \bigcap_{i \in I} A_i := \bigcap \mathscr{A}$$

und

$$\bigcup_{i=1}^{n} A_i := \bigcup_{i \in I} A_i \quad \text{bzw.} \quad \bigcap_{i=1}^{n} A_i := \bigcap_{i \in I} A_i \quad \text{im Fall } I = \{1, \dots . n\}.$$

Zwei Mengen A,B heißen <u>disjunkt</u>, falls $A \cap B = \emptyset$. Sind die Elemente der Gesamtheit $\mathscr{A}$ paarweise disjunkt (p.d.), so verwendet man anstelle von $\bigcup$ auch das Zeichen $\sum$ bzw. +. Die Mengen $\{A_i : i \in I\}$ bilden eine <u>Zerlegung</u> von X, falls $\sum_{i \in I} A_i = X$.

<u>0.2.3.</u> Sei X eine beliebige Menge, $\mathscr{A} \subset \mathscr{P}(X)$ und $A, B \subset X$; dann:

$B \cap \mathscr{A} := \{B \cap A : A \in \mathscr{A}\}$

$\complement A := \{x \in X : x \notin A\}$ (<u>Komplement</u> von A in X)

$A \smallsetminus B := A \cap \complement B$ (<u>Differenz</u> von A und B bzw. Komplement von B in A)

$A \triangle B := (A \smallsetminus B) + (B \smallsetminus A)$ (<u>symmetrische Differenz</u> von A und B)

<u>0.2.4 (De Morgansche Gesetze).</u> Für eine beliebige Menge X und Mengen $A_i \subset X$, $i \in I$, gilt

$$\complement (\bigcup_{i \in I} A_i) = \bigcap_{i \in I} \complement A_i$$

$$\complement (\bigcap_{i \in I} A_i) = \bigcup_{i \in I} \complement A_i$$

<u>0.2.5 (Distributivgesetze).</u> Für beliebige Teilmengen $A_i \subset X$, $i \in I$, und $B_j \subset X$, $j \in J$, gilt

$$(\bigcup_{i \in I} A_i) \cap (\bigcup_{j \in J} B_j) = \bigcup_{i \in I} \bigcup_{j \in J} (A_i \cap B_j)$$

$$(\bigcap_{i \in I} A_i) \cup (\bigcap_{j \in J} B_j) = \bigcap_{i \in I} \bigcap_{j \in J} (A_i \cup B_j)$$

<u>0.2.6.</u> Für Teilmengen $A, B, C \subset X$ gilt

$$A \triangle B = (A \cup B) \smallsetminus (A \cap B) \subset A \cup B$$
$$(A \triangle B) \triangle C = A \triangle (B \triangle C) \quad (\underline{\text{Assoziativgesetz}})$$
$$A \triangle B = (A \triangle C) \triangle (C \triangle B)$$

<u>0.2.7 (Gerichtete Systeme).</u> Eine Menge D heißt <u>gerichtet</u>, falls in

D eine Relation "$\langle$ " erklärt ist, welche reflexiv ($\alpha \langle \alpha$ für alle $\alpha \in D$) und transitiv ($\alpha \langle \beta$, $\beta \langle \gamma \rightarrow \alpha \langle \gamma$) ist, und so, daß zu je zwei Elementen $\alpha_1, \alpha_2 \in D$ ein (gemeinsamer Nachfolger) $\alpha_3 \in D$ existiert mit $\alpha_1 \langle \alpha_3$ und $\alpha_2 \langle \alpha_3$. Wir nennen das Paar $(D, \langle)$ ein <u>gerichtetes System</u>.

0.3 Zahlenmengen

<u>0.3.1.</u> Wir bezeichnen mit

$\mathbb{N} := \{1,2,\ldots\}$	die Gesamtheit der <u>natürlichen</u>
$\mathbb{Z}$	die Gesamtheit der <u>ganzen</u>
$\mathbb{Q}$	die Gesamtheit der <u>rationalen</u>
$\mathbb{R}$	die Gesamtheit der <u>reellen</u> und
$\mathbb{C}$	die Gesamtheit der <u>komplexen</u> Zahlen.

Ferner sei $\mathbb{R}_+ := \{x \in \mathbb{R}: x \leq 0\}$ (entsprechend für $\mathbb{Z}_+$ und $\mathbb{Q}_+$) und $\overline{\mathbb{R}} := \mathbb{R} \cup \{\infty, -\infty\}$, $\overline{\mathbb{R}}_+ := \mathbb{R}_+ \cup \{\infty\}$ etc.

Mit den uneigentlichen Zahlen $\pm \infty$ soll in der üblichen Weise gerechnet werden. Offensichtlich bilden bis auf $\mathbb{C}$ sämtliche in 0.3.1 betrachteten Mengen bzgl. der üblichen " $\leq$ " Relation eine gerichtete Menge. Für $x \in \mathbb{R}$ bezeichne $\langle x \rangle$ die größte ganze Zahl n mit $n \leq x$. Sind $a, b \in \overline{\mathbb{R}}$ mit $a \leq b$, so sei

$$[a,b] := \{x \in \overline{\mathbb{R}}: a \leq x \leq b\}$$

das zugehörige abgeschlossene <u>Intervall</u>. Die zugehörigen offenen bzw. halboffenen Intervalle (a,b) bzw. (a,b] und [a,b) werden entsprechend definiert.

0.4 Zahlenfolgen

<u>0.4.1.</u> Eine Folge $(a_n)_{n \in \mathbb{N}}$ mit $a_n \in \overline{\mathbb{R}}$ für $n \in \mathbb{N}$ heißt <u>monoton wachsend</u> [<u>monoton fallend</u>], falls $a_n \leq a_{n+1}$ [$a_{n+1} \leq a_n$] für alle $n \in \mathbb{N}$ (in Zeichen: $a_n \uparrow$ bzw. $a_n \downarrow$).

<u>0.4.2.</u> Besitzt eine Folge $(a_n)_{n \in \mathbb{N}}$ den Grenzwert $a = \lim\limits_{n \to \infty} a_n$, so schreiben wir auch $a_n \to a$ und im Fall einer monotonen Folge $a_n \uparrow a$ bzw. $a_n \downarrow a$.

<u>0.4.3.</u> Für eine Folge $(a_n)_{n \in \mathbb{N}}$ bezeichne

$$\liminf_{n \to \infty} a_n := \sup_{m \in \mathbb{N}} \inf_{n \geq m} a_n$$

den unteren Häufungspunkt (<u>limes inferior</u>) und

$$\lim_{n \to \infty} \sup a_n := \inf_{m \in \mathbb{N}} \ \sup_{n \geq m} a_n$$

den oberen Häufungspunkt (<u>limes superior</u>) der Folge.

<u>0.4.4.</u> $a_n \to a$ für $n \to \infty \Leftrightarrow \lim_{n \to \infty} \inf a_n = a = \lim_{n \to \infty} \sup a_n$.

<u>0.4.5.</u> Eine Folge $(a_n)_{n \in \mathbb{N}}$ konvergiert genau dann gegen $a \in \bar{\mathbb{R}}$, wenn zu jeder Teilfolge $(a_{n_k})_{k \in \mathbb{N}}$ eine weitere Teil-Teilfolge existiert, die gegen a konvergiert.

<u>0.4.6.</u> Für zwei Folgen $(a_n)_{n \in \mathbb{N}}$ und $(b_n)_{n \in \mathbb{N}}$ reeller Zahlen (mit $b_n \neq 0$) schreiben wir

$$a_n = \mathcal{O}(b_n) \ :\Leftrightarrow \ |a_n b_n^{-1}| \leq K \text{ für alle } n \in \mathbb{N} \text{ und ein geeignetes } K > 0$$

$$a_n = o(b_n) \ :\Leftrightarrow \ \lim_{n \to \infty} a_n b_n^{-1} = 0$$

$$a_n \sim b_n \quad :\Leftrightarrow \ \lim_{n \to \infty} a_n b_n^{-1} = 1.$$

0.5 Mengenfolgen

Sei X wiederum eine beliebige Menge und $A_n \subset X$ für $n \in \mathbb{N}$.

<u>0.5.1.</u>
$$\lim_{n \to \infty} \inf A_n := \bigcup_{m \in \mathbb{N}} \ \bigcap_{n \geq m} A_n$$

$$\lim_{n \to \infty} \sup A_n := \bigcap_{m \in \mathbb{N}} \ \bigcup_{n \geq m} A_n, \text{ d.h.}$$

$$\lim_{n \to \infty} \inf A_n = \{x \in X : x \in A_n \text{ für schließlich alle } n \in \mathbb{N}\}$$

und

$$\lim_{n \to \infty} \sup A_n = \{x \in X : x \in A_n \text{ für unendlich viele } n \in \mathbb{N}\}.$$

Insbesondere ist stets

$$\lim_{n \to \infty} \inf A_n \subset \lim_{n \to \infty} \sup A_n.$$

<u>0.5.2.</u> Analog zu 0.4.1 nennen wir $(A_n)_{n \in \mathbb{N}}$ <u>monoton wachsend</u> [<u>monoton fallend</u>] (kurz $A_n \uparrow$ bzw. $A_n \downarrow$), falls $A_n \subset A_{n+1}$ [$A_{n+1} \subset A_n$] für alle $n \in \mathbb{N}$.

$$A_n \uparrow A \ [A_n \downarrow A] \ :\Leftrightarrow \ A_n \uparrow \text{ und } A = \bigcup_{n \in \mathbb{N}} A_n \ [A_n \downarrow \text{ und } A = \bigcap_{n \in \mathbb{N}} A_n].$$

Zur besseren Kennzeichnung der Konvergenz kann an den Pfeil zusätzlich ein n geschrieben werden (also z.B. $A_n \uparrow_n A$).

0.6 Abbildungen

0.6.1. Die Schreibweise $f: X \to Y$ bedeutet, daß f eine <u>Abbildung</u> der Menge X in die Menge Y ist (d.h. jedem $x \in X$ wird genau ein Bild $f(x) \in Y$ zugeordnet). Mit Y^X bezeichnen wir die Gesamtheit aller Abbildungen von X in Y.

0.6.2. Seien X,Y,Z beliebige (nichtleere) Mengen und $A \subset X$.

(i)   Für $f \in Y^X$ bezeichne $\text{rest}_A f: A \ni x \to f(x)$ die <u>Restriktion</u> (<u>Einschränkung</u>) von f auf A

(ii) Für $f \in Y^A$ heißt $f' \in Y^X$ eine <u>Fortsetzung</u> von f auf X: $\Leftrightarrow \text{rest}_A f' = f$

(iii) $f: A \to X$ <u>Injektion</u> von A in X : $\Leftrightarrow$ f(x) = x für $x \in A$

(iv) $\text{id}_X: X \to X$ mit $\text{id}_X(x) = x$ heißt <u>Identität</u> auf X

(v)   Für $f \in Y^X$ und $g \in Z^Y$ bezeichne $g \cdot f: x \to g(f(x))$ die <u>Komposition</u> von f und g

(vi) $1_A: X \to \{0,1\}$ mit $1_A(x) := \begin{cases} 1 \text{ falls } x \in A \\ 0 \text{ falls } x \notin A \end{cases}$ heißt <u>Indikatorvariable</u> von A.

0.6.3. Seien $f \in Y^X$, $A \subset X$, $B \subset Y$, $\mathscr{A} \subset \mathscr{P}(X)$ und $\mathscr{B} \subset \mathscr{P}(Y)$; dann:

$$f(A) \quad := \{f(x): x \in A\} \subset Y \quad (\underline{\text{Bild von A unter f}})$$
$$f(\mathscr{A}) \quad := \{f(A): A \in \mathscr{A}\} \subset \mathscr{P}(Y)$$
$$f^{-1}(B) \quad := \{x \in X: f(x) \in B\} \quad (\underline{\text{Urbild von B unter f}})$$
$$f^{-1}(\mathscr{B}) := \{f^{-1}(B): B \in \mathscr{B}\} \subset \mathscr{P}(X)$$

0.6.4. Seien $f \in Y^X$, $A_i \subset X$ und $B_i \subset Y$ für $i \in I$ dann gilt:

(i) $f(\bigcup_{i \in I} A_i) = \bigcup_{i \in I} f(A_i)$ und $f(\bigcap_{i \in I} A_i) \subset \bigcap_{i \in I} f(A_i)$

(ii) $f^{-1}(\bigcup_{i \in I} B_i) = \bigcup_{i \in I} f^{-1}(B_i)$ und $f^{-1}(\bigcap_{i \in I} B_i) = \bigcap_{i \in I} f^{-1}(B_i)$

(iii) $f^{-1}(Y \setminus B) = X \setminus f^{-1}(B)$ für alle $B \subset Y$

(iv) $f^{-1}(B_1) \cap f^{-1}(B_2) = \emptyset$, falls $B_1, B_2 \subset Y$ und $B_1 \cap B_2 = \emptyset$.

<u>0.6.5.</u> Für $f \in Y^X$, $A \subset X$ und $B \subset Y$ ist stets

$$f^{-1}(f(A)) \supset A \quad \text{und} \quad f(f^{-1}(B)) \subset B$$

und

$$f^{-1}(f(A)) = A, \text{ falls } f \text{ injektiv}$$
$$f(f^{-1}(B)) = B, \text{ falls } f \text{ surjektiv.}$$

Ist speziell $X = \{1,\ldots,k\}$ mit $k \in \mathbb{N}$ und $Y = \overline{\mathbb{R}}$, so schreiben wir anstelle von $\overline{\mathbb{R}}^{\{1,\ldots,k\}}$ kurz $\overline{\mathbb{R}}^k$ und schreiben die Elemente f von $\overline{\mathbb{R}}^k$ in der Form $\underline{x} = (x_1,\ldots,x_k) = (f(1),\ldots,f(k))$, d.h. wir verstehen unter dem $\mathbb{R}^k$ eher einen k-dimensionalen Vektorraum im Sinne der linearen Algebra.

Ist $\mathcal{F} \subset \mathbb{R}^X$ eine Klasse von reellwertigen Funktionen auf X, so sind $\inf \mathcal{F} \in \overline{\mathbb{R}}^X$ und $\sup \mathcal{F} \in \overline{\mathbb{R}}^X$ punktweise für alle $x \in X$ durch

$$(\inf \mathcal{F})(x) := \inf \{f(x) : f \in \mathcal{F}\}$$

und

$$(\sup \mathcal{F})(x) := \sup \{f(x) : f \in \mathcal{F}\}$$

definiert. Bezeichnen wir mit O die Funktion $\text{const} = 0$, so sei für $f \in \mathbb{R}^X$ speziell

$$f^+ := \sup(O,f), \quad f^- := \sup(O,-f) \text{ gesetzt.}$$

Insbesondere ist dann $f = f^+ - f^-$ und $|f| := \sup(f,-f) = f^+ + f^-$. Die Summe etc. zweier reell- oder komplexwertiger Funktionen ist in der üblichen Weise ebenfalls punktweise definiert. Desgleichen ist

$$f \leq g :\Leftrightarrow f(x) \leq g(x) \text{ für alle } x \in X.$$

Für $f \in \mathbb{C}^X$ bezeichne $\|f\| := \sup\{|f(x)| : x \in X\} (\leq \infty)$ die <u>Supremumsnorm</u> von f.

Unter einem <u>Netz in X</u> versteht man eine Abbildung $f: D \rightarrow X$ einer gerichteten Menge $D(=(D, \leq_1))$ in die Menge X. Anstelle von $f = (f(\alpha))_{\alpha \in D}$ schreiben wir häufig $(x_\alpha)_{\alpha \in D}$ oder kurz $(x_\alpha)_\alpha$. Für $D = \mathbb{N}$ erhalten wir als Spezialfall <u>Folgen in X</u>. Ist $E(=(E, \leq_2))$ eine zweite gerichtete Menge, so heißt $(x_{\alpha_\beta})_{\beta \in E}$ ein <u>Teilnetz</u> von $(x_\alpha)_{\alpha \in D}$, falls $\beta \rightarrow \alpha_\beta$ eine Abbildung von E nach D derart ist, daß für alle $\alpha \in D$ ein $\beta_0 \in E$ existiert mit $\alpha \leq_1 \alpha_\beta$ für alle $\beta_0 \leq_2 \beta$.

<u>0.7 Beziehungen zwischen Mengen und Indikatorvariablen</u>

Mit den bisherigen Bezeichnungen gilt:

0.7.1.

(i) $\quad A \subset B \Rightarrow 1_A \leq 1_B$

(ii) $\quad 1_{\bigcap_n \mathscr{A}} = \inf_{A \in \mathscr{A}} 1_A$ und $1_{\bigcup_n \mathscr{A}} = \sup_{A \in \mathscr{A}} 1_A$

(iii) $\quad 1_{A_1 \cap A_2 \cap \ldots \cap A_n} = \prod_{i=1}^{n} 1_{A_i}$

(iv) $\quad A = \liminf_{n \to \infty} A_n \Rightarrow 1_A = \liminf_{n \to \infty} 1_{A_n}$

$\quad\quad A = \limsup_{n \to \infty} A_n \Rightarrow 1_A = \limsup_{n \to \infty} 1_{A_n}$

(v) $\quad 1_{A+B} = 1_A + 1_B$

$\quad\quad 1_{A \cdot B} = |1_A - 1_B|$

(vi) $\quad A_n \uparrow A \Rightarrow 1_{A_n} \uparrow 1_A$ und $A_n \downarrow A \Rightarrow 1_{A_n} \downarrow 1_A$.

0.8 Topologische Begriffe und Bezeichnungen

0.8.1. Sei $(X, \mathscr{G})$ ein topologischer Hausdorff-Raum. Die Gesamtheit $\mathscr{G}$ der offenen Teilmengen von X bezeichnen wir oft auch mit $\mathscr{G}(X)$, die der abgeschlossenen mit $\mathscr{F}(X)$ und die der kompakten mit $\mathscr{K}(X)$. Für $A \subset X$ sei A^O der offene Kern, A^C die abgeschlossene Hülle und ∂A der topologische Rand von A.

Eine Teilmenge A eines topologischen Raumes $(X, \mathscr{G})$ heißt $\underline{G_\delta}$-Menge, falls $G_n \in \mathscr{G}$, $n \in \mathbb{N}$, existieren mit $A = \bigcap_{n \in \mathbb{N}} G_n$. Das Komplement einer G_δ-Menge bezeichnet man als $\underline{F_\sigma}$-Menge, d.h. jede F_σ-Menge ist darstellbar als Vereinigung von abzählbar vielen abgeschlossenen Mengen.

Unter einem $\underline{\text{Unterraum}}$ $(U, \mathscr{G}_U)$ eines topologischen Raumes $(X, \mathscr{G})$ versteht man eine (nichtleere) Teilmenge U von X, versehen mit der Relativtopologie $\mathscr{G}_U := U \cap \mathscr{G} = \{U \cap G : G \in \mathscr{G}\}$.

Ein topologischer Raum $(X, \mathscr{G})$ heißt $\underline{\sigma\text{-kompakt}}$, wenn X darstellbar ist als abzählbare Vereinigung kompakter Teilmengen.

0.8.2 (Cantorscher Durchschnittssatz). Ist $(K_n)_{n \in \mathbb{N}}$ eine monoton fallende Folge von kompakten Teilmengen von X mit leerem Durchschnitt, so existiert bereits ein $n_o \in \mathbb{N}$ mit $K_{n_o} = \emptyset$.

Ein topologischer Raum $(X, \mathscr{G})$ heißt $\underline{\text{metrisierbar}}$, falls auf X (genauer auf $X \times X$) eine Metrik d existiert, so daß $\mathscr{G}$ die Gesamtheit aller Vereinigungen von offenen d-Kugeln ist, d.h.

8

$$G \in \mathcal{G} \Leftrightarrow G = \bigcup_{x \in G} K(x, r_x) \text{ mit } r_x > 0 \text{ geeignet,}$$

wobei $K(x,r) := \{y \in X: d(x,y) < r\}$ die offene Kugel mit Mittelpunkt x
und Radius $r > 0$ bezeichne. In diesem Fall schreiben wir anstelle von
$(X, \mathcal{G})$ mitunter auch (X,d).

Eine Teilmenge B eines metrisierbaren Raumes $X = (X,d)$ heißt <u>total-
beschränkt</u>, falls zu beliebigem $\varepsilon > 0$ sich endlich viele Punkte
$x_1, \ldots, x_n$ aus X finden lassen, so daß $B = \bigcup_{i=1}^{n} K(x_i, \varepsilon)$. Mit B ist
auch B^C totalbeschränkt.

<u>0.8.3.</u> Für einen metrisierbaren Raum (X,d) sind folgende zwei Eigen-
schaften äquivalent:

(i) (X,d) ist kompakt
(ii) (X,d) ist totalbeschränkt und vollständig bzgl. d.

Ein topologischer Raum $(X, \mathcal{G})$ heißt <u>polnisch</u> genau dann, wenn $(X, \mathcal{G})$
eine abzählbare Basis besitzt und durch eine Metrik d vollständig
metrisierbar ist.

Die Räume $\mathbb{R}^k$ sind, sofern nicht ausdrücklich anders vermerkt, stets
mit der gewöhnlichen Topologie versehen und somit Beispiele polnischer
Räume.

0.9 Konvexe Mengen und konvexe Funktionen

Eine Teilmenge C des Euklidischen Raumes $\mathbb{R}^k$ heißt <u>konvex</u>, wenn mit
zwei Punkten aus C auch deren Verbindungsstrecke zu C gehört. Wir
wollen die leere Menge als ausgeartete konvexe Menge betrachten.

<u>0.9.1.</u> Der Durchschnitt beliebig vieler konvexer Mengen ist wieder
konvex.
Aus 0.9.1 folgt insbesondere, daß für ein beliebiges $B \subset \mathbb{R}^k$ die Menge
$\text{kon}(B) := \bigcap \{C: B \subset C \text{ und } C \text{ konvex}\}$ konvex ist. Wir nennen $\text{kon}(B)$
die <u>konvexe Hülle</u> von B. Ist B endlich, nennen wir $\text{kon}(B)$ ein
<u>konvexes Polytop.</u>

<u>0.9.2.</u> Ist $C \subset \mathbb{R}^k$ konvex und $T: \mathbb{R}^m \to \mathbb{R}^k$ eine lineare Abbildung, so
ist $T^{-1}(C)$ eine konvexe Teilmenge des $\mathbb{R}^m$.

<u>0.9.3.</u> (vgl. [149], S. 23). Für eine konvexe Teilmenge C des $\mathbb{R}^k$
gilt $(C^C)^O = C^O$. Ferner sind mit C auch C^C und C^O konvex.

Im folgenden bezeichne $\langle \cdot, \cdot \rangle$ das gewöhnliche Skalarprodukt über $\mathbb{R}^k \times \mathbb{R}^k$.

<u>0.9.4 (Trennungssatz)</u> (vgl. [149], S. 35). Ist $C \neq \emptyset$ eine konvexe Teilmenge des $\mathbb{R}^k$ und $\underline{x}_0 \in \mathbb{R}^k \smallsetminus C$, so läßt sich ein $\underline{p} \in \mathbb{R}^k \smallsetminus \{\underline{0}\}$ finden mit $\langle \underline{p}, \underline{x} \rangle \geq \langle \underline{p}, \underline{x}_0 \rangle$ für alle $\underline{x} \in C$, d.h. C und $\underline{x}_0$ lassen sich durch die Hyperebene $H_0 := \{\underline{x} \in \mathbb{R}^k : \langle \underline{p}, \underline{x} \rangle = \langle \underline{p}, \underline{x}_0 \rangle\}$ trennen. Ist C kompakt, so kann $\underline{p}$ so gewählt werden, daß C und $\underline{x}_0$ durch H_0 sogar strikt getrennt werden, d.h. es ist $\langle \underline{p}, \underline{x} \rangle > \langle \underline{p}, \underline{x}_0 \rangle$ für alle $\underline{x} \in C$.

Sei $C \subset \mathbb{R}^k$ eine konvexe Teilmenge des $\mathbb{R}^k$. Dann heißt eine <u>Abbildung</u> $f : C \to \mathbb{R}$ <u>konvex</u>, falls

$\quad f(\lambda \underline{x} + (1-\lambda)\underline{y}) \leq \lambda f(\underline{x}) + (1-\lambda) f(\underline{y})$ für alle $\underline{x}, \underline{y} \in C$ und $0 \leq \lambda \leq 1$.

f heißt <u>strikt konvex</u>, falls

$\quad f(\lambda \underline{x} + (1-\lambda)\underline{y}) < \lambda f(\underline{x}) + (1-\lambda) f(\underline{y})$ für alle $\underline{x}, \underline{y} \in C$, $\underline{x} \neq \underline{y}$, und $0 < \lambda < 1$.

<u>0.9.5.</u> Sei $C \subset \mathbb{R}^k$ konvex und $f : C \to \mathbb{R}$ konvex. Dann ist

$$D := \{(\underline{x}, y) \in \mathbb{R}^{k+1} : \underline{x} \in C \text{ und } y \geq f(\underline{x})\}$$

konvex.

<u>0.10. Der Satz von Hahn-Banach</u>

Wir benötigen diesen aus der Funktionalanalysis bekannten Satz lediglich in der folgenden Form.

<u>0.10.1.</u> Sei $(X, |\cdot|)$ ein normierter linearer Raum. Dann existiert zu jedem $\underline{x} \in X$ mit $\underline{x} \neq \underline{0}$ eine stetige lineare Abbildung $f : X \to \mathbb{R}$ mit $|f| = 1$ und $f(x) = |x|$. Dabei sei $|f| := \sup_{|x| \leq 1} |f(x)|$ gesetzt.

(Eine Verwechslung mit der in 0.6 definierten Supremumsnorm dürfte im Text ausgeschlossen sein.)

<u>Bemerkungen zum Text</u>

Bezüglich der in Abschnitt 0.8 verwendeten Begriffe und ohne Beweis angeführten Resultate aus der mengentheoretischen Topologie sei auf Dieudonné [29], Kelley [77], v. Querenburg [120] und Schubert [127] verwiesen. Die zum Verständnis des Textes notwendigen Ergebnisse über konvexe Mengen und konvexe Funktionen findet man in den einführenden Abschnitten von Valentine [149]. An Kenntnissen aus der Funktionalanalysis werden im wesentlichen nur die Grundlagen aus der Theorie der normierten linearen Räume benötigt, wie sie z.B. im Buch von Hirzebruch-Scharlau [64] dargestellt sind.

Kapitel I. Maßtheoretische Hilfsmittel und Grundbegriffe der Wahrscheinlichkeitstheorie

1.1 Mengensysteme

Im ersten Abschnitt sollen die wichtigsten der in der Maßtheorie verwendeten Mengensysteme eingeführt und auf ihre Eigenschaften untersucht werden. Dabei sei Ω eine beliebige nichtleere Menge.

1.1.1 Definition. Ein Mengensystem $\mathscr{A} \subset \mathscr{P}(\Omega)$ heißt <u>durchschnittsstabil</u> (kurz: $\cap$-stabil) bzw. <u>vereinigungsstabil</u> (kurz: $\cup$-stabil), falls mit zwei Mengen aus $\mathscr{A}$ auch deren Durchschnitt bzw. Vereinigung zu $\mathscr{A}$ gehört.

Bezeichnet man mit $\mathscr{A}^+$ die Gesamtheit aller Mengen $A \subset \Omega$, welche sich darstellen lassen als Vereinigung von endlich vielen p.d. Mengen in $\mathscr{A}$, so folgt

1.1.2 Lemma. Für ein Mengensystem $\mathscr{A} \subset \mathscr{P}(\Omega)$ gilt:

(i) $\quad \mathscr{A} \cup$-stabil $\rightarrow \mathscr{A}^+ = \mathscr{A}$

(ii) $\quad \mathscr{A} \cap$-stabil $\rightarrow \mathscr{A}^+ \cap$-stabil.

Beweis. Da (i) trivialerweise richtig ist, bleibt nur (ii) zu zeigen. Dies folgt aber sofort aus der Gleichung

$$(\sum_{i=1}^{n} A_i) \cap (\sum_{j=1}^{m} B_j) = \sum_{i=1}^{n} \sum_{j=1}^{m} A_i \cap B_j . \quad \square$$

1.1.3 Definition. $\mathscr{A} \subset \mathscr{P}(\Omega)$ heißt <u>Semialgebra</u> (in Ω) genau dann, wenn

(i) $\quad \Omega \in \mathscr{A}$

(ii) $\quad \mathscr{A} \cap$-stabil

(iii) Zu $A \in \mathscr{A}$ existieren p.d. $A_i \in \mathscr{A}$, $i=1,\ldots,n$, $n \in \mathbf{N}$, derart, daß $\complement A = \sum_{i=1}^{n} A_i$.

1.1.4 Beispiel. $\Omega = \mathbb{R}^k$ und $\mathscr{A} := \mathscr{I}_k^{\,o} :=$ Gesamtheit aller rechts abgeschlossenen und links offenen Intervalle in $\mathbb{R}^k$, d.h. $I \in \mathscr{I}_k^{\,o}$ genau dann, wenn $I = \{ (x_1,\ldots,x_k) \in \mathbb{R}^k : a_i < x_i \leq b_i$ für alle $i=1,\ldots,k \}$ mit

$-\infty \leq a_i \leq b_i \leq \infty$ geeignet.

1.1.5 Bemerkung. Bedingung (iii) in 1.1.3 ist gleichbedeutend damit, daß $\complement A \in \mathscr{A}^+$ für alle $A \in \mathscr{A}$.

1.1.6 Definition. $\mathscr{A} \subset \mathscr{P}(\Omega)$ heißt <u>Algebra</u> (in Ω) genau dann, wenn

(i) $\Omega \in \mathscr{A}$

(ii) $\mathscr{A}$ $\cap$ -stabil

(iii) $A \in \mathscr{A} \Rightarrow \complement A \in \mathscr{A}$.

1.1.7 Korollar.

(i) $\mathscr{A}$ Algebra $\Rightarrow$ $\mathscr{A}$ Semialgebra

(ii) $\mathscr{A}$ Algebra und $A,B \in \mathscr{A} \Rightarrow A \smallsetminus B \in \mathscr{A}$ und $A \vartriangle B \in \mathscr{A}$.

1.1.8 Satz. $\mathscr{A} \subset \mathscr{P}(\Omega)$ Algebra genau dann, wenn

(i) $\Omega \in \mathscr{A}$

(ii) $\mathscr{A}$ $\cup$ -stabil

(iii) $A \in \mathscr{A} \Rightarrow \complement A \in \mathscr{A}$.

<u>Beweis.</u> Folgt unmittelbar aus $A \cup B = \complement(\complement A \cap \complement B)$ und $A \cap B = \complement(\complement A \cup \complement B)$. $\square$

1.1.9 Definition. $\mathscr{A} \subset \mathscr{P}(\Omega)$ heißt <u>σ-Algebra</u> (in Ω) genau dann, wenn

(i) $\Omega \in \mathscr{A}$

(ii) $A_n \in \mathscr{A}$ für $n \in \mathbb{N} \Rightarrow \bigcap_{n \in \mathbb{N}} A_n \in \mathscr{A}$

(iii) $A \in \mathscr{A} \Rightarrow \complement A \in \mathscr{A}$.

Ist $\mathscr{B} \subset \mathscr{P}(\Omega)$ eine σ-Algebra mit $\mathscr{B} \subset \mathscr{A}$, so heißt $\mathscr{B}$ <u>Sub-σ-Algebra</u> von $\mathscr{A}$.

Offensichtlich ist jede σ-Algebra auch eine Algebra (in Ω).

1.1.10 Beispiele. Das System $\mathscr{A}_1 := \{\emptyset, \Omega\}$ ist die kleinste und das System $\mathscr{A}_2 := \mathscr{P}(\Omega)$ ist die größte σ-Algebra in Ω. Ferner ist $\mathscr{A}_3 := \{A \in \mathscr{P}(\Omega): A \text{ abzählbar oder } \complement A \text{ abzählbar}\}$ eine σ-Algebra. Ersetzt man dagegen $\mathscr{A}_3$ durch $\mathscr{A}_4 := \{A \in \mathscr{P}(\Omega): A \text{ endlich oder } \complement A \text{ endlich}\}$, so ist $\mathscr{A}_4$ stets eine Algebra, jedoch nicht notwendig eine σ-Algebra (!).

1.1.11 Satz. $\mathscr{A} \subset \mathscr{P}(\Omega)$ σ-Algebra genau dann, wenn

(i) $\Omega \in \mathscr{A}$

(ii) $A_n \in \mathscr{A}$ für $n \in \mathbb{N} \Rightarrow \bigcup_{n \in \mathbb{N}} A_n \in \mathscr{A}$

(iii) $A \in \mathscr{A} \Rightarrow \complement A \in \mathscr{A}$.

<u>Beweis.</u> Vgl. den Beweis zu 1.1.8. □

Es ist oft schwierig, auf direktem Wege nachzuprüfen, ob ein vorge-
gebenes Mengensystem z.B. eine σ-Algebra ist oder nicht. Der Um-
gehung solcher Schwierigkeiten dienen die beiden folgenden Begriffe
"monotones System" und "Dynkin-System".

<u>1.1.12 Definition.</u> $\mathcal{M} \subset \mathcal{P}(\Omega)$ <u>monotones System</u> (in Ω) genau dann, wenn

(i) $A_n \in \mathcal{M}$ für $n \in \mathbb{N}$ und $A_n \uparrow A \Rightarrow A \in \mathcal{M}$

(ii) $A_n \in \mathcal{M}$ für $n \in \mathbb{N}$ und $A_n \downarrow A \Rightarrow A \in \mathcal{M}$.

<u>1.1.13 Definition.</u> $\mathcal{D} \subset \mathcal{P}(\Omega)$ <u>Dynkin-System</u> (in Ω) genau dann, wenn

(i) $\Omega \in \mathcal{D}$

(ii) $D_1, D_2 \in \mathcal{D}$, $D_1 \subset D_2 \Rightarrow D_2 \smallsetminus D_1 \in \mathcal{D}$

(iii) $D_n \in \mathcal{D}$ für $n \in \mathbb{N}$ und p.d. $\Rightarrow \sum\limits_{n \geq 1} D_n \in \mathcal{D}$.

<u>1.1.14 Korollar.</u> $\mathcal{A}$ σ-Algebra $\Rightarrow$ $\mathcal{A}$ monotones System und Dynkin-System.

<u>1.1.15 Satz.</u> $\mathcal{A}$ Algebra in Ω $\Rightarrow$

$$[\mathcal{A}\, \sigma\text{-Algebra} \Leftrightarrow \mathcal{A} \text{ monotones System}]$$

<u>Beweis.</u> Es ist zu zeigen, daß $\bigcup\limits_{n \in \mathbb{N}} A_n \in \mathcal{A}$, falls $A_n \in \mathcal{A}$ für alle
$n \in \mathbb{N}$. Da $\mathcal{A}$ ein monotones System ist und $\bigcup\limits_{n=1}^{m} A_n \uparrow \bigcup\limits_{n \in \mathbb{N}} A_n$, folgt dies
aber unmittelbar aus 1.1.8 (ii). □

<u>1.1.16 Satz.</u> $\mathcal{D}$ Dynkin-System in Ω $\Rightarrow$

$$[\mathcal{D}\, \sigma\text{-Algebra} \Leftrightarrow \mathcal{D} \cap \text{-stabil}].$$

<u>Beweis.</u> Zu zeigen ist, daß jedes $\cap$-stabile Dynkin-System $\mathcal{D}$ auto-
matisch eine σ-Algebra ist. Setzt man in 1.1.13 (ii) $D_2 = \Omega$, so er-
hält man 1.1.11 (iii). Ferner ist wegen $A \cup B = A + (B \smallsetminus (A \cap B))\, \mathcal{D}$ $\cup$-stabil.
Ist nun $D_n \in \mathcal{D}$ für alle $n \in \mathbb{N}$ und setzt man $A_m := \bigcup\limits_{n=1}^{m} D_n$, $m \in \mathbb{N}$, $A_0 := \emptyset \in \mathcal{D}$,
so ist $A_m \in \mathcal{D}$, $A_m \uparrow \bigcup\limits_{n \in \mathbb{N}} D_n$, d.h. $\bigcup\limits_{n \in \mathbb{N}} D_n = \sum\limits_{m \geq 1} (A_m \smallsetminus A_{m-1}) \in \mathcal{D}$. □

Der folgende Satz ist grundlegend für die Konstruktion von Mengensystemen.

1.1.17 Satz. Sei I eine beliebige nichtleere Indexmenge und $\mathscr{A}_i$ eine Algebra (bzw. σ-Algebra, monotones System oder Dynkin-System) für alle $i \in I$. Dann ist $\mathscr{A} := \bigcap_{i \in I} \mathscr{A}_i$ ein Mengensystem desselben Typs. Der Beweis erfolgt durch Nachprüfen der definierenden Eigenschaften.

Aufgrund von 1.1.17 sind nun die folgenden Begriffsbildungen sinnvoll:

1.1.18 Definition. Sei $\mathscr{E} \subset \mathscr{P}(\Omega)$; dann heißt

$a(\mathscr{E}) := \bigcap \{\mathscr{A}: \mathscr{E} \subset \mathscr{A} \subset \mathscr{P}(\Omega)$ und $\mathscr{A}$ Algebra$\}$ die von $\mathscr{E}$ erzeugte
      Algebra

$\sigma(\mathscr{E}) := \bigcap \{\mathscr{A}: \mathscr{E} \subset \mathscr{A} \subset \mathscr{P}(\Omega)$ und $\mathscr{A}$ σ-Algebra$\}$ die von $\mathscr{E}$ erzeugte
      σ-Algebra

$m(\mathscr{E}) := \bigcap \{\mathscr{A}: \mathscr{E} \subset \mathscr{A} \subset \mathscr{P}(\Omega)$ und $\mathscr{A}$ monotones System$\}$ das von $\mathscr{E}$
      erzeugte monotone System

$\delta(\mathscr{E}) := \bigcap \{\mathscr{A}: \mathscr{E} \subset \mathscr{A} \subset \mathscr{P}(\Omega)$ und $\mathscr{A}$ Dynkin-System$\}$ das von $\mathscr{E}$ er-
      zeugte Dynkin-System.

1.1.19 Bemerkungen. Sei $\gamma \in \{a, \sigma, m, \delta\}$; dann:

(i)   Verwendung des Begriffs $\gamma(\mathscr{E})$ nur bei eindeutig bestimmter Grundmenge Ω möglich

(ii) $\gamma(\mathscr{E})$ ist das kleinste $\mathscr{E}$ umfassende "γ-System"

(iii) $\mathscr{E}_1 \subset \mathscr{E}_2 \subset \mathscr{P}(\Omega) \Rightarrow \gamma(\mathscr{E}_1) \subset \gamma(\mathscr{E}_2)$, d.h. γ ist ein iso-toner Operator

(iv) $\gamma(\gamma(\mathscr{E})) = \gamma(\mathscr{E})$, d.h. γ ist ein idempotenter Operator.

(v) $\mathscr{E} \subset \mathscr{C} \subset \gamma(\mathscr{E}) \Rightarrow \gamma(\mathscr{E}) = \gamma(\mathscr{C})$

(vi) $\mathscr{E} \subset \mathscr{P}(\Omega)$ heißt ein Erzeuger (Erzeugendensystem) eines "γ-Systems" $\mathscr{A}$, falls $\mathscr{A} = \gamma(\mathscr{E})$.

Der Erzeuger eines "γ-Systems" ist im allgemeinen nicht eindeutig bestimmt.

1.1.20 Definition. Ein "γ-System" $\mathscr{A}$ heißt abzählbar erzeugt genau dann, wenn ein abzählbares System $\mathscr{E}$ existiert mit $\mathscr{A} = \gamma(\mathscr{E})$.

Die Bedeutung der monotonen Systeme liegt vor allem in dem folgenden

1.1.21 Satz. Für eine Algebra $\mathscr{A}$ in Ω gilt: $\sigma(\mathscr{A}) = m(\mathscr{A})$.

Beweis. Nach 1.1.14 ist $\sigma(\mathscr{A})$ ein monotones System mit $\mathscr{A} \subset \sigma(\mathscr{A})$, also $m(\mathscr{A}) \subset \sigma(\mathscr{A})$. Zum Beweis von $\sigma(\mathscr{A}) \subset m(\mathscr{A})$ reicht es aufgrund von 1.1.15, wenn wir zeigen, daß $m(\mathscr{A})$ eine Algebra ist. Dazu sei für beliebiges $D \in m(\mathcal{A})$

$$\mathcal{C}_D := \{C \subset \Omega : C \cup D \in m(\mathcal{A}), \ C \smallsetminus D \in m(\mathcal{A}) \text{ und } D \smallsetminus C \in m(\mathcal{A})\}.$$

Dann ist $\mathcal{C}_D$ ein monotones System, und es gilt $\mathcal{A} \subset \mathcal{C}_A$ für alle $A \in \mathcal{A}$ ($\mathcal{A}$ Algebra!). Somit ist $m(\mathcal{A}) \subset \mathcal{C}_A$ für alle $A \in \mathcal{A}$, d.h. für alle $C \in m(\mathcal{A})$ und jedes $A \in \mathcal{A}$ ist $C \cup A \in m(\mathcal{A})$, $C \smallsetminus A \in m(\mathcal{A})$ und $A \smallsetminus C \in m(\mathcal{A})$. Wir erhalten $\mathcal{A} \subset \mathcal{C}_C$ für alle $C \in m(\mathcal{A})$ und somit, da $\mathcal{C}_C$ ein monotones System ist, $m(\mathcal{A}) \subset \mathcal{C}_C$. Dies bedeutet aber gerade, daß $m(\mathcal{A})$ eine Algebra ist ($\Omega \in \mathcal{A} \subset m(\mathcal{A})$!). $\square$

Für Dynkin-Systeme wird sich dagegen folgender Satz als nützlich erweisen.

<u>1.1.22 Satz.</u> Für ein $\cap$-stabiles Mengensystem $\mathcal{E} \subset \mathcal{P}(\Omega)$ gilt: $\sigma(\mathcal{E}) = \delta(\mathcal{E})$.

<u>Beweis.</u> Aufgrund von 1.1.14 folgt zunächst, daß $\delta(\mathcal{E}) \subset \sigma(\mathcal{E})$. Zum Beweis von $\sigma(\mathcal{E}) \subset \delta(\mathcal{E})$ genügt es zu zeigen, daß $\delta(\mathcal{E})$ eine σ-Algebra ist. Unter Verwendung von 1.1.16 bleibt somit nachzuweisen, daß $\delta(\mathcal{E})$ $\cap$-stabil ist. Zum Beweis dieser Eigenschaft setzen wir für beliebige $D \in \delta(\mathcal{E})$: $\mathcal{C}_D := \{C \subset \Omega : C \cap D \in \delta(\mathcal{E})\}$. Dann ist $\mathcal{C}_D$ ein Dynkin-System in Ω, und es gilt $\mathcal{E} \subset \mathcal{C}_E$ für alle $E \in \mathcal{E}$ ($\mathcal{E}$ $\cap$-stabil!). Es folgt $\delta(\mathcal{E}) \subset \mathcal{C}_E$, d.h. für jedes $C \in \delta(\mathcal{E})$ und alle $E \in \mathcal{E}$ ist $C \cap E \in \delta(\mathcal{E})$ und somit $\mathcal{E} \subset \mathcal{C}_C$ für alle $C \in \delta(\mathcal{E})$. Wir erhalten $\delta(\mathcal{E}) \subset \mathcal{C}_C$ für alle $C \in \delta(\mathcal{E})$, was bedeutet, daß $\delta(\mathcal{E})$ $\cap$-stabil ist. $\square$

Als nächstes wollen wir die von einem Mengensystem erzeugte Algebra konkret angeben.

<u>1.1.23 Lemma.</u> Für eine Semialgebra $\mathcal{A}$ gilt $\alpha(\mathcal{A}) = \mathcal{A}^+$.

<u>Beweis.</u> Trivialerweise gilt $\mathcal{A} \subset \mathcal{A}^+ \subset \alpha(\mathcal{A})$. Zum Nachweis von $\alpha(\mathcal{A}) \subset \mathcal{A}^+$ genügt es daher zu zeigen, daß $\mathcal{A}^+$ eine Algebra ist. Zunächst ist $\Omega \in \mathcal{A} \subset \mathcal{A}^+$ und $\mathcal{A}^+$ $\cap$-stabil gemäß 1.1.2 (ii). Ferner existieren zu beliebigem $A \in \mathcal{A}^+$ p.d. Mengen $A_1, \ldots, A_n$ in $\mathcal{A}$, $n \in \mathbb{N}$, mit $A = \bigcup_{i=1}^{n} A_i$. Es folgt $\complement A = \bigcap_{i=1}^{n} \complement A_i$, wobei nach Voraussetzung $\complement A_i \in \mathcal{A}^+$ für alle $i = 1, \ldots, n$. Durch wiederholte Anwendung von 1.1.2 (ii) erhalten wir $\complement A \in \mathcal{A}^+$, d.h. $\mathcal{A}^+$ ist eine Algebra. $\square$

<u>1.1.24 Satz.</u> Für ein beliebiges (nichtleeres) Mengensystem $\mathcal{E} \subset \mathcal{P}(\Omega)$

setze man

$$\mathcal{E}_1 := \{E \in \mathcal{P}(\Omega): E \in \mathcal{E} \text{ oder } \complement E \in \mathcal{E}\} \cup \{\Omega\} \text{ und}$$

$\mathcal{E}_2$ als die Gesamtheit aller endlichen Durchschnitte von Mengen aus $\mathcal{E}_1$.

Dann gilt $\alpha(\mathcal{E}) = \mathcal{E}_2^+$.

Beweis. Wegen $\mathcal{E} \subset \mathcal{E}_1 \subset \mathcal{E}_2 \subset \alpha(\mathcal{E})$ gilt $\alpha(\mathcal{E}) = \alpha(\mathcal{E}_2)$, so daß es wegen 1.1.23 ausreicht zu zeigen, daß $\mathcal{E}_2$ eine Semialgebra ist. Zunächst ist nach Konstruktion $\mathcal{E}_2$ $\cap$-stabil mit $\Omega \in \mathcal{E}_2$. Sei nun $E \in \mathcal{E}_2$, also $E = \bigcap\limits_{i=1}^{m} E_i$ mit $E_i \in \mathcal{E}_1$ für $i=1,\ldots,m$, $m \in \mathbb{N}$. Es folgt

$$\complement E = \bigcup\limits_{i=1}^{m} \complement E_i = \sum\limits_{i=1}^{m} [\complement E_i \cap \bigcap\limits_{j<i} E_j] \in \mathcal{E}_2^+, \text{ was zu zeigen blieb. } \square$$

1.1.25 Korollar. Mit $\mathcal{E} \subset \mathcal{P}(\Omega)$ ist auch $\alpha(\mathcal{E})$ abzählbar.

1.1.26 Korollar. Ist $\mathcal{A}$ eine abzählbar erzeugte σ-Algebra, so existiert eine abzählbare Algebra $\mathcal{A}_0$ mit $\mathcal{A} = \sigma(\mathcal{A}_0)$.

Beweis. Nach Voraussetzung existiert ein abzählbares Mengensystem $\mathcal{E} \subset \mathcal{P}(\Omega)$ mit $\mathcal{A} = \sigma(\mathcal{E})$. Gemäß 1.1.25 ist auch $\mathcal{A}_0 := \alpha(\mathcal{E})$ abzählbar mit $\mathcal{E} \subset \mathcal{A}_0 \subset \mathcal{A} = \sigma(\mathcal{E})$, also $\sigma(\mathcal{A}_0) = \mathcal{A}$. $\square$

Zum Abschluß dieses Abschnittes wollen wir uns noch mit σ-Algebren beschäftigen, die von den offenen Mengen $\mathcal{G} = \mathcal{G}(X)$ eines topologischen Raumes $(X, \mathcal{G})$ erzeugt werden.

1.1.27 Definition. Sei $(X, \mathcal{G})$ ein topologischer Raum; dann nennt man $\mathcal{B}(X) := \sigma(\mathcal{G})$ die Gesamtheit seiner <u>Borelschen Mengen</u>. Bezeichnet man mit $\mathcal{F}(X)$ das System der abgeschlossenen Teilmengen von X, so ist offensichtlich $\mathcal{B}(X) = \sigma(\mathcal{F}(X))$. Ist speziell $X = \mathbb{R}^k$ bzw. $X = \overline{\mathbb{R}}^k$ (versehen mit der gewöhnlichen Topologie), so sei $\mathcal{B}_k^* := \mathcal{B}(\mathbb{R}^k)$ und $\overline{\mathcal{B}}_k^* := \mathcal{B}(\overline{\mathbb{R}}^k)$ gesetzt. Im Fall $k=1$ schreiben wir kurz $\mathcal{B}^* := \mathcal{B}_1^*$ und $\overline{\mathcal{B}}^* := \overline{\mathcal{B}}_1^*$.

1.1.28 Satz. Sei $(X, \mathcal{G})$ ein topologischer Raum mit abzählbarer Basis. Dann ist $\mathcal{B}(X)$ abzählbar erzeugt.

Beweis. Sei $\mathcal{H}$ eine abzählbare Basis von $\mathcal{G}$. Dann ist $\sigma(\mathcal{H}) = \mathcal{B}(X)$; denn gemäß 1.1.19 (iii) ist $\sigma(\mathcal{H}) \subset \mathcal{B}(X)$ und, da sich nach Voraussetzung jedes $G \in \mathcal{G}$ als Vereinigung von abzählbar vielen $H \in \mathcal{H}$

schreiben läßt: $\mathcal{G} \subset \sigma(\mathcal{H})$, also $\mathcal{B}(X) = \sigma(\mathcal{G}) \subset \sigma(\mathcal{H})$. □

Der Beweis von 1.1.28 zeigt, daß für eine abzählbare Basis $\mathcal{H}$ stets $\sigma(\mathcal{H}) = \mathcal{B}(X)$ gilt. Im Spezialfall $X = \mathbb{R}$ oder $X = \bar{\mathbb{R}}$ erhalten wir damit

<u>1.1.29 Bemerkung.</u> Es ist (!)

$$\mathcal{B}^* = \sigma(\{(-\infty,a] : a \in \mathbb{R}\}) \text{ und}$$
$$\bar{\mathcal{B}}^* = \sigma(\{[-\infty,a] : a \in \mathbb{R}\}).$$

Entsprechendes gilt für $X = \mathbb{R}^k$ oder $X = \bar{\mathbb{R}}^k$ für alle $k \geq 1$.

<u>1.2 Meßbare Abbildungen</u>

<u>1.2.1 Definition.</u> Sei Ω eine nichtleere Menge und $\mathcal{A}$ eine σ-Algebra in Ω. Dann heißt das Paar $(\Omega, \mathcal{A})$ ein <u>meßbarer Raum</u> und das System $\mathcal{A}$ die Gesamtheit der <u>meßbaren Mengen</u> (<u>zufälligen Ereignisse</u>).

<u>1.2.2 Definition.</u> Sind $(\Omega_i, \mathcal{A}_i)$ meßbare Räume für $i=1,2$; dann heißt eine Abbildung $f: \Omega_1 \to \Omega_2$ <u>$\mathcal{A}_1, \mathcal{A}_2$-meßbar</u> genau dann, wenn $f^{-1}(\mathcal{A}_2) \subset \mathcal{A}_1$.

<u>1.2.3 Beispiele.</u>
(a) $\mathcal{A}_i$ beliebig $\to$ konstante Abbildungen stets $\mathcal{A}_1, \mathcal{A}_2$-meßbar
(b) $\Omega_2 := \{0,1\}$ und $\mathcal{A}_2 = \mathcal{P}(\Omega_2)$; dann:
       f $\mathcal{A}_1, \mathcal{A}_2$-meßbar $\to$ $f = 1_A$ mit $A \in \mathcal{A}_1$
(c)   Ist $f: \Omega_1 \to \Omega_2$ $\mathcal{A}_1, \mathcal{A}_2$-meßbar, so ist f auch $\mathcal{A}_1', \mathcal{A}_2'$-meßbar
       für alle $\mathcal{A}_1 \subset \mathcal{A}_1'$ und $\mathcal{A}_2' \subset \mathcal{A}_2$.

<u>1.2.4 Lemma.</u> Sind $(\Omega_i, \mathcal{A}_i)$ meßbare Räume für $i=1,2,3$ und ist $f: \Omega_1 \to \Omega_2$ $\mathcal{A}_1, \mathcal{A}_2$-meßbar bzw. $g: \Omega_2 \to \Omega_3$ $\mathcal{A}_2, \mathcal{A}_3$-meßbar, so ist die Komposition $h := g \cdot f : \Omega_1 \to \Omega_3$ $\mathcal{A}_1, \mathcal{A}_3$-meßbar.

<u>Beweis.</u> Wegen $h^{-1}(A_3) = f^{-1}(g^{-1}(A_3))$ für $A_3 \in \mathcal{A}_3$ ist die Behauptung eine unmittelbare Folgerung aus der Definition der Meßbarkeit. □

<u>1.2.5 Lemma.</u> Ist $f: \Omega_1 \to \Omega_2$ eine beliebige Abbildung und $\mathcal{B}_2 \subset \mathcal{P}(\Omega_2)$, so gilt

(1.2.6) $f^{-1}(\sigma(\mathcal{B}_2)) = \sigma(f^{-1}(\mathcal{B}_2))$.

<u>Beweis.</u> Zunächst zeigt man leicht, daß durch $f^{-1}(\sigma(\mathcal{B}_2))$ eine
σ-Algebra definiert wird, welche $f^{-1}(\mathcal{B}_2)$ und somit auch $\sigma(f^{-1}(\mathcal{B}_2))$
umfaßt. Setzt man andererseits $\mathcal{F}_2 := \{F \subset \Omega_2 : f^{-1}(F) \in \sigma(f^{-1}(\mathcal{B}_2))\}$,
so ist $\mathcal{F}_2$ eine σ-Algebra mit $\mathcal{B}_2 \subset \mathcal{F}_2$, also $\sigma(\mathcal{B}_2) \subset \mathcal{F}_2$ und somit
$f^{-1}(\sigma(\mathcal{B}_2)) \subset \sigma(f^{-1}(\mathcal{B}_2))$ (nach Definition von $\mathcal{F}_2$). $\square$

Mit Hilfe von 1.2.5 ergibt sich nun das folgende Kriterium für die
Meßbarkeit von Abbildungen.

<u>1.2.7 Lemma.</u> Sind $(\Omega_i, \mathcal{A}_i)$, $i=1,2$, meßbare Räume mit $\mathcal{A}_2 = \sigma(\mathcal{B}_2)$
und ist ferner $f: \Omega_1 \rightarrow \Omega_2$ eine Abbildung mit $f^{-1}(\mathcal{B}_2) \subset \mathcal{A}_1$, so ist
f $\mathcal{A}_1, \mathcal{A}_2$-meßbar.

<u>Beweis.</u> Gemäß (1.2.6) ist

$$f^{-1}(\mathcal{A}_2) = f^{-1}(\sigma(\mathcal{B}_2)) = \sigma(f^{-1}(\mathcal{B}_2)) \subset \sigma(\mathcal{A}_1) = \mathcal{A}_1. \quad \square$$

<u>1.2.8 Satz.</u> Sind $(X, \mathcal{G}(X))$ und $(Y, \mathcal{G}(Y))$ topologische Räume und ist
$f: X \rightarrow Y$ stetig, so ist f auch $\mathcal{B}(X)$, $\mathcal{B}(Y)$-meßbar.

<u>Beweis.</u> Unmittelbare Folgerung aus 1.2.7 (man setze $\mathcal{B}_2 = \mathcal{G}(Y)$!). $\square$

Ist in 1.2.5 Ω_1 speziell eine Teilmenge von Ω_2 und $f: \Omega_1 \rightarrow \Omega_2$ die
Injektion von Ω_1 in Ω_2, so folgt $f^{-1}(\mathcal{B}_2) = \Omega_1 \cap \mathcal{B}_2$ und
$f^{-1}(\sigma(\mathcal{B}_2)) = \Omega_1 \cap \sigma(\mathcal{B}_2)$, d.h. (1.2.6) ergibt

$$(1.2.9) \quad \Omega_1 \cap \sigma(\mathcal{B}_2) = \sigma(\Omega_1 \cap \mathcal{B}_2).$$

Insbesondere ist $\Omega_1 \cap \mathcal{A}_2$ wiederum eine σ-Algebra (in Ω_1) und somit
$(\Omega_1, \Omega_1 \cap \mathcal{A}_2)$ ein meßbarer Raum. $\Omega_1 \cap \mathcal{A}_2$ heißt <u>Spur-σ-Algebra</u> (von
$\mathcal{A}_2$ in Ω_1). Ist $\Omega_1 \in \mathcal{A}_2$, so gilt $\Omega_1 \cap \mathcal{A}_2 = \{A \in \mathcal{A}_2 : A \subset \Omega_1\}$.
Im Fall eines topologischen Raumes $(Y, \mathcal{G})$ ergibt sich

<u>1.2.10 Satz.</u> Für jeden Unterraum U eines topologischen Raumes $(X, \mathcal{G})$
gilt

$$U \cap \mathcal{B}(X) = \mathcal{B}(U).$$

<u>Beweis.</u> Man setze $\Omega_1 := U$, $\Omega_2 := X$ und $\mathcal{B}_2 := \mathcal{G}$. Die Behauptung
folgt dann aus (1.2.9) unter Verwendung von $U \cap \mathcal{G}(X) = \mathcal{G}(U)$. $\square$

Im folgenden betrachten wir eine beliebige Menge $\Omega \neq \emptyset$, eine beliebige

Indexmenge $I \neq \emptyset$ sowie für jedes $i \in I$ einen meßbaren Raum $(\Omega_i, \mathscr{A}_i)$
und eine Abbildung $f_i \colon \Omega \to \Omega_i$. Dann ist die von dem Mengensystem
$\bigcup_{i \in I} f_i^{-1}(\mathscr{A}_i)$ in Ω erzeugte σ-Algebra $\mathscr{A}$ offenbar die kleinste
σ-Algebra, bzgl. welcher jedes f_i $\mathscr{A}, \mathscr{A}_i$-meßbar ist. $\mathscr{A}$ heißt <u>initiale</u>
<u>σ-Algebra</u> (der Abbildungen f_i in bezug auf die meßbaren Räume $(\Omega_i, \mathscr{A}_i)$).
Falls $(\Omega_i, \mathscr{A}_i) = (\Omega', \mathscr{A}')$ für alle $i \in I$ und jede Verwechslung ausge-
schlossen ist, schreiben wir für $\mathscr{A}$ kurz $\sigma(\{f_i \colon i \in I\})$. Ist $|I| = 1$
und $f_i = f$, so ist $\sigma(\{f_i \colon i \in I\}) = f^{-1}(\mathscr{A}_i)$.

Der folgende Satz charakterisiert $-, \mathscr{A}$-meßbare Abbildungen.

<u>1.2.11 Satz.</u> Unter den oben gemachten Annahmen sei $(\psi, \mathscr{Y})$ ein weiterer
meßbarer Raum und $g \colon \psi \to \Omega$ beliebig; dann gilt:

$$g \text{ ist } \mathscr{Y}, \mathscr{A}\text{-meßbar} \iff f_i \circ g \text{ ist } \mathscr{Y}, \mathscr{A}_i\text{-meßbar für alle } i \in I.$$

<u>Beweis.</u> Gemäß 1.2.7 ist

$$g^{-1}(\mathscr{A}) \subset \mathscr{Y} \iff g^{-1}\left(\bigcup_{i \in I} f_i^{-1}(\mathscr{A}_i)\right) \subset \mathscr{Y} \iff g^{-1}(f_i^{-1}(\mathscr{A}_i)) \subset \mathscr{Y} \text{ für alle}$$

$i \in I \iff f_i \circ g$ ist $\mathscr{Y}, \mathscr{A}_i$-meßbar für alle $i \in I$. $\square$

Wir wollen nun die bisher erzielten Ergebnisse speziell auf den Fall
<u>reeller Funktionen</u> $f \in \mathbb{R}^\Omega$ bzw. <u>numerischer Funktionen</u> $f \in \overline{\mathbb{R}}^\Omega$ anwenden
(d.h. wir setzen $(\Omega_1, \mathscr{A}_1) = (\Omega, \mathscr{A})$ und $(\Omega_2, \mathscr{A}_2) = (\overline{\mathbb{R}}, \overline{\mathscr{B}}^*)$) und
schreiben zur Abkürzung

$$\overline{\mathscr{Z}}(\Omega, \mathscr{A}) := \{f \in \overline{\mathbb{R}}^\Omega \colon f \text{ ist } \mathscr{A}, \overline{\mathscr{B}}^*\text{-meßbar}\}$$

und

$$\overline{\mathscr{Z}}_+(\Omega, \mathscr{A}) := \{f \in \overline{\mathscr{Z}}(\Omega, \mathscr{A}) \colon f \geq 0\}.$$

Die Elemente von $\mathscr{Z}(\Omega, \mathscr{A})$ $[\overline{\mathscr{Z}}(\Omega, \mathscr{A})]$ heißen [<u>numerische</u>] <u>zufällige</u>
<u>Variable</u> über $(\Omega, \mathscr{A})$ oder, sofern eine Verwechslung ausgeschlossen
ist, auch kurz <u>Variable</u>. Entsprechend heißt $f = (f_1, \dots, f_k) \colon \Omega \to \mathbb{R}^k$
<u>zufälliger (Zufalls-) Vektor</u> genau dann, wenn $f_i \in \mathscr{Z}(\Omega, \mathscr{A})$ für alle i.

<u>1.2.12 Bemerkung.</u> Es ist $\mathscr{Z}(\Omega, \mathscr{A}) = \mathbb{R}^\Omega \cap \overline{\mathscr{Z}}(\Omega, \mathscr{A})$ (vgl. 1.2.10).

Lemma 1.2.7 zusammen mit 1.1.29 liefert nun

<u>1.2.13 Lemma.</u> $f \in \mathscr{Z}(\Omega, \mathscr{A}) \iff \{\omega \in \Omega \colon f(\omega) \lessdot a\} \in \mathscr{A}$ für alle $a \in \mathbb{R}$,
wobei $\lessdot$ eines der Zeichen $\leq, <, \not< $ oder $>$ bedeutet.

1.2.14 Satz. Seien $f,g \in \overline{\mathscr{T}}(\Omega,\mathscr{A})$. Dann gehören die Mengen
$\{\omega \in \Omega: f(\omega) \lessgtr g(\omega)\}$, $\lessgtr \, = \, \leq, <, \geq, >$, sämtlich zu $\mathscr{A}$.

Beweis. Es ist $\{\omega \in \Omega: f(\omega) < g(\omega)\} = \bigcup_{q \in \mathbb{Q}} \{\omega \in \Omega: f(\omega) < q < g(\omega)\} \in \mathscr{A}$.
Die Behauptung für die drei anderen Relationen folgt analog. $\square$

1.2.15 Bemerkung. $f,g \in \overline{\mathscr{T}}(\Omega,\mathscr{A}) \rightarrow \{\omega \in \Omega: f(\omega) = g(\omega)\} \in \mathscr{A}$.

1.2.16 Satz. Sei $f_n \in \overline{\mathscr{T}}(\Omega,\mathscr{A})$ für alle $n \in \mathbb{N}$. Dann gilt:

(i) $\quad \inf_{n \in \mathbb{N}} f_n \in \overline{\mathscr{T}}(\Omega,\mathscr{A})$ und $\sup_{n \in \mathbb{N}} f_n \in \overline{\mathscr{T}}(\Omega,\mathscr{A})$

(ii) $\quad \limsup_{n \to \infty} f_n \in \overline{\mathscr{T}}(\Omega,\mathscr{A})$ und $\liminf_{n \to \infty} f_n \in \overline{\mathscr{T}}(\Omega,\mathscr{A})$

(iii) $\quad f_n \to f \rightarrow f \in \overline{\mathscr{T}}(\Omega,\mathscr{A})$.

Beweis. (i) Ergibt sich mittels 1.2.13 aus den für alle $a \in \mathbb{R}$
gültigen Darstellungen

$$\{\inf_{n \in \mathbb{N}} f_n < a\} = \bigcup_{n \in \mathbb{N}} \{f_n < a\} \text{ und } \{\sup_{n \in \mathbb{N}} f_n \leq a\} = \bigcap_{n \in \mathbb{N}} \{f_n \leq a\}.$$

(ii) Folgt wegen $\limsup\limits_{n \to \infty} f_n = \inf\limits_{m \in \mathbb{N}} \sup\limits_{n \geq m} f_n$ und $\liminf\limits_{n \to \infty} f_n =$
$\sup\limits_{m \in \mathbb{N}} \inf\limits_{n \geq m} f_n$ unmittelbar aus (i).

(iii) Mittels (ii) $(\limsup\limits_{n \to \infty} f_n = f = \liminf\limits_{n \to \infty} f_n)$. $\square$

1.2.17 Bemerkung. $f \in \overline{\mathscr{T}}(\Omega,\mathscr{A}) \rightarrow$

$$f^+ := \max\,(0,f) \in \overline{\mathscr{T}}_+(\Omega,\mathscr{A}) \quad (\underline{\text{Positivteil}}\text{ von } f)$$
$$f^- := \max\,(0,-f) \in \overline{\mathscr{T}}_+(\Omega,\mathscr{A}) \quad (\underline{\text{Negativteil}}\text{ von } f)$$
$$|f| := \max\,(f,-f) = f^+ + f^- \in \overline{\mathscr{T}}_+(\Omega,\mathscr{A}) \quad (\underline{\text{Absolutbetrag}}\text{ von } f).$$

Der folgende Satz zeigt, daß $\overline{\mathscr{T}}(\Omega,\mathscr{A})$ ebenfalls bzgl. algebraischer
Operationen abgeschlossen ist.

1.2.18 Satz. Seien $f,g \in \overline{\mathscr{T}}(\Omega,\mathscr{A})$ und $\alpha \in \overline{\mathbb{R}}$. Dann sind auch

$$f+g, \; f \cdot g, \; f/g \text{ und } \alpha f \in \overline{\mathscr{T}}(\Omega,\mathscr{A}) \text{ (sofern definiert)}.$$

Beweis. Die Abbildung (f,g) ist $\mathscr{A}$, $\overline{\mathscr{B}}_2^*$- meßbar $(!)$, so daß die
Behauptung für $f+g$ unter Verwendung von 1.2.8 und 1.2.4 unmittelbar
aus der Darstellung $f+g=T(f,g)$ folgt, wobei $T(x,y):=x+y$ gesetzt sei.

20

Die übrigen Aussagen beweist man analog. □

1.2.19 Korollar. $\mathcal{T}(\Omega,\mathcal{A})$ ist ein Vektorverband und eine Algebra von Funktionen.

Bei der Einführung des Integrals wird die sogenannte Klasse der $\mathcal{A}$-Elementarfunktionen eine wichtige Rolle spielen.

1.2.20 Definition. Sei $(\Omega,\mathcal{A})$ ein meßbarer Raum; dann heißt

$\mathcal{E}(\Omega,\mathcal{A}) := \{f \in \mathcal{T}(\Omega,\mathcal{A}): f(\Omega)$ endlich$\}$ die Gesamtheit der <u>elementaren zufälligen Variablen</u> (<u>elementaren</u> <u>$\mathcal{A}$-meßbaren Abbildungen</u>).

Setze $\mathcal{E}_+(\Omega,\mathcal{A}) := \{f \in \mathcal{E}(..,\mathcal{A}): f \cdot 0\}$.

1.2.21 Lemma. Für $f \in \mathbb{R}^\Omega$ sind folgende zwei Aussagen äquivalent:

(i) $f \in \mathcal{E}(\Omega,\mathcal{A})$

(ii) $f = \sum\limits_{i=1}^{n} a_i 1_{A_i}$ für geeignete $a_i \in \mathbb{R}$ und $A_i \in \mathcal{A}$, $i=1,\ldots,n$, $n \in \mathbb{N}$, wobei $a_i \neq a_j$, falls $i \neq j$, und die A_i eine endliche Zerlegung von Ω bilden.

<u>Beweis.</u> Offenbar ist (i) notwendig für (ii). Sind andererseits $a_1,\ldots,a_n$, $n \in \mathbb{N}$, sämtliche verschiedene Werte, welche f annehmen kann, und setzt man $A_i := \{\omega \in \Omega: f(\omega) = a_i\}$, $i=1,\ldots,n$, so ist $f = \sum\limits_{i=1}^{n} a_i 1_{A_i}$ die gewünschte Darstellung. □

1.2.22 Bemerkung. $\mathcal{E}(\Omega,\mathcal{A})$ ist ein Vektorverband und eine Algebra von Funktionen (vgl. 1.2.19).

Von grundlegender Bedeutung für die Einführung des Integrals wird der folgende Approximationssatz sein.

1.2.23 Satz. Zu $f \in \overline{\mathcal{T}}_+(\Omega,\mathcal{A})$ existieren $f_n \in \mathcal{E}_+(\Omega,\mathcal{A})$ mit $f_n \uparrow f$. Dabei ist die Konvergenz gleichmäßig auf Ω, falls f beschränkt ist.

<u>Beweis.</u> Man setze $f_n := \sum\limits_{k=1}^{n2^n} \frac{k-1}{2^n} 1_{A_{n,k}} + n 1_{B_n}$, wobei

$A_{n,k} := \{\omega \in \Omega: (k-1)2^{-n} \leq f(\omega) < k2^{-n}\}$ und $B_n := \{\omega \in \Omega: f(\omega) \geq n\}$. □

Für spätere Zwecke benötigen wir noch den folgenden <u>Faktorisierungs-satz</u>.

__1.2.24 Satz.__ Es seien $(\Omega_i, \mathscr{A}_i)$, $i=1,2$, meßbare Räume und $T: \Omega_1 \to \Omega_2$ beliebig. Dann sind für $f \in \overline{\mathbb{R}}^{\Omega_1}$ folgende zwei Aussagen äquivalent:

(i) $f \in \overline{\mathscr{T}}(\Omega_1, T^{-1}(\mathscr{A}_2))$

(ii) Es existiert ein $g \in \overline{\mathscr{T}}(\Omega_2, \mathscr{A}_2)$ derart, daß $f = g \cdot T$.

__Beweis.__ Offenbar ist (i) notwendig für (ii) (vgl. 1.2.4). Zum Beweis der Umkehrung betrachten wir zunächst den

__Fall a):__ $f \in \mathscr{E}_+(\Omega_1, T^{-1}(\mathscr{A}_2))$, d.h. f besitzt im Sinne von 1.2.21 (ii) eine Darstellung $f = \sum\limits_{i=1}^{n} a_i 1_{A_i}$ mit p.d. $A_i \in T^{-1}(\mathscr{A}_2)$. Zu jedem A_i existiert ein $B_i \in \mathscr{A}_2$ mit $A_i = T^{-1}(B_i)$. Dann leistet $g := \sum\limits_{i=1}^{n} a_i 1_{B_i} \in \mathscr{E}_+(\Omega_2, \mathscr{A}_2)$ das Verlangte.

__Fall b):__ $f \geq 0$. Nach 1.2.23 existieren $f_n \in \mathscr{E}_+(\Omega_1, T^{-1}(\mathscr{A}_2))$ mit $f_n \uparrow f$, wobei nach Fall a) $f_n = g_n \cdot T$ mit geeigneten $g_n \in \mathscr{E}_+(\Omega_2, \mathscr{A}_2)$. Es folgt $f = \sup\limits_{n \geq 1} f_n = \sup\limits_{n \geq 1} g_n \cdot T = (\sup\limits_{n \geq 1} g_n) \cdot T$, d.h. $g := \sup\limits_{n \geq 1} g_n \in \overline{\mathscr{T}}(\Omega_2, \mathscr{A}_2)$ leistet das Verlangte.

__Fall c):__ Im allgemeinen Fall gehe man von der Zerlegung $f = f^+ - f^-$ aus. Dann existieren $g_1', g_2' \in \overline{\mathscr{T}}(\Omega_2, \mathscr{A}_2)$ mit $f^+ = g_1' \cdot T$ und $f^- = g_2' \cdot T$. Auf der Menge $\Omega_2' := \{g_1' = +\infty\} \cap \{g_2' = +\infty\} \in \mathscr{A}_2$ ist die Differenz $g_1' - g_2'$ nicht definiert. Da die Menge $T(\Omega_1)$ aber zu Ω_2' disjunkt ist $(f(\omega) = g_1'(T(\omega)) - g_2'(T(\omega))!)$, leistet $g := g_1' 1_{\Omega_2 \setminus \Omega_2'} - g_2' 1_{\Omega_2 \setminus \Omega_2'}$ das Verlangte. $\square$

Die Existenz einer meßbaren Struktur $\mathscr{A}_1$ ist für die Formulierung von 1.2.24 unwesentlich. Die im letzten Beweis erstmals benutzte Methode des schrittweisen Übergangs von Indikatorvariablen zu beliebigen Variablen nennen wir im folgenden kurz __algebraische Induktion__.

1.3 Produkträume

Aus der Analysis ist der Begriff des __kartesischen Produktes__ $\mathop{\times}\limits_{i=1}^{n} \Omega_i = \Omega_1 \times \ldots \times \Omega_n$ endlich vieler Mengen Ω_i bekannt. Es ist $\mathop{\times}\limits_{i=1}^{n} \Omega_i := \{(\omega_1, \ldots, \omega_n) : \omega_i \in \Omega_i \text{ für } i=1, \ldots, n\}$ und $(\omega_1, \ldots, \omega_n) = (\omega_1', \ldots, \omega_n') :\Leftrightarrow \omega_i = \omega_i'$ für $i=1, \ldots, n$. Diese Begriffsbildung wollen wir nun auf den Fall beliebig vieler Mengen Ω_i ausdehnen.

<u>1.3.1 Produktmengen.</u> Seien Ω_i, $i \in I$, beliebige (nichtleere) Mengen
und $Y := \bigcup_{i \in I} \Omega_i$; dann heißt $\Omega = \underset{i \in I}{\times} \Omega_i := \{\omega \in Y^I : \omega(i) \in \Omega_i$ für alle
$i \in I\}$ das <u>kartesische Produkt</u> oder die <u>Produktmenge</u> der Mengen Ω_i, $i \in I$.
Ein Element $\omega \in \underset{i \in I}{\times} \Omega_i$ wird häufig in der Form $\omega = (\omega_i)_{i \in I}$ geschrieben, wobei man für alle $i \in I$ $\omega_i = \omega(i)$ setzt. Ist I endlich,
etwa $I = \{1,\ldots,n\}$, so läßt sich $\underset{i \in I}{\times} \Omega_i$ mit $\Omega_1 \times \ldots \times \Omega_n$ identifizieren.
Im folgenden werden wiederholt solche und ähnliche Identifikationen
vorgenommen, ohne daß dies immer ausdrücklich erwähnt wird.

<u>1.3.2 Projektionen.</u> Eng verbunden mit dem Begriff einer Produktmenge
ist der der <u>Projektion</u>. Für $\emptyset \neq S \subset I$ sei $\pi_S^I : \underset{i \in I}{\times} \Omega_i \to \underset{i \in S}{\times} \Omega_i$ definiert
durch $\pi_S^I((\omega_i)_{i \in I}) := (\omega_i)_{i \in S}$. Im Fall $S = \{j\}$ heißt $\pi_j^I := \pi_{\{j\}}^I$ die
<u>j-te Projektion</u> (von $\underset{i \in I}{\times} \Omega_i$ auf Ω_j). Wenn bzgl. der zugrundeliegenden
Indexmenge jede Verwechslung ausgeschlossen ist, schreiben wir anstelle
von π_S^I kurz π_S. Für eine Teilmenge $X \subset \underset{i \in I}{\times} \Omega_i$ setzen wir schließlich
$\pi_j^I(X) := \mathrm{rest}_X \pi_j^I$, $j \in I$.
Mit diesen Bezeichnungen läßt sich jetzt der Begriff des Produkts
meßbarer Räume im Fall einer beliebigen Indexmenge I einführen.

<u>1.3.3 Definition.</u> $(\Omega, \mathscr{A})$ heißt <u>Produkt der meßbaren Räume</u> $(\Omega_i, \mathscr{A}_i)$,
$i \in I$, falls $\Omega = \underset{i \in I}{\times} \Omega_i$ und $\mathscr{A} = \underset{i \in I}{\otimes} \mathscr{A}_i := \sigma(\bigcup_{i \in I} \pi_i^{-1}(\mathscr{A}_i))$ die von
den Projektionen π_i, $i \in I$, erzeugte σ-Algebra ist. $\mathscr{A} = \underset{i \in I}{\otimes} \mathscr{A}_i$ heißt
<u>Produkt-σ-Algebra</u> der $\mathscr{A}_i$, $i \in I$.

$\mathscr{A} = \underset{i \in I}{\otimes} \mathscr{A}_i$ ist somit die kleinste σ-Algebra in Ω, bzgl. welcher
sämtliche Projektionen π_i $\mathscr{A}, \mathscr{A}_i$-meßbar sind. Im Fall $I = \{1,\ldots,n\}$
schreiben wir auch $\underset{i \in I}{\otimes} \mathscr{A}_i = \overset{n}{\underset{i=1}{\otimes}} \mathscr{A}_i$. Ist für alle $i \in I$ $\Omega_i = \Omega'$ und
$\mathscr{A}_i = \mathscr{A}'$, so setzen wir kurz $\mathscr{A}'_I := \underset{i \in I}{\otimes} \mathscr{A}_i$ bzw. für die zu einer
Teilmenge $\Omega_1 \subset \Omega$ gehörende Spur-σ-Algebra $\Omega_1 \cap \underset{i \in I}{\otimes} \mathscr{A}_i$ kurz $\mathscr{A}'^{\Omega_1}_I$.

Als Spezialfall erhalten wir aus 1.2.11 den folgenden

<u>1.3.4 Satz.</u> Sei $(\Omega, \mathscr{A})$ das Produkt der meßbaren Räume $(\Omega_i, \mathscr{A}_i)$, $i \in I$,
und $(\psi, \mathscr{Y})$ ein weiterer meßbarer Raum. Eine Abbildung $g : \psi \to \Omega$ ist
genau dann $\mathscr{Y}, \mathscr{A}$-meßbar, wenn für alle $i \in I$ $\pi_i \bullet g$ $\mathscr{Y}, \mathscr{A}_i$-meßbar ist.

<u>1.3.5 Korollar.</u> Sei $(\Omega, \mathscr{A})$ das Produkt der meßbaren Räume $(\Omega_i, \mathscr{A}_i)$,

$i \in I$, und $(\psi, \mathcal{V})$ ein weiterer meßbarer Raum. Ist dann für jedes $i \in I$ $f_i: \psi \to \Omega_i$ eine beliebige Abbildung und ist $g: \psi \to \Omega$ definiert durch $g(w) := (f_i(w))_{i \in I}$, so gilt:

g $\mathcal{V}, \mathcal{A}$-meßbar $\Leftrightarrow$ f_i $\mathcal{V}, \mathcal{A}_i$-meßbar für alle $i \in I$.

In den folgenden Sätzen wollen wir einige Erzeugendensysteme für die Produkt-σ-Algebra $\mathcal{A} = \underset{i \in I}{\otimes} \mathcal{A}_i$ kennenlernen. Zunächst gilt

1.3.6 Satz. Sei $(\Omega, \mathcal{A})$ das Produkt der meßbaren Räume $(\Omega_i, \mathcal{A}_i)$, $i \in I$, und $\mathcal{A}_i = \sigma(\mathcal{B}_i)$ für $i \in I$. Dann gilt: $\mathcal{A} = \sigma(\underset{i \in I}{\bigcup} \pi_i^{-1}(\mathcal{B}_i))$.

<u>Beweis.</u> Es ist $\mathcal{A} = \sigma(\underset{i \in I}{\bigcup} \pi_i^{-1}(\mathcal{A}_i)) = \sigma(\underset{i \in I}{\bigcup} \pi_i^{-1}(\sigma(\mathcal{B}_i))) =$

$\sigma(\underset{i \in I}{\bigcup} \sigma(\pi_i^{-1}(\mathcal{B}_i))) = \sigma(\underset{i \in I}{\bigcup} \pi_i^{-1}(\mathcal{B}_i))$. (vgl. (1.2.6)). $\square$

1.3.7 Korollar. Ist I abzählbar und $\mathcal{A}_i$ abzählbar erzeugt für alle $i \in I$, so ist $\mathcal{A} = \underset{i \in I}{\otimes} \mathcal{A}_i$ wiederum abzählbar erzeugt.

1.3.8 Lemma. Unter den Voraussetzungen von Definition 1.3.3 gilt für eine beliebige nichtleere Teilmenge S von I: Die Projektion π_S ist $\underset{i \in I}{\otimes} \mathcal{A}_i, \underset{i \in S}{\otimes} \mathcal{A}_i$-meßbar.

<u>Beweis.</u> Wegen $\underset{i \in S}{\otimes} \mathcal{A}_i = \sigma(\underset{i \in S}{\bigcup} (\pi_i^S)^{-1}(\mathcal{A}_i))$ genügt es aufgrund von 1.2.7 zu zeigen, daß $\pi_S^{-1}(\underset{i \in S}{\bigcup} (\pi_i^S)^{-1}(\mathcal{A}_i)) \subset \underset{i \in I}{\otimes} \mathcal{A}_i$. Dies folgt aber sofort aus der Identität

$$\pi_S^{-1}(\underset{i \in S}{\bigcup} (\pi_i^S)^{-1}(\mathcal{A}_i)) = \underset{i \in S}{\bigcup} \pi_S^{-1}[(\pi_i^S)^{-1}(\mathcal{A}_i)] = \underset{i \in S}{\bigcup} \pi_i^{-1}(\mathcal{A}_i). \square$$

1.3.9 Satz. Sei $(\Omega, \mathcal{A})$ das Produkt der meßbaren Räume $(\Omega_i, \mathcal{A}_i)$, $i \in I$, und $\mathcal{P}_0(I)$ die Gesamtheit aller endlichen, nichtleeren Teilmengen von I. Dann gilt:

(a) Die Gesamtheit aller <u>meßbaren Rechtecke</u>

$$\mathcal{S} := \underset{T \in \mathcal{P}_0(I)}{\bigcup} \{ \underset{i \in T}{\times} A_i \times \underset{i \notin T}{\times} \Omega_i : A_i \in \mathcal{A}_i \text{ für } i \in T\}$$

ist eine Semialgebra in Ω mit $\sigma(\mathcal{S}) = \mathcal{A}$.

(b) Die Gesamtheit aller <u>Zylindermengen</u>

$$\mathscr{Z} := \bigcup_{T \in \mathscr{P}_0(I)} \{A_T \times \underset{i \notin T}{\times} \Omega_i : A_T \in \underset{i \in T}{\otimes} \mathscr{A}_i\}$$

ist eine Algebra in Ω mit $\sigma(\mathscr{Z}) = \mathscr{A}$.

<u>Beweis.</u> Offenbar ist $\mathscr{S} \subset \mathscr{Z}$ und wegen 1.3.8 auch $\mathscr{Z} \subset \mathscr{A}$, also
$\sigma(\mathscr{S}) \subset \sigma(\mathscr{Z}) \subset \mathscr{A}$. Da ferner $\pi_i^{-1}(\mathscr{A}_i) \subset \mathscr{S}$ für alle $i \in I$, folgt
$\sigma(\mathscr{S}) = \mathscr{A} = \sigma(\mathscr{Z})$. Der Nachweis der Struktureigenschaften soll dem
Leser zur Übung überlassen werden. $\square$

Als unmittelbare Folgerung aus 1.3.9 (b) ergibt sich

<u>1.3.10 Bemerkung.</u> $\mathscr{A}$ ist die kleinste σ-Algebra in Ω, bzgl. welcher
alle Projektionen π_S, $S \in \mathscr{P}_0(I)$, $\mathscr{A}$, $\underset{i \in S}{\otimes} \mathscr{A}_i$-meßbar sind.

Ferner gilt der wichtige Charakterisierungssatz

<u>1.3.11 Satz.</u> Sei $(\Omega, \mathscr{A})$ das Produkt der meßbaren Räume $(\Omega_i, \mathscr{A}_i)$, $i \in I$.
Dann existiert zu jedem $A \in \mathscr{A}$ eine abzählbare Menge $T \subset I$ und ein
$B \in \underset{i \in T}{\otimes} \mathscr{A}_i$ derart, daß $A = B \cdot \underset{i \notin T}{\times} \Omega_i$, d.h. "A hängt nur von abzählbar
vielen Koordinaten ab".

<u>Beweis.</u> Bezeichne $\mathscr{A}^*$ die Gesamtheit aller Mengen in $\mathscr{A}$, für die eine
Darstellung im Sinne des Satzes existiert. Dann ist $\mathscr{Z} \subset \mathscr{A}^*$, so daß
es aufgrund von 1.3.9 (b) reicht, wenn wir zeigen, daß $\mathscr{A}^*$ eine
σ-Algebra ist. Offensichtlich sind 1.1.9 (i) und (iii) erfüllt. Um
Bedingung 1.1.9 (ii) nachzuweisen, betrachten wir eine Folge $(A_n)_{n \in \mathbb{N}}$
in $\mathscr{A}^*$, so daß $A_n = B_n \times \underset{i \notin T_n}{\times} \Omega_i$ mit $B_n \in \underset{i \in T_n}{\otimes} \mathscr{A}_i$, $T_n \subset I$ abzählbar,
geeignet. Setze $T := \underset{n \in \mathbb{N}}{\bigcup} T_n$ und $B_n' := B_n \times \underset{i \in T \setminus T_n}{\times} \Omega_i$. Dann ist T eine
abzählbare Teilmenge von I, $B_n' \in \underset{i \in T}{\otimes} \mathscr{A}_i$ (!) und $A_n = B_n' \times \underset{i \notin T}{\times} \Omega_i$. Es
folgt $\underset{n \in \mathbb{N}}{\bigcap} A_n = (\underset{n \in \mathbb{N}}{\bigcap} B_n') \times \underset{i \notin T}{\times} \Omega_i \in \mathscr{A}^*$. $\square$

Wir wollen diesen Abschnitt mit einem Satz aus der topologischen
Maßtheorie beschließen.

<u>1.3.12 Satz.</u> Sei I eine abzählbare Indexmenge und für jedes $i \in I$
$(X_i, \mathscr{G}_i)$ ein topologischer Raum mit abzählbarer Basis. Dann gilt für
das topologische Produkt $(X, \mathscr{G}) = (\underset{i \in I}{\times} X_i, \underset{i \in I}{\otimes} \mathscr{G}_i)$:

$$\mathscr{B}(X) = \underset{i \in I}{\otimes} \mathscr{B}(X_i).$$

Beweis. Nach Definition der Produkttopologie sind sämtliche Projektionen $\pi_i: X \to X_i$ stetig und somit (vgl. 1.2.8) $\mathscr{B}(X), \mathscr{B}(X_i)$-meßbar. Es folgt $\underset{i \in I}{\otimes} \mathscr{B}(X_i) \subset \mathscr{B}(X)$. Zum Beweis der umgekehrten Inklusion zeigen wir $\mathscr{G} \subset \underset{i \in I}{\otimes} \mathscr{B}(X_i)$. Ist $\mathscr{H}_i$, $i \in I$, eine abzählbare Basis für $\mathscr{G}_i$ und setzt man $\mathscr{G}_o^* := \{\pi_i^{-1}(H_i): H_i \in \mathscr{H}_i, i \in I\}$, so ist $\mathscr{G} \subset \sigma(\mathscr{G}_o^*)$ (vgl. Beweis zu 1.1.28). Da ferner nach Definition der Produkt-σ-Algebra $\mathscr{G}_o^* \subset \underset{i \in I}{\otimes} \mathscr{B}(X_i)$, erhalten wir schließlich $\mathscr{G} \subset \underset{i \in I}{\otimes} \mathscr{B}(X_i)$ und damit $\mathscr{B}(X) = \sigma(\mathscr{G}) \subset \underset{i \in I}{\otimes} \mathscr{B}(X_i)$. $\square$

1.3.13 Beispiel. Versieht man $\mathbb{R}^n$ mit der gewöhnlichen Topologie, so ist $\mathscr{B}_n^* = \mathscr{B}(\mathbb{R}^n) = \underset{i=1}{\overset{n}{\otimes}} \mathscr{B}^*$.

1.4 Konstruktion von Maßen

Mit Ausnahme der in der Wahrscheinlichkeitstheorie betrachteten diskreten Modelle (vgl. [87], § 2) sind die Definitionsbereiche der in Frage kommenden Maße bzw. Verteilungen im allgemeinen recht kompliziert, so daß in der Regel die Wahrscheinlichkeiten nur für verhältnismäßig einfache Ereignisse ohne weiteres angebbar sind. Umgekehrt stellt sich die Frage, ob bei Vorgabe einer Mengenfunktion $\mu_o: \mathscr{A}_o$ eine Funktion $\mu_1: \mathscr{A}_1$ existiert, welche μ_o auf $\mathscr{A}_1 \supset \mathscr{A}_o$ fortsetzt und mit μ_o gewisse Eigenschaften besitzt. Das Studium diskreter Modelle zeigt, daß es dabei vor allen Dingen auf die folgenden Eigenschaften ankommt. Dabei sei $\Omega \neq \emptyset$ wiederum beliebig aber fest gewählt.

1.4.1 Definition. Sei $\mathscr{A} \subset \mathscr{P}(\Omega)$ mit $\emptyset \in \mathscr{A}$ und $\mu: \mathscr{A} \to \bar{\mathbb{R}}$ beliebig; dann heißt

(i) μ <u>positiv</u>   :$\Leftrightarrow$ $\mu(\emptyset) = 0$ und $\mu(A) \geq 0$ für alle $A \in \mathscr{A}$

(ii) μ <u>monoton</u>   :$\Leftrightarrow$ $\mu(A) \leq \mu(B)$ für alle $A, B \in \mathscr{A}$ mit $A \subset B$

(iii) μ <u>additiv</u>   :$\Leftrightarrow$ $\mu(\bigcup_{i=1}^{n} A_i) = \sum_{i=1}^{n} \mu(A_i)$ für alle p.d. $A_i \in \mathscr{A}$

$$\text{mit } \bigcup_{i=1}^{n} A_i \in \mathscr{A} \quad (n \in \mathbb{N} \text{ beliebig})$$

(iv) μ <u>subadditiv</u> $:\Leftrightarrow$ $\mu(\bigcup\limits_{i=1}^{n} A_i) \leq \sum\limits_{i=1}^{n} \mu(A_i)$ für alle $A_i \in \mathscr{A}$

$$\text{mit } \bigcup\limits_{i=1}^{n} A_i \in \mathscr{A} \quad (n \in \mathbb{N} \text{ beliebig})$$

(v) μ <u>σ-additiv</u> $:\Leftrightarrow$ $\mu(\bigcup\limits_{i \in \mathbb{N}} A_i) = \sum\limits_{i \geq 1} \mu(A_i)$ für alle p.d. $A_i \in \mathscr{A}$,

$$i \in \mathbb{N}, \text{ mit } \bigcup\limits_{i \in \mathbb{N}} A_i \in \mathscr{A} \ .$$

<u>1.4.2 Definition.</u> Sei $\mathscr{A} \subset \mathscr{P}(\Omega)$ und $\mu: \mathscr{A} \to \bar{\mathbb{R}}$; dann

(i) $\mu|\mathscr{A}$ <u>Inhalt</u> $:\Leftrightarrow$ $\mathscr{A}$ Algebra und $\mu|\mathscr{A}$ positiv und additiv

(ii) $\mu|\mathscr{A}$ <u>Prämaß</u> $:\Leftrightarrow$ $\mathscr{A}$ Semialgebra und $\mu|\mathscr{A}$ positiv und σ-additiv

(iii) $\mu|\mathscr{A}$ <u>Maß</u> $:\Leftrightarrow$ $\mathscr{A}$ σ-Algebra und $\mu|\mathscr{A}$ Prämaß

(iv) $\mu|\mathscr{A}$ <u>Wahrscheinlichkeitsmaß (W.-Maß)</u> $:\Leftrightarrow$ $\mu|\mathscr{A}$ Maß und $\mu(\Omega)=1$.

Ist $\mathscr{A} = \mathscr{B}(X)$ die Borel-σ-Algebra eines topologischen Raumes, so nennen wir ein <u>finites</u> Maß $\mu|\mathscr{B}(X)$ (d.h. $\mu(X) < \infty$) <u>Borel-Maß auf X</u>.

<u>1.4.3 Bemerkungen.</u> Jeder Inhalt $\mu|\mathscr{A}$ ist monoton und subadditiv; ferner gilt für alle $A,B \in \mathscr{A}$:

(i) $\mu(A \cup B) + \mu(A \cap B) = \mu(A) + \mu(B)$

(ii) $\mu(B \setminus A) = \mu(B) - \mu(A)$, falls $A \subset B$ und $\mu(A) < \infty$

(iii) $|\mu(A) - \mu(B)| \leq \mu(A \bullet B)$, falls $\mu(A)$ und $\mu(B) < \infty$.

<u>1.4.4 Bemerkung.</u> Ist $\mu|\mathscr{A}$ ein Prämaß und $\mathscr{A}$ eine Algebra, so gilt für alle $A_i \in \mathscr{A}$, $i \in \mathbb{N}$, mit $\bigcup\limits_{i \in \mathbb{N}} A_i \in \mathscr{A}$:

(i) $\mu(\bigcup\limits_{i \in \mathbb{N}} A_i) \leq \sum\limits_{i \geq 1} \mu(A_i)$ (<u>Sub-σ-Additivität</u>)

<u>1.4.5 Bemerkung.</u> Für einen Inhalt $\mu|\mathscr{A}$ betrachte man folgende Eigenschaften (dabei seien die Mengen A_i stets Elemente von $\mathscr{A}$)

(i) $\mu|\mathscr{A}$ Prämaß

(ii) $\lim\limits_{i \to \infty} \mu(A_i) = \mu(A)$ für alle $A_i \uparrow A \in \mathscr{A}$ (<u>σ-Stetigkeit</u>)

(iii) $\lim\limits_{i \to \infty} \mu(A_i) = \mu(A)$ für alle $A_i \downarrow A \in \mathscr{A}$ mit $\mu(A_1) < \infty$

(iv) $\lim\limits_{i \to \infty} \mu(A_i) = 0$ für alle $A_i \downarrow \emptyset$ mit $\mu(A_1) < \infty$ (<u>σ-Stetigkeit in $\emptyset$</u>).

Dann gilt: (i) $\Rightarrow$ (ii) $\Rightarrow$ (iii) $\Rightarrow$ (iv).

Falls $\mu(\Omega) < \infty$, sind alle Aussagen (i) bis (iv) äquivalent.

Für finite Maße $\mu|\mathscr{A}$ gilt weiter:

(v) $\quad \mu(\bigcup_{i=1}^{n} A_i) = \sum_{\emptyset \neq T \subset \{1,\ldots,n\}} (-1)^{|T|-1} \mu(\bigcap_{i \in T} A_i)$ (allgemeine

Additionsformel)

(vi) $\quad \mu(\bigcup_{i \in \mathbf{N}} A_i) = \sum_{i \geq 1} \mu(A_i)$, falls $\mu(A_i \cap A_j) = 0$ für $i \neq j$.

Die beiden folgenden Sätze geben Auskunft über die Möglichkeit der Fortsetzung einer auf einer Semialgebra $\mathscr{A}$ definierten Abbildung $\mu : \mathscr{A} \to \overline{\mathbb{R}}_+$ zu einem Maß $\mu^*|\sigma(\mathscr{A})$. Notwendigerweise muß dann $\mu|\mathscr{A}$ σ-additiv sein mit $\mu(\emptyset) = 0$.

Diese einfachen Bedingungen erweisen sich nun auch als hinreichend.

1.4.6 Satz. Ist $\mathscr{A}$ eine Semialgebra und $\mu|\mathscr{A}$ positiv und additiv, so existiert genau ein Inhalt $\hat{\mu}|\alpha(\mathscr{A})$ mit $\hat{\mu}|\mathscr{A} = \mu|\mathscr{A}$. Mit $\mu|\mathscr{A}$ ist auch $\hat{\mu}|\alpha(\mathscr{A})$ ein Prämaß.

Beweis. (vgl. [106], Satz 1.6.1). Nach 1.1.23 besitzt jedes $A \in \alpha(\mathscr{A})$ die Gestalt $A = \sum_{i=1}^{k} A_i$ mit geeigneten p.d. $A_i \in \mathscr{A}$, $k \in \mathbf{N}$. Für eine additive Fortsetzung $\hat{\mu}$ von μ muß somit notwendigerweise $\hat{\mu}(A) = \sum_{i=1}^{k} \mu(A_i)$ gelten, d.h. es gibt höchstens eine additive Fortsetzung $\hat{\mu}|\alpha(\mathscr{A})$.

Durch die Festsetzung $\hat{\mu}(A) = \sum_{i=1}^{k} \mu(A_i)$ ist $\hat{\mu}|\alpha(\mathscr{A})$ ferner wohldefiniert. Besitzt A nämlich zwei Darstellungen $A = \sum_{i=1}^{k} A_i = \sum_{j=1}^{n} A_j'$, $k,n \in \mathbf{N}$, so folgt aufgrund der Additivität von $\mu|\mathscr{A}$:

$$\sum_{i=1}^{k} \mu(A_i) = \sum_{i=1}^{k} \sum_{j=1}^{n} \mu(A_i \cap A_j') = \sum_{j=1}^{n} \mu(A_j').$$

Der Beweis der Additivität bzw. σ-Additivität wird auf ähnliche Weise geführt und sei dem Leser zur Übung überlassen. $\square$

Im nächsten Schritt wird ein auf einer Algebra $\mathscr{A}$ definiertes Prämaß $\hat{\mu}|\mathscr{A}$ zu einem Maß $\mu^*|\sigma(\mathscr{A})$ fortgesetzt. Der Beweis dieses wichtigen Satzes findet sich z.B. im Buch von Bauer [5] oder Neveu [106] und soll deshalb hier nur skizziert werden.

1.4.7 Satz (Carathéodory). Ist $\mathscr{A}$ eine Algebra und $\hat{\mu}\,|\,\mathscr{A}$ ein Prämaß, so existiert ein Maß $\mu^*\,|\,\sigma(\mathscr{A})$ mit $\mu^*\,|\,\mathscr{A} = \hat{\mu}\,|\,\mathscr{A}$.

Beweis. Für beliebiges $A \subset \Omega$ sei

$$(1.4.8) \qquad \mu^*(A) := \inf\, \{ \sum_{n \geq 1} \hat{\mu}(A_n) : A_n \in \mathscr{A} \text{ mit } A \subset \bigcup_{n \in \mathbb{N}} A_n \} \quad (\leq \infty)$$

gesetzt. Dann gilt (!)

(i) $\quad \mu^*(A) = \hat{\mu}(A)$ für alle $A \in \mathscr{A}$

(ii) $\quad A_1 \subset A_2 \Rightarrow \mu^*(A_1) \leq \mu^*(A_2)$

(iii) $\quad \mu^*(\bigcup_{n \in \mathbb{N}} A_n) \leq \sum_{n \geq 1} \mu^*(A_n)$ für beliebige $A_n \subset \Omega$, $n \in \mathbb{N}$

(iv) $\quad \mu^*(B) \leq \mu^*(B \cap A) + \mu^*(B \cap \complement A)$ für alle $A, B \subset \Omega$.

Setzt man nun

$$\mathscr{A}^* := \{ A \subset \Omega : \mu^*(B) = \mu^*(B \cap A) + \mu^*(B \cap \complement A) \text{ für alle } B \subset \Omega \}$$

(Gesamtheit der **additiven Zerleger** zu μ^*), so folgt (!)

(v) $\quad \mathscr{A} \subset \mathscr{A}^*$

(vi) $\quad \mathscr{A}^*$ ist eine σ-Algebra

(vii) $\quad \mu^*\,|\,\mathscr{A}^*$ ist ein Maß.

Insbesondere ist $\mu^*\,|\,\sigma(\mathscr{A})$ ein Maß, welches mit $\hat{\mu}$ auf $\mathscr{A}$ übereinstimmt. $\square$

Die gemäß 1.4.7 existierende Fortsetzung $\mu^*\,|\,\sigma(\mathscr{A})$ ist im allgemeinen nicht eindeutig bestimmt (vgl. Ü 1.4.4).

1.4.9 Definition. Sei $\mu\,|\,\mathscr{A}$ positiv; dann heißt

$$\mu\,|\,\mathscr{A} \quad \underline{\sigma\text{-finit}} :\Leftrightarrow \text{ es existieren p.d. } B_i \in \mathscr{A} \text{ mit } \Omega = \sum_{i \geq 1} B_i$$

und $\mu(B_i) < \infty$ stets.

Für σ-finite Maße gilt nun der folgende **Eindeutigkeitssatz**.

1.4.10 Satz. Seien $\mu_i\,|\,\mathscr{A}$, $i=1,2$, Maße und $\mathscr{A}_0 \subset \mathscr{A}$ derart, daß

(i) $\quad \mu_1(A) = \mu_2(A)$ für alle $A \in \mathscr{A}_0$

(ii) $\quad \mathscr{A}_0 \ \cap$-stabil

(iii) $\quad \sigma(\mathscr{A}_0) = \mathscr{A}$

(iv) $\quad \mu_i\,|\,\mathscr{A}_0 \ \sigma$-finit für $i=1,2$.

Dann ist $\mu_1|\mathcal{A} = \mu_2|\mathcal{A}$.

<u>Beweis.</u> Gemäß (iv) existieren p.d. $B_i \in \mathcal{A}_0$ mit $\Omega = \sum_{i \geq 1} B_i$ und $\mu_1(B_i) = \mu_2(B_i) < \infty$ für alle $i \in \mathbb{N}$. Offenbar reicht es zu zeigen, daß $\mu_1(A \cap B_i) = \mu_2(A \cap B_i)$ für alle $A \in \mathcal{A}$ und $i \in \mathbb{N}$. Sei dazu

$$\mathcal{D}_i := \{A \in \mathcal{A} : \mu_1(A \cap B_i) = \mu_2(A \cap B_i)\}, \; i \in \mathbb{N}.$$

Dann ist $\mathcal{D}_i$, $i \in \mathbb{N}$, ein Dynkin-System mit $\mathcal{A}_0 \subset \mathcal{D}_i$ (wegen (i), (ii) und $B_i \in \mathcal{A}_0$), also (vgl. 1.1.22) $\mathcal{A} = \sigma(\mathcal{A}_0) = \delta(\mathcal{A}_0) \subset \mathcal{D}_i$, was zu beweisen war. $\square$

<u>1.4.11 Korollar.</u> Jedes σ-finite Prämaß $\mu|\mathcal{A}$ auf einer Semialgebra $\mathcal{A}$ läßt sich auf genau eine Weise zu einem Maß $\mu^*|\sigma(\mathcal{A})$ fortsetzen. Dabei ist μ^* durch (1.4.8) definiert (mit μ anstelle von $\hat{\mu}$; vgl. Definition von $\hat{\mu}$ im Beweis zu Satz 1.4.6).

Korollar 1.4.11 kann nun umgekehrt dazu verwendet werden, eine für spätere Zwecke wichtige <u>Approximationseigenschaft</u> für <u>finite</u> Maße herzuleiten.

<u>1.4.12 Satz (Approximationssatz).</u> Sei $\mu|\mathcal{A}$ ein finites Maß und $\mathcal{A}_0 \subset \mathcal{A}$ eine Algebra mit $\sigma(\mathcal{A}_0) = \mathcal{A}$. Dann existiert zu jedem $A \in \mathcal{A}$ und $\varepsilon > 0$ ein $A_0 \in \mathcal{A}_0$ mit $\mu(A \triangle A_0) < \varepsilon$.

<u>Beweis.</u> Da $\mu|\mathcal{A}$ die gemäß 1.4.11 eindeutig bestimmte Fortsetzung von $\mu|\mathcal{A}_0$ ist, folgt für alle $A \in \mathcal{A}$ (vgl. (1.4.8)):

$$\mu(A) = \inf \{ \sum_{n \geq 1} \mu(A_n) : A_n \in \mathcal{A}_0 \text{ mit } A \subset \bigcup_{n \in \mathbb{N}} A_n \},$$

d.h. zu $\varepsilon > 0$ und $A \in \mathcal{A}$ existieren $A_n \in \mathcal{A}_0$ mit $A \subset \bigcup_{n \in \mathbb{N}} A_n$ und $\sum_{n \geq 1} \mu(A_n) < \mu(A) + \varepsilon/2$. Sei $n_0 \in \mathbb{N}$ so gewählt, daß $\mu(\bigcup_{n \in \mathbb{N}} A_n \setminus \bigcup_{n=1}^{n_0} A_n) < \varepsilon/2$ (vgl. 1.4.5). Dann ist $A_0 := \bigcup_{n=1}^{n_0} A_n \in \mathcal{A}_0$, und es gilt (vgl. 0.2.6)

$$\mu(A \triangle A_0) = \mu((A \triangle \bigcup_{n \in \mathbb{N}} A_n) \triangle (\bigcup_{n \in \mathbb{N}} A_n \triangle A_0)) \leq \mu(A \triangle \bigcup_{n \in \mathbb{N}} A_n) + \mu(\bigcup_{n \in \mathbb{N}} A_n \triangle A_0) < \varepsilon . \quad \square$$

Wie wir in 1.4.6 gesehen haben, war für die Fortsetzbarkeit einer auf einer Semialgebra $\mathcal{A}$ definierten positiven Mengenfunktion μ zu einem Prämaß $\hat{\mu}|\alpha(\mathscr{A})$ die σ-Additivität von $\mu|\mathscr{A}$ sowohl hinreichend als auch notwendig. Da in vielen Fällen der Nachweis dieser Eigenschaft erhebliche Schwierigkeiten bereiten dürfte, wollen wir zum Abschluß dieses Abschnitts ein allgemeines Kriterium für die σ-Additivität von $\mu|\mathscr{A}$ kennenlernen.

<u>1.4.13 Definition.</u> Sei $\mathscr{C} \subset \mathscr{P}(\Omega)$ beliebig; dann heißt

$\mathscr{C}$ <u>kompaktes Mengensystem</u> :$\bullet$ zu jeder Folge $(C_n)_{n \in \mathbb{N}}$ von
Mengen aus $\mathscr{C}$ mit $\bigcap\limits_{n \in \mathbb{N}} C_n = \emptyset$
existiert bereits ein $m \in \mathbb{N}$ mit
$\bigcap\limits_{n=1}^{m} C_n = \emptyset$.

<u>1.4.14 Beispiel.</u> Sei $(X, \mathscr{G})$ ein topologischer Hausdorffraum. Dann ist $\mathscr{K}(X) := \{K \subset X: K \text{ kompakt}\}$ ein kompaktes Mengensystem (vgl. 0.8.2).

<u>1.4.15 Lemma.</u> Mit $\mathscr{C} \subset \mathscr{P}(\Omega)$ ist auch $\mathscr{C}^{\cup f} := \{C: C = \bigcup\limits_{i=1}^{n} C_i, \ C_i \in \mathscr{C}$ für $i=1,\ldots,n, \ n \in \mathbb{N}\}$ ein kompaktes Mengensystem.

<u>Beweis.</u> Sei $D_n = \bigcup\limits_{m=1}^{M_n} C_n^m \in \mathscr{C}^{\cup f}$ mit $C_n^m \in \mathscr{C}$ und $\bigcap\limits_{n \in \mathbb{N}} D_n = \emptyset$ beliebig vorgegeben. Dann ist

$$\emptyset = \bigcap\limits_{n \in \mathbb{N}} D_n = \bigcap\limits_{n \in \mathbb{N}} \bigcup\limits_{m=1}^{M_n} C_n^m = \bigcup\limits_{(k_i)_{i \in \mathbb{N}} \in f} \bigcap\limits_{n \in \mathbb{N}} C_n^{k_n},$$

wobei $f := \{(k_i)_{i \in \mathbb{N}}: k_i \in \mathbb{N} \text{ und } k_i \leq M_i \text{ für alle } i \in \mathbb{N}\} = \underset{i \in \mathbb{N}}{\times} \{1,\ldots,M_i\}$. Es folgt $\bigcap\limits_{n \in \mathbb{N}} C_n^{k_n} = \emptyset$ für alle $\underline{k} = (k_n)_{n \in \mathbb{N}} \in f$.

Sei $p(\underline{k}) \in \mathbb{N}$ die kleinste natürliche Zahl i mit $\bigcap\limits_{n=1}^{i} C_n^{k_n} = \emptyset$ ($\mathscr{C}$ kompakt!). Versieht man nun f mit der Produkttopologie der diskreten Topologien seiner Faktoren, so ist f nach dem Satz von Tychonoff ein kompakter topologischer Raum. Setze $f_p := \{\underline{k} \in f: p(\underline{k}) = p\}$, $p \in \mathbb{N}$. Dann ist (f_p) eine offene Überdeckung von f, so daß $f = \bigcup\limits_{p=1}^{p_o} f_p$ für ein geeignetes $p_o \in \mathbb{N}$. Wir zeigen $\bigcap\limits_{n=1}^{p_o} D_n = \emptyset$. Es gilt:

$$\bigcap_{n=1}^{p_0} D_n = \bigcap_{n=1}^{p_0} \bigcup_{m=1}^{M_n} C_n^m = \bigcup_{\substack{(k_1,\ldots,k_{p_0}) \\ k_i \le M_i}} \bigcap_{n=1}^{p_0} C_n^{k_n} \subset \bigcup_{\underline{k} \in \mathfrak{f}} \bigcap_{n=1}^{p(\underline{k})} C_n^{k_n} = \emptyset. \quad \square$$

<u>1.4.16 Satz.</u> Sei $\mathscr{A}$ eine Semialgebra in $\mathfrak{u}$ sowie $\mu|\mathscr{A}$ positiv und additiv mit $\mu(\Omega)<\infty$. Ferner sei $\mu|\mathscr{A}$ <u>kompakt approximierbar</u>, d.h. es existiere ein kompaktes Mengensystem $\mathscr{C} \subset \mathscr{A}$ mit

$$(1.4.17) \qquad \mu(A) = \sup \{\mu(C): A \supset C \in \mathscr{C}\} \qquad \text{für alle } A \in \mathscr{A}.$$

Dann ist $\mu|\mathscr{A}$ ein Prämaß.

<u>Beweis.</u> 1. Wir betrachten zunächst den Fall, daß $\mathscr{A}$ eine Algebra ist. Gemäß 1.4.5 reicht es dann zu zeigen, daß $\mu|\mathscr{A}$ σ-stetig in $\emptyset$ ist. Sei dazu $A_n \in \mathscr{A}$ mit $A_n \downarrow \emptyset$ und $\varepsilon > 0$ beliebig. Wegen (1.4.17) existiert zu jedem $n \in \mathbb{N}$ ein $C_n \in \mathscr{C}$ mit $C_n \subset A_n$ und $\mu(A_n) \le \mu(C_n)+\varepsilon 2^{-n}$. Da $\bigcap_{n \in \mathbb{N}} C_n \subset \bigcap_{n \in \mathbb{N}} A_n = \emptyset$, gibt es aufgrund der vorausgesetzten Kompaktheit von $\mathscr{C}$ ein $m \in \mathbb{N}$ mit $\bigcap_{n=1}^{m} C_n = \emptyset$. Es folgt

$$A_m = \bigcap_{n=1}^{m} A_n \subset \bigcup_{n=1}^{m} (A_n \smallsetminus C_n)$$

und somit (vgl. 1.4.3) für alle $k \le m$:

$$\mu(A_k) \le \mu(A_m) \le \sum_{n=1}^{m} \mu(A_n \smallsetminus C_n) \le \varepsilon.$$

2. Im allgemeinen Fall betrachte man anstelle von $\mu|\mathscr{A}$ die gemäß 1.4.6 eindeutig bestimmte Fortsetzung $\hat{\mu}|\alpha(\mathscr{A}) = \hat{\mu}|\mathscr{A}^+$. Mit 1.4.15 und Beweisteil 1 reicht es, wenn wir zeigen, daß $\hat{\mu}|\mathscr{A}^+$ durch $\mathscr{C}^{\cup f}$ kompakt approximierbar ist. Dies folgt aber sofort aus der Definition von $\mathscr{A}^+$ und $\mathscr{C}^{\cup f}$ bzw. der Additivität von $\mu|\mathscr{A}$. $\square$

Ist Ω speziell ein beschränktes Intervall in $\mathbb{R}^k$ und bezeichnet $\mathscr{A}$ die Semialgebra aller Teilintervalle von Ω, so wird durch

$$\mu(\langle \underline{a},\underline{b} \rangle) := \prod_{i=1}^{k} (b_i-a_i) \quad \text{für } \langle \underline{a},\underline{b} \rangle = \underset{i=1}{\overset{k}{\times}} \langle a_i,b_i \rangle \in \mathscr{A}$$

(wobei $\langle\; = [\,\text{oder}(\;$ bzw. $\;\rangle = \,]\,\text{oder})\,$) offenbar eine positive additive Mengenfunktion auf $\mathscr{A}$ definiert mit $\mu(\Omega) < \infty$. Ferner ist $\mu|\mathscr{A}$ durch das System $\mathscr{C}$ aller abgeschlossenen Teilintervalle von Ω kompakt approximierbar und somit gemäß 1.4.16 ein Prämaß, welches sich mit 1.4.11 in eindeutiger Weise zu einem Maß $\mu_\Omega^* | \Omega \cap \mathscr{B}_k^*$ fortsetzen läßt. Weiter gilt für alle $\Omega_1 \subset \Omega_2$: $\mu_{\Omega_1}^* | \Omega_1 \cap \mathscr{A}_k^* = \mu_{\Omega_2}^* | \Omega_1 \cap \mathscr{A}_k^*$. Ist $\mathbb{R}^k = \sum_{i \geq 1} \Omega_i$ ferner eine Zerlegung von $\mathbb{R}^k$ in p.d. beschränkte Intervalle Ω_i und setzt man

$$(1.4.18) \qquad \lambda_k(A) := \sum_{i \geq 1} \mu_{\Omega_i}^* (\Omega_i \cap A), \ A \in \mathscr{A}_k^*,$$

so wird durch (1.4.18) ein σ-finites Maß $\lambda_k | \mathscr{A}_k^*$ definiert, welches mit μ auf $\mathscr{A}$ übereinstimmt und unabhängig von der Wahl der Zerlegung $\mathbb{R}^k = \sum_{i \geq 1} \Omega_i$ ist (!). Wir nennen $\lambda_k | \mathscr{A}_k^*$ das <u>Lebesgue-Maß</u> in $\mathbb{R}^k$ und schreiben im Fall $k=1$ kurz $\lambda_1 = \lambda$.

Für spätere Zwecke wird nun die Frage von Bedeutung sein, unter welchen Bedingungen ein bereits vorgegebenes endliches Maß $\mu | \mathscr{A}$ durch ein kompaktes Mengensystem $\mathscr{C} \subset \mathscr{A}$ im Sinne von (1.4.17) approximierbar ist. Im Fall eines topologischen Raumes $(X, \mathscr{G})$ gilt nun der folgende

<u>1.4.19 Satz.</u> Ist $(X, \mathscr{G}(X))$ ein polnischer Raum (vgl. 0.8.3ff), so ist jedes Borel-Maß $\mu | \mathscr{B}(X)$ durch $\mathscr{K}(X)$ kompakt approximierbar, d.h. es ist

$$(1.4.20) \qquad \mu(A) = \sup \{\mu(K): A \supset K \in \mathscr{K}(X)\} \text{ für alle } A \in \mathscr{B}(X).$$

In diesem Fall nennen wir $\mu | \mathscr{B}(X)$ <u>straff</u>.

<u>Beweis.</u> 1. Sei d eine Metrik auf X, welche $(X, \mathscr{G}(X))$ vollständig metrisiert, und sei $X_0 = \{x_i, \ i \in \mathbb{N}\}$ dicht in X. Ferner bezeichne $B_{ni} := \{x \in X: d(x_i, x) < n^{-1}\}$ die offene Kugel mit Mittelpunkt x_i und Radius n^{-1}. Dann ist $X = \bigcup_{i \in \mathbb{N}} B_{ni}$ für alle $n \in \mathbb{N}$, d.h. (vgl. 1.4.5) zu $\varepsilon > 0$ beliebig existiert ein $i_n \in \mathbb{N}$ derart, daß $\mu(\complement \bigcup_{i=1}^{i_n} B_{ni}) \leq \varepsilon 2^{-n}$ für alle $n \in \mathbb{N}$. Setze $B := \bigcap_{n \in \mathbb{N}} \bigcup_{i=1}^{i_n} B_{ni}$. Dann ist B totalbeschränkt und somit wegen der Vollständigkeit von (X,d) $B^c \in \mathscr{K}(X)$ (vgl. 0.8.3). Da

$$\mu(\complement B^c) \leq \mu(\complement B) \leq \sum_{n \geq 1} \mu(\complement \bigcup_{i=1}^{i_n} B_{ni}) \leq \sum_{n \geq 1} \varepsilon 2^{-n} = \varepsilon, \text{ ergibt sich } (1.4.20)$$

für $A = X$.

2. Sei $\mathscr{A}_o := \{A \in \mathscr{B}(X): \sup\limits_{A \supset F \in \mathscr{F}(X)} \mu(F) = \mu(A) = \inf\limits_{A \subset G \in \mathscr{G}(X)} \mu(G)\}$.

Dann ist $\mathscr{A}_o$ eine σ-Algebra (!) mit $\mathscr{F}(X) \subset \mathscr{A}_o$. Ist nämlich F eine beliebige abgeschlossene Menge und setzt man

$G_n := \{x \in X: \inf \{d(x,y): y \in F\} < n^{-1}\}$, $n \in \mathbb{N}$, so ist $G_n \in \mathscr{G}(X)$ mit $G_n \downarrow F$, also $\mu(F) = \inf\limits_{n \geq 1} \mu(G_n)$ und somit $F \in \mathscr{A}_o$. Es folgt $\mathscr{A}_o = \mathscr{B}(X)$.

3. Gemäß 1. und 2. existieren zu $A \in \mathscr{B}(X)$ und $\epsilon > 0$ ein $F \in \mathscr{F}(X)$ mit $F \subset A$ und $\mu(A \smallsetminus F) \leq \epsilon/2$ sowie ein $K \in \mathscr{K}(X)$ mit $\mu(\complement K) \leq \epsilon/2$. Dann ist $K' := K \cap F \in \mathscr{K}(X)$ mit $K' \subset A$ und $\mu(A) - \mu(K') \leq \epsilon$. $\square$

1.5 Inneres und äußeres Maß

Im letzten Abschnitt haben wir eine Möglichkeit kennengelernt (vgl. 1.4.7), ein auf einer Algebra definiertes Prämaß $\hat{\mu}|\mathscr{A}$ zu einem Maß $\mu^*|\sigma(\mathscr{A})$ fortzusetzen. Dabei war $\mu^*|\mathscr{P}(\Omega)$ durch (1.4.8) definiert. Geht man nun von einem auf einer σ-Algebra $\mathscr{A}$ bereits definierten Maß $\mu|\mathscr{A}$ aus, so zeigt man leicht, daß

$$\mu^*(A) = \inf \{\mu(B): A \subset B \in \mathscr{A}\} \quad \text{für alle } A \subset \Omega.$$

Entsprechend setzen wir

$$\mu_*(A) = \sup \{\mu(B): A \supset B \in \mathscr{A}\} \quad \text{für alle } A \subset \Omega.$$

und nennen μ^* bzw. μ_* das zu μ gehörige <u>äußere</u> bzw. <u>innere</u> Maß. Es sei darauf hingewiesen, daß μ^* bzw. μ_* die übliche Monotonieeigenschaft und darüberhinaus gewisse Stetigkeitseigenschaften besitzen (vgl. Ü 1.5.3), jedoch im bisher verstandenen Sinne i.a. keine Maße sind (vgl. auch 1.5.5).

Der folgende Satz wird sich für die Herleitung der Ergebnisse von Kapitel VII als wesentlich erweisen.

<u>**1.5.1 Satz.**</u> Sei $\mu|\mathscr{A}$ ein finites Maß und $\Omega_o \subset \Omega$ derart, daß $\mu^*(\Omega_o) = \mu(\Omega)$. Dann gilt

$$(1.5.2) \quad \mu^*(\Omega_o \cap A) = \mu(A) \quad \text{für alle } A \in \mathscr{A},$$

und durch

$$\mu_o(\Omega_o \cap A) := \mu(A), \quad A \in \mathscr{A},$$

wird auf der Spur-σ-Algebra $\mathscr{A}_o := \Omega_o \cap \mathscr{A}$ eindeutig ein Maß $\mu_o|\mathscr{A}_o$ mit $\mu_o(\Omega_o) = \mu(\Omega)$ definiert.

Beweis. Offenbar ist $\mu^*(\Omega_0 \cap A) \leq \mu(A)$ für alle $A \in \mathcal{A}$. Ist umgekehrt $\Omega_0 \cap A \subset B \in \mathcal{A}$, so folgt $A \cap \complement B \subset \complement \Omega_0$, also wegen $\mu_*(\complement \Omega_0) = 0$ (!) $\mu(A) = \mu(A \cap B) \leq \mu(B)$, d.h. $\mu(A) \leq \mu^*(\Omega_0 \cap A)$.

Als nächstes zeigen wir, daß $\mu_0 \mid \mathcal{A}_0$ wohldefiniert ist. Ist $\Omega_0 \cap A_1 = \Omega_0 \cap A_2$, so folgt $\Omega_0 \cap (A_1 \vartriangle A_2) = \emptyset$, d.h. (vgl. (1.5.2)) $\mu(A_1 \vartriangle A_2) = \mu^*(\Omega_0 \cap (A_1 \vartriangle A_2)) = \mu^*(\emptyset) = 0$. Mit 1.4.3 erhalten wir $\mu(A_1) = \mu(A_2)$.

Schließlich seien $B_n = \Omega_0 \cap A_n$, $n \in \mathbb{N}$, $A_n \in \mathcal{A}$, p.d. Mengen in $\mathcal{A}_0$. Dann sind $\tilde{A}_n := A_n \setminus \bigcup_{i=1}^{n-1} A_i$, $n \in \mathbb{N}$, p.d. Mengen in $\mathcal{A}$ mit

$$(\tilde{A}_n \vartriangle A_n) \cap \Omega_0 = (B_n \setminus \bigcup_{i=1}^{n-1} B_i) \vartriangle B_n = B_n \vartriangle B_n = \emptyset.$$ Es folgt $\mu(\tilde{A}_n) = \mu(A_n)$,

$n \in \mathbb{N}$, und somit $\sum_{n \geq 1} \mu_0(B_n) = \sum_{n \geq 1} \mu(A_n) = \sum_{n \geq 1} \mu(\tilde{A}_n) = \mu(\bigcup_{n \in \mathbb{N}} \tilde{A}_n) =$

$\mu(\bigcup_{n \in \mathbb{N}} A_n) = \mu_0(\Omega_0 \cap (\bigcup_{n \in \mathbb{N}} A_n)) = \mu_0(\bigcup_{n \in \mathbb{N}} B_n)$. $\square$

Für einige konstruktive Beweise in der Wahrscheinlichkeitstheorie ist es oft wichtig zu wissen, ob eine Menge $A \subset \Omega$ mit $\mu^*(A) = 0$ automatisch zu $\mathcal{A}$ gehört. Offensichtlich ist $\mu^*(A) = 0$ genau dann, wenn $A \in \mathcal{N}_\mu$, wobei

$$\mathcal{N}_\mu := \{N \subset \Omega: N \subset A \text{ für ein } A \in \mathcal{A} \text{ mit } \mu(A) = 0\}.$$

das System der $\underline{\mu\text{-Nullmengen}}$ bezeichne. $\mu \mid \mathcal{A}$ heißt $\underline{\text{vollständig}}$, falls $\mathcal{N}_\mu \subset \mathcal{A}$.

Der folgende Satz zeigt, daß jedes Maß $\mu \mid \mathcal{A}$ zu einem vollständigen Maß $\tilde{\mu} \mid \mathcal{A}_\mu$, der sogenannten $\underline{\text{Vervollständigung}}$ von $\mu \mid \mathcal{A}$, fortgesetzt werden kann.

$\underline{\text{1.5.3 Satz.}}$ Sei $\mu \mid \mathcal{A}$ ein Maß und $\mathcal{N}_\mu$ das zugehörige System der μ-Nullmengen. Dann ist $\mathcal{A}_\mu := \{A \cup N: A \in \mathcal{A} \text{ und } N \in \mathcal{N}_\mu\}$ eine σ-Algebra, und durch

$$\tilde{\mu}(A \cup N) := \mu(A), \quad A \in \mathcal{A}, \quad N \in \mathcal{N}_\mu$$

wird auf $\mathcal{A}_\mu$ in eindeutiger Weise ein Maß $\tilde{\mu} \mid \mathcal{A}_\mu$ definiert, welches $\mu \mid \mathcal{A}$ fortsetzt und vollständig ist.

__Beweis.__ Wir beschränken uns auf den Beweis der Eindeutigkeit und Vollständigkeit.

1. Ist $A_1 \cup N_1 = A_2 \cup N_2$ mit $A_i \in \mathscr{A}$ und $N_i \in \mathscr{N}_\mu$, i=1,2, so folgt $A_1 \vartriangle A_2 \subset N_1 \cup N_2$ und damit $\mu(A_1 \vartriangle A_2) = 0$, also $\mu(A_1) = \mu(A_2)$.

2. Sei $\tilde{N} \in \mathscr{N}_{\tilde{\mu}}$, d.h. es existiert $N \in \mathscr{A}_\mu$ mit $\tilde{N} \subset N$ und $\tilde{\mu}(N) = 0$. Nach Definition von $\mathscr{A}_\mu$ ist $N = A \cup M$ mit geeigneten $A \in \mathscr{A}$, $\mu(A)=0$, und $M \in \mathscr{N}_\mu$. Es folgt $N \subset A \cup C$ mit $C \in \mathscr{A}$ und $\mu(C) = 0$. Zusammenfassend erhalten wir $\tilde{N} \subset A \cup C$, so daß wegen $\mu(A \cup C) = 0$ folgt $\tilde{N} \in \mathscr{N}_\mu \subset \mathscr{A}_\mu$. $\square$

__1.5.4 Bemerkung.__ Die Fortsetzung von $\mu|\mathscr{A}$ zu einem Maß $\nu|\mathscr{A}_\mu$ ist eindeutig bestimmt.

__1.5.5 Bemerkung.__ Aus der Maßtheorie ist bekannt, daß das zum Lebesgue-Maß λ gehörende äußere Maß λ^* nicht σ-stetig in $\emptyset$ ist. Insbesondere lassen sich Mengen $Y_n \subset [0,1]$ finden mit $Y_n \downarrow \emptyset$ und $\lambda^*(Y_n)=1$ für alle $n \in \mathbb{N}$ (vgl. [151]).

1.6 Übergang vom Maß zum Integral

Die meisten Sätze dieses Abschnitts werden wir ohne Beweis angeben, da sie zumindest für das Lebesgue Maß aus der Analysis bekannt sein dürften. Es sei $(\Omega, \mathscr{A})$ wiederum ein beliebiger meßbarer Raum und $\mu|\mathscr{A}$ ein Maß. Um nun das Integral für Funktionen $f \in \mathscr{E}_+(\Omega, \mathscr{A})$ zu definieren, betrachten wir die Darstellung (vgl. 1.2.21)

$$f = \sum_{i=1}^n a_i 1_{A_i} \text{ mit paarweise verschiedenen } a_i \in \mathbb{R} \text{ und p.d. } A_i \in \mathscr{A},$$

$$\sum_{i=1}^n A_i = \Omega, \text{und setzen}$$

$$E(f) := \sum_{i=1}^n a_i \mu(A_i).$$

Besitzt f eine weitere Darstellung $f = \sum_{i=1}^m b_i 1_{B_i}$ (mit nicht notwendig p.d. $B_i \in \mathscr{A}$), so zeigt man leicht, daß $E(f) = \sum_{i=1}^m b_i \mu(B_i)$.

__1.6.1 Satz.__ Die Abbildung $E: \mathscr{E}_+(\Omega, \mathscr{A}) \rightarrow \overline{\mathbb{R}}_+$ besitzt folgende Eigenschaften:

(i) $E(1_A) = \mu(A)$ für alle $A \in \mathscr{A}$

(ii) $E(\alpha f) = \alpha E(f)$ für alle $\alpha \in \mathbb{R}_+$ und $f \in \mathscr{E}_+(\Omega, \mathscr{A})$

(iii) $E(f+g) = E(f) + E(g)$ für alle $f,g \in \mathcal{E}_+(\Omega,\mathcal{A})$

(iv) $f,g \in \mathcal{E}_+(\Omega,\mathcal{A})$ und $f \leq g \rightarrow E(f) \leq E(g)$

(v) Sind $(f_n)_{n \in \mathbb{N}}$ und $(g_n)_{n \in \mathbb{N}}$ monoton wachsende Folgen von Funktionen aus $\mathcal{E}_+(\Omega,\mathcal{A})$ mit $\sup_{n \geq 1} f_n = \sup_{n \geq 1} g_n$, so folgt:

$$\sup_{n \geq 1} E(f_n) = \sup_{n \geq 1} E(g_n).$$

1.6.2 Definition. Sei $f \in \overline{\mathcal{T}}_+(\Omega,\mathcal{A})$ und $f_n \in \mathcal{E}_+(\Omega,\mathcal{A})$ mit $f_n \uparrow f$. Dann heißt

$$E(f) := \sup_{n \geq 1} E(f_n) \text{ das } \underline{\mu\text{-Integral von } f} \text{ (über } \Omega).$$

1.6.3 Bemerkung. Die Existenz einer Folge $f_n \in \mathcal{E}_+(\Omega,\mathcal{A})$ mit $f_n \uparrow f$ folgt aus 1.2.23. Die Eindeutigkeit der Definition ergibt sich mittels 1.6.1 (v). Ferner ist die Abbildung $E: \overline{\mathcal{T}}_+(\Omega,\mathcal{A}) \rightarrow \overline{\mathbb{R}}_+$ eine Fortsetzung von $E \mid \mathcal{E}_+(\Omega,\mathcal{A})$ und besitzt die Eigenschaften (i) - (iv) aus Satz 1.6.1 (mit $\overline{\mathcal{T}}_+(\Omega,\mathcal{A})$ anstelle von $\mathcal{E}_+(\Omega,\mathcal{A})$).

Um nun $E(f)$ für beliebige $f \in \overline{\mathcal{T}}(\Omega,\mathcal{A})$ zu definieren, betrachten wir die Zerlegung $f = f^+ - f^-$. Dann heißt f $\underline{\mu\text{-integrierbar}}$, falls $E(f^+) < \infty$ und $E(f^-) < \infty$. f heißt $\underline{\mu\text{-quasi-integrierbar}}$, falls $E(f^+) < \infty$ oder $E(f^-) < \infty$. In jedem Fall setzen wir $E(f) := E(f^+) - E(f^-)$. Insbesondere ist jedes $f \in \overline{\mathcal{T}}_+(\Omega,\mathcal{A})$ μ-quasi-integrierbar.

Sei $\mathcal{L}(\Omega,\mathcal{A},\mu) := \{f \in \overline{\mathcal{T}}(\Omega,\mathcal{A}): f \ \mu\text{-integrierbar}\}$.

1.6.4 Bemerkung. $\mathcal{L}(\Omega,\mathcal{A},\mu)$ ist ein Vektorverband und $E \mid \mathcal{L}(\Omega,\mathcal{A},\mu)$ eine positive Linearform, d.h. $0 \leq E(f)$ für $0 \leq f \in \mathcal{L}(\Omega,\mathcal{A},\mu)$ und $E(\alpha f + \beta g) = \alpha E(f) + \beta E(g)$ für $\alpha,\beta \in \mathbb{R}$ und $f,g \in \mathcal{L}(\Omega,\mathcal{A},\mu)$.

In den folgenden Konvergenzsätzen wird die Frage untersucht, unter welchen Bedingungen Limes- und Integralbildung vertauschbar sind. Hinsichtlich der Beweise verweisen wir auf das Buch von Bauer [5].

1.6.5 Satz von der monotonen Konvergenz (B. Levi). Sei $f_n \in \overline{\mathcal{L}}(\Omega,\mathcal{A},\mu)$ für $n \in \mathbb{N}$ mit $f_n \uparrow [\downarrow] f$. Dann ist $f \in \overline{\mathcal{T}}(\Omega,\mathcal{A})$ μ-quasi-integrierbar mit $E(f) = \lim_{n \to \infty} E(f_n)$. Ferner ist $f \in \overline{\mathcal{L}}(\Omega,\mathcal{A},\mu)$ genau dann, wenn $\sup_{n \geq 1} E(f_n) < \infty$ $[\inf_{n \geq 1} E(f_n) > -\infty]$.

1.6.6 Korollar. Sei $f_n \in \overline{\mathcal{T}}_+(\Omega, \mathcal{A})$ für $n \in \mathbb{N}$ und $f := \sum_{n \geq 1} f_n$. Dann ist $E(f) = \sum_{n \geq 1} E(f_n)$ und $f \in \overline{\mathcal{L}}(\Omega, \mathcal{A}, \mu)$ genau dann, wenn $\sum_{n \geq 1} E(f_n) < \infty$.

1.6.7 Satz (Lemma von Fatou). Sei $f_n \in \overline{\mathcal{L}}(\Omega, \mathcal{A}, \mu)$ für $n \in \mathbb{N}$; dann gilt:

(i) $\overline{\mathcal{L}}(\Omega, \mathcal{A}, \mu) \ni f \leq f_n$ für alle $n \in \mathbb{N}$ und $\liminf_{n \to \infty} E(f_n) < \infty \;\Rightarrow$

$\qquad \liminf_{n \to \infty} f_n \in \overline{\mathcal{L}}(\Omega, \mathcal{A}, \mu)$ mit $E(\liminf_{n \to \infty} f_n) \leq \liminf_{n \to \infty} E(f_n)$

(ii) $\overline{\mathcal{L}}(\Omega, \mathcal{A}, \mu) \ni g \geq f_n$ für alle $n \in \mathbb{N}$ und $\limsup_{n \to \infty} E(f_n) > -\infty \;\Rightarrow$

$\qquad \limsup_{n \to \infty} f_n \in \overline{\mathcal{L}}(\Omega, \mathcal{A}, \mu)$ mit $E(\limsup_{n \to \infty} f_n) \geq \limsup_{n \to \infty} E(f_n)$.

1.6.8 Korollar. $\mu | \mathcal{A}$ finites Maß und $A_n \in \mathcal{A}$ für $n \in \mathbb{N} \;\Rightarrow$

$$(1.6.9) \qquad \mu(\liminf_{n \to \infty} A_n) \leq \liminf_{n \to \infty} \mu(A_n) \leq \limsup_{n \to \infty} \mu(A_n) \leq \mu(\limsup_{n \to \infty} A_n).$$

1.6.10 Satz von der majorisierten Konvergenz (Lebesgue). Sei $f_n \in \overline{\mathcal{L}}(\Omega, \mathcal{A}, \mu)$ für $n \in \mathbb{N}$ mit $|f_n| \leq g \in \mathcal{L}(\Omega, \mathcal{A}, \mu)$. Dann gilt:

$f_n \to f \;\Rightarrow\; f \in \overline{\mathcal{L}}(\Omega, \mathcal{A}, \mu)$ mit $E(f) = \lim_{n \to \infty} E(f_n)$.

1.6.11 Satz (Lemma von Scheffé). Sei $0 \leq f_n \in \mathcal{L}(\Omega, \mathcal{A}, \mu)$ für $n \in \mathbb{Z}_+$ mit $f_n \to f_0$ und $E(f_0) = \lim_{n \to \infty} E(f_n)$. Dann gilt

$$(1.6.12) \qquad \lim_{n \to \infty} E(|f_n - f_0|) = 0.$$

Beweis. Es ist $0 \leq f_n + f_0 - |f_n - f_0|$ und somit

$$\liminf_{n \to \infty} E(f_n + f_0 - |f_n - f_0|) \leq \liminf_{n \to \infty} E(f_n + f_0) < \infty,$$

d.h. gemäß 1.6.7 (i) ist

$$E(2f_0) = E(\liminf_{n \to \infty} (f_n + f_0 - |f_n - f_0|)) \leq$$

$$\liminf_{n \to \infty} E(f_n + f_0 - |f_n - f_0|) = 2E(f_0) - \limsup_{n \to \infty} E(|f_n - f_0|),$$

also (1.6.12). $\square$

1.6.13 Definition. Sei $A \in \mathcal{A}$ und $f \in \overline{\mathcal{T}}(\Omega, \mathcal{A})$; dann heißt

f $\underline{\mu\text{-integrierbar}}$ über A genau dann, wenn $f \cdot 1_A \in \overline{\mathcal{L}}(\Omega, \mathcal{A}, \mu)$.

Schreibweise: $\int_A f d\mu := \int_A f(\omega)\mu(d\omega) := E(f \cdot 1_A)$. Die Bezeichnung $\int_A f d\mu$
ist auch gebräuchlich, falls $f \cdot 1_A$ μ-quasi-integrierbar ist. Im Fall
$\Omega = \mathbb{R}^k$ und $\mu = \lambda_k$ schreiben wir $\int_A f d\mu = \int_A f(x) dx$.

Als unmittelbare Folgerung aus 1.6.6 erhalten wir

<u>1.6.14 Lemma.</u> Ist $f \in \overline{\mathcal{Z}}_+(\Omega, \mathcal{A})$ und $A = \sum_{n \geq 1} A_n$, $A_n \in \mathcal{A}$ für $n \in \mathbb{N}$, so
folgt:

$$\int_A f d\mu = \sum_{n \geq 1} \int_{A_n} f d\mu.$$

<u>1.6.15 Korollar.</u> Sei $f \in \overline{\mathcal{Z}}_+(\Omega, \mathcal{A})$. Dann wird durch

$$(1.6.16) \qquad \nu(A) := \int_A f(\omega)\mu(d\omega) \quad \text{für alle } A \in \mathcal{A}$$

ein Maß $\nu|\mathcal{A}$ definiert mit $\nu(\Omega) = \int_\Omega f d\mu$. f heißt <u>μ-Dichte von ν</u>.
Ist speziell $\int_\Omega f d\mu = 1$, so nennen wir f eine <u>Wahrscheinlichkeitsdichte</u>
(von ν bzgl. μ).

<u>1.6.17 Satz.</u> Mit den Bezeichnungen von 1.6.15 gilt: Für alle
$g \in \overline{\mathcal{Z}}(\Omega, \mathcal{A})$ ist

$$g \in \overline{\mathcal{L}}(\Omega, \mathcal{A}, \nu) \Leftrightarrow g \cdot f \in \overline{\mathcal{L}}(\Omega, \mathcal{A}, \mu).$$

In diesem Fall ist $\int_\Omega g(\omega)\nu(d\omega) = \int_\Omega g(\omega)f(\omega)\mu(d\omega)$.
<u>Beweis.</u> Der Beweis benutzt wiederum die algebraische Induktion.
O.E. sei $g \geq 0$ (sonst Zerlegung $g = g^+ - g^-$). Die Behauptung gilt nach
Definition von ν für Indikatorvariable und damit für elementare zufällige Variable. Im allgemeinen Fall approximiere man g monoton durch
elementare Variable (vgl. 1.2.23) und benutze Satz 1.6.5. $\square$

<u>1.7 μ-fast überall Eigenschaften</u>

Sind $f_1, f_2 \in \overline{\mathcal{Z}}(\Omega, \mathcal{A})$ und ist $\mu|\mathcal{A}$ ein Maß mit der Eigenschaft

$$(1.7.1) \qquad \mu(\{\omega \in \Omega: f_1(\omega) \neq f_2(\omega)\}) = 0,$$

so wird es mitunter notwendig sein, beide Funktionen vom maßtheoretischen Standpunkt her zu identifizieren. Dies wird durch die
folgende Definition und die anschließende Bemerkung präzisiert.

<u>1.7.2 Definition.</u> Seien $f_1, f_2 \in \overline{\mathcal{Z}}\,(\Omega, \mathcal{A})$; dann

$$f_1 \underset{[\mu]}{=} f_2 :\Leftrightarrow \mu(\{\omega \in \Omega: f_1(\omega) \neq f_2(\omega)\}) = 0$$

$$f_1 \underset{[\mu]}{\leq} f_2 :\Leftrightarrow \mu(\{\omega \in \Omega: f_1(\omega) > f_2(\omega)\}) = 0.$$

<u>1.7.3 Bemerkung.</u> " $\underset{[\mu]}{=}$ " Äquivalenzrelation auf $\overline{\mathcal{Z}}\,(\Omega, \mathcal{A})$.

Statt $f_1 \underset{[\mu]}{=} f_2$ schreiben wir häufig auch: $f_1 = f_2$ μ-fast überall (μ-f.ü.). Entsprechend sagt man: Eine Eigenschaft A gilt für μ-fast alle $\omega \in \Omega$ (bzw. μ-f.ü.), falls eine Menge $N \in \mathcal{A}$ mit $\mu(N) = 0$ existiert, so daß die Eigenschaft A für alle $\omega \notin N$ gilt. Ist μ ein W.-Maß, so spricht man von einer <u>μ-fast sicheren</u> (μ-f.s.) Eigenschaft. Betrachtet man die von " $\underset{[\mu]}{=}$ " erzeugte Zerlegung von $\overline{\mathcal{Z}}\,(\Omega, \mathcal{A})$ in disjunkte Äquivalenzklassen, so wollen wir die oben angesprochene Identifizierung so verstehen, daß wir nicht zwischen f_1 und f_2 unterscheiden, falls $f_1 \underset{[\mu]}{=} f_2$, d.h. falls f_1 und f_2 zur gleichen Klasse gehören.

<u>1.7.4 Lemma.</u> Sei $\emptyset \neq I \subset \mathbb{N}$ beliebig und $g: \mathbb{R}^I \to \overline{\mathbb{R}}$ $\mathcal{A}_I^*$, $\overline{\mathcal{A}}_1^*$-meßbar. Dann gilt:

$$f_i, f_i' \in \mathcal{Z}\,(\Omega, \mathcal{A}) \text{ mit } f_i \underset{[\mu]}{=} f_i' \text{ für alle } i \in I \Rightarrow$$

$$h := g \circ ((f_i)_{i \in I}) \underset{[\mu]}{=} g \circ ((f_i')_{i \in I}) =: h'.$$

<u>Beweis.</u> Es ist $\{h \neq h'\} \subset \bigcup_{i \in I} \{f_i \neq f_i'\}$. $\square$

<u>1.7.5 Beispiele.</u> a) $I = \{1,2\}$ und $g: \mathbb{R}^2 \to \mathbb{R}$ mit $g(x_1, x_2) := x_1 \pm x_2$

b) $I = \mathbb{N}$ und $g: \mathbb{R}^{\mathbb{N}} \to \overline{\mathbb{R}}$ mit $g((x_i)_{i \in \mathbb{N}}) := \sup_{i \in I} x_i$ bzw. $\inf_{i \in I} x_i$

c) $I = \mathbb{N}$ und $g: \mathbb{R}^{\mathbb{N}} \to \overline{\mathbb{R}}$ mit $g((x_i)_{i \in \mathbb{N}}) := \liminf_{i \to \infty} x_i$ bzw. $\limsup_{i \to \infty} x_i$

<u>1.7.6 Satz.</u> Sei $f \in \overline{\mathcal{Z}}_+(\Omega, \mathcal{A})$; dann gilt

$$\int_\Omega f \, d\mu = 0 \Leftrightarrow f \underset{[\mu]}{=} 0$$

<u>Beweis.</u> 1. Sei $f \underset{[\mu]}{=} 0$, d.h. $\mu(N) = 0$, wobei $N := \{\omega \in \Omega: f(\omega) \neq 0\}$.
Mit $f_n := n 1_N$, $n \in \mathbb{N}$, folgt dann:

$$0 \le f \le \sup_{n \ge 1} f_n, \text{ also } 0 \le E(f) \le E(\sup_{n \ge 1} f_n) = \sup_{n \ge 1} E(f_n) = 0.$$

2. Sei $A_n := \{\omega: f(\omega) \ge n^{-1}\} \in \mathscr{A}$, $n \in \mathbb{N}$. Dann ist $A_n \uparrow N$ und somit
$$\mu(N) = \lim_{n \to \infty} \mu(A_n) \le \lim_{n \to \infty} nE(f) = 0. \quad \square$$

1.7.7 Korollar. Seien $f, g \in \mathscr{L}(\Omega, \mathscr{A}, \mu)$ mit $f \le g$ und $E(f) = E(g)$. Dann ist $f \underset{[\mu]}{=} g$.

Beweis. Man wende den letzten Satz mit $g-f$ anstelle von f an. $\quad \square$

1.7.8 Satz. $f \in \overline{\mathscr{L}}(\Omega, \mathscr{A}, \mu) \Rightarrow \mu(\{\omega \in \Omega: f(\omega) = \pm\infty\}) = 0$, d.h. f ist μ-f.ü. endlich.

Beweis. Sei $M := \{\omega \in \Omega: |f(\omega)| = \infty\} \in \mathscr{A}$. Dann ist für alle $a > 0$: $a 1_M \le |f|$ und somit $a\mu(M) \le E(|f|) < \infty$, d.h. $\mu(M) = 0$. $\quad \square$

1.7.9 Satz. Für $f, g \in \mathscr{L}(\Omega, \mathscr{A}, \mu)$ sind folgende zwei Aussagen äquivalent:

(i) $f \underset{[\mu]}{\le} g$

(ii) $\int_A f d\mu \le \int_A g d\mu$ für alle $A \in \mathscr{A}$.

Beweis. Es ist $f \underset{[\mu]}{\le} g \Rightarrow (f-g)^+ \underset{[\mu]}{=} 0 \Rightarrow \int_\Omega (f-g)^+ d\mu = 0$ (vgl. 1.7.6) und somit $\int_A (f-g) d\mu \le \int_\Omega (f-g)^+ d\mu = 0$ für alle $A \in \mathscr{A}$, falls $f \underset{[\mu]}{\le} g$. Umgekehrt folgt mit $A := \{\omega \in \Omega: f(\omega) - g(\omega) > 0\} \in \mathscr{A}$:
$$0 \le \int_\Omega (f-g)^+ d\mu = \int_A (f-g) d\mu \le 0, \text{ also (i).} \quad \square$$

1.7.10 Bemerkungen. Seien $f, g \in \mathscr{L}(\Omega, \mathscr{A}, \mu)$.

(i) Dann liefert der letzte Satz durch zweimalige Anwendung die Äquivalenz $f \underset{[\mu]}{=} g \Rightarrow \int_A f d\mu = \int_A g d\mu$ für alle $A \in \mathscr{A}$.

(ii) Ist $\mathscr{A}_0 \subset \mathscr{A}$ eine Sub-σ-Algebra von $\mathscr{A}$ und sind f und g bereits $\mathscr{A}_0, \mathscr{B}^*$-meßbar, so ist Bedingung (i) in Satz 1.7.9 äquivalent zur Bedingung
$$\int_A f d\mu \le \int_A g d\mu \text{ für alle } A \in \mathscr{A}_0.$$

Sind $\nu | \mathscr{A}$ und $\mu | \mathscr{A}$ zwei Maße und besitzt ν eine Dichte bzgl. μ, so folgt mit 1.7.6, daß

(1.7.11) $\nu(A) = 0$ für alle $A \in \mathscr{A}$ mit $\mu(A) = 0$.

Wir sagen in diesem Fall, daß $\underline{\nu\ \text{absolutstetig bzgl. }\mu}$ ist (in Zeichen $\nu \ll \mu$). Bemerkenswerterweise gilt hiervon auch die Umkehrung, falls μ σ-finit ist.

__1.7.12 Satz (Radon-Nikodym).__ Sei $(\Omega, \mathscr{A})$ ein meßbarer Raum, $\mu \mid \mathscr{A}$ σ-finit und $\nu \ll \mu$. Dann existiert $f \in \overline{\mathscr{T}}_+(\Omega, \mathscr{A})$ derart, daß

$$\nu(A) = \int_A f(\omega)\mu(d\omega) \quad \text{für alle } A \in \mathscr{A}.$$

__Beweis.__ Vgl. [5], Satz 17.10. $\square$

In der Regel ist f nicht eindeutig bestimmt. Mit 1.7.10 (i) folgt jedoch, daß zwei Dichten von ν bzgl. μ μ-fast überall übereinstimmen, falls ν finit ist. Der allgemeine Fall wird in Bauer [5], Satz 17.11, behandelt.

__1.7.13 Satz.__ Seien $f,g \in \mathscr{L}(\Omega, \mathscr{A}, \mu)$ und $\mathscr{A}_0 \subset \mathscr{A}$ eine Semialgebra mit $\sigma(\mathscr{A}_0) = \mathscr{A}$. Dann ist $f \underset{[\mu]}{\leqslant} g$ genau dann wenn

$$\int_A f d\mu \leqslant \int_A g d\mu \quad \text{für alle } A \in \mathscr{A}_0.$$

__Beweis.__ Mit 1.7.9 haben wir lediglich zu zeigen, daß die Integralbedingung die Bedingung (ii) in 1.7.9 impliziert. Setzt man dazu $\mathscr{M} := \{A \in \mathscr{A} : \int_A f d\mu \leqslant \int_A g d\mu\}$, so ist $\mathscr{M}$ ein monotones System (man verwende den Satz von der majorisierten Konvergenz), welches nach Voraussetzung $\mathscr{A}_0$ und damit wegen 1.1.23 auch $\sigma(\mathscr{A}_0)$ enthält. Die Behauptung ergibt sich nun mittels 1.1.21. $\square$

__1.7.14 Bemerkung.__ Sind $f,g \in \mathscr{L}(\Omega, \mathscr{A}, \mu)$ und ist $\mathscr{A}_0 \subset \mathscr{A}$ eine Semialgebra mit $\sigma(\mathscr{A}_0) = \mathscr{A}$, so liefert 1.7.13 durch zweimalige Anwendung die Äquivalenz

$$f \underset{[\mu]}{=} g \iff \int_A f d\mu = \int_A g d\mu \quad \text{für alle } A \in \mathscr{A}_0.$$

1.8 Übergangs- und Produktwahrscheinlichkeiten

Wie wir aus der Theorie der diskreten Modelle wissen (vgl. [87], § 2), kann das allgemeine Modell eines Wahrscheinlichkeitsraumes dazu benutzt werden, in der Praxis auftretende zufällige Phänomene modelltheoretisch zu beschreiben. Obwohl in 1.4 ein vom maßtheo-

retischen Standpunkt her recht zufriedenstellender Zugang zur
Konstruktion von Maßen gefunden wurde, ist es für die W.-theorie
charakteristisch, daß bei der Anwendung auf praktische Probleme die
Wahl eines den jeweiligen Situationen angepaßten stochastischen
Modells entscheidend und oft mit Schwierigkeiten verbunden ist. Wir
wollen deshalb in den beiden folgenden Abschnitten einige wichtige
Verfahren zur Konstruktion solcher Modelle kennenlernen. Dabei seien
$(\Omega,\mathscr{A})$, $(\Omega_1,\mathscr{A}_1)$ usw. stets meßbare Räume mit darüber definierten
W.-Maßen P bzw. P_i.

1.8.1 Definition. Seien $(\Omega_1,\mathscr{A}_i)$, i=1,2, zwei meßbare Räume. Eine
Abbildung $K_2^1: \Omega_1 \times \mathscr{A}_2 \to [0,1]$ heißt <u>Übergangswahrscheinlichkeit</u> von
$(\Omega_1,\mathscr{A}_1)$ nach $(\Omega_2,\mathscr{A}_2)$, falls

(1.8.2)   für alle $\omega_1 \in \Omega_1$ $K_2^1(\omega_1,\cdot)$ ein W.-Maß auf $\mathscr{A}_2$ ist

(1.8.3)   für alle $A_2 \in \mathscr{A}_2$ die Abbildung $K_2^1(\cdot,A_2)$ $\mathscr{A}_1,\mathscr{B}^*$-meßbar ist.

Während (1.8.3) von innermathematischer Bedeutung ist, läßt Be-
dingung (1.8.2) die folgende Interpretation zu: Sind $\mathscr{E}_1$ und $\mathscr{E}_2$
zwei zufällige Experimente und ist $\omega_1 \in \Omega_1$ der Ausgang des ersten
Experiments, so wird das Zufallsgeschehen hinsichtlich der möglichen
Ausgänge von $\mathscr{E}_2$ durch die Wahrscheinlichkeit $K_2^1(\omega_1,\cdot)$ gesteuert.

Statt "Übergangswahrscheinlichkeit" sind auch die Bezeichnungen
"<u>Markoffscher Kern</u>" bzw. "<u>stochastischer Kern</u>" gebräuchlich. Wir
wollen zunächst einige Spezialfälle betrachten.

1.8.4 Beispiele. a) Ist $P_2|\mathscr{A}_2$ eine Wahrscheinlichkeit auf $\mathscr{A}_2$, so
wird durch $K_2^1(\omega_1,A_2) := P_2(A_2)$, $A_2 \in \mathscr{A}_2$, eine Übergangswahrscheinlichkeit von $(\Omega_1,\mathscr{A}_1)$ nach $(\Omega_2,\mathscr{A}_2)$ definiert("<u>keine gegenseitige
Beeinflussung von $\mathscr{E}_1$ und $\mathscr{E}_2$</u>").

b) Seien Ω_i, i=1,2, endlich und $\mathscr{A}_i := \mathscr{P}(\Omega_i)$. Ist $P^*:\Omega_1 \times \Omega_2 \to [0,1]$
eine <u>stochastische Matrix</u>, d.h. ist $0 \le P^*(\omega_1,\omega_2) \le 1$ für alle
$(\omega_1,\omega_2) \in \Omega_1 \times \Omega_2$ und $\sum_{\omega_2 \in \Omega_2} P^*(\omega_1,\omega_2) = 1$ für alle $\omega_1 \in \Omega_1$, so wird
durch

$$K_2^1(\omega_1,A_2) := \sum_{\omega_2 \in A_2} P^*(\omega_1,\omega_2)$$

eine Übergangswahrscheinlichkeit von $(\Omega_1,\mathscr{A}_1)$ nach $(\Omega_2,\mathscr{A}_2)$ definiert.

c) Sei $T: \Omega_1 \to \Omega_2$ $\mathscr{A}_1, \mathscr{A}_2$-meßbar. Dann wird durch

$$K_2^1(\omega_1, A_2) := \varepsilon_{T(\omega_1)}(A_2), \quad \omega_1 \in \Omega_1, \ A_2 \in \mathscr{A}_2$$

eine Übergangswahrscheinlichkeit von $(\Omega_1, \mathscr{A}_1)$ nach $(\Omega_2, \mathscr{A}_2)$ definiert. Dabei bezeichne ε_y das $\underline{\text{Dirac-Maß}}$ in y, d.h.

$$\varepsilon_y(A) := \begin{cases} 1 & \text{, falls } y \in A \\ 0 & \text{sonst} \end{cases} \qquad (\text{"}\underline{\text{extreme Kopplung zwischen } \mathscr{E}_1 \text{ und } \mathscr{E}_2}\text{"}).$$

$\underline{\text{1.8.5 Bemerkung.}}$ Gilt (1.8.2) und ist (1.8.3) lediglich für alle $C \in \mathscr{C}_2$ aus einem $\cap$-stabilen Erzeuger $\mathscr{C}_2$ von $\mathscr{A}_2$ erfüllt, so ist K_2^1 bereits eine Übergangswahrscheinlichkeit. Dazu setze man $\mathscr{D} := \{C \in \mathscr{A}_2: K_2^1(\cdot, C) \ \mathscr{A}_1, \mathscr{B}^*\text{-meßbar}\}$. Dann ist $\mathscr{D}$ ein Dynkin-System in Ω_2 mit $\mathscr{C}_2 \subset \mathscr{D}$, also (vgl. 1.1.22) $\mathscr{A}_2 = \sigma(\mathscr{C}_2) = \delta(\mathscr{C}_2) \subset \mathscr{D} \subset \mathscr{A}_2$.

Um nun das aus $\mathscr{E}_1$ und $\mathscr{E}_2$ zusammengesetzte komplexe Experiment $\mathscr{E} = (\mathscr{E}_1, \mathscr{E}_2)$ modelltheoretisch zu beschreiben, betrachten wir das $\mathscr{E}_1$ beschreibende Modell $(\Omega_1, \mathscr{A}_1, P_1)$ und die $\mathscr{E}_1$ und $\mathscr{E}_2$ koppelnde Übergangswahrscheinlichkeit K_2^1. Es ist anschaulich klar, daß das $\mathscr{E}$ beschreibende W.-Maß P auf dem Raum $(\Omega, \mathscr{A}) := (\Omega_1 \times \Omega_2, \mathscr{A}_1 \otimes \mathscr{A}_2)$ zu definieren ist. Der Vorbereitung dieser Konstruktion dienen die folgenden Lemmata.

$\underline{\text{1.8.6 Lemma.}}$ Sei $(\Omega, \mathscr{A}) = (\Omega_1 \times \Omega_2, \mathscr{A}_1 \otimes \mathscr{A}_2)$ und $f \in \overline{\mathscr{Z}}(\Omega, \mathscr{A})$. Dann sind für alle $\bar{\omega}_1 \in \Omega_1$ und $\bar{\omega}_2 \in \Omega_2$ die $\underline{\text{Schnittfunktionen}}$

$$f_{\bar{\omega}_1} : \Omega_2 \to \overline{\mathbb{R}} \text{ mit } f_{\bar{\omega}_1}(\omega_2) := f(\bar{\omega}_1, \omega_2)$$

und

$$f_{\bar{\omega}_2} : \Omega_1 \to \mathbb{R} \text{ mit } f_{\bar{\omega}_2}(\omega_1) := f(\omega_1, \bar{\omega}_2)$$

$\mathscr{A}_2, \overline{\mathscr{B}}^*$- bzw. $\mathscr{A}_1, \overline{\mathscr{B}}^*$-meßbar.

$\underline{\text{Beweis.}}$ Sei $q: \Omega_2 \to \Omega$ definiert durch $q(\omega_2) := (\bar{\omega}_1, \omega_2)$. Dann ist q $\mathscr{A}_2, \mathscr{A}$-meßbar (!) mit $f_{\bar{\omega}_1} = f \circ q$, d.h. $f_{\bar{\omega}_1}$ ist $\mathscr{A}_2, \overline{\mathscr{B}}^*$-meßbar gemäß 1.2.4. $\square$

$\underline{\text{1.8.7 Lemma.}}$ Sei $(\Omega, \mathscr{A}) = (\Omega_1 \times \Omega_2, \mathscr{A}_1 \otimes \mathscr{A}_2)$ und $f \in \mathscr{Z}_+(\Omega, \mathscr{A})$. Dann ist die Abbildung $g: \Omega_1 \to \overline{\mathbb{R}}_+$ mit

$$(1.8.8) \qquad g(\omega_1) := \int_{\Omega_2} f(\omega_1,\omega_2) K_2^1(\omega_1,d\omega_2), \quad \omega_1 \in \Omega_1,$$

wohldefiniert und $\mathscr{A}_1$, $\overline{\mathscr{D}}{}^*$-meßbar.

Beweis. Zunächst gehört mit 1.8.6 für jedes feste $\omega_1 \in \Omega_1$ die Abbildung f_{ω_1} zu $\mathscr{T}_+(\Omega_2, \mathscr{A}_2)$. Somit ist das Integral auf der rechten Seite von (1.8.8) wohldefiniert. Zum Beweis der Meßbarkeit setzen wir

$$\mathscr{F} := \{f \in \mathscr{T}_+(\Omega,\mathscr{A}): \text{Behauptung ist richtig für } f\} \text{ und}$$
$$\mathscr{D} := \{A \in \mathscr{A} \qquad : \text{Behauptung ist richtig für } f = 1_A\}.$$

Für jede Rechtecksmenge $A = A_1 \times A_2$ ist dann
$$g(\omega_1) = \int_{\Omega_2} 1_{A_1}(\omega_1) 1_{A_2}(\omega_2) K_2^1(\omega_1,d\omega_2) = 1_{A_1}(\omega_1) K_2^1(\omega_1,A_2), \text{ so daß}$$
$A \in \mathscr{D}$ gemäß (1.8.3). Da $\mathscr{D}$ offenbar ein Dynkin-System ist (vgl. 1.6.6) und das System aller Rechtecksmengen ein $\cap$-stabiler Erzeuger von $\mathscr{A}$ ist (vgl. 1.3.9 (a)), folgt mit 1.1.22 $\mathscr{D} = \mathscr{A}$. Da ferner die Abbildung $f \rightarrow g$ linear, monoton und stetig in dem Sinne ist, daß mit $f_n \uparrow f$ auch $g_n \uparrow g$ konvergiert (vgl. 1.6.5), folgt mittels 1.2.23 $\mathscr{F} = \mathscr{T}_+(\Omega,\mathscr{A})$, was zu zeigen war. $\square$

1.8.9 Bemerkung. Für $f = 1_A$, $A \in \mathscr{A}$, ist die rechte Seite von (1.8.8) gleich $K_2^1(\omega_1,A_{\omega_1})$, $\omega_1 \in \Omega_1$, wobei $A_{\omega_1}:=\{\omega_2 \in \Omega_2: (\omega_1,\omega_2) \in A\}$ die $\underline{\omega_1\text{-Schnittmenge}}$ von A bezeichne (Definition von A_{ω_2} analog). Aufgrund von 1.8.6 sind dabei stets $A_{\omega_1} \in \mathscr{A}_2$ und $A_{\omega_2} \in \mathscr{A}_1$.

Damit erhalten wir den bereits oben angekündigten

1.8.10 Satz. Es seien $(\Omega_i,\mathscr{A}_i)$, $i=1,2$, meßbare Räume, $P_1 | \mathscr{A}_1$ eine Wahrscheinlichkeit und K_2^1 eine Übergangswahrscheinlichkeit von $(\Omega_1,\mathscr{A}_1)$ nach $(\Omega_2,\mathscr{A}_2)$. Dann wird durch

$$(1.8.11) \quad (P_1 \times K_2^1)(A) := \int_{\Omega_1} \int_{\Omega_2} 1_A(\omega_1,\omega_2) K_2^1(\omega_1,d\omega_2) P_1(d\omega_1)$$

ein W.-Maß auf $\mathscr{A} := \mathscr{A}_1 \otimes \mathscr{A}_2$ definiert. Man nennt $P_1 \times K_2^1$ das durch $\underline{P_1 \text{ und } K_2^1}$ bestimmte Maß auf $\mathscr{A}$.

1.8.12 Bemerkung. Für Rechtecksmengen $A = A_1 \times A_2 \in \mathscr{A}$ nimmt (1.8.11) die Form $(P_1 \times K_2^1)(A) = \int_{A_1} K_2^1(\omega_1,A_2) P_1(d\omega_1)$ an. Ferner ist $P_1 \times K_2^1$ nach

dem Eindeutigkeitssatz 1.4.10 durch seine Werte auf der Semialgebra
aller Rechtecksmengen eindeutig bestimmt.

__Beweis von 1.8.10.__ Wegen Lemma 1.8.7 ist $(P_1 \times K_2^1)(A)$ zunächst wohldefiniert mit $(P_1 \times K_2^1)(\Omega_1 \times \Omega_2) = 1$. Zum Beweis der σ-Additivität sei
A_n, $n \in \mathbb{N}$, eine Folge p.d. Mengen in $\mathscr{A}$. Für alle $\omega_1 \in \Omega_1$ sind dann
auch die Mengen $(A_n)_{\omega_1} \in \mathscr{A}_2$ p.d. mit $(\sum\limits_{n \geq 1} A_n)_{\omega_1} = \sum\limits_{n \geq 1} (A_n)_{\omega_1}$, so daß
aufgrund von (1.8.2) folgt:

$$K_2^1(\omega_1, \ (\sum\limits_{n \geq 1} A_n)_{\omega_1}) = \sum\limits_{n \geq 1} K_2^1(\omega_1, \ (A_n)_{\omega_1}) \text{ für alle } \omega_1 \in \Omega_1,$$

d.h. mit Bemerkung 1.8.9 und Korollar 1.6.6 erhalten wir

$$(P_1 \times K_2^1)(\sum\limits_{n \geq 1} A_n) = \int\limits_{\Omega_1} \sum\limits_{n \geq 1} K_2^1(\omega_1, (A_n)_{\omega_1}) P_1(d\omega_1) =$$

$$\sum\limits_{n \geq 1} \int\limits_{\Omega_1} K_2^1(\omega_1, (A_n)_{\omega_1}) \ P_1(d\omega_1) = \sum\limits_{n \geq 1} (P_1 \times K_2^1)(A_n). \quad \Box$$

Der folgende Satz zeigt, daß das $P_1 \times K_2^1$-Integral einer Funktion
$f \in \mathscr{T}_+(\Omega, \mathscr{A})$ sich durch iterierte Integrale bestimmen läßt.

__1.8.13 Satz (Satz von Fubini für Übergangswahrscheinlichkeiten).__
Mit den Bezeichnungen von 1.8.10 folgt für alle $f \in \mathscr{T}_+(\Omega, \mathscr{A})$:

$$(1.8.14) \quad \int\limits_{\Omega} f \, d(P_1 \times K_2^1) = \int\limits_{\Omega_1} [\ \int\limits_{\Omega_2} f(\omega_1, \omega_2) K_2^1(\omega_1, d\omega_2)] \ P_1(d\omega_1).$$

__Beweis.__ Nach Definition von $P_1 \times K_2^1$ ist (1.8.14) richtig für Indikatorvariable $f = 1_A$, $A \in \mathscr{A}$. Der allgemeine Fall wird wiederum mittels
algebraischer Induktion erledigt. $\Box$

__Schreibweise.__ Für die rechte Seite von (1.8.14) ist auch die Schreib-
weise $\int\limits_{\Omega_1} P_1(d\omega_1) \int\limits_{\Omega_2} K_2^1(\omega_1, d\omega_2) f(\omega_1, \omega_2)$ oder kurz $\int dP_1 \int dK_2^1 f$ gebräuchlich.

Ist die linke Seite von (1.8.14) endlich, d.h. $f \in \mathscr{L}(\Omega, \mathscr{A}, P_1 \times K_2^1)$,
so folgt mit 1.7.8, daß für P_1-fast alle $\omega_1 \in \Omega_1$ der Integrand
$\int\limits_{\Omega_2} f(\omega_1, \omega_2) K_2^1(\omega_1, d\omega_2)$ endlich und somit f_{ω_1} in $\mathscr{L}(\Omega_2, \mathscr{A}_2, K_2^1(\omega_1, \cdot))$
enthalten ist.

Mittels der Zerlegung $f = f^+ - f^-$ erhalten wir somit das folgende

__1.8.15 Korollar.__ Ist f $P_1 \times K_2^1$-quasi-integrierbar, so ist die Abbildung

$$\omega_1 \rightarrow \int_{\Omega_2} f(\omega_1,\omega_2) K_2^1(\omega_1,d\omega_2) \quad P_1\text{-fast sicher definiert, und es gilt}$$

(1.8.14).

Das wichtige bereits in 1.8.4 a) erwähnte Beispiel eines von $\omega_1 \in \Omega_1$ unabhängigen Kerns führt zum Begriff der <u>Produktwahrscheinlichkeit</u>.

<u>1.8.16 Satz.</u> Für zwei W.-Maße $P_i | \mathcal{A}_i$, $i=1,2$, wird durch

$$(P_1 \times P_2)(A) := \int_{\Omega_1} \int_{\Omega_2} 1_A(\omega_1,\omega_2)\, P_2(d\omega_2) P_1(d\omega_1)$$

ein W.-Maß auf $\mathcal{A} = \mathcal{A}_1 \otimes \mathcal{A}_2$ definiert, welches aufgrund der für alle Rechtecksmengen $A = A_1 \times A_2 \in \mathcal{A}$ gültigen Identität $(P_1 \times P_2)(A) = P_1(A_1) P_2(A_2)$ durch P_1 und P_2 völlig bestimmt ist und das zu <u>P_1 und P_2 gehörige</u> <u>Produktmaß</u> genannt wird.

<u>Beweis.</u> Unmittelbare Folgerung aus 1.8.10 (mit $K_2^1(\omega_1,A_2):=P_2(A_2)$). $\quad\Box$

Ersetzt man in der definierenden Gleichung von $P_1 \times P_2$ die rechte Seite durch $\int_{\Omega_2} \int_{\Omega_1} 1_A(\omega_1,\omega_2) P_1(d\omega_1) P_2(d\omega_2)$, so wird dadurch ebenfalls ein W.-Maß auf $\mathcal{A}_1 \otimes \mathcal{A}_2$ definiert, welches auf der Gesamtheit aller Rechtecke und somit nach dem Eindeutigkeitssatz 1.4.10 auf $\mathcal{A} = \mathcal{A}_1 \otimes \mathcal{A}_2$ mit $P_1 \times P_2$ übereinstimmt, d.h. es gilt:

$$(1.8.17) \quad \int_{\Omega_1} \int_{\Omega_2} 1_A(\omega_1,\omega_2) P_2(d\omega_2) P_1(d\omega_1) = \int_{\Omega_2} \int_{\Omega_1} 1_A(\omega_1,\omega_2) P_1(d\omega_1) P_2(d\omega_2)$$

$$\text{für alle } A \in \mathcal{A}.$$

Mittels algebraischer Induktion erhalten wir für beliebige $f \in \mathcal{Z}(\Omega,\mathcal{A})$

<u>1.8.18 Satz (Fubini).</u> Mit den Bezeichnungen von 1.8.16 gilt für alle $f \in \mathcal{L}(\Omega,\mathcal{A}, P_1 \times P_2)$:
Für P_i-fast alle $\omega_i \in \Omega_i$, $i=1,2$, ist $f_{\omega_i} \in \mathcal{L}(\Omega_{i+1},\mathcal{A}_{i+1}, P_{i+1})$ (Index mod 2) mit

$$(1.8.19) \quad \int_{\Omega} f dP_1 \times P_2 = \int_{\Omega_1} \left[\int_{\Omega_2} f(\omega_1,\omega_2) P_2(d\omega_2) \right] P_1(d\omega_1)$$

$$= \int_{\Omega_2} \left[\int_{\Omega_1} f(\omega_1,\omega_2) P_1(d\omega_1) \right] P_2(d\omega_2).$$

Unter Umständen sind die inneren Integrale auf einer Menge vom P_i-Maß null nicht definiert. In diesem Fall sei der Integrand null gesetzt.

Bei der Herleitung der bisherigen Ergebnisse ist rückblickend nur unwesentlich von der Tatsache Gebrauch gemacht worden, daß es sich bei den Maßen $K_2^1(\omega_1, \cdot)$, $\omega_1 \in \Omega_1$, sämtlich um W.-Maße handelt. In der Tat wurde die Endlichkeit aller betrachteten Maße nur zur Eindeutigkeitsaussage in 1.8.12 benutzt. Da der hierfür benötigte Eindeutigkeitssatz 1.4.10 jedoch in gleicher Weise für σ-finite Maße gilt, können wir z.B. die Sätze 1.8.16 und 1.8.18 entsprechend für σ-finite "Marginalmaße" $\mu_i = P_i$ formulieren.

Als erste Anwendung erhalten wir

<u>1.8.20 Satz.</u> Sei $\mu \mid \mathscr{A}$ σ-finit und $f \in \mathscr{Z}_+(\Omega, \mathscr{A})$. Dann ist

$$E(f) = \int_\Omega f d\mu = \int_{\mathbb{R}_+} \mu(\{f > x\}) dx.$$

<u>Beweis.</u> Sei $F := \{(\omega, x): 0 < x < f(\omega)\}$. Dann ist

$$F = \bigcup_{r \in \mathbb{Q}_+} (\{\omega \in \Omega: r < f(\omega)\} \times \,]0, r[\,) \in \mathscr{A} \otimes \mathscr{B}_+^*,$$ d.h. mit (1.8.17) (an-

gewendet auf die σ-finiten Marginalien $\mu_1 := \mu$ und $\mu_2 := \lambda$) folgt:

$$E(f) = \int_\Omega f d\mu = \int_\Omega \lambda(F_\omega) \mu(d\omega) = (\mu \times \lambda)(F) = \int_{\mathbb{R}_+} \mu(F_x) \lambda(dx) = \int_{\mathbb{R}_+} \mu(\{f > x\}) \lambda(dx). \quad \Box$$

<u>1.8.21 Satz.</u> Sei P ein W.-Maß über $(\Omega, \mathscr{A})$. Dann gilt für jedes $f \in \mathscr{Z}_+(\Omega, \mathscr{A})$ die Abschätzung:

$$\sum_{n \geq 1} P(\{\omega \in \Omega: f(\omega) > n\}) \leq E(f) \leq \sum_{n \geq 0} P(\{\omega \in \Omega: f(\omega) > n\}).$$

<u>Beweis.</u> Es ist $\displaystyle\sum_{n \geq 1} P(\{\omega \in \Omega: f(\omega) > n\}) = \sum_{n \geq 1} \int_{(n-1, n]} P(\{\omega \in \Omega: f(\omega) > n\}) dx$

$$\leq \sum_{n \geq 1} \int_{(n-1, n]} P(\{\omega \in \Omega: f(\omega) > x\}) dx \quad = \int_{\mathbb{R}_+} P(\{\omega \in \Omega: f(\omega) > x\}) dx = E(f)$$

$$\leq \sum_{n \geq 1} \int_{(n-1, n]} P(\{\omega \in \Omega: f(\omega) > n-1\}) dx \quad = \sum_{n \geq 0} P(\{\omega \in \Omega: f(\omega) > n\}).$$

<u>1.8.22 Korollar.</u> Für jedes $f \in \mathscr{Z}(\Omega, \mathscr{A})$ gilt:

$$f \in \mathscr{L}(\Omega, \mathscr{A}, P) \;\Leftrightarrow\; \sum_{n \geq 1} P(\{\omega \in \Omega: |f(\omega)| > n\}) < \infty.$$

48

1.9 Der Satz von Ionescu Tulcea

Die im letzten Abschnitt erzielten Ergebnisse lassen sich in naheliegender Weise auf den Fall endlich vieler Komponenträume
$(\Omega_i, \mathscr{A}_i)$, $i=1,\ldots,n$, $n \in \mathbb{N}$, übertragen. Ist nämlich $P_1 | \mathscr{A}_1$ eine Wahrscheinlichkeit und sind $K_i^{1,2,\ldots,i-1}$ Übergangswahrscheinlichkeiten
von $(\underset{j=1}{\overset{i-1}{\times}} \Omega_j, \underset{j=1}{\overset{i-1}{\otimes}} \mathscr{A}_j)$ nach $(\Omega_i, \mathscr{A}_i)$, $i=2,\ldots,n$, so folgt aus 1.8.10
mittels vollständiger Induktion über $n \in \mathbb{N}$, daß durch

$$(1.9.1) \quad (\underset{i=1}{\overset{n}{\times}} K_i^{1,2,\ldots,i-1})(A) :=$$

$$\int_{\Omega_1} P_1(d\omega_1) \int_{\Omega_2} K_2^1(\omega_1,d\omega_2)\ldots\int_{\Omega_n} K_n^{1,2,\ldots,n-1}(\omega_1,\ldots,\omega_{n-1},d\omega_n) 1_A(\omega_1,\ldots,\omega_n),$$

$A \in \underset{i=1}{\overset{n}{\otimes}} \mathscr{A}_i$ (wobei $K_1^0 := P_1$), ein W.-Maß auf $\underset{i=1}{\overset{n}{\otimes}} \mathscr{A}_i$ definiert wird,

welches durch seine Werte auf der Semialgebra aller Rechtecksmengen

eindeutig bestimmt ist. Ferner gilt für jedes $f \in \mathscr{Z}_+(\underset{i=1}{\overset{n}{\times}} \Omega_i, \underset{i=1}{\overset{n}{\otimes}} \mathscr{A}_i)$:

$$(1.9.2) \quad \int_\Omega fd(\underset{i=1}{\overset{n}{\times}} K_i^{1,2,\ldots,i-1}) =$$

$$\int_{\Omega_1} P_1(d\omega_1) \int_{\Omega_2} K_2^1(\omega_1,d\omega_2)\ldots\int_{\Omega_n} K_n^{1,2,\ldots,n-1}(\omega_1,\ldots,\omega_{n-1},d\omega_n) f(\omega_1,\ldots,\omega_n),$$

wobei $\Omega = \underset{i=1}{\overset{n}{\times}} \Omega_i$ gesetzt sei und die Integration auf der rechten Seite
von (1.9.2) rückwärts zu lesen ist. P_1 heißt dabei die zu $\underset{i=1}{\overset{n}{\times}} K_i^{1,\ldots,i-1}$
gehörige __Startverteilung__.

Wie im Fall $n=2$ können wir P als das W.-Maß auf $\underset{i=1}{\overset{n}{\otimes}} \mathscr{A}_i$ deuten, welches

ein komplexes zufälliges Geschehen $\mathscr{E} = (\mathscr{E}_1,\ldots,\mathscr{E}_n)$ beschreibt, bei

dem $\mathscr{E}_1$ durch P_1 gesteuert wird und $\mathscr{E}_i$, $i \geq 2$, durch
$K_i^{1,2,\ldots,i-1}(\omega_1,\ldots,\omega_{i-1},\cdot)$, sofern $\omega_1,\ldots,\omega_{i-1}$ die Ausgänge der
ersten $i-1$ Experimente sind.

Für die in den nächsten Kapiteln behandelte asymptotische Theorie
wird es nun wichtig sein, die in (1.9.1) durchgeführte Konstruktion
auf den Fall abzählbar unendlich vieler Komponentenräume $(\Omega_i, \mathscr{A}_i)$,
$i \in \mathbb{N}$, zu übertragen.

<u>1.9.3 Satz (Ionescu Tulcea)</u>. Sei $(\Omega, \mathscr{A})$ das Produkt der meßbaren Räume $(\Omega_i, \mathscr{A}_i)$, $i \in \mathbb{N}$, $P_1 | \mathscr{A}_1$ ein W.-Maß und $K_j^{1,2,\ldots,j-1}$ eine Übergangswahrscheinlichkeit von $(\underset{j=1}{\overset{i-1}{\times}} \Omega_j, \underset{j=1}{\overset{i-1}{\otimes}} \mathscr{A}_j)$ nach $(\Omega_i, \mathscr{A}_i)$, $2 \leq i \in \mathbb{N}$.

Dann existiert genau ein W.-Maß $P | \mathscr{A}$ mit der Eigenschaft

$$(1.9.4) \quad P(\underset{i \in \mathbb{N}}{\times} A_i) =$$

$$\int_{A_1} P_1(d\omega_1) \int_{A_2} K_2^1(\omega_1, d\omega_2) \ldots \int_{A_k} K_k^{1,2,\ldots,k-1}(\omega_1, \ldots, \omega_{k-1}, d\omega_k),$$

wobei $A_i \in \mathscr{A}_i$ für $i \in \mathbb{N}$ und $A_i = \Omega_i$ für $i > k \in \mathbb{N}$.

<u>Beweis</u>. Im ersten Schritt definieren wir $P(Z)$ zunächst für Zylindermengen $Z \in \mathscr{Y}$ (vgl. 1.3.9). Dazu sei für alle $n \in \mathbb{N}$

$$\mathscr{Y}_n := \pi_{\{1,\ldots,n\}}^{-1}(\underset{i=1}{\overset{n}{\otimes}} \mathscr{A}_i) \quad \text{und} \quad P_n | \underset{i=1}{\overset{n}{\otimes}} \mathscr{A}_i := \underset{i=1}{\overset{n}{\times}} K_i^{1,2,\ldots,i-1} | \underset{i=1}{\overset{n}{\otimes}} \mathscr{A}_i$$ gesetzt. Dann ist $\mathscr{Y}_n$ eine Sub-σ-Algebra von $\mathscr{A}$, und durch

$$W_n(\pi_{\{1,\ldots,n\}}^{-1}(A^n)) := P_n(A^n), \quad A^n \in \underset{i=1}{\overset{n}{\otimes}} \mathscr{A}_i,$$

wird eine Folge von W.-Maßen $W_n | \mathscr{Y}_n$ definiert, welche aufgrund von (1.9.1) die folgende Verträglichkeitsbedingung erfüllt: Für $m > k$ und $A^k \in \underset{i=1}{\overset{k}{\otimes}} \mathscr{A}_i$ ist

$$W_k(\pi_{\{1,\ldots,k\}}^{-1}(A^k)) = W_1(\pi_{\{1,\ldots,m\}}^{-1}(A^{(m)})),$$

wobei $A^{(m)} = A^k \times \underset{i=k+1}{\overset{m}{\times}} \Omega_i$. Hieraus ergibt sich, daß durch

$$P(Z) := W_n(Z) \quad \text{für } Z \in \mathscr{Y}_n$$

auf $\mathscr{Y} = \underset{n \in \mathbb{N}}{\bigcup} \mathscr{Y}_n$ widerspruchsfrei eine Mengenfunktion $P | \mathscr{Y}$ definiert wird mit $P(\Omega) = 1$, welche (1.9.4) erfüllt und auf $\mathscr{Y}$ (endlich) additiv ist. Ferner ist $\mathscr{Y}$ gemäß 1.3.9 (b) eine Algebra in Ω mit $\sigma(\mathscr{Y}) = \mathscr{A}$, so daß es mit Satz 1.4.11 zum Beweis der Aussage ausreicht, wenn wir zeigen, daß $P | \mathscr{Y}$ σ-stetig in $\emptyset$ ist (vgl. 1.4.5). Sei dazu $(Z_n)_{n \in \mathbb{N}}$ eine monoton fallende Folge von Mengen in $\mathscr{Y}$ mit $\lim_{n \to \infty} P(Z_n) > 0$. Wir zeigen: $\underset{n \in \mathbb{N}}{\bigcap} Z_n \neq \emptyset$. O.E. können wir uns dabei auf Folgen $(Z_n)_{n \in \mathbb{N}}$ der Gestalt $Z_n = A^n \times \underset{i=n+1}{\overset{}{\times}} \Omega_i$ mit $A^n \in \underset{i=1}{\overset{n}{\otimes}} \mathscr{A}_i$ be-

schränken, d.h. es ist $A^{n+1} \subset A^n \times \Omega_{n+1}$ und $\inf\limits_{n \geq 1} \left(\underset{i=1}{\overset{n}{\chi}} K_i^{1,2,\ldots,i-1} \right)(A^n) > 0$.
Ferner sind die Integranden

$$f_n^1(\omega_1) := \int\limits_{\Omega_2} K_2^1(\omega_1, d\omega_2) \ldots \int\limits_{\Omega_n} K_n^{1,2,\ldots,n-1}(\omega_1,\ldots,d\omega_n) 1_{A^n}(\omega_1,\ldots,\omega_n), \quad n \geq 2,$$

monoton fallend in $n \in \mathbb{N}$, so daß nach dem Satz von der monotonen
Konvergenz

$$\int\limits_{\Omega_1} \inf\limits_{n \geq 2} f_n^1(\omega_1) P_1(d\omega_1) = \inf\limits_{n \geq 2} \int\limits_{\Omega_1} f_n^1(\omega_1) P_1(d\omega_1) =$$

$$\inf\limits_{n \geq 2} \left(\underset{i=1}{\overset{n}{\chi}} K_i^{1,2,\ldots,i-1} \right)(A^n) > 0,$$

d.h. insbesondere existiert $\underline{\omega}_1 \in \Omega_1$ derart, daß $\inf\limits_{n \geq 2} f_n^1(\underline{\omega}_1) > 0$. Wendet
man das gleiche Argument auf die Integranden

$$f_n^2(\underline{\omega}_1, \omega_2) := \int\limits_{\Omega_3} K_3^{1,2}(\underline{\omega}_1, \omega_2, d\omega_3) \ldots \int\limits_{\Omega_n} K_n^{1,2,\ldots,n-1}(\underline{\omega}_1, \omega_2,\ldots,d\omega_n) 1_{A^n}(\underline{\omega}_1, \omega_2,\ldots,\omega_n),$$

$n \geq 3$, (mit $K_2^1(\underline{\omega}_1, \cdot)$ anstelle von P_1) an, so erhält man ein $\underline{\omega}_2 \in \Omega_2$
mit $\inf\limits_{n \geq 3} f_n^2(\underline{\omega}_1, \underline{\omega}_2) > 0$.

Durch Iteration dieses Verfahrens ergibt sich im k-ten Schritt die
Existenz eines $\underline{\omega}_k \in \Omega_k$ derart, daß für alle $n \geq k+1$

$$\int\limits_{\Omega_{k+1}} K_{k+1}^{1,\ldots,k}(\underline{\omega}_1,\ldots,\underline{\omega}_k, d\omega_{k+1}) \ldots \int\limits_{\Omega_n} K_n^{1,\ldots,n-1}(\underline{\omega}_1,\ldots,\underline{\omega}_k, \omega_{k+1},\ldots,\omega_n) 1_{A^n}(\underline{\omega}_1,\ldots,\omega_n) > 0.$$

Für n=k+1 folgt

$$\int\limits_{\Omega_{k+1}} K_{k+1}^{1,\ldots,k}(\underline{\omega}_1,\ldots,\underline{\omega}_k, d\omega_{k+1}) 1_{A^{k+1}}(\underline{\omega}_1,\ldots,\underline{\omega}_k, \omega_{k+1}) > 0,$$

d.h. $(A^{k+1})_{(\underline{\omega}_1,\ldots,\underline{\omega}_k)} \neq \emptyset$ und somit wegen $A^{k+1} \subset A^k \times \Omega_{k+1}$:

$(\underline{\omega}_1,\ldots,\underline{\omega}_k) \in A^k$ für alle $k \in \mathbb{N}$. Wir erhalten $\underline{\omega} := (\underline{\omega}_i)_{i \in \mathbb{N}} \in \bigcap\limits_{n \in \mathbb{N}} Z_n \neq \emptyset$,

was zu beweisen war. $\quad \square$

Betrachten wir den Spezialfall, daß sämtliche Übergangswahrscheinlichkeiten $K_i^{1,2,\ldots,i-1}(\omega_1,\ldots,\omega_{i-1},\cdot)$ von $(\omega_1,\ldots,\omega_{i-1})$ unabhängig sind, so erhalten wir

__1.9.5 Satz.__ Sei $(\Omega,\mathscr{A})$ das Produkt der meßbaren Räume $(\Omega_i,\mathscr{A}_i)$, $i \in \mathbb{N}$, und $P_i \mid \mathscr{A}_i$ ein W.-Maß. Dann existiert genau ein W.-Maß $P \mid \mathscr{A}$ mit der Eigenschaft

$$(1.9.6) \quad P(\underset{i \in \mathbb{N}}{X} A_i) = \overset{k}{\underset{i=1}{\Pi}} P_i(A_i), \text{ wobei } A_i \in \mathscr{A}_i \text{ für } i \in \mathbb{N} \text{ und}$$

$$A_i = \Omega_i \text{ für } i > k \in \mathbb{N}.$$

$\underset{i \in \mathbb{N}}{X} P_i := P$ heißt __Produktwahrscheinlichkeit der W.-Maße P_i, $i \in \mathbb{N}$.__

Die Existenz der Produktwahrscheinlichkeit ist, wie der folgende Satz zeigt, auch im Fall einer beliebigen Familie von W.-Räumen gewährleistet.

__1.9.7 Satz.__ Sei $(\Omega,\mathscr{A})$ das Produkt der meßbaren Räume $(\Omega_i,\mathscr{A}_i)$, $i \in I$, und $P_i \mid \mathscr{A}_i$ ein W.-Maß. Dann existiert genau ein W.-Maß $P \mid \mathscr{A}$ mit der Eigenschaft:

$$P(\underset{i \in S}{X} A_i \times \underset{i \in I \smallsetminus S}{X} \Omega_i) = \underset{i \in S}{\Pi} P_i(A_i) \text{ für alle } A_i \in \mathscr{A}_i, \ i \in S \text{ und } S \in \mathscr{P}_0(I).$$

__Beweis.__ Die Sätze über die Existenz und Eindeutigkeit der Produktwahrscheinlichkeit lassen sich ohne weiteres vom Fall der Indexmengen $\{1,\ldots,n\}$ bzw. $\mathbb{N}$ auf beliebige endliche bzw. abzählbare Indexmengen übertragen, so daß der Satz nur noch für den Fall einer überabzählbaren Indexmenge I zu beweisen ist:

Gemäß 1.3.11 ist jedes $A \in \mathscr{A}$ von der Gestalt $A = \pi_T^{-1}(B)$ mit $T \subset I$ abzählbar und $B \in \underset{i \in T}{\otimes} \mathscr{A}_i$ geeignet. Setzt man $P(A) := (\underset{i \in T}{X} P_i)(B)$, so wird hierdurch widerspruchsfrei genau ein W.-Maß $P \mid \mathscr{A}$ mit den im Satz genannten Eigenschaften bestimmt. $\square$

1.10 Verteilungen und Verteilungsfunktionen

Ist $(\Omega_1,\mathscr{A}_1,P_1)$ ein Modell zur Beschreibung eines zufälligen Experiments, bei welchem die einzelnen Elementarereignisse $\omega_1 \in \Omega_1$ selbst nicht interessieren (oder evtl. nicht beobachtbar sind), sondern vielmehr die Werte $f(\omega_1)$ einer ganz bestimmten Funktion

f: $\Omega_1 \to \Omega_2$, so empfiehlt sich der Übergang zu einem Modell
$(\Omega_2, \mathscr{A}_2, P_2)$, bei dem f $\mathscr{A}_1, \mathscr{A}_2$-meßbar und $P_2 | \mathscr{A}_2$ eine Wahrscheinlichkeit ist, welche hinsichtlich dieser "Vergröberung" das ent-
sprechende "Bildmaß" von $P_1 | \mathscr{A}_1$ ist. Zur Vereinfachung der Sprech-
weise nennen wir ein Tripel $(\Omega, \mathscr{A}, P)$, wobei $(\Omega, \mathscr{A})$ ein meßbarer
Raum ist und $P | \mathscr{A}$ ein W.-Maß, kurz einen <u>W.-Raum</u>.

<u>1.10.1 Definition.</u> Sei $(\Omega_1, \mathscr{A}_1, P_1)$ ein W.-Raum und $(\Omega_2, \mathscr{A}_2)$ ein
meßbarer Raum. Ist f: $\Omega_1 \to \Omega_2$ $\mathscr{A}_1, \mathscr{A}_2$-meßbar, so heißt die durch

$$(fP_1)(A_2) := P_1(f^{-1}(A_2)), \quad A_2 \in \mathscr{A}_2,$$

definierte Mengenfunktion $fP_1 | \mathscr{A}_2$ die <u>Verteilung von f unter $P_1 | \mathscr{A}_1$</u>.
Ist bzgl. des zugrundeliegenden W.-Maßes jede Verwechslung ausge-
schlossen, so schreiben wir anstelle von fP_1 auch Q_f. Man prüft
leicht nach, daß fP_1 sämtliche Eigenschaften eines W.-Maßes besitzt.
Die Bezeichnung fP_1 bzw. $f\mu$ für das <u>Bildmaß</u> von f unter μ wird mit
der gleichen Bedeutung benutzt, wenn es sich bei μ nicht notwendig
um ein W.-Maß handelt. Ist $f = (f_1, \ldots, f_k)$ speziell ein zufälliger
Vektor, so setzen wir $Q_f = Q_{f_1, \ldots, f_k}$ und bemerken, daß i.a.
$Q_{f_1, f_2} \neq Q_{f_2, f_1}$ ist. Ferner nennen wir Abbildungen f_i, $i \in I$,
<u>identisch verteilt</u> [in Zeichen $f_i \overset{\mathscr{L}}{=} f_j$], falls $Q_{f_i} = Q_{f_j}$ für alle
$i, j \in I$. Offensichtlich sind sämtliche f_i, $i \in I$, identisch verteilt,
falls sie zur gleichen durch " $\underset{[P_1]}{=}$ " definierten Äquivalenzklasse gehören, d.h. falls $f_i \underset{[P_1]}{=} f_j$ für alle $i, j \in I$.

<u>1.10.2 Beispiele.</u> a) $f \in \mathscr{Z}(\Omega_1, \mathscr{A}_1)$ heißt <u>diskret verteilt</u>, falls
Punkte $x_n \in \mathbb{R}$, $n \in \mathbb{N}$, derart existieren, daß $P_1((f = x_n$ für ein $n \in \mathbb{N})) = 1$.
b) f heißt <u>absolutstetig verteilt</u> bzgl. $\mu_2 | \mathscr{A}_2$, falls $fP_1 \ll \mu_2$
(vgl. (1.7.11)).

<u>1.10.3 Bemerkung.</u> Sind $(\Omega_1, \mathscr{A}_1, P_1)$ ein W.-Raum, $(\Omega_i, \mathscr{A}_i)$, $i = 2, 3$,
meßbare Räume und f: $\Omega_1 \to \Omega_2$ $\mathscr{A}_1, \mathscr{A}_2$- bzw. g: $\Omega_2 \to \Omega_3$ $\mathscr{A}_2, \mathscr{A}_3$-meß-
bar, so folgt: $(g \circ f)P_1 = g(fP_1)$.

<u>1.10.4 Satz (Transformationssatz).</u> Mit den Bezeichnungen von
Definition 1.10.1 gilt für alle $g \in \mathscr{Z}(\Omega_2, \mathscr{A}_2)$:
$$g \in \mathscr{L}(\Omega_2, \mathscr{A}_2, fP_1) \Rightarrow g \circ f \in \mathscr{L}(\Omega_1, \mathscr{A}_1, P_1).$$

In diesem Fall ist $\int_{\Omega_2} g(\omega_2)\,fP_1(d\omega_2) = \int_{\Omega_1} g \cdot f(\omega_1)\,P_1(d\omega_1)$.

Beweis. Mittels algebraischer Induktion. □

1.10.5 Beispiele. a) $f \in \mathscr{L}(\Omega_1, \mathscr{A}_1, P_1) \bullet \mathrm{id}_{\mathbb{R}} \in \mathscr{L}(\mathbb{R}, \mathscr{B}_1^*, fP_1)$, und in diesem Fall ist $\int_{\Omega_1} f(\omega)\,P_1(d\omega) = \int_{\mathbb{R}} x\,fP_1(dx)$.

b) Ist $g \in \mathscr{L}(\Omega_2, \mathscr{A}_2, fP_1)$ und $A_2 \in \mathscr{A}_2$, so folgt durch Anwendung der Transformationsformel (mit $1_{A_2} g$ anstelle von g)

$$\int_{A_2} g(\omega_2)\,fP_1(d\omega_2) = \int_{f^{-1}(A_2)} g \cdot f(\omega_1)\,P_1(d\omega_1).$$

Ist f absolutstetig verteilt bzgl. $\mu_2 \mid \mathscr{A}_2$ mit Dichte $h \in \overline{\mathscr{T}}_+(\Omega_2, \mathscr{A}_2)$, so folgt mit 1.6.17 für alle $g \in \overline{\mathscr{T}}(\Omega_2, \mathscr{A}_2)$:

$$g \in \overline{\mathscr{L}}(\Omega_2, \mathscr{A}_2, fP_1) \bullet g \cdot h \in \overline{\mathscr{L}}(\Omega_2, \mathscr{A}_2, \mu_2),$$

und diesem Fall wegen Satz 1.10.4

$$(1.10.6) \quad \int_{\Omega_1} g \circ f(\omega_1)\,P_1(d\omega_1) = \int_{\Omega_2} g(\omega_2)\,fP_1(d\omega_2) =$$
$$\int_{\Omega_2} g(\omega_2) h(\omega_2)\,\mu_2(d\omega_2).$$

1.10.7 Beispiel. Sei $f \in \mathscr{L}(\Omega_1, \mathscr{A}_1, P_1)$ absolutstetig verteilt bzgl. $\lambda \mid \mathscr{B}_1^*$ mit Dichte h. Dann ist

$$E(f) = \int_{\mathbb{R}} x h(x)\,dx.$$

Wir wollen die bisher erzielten Ergebnisse speziell auf den Fall anwenden, daß $\Omega_1 = \mathbb{R}^n$, $\mathscr{A}_1 = \mathscr{B}_n^*$ und $P_1 = \mathop{X}\limits_{i=1}^{n} \mu_i$ ein Produkt von W.-Maßen $\mu_i \mid \mathscr{B}_1^*$, $i=1,\ldots,n$, ist. Ferner sei $f_n : \mathbb{R}^n \to \mathbb{R}$ definiert durch $f_n(x_1,\ldots,x_n) := \sum\limits_{i=1}^{n} x_i$. Dann ist f_n $\mathscr{B}_n^*, \mathscr{B}_1^*$-meßbar, so daß die Verteilung $f_n P_1 \mid \mathscr{B}_1^*$ wohldefiniert ist. Wir nennen $f_n P_1 = f_n(\mathop{X}\limits_{i=1}^{n} \mu_i)$ das Faltungsprodukt der Maße μ_i, $i=1,\ldots,n$, und schreiben

$$\mathop{*}\limits_{i=1}^{n} \mu_i = \mu_1 * \ldots * \mu_n = f_n(\mathop{X}\limits_{i=1}^{n} \mu_i).$$

Nach Definition ist $\overset{n}{\underset{i=1}{*}} \mu_i$ ein W.-Maß auf $\mathscr{B}_1^*$ mit (vgl. U 1.9.3)

$$(1.10.8) \quad \mu_1 * \ldots * \mu_n * \mu_{n+1} = f_2(f_n(\overset{n}{\underset{i=1}{\times}} \mu_i) \times \mu_{n+1}) = (\mu_1 * \ldots * \mu_n) * \mu_{n+1},$$

so daß wir uns beim Studium des Faltungsproduktes o.E. auf den Fall $n=2$ beschränken können. Für $f \in \mathscr{L}(\mathbb{R}, \mathscr{B}_1^*, \mu_1 * \mu_2)$ folgt aus dem Satz von Fubini zunächst, daß

$$\int_{\mathbb{R}} f d\mu_1 * \mu_2 = \int_{\mathbb{R}} [\int_{\mathbb{R}} f(x+y) \mu_2(dy)] \mu_1(dx) =$$

$$\int_{\mathbb{R}} [\int_{\mathbb{R}} f(y+x) \mu_1(dx)] \mu_2(dy) = \int_{\mathbb{R}} f d\mu_2 * \mu_1.$$

Speziell für Indikatorvariable $f = 1_A$, $A \in \mathscr{B}_1^*$, ergibt sich

$$(1.10.9) \quad \mu_1 * \mu_2(A) = \int_{\mathbb{R}} \mu_2(A-x) \mu_1(dx) = \int_{\mathbb{R}} \mu_1(A-y) \mu_2(dy) = \mu_2 * \mu_1(A),$$

d.h. wegen (1.10.8) und (1.10.9) ist die Operation $*$ assoziativ und kommutativ auf der Gesamtheit aller W.-Maße auf $\mathscr{B}_1^*$. Ist μ_1 ferner absolutstetig bzgl. des Lebesgueschen Maßes $\lambda|\mathscr{B}_1^*$ mit Dichte h_1, so ergibt (1.10.9) zusammen mit 1.6.17:

$$\mu_1 * \mu_2(A) = \int_{\mathbb{R}} \int_{A-y} h_1(x) dx \mu_2(dy) = \int_{\mathbb{R}} \int_{\mathbb{R}} 1_A(x+y) h_1(x) dx \mu_2(dy)$$

$$= \int_{\mathbb{R}} \int_{\mathbb{R}} 1_A(x) h_1(x-y) dx \mu_2(dy) = \int_{A} \int_{\mathbb{R}} h_1(x-y) \mu_2(dy) dx,$$

d.h. $\mu_1 * \mu_2 \ll \lambda$ mit Dichte $h(x) := \int_{\mathbb{R}} h_1(x-y) \mu_2(dy)$. Ist darüberhinaus μ_2 ebenfalls absolutstetig bzgl. λ mit Dichte h_2, so folgt (vgl. 1.6.17):

$$h(x) = \int_{\mathbb{R}} h_1(x-y) h_2(y\text{'}dy =: h_1 * h_2(x)$$

Wir nennen $h_1 * h_2$ die <u>Faltung</u> von h_1 und h_2. Eine Anwendung der gewöhnlichen Substitutionsregel liefert $h_1 * h_2 = h_2 * h_1$. Ferner ist $h_1 * h_2$ wegen $\int_{\mathbb{R}} h_1 * h_2(y) dy = \mu_1 * \mu_2(\mathbb{R}) = 1 < \infty$ λ-fast überall endlich (vgl. 1.7.8).

Wir wollen an dieser Stelle noch einmal auf die eingangs erwähnte Situation zurückkommen und annehmen, daß die Elementarereignisse $\omega_1 \in \Omega_1$ des zur Beschreibung eines zufälligen Experiments herangezogenen Modells $(\Omega_1, \mathscr{A}_1, P_1)$ nicht beobachtbar sind und die Abbildung $f: \Omega_1 \to f(\Omega_1)$ nicht bijektiv ist. Unter diesen Voraussetzungen erscheint es wenig sinnvoll, zwischen Abbildungen f zu unterscheiden, welche die gleiche Verteilung besitzen und somit die gleiche Vergröberung liefern, mitunter aber in keinem Punkt den gleichen Wert annehmen. Wegen der zentralen Bedeutung dieses Gesichtspunktes wird es deshalb notwendig sein, zur Identifizierung von Verteilungen sowohl hinreichende als auch notwendige Kriterien bereitzustellen.

Im folgenden sei dazu $f = (f_1, \ldots, f_k)$ stets ein zufälliger Vektor über einem W.-Raum $(\Omega, \mathscr{A}, P)$. Sei $F_f : \overline{\mathbb{R}}^k \to [0,1]$ definiert durch

$$F_f(x_1, \ldots, x_k) := P(\{\omega \in \Omega : f_i(\omega) \leq x_i \text{ für } i=1, \ldots, k\}),$$

d.h. es ist $F_f(\underline{x}) = fP((-\infty, \underline{x}])$ für alle $\underline{x} \in \overline{\mathbb{R}}^k$ und somit F_f durch fP eindeutig bestimmt. Wir nennen F_f die Verteilungsfunktion von f (unter P).

Betrachten wir umgekehrt ein beliebiges rechts abgeschlossenes und links offenes Intervall $(\underline{a}, \underline{b}] = (a_1, b_1] \times (a_2, b_2]$ (der Einfachheit halber sei $k=2$; der Fall $k=1$ ist trivial), so folgt

$$fP((\underline{a}, \underline{b}]) = F_f(b_1, b_2) - F_f(a_1, b_2) + F_f(a_1, a_2) - F_f(b_1, a_2),$$

d.h. fP ist durch F_f auf der Semialgebra $\mathscr{J}_k^0$ (vgl. 1.1.4) aller rechts abgeschlossenen und links offenen Intervalle eindeutig bestimmt. Mit Hilfe des Eindeutigkeitssatzes 1.4.10 erhalten wir somit (vgl. 1.1.29):

<u>1.10.10 Satz.</u> Sind $f = (f_1, \ldots, f_k)$ und $g = (g_1, \ldots, g_k)$ zufällige Vektoren über $(\Omega, \mathscr{A}, P)$, so gilt:

$$fP = gP \Leftrightarrow F_f = F_g.$$

Aus Notationsgründen wollen wir uns für den Rest dieses Abschnitts auf den Fall $k=1$ beschränken. Der Leser formuliere die analogen Ergebnisse für den Fall $k > 1$.

<u>1.10.11 Satz.</u> Sei $F = F_f$ die Verteilungsfunktion von $f \in \mathscr{Z}(\Omega, \mathscr{A})$ unter P; dann gilt:

(i) F ist monoton wachsend, d.h. $F(x) \leq F(y)$ für alle $x \leq y$

(ii) F ist rechtsseitig stetig

(iii) $\lim\limits_{x \to \infty} F(x) = 1$ und $\lim\limits_{x \to -\infty} F(x) = 0$

(iv) F stetig in $x \Leftrightarrow P(\{f = x\}) = 0$.

<u>Beweis.</u> Unmittelbare Folgerung aus 1.4.3 und 1.4.5. $\square$

Bezeichnet $F(x-0) = \lim_{y \uparrow x} F(y)$ den linksseitigen Grenzwert von F an der Stelle x, so gilt: $P(\{f=x\}) = F(x)-F(x-0)$.

Unter Anwendung des Fortsetzungssatzes 1.4.7 erhalten wir mit Satz 1.4.16 die folgende Umkehrung von 1.10.11.

<u>1.10.12 Satz.</u> Sei $F: \mathbb{R} \to [0,1]$ eine Funktion mit den Eigenschaften (i) - (iii) aus Satz 1.10.11. Dann existiert genau ein W.-Maß $\mu|\mathscr{A}_1^*$ derart, daß $F(b)-F(a) = \mu((a,b])$ für alle $(a,b] \in \mathscr{I}_1^0$ (wobei $F(\infty) := 1$ und $F(-\infty) := 0$).

Ist F eine Verteilungsfunktion im Sinne von 1.10.11 und $\mu|\mathscr{A}_1^*$ die gemäß 1.10.12 F eindeutig zugeordnete Wahrscheinlichkeit, so schreiben wir auch häufig: $\int f(x)\mu(dx) = \int f(x)F(dx)$.

<u>1.10.13 Lemma.</u> Sei $F = F_f$ die Verteilungsfunktion von f unter P und $S(F) := \{x\in\mathbb{R}: F \text{ stetig in } x\}$. Dann ist $\complement S(F)$ höchstens abzählbar und somit $S(F)$ dicht in $\mathbb{R}$.

<u>Beweis.</u> Aufgrund von 1.10.11 (iv) genügt es zu zeigen, daß $A:=\{x\in\mathbb{R}: fP(\{x\}) > 0\}$ abzählbar ist. Es gilt $A = \bigcup_{n\in\mathbb{N}} A_n$ mit $A_n:=\{x\in\mathbb{R}: fP(\{x\}) > \frac{1}{n}\}$. Da fP ein W.-Maß ist, gilt $|A_n| < n$ für alle $n\in\mathbb{N}$, womit die Behauptung bewiesen ist. $\square$

Ein Punkt $x \in \complement S(F)$ heißt <u>Atom</u> der Verteilung $\mu := fP$ und $\mu_a|\mathscr{A}_1^*$ definiert durch $\mu_a(A) := \mu(A \cap \complement S(F))$ der <u>atomare Anteil</u> von μ. $\mu_c := \mu-\mu_a$ heißt der <u>nichtatomare Anteil</u> von μ, d.h. es ist $\mu = \mu_a+\mu_c$ und $\mu_c(\{x\}) = 0$ für alle $x\in\mathbb{R}$. Offensichtlich ist F stetig auf $\mathbb{R}$ genau dann, wenn $\mu_a = 0$ bzw. $\mu = \mu_c$. Im Falle $\mu = \mu_a$ nennen wir μ <u>rein atomar</u> (oder <u>diskret</u>). μ bzw. F heißen <u>ausgeartet in $x\in\mathbb{R}$</u>, falls $\mu = \mu_a=\varepsilon_x$, also $P(\{f=x\}) = 1 = F(x)-F(x-0)$.

Sind zwei W.-Maße μ_1 und μ_2 auf $\mathscr{A}_1^*$ durch ihre Verteilungsfunktionen F_1 bzw. F_2 gegeben, so schreiben wir für $\mu_1 * \mu_2$ mitunter auch $\mu_1 * F_2$ oder $F_1 * \mu_2$.

Wir wollen diesen Abschnitt nicht beschließen, ohne einige der wichtigsten Verteilungen auf $(\mathbb{R}, \mathscr{A}^*)$ konkret zu benennen.

<u>1.10.14 (Beispiele von Verteilungen).</u> Eine Variable $f \in \mathscr{L}(\Omega,\mathscr{A})$ heißt <u>binomialverteilt</u> (zu den Parametern $0 \le p \le 1$ und $n\in\mathbb{N}$), falls

$$P(\{f=k\}) = b(k;n,p) \quad \text{mit} \quad b(k;n,p) := \binom{n}{k} p^k (1-p)^{n-k}, \quad k=0,1,\ldots,n.$$

Im Spezialfall $n=1$ heißt f <u>Bernoulli-verteilt</u> zum Parameter p.

Bekanntlich bezeichnet $b(k;n,p)$ die Wahrscheinlichkeit, aus einer Urne mit K schwarzen und $N-K$ weißen Kugeln in n Zügen (mit Zurücklegen) genau k schwarze Kugeln zu ziehen (wobei $p = \frac{K}{N}$).

Läßt man im obigen Beispiel $p=p_n$ von n abhängen und ist $np_n \to \lambda$ für ein $\lambda > 0$, so sieht man leicht ein, daß in diesem Fall

$$\lim_{n\to\infty} b(k;n,p_n) = e^{-\lambda} \frac{\lambda^k}{k!} \quad \text{für } k=0,1,\ldots \;.$$

Die so erhaltene <u>Grenzver-</u><u>teilung</u> $\pi_\lambda := \sum_{k\geq 0} e^{-\lambda} \frac{\lambda^k}{k!} \varepsilon_k$ heißt <u>Poisson-Verteilung</u> zum Parameter λ.

Deuten wir im ersten Beispiel die Größe p als Erfolgswahrscheinlichkeit für das Ereignis "Ziehen einer schwarzen Kugel" und beachtet man, daß $p_n \to 0$ für $n \to \infty$, so erklärt dies, warum π_λ häufig als die Verteilung der seltenen Ereignisse bezeichnet wird.

Eine Verallgemeinerung der Binomialverteilung erhält man, wenn man anstelle der schwarzen und weißen Kugeln sich die Urne gefüllt denkt mit Kugeln, die r verschiedene Farben tragen. Die Wahrscheinlichkeit, in n Zügen (mit Zurücklegen) genau x_i Kugeln der i-ten Sorte ziehen, $i=1,\ldots,r$, beträgt dann

$$m_r(\underline{x};n,\underline{p}) := \frac{n!}{x_1! x_2! \ldots x_r!} \, p_1^{x_1} p_2^{x_2} \ldots p_r^{x_r} \, ,$$

$\underline{x} = (x_1,\ldots,x_r)$, $\underline{p} = (p_1,\ldots,p_r)$, $\sum\limits_{i=1}^{r} x_i = n$ und $\sum\limits_{i=1}^{r} p_i = 1$. Dabei bezeichne p_i die Erfolgswahrscheinlichkeit, eine Kugel der i-ten Sorte zu ziehen, d.h. $p_i = \frac{K_i}{N}$ mit $K_i :=$ Anzahl der in der Urne befindlichen Kugeln der Sorte i. Die so erhaltene Verteilung nennen wir <u>r-dimensionale Multinomialverteilung</u>.

Eine Variable $f \in \mathscr{L}(\Omega,\mathscr{A})$ heißt <u>normalverteilt zum Parameter</u> (μ,σ^2) ($\mu \in \mathbb{R}$, $\sigma^2 > 0$) (kurz: $\mathscr{N}(\mu,\sigma^2)$-verteilt), falls f die Verteilungsfunktion

$$F_f(x) = P(\{f \leq x\}) = \frac{1}{\sqrt{2\pi\sigma^2}} \int_{-\infty}^{x} e^{-(y-\mu)^2/2\sigma^2} dy, \quad x \in \mathbb{R},$$

besitzt.

$f \in \mathscr{L}(\Omega,\mathscr{A})$ heißt <u>exponentialverteilt zum Parameter</u> $\lambda > 0$, falls f die Verteilungsfunktion

$$F_f(x) = P(\{f \leq x\}) = \begin{cases} 1-e^{-\lambda x} & \text{für } x > 0 \\ 0 & \text{sonst} \end{cases}$$

besitzt. Ist B eine meßbare Teilmenge des $\mathbb{R}^k$ mit $0 < \lambda_k(B) < \infty$, so wird offensichtlich durch $\mu(A) := \dfrac{\lambda_k(A \cap B)}{\lambda_k(B)}$, $A \in \mathscr{B}_k^*$, auf $\mathscr{B}_k^*$ ein W.-Maß definiert. μ heißt <u>Gleichverteilung</u> über B.

Der folgende Satz zeigt, daß mittels einer einfachen Transformation jede Variable $f \in \mathscr{T}(\Omega,\mathscr{A})$ in eine über $[0,1]$ gleichverteilte Variable übergeführt werden kann, sofern F_f stetig ist.

<u>1.10.15 Satz.</u> Sei $f \in \mathscr{T}(\Omega,\mathscr{A})$ eine Variable mit stetiger Verteilungsfunktion F. Dann ist die Variable $g := F \cdot f$ über dem Einheitsintervall $[0,1]$ gleichverteilt.

<u>Beweis.</u> Aufgrund der Monotonieeigenschaft von F ist g zunächst $\mathscr{A}, \mathscr{B}^*$-meßbar. Ferner ist $0 \leq g \leq 1$ mit $P(\{g \leq 0\}) = P(\{g=0\}) \leq P(\{f \leq z\}) = 0$, wobei $z := \inf \{x \in \mathbb{R}: F(x) > 0\}$. Somit bleibt nur zu zeigen, daß

$$(1.10.16) \qquad P(\{\omega \in \Omega: g(\omega) \leq x\}) = x \text{ für alle } 0 < x < 1.$$

Für jedes solche x sei $F^{-1}(x) := \sup \{z \in \mathbb{R}: F(z) = x\}$ gesetzt. Wegen der Stetigkeit von F ist F^{-1} zunächst wohldefiniert (vgl. 1.10.11; Zwischenwertsatz!) mit $F(F^{-1}(x)) = x$. Wir erhalten $\{f \leq F^{-1}(x)\} \subset \{g \leq x\}$. Umgekehrt folgt aus der Definition von F^{-1} sofort die Inklusion $\{F \cdot f \leq x\} \subset \{f \leq F^{-1}(x)\}$, also $\{f \leq F^{-1}(x)\} = \{g \leq x\}$. Bedingung (1.10.16) folgt nun sofort aus der Gleichungskette

$$P(\{g \leq x\}) = P(\{f \leq F^{-1}(x)\}) = F(F^{-1}(x)) = x. \quad \square$$

1.11 $\mathbb{P}$-fast sichere und $\mathbb{P}$-stochastische Konvergenz

<u>Vereinbarung.</u> In den folgenden Abschnitten sei $(\Omega, \mathscr{A}, P)$ ein beliebiger aber fest vorgegebener W.-Raum. Zur Kennzeichnung dieser Vereinbarung schreiben wir von nun an anstelle von P stets $\mathbb{P}$. Meßbare Abbildungen über $(\Omega,\mathscr{A})$ werden mit ξ, ξ_i, η, η_i usw. bezeichnet. Für zufällige Variable $\xi \in \mathscr{T}(\Omega,\mathscr{A})$ sei $\mathbb{E}(\xi)$ der <u>Erwartungswert</u> von ξ bzgl. $\mathbb{P}$, d.h. das $\mathbb{P}$-Integral von ξ, und $\mathbb{E}(\xi^p)$ das <u>p-te Moment</u> von ξ (falls existent). Bei verschiedenen Konvergenzfragen in der W.-Theorie erweist sich der Begriff der punktweisen Konvergenz von Variablen als ungeeignet, da in den meisten Fällen die Konvergenz nur außerhalb einer Menge N vom

$\mathbb{P}$-Maß null sichergestellt werden kann. Da vom modelltheoretischen Standpunkt die Menge N jedoch vernachlässigbar ist, wird sich der Begriff der fast sicheren Konvergenz auch für spätere Anwendungen als nützlich erweisen.

<u>1.11.1 Definition.</u> Eine Folge $\xi_n \in \mathscr{Z}(\Omega, \mathscr{A})$, $n \in \mathbb{N}$, von zufälligen Variablen <u>konvergiert $\mathbb{P}$-fast sicher</u> gegen $\xi \in \mathscr{Z}(\Omega, \mathscr{A})$:$\bullet$

$$\mathbb{P}(\{\omega \in \Omega: \lim_{n \to \infty} \xi_n(\omega) = \xi(\omega)\}) = 1 \quad (\text{in Zeichen: } \xi_n \underset{\mathbb{P}\text{-f.s.}}{\to} \xi).$$

<u>1.11.2 Bemerkung.</u> Es ist

$$A_0 := \{\omega \in \Omega: \lim_{n \to \infty} \xi_n(\omega) = \xi(\omega)\} = \bigcap_{k \in \mathbb{N}} \bigcup_{m \in \mathbb{N}} \bigcap_{n \geq m} \{|\xi_n - \xi| \leq k^{-1}\} \in \mathscr{A} \text{ und}$$

somit $\mathbb{P}(A_0)$ wohldefiniert.

<u>1.11.3 Lemma.</u> $\xi_n \underset{\mathbb{P}\text{-f.s.}}{\to} \xi$ und $\xi_n \underset{\mathbb{P}\text{-f.s.}}{\to} \xi' \Rightarrow \xi \underset{[\mathbb{P}]}{=} \xi'$.

<u>Beweis.</u> Es ist $\{\xi \neq \xi'\} \subset \{\xi_n \nrightarrow \xi\} \cup \{\xi_n \nrightarrow \xi'\}$. $\square$

<u>1.11.4 Lemma.</u> $\xi_n^i \underset{\mathbb{P}\text{-f.s.}}{\to} \xi^i$ für $i = 1, \ldots, k$ und $f: \mathbb{R}^k \to \mathbb{R}$ stetig

$$\Rightarrow \eta_n := f \bullet (\xi_n^1, \ldots, \xi_n^k) \underset{\mathbb{P}\text{-f.s.}}{\to} f \bullet (\xi^1, \ldots, \xi^k) =: \eta.$$

<u>Beweis.</u> Es ist $\{\eta_n \nrightarrow \eta\} \subset \bigcup_{i=1}^{k} \{\xi_n^i \nrightarrow \xi^i\}$. $\square$

<u>1.11.5 Beispiele.</u> a) $f: \mathbb{R}^2 \to \mathbb{R}$ mit $f(x_1, x_2) := x_1 \pm x_2$

b) $f: \mathbb{R}^k \to \mathbb{R}$ mit $f(x_1, \ldots, x_k) := \max_{i=1,\ldots,k} x_i$ bzw. $\inf_{i=1,\ldots,k} x_i$.

Im folgenden wollen wir einige nützliche Konvergenzkriterien für die $\mathbb{P}$-fast sichere Konvergenz von Folgen ableiten.

<u>1.11.6 Satz.</u> Seien $\xi \in \mathscr{Z}(\Omega, \mathscr{A})$ und $\xi_n \in \mathscr{Z}(\Omega, \mathscr{A})$ für $n \in \mathbb{N}$; dann gilt:

$$\xi_n \underset{\mathbb{P}\text{-f.s.}}{\to} \xi \Leftrightarrow \lim_{m \to \infty} \mathbb{P}(\{\sup_{n \geq m} |\xi_n - \xi| > \epsilon\}) = 0 \text{ für alle } \epsilon > 0.$$

<u>Beweis.</u> Gemäß 1.11.2 ist ξ_n genau dann $\mathbb{P}$-fast sicher gegen ξ konvergent, wenn

$$(1.11.7) \quad \mathbb{P}(\bigcap_{m \in \mathbb{N}} \bigcup_{n \geq m} \{|\xi_n - \xi| > k^{-1}\}) = 0 \text{ für alle } k \in \mathbb{N}.$$

Wegen $\bigcup_{n \geq m} \{|\xi_n - \xi| > k^{-1}\} \downarrow \bigcap_{m \in \mathbb{N}} \bigcup_{n \geq m} \{|\xi_n - \xi| > k^{-1}\}$ für $m \to \infty$ ist die linke

Seite von (1.11.7) aber gleich $\lim_{m \to \infty} \mathbb{P}(\bigcup_{n \geq m} \{|\xi_n - \xi| > k^{-1}\}) =$

$\lim_{m \to \infty} \mathbb{P}(\{\sup_{n \geq m} |\xi_n - \xi| > k^{-1}\})$. Hieraus folgt sofort die Behauptung. $\square$

1.11.8 Satz. Ist $(\varepsilon_n)_{n \in \mathbb{N}}$ eine Folge positiver reeller Zahlen, welche die Bedingung

(i) $\varepsilon_n \to 0$ und $\sum_{n \geq 1} \mathbb{P}(\{\omega \in \Omega : |\xi_n(\omega) - \xi(\omega)| > \varepsilon_n\}) < \infty$

erfüllt, so folgt $\xi_n \xrightarrow[\mathbb{P}\text{-f.s.}]{} \xi$.

Beweis. Sei $\varepsilon > 0$ beliebig und $n_0 \in \mathbb{N}$ so gewählt, daß $\varepsilon_n \leq \varepsilon$ für alle $n \geq n_0$. Es folgt für alle $m \geq n_0$:

$\mathbb{P}(\{\sup_{n \geq m} |\xi_n - \xi| > \varepsilon\}) \leq \mathbb{P}(\bigcup_{n \geq m} \{|\xi_n - \xi| > \varepsilon_n\}) \leq \sum_{n \geq m} \mathbb{P}(\{|\xi_n - \xi| > \varepsilon_n\}) \to 0$ für $m \to \infty$. $\square$

Der folgende Satz liefert ein Cauchykriterium für die $\mathbb{P}$-fast sichere Konvergenz.

1.11.9 Satz. Sei $\xi_n \in \mathscr{L}(\Omega, \mathscr{A})$ für $n \in \mathbb{N}$; dann gilt:

$\xi_n \xrightarrow[\mathbb{P}\text{-f.s.}]{} \xi$ für ein $\xi \in \mathscr{L}(\Omega, \mathscr{A}) \Leftrightarrow \lim_{m \to \infty} \mathbb{P}(\{\sup_{n \geq m} |\xi_n - \xi_m| > \varepsilon\}) = 0$ für alle $\varepsilon > 0$.

Beweis. 1. Sei $\xi_n \xrightarrow[\mathbb{P}\text{-f.s.}]{} \xi$ für ein $\xi \in \mathscr{L}(\Omega, \mathscr{A})$; dann folgt für alle $\varepsilon > 0$ und $m \in \mathbb{N}$:

$\mathbb{P}(\{\sup_{n \geq m} |\xi_n - \xi_m| > \varepsilon\}) \leq \mathbb{P}(\{\sup_{n \geq m} |\xi_n - \xi| > \varepsilon/2\}) + \mathbb{P}(\{|\xi_m - \xi| > \varepsilon/2\})$

$\leq 2\,\mathbb{P}(\{\sup_{n \geq m} |\xi_n - \xi| > \varepsilon/2\}) \to 0$ für $m \to \infty$ gemäß 1.11.6.

2. Setze $\eta_n := \sup_{l,k \geq n} |\xi_l - \xi_k|$ für $n \in \mathbb{N}$; dann ist $\eta_n \in \overline{\mathscr{L}}_+(\Omega, \mathscr{A})$, und für alle $\varepsilon > 0$ und $m \in \mathbb{N}$ gilt: $\mathbb{P}(\{\sup_{n \geq m} |\eta_n| > \varepsilon\}) = \mathbb{P}(\{\eta_m > \varepsilon\}) \leq$

$2\,\mathbb{P}(\{\sup_{n \geq m} |\xi_n - \xi_m| > \varepsilon/2\}) \to 0$ für $m \to \infty$, d.h. (vgl. 1.11.6 mit η_n anstelle von ξ_n und $\xi = 0$) es folgt $\eta_n \to 0$ $\mathbb{P}$-fast sicher und somit die Existenz einer Menge $N \in \mathscr{A}$ mit $\mathbb{P}(N) = 0$ derart, daß für alle $\omega \in \complement N$ die Folge $(\xi_n(\omega))_{n \in \mathbb{N}}$ dem gewöhnlichen Cauchykriterium genügt und damit in $\mathbb{R}$ konvergiert. Also existiert $\xi(\omega) := \lim_{n \to \infty} \xi_n(\omega)$ in $\mathbb{R}$ für alle $\omega \in \complement N$.

Setzen wir $\xi(\omega) := 0$ für alle $\omega \in N$, so ist $\xi \in \mathcal{Z}(\Omega, \mathcal{A})$, und es gilt $\xi_n \xrightarrow[\mathbb{P}\text{-f.s.}]{} \xi$. $\square$

1.11.10 Satz. Sei $\xi_n \in \mathcal{Z}(\Omega, \mathcal{A})$ für $n \in N$ und $0 \le \varepsilon_n$ derart, daß

(i) $\sum\limits_{n \ge 1} \varepsilon_n < \infty$ und $\sum\limits_{n \ge 1} \mathbb{P}(\{|\xi_n - \xi_{n+1}| > \varepsilon_n\}) < \infty$.

Dann existiert $\xi \in \mathcal{Z}(\Omega, \mathcal{A})$ mit $\xi_n \xrightarrow[\mathbb{P}\text{-f.s.}]{} \xi$.

Beweis. Sei $\varepsilon > 0$ beliebig und $n_0 \in N$ so gewählt, daß $\sum\limits_{n \ge n_0} \varepsilon_n \le \varepsilon$. Für alle $m \ge n_0$ folgt:

$$\mathbb{P}(\{\sup\limits_{n \ge m}|\xi_n - \xi_m| > \varepsilon\}) \le \mathbb{P}(\bigcup\limits_{n \ge m}\{|\xi_n - \xi_{n+1}| > \varepsilon_n\}) \le \sum\limits_{n \ge m} \mathbb{P}(\{|\xi_n - \xi_{n+1}| > \varepsilon_n\}) \to 0 \text{ für } m \to \infty.$$

Die Behauptung ergibt sich mit 1.11.9. $\square$

Fordert man in 1.11.6 lediglich die Konvergenz von $\mathbb{P}(\{|\xi_m - \xi| > \varepsilon\})$ gegen null für $m \to \infty$ und alle $\varepsilon > 0$, so führt dies zur

1.11.11 Definition. Eine Folge $\xi_n \in \mathcal{Z}(\Omega, \mathcal{A})$, $n \in N$, von zufälligen Variablen <u>konvergiert $\mathbb{P}$-stochastisch</u> gegen $\xi \in \mathcal{Z}(\Omega, \mathcal{A})$:$\Leftrightarrow$
$\lim\limits_{n \to \infty} \mathbb{P}(\{|\xi_n - \xi| > \varepsilon\}) = 0$ für alle $\varepsilon > 0$ (in Zeichen: $\xi_n \xrightarrow[\mathbb{P}\text{-stoch.}]{} \xi$).

1.11.12 Bemerkung. $\xi_n \xrightarrow[\mathbb{P}\text{-f.s.}]{} \xi \Rightarrow \xi_n \xrightarrow[\mathbb{P}\text{-stoch.}]{} \xi$.

Obwohl die Umkehrung der letzten Implikation im allgemeinen nicht richtig ist (vgl. Ü 1.11.1), kann mit Hilfe des folgenden Satzes über ein Teilfolgenkriterium in vielen Fällen o.E. angenommen werden, daß eine $\mathbb{P}$-stochastisch konvergente Folge sogar $\mathbb{P}$-f.s. konvergiert.

1.11.13 Satz. Für eine Folge $\xi_n \in \mathcal{Z}(\Omega, \mathcal{A})$, $n \in N$, von zufälligen Variablen sind folgende Aussagen äquivalent:

(i) $\xi_n \xrightarrow[\mathbb{P}\text{-stoch.}]{} \xi \in \mathcal{Z}(\Omega, \mathcal{A})$

(ii) Zu jeder Teilfolge $(\xi_{n_k})_{k \in N}$ von $(\xi_n)_{n \in N}$ existiert eine weitere Teilfolge $(\xi_{n_k'})_{k \in N}$ mit $\xi_{n_k'} \xrightarrow[\mathbb{P}\text{-f.s.}]{} \xi$.

<u>Beweis.</u> 1. Sei $\xi_n \xrightarrow[\text{P-stoch.}]{} \xi$ und $(\xi_{n_k})_{k \in \mathbf{N}}$ eine beliebige Teilfolge

von $(\xi_n)_{n \in \mathbf{N}}$. Dann existiert eine Teilfolge $(n_k')_{k \in \mathbf{N}}$ von $(n_k)_{k \in \mathbf{N}}$

derart, daß $\mathbf{P}(\{|\xi_{n_k'} - \xi| > k^{-1}\}) \leq k^{-2}$ für alle $k \in \mathbf{N}$, d.h. gemäß 1.11.8

ist $\xi_{n_k'} \xrightarrow[\text{P-f.s.}]{} \xi$.

2. Sei $\varepsilon > 0$ beliebig und $a_n := \mathbf{P}(\{|\xi_n - \xi| > \varepsilon\})$ gesetzt. Dann ist

$\lim\limits_{n \to \infty} a_n = 0$ äquivalent zu der Bedingung, daß zu jeder Teilfolge

$(a_{n_k})_{k \in \mathbf{N}}$ eine weitere Teilfolge $(a_{n_k'})_{k \in \mathbf{N}}$ existiert mit $\lim\limits_{k \to \infty} a_{n_k'} = 0$.

Ist daher $(\xi_{n_k'})_{k \in \mathbf{N}}$ gemäß (ii) zu $(\xi_{n_k})_{k \in \mathbf{N}}$ so gewählt, daß

$\xi_{n_k'} \xrightarrow[\text{P-f.s.}]{} \xi$, so folgt mit 1.11.12, daß $\xi_{n_k'} \xrightarrow[\text{P-stoch.}]{} \xi$, d.h. $a_{n_k'} \to 0$

für $k \to \infty$. $\square$

<u>1.11.14 Korollar.</u> Lemma 1.11.3 bzw. Lemma 1.11.4 gelten entsprechend,
wenn "P-f.s." durch "P-stoch." ersetzt wird.

Der nächste Satz liefert ein Satz 1.11.9 entsprechendes Cauchykriterium für die P-stochastische Konvergenz.

<u>1.11.15 Satz.</u> Sei $\xi_n \in \mathscr{L}(\Omega, \mathscr{A})$ für $n \in \mathbf{N}$; dann gilt:

$\xi_n \xrightarrow[\text{P-stoch.}]{} \xi$ für ein $\xi \in \mathscr{L}(\Omega, \mathscr{A}) \Leftrightarrow \lim\limits_{m \to \infty} \sup\limits_{n \geq m} \mathbf{P}(\{|\xi_n - \xi_m| > \varepsilon\}) = 0$ für alle $\varepsilon > 0$.

<u>Beweis.</u> 1. Sei $\xi_n \xrightarrow[\text{P-stoch.}]{} \xi$ für ein $\xi \in \mathscr{L}(\Omega, \mathscr{A})$ und $\varepsilon > 0$ beliebig.
Dann gilt

$$\lim\limits_{m \to \infty} \sup\limits_{n \geq m} \mathbf{P}(\{|\xi_n - \xi_m| > \varepsilon\}) \leq \lim\limits_{m \to \infty} \sup\limits_{n \geq m} 2\,\mathbf{P}(\{|\xi_n - \xi| > \varepsilon/2\}) = 0.$$

2. Für $k \in \mathbf{N}$ sei $m_k \in \mathbf{N}$ so gewählt, daß $\sup\limits_{n \geq m_k} \mathbf{P}(\{|\xi_n - \xi_{m_k}| > 2^{-k}\}) \leq 2^{-k}$.

Dabei sei o.E. $m_k \uparrow \infty$. Gemäß 1.11.10 ist die Folge $(\xi_{m_k})_{k \in \mathbf{N}}$ P-fast

sicher konvergent gegen ein $\xi \in \mathscr{L}(\Omega, \mathscr{A})$. Wegen

$$\mathbf{P}(\{|\xi_n - \xi| > \varepsilon\}) \leq \mathbf{P}(\{|\xi_n - \xi_{m_k}| > \varepsilon/2\}) + \mathbf{P}(\{|\xi_{m_k} - \xi| > \varepsilon/2\})$$

folgt hieraus aber die Behauptung. $\square$

Mit Hilfe der in diesem Abschnitt eingeführten Konvergenzbegriffe
lassen sich einige der Voraussetzungen in den Konvergenzsätzen aus

Abschnitt 1.6 abschwächen. Wir wollen dies am Beispiel des Satzes 1.6.10 zeigen.

1.11.16 Lemma (Pratt). Seien ξ_n, g_n, $G_n \in \mathscr{L}(\Omega, \mathscr{A}, \mathbb{P})$, $n \in \mathbb{N}$, derart, daß die drei folgenden Bedingungen (i)-(iii) erfüllt sind:

(i) $\xi_n \xrightarrow[\mathbb{P}\text{-stoch.}]{} \xi \in \mathscr{T}(\Omega, \mathscr{A})$, $g_n \xrightarrow[\mathbb{P}\text{-stoch.}]{} g \in \mathscr{L}(\Omega, \mathscr{A}, \mathbb{P})$ und

$G_n \xrightarrow[\mathbb{P}\text{-stoch.}]{} G \in \mathscr{L}(\Omega, \mathscr{A}, \mathbb{P})$

(ii) $g_n \underset{[\mathbb{P}]}{\leq} \xi_n \underset{[\mathbb{P}]}{\leq} G_n$ für alle $n \in \mathbb{N}$

(iii) $\lim_{n \to \infty} \mathbb{E}(g_n) = \mathbb{E}(g)$ und $\lim_{n \to \infty} \mathbb{E}(G_n) = \mathbb{E}(G)$.

Dann folgt: $\xi \in \mathscr{L}(\Omega, \mathscr{A}, \mathbb{P})$ mit $\mathbb{E}(\xi) = \lim_{n \to \infty} \mathbb{E}(\xi_n)$.

Beweis. Durch Übergang zu Teilfolgen (vgl. 1.11.13) können wir o.E. annehmen, daß sämtliche Folgen $\mathbb{P}$-fast sicher konvergieren. Durch eine eventuell notwendige Abänderung der Funktionen auf einer $\mathbb{P}$-Nullmenge kann ferner erreicht werden, daß sämtliche Folgen punktweise konvergieren und die Ungleichungen in (ii) überall gelten. In diesem Fall ist aber $0 \leq \xi_n - g_n \to \xi - g$ und $0 \leq G_n - \xi_n \to G - \xi$, wobei $\xi_n - g_n$ bzw. $G_n - \xi_n$ $\mathbb{P}$-integrierbar sind für alle $n \in \mathbb{N}$, und ferner

$\liminf_{n \to \infty} \mathbb{E}(\xi_n - g_n) \leq \liminf_{n \to \infty} \mathbb{E}(G_n - g_n) = \mathbb{E}(G - g) < \infty$. Desgleichen erhält man $\liminf_{n \to \infty} \mathbb{E}(G_n - \xi_n) < \infty$. Also folgt nach dem Lemma von Fatou (vgl. 1.6.7):

$\xi - g = \liminf_{n \to \infty} (\xi_n - g_n) \in \mathscr{L}(\Omega, \mathscr{A}, \mathbb{P})$ und $G - \xi = \liminf_{n \to \infty} (G_n - \xi_n) \in \mathscr{L}(\Omega, \mathscr{A}, \mathbb{P})$

mit $\mathbb{E}(\xi - g) \leq \liminf_{n \to \infty} \mathbb{E}(\xi_n - g_n) = \liminf_{n \to \infty} \mathbb{E}(\xi_n) - \mathbb{E}(g)$ bzw.

$\mathbb{E}(G - \xi) \leq \liminf_{n \to \infty} \mathbb{E}(G_n - \xi_n) = \mathbb{E}(G) - \limsup_{n \to \infty} \mathbb{E}(\xi_n)$.

Somit folgt $\xi = (\xi - g) + g \in \mathscr{L}(\Omega, \mathscr{A}, \mathbb{P})$ und

$$\limsup_{n \to \infty} \mathbb{E}(\xi_n) \leq \mathbb{E}(\xi) \leq \liminf_{n \to \infty} \mathbb{E}(\xi_n),$$

d.h. $\mathbb{E}(\xi) = \lim_{n \to \infty} \mathbb{E}(\xi_n)$. $\square$

Wir wollen abschließend den Begriff der $\mathbb{P}$-stochastischen Konvergenz dahingehend verallgemeinern, daß die in Definition 1.11.11 betrachtete Grenzvariable ξ auch von n abhängen kann. Dies führt unmittelbar zur

1.11.17 Definition. Zwei Folgen $(\xi_n)_{n \in \mathbb{N}}$ und $(\eta_n)_{n \in \mathbb{N}}$ von Variablen über $(\Omega, \mathcal{A}, \mathbb{P})$ heißen $\mathbb{P}$-<u>stochastisch äquivalent</u>, falls

$$(1.11.18) \quad \lim_{n \to \infty} \mathbb{P}(\{|\xi_n - \eta_n| > \varepsilon\}) = 0 \quad \text{für alle } \varepsilon > 0.$$

Man sieht unmittelbar ein, daß durch (1.11.18) tatsächlich eine Äquivalenzrelation auf der Gesamtheit aller Folgen in $\mathcal{Z}(\Omega, \mathcal{A})$ definiert wird. Der folgende Satz zeigt, daß die $\mathbb{P}$-stochastische Konvergenz bei Übergang zu stochastisch äquivalenten Folgen erhalten bleibt.

1.11.19 Satz. Sei $\xi_n \xrightarrow[\mathbb{P}\text{-stoch.}]{} \xi$ und $(\eta_n)_{n \in \mathbb{N}}$ stochastisch äquivalent zu $(\xi_n)_{n \in \mathbb{N}}$. Dann ist auch $\eta_n \xrightarrow[\mathbb{P}\text{-stoch.}]{} \xi$.

<u>Beweis.</u> Unmittelbare Folgerung aus der für alle $\varepsilon > 0$ gültigen Ungleichung:

$$\mathbb{P}(\{|\eta_n - \xi| > \varepsilon\}) \leq \mathbb{P}(\{|\eta_n - \xi_n| > \tfrac{\varepsilon}{2}\}) + \mathbb{P}(\{|\xi_n - \xi| > \tfrac{\varepsilon}{2}\}). \quad \Box$$

1.12 Verteilungskonvergenz

Ist $\xi_n \in \mathcal{Z}(\Omega, \mathcal{A})$, $n \in \mathbb{N}$, eine Folge von Variablen über $(\Omega, \mathcal{A}, \mathbb{P})$ mit $\xi_n \xrightarrow[\mathbb{P}\text{-stoch.}]{} \xi \in \mathcal{Z}(\Omega, \mathcal{A})$ und $f: \mathbb{R} \to \mathbb{R}$ eine stetige und beschränkte Funktion, so sind die Variablen $\eta := f \cdot \xi$ und $\eta_n := f \cdot \xi_n$ wieder $\mathbb{P}$-integrierbar, und wegen 1.11.14 gilt $\eta_n \xrightarrow[\mathbb{P}\text{-stoch.}]{} \eta$. Wendet man das Prattsche Lemma auf η_n anstelle von ξ_n an mit $g_n = g = -|f|$ und $G_n = G = |f|$, so folgt mit $Q_{\xi_n} := \xi_n \mathbb{P}$ bzw. $Q_\xi := \xi \mathbb{P}$ unter Verwendung des Transformationssatzes 1.10.4:

$$(1.12.1) \quad \lim_{n \to \infty} \int_{\mathbb{R}} f(x) Q_{\xi_n}(dx) = \int_{\mathbb{R}} f(x) Q_\xi(dx).$$

Bezeichne $C^b(\mathbb{R})$ die Gesamtheit aller stetigen und beschränkten reellwertigen Funktionen auf $\mathbb{R}$.

1.12.2 Definition. Eine Folge $\xi_n \in \mathcal{Z}(\Omega, \mathcal{A})$, $n \in \mathbb{N}$, von zufälligen Variablen <u>konvergiert in Verteilung</u> gegen $\xi \in \mathcal{Z}(\Omega, \mathcal{A})$ (in Zeichen: $\xi_n \xrightarrow{\mathscr{L}} \xi$ oder auch $Q_{\xi_n} \to Q_\xi$), wenn (1.12.1) für alle $f \in C^b(\mathbb{R})$ erfüllt ist.

Da man jedes W.-Maß μ auf $\mathscr{B}^*$ als Verteilung einer Variablen ξ auffassen kann (man hat nur $(\Omega, \mathscr{A}, \mathbb{P}) = (\mathbb{R}, \mathscr{B}^*, \mu)$ und $\xi = \mathrm{id}_{\mathbb{R}}$ zu setzen), wird durch (1.12.1) gleichzeitig eine Konvergenz im Raum aller W.-Maße auf $\mathscr{B}^*$ definiert. In diesem Sinne ist also $\mu_n \rightharpoonup \mu$ genau dann, wenn

$$(1.12.1')\ \lim_{n\to\infty} \int_{\mathbb{R}} f(x)\mu_n(dx) = \int_{\mathbb{R}} f(x)\mu(dx)\ \text{für alle } f \in C^b(\mathbb{R}).$$

Auf das Studium dieser sogenannten <u>schwachen Konvergenz von Maßen</u> wollen wir jedoch erst in Kapitel VIII näher eingehen.

Zuvor halten wir fest, daß mit den eingangs gemachten Bemerkungen der folgende Satz richtig ist.

<u>1.12.3 Satz.</u> $\xi_n \xrightarrow[\mathbb{P}\text{-stoch.}]{} \xi \;\Rightarrow\; \xi_n \xrightarrow{\mathscr{L}} \xi$.

Von 1.12.3 gilt die Umkehrung i.a. nicht. Dazu hat man nur eine Folge $(\xi_n)_{n\in\mathbb{N}}$ zu betrachten mit $Q_{\xi_1} = Q_{\xi_n}$ für alle $n \geq 1$ und $\xi_n \xrightarrow[\mathbb{P}\text{-stoch.}]{} \xi_1$ (z.B. $(\Omega, \mathscr{A}, \mathbb{P}) = ([0,1], [0,1] \cap \mathscr{B}^*, \lambda\,|\,[0,1] \cap \mathscr{B}^*)$, und $\xi_1 := 1_{[0,1/2]}$ bzw. $\xi_n := 1_{[1/2,1]}$ für $n > 1$).

Dagegen gilt die Umkehrung in dem folgenden Spezialfall.

<u>1.12.4 Satz.</u> Ist ξ $\mathbb{P}$-fast sicher konstant, so gilt:

$$\xi_n \xrightarrow{\mathscr{L}} \xi \;\Rightarrow\; \xi_n \xrightarrow[\mathbb{P}\text{-stoch.}]{} \xi\ .$$

<u>Beweis.</u> Nach Voraussetzung existiert ein $a \in \mathbb{R}$, so daß $\xi = a$ $\mathbb{P}$-fast sicher, d.h. $Q_\xi = \varepsilon_a$. Ist nun $\varepsilon > 0$ beliebig vorgegeben und setzt man $f_\varepsilon = f$ mit

$$f(x) := \begin{cases} 1 & ,\ \text{falls } |x-a| \geq \varepsilon \\ 0 & ,\ \text{falls } |x-a| \leq \varepsilon/2 \\ \text{linear sonst,} \end{cases}$$

Abb. 1

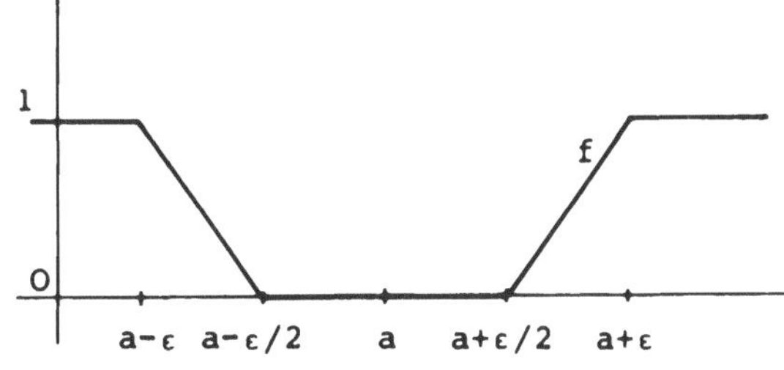

so ist $f \in C^b(\mathbb{R})$, und es gilt

$$\mathbb{P}(\{|\xi_n - \xi| > \varepsilon\}) = \mathbb{P}(\{|\xi_n - a| > \varepsilon\}) \leq \int_{\mathbb{R}} f(x) Q_{\xi_n}(dx) \to \int_{\mathbb{R}} f(x) Q_\xi(dx) = f(a) = 0. \quad \square$$

In den Anwendungen werden wir die in (1.12.1) betrachtete Konvergenz
ohne allzu großen Aufwand lediglich für solche Funktionen $f \in C^b(\mathbb{R})$
zeigen können, welche über die Stetigkeit hinaus weitere Regularitätseigenschaften wie Differenzierbarkeit etc. besitzen. Der folgende
Satz zeigt, daß es zum Nachweis der Verteilungskonvergenz genügt,
lediglich solche Funktionen zu betrachten. Sei dazu

$$C^{(o)}(\mathbb{R}) := \{f \in C^b(\mathbb{R}): f \text{ gleichmäßig stetig}\}$$

und für $r \in \mathbb{N}$ $C^{(r)}(\mathbb{R})$ die Gesamtheit aller $f \in C^{(o)}(\mathbb{R})$, welche
r-mal differenzierbar sind mit Ableitungen $f^{(i)} \in C^{(o)}(\mathbb{R})$, $i=1,\ldots,r$.
Dann gilt

$\underline{1.12.5 \text{ Satz.}}$ Sei $r \in \mathbb{Z}_+$. Für eine Folge $\xi_n \in \mathscr{L}(\Omega, \mathscr{A})$, $n \in \mathbb{N}$, von zufälligen Variablen sind dann folgende drei Aussagen äquivalent:

(i) $\quad \xi_n \overset{\mathscr{L}}{\to} \xi \in \mathscr{L}(\Omega, \mathscr{A})$

(ii) $\quad \lim_{n \to \infty} \int_{\mathbb{R}} f(x) Q_{\xi_n}(dx) = \int_{\mathbb{R}} f(x) Q_\xi(dx)$ für alle $f \in C^{(r)}(\mathbb{R})$

(iii) $\quad \lim_{n \to \infty} F_{\xi_n}(x) = F_\xi(x)$ für alle $x \in S(F_\xi)$.

$\underline{\text{Beweis.}}$ Da die Implikation "(i) $\to$ (ii)" trivialerweise richtig ist,
bleiben "(ii) $\to$ (iii)" und "(iii) $\to$ (i)" zu zeigen.
1. Sei (ii) erfüllt und $x \in S(F_\xi)$ beliebig. Zu $\varepsilon > 0$ sei $\delta > 0$ so gewählt,
daß $|F_\xi(x) - F_\xi(y)| \leq \varepsilon$, sofern $|x-y| \leq \delta$. Ferner wähle man $\underline{f}, \overline{f} \in C^{(r)}(\mathbb{R})$
mit $0 \leq \underline{f}, \overline{f} \leq 1$ so, daß

$$\underline{f}(y) = \begin{cases} 1, & \text{falls } y \leq x-\delta \\ 0, & \text{falls } y \geq x \end{cases} \quad \text{und} \quad \overline{f}(y) = \begin{cases} 1, & \text{falls } y \leq x \\ 0, & \text{falls } y \geq x+\delta. \end{cases}$$

Dann folgt

$$\limsup_{n \to \infty} F_{\xi_n}(x) \leq \limsup_{n \to \infty} \int_{\mathbb{R}} \overline{f}(y) Q_{\xi_n}(dy) = \int_{\mathbb{R}} \overline{f}(y) Q_\xi(dy) \leq F_\xi(x+\delta) \leq F_\xi(x) + \varepsilon$$

und

$$\liminf_{n \to \infty} F_{\xi_n}(x) \geq \liminf_{n \to \infty} \int_{\mathbb{R}} \underline{f}(y) Q_{\xi_n}(dy) = \int_{\mathbb{R}} \underline{f}(y) Q_\xi(dy) \geq F_\xi(x-\delta) \geq F_\xi(x) - \varepsilon$$

und damit (iii) $(\varepsilon \downarrow 0)$.
2. Ist Bedingung (iii) erfüllt, so zeigt der Beweis des folgenden Satzes,
daß o.E. $\xi_n \overset{}{\underset{\mathbb{P}\text{-f.s.}}{\to}} \xi$ und somit $\xi_n \overset{}{\underset{\mathbb{P}\text{-stoch.}}{\to}} \xi$ angenommen werden kann.

In diesem Fall folgt die Behauptung aber sofort aus 1.12.3. □

Liegt der in Satz 1.12.5 (iii) betrachtete Fall vor, so nennen wir F_{ξ_n} <u>schwach konvergent</u> gegen F_ξ (in Zeichen: $F_{\xi_n} \rightharpoonup F_\xi$), d.h.

$$F_{\xi_n} \rightharpoonup F_\xi \Leftrightarrow \lim_{n \to \infty} F_{\xi_n}(x) = F_\xi(x) \text{ für alle } x \in S(F_\xi).$$

Wie wir bereits bemerkt haben, folgt aus der Verteilungskonvergenz i.a. nicht die stochastische Konvergenz. Umso bemerkenswerter ist nun der folgende Satz. Er zeigt, daß für eine Folge $(\xi_n)_{n \in \mathbb{N}}$, welche in Verteilung gegen eine Variable ξ_0 konvergiert, <u>Versionen</u> $\hat{\xi}_n$, $n \geq 0$, über einem W.-Raum $(\hat{\Omega}, \hat{\mathscr{A}}, \hat{\mathbb{P}})$ gefunden werden können (d.h. es ist $Q_{\xi_n} = Q_{\hat{\xi}_n}$ für $n \geq 0$), so daß $\hat{\xi}_n \xrightarrow[\hat{\mathbb{P}}-f.s.]{} \hat{\xi}_0$. Im Hinblick auf Aussagen, welche nur von den Verteilungen der betrachteten Variablen abhängen, wird es somit keine Einschränkung der Allgemeinheit bedeuten, wenn wir annehmen, daß $\xi_n \xrightarrow[\mathbb{P}-f.s.]{} \xi_0$.

<u>1.12.6 Satz.</u> Sei $\xi_n \in \mathscr{Z}(\Omega, \mathscr{A})$ für $n \geq 0$ und $\xi_n \xrightarrow{\mathscr{L}} \xi_0$. Dann existieren ein W.-Raum $(\hat{\Omega}, \hat{\mathscr{A}}, \hat{\mathbb{P}})$ und zufällige Variable $\hat{\xi}_n \in \mathscr{Z}(\hat{\Omega}, \hat{\mathscr{A}})$, $n \geq 0$, so daß

(i) $Q_{\xi_n} = Q_{\hat{\xi}_n}$ für alle $n \geq 0$

(ii) $\lim_{n \to \infty} \hat{\xi}_n = \hat{\xi}_0$ $\hat{\mathbb{P}}$-fast sicher.

<u>Beweis.</u> Sei $(\hat{\Omega}, \hat{\mathscr{A}}, \hat{\mathbb{P}}) := ((0,1), (0,1) \cap \mathscr{B}^*, \lambda|(0,1) \cap \mathscr{B}^*)$ und $F_n := F_{\xi_n}$. Für $n \geq 0$ sei dann $\hat{\xi}_n \in \mathscr{Z}(\hat{\Omega}, \hat{\mathscr{A}})$ definiert durch

(1.12.7) $\hat{\xi}_n(x) := \inf \{y \in \mathbb{R}: F_n(y) \geq x\}$, $0 < x < 1$.

Wegen 1.10.11 (i) und (iii) ist $\hat{\xi}_n$ zunächst wohldefiniert und offensichtlich auch monoton wachsend, also $\hat{\xi}_n \in \mathscr{Z}(\hat{\Omega}, \hat{\mathscr{A}})$ (Beweis!). Ferner kann aufgrund der rechtsseitigen Stetigkeit von F_n auf der rechten Seite von (1.12.7) das Infimum durch ein Minimum ersetzt werden, d.h. es ist $F_n(\hat{\xi}_n(x)) \geq x$. Damit folgt aber für alle $u \in \mathbb{R}$:

$\{x \in \hat{\Omega}: \hat{\xi}_n(x) \leq u\} = (0, F_n(u)] \cap \hat{\Omega}$ und somit $\hat{\mathbb{P}}(\{x \in \hat{\Omega}: \hat{\xi}_n(x) \leq u\}) = F_n(u) = F_{\xi_n}(u)$,

d.h. es gilt (i) (vgl. 1.10.10). Zum Beweis von (ii) bemerken wir, daß $\hat{\xi}_0$ genau dann in x stetig ist, wenn kein $y > \hat{\xi}_0(x)$ existiert mit $F_0(z) = x$ für alle $\hat{\xi}_0(x) \leq z < y$. Damit besitzt $\hat{\xi}_0$ höchstens abzählbar viele Unstetigkeitsstellen, so daß es reicht zu zeigen:

$$\lim_{n\to\infty} \hat{\xi}_n(x) = \hat{\xi}_o(x) \quad \text{für alle } x \in S(\hat{\xi}_o).$$

Sei also $x \in S(\hat{\xi}_o)$ und $\lambda_1 < \hat{\xi}_o(x) < \lambda_2$ zu $\varepsilon > 0$ so gewählt, daß $\lambda_1, \lambda_2 \in S(F_o)$ und $\lambda_2 - \lambda_1 < \varepsilon$ (vgl. 1.10.13). Nach Definition von $\hat{\xi}_o(x)$ ist dann $F_o(\lambda_1) < x$, und wegen $x \in S(\hat{\xi}_o)$ gilt $F_o(\lambda_2) > x$. Nach Voraussetzung (wegen "(i) $\to$ (iii)" in 1.12.5) existiert ferner ein $n_o \in \mathbb{N}$ derart, daß $F_n(\lambda_1) < x$ und $F_n(\lambda_2) > x$ für alle $n \geq n_o$. Es folgt $\hat{\xi}_n(x) \in [\lambda_1, \lambda_2]$ und somit $|\hat{\xi}_n(x) - \hat{\xi}_o(x)| \leq \varepsilon$, falls $n \geq n_o$. $\square$

Als einfache Folgerung erhalten wir aus Satz 1.12.5

<u>1.12.8 Korollar.</u> Sei $\xi_n \in \mathcal{Z}(\Omega, \mathcal{A})$ für $n \in \mathbb{N}$ mit $\xi_n \overset{\mathcal{L}}{\to} \xi \in \mathcal{Z}(\Omega, \mathcal{A})$ und $\xi_n \overset{\mathcal{L}}{\to} \eta \in \mathcal{Z}(\Omega, \mathcal{A})$. Dann ist $Q_\xi = Q_\eta$, d.h. die <u>Grenzverteilung</u> ist eindeutig bestimmt.

<u>Beweis.</u> Zunächst folgt aus 1.12.5 (iii), daß $F_\xi(x) = F_\eta(x)$ für alle $x \in S(F_\xi) \cap S(F_\eta)$. Nach 1.10.13 stimmen F_ξ und F_η damit auf einer in $\mathbb{R}$ dichten Menge überein und sind aufgrund ihrer rechtsseitigen Stetigkeit identisch. Die Behauptung ergibt sich dann aus 1.10.10. $\square$

<u>1.12.9 Bemerkung.</u> Aus dem letzten Korollar folgt insbesondere, daß die Verteilung von ξ allein durch die Werte $\int_{\mathbb{R}} f(x) Q_\xi(dx)$, $f \in C^{(r)}(\mathbb{R})$, eindeutig bestimmt ist. Ein entsprechendes Ergebnis läßt sich ohne weiteres für den mehrdimensionalen Fall und für beliebige finite Maße $\mu | \mathcal{B}_k^*$ formulieren. Der folgende Satz liefert ein zu 1.11.19 analoges Ergebnis für die Verteilungskonvergenz.

<u>1.12.10 Satz (Cramér).</u> Sind $(\xi_n)_{n \in \mathbb{N}}$ und $(\eta_n)_{n \in \mathbb{N}}$ zwei stochastisch äquivalente Folgen von Variablen und $\xi \in \mathcal{Z}(\Omega, \mathcal{A})$, so gilt

$$\xi_n \overset{\mathcal{L}}{\to} \xi \iff \eta_n \overset{\mathcal{L}}{\to} \xi$$

<u>Beweis.</u> Aus Symmetriegründen bleibt nur eine Richtung zu zeigen. Sei $\xi_n \overset{\mathcal{L}}{\to} \xi$ und $f \in C^{(o)}(\mathbb{R})$ beliebig gewählt. Zu $\varepsilon > 0$ existiert dann ein $\delta > 0$ mit $|f(x) - f(y)| \leq \varepsilon$ für alle $|x-y| \leq \delta$. Zu $\delta > 0$ gibt es ferner ein $n_o \in \mathbb{N}$, so daß $\mathbb{P}(\{|\xi_n - \eta_n| > \delta\}) \leq \varepsilon$ für alle $n \geq n_o$. Zusammenfassend erhalten wir unter Verwendung der Voraussetzung $\xi_n \overset{\mathcal{L}}{\to} \xi$:

$$\limsup_{n\to\infty} \left| \int_{\mathbb{R}} f(x) Q_{\eta_n}(dx) - \int_{\mathbb{R}} f(x) Q_\xi(dx) \right| \leq \limsup_{n\to\infty} \left| \int_{\mathbb{R}} f(x) Q_{\eta_n}(dx) - \int_{\mathbb{R}} f(x) Q_{\xi_n}(dx) \right|$$

$$\leq \limsup_{n\to\infty} \left| \int_{\{|\xi_n - \eta_n| > \delta\}} f \circ \eta_n \, d\mathbb{P} - \int_{\{|\xi_n - \eta_n| > \delta\}} f \circ \xi_n \, d\mathbb{P} \right| +$$

$$\lim_{n\to\infty} \sup \int_{\{|\xi_n-\eta_n|\le\delta\}} |f\bullet\eta_n - f\bullet\xi_n|\,d\,\mathbb{P} \le 2|f|\cdot\varepsilon + \varepsilon.$$

Daraus folgt die Behauptung ($\varepsilon \downarrow 0!$). $\square$

Als Anwendung des letzten Satzes erhalten wir

__1.12.11 Satz.__ Sei $\xi_n \overset{\mathcal{L}}{\to} \xi$ und $(a_n)_{n\in\mathbb{N}}$ eine Folge reeller Zahlen mit $a_n \to 1$. Dann ist auch $a_n\xi_n \overset{\mathcal{L}}{\to} \xi$.

__Beweis.__ Es ist $a_n\xi_n = \xi_n + (a_n-1)\xi_n$, so daß mit 1.12.10 $(a_n-1)\xi_n \underset{\mathbb{P}\text{-stoch.}}{\to} 0$ zu zeigen bleibt. Setze $c_n := a_n-1$, also $c_n \to 0$.
Wegen Satz 1.12.6 existieren über einem W.-Raum $(\hat{\Omega}, \hat{\mathscr{A}}, \hat{\mathbb{P}})$ Versionen $\hat{\xi}_n$ von ξ_n bzw. $\hat{\xi}$ von ξ, so daß $\hat{\xi}_n \to \hat{\xi}$ $\hat{\mathbb{P}}$-fast sicher. Somit ist $c_n\hat{\xi}_n \underset{\hat{\mathbb{P}}\text{-stoch.}}{\to} 0$ (vgl. 1.11.4), also

$$\mathbb{P}(\{|c_n||\xi_n| > \varepsilon\}) = \hat{\mathbb{P}}(\{|c_n||\hat{\xi}_n| > \varepsilon\}) \to 0 \text{ für alle } \varepsilon > 0. \quad \square$$

Wir wollen an dieser Stelle auf weitere Untersuchungen zur Verteilungskonvergenz verzichten und im übrigen auf die in Kapitel VIII behandelte allgemeinere Theorie von Zufallselementen in metrischen
Räumen verweisen.

1.13 Konvergenz im p-ten Mittel

Im folgenden sei $1 \le p < \infty$ beliebig aber fest gewählt und p' im Falle
$p > 1$ durch die Gleichung $\frac{1}{p} + \frac{1}{p'} = 1$ definiert.

__1.13.1 Definition.__ Sei $(\Omega, \mathscr{A}, \mathbb{P})$ ein W.-Raum. Setzen wir für jedes
$\xi \in \mathscr{Z}(\Omega,\mathscr{A})$ $|\xi|_p := (\mathbb{E}(|\xi|^p))^{1/p}$, so heißt
$\mathscr{L}_p(\Omega, \mathscr{A}, \mathbb{P}) := \{\xi \in \mathscr{Z}(\Omega,\mathscr{A}): |\xi|_p < \infty\}$ die Gesamtheit der __p-fach__
__integrierbaren Funktionen.__

Offensichtlich ist $\mathscr{L}_p(\Omega, \mathscr{A}, \mathbb{P})$ ein linearer Raum. Man beachte dazu,
daß für $a\in\mathbb{R}$ und $\xi,\eta \in \mathscr{Z}(\Omega,\mathscr{A})$ stets $|a\xi|^p = |a|^p|\xi|^p$ und
$|\xi+\eta|^p \le 2^p(|\xi|^p+|\eta|^p)$ gilt, also mit ξ und η auch stets $a\xi$ und $\xi+\eta$
p-fach integrierbar sind.

Die folgende Ungleichung wird sich im weiteren als sehr wichtig erweisen.

1.13.2 <u>Satz (Höldersche Ungleichung)</u>. Ist $p > 1$, so gilt für alle $\xi \in \mathscr{L}_p(\Omega, \mathscr{A}, \mathbb{P})$ und $\eta \in \mathscr{L}_{p'}(\Omega, \mathscr{A}, \mathbb{P})$: Es ist $\xi \cdot \eta \in \mathscr{L}_1(\Omega, \mathscr{A}, \mathbb{P})$ mit

$$(1.13.3) \quad \|\xi \cdot \eta\|_1 \leq \|\xi\|_p \, \|\eta\|_{p'}$$

<u>Beweis.</u> Sei $b > 0$ beliebig und $\gamma(x) := (x^p/p) + (b^{p'}/p') - xb$, $x \geq 0$, gesetzt. Für eine Lösung x_0 der Gleichung $0 = \gamma'(x) = x^{p-1} - b$ folgt $\gamma(x_0) = 0$. Ferner nimmt γ wegen $\gamma(0) > 0$ und $\lim_{x \to \infty} \gamma(x) = \infty$ in x_0 sein Minimum an, d.h. $\gamma(x) \geq \gamma(x_0) = 0$ und somit

$$(1.13.4) \quad xb \leq \frac{x^p}{p} + \frac{b^{p'}}{p'} \text{ für alle } x \geq 0 \text{ und } b \geq 0.$$

Im folgenden sei stets $\|\xi\|_p > 0$ und $\|\eta\|_{p'} > 0$ (im Fall $\|\xi\|_p = 0$ ist $\xi \underset{[\mathbb{P}]}{=} 0$ und somit $\xi\eta \underset{[\mathbb{P}]}{=} 0$, d.h. $\|\xi\eta\|_1 = 0$). Für $\omega \in \Omega$ sei ferner

$$x(\omega) := \frac{|\xi(\omega)|}{\|\xi\|_p} \text{ und } b(\omega) := \frac{|\eta(\omega)|}{\|\eta\|_{p'}} \text{ gesetzt. Mit } (1.13.4) \text{ folgt dann:}$$

$$\frac{|\xi(\omega)\eta(\omega)|}{\|\xi\|_p\|\eta\|_{p'}} \leq \frac{|\xi(\omega)|^p}{p\|\xi\|_p^p} + \frac{|\eta(\omega)|^{p'}}{p'\|\eta\|_{p'}^{p'}} .$$

Somit ist $\xi \cdot \eta \in \mathscr{L}_1(\Omega, \mathscr{A}, \mathbb{P})$, und es gilt:

$$\frac{1}{\|\xi\|_p\|\eta\|_{p'}} \int_{\Omega} |\xi(\omega)\eta(\omega)| \, \mathbb{P}(d\omega) \leq \frac{1}{p} + \frac{1}{p'} = 1. \quad \square$$

Im Fall $p=2=p'$ nennen wir (1.13.3) die <u>Schwarzsche Ungleichung</u>.

Als wichtige Folgerung erhalten wir

1.13.5 <u>Satz (Minkowski-Ungleichung)</u>. Sei $p \geq 1$ und $\xi, \eta \in \mathscr{L}_p(\Omega, \mathscr{A}, \mathbb{P})$. Dann ist $\xi + \eta \in \mathscr{L}_p(\Omega, \mathscr{A}, \mathbb{P})$, und es gilt:

$$(1.13.6) \quad \|\xi + \eta\|_p \leq \|\xi\|_p + \|\eta\|_p.$$

<u>Beweis.</u> Für $p=1$ folgt die Behauptung unmittelbar aus der Dreiecksungleichung $|\xi + \eta| \leq |\xi| + |\eta|$. Wie bereits bemerkt, ist $\mathscr{L}_p(\Omega, \mathscr{A}, \mathbb{P})$ ein linearer Raum, so daß im Fall $p > 1$ lediglich die Ungleichung (1.13.6) nachzuweisen bleibt. Dazu beachten wir, daß wegen

$$\|\xi + \eta\|_p^p \leq \int_{\Omega} |\xi| |\xi + \eta|^{p-1} d\mathbb{P} + \int_{\Omega} |\eta| |\xi + \eta|^{p-1} d\mathbb{P}$$

aus der Hölderschen Ungleichung, angewendet auf die letzten beiden

Summanden, folgt:

$$|\xi+\eta|_p^p \;\leqslant\; |\xi|_p \left(\int_\Omega |\xi+\eta|^p d\mathbb{P} \right)^{1/p'} + |\eta|_p \left(\int_\Omega |\xi+\eta|^p d\mathbb{P} \right)^{1/p'}.$$

$$= \left(|\xi|_p + |\eta|_p \right) \left(\int_\Omega |\xi+\eta|^p \, d\mathbb{P} \right)^{1/p'}.$$

Wegen $\frac{1}{p} + \frac{1}{p'} = 1$ folgt daraus aber die Behauptung. $\square$

Als weitere Folgerung erhalten wir aus 1.13.2 die

<u>1.13.7 Bemerkung.</u> Für $1 \leqslant p_1 \leqslant p_2 < \infty$ ist $\mathscr{L}_{p_2}(\Omega, \mathscr{A}, \mathbb{P}) \subset \mathscr{L}_{p_1}(\Omega, \mathscr{A}, \mathbb{P})$ mit $|\xi|_{p_1} \leqslant |\xi|_{p_2}$ für alle $\xi \in \mathscr{L}_{p_2}(\Omega, \mathscr{A}, \mathbb{P})$. Zum Beweis hat man in 1.13.2 $|\xi|$ lediglich durch $|\xi|^{p_1}$ und p durch p_2/p_1 zu ersetzen (mit $\eta = 1$).

In den Konvergenzsätzen des Abschnitts 1.6 hatten wir u.a. die Frage untersucht, unter welchen Bedingungen an eine Folge von Variablen Grenzwertbildung und Integration vertauschbar sind. Eine weitere hinreichende Bedingung dafür erhalten wir, wenn Konvergenz im Sinne der folgenden Definition vorliegt.

<u>1.13.8 Definition.</u> Sei $p \geqslant 1$ und $\xi_n \in \mathscr{L}_p(\Omega, \mathscr{A}, \mathbb{P})$ für $n \geqslant 1$; dann <u>konvergiert ξ_n im p-ten Mittel</u> gegen $\xi \in \mathscr{L}_p(\Omega, \mathscr{A}, \mathbb{P})$, falls $|\xi_n - \xi|_p \to 0$ für $n \to \infty$ (in Zeichen: $\xi_n \overset{L_p}{\to} \xi$).

Offensichtlich ist die Grenzvariable ξ $\mathbb{P}$-f.s. eindeutig bestimmt.

Im Fall p=1 spricht man auch von der <u>Konvergenz im Mittel</u> und im Fall p=2 von der <u>Konvergenz im quadratischen Mittel</u>. Aus 1.13.7 folgt sofort, daß mit $\xi_n \overset{L_{p_2}}{\to} \xi$ auch $\xi_n \overset{L_{p_1}}{\to} \xi$, falls $1 \leqslant p_1 \leqslant p_2 < \infty$.

Insbesondere folgt aus $\xi_n \overset{L_p}{\to} \xi$, $p \geqslant 1$, die Konvergenz von ξ_n gegen ξ im Mittel und somit wegen $|\mathbb{E}(\xi_n) - \mathbb{E}(\xi)| \leqslant |\xi_n - \xi|_1$: $\mathbb{E}(\xi) = \lim_{n \to \infty} \mathbb{E}(\xi_n)$.

Beachtet man ferner, daß für alle $\varepsilon > 0$

$$(1.13.9) \quad \mathbb{P}(\{\omega \in \Omega: |\xi_n(\omega) - \xi(\omega)| > \varepsilon\}) \;\leqslant\; \varepsilon^{-p} |\xi_n - \xi|_p^p$$

erfüllt ist (!), so erhalten wir

1.13.10 Satz. Sei $p \geq 1$ und $\xi_n \xrightarrow{L_p} \xi$ für $n \to \infty$. Dann gilt $\xi_n \xrightarrow[\mathbb{P}\text{-stoch.}]{} \xi$.

1.13.11 Beispiel. Sei $(\Omega, \mathscr{A}, \mathbb{P}) = ([0,1], [0,1] \cap \mathscr{B}^*, \lambda|[0,1] \cap \mathscr{B}^*)$ und $\xi_n := n1_{(0,1/n]}$ für $n \in \mathbb{N}$. Dann ist $\xi_n \to 0$ für $n \to \infty$ mit $|\xi_n|_1 = 1$ stets, d.h. 1.13.10 ist i.a. nicht umkehrbar.

Der folgende Satz liefert ein zu 1.11.9 bzw. 1.11.15 entsprechendes Cauchykriterium für die Konvergenz im p-ten Mittel.

1.13.12 Satz. Sei $p \geq 1$ und $\xi_n \in \mathscr{L}_p(\Omega, \mathscr{A}, \mathbb{P})$ für alle $n \in \mathbb{N}$. Dann gilt:

$$\xi_n \xrightarrow{L_p} \xi \text{ für ein } \xi \in \mathscr{L}_p(\Omega, \mathscr{A}, \mathbb{P}) \Leftrightarrow \lim_{m \to \infty} \sup_{n \geq m} |\xi_n - \xi_m|_p = 0.$$

Beweis. Ist $\xi_n \xrightarrow{L_p} \xi$ für ein $\xi \in \mathscr{L}_p(\Omega, \mathscr{A}, \mathbb{P})$, so folgt $\lim_{m \to \infty} \sup_{n \geq m} |\xi_n - \xi_m|_p \leq \lim_{m \to \infty} \sup_{n \geq m} 2|\xi_n - \xi|_p = 0$. Zum Beweis der Umkehrung beachten wir, daß wegen (1.13.9)

$$\lim_{m \to \infty} \sup_{n \geq m} \mathbb{P}(\{|\xi_n - \xi_m| > \epsilon\}) = 0 \text{ für alle } \epsilon > 0,$$

so daß aufgrund von 1.11.15 $\xi_n \xrightarrow[\mathbb{P}\text{-stoch.}]{} \xi$ für ein $\xi \in \mathscr{Z}(\Omega, \mathscr{A})$. Gemäß 1.11.13 existiert ferner eine Teilfolge $(\xi_{n_k'})_{k \in \mathbb{N}}$ von $(\xi_n)_{n \in \mathbb{N}}$ mit $\xi_{n_k'} \xrightarrow[\mathbb{P}\text{-f.s.}]{} \xi$. Durch eine eventuell notwendige Abänderung sämtlicher Variabler auf einer Menge vom $\mathbb{P}$-Maß null kann ferner o.E. angenommen werden, daß $\xi_{n_k'} \to \xi$. Beachtet man weiter, daß aufgrund der vorausgesetzten Cauchy-Eigenschaft $\sup_{n \geq 1} |\xi_n|_p < \infty$, so ergibt sich mit Hilfe des Lemmas von Fatou:

$$\int_\Omega |\xi(\omega)|^p \, \mathbb{P}(d\omega) \leq \liminf_{k \to \infty} \int_\Omega |\xi_{n_k'}(\omega)|^p \, \mathbb{P}(d\omega) < \infty.$$

Mithin ist $\xi \in \mathscr{L}_p(\Omega, \mathscr{A}, \mathbb{P})$ und durch nochmalige Anwendung des Fatouschen Lemmas erhalten wir für alle $n \in \mathbb{N}$:

$|\xi_n - \xi|_p^p \leq \liminf_{k \to \infty} |\xi_n - \xi_{n_k'}|_p^p$. Ist zu $\epsilon > 0$ beliebig $m_o \in \mathbb{N}$ so gewählt,

daß $\sup_{n \geq m} |\xi_n - \xi_m|_p^p < \epsilon$ für alle $m \geq m_o$, so erhalten wir für alle $n \geq m_o$

$\liminf_{k \to \infty} |\xi_n - \xi_{n_k'}|_p^p \leq \epsilon$, also $\limsup_{n \to \infty} |\xi_n - \xi|_p^p \leq \epsilon$. $\quad\square$

1.14 Gleichgradige Integrierbarkeit

Beispiel 1.13.11 hat gezeigt, daß aus der $\mathbb{P}$-stochastischen Konvergenz einer Folge von Variablen $\xi_n \in \mathscr{L}_p(\Omega, \mathscr{A}, \mathbb{P})$ i.a. nicht auf eine entsprechende Konvergenz im p-ten Mittel geschlossen werden kann. Ziel dieses Abschnitts soll es sein, Bedingungen anzugeben, unter welchen zusätzlich eine Umkehrung von 1.13.10 allgemein richtig ist.

1.14.1 Definition. Eine Teilfamilie $\emptyset \neq \mathscr{M} \subset \mathscr{L}(\Omega, \mathscr{A}, \mathbb{P})$ heißt <u>gleichgradig σ-stetig</u> (in $\emptyset$) :⟺

$$(1.14.2) \quad \sup_{\xi \in \mathscr{M}} \int_{A_n} |\xi(\omega)| \, \mathbb{P}(d\omega) \to 0 \text{ für jede Folge } A_n \in \mathscr{A} \text{ mit } A_n \downarrow \emptyset.$$

1.14.3 Bemerkungen. Für eine Teilfamilie $\mathscr{M} \subset \mathscr{L}(\Omega, \mathscr{A}, \mathbb{P})$ gilt:

(i) $\mathscr{M}$ endlich ⟹ $\mathscr{M}$ gleichgradig σ-stetig (vgl. 1.6.10)

(ii) $|\xi| \underset{[\mathbb{P}]}{\leq} |\xi_0|$ für ein $\xi_0 \in \mathscr{L}(\Omega, \mathscr{A}, \mathbb{P})$ und alle $\xi \in \mathscr{M}$ ⟹ $\mathscr{M}$ gleichgradig σ-stetig

(iii) $\emptyset \neq \mathscr{M}_0 \subset \mathscr{M}$ und $\mathscr{M}$ gleichgradig σ-stetig ⟹ $\mathscr{M}_0$ gleichgradig σ-stetig

(iv) $\mathscr{M} := \{\xi_n : n \in \mathbb{N}\}$ mit ξ_n gemäß 1.13.11 ist nicht gleichgradig σ-stetig.

Im folgenden Satz leiten wir eine zu (1.14.2) äquivalente Bedingung ab.

1.14.4 Satz. Für eine Teilfamilie $\emptyset \neq \mathscr{M} \subset \mathscr{L}(\Omega, \mathscr{A}, \mathbb{P})$ sind folgende zwei Aussagen äquivalent:

(i) $\mathscr{M}$ ist gleichgradig σ-stetig

(ii)   Zu $\varepsilon > 0$ existiert ein $\delta = \delta(\varepsilon) > 0$ derart, daß
$$\sup_{\xi \in \mathscr{M}} \int_A |\xi(\omega)| \, \mathbb{P}(d\omega) \leq \varepsilon \text{ für alle } A \in \mathscr{A} \text{ mit } \mathbb{P}(A) < \delta.$$

<u>Beweis.</u> Offenbar folgt aus (ii) die Bedingung (i), da für jede Folge $A_n \in \mathscr{A}$ mit $A_n \downarrow \emptyset$ folgt $\mathbb{P}(A_n) \downarrow 0$. Zum Beweis der Umkehrung wollen wir annehmen, daß für ein $\varepsilon_0 > 0$ Mengen $B_n \in \mathscr{A}$ existieren, so daß $\mathbb{P}(B_n) < \delta_n = 2^{-n}$ und $\sup_{\xi \in \mathscr{M}} \int_{B_n} |\xi(\omega)| \mathbb{P}(d\omega) > \varepsilon_0$. Setze $B_n' := \bigcup_{j \geq n} B_j$, $n \in \mathbb{N}$.
Dann ist B_n' eine monoton fallende Folge in $\mathscr{A}$ mit $\mathbb{P}(B_n') \leq \sum_{j \geq n} 2^{-j} = 2^{-n+1}$, so daß wir für $B := \bigcap_{n \in \mathbb{N}} B_n'$ $\mathbb{P}(B) = 0$ erhalten und somit

$$\sup_{\xi \in \mathcal{M}} \int_{B_n' \setminus B} |\xi| \, d\mathbb{P} = \sup_{\xi \in \mathcal{M}} \int_{B_n'} |\xi| \, d\mathbb{P} \geq \sup_{\xi \in \mathcal{M}} \int_{B_n} |\xi| \, d\mathbb{P} > \varepsilon_0. \quad \text{Wegen}$$

Wegen $B_n' \setminus B \downarrow \emptyset$ ist dies aber ein Widerspruch zu (i). $\square$

1.14.5 Korollar. Zu $\xi \in \mathcal{L}(\Omega, \mathcal{A}, \mathbb{P})$ und $\varepsilon > 0$ existiert $\delta = \delta(\varepsilon, \xi) > 0$ derart, daß

$$\int_A |\xi(\omega)| \, \mathbb{P}(d\omega) \leq \varepsilon \quad \text{für alle } A \in \mathcal{A} \text{ mit } \mathbb{P}(A) < \delta.$$

Beweis. Unmittelbare Folgerung aus 1.14.3 (i) und 1.14.4. $\square$

1.14.6 Definition. Eine Familie $\emptyset \neq \mathcal{M} \subset \mathcal{L}(\Omega, \mathcal{A}, \mathbb{P})$ heißt <u>gleich-</u><u>gradig integrierbar</u> $:\Leftrightarrow$

(i) $\mathcal{M}$ ist gleichgradig σ-stetig

(ii) $\sup_{\xi \in \mathcal{M}} \|\xi\|_1 < \infty$ ($\underline{\mathcal{M} \; \| \cdot \|_1\text{-beschränkt}}$).

Der folgende Satz charakterisiert gleichgradig integrierbare Teil-familien von $\mathcal{L}(\Omega, \mathcal{A}, \mathbb{P})$.

1.14.7 Satz. Für eine Teilfamilie $\emptyset \neq \mathcal{M} \subset \mathcal{L}(\Omega, \mathcal{A}, \mathbb{P})$ sind folgende Aussagen äquivalent:

(i) $\mathcal{M}$ ist gleichgradig integrierbar

(ii) $\sup_{\xi \in \mathcal{M}} \int_{\{|\xi| > a\}} |\xi(\omega)| \, \mathbb{P}(d\omega) \downarrow 0$ für $a \uparrow \infty$

(iii) Zu $\varepsilon > 0$ existiert $a \in \mathbb{R}$, so daß $\sup_{\xi \in \mathcal{M}} \int (|\xi| - a)^+ \, d\mathbb{P} < \varepsilon$

(iv)   Es existiert ein $\varphi: \mathbb{R} \to \mathbb{R}$ derart, daß

      (α) $\varphi \geq 0$ und $\mathcal{B}^*, \mathcal{B}^*$-meßbar

      (β) $\varphi(t)/t \to \infty$ für $t \to \infty$

      (γ) $\sup_{\xi \in \mathcal{M}} \mathbb{E}(\varphi \bullet |\xi|) < \infty$.

Beweis. Wir beweisen den Satz, indem wir nacheinander die Gültigkeit der Implikation (i) $\to$ (ii) $\to$ (iii) $\to$ (iv) $\to$ (iii) $\to$ (i) nachweisen.

1. "(i) $\to$ (ii)": Zu $\varepsilon > 0$ beliebig sei $\delta > 0$ gemäß 1.14.4 (ii) gewählt. Für alle $a > 0$ und $\xi_0 \in \mathcal{M}$ ist dann $a\mathbb{P}(\{|\xi_0| > a\}) \leq \|\xi_0\|_1 \leq c := \sup_{\xi \in \mathcal{M}} \|\xi\|_1$,

d.h. $\sup_{\xi \in \mathcal{M}} \mathbb{P}(\{|\xi| > a\}) < \delta$ und somit $\sup_{\xi \in \mathcal{M}} \int_{\{|\xi| > a\}} |\xi(\omega)| \, \mathbb{P}(d\omega) \leq \varepsilon$, falls $a > c/\delta$.

2. "(ii) $\to$ (iii)": Folgt unmittelbar aus der für alle $a > 0$ gültigen Ungleichung: $\int_\Omega (|\xi| - a)^+ \, d\mathbb{P} \leq \int_{\{|\xi| > a\}} |\xi| \, d\mathbb{P}$.

3. "(iii) $\to$ (iv)": Laut Voraussetzung existieren $n_k \in \mathbb{N}$ (wobei o.E.

$n_k \uparrow \infty$) mit $\sup\limits_{\xi \in \mathcal{M}} \int_\Omega (|\xi|-n_k)^+ \, d\mathbb{P} < 2^{-k}$. Sei $\varphi: \mathbb{R} \to \mathbb{R}$ definiert durch

$$\varphi(t) := \sum_{k \geq 1} (n-n_k)^+, \text{ falls } n \leq t < n+1 \text{ mit } n \in \mathbb{Z} \text{ geeignet.}$$

Dann ist $\varphi \geq 0$ und monoton wachsend, also $\mathcal{B}^*, \mathcal{B}^*$-meßbar, mit

$$\varphi(n)/n = \sum_{k \geq 1} (1 - \frac{n_k}{n})^+ \to \infty \text{ für } n \to \infty, \text{ also } (\beta). \text{ Zum Beweis von } (\gamma) \text{ be-}$$

achten wir, daß für alle $\xi \in \mathcal{M}$

$$\mathbb{E}(\varphi \bullet |\xi|) = \sum_{n \in \mathbb{Z}} \sum_{k \geq 1} (n-n_k)^+ \, \mathbb{P}(\{n \leq |\xi| < n+1\})$$

$$= \sum_{k \geq 1} \sum_{n \in \mathbb{Z}} (n-n_k)^+ \, \mathbb{P}(\{n \leq |\xi| < n+1\})$$

$$\leq \sum_{k \geq 1} \int_\Omega (|\xi|-n_k)^+ \, d\mathbb{P} \leq 1.$$

4. "(iv) $\Rightarrow$ (iii)": Zu $\varepsilon > 0$ beliebig und $c := \sup\limits_{\xi \in \mathcal{M}} \mathbb{E}(\varphi \bullet |\xi|) < \infty$ sei $a > 0$ so gewählt, daß $\varphi(t)/t \geq c/\varepsilon$ für alle $t \geq a$ (vgl. (β)). Es folgt für alle $\xi \in \mathcal{M}$:

$$\int_\Omega (|\xi|-a)^+ \, d\mathbb{P} \leq \int_{\{|\xi|>a\}} |\xi| \, d\mathbb{P} \leq \varepsilon/c \int_{\{|\xi|>a\}} \varphi \bullet |\xi| \, d\mathbb{P} \leq \varepsilon, \text{ also (iii).}$$

5. "(iii) $\Rightarrow$ (i)": Für $A \in \mathcal{A}$ und $a > 0$ gilt

$$\sup\limits_{\xi \in \mathcal{M}} \int_A |\xi| \, d\mathbb{P} \leq a\mathbb{P}(A) + \sup\limits_{\xi \in \mathcal{M}} \int_\Omega (|\xi|-a)^+ d\mathbb{P}.$$

Hieraus ergibt sich zusammen mit (iii) unmittelbar die gleichgradige Integrierbarkeit von $\mathcal{M}$. $\quad \square$

1.14.8 Korollar. Sei $1 < p < \infty$ und $\emptyset \neq \mathcal{M} \subset \mathcal{L}_p(\Omega, \mathcal{A}, \mathbb{P})$ mit $\sup\limits_{\xi \in \mathcal{M}} \| \xi \|_p < \infty$. Dann ist $\mathcal{M}$ gleichgradig integrierbar.

Beweis. Mit 1.13.7 folgt zunächst $\mathcal{M} \subset \mathcal{L}_1(\Omega, \mathcal{A}, \mathbb{P}) = \mathcal{L}(\Omega, \mathcal{A}, \mathbb{P})$. Die gleichgradige Integrierbarkeit von $\mathcal{M}$ ergibt sich nun unmittelbar aus 1.14.7 mit $\varphi(t) := |t|^p$. $\quad \square$

Die Bedeutung der gleichgradigen Integrierbarkeit liegt vor allem in dem folgenden Satz begründet. Er gibt eine Antwort auf die eingangs gestellte Frage, unter welchen zusätzlichen Bedingungen aus der $\mathbb{P}$-stochastischen Konvergenz auf die Konvergenz im p-ten Mittel geschlossen werden kann.

1.14.9 Satz. Seien $1 \leq p < \infty$ und $\xi_n \in \mathcal{L}_p(\Omega, \mathcal{A}, \mathbb{P})$ für alle $n \in \mathbb{N}$. Dann

sind für eine Variable $\xi \in \mathscr{L}(\Omega, \mathscr{A})$ die folgenden zwei Aussagen äquivalent:

(i) $\mathscr{M} := \{|\xi_n|^p : n \in \mathbb{N}\}$ ist gleichgradig integrierbar,
und es ist $\xi_n \xrightarrow[\mathbb{P}\text{-stoch.}]{} \xi$

(ii) $\xi \in \mathscr{L}_p(\Omega, \mathscr{A}, \mathbb{P})$ und $\xi_n \xrightarrow{L_p} \xi$.

<u>Beweis.</u> 1. Sei (ii) erfüllt. Wegen 1.13.10 bleibt zu zeigen, daß $\mathscr{M}$
gleichgradig integrierbar ist. Dies folgt aber sofort aus der nach
1.13.5 für alle $A \in \mathscr{A}$ gültigen Ungleichung:

$$\|1_A \xi_n\|_p \le \|1_A \xi\|_p + \|1_A(\xi_n - \xi)\|_p.$$

2. Sei umgekehrt (i) erfüllt und $\varepsilon > 0$ beliebig. Gemäß 1.14.4
existiert ein $\delta > 0$, so daß

$$\sup_{n \ge 1} \int_A |\xi_n(\omega)|^p \, \mathbb{P}(d\omega) \le \varepsilon \quad \text{für alle } A \in \mathscr{A} \text{ mit } \mathbb{P}(A) < \delta.$$

Wegen 1.11.15 existiert ferner ein $m_0 \in \mathbb{N}$, so daß $\mathbb{P}(\{|\xi_n - \xi_m| > \varepsilon\}) < \delta$
für alle $n \ge m \ge m_0$. Es folgt

$$\|\xi_m - \xi_n\|_p^p = \int_{\{|\xi_n - \xi_m| > \varepsilon\}} |\xi_m - \xi_n|^p \, d\mathbb{P} + \int_{\{|\xi_n - \xi_m| \le \varepsilon\}} |\xi_m - \xi_n|^p \, d\mathbb{P} \le$$

$$2^p \left(\int_{\{|\xi_n - \xi_m| > \varepsilon\}} |\xi_m|^p \, d\mathbb{P} + \int_{\{|\xi_n - \xi_m| > \varepsilon\}} |\xi_n|^p \, d\mathbb{P} \right) + \varepsilon^p \le 2^{p+1} \varepsilon + \varepsilon^p.$$

Da $\varepsilon > 0$ beliebig gewählt war, besitzt $(\xi_n)_{n \in \mathbb{N}}$ die Cauchy-Eigenschaft
und konvergiert somit aufgrund von 1.13.12 im p-ten Mittel gegen ein
$\xi' \in \mathscr{L}_p(\Omega, \mathscr{A}, \mathbb{P})$. Insbesondere ist $\xi_n \xrightarrow[\mathbb{P}\text{-stoch.}]{} \xi'$ und somit $\xi' = \xi$ [$\mathbb{P}$]
wegen 1.11.14. Damit ist auch $\xi \in \mathscr{L}_p(\Omega, \mathscr{A}, \mathbb{P})$ und wegen
$\|\xi_n - \xi\|_p = \|\xi_n - \xi'\|_p$ folgt $\xi_n \xrightarrow{L_p} \xi$. $\square$

1.14.10 Bemerkung. Bei der Implikation "(i) $\rightarrow$ (ii)" wurde lediglich
die gleichgradige σ-Stetigkeit von $\mathscr{M}$ benutzt.

1.15 Unabhängigkeit

Bereits zu Beginn einer Einführungsvorlesung in die W.-Theorie wird
der Leser anhand von diskreten Modellen mit dem Phänomen bekanntgemacht, daß bei der Wiederholung von gewissen zufälligen Experimenten
in Natur und Technik eine gegenseitige Beeinflussung nicht stattfindet.

Es wird sich zeigen, daß der dort (vgl. [87], §13) eingeführte Begriff der Unabhängigkeit nun wie folgt zu verallgemeinern ist. Sei dazu $(\Omega, \mathscr{A}, \mathbb{P})$ wiederum ein fest vorgegebener W.-Raum.

1.15.1 Definition. Eine Familie $(\mathscr{C}_i)_{i \in I}$ von Mengensystemen $\mathscr{C}_i \subset \mathscr{A}$ heißt **($\mathbb{P}$-)unabhängig**, falls

$$(1.15.2) \quad \mathbb{P}(\bigcap_{i \in S} C_i) = \prod_{i \in S} \mathbb{P}(C_i) \text{ für alle } C_i \in \mathscr{C}_i, \ i \in S \text{ und } S \in \mathscr{P}_0(I).$$

Aus der Definition ergibt sich sofort die folgende

1.15.3 Bemerkung.

(i) $(\mathscr{C}_i)_{i \in I}$ ist unabhängig genau dann, wenn $(\mathscr{C}_i)_{i \in S}$ unabhängig ist für alle $S \in \mathscr{P}_0(I)$.

(ii) Ist $(\mathscr{C}_i)_{i \in I}$ unabhängig und $\mathscr{C}_i' \subset \mathscr{C}_i$ für $i \in I$, so ist auch $(\mathscr{C}_i')_{i \in I}$ unabhängig.

Für die Anwendungen sehr nützlich ist der folgende

1.15.4 Satz. Sei $(\mathscr{C}_i)_{i \in I}$ eine unabhängige Familie von Mengensystemen $\mathscr{C}_i \subset \mathscr{A}$. Dann gilt: $\mathscr{C}_i$ $\cap$-stabil für alle $i \in I$ $\rightarrow$ $(\sigma(\mathscr{C}_i))_{i \in I}$ unabhängig.

Beweis. Sei $S \in \mathscr{P}_0(I)$ und $n := |S|$, wobei o.E. $n > 1$. Ferner sei $s \in S$ beliebig aber fest gewählt und $S' := S \setminus \{s\}$ gesetzt. Dann ist

$$\mathscr{D}_s := \{A \in \mathscr{A} : \mathbb{P}(A \cap \bigcap_{i \in S'} C_i) = \mathbb{P}(A) \prod_{i \in S'} \mathbb{P}(C_i) \text{ für alle } C_i \in \mathscr{C}_i, \ i \in S'\},$$

offenbar ein Dynkin-System, welches nach Voraussetzung $\mathscr{C}_s$ enthält. Es folgt (vgl. 1.1.22) $\sigma(\mathscr{C}_s) = \delta(\mathscr{C}_s) \subset \mathscr{D}_s$, d.h. die Familie, die sich aus $(\mathscr{C}_i)_{i \in S}$ ergibt, wenn man $\mathscr{C}_s$ durch $\sigma(\mathscr{C}_s)$ ersetzt, ist wiederum unabhängig. Wendet man das eben beschriebene Verfahren der Reihe nach auf die restlichen $i \in S$ an, so ergibt sich die Behauptung des Satzes. $\square$

Als Anwendung des letzten Satzes erhalten wir

1.15.5 Satz. Sei $(\mathscr{C}_i)_{i \in I}$ eine unabhängige Familie von $\cap$-stabilen Mengensystemen $\mathscr{C}_i \subset \mathscr{A}$. Ist dann $(I_j)_{j \in T}$ eine Familie von p.d. Teilmengen von I, so folgt: die Familie $(\mathscr{C}_{I_j})_{j \in T}$ mit

$$\mathscr{C}_{I_j} := \sigma(\bigcup_{i \in I_j} \mathscr{C}_i) \ , \ j \in T, \text{ ist wieder unabhängig.}$$

__Beweis.__ Für $j \in T$ ist das System $\mathcal{E}_{I_j} := \{ \bigcap_{i \in K} C_i : C_i \in \mathcal{C}_i$ für $i \in K$

und $K \in \mathcal{P}_0(I_j)\}$ $\cap$-stabil mit $\sigma(\mathcal{E}_{I_j}) = \mathcal{C}_{I_j}$. Da ferner aufgrund der

vorausgesetzten Unabhängigkeit der $(\mathcal{C}_i)_{i \in I}$ die Bedingung (1.15.2)

für $(\mathcal{E}_{I_j})_{j \in T}$ erfüllt ist, folgt die Behauptung nun unmittelbar aus

1.15.4. $\square$

__1.15.6 Definition.__ Sei $I \neq \emptyset$ eine beliebige Indexmenge und $(\Omega_i, \mathcal{A}_i)$,
$i \in I$, ein meßbarer Raum. Ist dann für $i \in I$ $\xi_i : \Omega \to \Omega_i$ eine $\mathcal{A}, \mathcal{A}_i$-
meßbare Abbildung, so heißt die Familie $\underline{(\xi_i)_{i \in I}\ (\mathbb{P}\text{-})\text{unabhängig}}$,
falls $(\xi_i^{-1}(\mathcal{A}_i))_{i \in I}$ im Sinne von 1.15.1 unabhängig ist. Wir nennen
eine Familie $\underline{(A_i)_{i \in I}}$ $\underline{\text{von Ereignissen unabhängig}}$, falls $(\{A_i\})_{i \in I}$
unabhängig ist. Ist $(\xi_n)_{n \in \mathbb{N}}$ $(\mathbb{P}\text{-})$unabhängig, so spricht man auch von
einer $\underline{\text{Folge unabhängiger Variabler}}$.

__1.15.7 Satz.__ Ist mit den Bezeichnungen von 1.15.6 $\mathcal{B}_i \subset \mathcal{A}_i$ ein
$\cap$-stabiles Erzeugendensystem von $\mathcal{A}_i$ und gilt

(1.15.8) $\mathbb{P}(\{\xi_i \in D_i$ für alle $i \in S\}) = \prod_{i \in S} \mathbb{P}(\{\xi_i \in D_i\})$ für alle

$\qquad D_i \in \mathcal{B}_i$, $i \in S$ und $S \in \mathcal{P}_0(I)$,

so ist die Familie $(\xi_i)_{i \in I}$ unabhängig.

__Beweis.__ Sei $\mathcal{C}_i := \xi_i^{-1}(\mathcal{B}_i)$, $i \in I$. Mit $\mathcal{B}_i$ ist dann auch $\mathcal{C}_i$
$\cap$-stabil, und wegen 1.2.5 folgt: $\xi_i^{-1}(\mathcal{A}_i) = \xi_i^{-1}(\sigma(\mathcal{B}_i)) = \sigma(\xi_i^{-1}(\mathcal{B}_i)) = \sigma(\mathcal{C}_i)$,
d.h. $\mathcal{C}_i$ ist ein $\cap$-stabiles Erzeugendensystem für $\xi_i^{-1}(\mathcal{A}_i)$.
Da ferner nach Voraussetzung die Familie $(\mathcal{C}_i)_{i \in I}$ unabhängig ist,
ergibt sich die Behauptung nun unmittelbar aus 1.15.4. $\square$

__1.15.9 Satz.__ Mit den Bezeichnungen von 1.15.6 sei $(I_j)_{j \in T}$ eine
Familie von p.d. Teilmengen von I und $(\Omega_j', \mathcal{A}_j')$ für jedes $j \in T$ ein
weiterer meßbarer Raum. Ist dann für $j \in T$ $f_j : \underset{i \in I_j}{X} \Omega_i \to \Omega_j'$, $\underset{i \in I_j}{\otimes} \mathcal{A}_i$,
$\mathcal{A}_j'$-meßbar, so folgt: Mit $(\xi_i)_{i \in I}$ ist auch die Familie $(\eta_j)_{j \in T}$,
wobei $\eta_j := f_j \cdot ((\xi_i)_{i \in I_j})$, unabhängig.

__Beweis.__ Für $j \in T$ ist $\eta_j^{-1}(\mathcal{A}_j') \subset \sigma(\underset{i \in I_j}{\bigcup} \xi_i^{-1}(\mathcal{A}_i))$, so daß sich die

Behauptung aus 1.15.3 (ii) und 1.15.5 ergibt. $\square$

Betrachtet man die Abbildung $\xi: \Omega \to \underset{i \in I}{\mathsf{X}} \Omega_i$, definiert durch
$\xi(\omega) := (\xi_i(\omega))_{i \in I}, \omega \in \Omega$, so ist ξ gemäß 1.3.5 $\mathscr{A}$, $\underset{i \in I}{\otimes} \mathscr{A}_i$ -meßbar.
Der folgende Satz zeigt, daß zwischen der Unabhängigkeit der $(\xi_i)_{i \in I}$
und der Verteilung $\xi\mathbb{P} \big|_{\underset{i \in I}{\otimes} \mathscr{A}_i}$ ein enger Zusammenhang besteht.

1.15.10 Satz. Mit den Bezeichnungen von 1.15.6 gilt:

$$(\xi_i)_{i \in I} \text{ unabhängig} \Leftrightarrow \xi\mathbb{P} = \underset{i \in I}{\mathsf{X}} \xi_i\mathbb{P}.$$

Beweis. 1. Sei $\xi\mathbb{P} = \underset{i \in I}{\mathsf{X}} \xi_i\mathbb{P}$ und $S \in \mathscr{P}_0(I)$. Sind dann $B_i \in \mathscr{A}_i$ für
$i \in S$ beliebig gewählt, so folgt

$$\mathbb{P}(\{\xi_i \in B_i \text{ für alle } i \in S\}) = \xi\mathbb{P}(\underset{i \in S}{\mathsf{X}} B_i \times \underset{i \in I \smallsetminus S}{\mathsf{X}} \Omega_i) =$$

$$\underset{i \in S}{\Pi} \xi_i\mathbb{P}(B_i) = \underset{i \in S}{\Pi} \mathbb{P}(\{\xi_i \in B_i\}), \text{ d.h. } (\xi_i)_{i \in I} \text{ unabhängig.}$$

2. Sei $S \in \mathscr{P}_0(I)$ und $B_i \in \mathscr{A}_i$ für $i \in S$ beliebig. Dann folgt aus der
Unabhängigkeit der $(\xi_i)_{i \in S}$:

$$\xi\mathbb{P}(\underset{i \in S}{\mathsf{X}} B_i \times \underset{i \in I \smallsetminus S}{\mathsf{X}} \Omega_i) = \mathbb{P}(\{\xi_i \in B_i \text{ für alle } i \in S\}) =$$

$$\underset{i \in S}{\Pi} \mathbb{P}(\{\xi_i \in B_i\}) = \underset{i \in S}{\Pi} \xi_i\mathbb{P}(B_i) = (\underset{i \in I}{\mathsf{X}} \xi_i\mathbb{P})(\underset{i \in S}{\mathsf{X}} B_i \times \underset{i \in I \smallsetminus S}{\mathsf{X}} \Omega_i),$$

d.h. $\xi\mathbb{P}$ und $\underset{i \in I}{\mathsf{X}} \xi_i\mathbb{P}$ stimmen auf der Semialgebra $\mathscr{S}$ aller meßbaren
Rechtecke und somit nach dem Eindeutigkeitssatz 1.4.10 auf $\underset{i \in I}{\otimes} \mathscr{A}_i$
überein (vgl. 1.3.9 (a)). $\square$

1.15.11 Bemerkung. Mit Hilfe des letzten Satzes ist es nun
möglich , bei Vorgabe einer Familie von W.-Maßen $\mu_i \big| \mathscr{A}_i$, $i \in I$, einen
W.-Raum $(\Omega, \mathscr{A}, \mathbb{P})$ und darauf definierte $\mathscr{A}$, $\mathscr{A}_i$-meßbare Abbildungen
$\xi_i: \Omega \to \Omega_i$ so zu konstruieren, daß die $(\xi_i)_{i \in I}$ $\mathbb{P}$-unabhängig sind
mit $\xi_i\mathbb{P} = \mu_i$ für alle $i \in I$. Setzt man nämlich
$(\Omega, \mathscr{A}, \mathbb{P}) = (\underset{i \in I}{\mathsf{X}} \Omega_i, \underset{i \in I}{\otimes} \mathscr{A}_i, \underset{i \in I}{\mathsf{X}} \mu_i)$ und $\xi_i := \pi_i$ als die i-te
Projektion, so ist $\xi = \mathrm{id}_\Omega$ und $\xi_i\mathbb{P} = \pi_i\mathbb{P} = \mu_i$, also $\xi\mathbb{P} = \mathbb{P} = \underset{i \in I}{\mathsf{X}} \xi_i\mathbb{P}$,
so daß die $(\xi_i)_{i \in \mathbb{N}}$ gemäß 1.15.10 auch $\mathbb{P}$-unabhängig sind. Wir nennen
das soeben beschriebene Modell das der Familie $\mu_i \big| \mathscr{A}_i$ zugeordnete
kanonische Modell. Durch geeignete "Adjunktion" weiterer Komponenten-

räume kann ferner sichergestellt werden, daß neben den ξ_i weitere Abbildungen η_j mit entsprechenden Verteilungen $\nu_j \mid \mathscr{A}_j$ auf $(\Omega, \mathscr{A}, \mathbb{P})$ existieren, so daß sämtliche ξ_i, η_j $\mathbb{P}$-unabhängig sind.

Wendet man die bisher erzielten Ergebnisse speziell auf endlich viele Variable $\xi_i \in \mathscr{X}(\Omega, \mathscr{A})$, $i=1,\ldots,n$, $n \in \mathbb{N}$, an, so erhalten wir mit Satz 1.15.7 den

__1.15.12 Satz.__ Für endlich viele Variable $\xi_i \in \mathscr{X}(\Omega, \mathscr{A})$, $i=1,\ldots,n$, $n \in \mathbb{N}$, sind die folgenden Aussagen äquivalent:

(i) $\xi_1,\ldots,\xi_n$ sind unabhängig

(ii) $F_{\xi_1,\ldots,\xi_n}(x_1,\ldots,x_n) = \prod_{i=1}^{n} F_{\xi_i}(x_i)$ für alle $\underline{x}=(x_1,\ldots,x_n) \in \overline{\mathbb{R}}^n$.

Unmittelbar aus der Definition des Faltungsprodukts (vgl. 1.10.8) folgt unter Verwendung von Satz 1.15.10

__1.15.13 Satz.__ Sind $\xi_1,\ldots,\xi_n$, $n \in \mathbb{N}$, unabhängige Variable über $(\Omega, \mathscr{A}, \mathbb{P})$ mit Verteilungen $\xi_i \mathbb{P} = Q_{\xi_i}$, $i=1,\ldots,n$, so ist die __Summen-__ __variable__ $S_n := \sum_{i=1}^{n} \xi_i$ nach $\underset{i=1}{\overset{n}{*}} Q_{\xi_i}$ verteilt.

Als Anwendungen von Satz 1.15.9 erwähnen wir lediglich die

__1.15.14 Beispiele.__ Sind $\xi_1,\ldots,\xi_n$, $n \in \mathbb{N}$, unabhängige Variable über $(\Omega, \mathscr{A}, \mathbb{P})$ und ist $1 \le k < n$ fest gewählt, so sind

(a) $S_k := \sum_{i=1}^{k} \xi_i$ und $T_k := \sum_{i=k+1}^{n} \xi_i$ unabhängig

(b) $\eta_k := \prod_{i=1}^{k} \xi_i$ und $\eta_k' := \prod_{i=k+1}^{n} \xi_i$ unabhängig

(c) $M_k := \max_{i=1,\ldots,k} \xi_i$ und $M_k' := \max_{i=k+1,\ldots,n} \xi_i$ unabhängig

    (entsprechend für min)

(d) $\xi_1^2,\ldots,\xi_n^2$ unabhängig.

__1.15.15 Satz.__ Sind $\xi_1,\ldots,\xi_n$ unabhängige integrierbare Variable über $(\Omega, \mathscr{A}, \mathbb{P})$, so ist auch $\eta_n = \prod_{i=1}^{n} \xi_i$ integrierbar, und es gilt:

$$(1.15.16) \quad \mathbb{E}(\eta_n) = \mathbb{E}\left(\prod_{i=1}^{n} \xi_i \right) = \prod_{i=1}^{n} \mathbb{E}(\xi_i).$$

<u>Beweis.</u> Wegen 1.15.14 (b) reicht es, den Fall n=2 zu betrachten. Es ist (vgl. 1.10.4 und 1.8.14):

$$\infty > \mathbb{E}(|\xi_1|)\,\mathbb{E}(|\xi_2|) = \int_{\mathbb{R}} \mathbb{E}(|\xi_2|)|x_1|Q_{\xi_1}(dx_1) = \int_{\mathbb{R}}\int_{\mathbb{R}}|x_1 x_2|Q_{\xi_2}(dx_2)Q_{\xi_1}(dx_1) =$$

$$\int_{\mathbb{R}^2}|x_1 x_2|Q_{\xi_1}\times Q_{\xi_2}(dx_1,dx_2) = \int_{\mathbb{R}^2}|x_1 x_2|Q_{\xi_1,\xi_2}(dx_1,dx_2),$$

d.h. es ist $\xi_1\cdot\xi_2 \in \mathscr{L}(\Omega,\mathscr{A},\mathbb{P})$. Nach dem Satz von Fubini bleibt die obige Gleichung auch richtig, wenn man die Betragsstriche wegläßt.$\square$

Das folgende Beispiel zeigt, daß aus der Gültigkeit von (1.15.16) nicht notwendig die Unabhängigkeit der Variablen $\xi_1,\ldots,\xi_n$ folgt.

<u>1.15.17 Beispiel.</u> Sei $(\Omega,\mathscr{A}) = (\{1,2,3\},\ \mathscr{P}(\Omega))$ und $\mathbb{P}(\{i\}) = 1/3$ für $i\in\Omega$. Sind dann ξ_1 und ξ_2 definiert durch

$$\xi_1(\omega) := \begin{cases} 1 & \omega = 1 \\ 0 \text{ falls} & \omega = 2 \\ -1 & \omega = 3 \end{cases} \qquad \xi_2(\omega) := \begin{cases} 0 & \omega = 1 \\ 1 \text{ falls} & \omega = 2 \ , \\ 0 & \omega = 3 \end{cases}$$

so ist offenbar $\mathbb{E}(\xi_1) = \mathbb{E}(\xi_1\xi_2) = 0$ und somit (1.15.16) erfüllt. Dagegen sind ξ_1 und ξ_2 wegen

$$\mathbb{P}(\{\xi_1 = 1 \text{ und } \xi_2 = 1\}) = 0 \text{ und } \mathbb{P}(\{\xi_1=1\})=1/3 = \mathbb{P}(\{\xi_2=1\})$$

nicht unabhängig.

Man definiert daher

<u>1.15.18 Definition.</u> Zwei Variable $\xi_1,\xi_2 \in \mathscr{L}_2(\Omega,\mathscr{A},\mathbb{P})$ heißen <u>un-korreliert</u>, falls $\mathbb{E}(\xi_1\xi_2) = \mathbb{E}(\xi_1)\cdot\mathbb{E}(\xi_2)$.

Gemäß 1.13.2 und 1.13.7 sind $\xi_1\cdot\xi_2,\xi_1,\xi_2 \in \mathscr{L}_1(\Omega,\mathscr{A},\mathbb{P})$, d.h. die Definition ist sinnvoll.

<u>1.15.19 Korollar.</u> $\xi_1,\ldots,\xi_n \in \mathscr{L}_2(\Omega,\mathscr{A},\mathbb{P})$ und unabhängig $\Rightarrow \xi_1,\ldots,\xi_n$ paarweise unkorreliert.

Für paarweise unkorrelierte Variable wollen wir abschließend noch eine wichtige Gleichung beweisen. Für $\xi \in \mathscr{L}_1(\Omega,\mathscr{A},\mathbb{P})$ bezeichne dazu $V(\xi) := \mathbb{E}((\xi - \mathbb{E}(\xi))^2)$ die <u>Varianz</u> von ξ. Man schreibt für $V(\xi)$ auch vielfach $\sigma^2(\xi)$ und nennt $\sigma(\xi) := \sqrt{V(\xi)}$ die <u>Standardabweichung</u> von ξ.

<u>1.15.20 Lemma.</u> Es ist $\xi \in \mathscr{L}_2(\Omega,\mathscr{A},\mathbb{P})$ genau dann, wenn $\xi\in\mathscr{L}_1(\Omega,\mathscr{A},\mathbb{P})$

und $V(\xi) < \infty$. In diesem Fall ist

$$(1.15.21) \quad V(\xi) = \mathbb{E}(\xi^2) - [\mathbb{E}(\xi)]^2.$$

<u>Beweis.</u> Mit $\xi \in \mathscr{L}_2(\Omega, \mathscr{A}, \mathbb{P})$ ist auch $\xi - \mathbb{E}(\xi) \in \mathscr{L}_2(\Omega, \mathscr{A}, \mathbb{P})$ und somit $V(\xi) < \infty$. Wegen 1.13.7 ist aber auch $\xi \in \mathscr{L}_1(\Omega, \mathscr{A}, \mathbb{P})$. Ist umgekehrt $V(\xi) < \infty$ und $\xi \in \mathscr{L}_1(\Omega, \mathscr{A}, \mathbb{P})$, so ist $\xi - \mathbb{E}(\xi) \in \mathscr{L}_2(\Omega, \mathscr{A}, \mathbb{P})$, also auch $\xi = \xi - \mathbb{E}(\xi) + \mathbb{E}(\xi) \in \mathscr{L}_2(\Omega, \mathscr{A}, \mathbb{P})$. (1.15.21) weist man sofort nach, indem man die Linearität von $\mathbb{E}$ ausnutzt. $\square$

Die oben erwähnte Gleichung lautet nun wie folgt.

<u>1.15.22 Satz (Gleichung von Bienaymé).</u> Sind $\xi_1, \ldots, \xi_n$ paarweise unkorrelierte Variable in $\mathscr{L}_2(\Omega, \mathscr{A}, \mathbb{P})$, so folgt:

$$(1.15.23) \quad V(\xi_1 + \ldots + \xi_n) = V(\xi_1) + \ldots + V(\xi_n).$$

<u>Beweis.</u> Es ist $V(\xi_1 + \ldots + \xi_n) = \mathbb{E}((\sum_{i=1}^{n}(\xi_i - \mathbb{E}(\xi_i)))^2) =$

$\mathbb{E}(\sum_{\substack{i=1}}^{n}(\xi_i - \mathbb{E}(\xi_i))^2) + \sum_{\substack{i,j=1 \\ i \neq j}}^{n} \mathbb{E}((\xi_i - \mathbb{E}(\xi_i))(\xi_j - \mathbb{E}(\xi_j)))$, so daß es

reicht, wenn wir zeigen, daß

$$\mathbb{E}((\xi_i - \mathbb{E}(\xi_i))(\xi_j - \mathbb{E}(\xi_j))) = 0 \text{ für alle } i \neq j.$$

Dies folgt durch Ausmultiplikation aber sofort aus der paarweisen Unkorreliertheit der $\xi_1, \ldots, \xi_n$. $\square$

Den im letzten Beweis auftretenden Ausdruck $\mathbb{E}((\xi - \mathbb{E}(\xi))(\eta - \mathbb{E}(\eta)))$ nennen wir die <u>Kovarianz</u> von $\xi, \eta \in \mathscr{L}_2(\Omega, \mathscr{A}, \mathbb{P})$ (Schreibweise: $\mathrm{cov}(\xi, \eta)$). Offensichtlich sind die Variablen ξ und η genau dann unkorreliert, wenn $\mathrm{cov}(\xi, \eta) = 0$. Wir werden in den folgenden Kapiteln die Gleichung (1.15.23) in der Regel für den Fall anwenden, daß sämtliche $\xi_1, \ldots, \xi_n$ sogar unabhängig sind.

Schließlich gilt (!) noch die folgende

<u>1.15.24 Bemerkung.</u> Sei $\xi \in \mathscr{L}_2(\Omega, \mathscr{A}, \mathbb{P})$; dann gilt für alle $a \in \mathbb{R}$:

(a) $V(\xi - a) = V(\xi)$
(b) $V(a\xi) = a^2 V(\xi)$
(c) $V(\xi) = \mathbb{P}(A)(1 - \mathbb{P}(A))$, falls $\xi = 1_A$ mit $A \in \mathscr{A}$
(d) $V(\xi) = 0 \iff_{[\mathbb{P}]} \xi = \mathbb{E}(\xi)$.

Setzt man in (a) speziell a = $\mathbb{E}(\xi)$, so folgt $V(\xi) = V(\xi - \mathbb{E}(\xi))$,
d.h. durch Übergang zur <u>zentrierten</u> Variablen $\eta := \xi - \mathbb{E}(\xi)$ ($\mathbb{E}(\eta)=0$!)
bleibt die Varianz von ξ unverändert.

1.16 Null-Eins-Gesetze

Sei $(\Omega, \mathscr{A}, \mathbb{P})$ ein W.-Raum und $(\mathscr{B}_n)_{n \in \mathbb{N}}$ eine Folge von Sub-σ-Algebren
von $\mathscr{A}$. Fassen wir $\mathscr{B}_n$ auf als die Gesamtheit aller möglichen Aus-
gänge eines zum Zeitpunkt $n \in \mathbb{N}$ durchgeführten zufälligen Experiments,
so werden häufig Ereignisse $A \in \mathscr{A}$ von Interesse sein, bei denen die
Zugehörigkeit von ω zu A oder $\complement A$ nicht von den Ergebnissen endlich
vieler Experimente abhängt. Betrachten wir z.B. eine unendliche
Folge von Münzwürfen, so hat das Ereignis A := {unendlich oft wird
Zahl geworfen} offenbar diese Eigenschaft. Dies führt nun zu der
folgenden

<u>1.16.1 Definition.</u> Sei $(\mathscr{B}_n)_{n \in \mathbb{N}}$ eine Folge von Sub-σ-Algebren von
$\mathscr{A}$. Dann heißt

$$\mathscr{A}_\infty := \bigcap_{m \in \mathbb{N}} \sigma\left(\bigcup_{n \geq m} \mathscr{B}_n \right)$$

die σ-Algebra der <u>terminalen</u> (oder <u>asymptotischen</u>) Ereignisse oder
auch kurz <u>terminale σ-Algebra</u>. Wegen 1.1.7 ist $\mathscr{A}_\infty$ als Durchschnitt
von σ-Algebren wieder eine σ-Algebra. Ist die Folge $(\mathscr{B}_n)_{n \in \mathbb{N}}$ monoton fallend, so folgt $\mathscr{A}_\infty = \bigcap_{n \in \mathbb{N}} \mathscr{B}_n$.

<u>1.16.2 Beispiel.</u> Sei für $n \in \mathbb{N}$ $(\Omega_n, \mathscr{A}_n)$ ein meßbarer Raum und
$\xi_n \colon \Omega \to \Omega_n$ $\mathscr{A}, \mathscr{A}_n$-meßbar. Setzt man $\mathscr{B}_n := \xi_n^{-1}(\mathscr{A}_n)$, so besteht die
zugehörige terminale σ-Algebra $\mathscr{A}_\infty$ aus allen Ereignissen, welche
bei beliebigem $m \in \mathbb{N}$ allein durch Bedingungen an $\xi_m, \xi_{m+1}, \dots$ bestimmt sind.

Im Fall zufälliger Variabler gilt nun der folgende

<u>1.16.3 Satz.</u> Sei $(\xi_n)_{n \in \mathbb{N}}$ eine Folge von Variablen über $(\Omega, \mathscr{A})$ und
$\mathscr{A}_\infty := \bigcap_{m \in \mathbb{N}} \sigma\left(\bigcup_{n \geq m} \xi_n^{-1}(\mathscr{B}^*) \right)$ die zugehörige terminale σ-Algebra. Dann
gilt:

(i) $\limsup_{n \to \infty} \xi_n$ bzw. $\liminf_{n \to \infty} \xi_n$ sind $\mathscr{A}_\infty$, $\overline{\mathscr{B}}^*$-meßbar und

(ii) $\limsup\limits_{n\to\infty} a_n^{-1} \sum\limits_{i=1}^{n} \xi_i$ bzw. $\liminf\limits_{n\to\infty} a_n^{-1} \sum\limits_{i=1}^{n} \xi_i$ sind $\mathscr{A}_\infty$, $\overline{\mathscr{B}}^*$-meßbar

für jede Folge $0 < a_n \to \infty$.

Beweis. Wir zeigen lediglich (i) (der Beweis für (ii) verläuft analog) für den Fall $\limsup\limits_{n\to\infty} \xi_n$. Sei dazu $\mathscr{A}_k := \sigma(\bigcup\limits_{n\geq k} \xi_n^{-1}(\mathscr{B}^*))$ und $\eta_k := \sup\limits_{n\geq k} \xi_n$, $k\in\mathbb{N}$, gesetzt. Wegen $\mathscr{A}_k \subset \mathscr{A}_m$ für alle $k\geq m$ ist η_k $\mathscr{A}_m$, $\overline{\mathscr{B}}^*$-meßbar und somit $\limsup\limits_{n\to\infty} \xi_n = \inf\limits_{k\geq m} \eta_k$ $\mathscr{A}_m$, $\overline{\mathscr{B}}^*$-meßbar für alle $m\in\mathbb{N}$. $\square$

1.16.4 Satz. Mit den Bezeichnungen von 1.16.3 folgt:

$$A_1 := \{\omega\in\Omega: \lim\limits_{n\to\infty} \xi_n(\omega) \text{ existiert}\} \in \mathscr{A}_\infty$$

$$A_2 := \{\omega\in\Omega: \lim\limits_{n\to\infty} a_n^{-1} \sum\limits_{i=1}^{n} \xi_i(\omega) \text{ existiert}\} \in \mathscr{A}_\infty$$

und $$A_3 := \{\omega\in\Omega: \sum\limits_{n\geq 1} \xi_n(\omega) \text{ konvergiert}\} \in \mathscr{A}_\infty .$$

Beweis. Wegen 1.16.3 bleibt lediglich die Behauptung für A_3 zu zeigen. Dies folgt aber sofort aus der für alle $m\geq 1$ gültigen Darstellung $A_3 = \{\omega\in\Omega: \sum\limits_{i\geq m} \xi_i(\omega) \text{ konvergiert}\}$. $\square$

Für die terminale σ-Algebra einer unabhängigen Folge von Sub-σ-Algebren gilt nun der bemerkenswerte

1.16.5 Satz (Null-Eins-Gesetz von Kolmogoroff). Sei $(\Omega, \mathscr{A}, \mathbb{P})$ ein W.-Raum und $(\mathscr{B}_n)_{n\in\mathbb{N}}$ eine unabhängige Folge von Sub-σ-Algebren von $\mathscr{A}$. Für die Elemente A der zugehörigen terminalen σ-Algebra $\mathscr{A}_\infty$ gilt dann stets $\mathbb{P}(A) = 0$ oder $= 1$.

Beweis. Mit Satz 1.15.5 folgt zunächst, daß für alle $m\in\mathbb{N}$ $\sigma(\bigcup\limits_{n\geq m+1} \mathscr{B}_n)$ und $\sigma(\bigcup\limits_{n=1}^{m} \mathscr{B}_n)$ unabhängig sind. Wegen $\mathscr{A}_\infty \subset \sigma(\bigcup\limits_{n\geq m+1} \mathscr{B}_n)$ sind auch $\mathscr{A}_\infty$ und $\sigma(\bigcup\limits_{n=1}^{m} \mathscr{B}_n)$ unabhängig. Folglich ist auch $\mathscr{A}_\infty$ unabhängig von $\mathscr{D} := \bigcup\limits_{m\in\mathbb{N}} \sigma(\bigcup\limits_{n=1}^{m} \mathscr{B}_n)$ und somit wegen 1.15.4 auch unabhängig von $\sigma(\bigcup_{n \in \mathbb{N}} \mathcal{B}_n)$ ($\mathcal{D} \cap$ -stabil!). Da ferner $\mathcal{A}_\infty \subset \sigma(\bigcup_{n \in \mathbb{N}} \mathcal{B}_n)$, ist $\mathcal{A}_\infty$ unabhängig von sich selbst, d.h. $\mathbb{P}(A) = \mathbb{P}(A \cap A) = \mathbb{P}(A)^2$, also $\mathbb{P}(A) \in \{0,1\}$ für alle $A \in \mathcal{A}_\infty$. $\square$

1.16.6 Korollar. Unter den Voraussetzungen von 1.16.5 ist jedes $\xi \in \overline{\mathcal{Z}}(\Omega, \mathcal{A}_\infty)$ $\mathbb{P}$-fast sicher konstant.

Beweis. Mit 1.16.5 folgt aufgrund der vorausgesetzten $\mathcal{A}_\infty$, $\overline{\mathcal{B}}^*$-Meßbarkeit von ξ, daß

$$\mathbb{P}(\{\omega \in \Omega: \xi(\omega) \in B\}) \in \{0,1\} \text{ für alle } B \in \overline{\mathcal{B}}^*.$$

Da im Fall $\mathbb{P}(\{\xi = +\infty\}) = 1$ bzw. $\mathbb{P}(\{\xi = -\infty\}) = 1$ nichts zu zeigen bleibt, können wir o.E. annehmen, daß $\xi \in \mathcal{Z}(\Omega, \mathcal{A}_\infty)$. In diesem Fall sei $x_0 := \inf \{x: F_\xi(x) = 1\}$ gesetzt. Dann ist $x_0 \in \mathbb{R}$, und es gilt $F_\xi(x_0) = 1$ und $F_\xi(x_0-0) = 0$, d.h. $F_\xi(x_0) - F_\xi(x_0-0) = 1$ und somit $\mathbb{P}(\{\xi = x_0\}) = 1.$ $\square$

Weiter ergibt sich im Fall einer unabhängigen Folge $(\xi_n)_{n \in \mathbb{N}}$ von Variablen über $(\Omega, \mathcal{A}, \mathbb{P})$, daß die in 1.16.4 betrachteten Ereignisse stets die Wahrscheinlichkeit 0 oder 1 haben. Folglich sind die entsprechenden Grenzwerte entweder $\mathbb{P}$-fast sicher vorhanden, oder die Folgen divergieren $\mathbb{P}$-fast sicher. Kapitel II wird sich unter anderem damit beschäftigen, unter welchen Bedingungen die in A_2 und A_3 betrachteten Grenzwerte $\mathbb{P}$-f.s. existieren.

Ist $\xi_n = 1_{A_n}$, $n \in \mathbb{N}$, speziell eine unabhängige Folge von Indikatorvariablen und setzt man $A := \limsup_{n \to \infty} A_n$, so ist $1_A = \limsup_{n \to \infty} 1_{A_n} = \limsup_{n \to \infty} \xi_n$, d.h. mit 1.16.3 und 1.16.6 folgt: $\mathbb{P}(A) = \mathbb{P}(\{1_A = 1\}) \in \{0,1\}.$

Das folgende Lemma gibt ein notwendiges und hinreichendes Kriterium für das Eintreten eines der beiden möglichen Fälle an.

1.16.7 Lemma (Borel-Cantelli). Sei $(A_n)_{n \in \mathbb{N}}$ eine beliebige Folge von Ereignissen in $\mathcal{A}$. Dann gilt:

(i) $\sum_{n \geq 1} \mathbb{P}(A_n) < \infty \Rightarrow \mathbb{P}(\limsup_{n \to \infty} A_n) = 0.$

Ist die Folge $(A_n)_{n \in \mathbb{N}}$ darüberhinaus unabhängig, so gilt auch die Umkehrung:

(ii) $\sum\limits_{n \geq 1} \mathbb{P}(A_n) = \infty \rightarrow \mathbb{P}(\limsup\limits_{n \to \infty} A_n) = 1$.

__Beweis.__ Zu (i): Es ist $\mathbb{P}(\limsup\limits_{n \to \infty} A_n) = \mathbb{P}(\bigcap\limits_{m \in \mathbb{N}} \bigcup\limits_{n \geq m} A_n) \leq \lim\limits_{m \to \infty} \sum\limits_{n \geq m} \mathbb{P}(A_n) = 0$.

Zu (ii): Aus der für alle $x \geq 0$ gültigen Ungleichung $1 - x \leq e^{-x}$ folgt zunächst, daß für alle $m \leq k$

$$1 - \exp\left[-\sum\limits_{n=m}^{k} \mathbb{P}(A_n)\right] \leq 1 - \prod\limits_{n=m}^{k} (1 - \mathbb{P}(A_n)) \leq 1,$$

so daß aufgrund der vorausgesetzten Divergenz der Reihe $\sum\limits_{n \geq 1} \mathbb{P}(A_n)$ folgt: $\prod\limits_{n \geq m} (1 - \mathbb{P}(A_n)) = 0$.

Wir erhalten:

$$1 - \mathbb{P}(\limsup\limits_{n \to \infty} A_n) = 1 - \lim\limits_{m \to \infty} \mathbb{P}(\bigcup\limits_{n \geq m} A_n) = \lim\limits_{m \to \infty} \mathbb{P}(\bigcap\limits_{n \geq m} \complement A_n) =$$

$$\lim\limits_{m \to \infty} \prod\limits_{n \geq m} \mathbb{P}(\complement A_n) = \lim\limits_{m \to \infty} \prod\limits_{n \geq m} (1 - \mathbb{P}(A_n)) = 0,$$

wobei die vorletzte Gleichheit aus der Tatsache folgt, daß mit $(A_n)_{n \in \mathbb{N}}$ auch die Folge $(\complement A_n)_{n \in \mathbb{N}}$ unabhängig ist (vgl. 1.15.4). $\square$

Ist $(\xi_i)_{i \in \mathbb{N}}$ eine Folge von Variablen über $(\Omega, \mathscr{A}, \mathbb{P})$ und $S_n := \sum\limits_{i=1}^{n} \xi_i$ die zugehörige n-te Partialsumme, $n \in \mathbb{N}$, so ist für $B \in \mathscr{B}^*$ das Ereignis $A_4 := \{\omega \in \Omega: S_n(\omega) \in B$ für unendlich viele $n\}$ i.a. offenbar nicht terminal. Andererseits ändert sich an der Zugehörigkeit von ω zu A_4 nichts, wenn man in der Reihenfolge der Summation endlich viele Summanden vertauscht. Somit ist A_4 ein symmetrisches Ereignis im Sinne der folgenden

__1.16.8 Definition.__ Sei $(\xi_i)_{i \in \mathbb{N}}$ eine Folge von zufälligen Variablen über $(\Omega, \mathscr{A})$ und sei $A \in \sigma(\{\xi_i : i \in \mathbb{N}\})$. Dann heißt A __symmetrisch__, falls zu jeder endlichen Permutation $\{i_1, i_2, \ldots\}$ der Zahlen $\{1, 2, \ldots\}$ eine Menge $B \in \mathscr{B}_{\mathbb{N}}^*$ existiert, so daß

$$A = \{(\xi_1, \xi_2, \ldots) \in B\} = \{(\xi_{i_1}, \xi_{i_2}, \ldots) \in B\}.$$

Ist $(\Omega, \mathscr{A}) = (\mathbb{R}^{\mathbb{N}}, \mathscr{B}_{\mathbb{N}}^*)$ und $\xi_i := \pi_i$ die i-te Projektion auf $\mathbb{R}$, so ist die in Definition 1.16.8 auftretende Menge B gleich A und somit unabhängig von der jeweils betrachteten Permutation. In diesem Fall ist A genau dann symmetrisch, wenn mit ω auch jeder Punkt ω' zu A gehört, welcher aus ω durch Vertauschung endlich vieler Koordinaten entsteht.

Für unabhängige identisch verteilte Variable gilt nun der

__1.16.9 Satz (Hewitt-Savage).__ Sind die Variablen ξ_i, $i \in \mathbb{N}$, unabhängig und identisch verteilt, so besitzt jedes symmetrische Ereignis A die Wahrscheinlichkeit 0 oder 1.

__Beweis.__ (vgl. [16], S. 63). Sei $\mathscr{A}_n := \sigma(\{\xi_i: i=1,\ldots,n\})$, $n \in \mathbb{N}$; dann ist $\mathscr{A}_0 := \bigcup_{n \in \mathbb{N}} \mathscr{A}_n$ eine Sub-Algebra von $\mathscr{A}' := \sigma(\{\xi_i: i \in \mathbb{N}\})$ mit $\sigma(\mathscr{A}_0) = \mathscr{A}'$. Aufgrund von Satz 1.4.12 existieren zu $A \in \mathscr{A}'$ Mengen $A_n = \{(\xi_1,\ldots,\xi_n) \in B_n\}$ mit $B_n \in \mathscr{B}_n^*$ derart, daß $\mathbb{P}(A \blacktriangle A_n) \to 0$, also $\mathbb{P}(A_n) \to \mathbb{P}(A)$ für $n \to \infty$. Betrachtet man für $n \in \mathbb{N}$ nun die endliche Permutation $(i_1,i_2,\ldots) = (2n,2n-1,\ldots,n+1,n,\ldots,1,2n+1,\ldots)$, so ist aufgrund der gemachten Verteilungsannahme für alle $B_n' \in \mathscr{B}_\mathbb{N}^*$ (vgl. 1.15.10)

$$\mathbb{P}(\{(\xi_1,\xi_2,\ldots) \in B_n' \blacktriangle (B_n \times \underset{i>n}{X} \mathbb{R})\}) = \mathbb{P}(\{(\xi_{i_1},\xi_{i_2},\ldots) \in B_n' \blacktriangle (B_n \times \underset{i>n}{X} \mathbb{R})\}).$$

Ist B_n' insbesondere so gewählt, daß
$$A = \{(\xi_1,\xi_2,\ldots) \in B_n'\} = \{(\xi_{i_1},\xi_{i_2},\ldots) \in B_n'\} \text{ und setzt man}$$
$$\tilde{A}_n := \{(\xi_{2n},\ldots,\xi_{n+1}) \in B_n\}, \text{ so folgt } \mathbb{P}(A \blacktriangle \tilde{A}_n) = \mathbb{P}(A \blacktriangle A_n) \to 0 \text{ und somit}$$
$$\mathbb{P}(A_n \blacktriangle \tilde{A}_n) = \mathbb{P}((A_n \blacktriangle A) \blacktriangle (A \blacktriangle \tilde{A}_n)) \le \mathbb{P}(A_n \blacktriangle A) + \mathbb{P}(A \blacktriangle \tilde{A}_n) \to 0. \text{ Wir erhalten}$$
$$\mathbb{P}(A_n \cap \tilde{A}_n) \to \mathbb{P}(A). \text{ Aufgrund der vorausgesetzten Unabhängigkeit der Folge}$$
$(\xi_i)_{i \in \mathbb{N}}$ ist aber $\mathbb{P}(A_n \cap \tilde{A}_n) = \mathbb{P}(A_n) \cdot \mathbb{P}(\tilde{A}_n) \to \mathbb{P}(A)^2$, so daß $\mathbb{P}(A) = \mathbb{P}(A)^2$, also $\mathbb{P}(A) \in \{0,1\}$. $\square$

__1.16.10 Korollar.__ Für eine Folge $(\xi_i)_{i \in \mathbb{N}}$ von unabhängigen, identisch verteilten Variablen besitzt jedes terminale Ereignis der zugehörigen Folge $(S_n)_{n \in \mathbb{N}}$ von Partialsummen $S_n := \sum_{i=1}^{n} \xi_i$ die Wahrscheinlichkeit 0 oder 1.

__Beweis.__ Sei A ein terminales Ereignis zur Folge $(S_n)_{n \in \mathbb{N}}$ und $(i_1,i_2,\ldots)$ eine endliche Permutation, welche jede Zahl $n \le k$, mit $k \in \mathbb{N}$ geeignet, festläßt. Da $A \in \sigma(\{S_n: n \le k\})$, existiert ein $B' \in \mathscr{B}_\mathbb{N}^*$, so daß $A = \{(S_k,S_{k+1},\ldots) \in B'\}$. Setzt man $B := \{(x_1,x_2,\ldots) \in \mathbb{R}^\mathbb{N}:$
$$(\sum_{i=1}^{k} x_i, \sum_{i=1}^{k+1} x_i,\ldots) \in B'\}, \text{ so ist } B \in \mathscr{B}_\mathbb{N}^*. \text{ Ferner folgt nach Wahl von } k$$
$$A = \{(\xi_1,\xi_2,\ldots) \in B\} = \{(\xi_{i_1},\xi_{i_2},\ldots) \in B\}, \text{ d.h. A ist ein (bzgl. der}$$
Folge $(\xi_i)_{i \in \mathbb{N}}$) symmetrisches Ereignis. Die Behauptung folgt nun unmittelbar aus Satz 1.16.9. $\square$

Satz 1.16.9 ist insbesondere dann anwendbar, wenn $(\Omega, \mathscr{A}) = (\mathbb{R}^{\mathbb{N}}, \mathscr{B}_{\mathbb{N}}^{*})$,
$\mathbb{P}|\mathscr{A} = \underset{i \in \mathbb{N}}{\times} \mathbb{P}_1|\mathscr{A}$ mit einem W.-Maß $\mathbb{P}_1|\mathscr{B}^{*}$ und $\xi_i := \pi_i$ die i-te
Projektion auf $\mathbb{R}$ ist. In diesem Fall besagt ein Ergebnis von Horn
und Schach [66], daß auf die Voraussetzung identischer Marginalmaße
teilweise verzichtet werden kann.

1.17 Charakteristische Funktionen

Sei $(\Omega, \mathscr{A}, \mathbb{P})$ wiederum ein fest aber beliebig gewählter W.-Raum. Ist
dann ξ eine zufällige Variable über $(\Omega, \mathscr{A}, \mathbb{P})$, so haben wir in Satz
1.10.10 und Bemerkung 1.12.9 zwei Kriterien kennengelernt, mit Hilfe
derer wir in der Lage sind, die Verteilung $\xi\mathbb{P}$ von ξ unter $\mathbb{P}$ eindeutig
zu bestimmen. Eine dritte weitaus wichtigere Möglichkeit zur Lösung
des Identifizierungsproblems bietet der Zugang über die sogenannten
charakteristischen Funktionen. Wir werden uns an dieser Stelle lediglich auf die Grundlagen der Theorie beschränken und Erweiterungen erst
in Kapitel VIII behandeln.

Im folgenden bezeichne i die imaginäre Einheit in $\mathbb{C}$. Ist dann u=v+iw
eine komplexwertige Funktion mit integrierbarem Realteil v und integrierbarem Imaginärteil w, so wird durch

$$\mathbb{E}(u) := \mathbb{E}(v) + i \, \mathbb{E}(w)$$

in sinnvoller Weise ein lineares Funktional $\mathbb{E}$ auf dem Raum
$\mathscr{L}_C(\Omega, \mathscr{A}, \mathbb{P}) := \{u = v+iw: v, w \in \mathscr{L}(\Omega, \mathscr{A}, \mathbb{P})\}$ der <u>komplexwertigen integrierbaren Funktionen</u> definiert, für welches über die elementaren
Eigenschaften des Integrals hinaus auch die entsprechenden Konvergenzsätze des Abschnitts 7 erfüllt sind. Ferner gilt für alle
$u = v+iw \in \mathscr{L}_C(\Omega, \mathscr{A}, \mathbb{P})$ die Ungleichung

$$(1.17.1) \quad |\mathbb{E}(u)| \le \mathbb{E}(|u|).$$

Zum Beweis betrachten wir die Darstellung $\mathbb{E}(u) = re^{i\theta}$, wobei $r = |\mathbb{E}(u)|$
und $\theta = \arg \mathbb{E}(u)$. Wegen $\operatorname{Re}[e^{-i\theta}u] \le |u|$ ($\in \mathscr{L}(\Omega, \mathscr{A}, \mathbb{P})$!) folgt dann:
$|\mathbb{E}(u)| = r = \mathbb{E}(e^{-i\theta}u) = \mathbb{E}(\operatorname{Re}[e^{-i\theta}u]) \le \mathbb{E}(|u|).$

<u>1.17.2 Definition.</u> Für eine zufällige Variable ξ über $(\Omega, \mathscr{A})$ mit Ver-
teilung $\mu = \xi\mathbb{P}$ heißt die für alle $\lambda \in \mathbb{R}$ definierte Funktion

$$\varphi_\xi(\lambda) = \varphi(\lambda) := \int_\Omega e^{i\lambda\xi(\omega)}\mathbb{P}(d\omega) = \int_{\mathbb{R}} e^{i\lambda x}\mu(dx)$$

$$= \int_{\mathbb{R}} \cos \lambda x \, \mu(dx) + i \int_{\mathbb{R}} \sin \lambda x \, \mu(dx)$$

die <u>charakteristische Funktion</u> von ξ.

Da φ allein durch die Verteilung μ schon eindeutig bestimmt ist, nennen wir φ mitunter auch die charakteristische Funktion von μ und schreiben $\varphi = \varphi_\mu$.

Im folgenden Lemma wollen wir zunächst einige einfache Eigenschaften von charakteristischen Funktionen zusammenstellen. Dabei bezeichne für alle $z = a+ib \in \mathbb{C}$ mit $a,b \in \mathbb{R}$ $a = \mathrm{Re}\,z$ den Realteil und $b = \mathrm{Im}\,z$ den Imaginärteil von z. $\bar{z} := a-ib$ heißt wie üblich die konjugiert Komplexe von z.

<u>1.17.3 Lemma.</u> Sei $\varphi = \varphi_\xi$ die charakteristische Funktion von $\xi \in \mathcal{L}(\Omega,\mathscr{A})$. Dann gilt:

(i) φ ist gleichmäßig stetig auf $\mathbb{R}$

(ii) $\varphi(0) = 1$ und $|\varphi(\lambda)| \leq 1$ für alle $\lambda \in \mathbb{R}$

(iii) Die Variable $\eta := a\xi+b$ $(a,b \in \mathbb{R})$ besitzt die charakteristische

      Funktion $\varphi_\eta(\lambda) = e^{ib\lambda}\varphi_\xi(a\lambda)$

(iv) $\varphi(-\lambda) = \overline{\varphi(\lambda)}$ für alle $\lambda \in \mathbb{R}$.

<u>Beweis.</u> (i): Zu $\varepsilon > 0$ seien $a > 0$ und $\delta > 0$ so gewählt, daß $\mathbb{P}(\{|\xi| \geq a\}) \leq \varepsilon/3$ und $|e^{ihx}-1| < \varepsilon/3$ für alle h und x mit $|h| \leq \delta$ und $|x| < a$. Unter Verwendung von (1.17.1) erhalten wir für $\lambda \in \mathbb{R}$ und $|h| \geq \delta$ (wir setzen $\mu = \xi\mathbb{P}$):

$$|\varphi(\lambda)-\varphi(\lambda+h)| \leq \left| \int_{\{|x| \geq a\}} e^{i\lambda x}-e^{i(\lambda+h)x}\mu(dx) \right| + \left| \int_{\{|x|<a\}} e^{i\lambda x}-e^{i(\lambda+h)x}\mu(dx) \right|$$

$$\leq 2\varepsilon/3 + \left| \int_{\{|x|<a\}} e^{i\lambda x}(1-e^{ihx})\mu(dx) \right| \leq \varepsilon, \text{ also (i).}$$

(ii) folgt unmittelbar aus (1.17.1), und

(iii) ergibt sich aus $\int_\Omega e^{i\lambda(a\xi+b)}d\mathbb{P} = e^{i\lambda b}\int_\Omega e^{i\lambda a\xi}d\mathbb{P}$.

(iv) folgt sofort aus den für alle $r \in \mathbb{R}$ gültigen Beziehungen $\cos r = \cos(-r)$ und $-\sin r = \sin(-r)$. $\square$

Der folgende Satz zeigt, daß die Faltungsoperation und die Multiplikation von charakteristischen Funktionen verträglich sind.

<u>1.17.4 Satz.</u> Für zwei W.-Maße μ_1 und μ_2 auf $\mathscr{B}^*$ ist

$$\varphi_{\mu_1 * \mu_2} = \varphi_{\mu_1} \cdot \varphi_{\mu_2}.$$

<u>Beweis.</u> Sei $\lambda \in \mathbb{R}$. Dann ist

$$\varphi_{\mu_1 * \mu_2}(\lambda) = \int_{\mathbb{R}} e^{i\lambda x} \mu_1 * \mu_2(dx) = \int_{\mathbb{R}} [\int_{\mathbb{R}} e^{i\lambda(x_1 + x_2)} \mu_1(dx_1)] \, \mu_2(dx_2) =$$

$$\int_{\mathbb{R}} e^{i\lambda x_2} \varphi_{\mu_1}(\lambda) \mu_2(dx_2) = \varphi_{\mu_1}(\lambda) \varphi_{\mu_2}(\lambda). \quad \square$$

Satz 1.17.4 kann in naheliegender Weise auf den Fall einer beliebigen Anzahl von endlich vielen Faktoren verallgemeinert werden. In Hinblick auf Satz 1.15.13 kann dieser Sachverhalt auch wie folgt ausgedrückt werden.

<u>1.17.5 Satz.</u> Sind $\xi_1, \ldots, \xi_n$, $n \in \mathbb{N}$, unabhängige Variable, so besitzt die Partialsumme $S_n = \sum_{i=1}^{n} \xi_i$ die charakteristische Funktion $\varphi_{S_n} = \prod_{i=1}^{n} \varphi_{\xi_i}$.

Setzt man in Lemma 1.17.3 a=-1 und b=0, d.h. ist $\eta = -\xi$, so erhält man wegen $\varphi_\xi(-\lambda) = \overline{\varphi_\xi(\lambda)}$ als charakteristische Funktion von η die konjugiert komplexe Funktion von φ_ξ, also $\varphi_\eta(\lambda) = \varphi_{-\xi}(\lambda) = \varphi_\xi(-\lambda) = \overline{\varphi_\xi(\lambda)}$.

Zusammen mit 1.17.5 ergibt sich daraus

<u>1.17.6 Satz.</u> Sind ξ_1 und ξ_2 unabhängig und identisch verteilt, so besitzt die Variable $\xi = \xi_1 - \xi_2$ die charakteristische Funktion

$$\varphi_\xi = \varphi_{\xi_1} \cdot \overline{\varphi_{\xi_1}} = |\varphi_{\xi_1}|^2.$$

Wir nennen eine Variable ξ <u>symmetrisch</u>, falls ξ und $-\xi$ die gleiche Verteilung besitzen. Da für symmetrische Variable somit $\varphi_{-\xi} = \varphi_\xi$ ist, folgt $\varphi_\xi = \overline{\varphi_\xi}$, d.h. φ_ξ ist notwendigerweise reellwertig. Ist umgekehrt φ_ξ reellwertig, also $\varphi_\xi = \overline{\varphi_\xi} = \varphi_{-\xi}$, so ergibt sich aus dem folgenden Eindeutigkeitssatz 1.17.11, daß ξ und $-\xi$ die gleiche Verteilung besitzen, d.h. es gilt

<u>1.17.7 Satz.</u> Eine Variable ξ ist genau dann symmetrisch, wenn φ_ξ reellwertig ist.

Insbesondere ist die in 1.17.6 betrachtete Variable $\xi = \xi_1 - \xi_2$ symmetrisch. Wir nennen ξ die <u>Symmetrisierte</u> von ξ_1 und schreiben $\xi = \xi_1^s$ (obwohl bei Existenz einer zweiten von ξ_1 unabhängigen und wie ξ_1 verteilten Variablen ξ_2' die soeben definierte Symmetrisierte nicht eindeutig bestimmt zu sein braucht).

Wir wollen im folgenden einige charakteristische Funktionen explizit berechnen.

__1.17.8 Beispiele.__ a) Für die diskrete Verteilung $\mu = \sum\limits_{k \geq 0} \alpha_k \varepsilon_{t_k}$ ist
$\varphi_\mu(\lambda) = \sum\limits_{k \geq 0} \alpha_k e^{i\lambda t_k}$, $\lambda \in \mathbb{R}$. Spezialfälle hiervon sind:

Die __Binomialverteilung__ zu den Parametern p und n besitzt die charakteristische Funktion $\varphi_\mu(\lambda) = (q+pe^{i\lambda})^n$ $(q=1-p)$.

Die Gleichung ergibt sich unmittelbar durch Ausrechnen oder auch mittels Satz 1.17.5, wenn man beachtet, daß sich μ ergibt als die Verteilung einer Summe von n unabhängigen zum Parameter p Bernoulliverteilten Variablen.

Die __Poisson-Verteilung__ π_λ zum Parameter $\lambda > 0$ besitzt die charakteristische Funktion

$$\varphi_\mu(x) = e^{-\lambda} \sum\limits_{k \geq 0} \frac{\lambda^k}{k!} e^{ixk} = \exp\left[\lambda(e^{ix}-1)\right], \quad x \in \mathbb{R}.$$

Die __Dirac-Verteilung__ ε_t, $t \in \mathbb{R}$, besitzt die charakteristische Funktion $\varphi_\mu(\lambda) = e^{i\lambda t}$, so daß im Fall $t=0$ $\varphi_\mu(\lambda) = 1$ für alle $\lambda \in \mathbb{R}$.

b) Ist μ absolutstetig bzgl. $\lambda_1 | \mathscr{B}^*$ mit Dichte f, so ist
$\varphi_\mu(\lambda) = \int\limits_{\mathbb{R}} e^{i\lambda x} f(x) dx$, $\lambda \in \mathbb{R}$. Ein Spezialfall hiervon ist:

Die __standardisierte Normalverteilung__ $\mathscr{N}(0,1)$, d.h. es ist

$f(x) = (2\pi)^{-1/2} e^{-x^2/2}$. Mit funktionentheoretischen Hilfsmitteln zeigt man (vgl. [5], S.243), daß in diesem Fall $\varphi_\mu(\lambda) = \exp(-\lambda^2/2)$ für alle $\lambda \in \mathbb{R}$.

Wegen 1.17.7 ist eine nach $\mathscr{N}(0,1)$-verteilte Variable symmetrisch (was gleichzeitig auch aus der Symmetrie der Dichte f folgt).

Zum Beweis des angekündigten Eindeutigkeitssatzes wird sich das folgende Lemma als recht nützlich erweisen.

__1.17.9 Lemma.__ Bezeichnet n die Dichte der standardisierten Normalverteilung $\mathscr{N}(0,1)$, so gilt für die charakteristische Funktion $\varphi = \varphi_\mu$ eines W.-Maßes $\mu | \mathscr{B}^*$:

$$(1.17.10) \quad \frac{1}{2\pi} \int_{\mathbb{R}} e^{-i\lambda x} \varphi(x) e^{-a^2 x^2/2} dx = \int_{\mathbb{R}} \frac{1}{a} \, n\left(\frac{\lambda-y}{a}\right) \mu(dy)$$

für alle $a > 0$ und $\lambda \in \mathbb{R}$.

__Beweis.__ Für alle $\lambda, x \in \mathbb{R}$ ist

$$e^{-i\lambda x} \varphi(x) = \int_{\mathbb{R}} e^{ix(y-\lambda)} \mu(dy).$$

Integration beider Seiten bzgl. der Normalverteilung $\mathcal{N}(0,a^{-2})$ liefert (vgl. 1.6.17)

$$\int_{\mathbb{R}} e^{-i\lambda x} \varphi(x) \mathcal{N}(0,a^{-2})(dx) = \int_{\mathbb{R}} \int_{\mathbb{R}} e^{-i\lambda x} e^{ixy} \mu(dy) \, \mathcal{N}(0,a^{-2})(dx)$$

$$= \int_{\mathbb{R}} \int_{\mathbb{R}} e^{ix(y-\lambda)} \mathcal{N}(0,a^{-2})(dx) \mu(dy) = \int_{\mathbb{R}} e^{-\frac{(y-\lambda)^2}{2a^2}} \mu(dy),$$

wobei die letzte Gleichung aus der Tatsache folgt, daß wegen 1.17.3 (iii) und Beispiel 1.17.8 b) die Verteilung $\mathcal{N}(0,a^{-2})$ die charakteristische Funktion $\lambda \to \exp(-\lambda^2/2a^2)$ besitzt. Die behauptete Gleichung folgt nun sofort nach Division durch $a \cdot \sqrt{2\pi}$. $\square$

Damit sind wir in der Lage, den bereits angekündigten Eindeutigkeitssatz für charakteristische Funktionen zu beweisen.

__1.17.11 Satz (Eindeutigkeitssatz).__ Für zwei W.-Maße μ und ν auf $\mathcal{B}^*$ gilt:

$$\varphi_\mu = \varphi_\nu \iff \mu = \nu.$$

__Beweis.__ Gemäß (1.17.10) folgt aus der Gleichheit von φ_μ und φ_ν, daß

$$\int_{\mathbb{R}} \frac{1}{a} \cdot n\left(\frac{\lambda-y}{a}\right) \mu(dy) = \int_{\mathbb{R}} \frac{1}{a} \cdot n\left(\frac{\lambda-y}{a}\right) \nu(dy) \quad \text{für alle } a > 0 \text{ und } \lambda \in \mathbb{R}.$$

Für festes $a > 0$ ist die linke Seite als Funktion von λ aber die Dichte von $\mu * \mathcal{N}(0,a^2)$ bzgl. λ_1, so daß mit einer entsprechenden Aussage für ν folgt:

$$\mu * \mathcal{N}(0,a^2) = \nu * \mathcal{N}(0,a^2) \quad \text{für alle } a > 0.$$

Zum Beweis bleibt somit nur zu zeigen (vgl. 1.12.8), daß

$$\mu * \mathcal{N}(0,n^{-2}) \longrightarrow \mu \quad \text{und} \quad \nu * \mathcal{N}(0,n^{-2}) \longrightarrow \nu \quad \text{für } n \to \infty.$$

Seien dazu ξ nach μ (entsprechend für ν) und ξ_n nach $\mathcal{N}(0,n^{-2})$ verteilt. Weiter sei ξ unabhängig von ξ_n für alle $n \in \mathbb{N}$. Dann ist

$\eta_n := \xi + \xi_n$ $\mu * \mathcal{N}(0, n^{-2})$-verteilt. Ferner konvergiert ξ_n wegen $E(\xi_n^2) = n^{-2}$ stochastisch gegen 0, so daß mit 1.12.10 folgt: $\eta_n \xrightarrow{\mathcal{L}} \xi$ für $n \to \infty$. Dies war aber gerade zu zeigen. $\square$

Das folgende Beispiel liefert eine für den Eindeutigkeitssatz typische Anwendung.

__1.17.12 Beispiel.__ Seien ξ_1 und ξ_2 unabhängig und Poisson-verteilt zu den Parametern λ_1 bzw. λ_2. Dann ist $\xi := \xi_1 + \xi_2$ Poisson-verteilt zum Parameter $\lambda_1 + \lambda_2$. Nach dem Eindeutigkeitssatz ist mit 1.17.8 a) nämlich nur zu zeigen, daß für alle $x \in \mathbb{R}$ $\varphi_\xi(x) = \exp[(\lambda_1 + \lambda_2)(e^{ix} - 1)]$. Dies folgt unter Verwendung von 1.17.5 aber wiederum unmittelbar aus 1.17.8 a).

Als weitere wichtige Anwendung von Lemma 1.17.9 erhalten wir

__1.17.13 Satz (Fourier-Umkehrformel).__ Sei $\varphi = \varphi_\mu$ die charakteristische Funktion von μ. Dann gilt:

$$|\varphi| \in \mathcal{L}(\mathbb{R}, \mathcal{B}^*, \lambda_1) \ \to\ \mu \text{ absolutstetig bzgl. } \lambda_1 | \mathcal{B}^* \text{ mit Dichte}$$

$$f(\lambda) = \frac{1}{2\pi} \int_{\mathbb{R}} e^{-i\lambda x} \varphi(x)\, dx.$$

Insbesondere folgt aus der Integraldarstellung die Beschränktheit von f. Wegen (1.17.1) ist nämlich $|f(\lambda)| \leq \frac{1}{2\pi} \int_{\mathbb{R}} |\varphi(x)|\, dx$ für alle $\lambda \in \mathbb{R}$.

__Beweis.__ Für $a > 0$ bezeichne $f_a(\lambda)$ die rechte Seite von (1.17.10). Wie im Beweis zu 1.17.11 bereits bemerkt, ist f_a die Dichte von $\mu * \mathcal{N}(0, a^2)$ bzgl. λ_1, und es gilt $\mu * \mathcal{N}(0, n^{-2}) \to \mu$ für $n \to \infty$. Weiter folgt aus der Integrierbarkeit von $|\varphi|$, daß die linke Seite von (1.17.10) mit $a = n^{-1}$ für $n \to \infty$ gegen $f(\lambda)$ konvergiert (man wende den Satz von Lebesgue auf Realteil und Imaginärteil des Integranden an). Für jedes $g \in C^b(\mathbb{R})$ folgt somit

$$\int_{\mathbb{R}} g(\lambda) \mu(d\lambda) = \lim_{n\to\infty} \int_{\mathbb{R}} g(\lambda)\, \mu * \mathcal{N}(0, n^{-2})(d\lambda) =$$

$$\lim_{n\to\infty} \int_{\mathbb{R}} g(\lambda) f_{n^{-1}}(\lambda)\, d\lambda = \int_{\mathbb{R}} g(\lambda) f(\lambda)\, d\lambda,$$

wobei die letzte Gleichheit sich aufgrund der Beschränktheit von g sofort aus dem Schefféschen Lemma 1.6.11 ergibt. Die Behauptung folgt nun mittels 1.12.9. $\square$

Im folgenden wollen wir untersuchen, unter welchen Bedingungen an
μ die zugehörige charakteristische Funktion über die gleichmäßige
Stetigkeit hinaus (vgl. 1.17.3 (i)) weitere Regularitätseigenschaften besitzt.

Das folgende Lemma betrachtet das Verhalten für $\lambda \to \pm\infty$.

1.17.14 Lemma (Riemann-Lebesgue). Ist f eine komplexwertige Funktion
auf $\mathbb{R}$ mit $|f| \in \mathscr{L}(\mathbb{R}, \mathscr{B}^*, \lambda_1)$, und setzt man

$$\varphi(\lambda) = \int_{\mathbb{R}} e^{i\lambda x} f(x)\,dx,$$

so folgt $\varphi(\lambda) \to 0$ für $\lambda \to \pm\infty$.

Beweis. Durch Zerlegung von f in seinen Real- und Imaginärteil ist
zunächst o.E. annehmbar, daß f reellwertig ist, d.h. $f \in \mathscr{L}(\mathbb{R}, \mathscr{B}^*, \lambda_1)$,
mit $f \geq 0$ (sonst Zerlegung $f = f^+ - f^-$). Wegen Satz 1.2.23 und Satz
1.6.10 existiert zu $\varepsilon > 0$ ferner ein $\tilde{f} \in \mathscr{E}_+(\mathbb{R}, \mathscr{B}^*)$ mit

$\int_{\mathbb{R}} |f(x) - \tilde{f}(x)|\,dx < \varepsilon$, so daß mit $\tilde{\varphi}(\lambda) = \int_{\mathbb{R}} e^{i\lambda x} \tilde{f}(x)\,dx$ folgt: $|\varphi(\lambda) - \tilde{\varphi}(\lambda)| < \varepsilon$

für alle $\lambda \in \mathbb{R}$. Da $\varepsilon > 0$ beliebig gewählt war, reicht es somit, die Behauptung für alle $f \in \mathscr{E}_+(\mathbb{R}, \mathscr{B}^*)$ und aus Linearitätsgründen lediglich
für Indikatorvariable $f = 1_A$, $A \in \mathscr{B}^*$, zu zeigen. Da $f = \sup_{n \geq 1} 1_{A \cap [-n,n]}$
kann mit dem gleichen Argument wie oben angenommen werden, daß A be-
schränkt ist. In diesem Fall existieren wegen Satz 1.4.12 und Lemma
1.1.23 zu $\varepsilon > 0$ endlich viele p.d. beschränkte Intervalle $I_1, \ldots, I_r$
mit $\lambda_1(A \,\triangle\, (\bigcup_{j=1}^{r} I_j)) < \varepsilon$, so daß die Behauptung lediglich im Fall $f = 1_I$
für ein beschränktes Intervall $I = [a,b]$ zu zeigen bleibt. Dies folgt
aber sofort aus

$$\int_a^b e^{i\lambda x}\,dx = \left[\frac{1}{\lambda}\sin\lambda x - \frac{i}{\lambda}\cos\lambda x\right]_a^b. \quad \square$$

1.17.15 Korollar. Für jedes W.-Maß $\mu | \mathscr{B}^*$ mit $\mu \ll \lambda_1$ ist

$$\lim_{|\lambda| \to \infty} \varphi_\mu(\lambda) = 0.$$

Beweis. Folgt unmittelbar aus 1.7.12 und 1.17.14. $\quad \square$

Zur Untersuchung des lokalen Verhaltens von φ_μ an einer Stelle $\lambda \in \mathbb{R}$
wird die folgende Abschätzung benötigt.

<u>1.17.16 Lemma.</u> Für alle $p \in \mathbb{N}$ und $t \in \mathbb{R}$ ist

$$(1.17.17) \quad \left| e^{it} - 1 - \frac{it}{1!} - \ldots - \frac{(it)^{p-1}}{(p-1)!} \right| \leq \frac{|t|^p}{p!} \ .$$

<u>Beweis.</u> Bezeichnet $r_p(t)$ den Ausdruck innerhalb der Betragsstriche, so folgt im Fall $p=1$ (wobei o.E. stets $t > 0$):

$$r_1(t) = e^{it} - 1 = i \int_0^t e^{ix} dx$$

und somit $|r_1(t)| \leq t$. Im allgemeinen Fall folgt die Behauptung mittels vollständiger Induktion aus der Gleichheit

$$r_p(t) = i \int_0^t r_{p-1}(x) dx, \ p > 1. \ \square$$

<u>1.17.18 Satz.</u> Für alle $\xi \in \mathscr{L}_p(\Omega, \mathscr{A}, \mathbb{P})$, $p \in \mathbb{N}$, ist φ_ξ p-mal differenzierbar mit p-ter Ableitung

$$\varphi_\xi^{(p)}(\lambda) = i^p \int_{\mathbb{R}} e^{i\lambda x} x^p \, \xi \mathbb{P}(dx).$$

<u>Beweis.</u> Im Fall $p=1$ ist für alle λ und $h \neq 0$

$$\frac{\varphi_\xi(\lambda+h) - \varphi_\xi(\lambda)}{h} = \int_{\mathbb{R}} e^{i\lambda x} \frac{e^{ihx}-1}{h} \, \xi \mathbb{P}(dx).$$

Wegen (1.17.17) wird der Integrand dem Betrage nach durch $|x|$ dominiert, so daß nach dem Konvergenzsatz von Lebesgue die rechte Seite für $h \to 0$ gegen $i \int_{\mathbb{R}} e^{i\lambda x} x \, \xi \mathbb{P}(dx)$ konvergiert. Der Beweis für $p > 1$ erfolgt durch vollständige Induktion. $\square$

<u>1.17.19 Korollar.</u> Für alle $\xi \in \mathscr{L}_p(\Omega, \mathscr{A}, \mathbb{P})$ ist

$$\varphi_\xi^{(p)}(0) = i^p \, \mathbb{E}(\xi^p).$$

Ersetzt man in (1.17.17) t durch λx, so erhält man für alle $\xi \in \mathscr{L}_p(\Omega, \mathscr{A}, \mathbb{P})$ nach Integration die für spätere Zwecke nützliche Abschätzung (vgl. (1.17.1)):

$$(1.17.20) \quad \left| \varphi_\xi(\lambda) - 1 - \frac{i\lambda}{1!} \mathbb{E}(\xi) - \ldots - \frac{(i\lambda)^{p-1}}{(p-1)!} \mathbb{E}(\xi^{p-1}) \right| \leq \frac{|\lambda|^p}{p!} \mathbb{E}(|\xi|^p).$$

Wir wollen an dieser Stelle noch einmal auf die für praktische Rechnungen wichtige Fourier-Umkehrformel 1.17.13 zurückkommen und uns die Frage stellen, unter welchen Bedingungen eine auf $\mathbb{R}$ definierte komplexwertige Funktion φ die charakteristische Funktion zu einem W.-Maß $\mu|\mathscr{B}^*$ ist. Wir beschränken uns dabei lediglich auf den folgenden

__1.17.21 Satz.__ Für eine beschränkte stetige Funktion $\varphi: \mathbb{R} \to \mathbb{C}$, welche über $\mathbb{R}$ Lebesgue-integrierbar ist (d.h. $|\varphi| \in \mathscr{L}(\mathbb{R}, \mathscr{B}^*, \lambda_1)$), gilt: Ist die durch

$$(1.17.22) \quad f(x) := \frac{1}{2\pi} \int_{\mathbb{R}} e^{-ixt} \varphi(t) dt, \quad x \in \mathbb{R},$$

definierte Funktion nichtnegativ und ist $\varphi(0) = 1$, so ist f die Dichte eines W.-Maßes $\mu|\mathscr{B}^*$ und φ die zugehörige charakteristische Funktion, d.h. $\varphi = \varphi_\mu$.

__Beweis.__ Zunächst ist f aufgrund der gemachten Integrierbarkeitsvoraussetzung wohldefiniert. Bezeichnet $\mathtt{n}$ wieder die Dichte der standardisierten Normalverteilung und $\varphi^*(\lambda) = e^{-\lambda^2/2}$ die zugehörige charakteristische Funktion, so sind für $\mathtt{n}$ und φ^* die Voraussetzungen von 1.17.13 erfüllt. Multipliziert man daher beide Seiten von (1.17.22) mit $\varphi^*(yx)e^{iax}$, $a \in \mathbb{R}$, $y > 0$, und integriert bzgl. x, so liefert 1.17.13 die Identität

$$(1.17.23) \quad \int_{\mathbb{R}} f(x)\varphi^*(yx)e^{iax}dx = \int_{\mathbb{R}} \varphi(t) \cdot \mathtt{n}\left(\frac{t-a}{y}\right)y^{-1}dt.$$

Für alle $y > 0$ ist $\mathtt{n}\left(\frac{t-a}{y}\right)y^{-1}$ als Funktion von t aber die Dichte einer $\mathscr{N}(a,y^2)$-Verteilung, so daß die rechte Seite von (1.17.23) stets kleiner oder gleich $\|\varphi\| := \sup|\varphi(t)|$ ist. Mit $a=0$ und $y_n \downarrow 0$ konvergiert der Integrand auf der linken Seite aber monoton wachsend gegen f, d.h. gemäß Satz 1.6.5 ist $f \in \mathscr{L}(\mathbb{R}, \mathscr{B}^*, \lambda_1)$. Nach dem Konvergenzsatz von Lebesgue konvergiert die linke Seite von (1.17.23) für $y_n \downarrow 0$ somit gegen $\int_{\mathbb{R}} f(x)e^{iax}dx$. Da ferner $\mathscr{N}(a,y_n) \to \epsilon_a$ (Beweis!) und φ als stetig und beschränkt vorausgesetzt war, konvergiert die rechte Seite gegen $\varphi(a)$, d.h. wir erhalten $\varphi(a) = \int_{\mathbb{R}} f(x)e^{iax}dx$. Wegen $\varphi(0)=1$ ist f darüberhinaus eine W.-Dichte, und φ in der Tat die zugehörige charakteristische Funktion. $\square$

Abschließend wollen wir noch kurz auf den Zusammenhang zwischen der Verteilungskonvergenz $\xi_n \xrightarrow{\mathscr{L}} \xi$ von Variablen und der Konvergenz der zugehörigen charakteristischen Funktionen eingehen. Da die Funktionen cos x und sin x zu $C^b(\mathbb{R})$ gehören, folgt unmittelbar aus der Definition von φ_{ξ_n} und φ_ξ, daß

$$(1.17.24) \quad \lim_{n\to\infty} \varphi_{\xi_n}(\lambda) = \varphi_\xi(\lambda) \text{ für alle } \lambda \in \mathbb{R}, \text{ falls } \xi_n \xrightarrow{\mathscr{L}} \xi.$$

Die Umkehrung dieses Ergebnisses werden wir u.a. in Kapitel VIII beweisen. Über (1.17.24) hinaus gilt aber auch die folgende Verschärfung.

<u>1.17.25 Satz.</u> Für jede Folge $(\xi_n)_{n\in\mathbb{N}}$ von Variablen mit $\xi_n \xrightarrow{\mathscr{L}} \xi$ konvergiert φ_{ξ_n} gegen φ_ξ gleichmäßig auf allen kompakten Teilmengen von $\mathbb{R}$.

<u>Beweis.</u> Folgt unmittelbar aus einem bekannten Satz der Analysis (vgl. [29],(7.5.6)),wenn man berücksichtigt, daß aufgrund von 1.17.3 sowohl φ_{ξ_n} als auch φ_ξ stetig auf $\mathbb{R}$ sind und die Familie $\mathcal{F} := \{\varphi_{\xi_n} : n\in\mathbb{N}\}$ wegen 1.17.5 sogar gleichgradig stetig ist. $\Box$

1.18 Stochastische Ungleichungen

Wir wollen in diesem Abschnitt einige wichtige Ungleichungen zusammenstellen, wie sie vor allen Dingen in den Kapiteln II und IV zum Beweis von Grenzwertsätzen von Partialsummen unabhängiger Variabler benötigt werden. Dabei bezeichnen wir mit ξ, ξ_i usw. wieder zufällige Variable über einem festen W.-Raum $(\Omega, \mathscr{A}, \mathbb{P})$.

<u>1.18.1 Lemma (Markoff-Ungleichung).</u> Für alle $\varepsilon > 0$ ist

$$\mathbb{P}(\{\omega\in\Omega : |\xi(\omega)| \geq \varepsilon\}) \leq \varepsilon^{-1} \mathbb{E}(|\xi|).$$

<u>Beweis.</u> Folgt unmittelbar aus $\mathbb{E}(|\xi|) \geq \mathbb{E}(|\xi|1_{\{|\xi|\geq\varepsilon\}}) \geq \varepsilon\, \mathbb{P}(\{|\xi|\geq\varepsilon\}).$ $\Box$

<u>1.18.2 Lemma.</u> Sei $g: \mathbb{R}_+ \to \mathbb{R}_+$ eine monoton wachsende Funktion. Dann ist für alle $\varepsilon > 0$:

$$\mathbb{P}(\{\omega\in\Omega : |\xi(\omega)| \geq \varepsilon\}) \leq g(\varepsilon)^{-1} \mathbb{E}(g\circ|\xi|).$$

<u>Beweis.</u> Wegen $\{|\xi| \geq \varepsilon\} \subset \{g\circ|\xi| \geq g(\varepsilon)\}$ folgt die Behauptung mit $g\circ|\xi|$ anstelle von $|\xi|$ unmittelbar aus 1.18.1. $\Box$

<u>1.18.3 Korollar (Tschebyscheff-Ungleichung)</u>. Seien ξ_i, $i=1,\ldots,n$, $n\in\mathbb{N}$, paarweise unkorrelierte Variable mit $\mathbb{E}(\xi_i) = 0$ für alle i. Dann gilt für alle $\varepsilon > 0$:

$$\mathbb{P}(\{\omega\in\Omega: \ |\sum_{i=1}^{n}\xi_i(\omega)| \geq \varepsilon\}) \leq \varepsilon^{-2} \sum_{i=1}^{n} V(\xi_i).$$

<u>Beweis.</u> Man wende 1.18.2 auf $\xi := \sum_{i=1}^{n}\xi_i$ und $g(x) = x^2$ an. $\square$

Setzt man $S_k := \sum_{i=1}^{k}\xi_i$ und $M_n := \max_{1\leq k\leq n}|S_k|$, so wird es im folgenden darauf ankommen, 1.18.3 dahingehend zu verschärfen, anstelle von S_n die Variable M_n zu betrachten, d.h. $\mathbb{P}(\{M_n \geq \varepsilon\})$ durch Ausdrücke abzuschätzen, die nur von den Varianzen der zugrundegelegten Variablen abhängen. Dabei sei stets $S_0 = 0$ gesetzt.

<u>1.18.4 Lemma (Hajek-Rényi-Ungleichung)</u>. Seien ξ_i, $i=1,\ldots,n$, $n\in\mathbb{N}$, unabhängige Variable mit $\mathbb{E}(\xi_i) = 0$ für alle i. Dann gilt für beliebige reelle Zahlen $a_0 \geq a_1 \geq a_2 \geq \ldots \geq a_n > 0$:

$$(1.18.5) \quad \mathbb{P}(\{\sup_{1\leq k\leq n} a_k|S_k|\geq 1\}) \leq \sum_{i=1}^{n} a_i^2 V(\xi_i).$$

<u>Beweis.</u> Setzt man $A_k := \{a_1|S_1|<1,\ldots,a_{k-1}|S_{k-1}|<1,a_k|S_k|\geq 1\}$, $k=1,\ldots,n$, so sind die Ereignisse A_k paarweise disjunkt mit

$$\sum_{k=1}^{n} A_k = A := \bigcup_{k=1}^{n}\{\omega\in\Omega: a_k|S_k(\omega)| \geq 1\}.$$

Weiter ist wegen $S_i = (S_i-S_k)+S_k$ für alle $i \geq k$:

$$S_i^2 1_{A_k} = (S_i-S_k)^2 1_{A_k} + 2(S_i-S_k)S_k 1_{A_k} + S_k^2 1_{A_k} \geq 2(S_i-S_k)S_k 1_{A_k} + a_k^{-2} 1_{A_k}.$$

Berücksichtigt man ferner, daß wegen Satz 1.15.9 die zufälligen Variablen S_i-S_k und $S_k 1_{A_k}$ unabhängig sind, so folgt mit (1.15.16):

$$\mathbb{E}(S_i^2 1_{A_k}) \geq 2\mathbb{E}(S_i-S_k)\cdot\mathbb{E}(S_k 1_{A_k}) + a_k^{-2} \mathbb{P}(A_k) = a_k^{-2} \mathbb{P}(A_k) \quad \text{und somit}$$

$$(a_i^2-a_{i+1}^2)a_k^{-2} \mathbb{P}(A_k) \leq \mathbb{E}((a_i^2-a_{i+1}^2)S_i^2 1_{A_k}) \quad \text{für alle } i=k,\ldots,n \text{ (mit } a_{n+1}:=0).$$

Wir erhalten:

$$\mathbb{P}(A_k) = \sum_{i=k}^{n}(a_i^2-a_{i+1}^2)a_k^{-2} \mathbb{P}(A_k) \leq \sum_{i=1}^{n} \mathbb{E}((a_i^2-a_{i+1}^2)S_i^2 1_{A_k}), \quad \text{also}$$

$$\mathbb{P}(A) = \sum_{k=1}^{n} \mathbb{P}(A_k) \leq \mathbb{E}\left(\sum_{i=1}^{n} (a_i^2 - a_{i+1}^2) S_i^2\right). \text{ Wegen } S_i = S_{i-1} + \xi_i \text{ gilt weiter:}$$

$$\sum_{i=1}^{n} (a_i^2 - a_{i+1}^2) S_i^2 = a_1^2 S_1^2 + \sum_{i=2}^{n} a_i^2 (S_i^2 - S_{i-1}^2) = a_1^2 \xi_1^2 + \sum_{i=2}^{n} a_i^2 (2\xi_i S_{i-1} + \xi_i^2) =$$

$$\sum_{i=1}^{n} a_i^2 \xi_i^2 + \sum_{i=2}^{n} 2 a_i^2 \xi_i S_{i-1},$$

so daß infolge der Unabhängigkeit der Variablen S_{i-1} und ξ_i unter Beachtung von $\mathbb{E}(\xi_i) = 0$ folgt:

$$\mathbb{P}(A) \leq \sum_{i=1}^{n} a_i^2 V(\xi_i). \quad \square$$

<u>1.18.6 Korollar</u> (1. Kolmogoroffsche Ungleichung). Seien ξ_i, $i=1,\ldots,n, n \in \mathbb{N}$, unabhängige Variable mit $\mathbb{E}(\xi_i) = 0$ für alle i. Dann gilt für alle $\varepsilon > 0$:

$$(1.18.7) \quad \mathbb{P}(\{\omega \in \Omega: M_n(\omega) \geq \varepsilon\}) \leq \varepsilon^{-2} \sum_{i=1}^{n} V(\xi_i).$$

<u>Beweis.</u> Man wende 1.18.4 mit $a_i := \varepsilon^{-1}$ für $i=1,\ldots,n$ an. $\square$

Die folgende Ungleichung liefert im Fall gleichmäßig beschränkter Variabler eine entsprechende Abschätzung nach unten.

<u>1.18.8 Lemma</u> (2. Kolmogoroffsche Ungleichung). Unter den Voraussetzungen von 1.18.6 sei ferner $|\xi_i| < c < \infty$ für alle i und $c \in \mathbb{R}$ geeignet. Dann gilt für alle $\varepsilon > 0$:

$$(1.18.9) \quad 1 - \frac{(\varepsilon+c)^2}{\sum\limits_{i=1}^{n} V(\xi_i)} \leq \mathbb{P}(\{\omega \in \Omega: M_n(\omega) > \varepsilon\}).$$

<u>Beweis.</u> Analog zum Beweis von 1.18.4 setze man für $k=1,\ldots,n$

$$A \quad := \quad \bigcup_{k=1}^{n} \{|S_k| > \varepsilon\},$$

$$A_k \quad := \quad \{|S_1| \leq \varepsilon, \ldots, |S_{k-1}| \leq \varepsilon, |S_k| > \varepsilon\} \text{ und}$$

$$B_k \quad := \quad \{|S_1| \leq \varepsilon, \ldots, |S_{k-1}| \leq \varepsilon, |S_k| \leq \varepsilon\}.$$

Dann ist wegen $B_{k-1} = B_k + A_k$ (wobei $B_0 := \Omega$)

$$S_{k-1}1_{B_{k-1}}+\xi_k 1_{B_{k-1}} = S_k 1_{B_{k-1}} = S_k 1_{B_k} + S_k 1_{A_k}\,, \text{ also aufgrund der Un-}$$

abhängigkeit und Zentriertheit der ξ_i:

$$\mathbb{E}(S_{k-1}^2 1_{B_{k-1}})+V(\xi_k)\,\mathbb{P}(B_{k-1}) = \mathbb{E}(S_k^2 1_{B_k}) + \mathbb{E}(S_k^2 1_{A_k}) + 2\,\mathbb{E}(S_k^2 1_{B_k}1_{A_k})\,.$$

Beachtet man ferner, daß $1_{B_k}1_{A_k} = 0$ und $\mathbb{P}(B_{k-1}) \geq \mathbb{P}(B_n)$ für alle

$k=1,\ldots,n$, so folgt aus der letzten Gleichung unter Verwendung der

Definition von A_k bzw. der Beschränktheit der ξ_i:

$$\mathbb{E}(S_{k-1}^2 1_{B_{k-1}}) + V(\xi_k)\,\mathbb{P}(B_n) \leq \mathbb{E}(S_k^2 1_{B_k})+(\varepsilon+c)^2\,\mathbb{P}(A_k)\,.$$

Durch Summation über k erhalten wir:

$$\mathbb{P}(B_n)\sum_{k=1}^{n} V(\xi_k) \leq \mathbb{E}(S_n^2 1_{B_n})+(\varepsilon+c)^2 \sum_{k=1}^{n}\mathbb{P}(A_k)$$

$$\leq \varepsilon^2\mathbb{P}(B_n) +(\varepsilon+c)^2\,\mathbb{P}(A) \leq (\varepsilon+c)^2\,,$$

also (1.18.9). $\square$

Während in der 1. Kolmogoroffschen Ungleichung die Größe $\mathbb{P}(\{M_n \geq \varepsilon\})$

durch die Summe der Varianzen abgeschätzt wurde, wollen wir als

nächstes eine Abschätzung herleiten, in der die rechte Seite nur von

der Verteilung von S_n abhängt.

<u>1.18.10 Lemma (1. Lévy-Ungleichung)</u>. Seien ξ_i, $i=1,\ldots,n$, $n\in\mathbb{N}$, un-

abhängige Variable mit $\mathbb{E}(\xi_i) = 0$ für alle i und

$0 < s_n^2 := \sum_{i=1}^{n} V(\xi_i) < \infty$. Dann ist für alle $\varepsilon\in\mathbb{R}$ und $a > 1$:

$$\mathbb{P}(\{\sup_{1\leq k\leq n} S_k \geq \varepsilon\}) \leq \frac{a^2}{a^2-1}\,\mathbb{P}(\{S_n \geq \varepsilon-as_n\})$$

<u>Beweis.</u> Für $k=1,\ldots,n$ setzen wir

$$A_k = \{S_1 < \varepsilon,\ldots,S_{k-1} < \varepsilon,\ S_k \geq \varepsilon\}$$
$$C_k = \{S_n-S_k \geq -as_n\}\,.$$

Ferner sei $C := \{S_n \geq \varepsilon-as_n\}$.

Dann ist $A_k \cap C_k \subset C$ für $k=1,\ldots,n$. Ferner sind $A_1,\ldots,A_n$ p.d. und A_k

unabhängig von C_k. Es folgt

$$(1.18.11) \quad \sum_{k=1}^{n} \mathbb{P}(A_k)\,\mathbb{P}(C_k) \leq \mathbb{P}(C)\,.$$

Mit Hilfe der Tschebyscheffschen Ungleichung erhalten wir weiter, daß

$$\mathbb{P}(\complement C_k) \leq \mathbb{P}(\{|S_n-S_k| \geq as_n\}) \leq a^{-2}s_n^{-2} \sum_{i=k+1}^{n} V(\xi_i) \leq a^{-2},$$

d.h. es ist $\mathbb{P}(C_k) \geq 1-a^{-2}$. Somit folgt

$$\mathbb{P}(\{\sup_{1\leq k\leq n} S_k \geq \epsilon\}) = \sum_{k=1}^{n} \mathbb{P}(A_k) \leq \frac{a^2}{a^2-1} \sum_{k=1}^{n} \mathbb{P}(A_k)\,\mathbb{P}(C_k) \leq \frac{a^2}{a^2-1} \mathbb{P}(C),$$

was zu beweisen war. $\square$

Setzt man dagegen nicht notwendig die Existenz der zweiten Momente voraus, so erhält man eine zu 1.18.10 analoge Aussage, wenn man für $\epsilon' \in \mathbb{R}$ C_k durch $C_k' := \{S_n-S_k \geq -\epsilon'\}$ und C durch $C' := \{S_n \geq \epsilon-\epsilon'\}$ ersetzt. In diesem Fall folgt (vgl. (1.18.11))
$\sum_{k=1}^{n} \mathbb{P}(A_k)\cdot\mathbb{P}(C_k') \leq \mathbb{P}(C')$, d.h. mit $\gamma := \min_{1\leq k\leq n} \mathbb{P}(C_k')$ erhält man

<u>1.18.12 Lemma (Skorokhod-Ungleichung)</u>. Seien ξ_i, $i=1,\ldots,n$, $n\in\mathbb{N}$, unabhängige Variable. Dann gilt für alle $\epsilon,\epsilon'\in\mathbb{R}$ die folgende Abschätzung:

$$\gamma\,\mathbb{P}(\{\omega\in\Omega: \max_{k=1,\ldots,n} S_k(\omega) \geq \epsilon\}) \leq \mathbb{P}(\{\omega\in\Omega: S_n(\omega) \geq \epsilon-\epsilon'\}).$$

Sind die Variablen ξ_i außerdem symmetrisch und setzt man $\epsilon' = 0$, so folgt (vgl. Ü 1.17.1 und Ü 1.17.2) $\gamma \geq 1/2$, d.h. es gilt

<u>1.18.13 Lemma (2. Lévy-Ungleichung)</u>. Seien ξ_i, $i=1,\ldots,n$, $n\in\mathbb{N}$, unabhängige und symmetrische Variable. Dann ist für alle $\epsilon\in\mathbb{R}$:

$$\mathbb{P}(\{\omega\in\Omega: \max_{k=1,\ldots,n} S_k(\omega) \geq \epsilon\}) \leq 2\,\mathbb{P}(\{\omega\in\Omega: S_n(\omega) \geq \epsilon\}).$$

Insbesondere ist 1.18.13 anwendbar, wenn sämtliche Variable eine zentrierte Normalverteilung besitzen (vgl. Ü 1.17.3).

Ferner sei auf die Gültigkeit sogenannter Exponentialungleichungen hingewiesen (vgl. [18],S.316ff, [110], Kap. 10), wie sie vorwiegend zum Beweis der Sätze vom iterierten Logarithmus (vgl. 4.3) benutzt werden. Da im Rahmen dieses Buches das Gesetz vom iterierten Logarithmus ausschließlich im Zusammenhang mit dem zentralen Grenzwertsatz (vgl. 4.1 und 4.2) gesehen werden soll, möchten wir an dieser

Stelle auf eine Formulierung der Exponentialungleichungen verzichten.

Wie 1.18.13 gezeigt hat, erhalten die bisher betrachteten Abschätzungen eine besonders einfache Gestalt, wenn die zugrundegelegten Variablen zusätzlich symmetrisch sind. Aus diesem Grunde wollen wir als nächstes versuchen, für ein beliebiges $\xi \in \mathcal{L}(\Omega, \mathcal{A})$ Größen der Form $\mathbb{P}(\{\xi \gtrsim \epsilon\})$ durch $\mathbb{P}(\{\xi^S \gtrsim \epsilon'\})$, $\epsilon' = \epsilon'(\epsilon)$, abzuschätzen, wobei wie in 1.17.7 ff ξ^S eine Symmetrisierte von ξ bezeichne. Dazu sei $m(\xi)$ ein <u>Median</u> von ξ, d.h. es ist $m(\xi) \in \mathbb{R}$ mit

$$(1.18.14) \quad \mathbb{P}(\{\omega \in \Omega: \xi(\omega) \lesssim m(\xi)\}) \gtrsim 1/2 \lesssim \mathbb{P}(\{\omega \in \Omega: \xi(\omega) \gtrsim m(\xi)\}).$$

Die Existenz eines Medians folgt unmittelbar aus Satz 1.10.11. Zum Beispiel erfüllt $m(\xi) := \inf\{x \in \mathbb{R}: F_\xi(x) \gtrsim 1/2\}$ stets die Ungleichungen (1.18.14). Andererseits ist der Median von ξ i.a. nicht eindeutig bestimmt (Beispiel!).

<u>1.18.15 Lemma (Symmetrisierungsungleichungen)</u>. Für alle $\epsilon \in \mathbb{R}$ ist

$$\mathbb{P}(\{\omega \in \Omega: \xi(\omega) - m(\xi) \gtrsim \epsilon\}) \lesssim 2\,\mathbb{P}(\{\omega \in \Omega: \xi^S(\omega) \gtrsim \epsilon\})$$

und

$$\mathbb{P}(\{\omega \in \Omega: |\xi(\omega) - m(\xi)| \gtrsim \epsilon\}) \lesssim 2\mathbb{P}(\{\omega \in \Omega: |\xi^S(\omega)| \gtrsim \epsilon\}).$$

<u>Beweis.</u> Sei $\xi^S = \xi - \xi'$, wobei ξ' unabhängig von ξ und wie ξ verteilt sei. Da in (1.18.14) nur die Verteilung von ξ eingeht, ist $m(\xi)$ auch ein Median von ξ', so daß

$$\begin{aligned}
\mathbb{P}(\{\xi^S \gtrsim \epsilon\}) &= \mathbb{P}(\{(\xi - m(\xi)) - (\xi' - m(\xi)) \gtrsim \epsilon\}) \\
&\gtrsim \mathbb{P}(\{\xi - m(\xi) \gtrsim \epsilon, \ \xi' - m(\xi) \lesssim 0\}) \\
&= \mathbb{P}(\{\xi - m(\xi) \gtrsim \epsilon\}) \cdot \mathbb{P}(\{\xi' \lesssim m(\xi)\}) \gtrsim \frac{1}{2}\mathbb{P}(\{\xi - m(\xi) \gtrsim \epsilon\}).
\end{aligned}$$

Die zweite Ungleichung ergibt sich aus der ersten durch Addition einer entsprechenden Abschätzung für $-\xi$. $\square$

Unmittelbar aus der Definition eines Medians erhalten wir ferner das folgende

<u>1.18.16 Lemma.</u> Sei $(\xi_i)_{i \in \mathbb{N}}$ eine Folge von Variablen über $(\Omega, \mathcal{A}, \mathbb{P})$ und $a_i \neq 0$ eine Folge reeller Zahlen. Dann gilt:

$$a_i^{-1}\xi_i \underset{\mathbb{P}\text{-stoch.}}{\rightarrow} 0 \Rightarrow a_i^{-1}m(\xi_i) \rightarrow 0 \text{ für } i \rightarrow \infty.$$

Beweis. Zu $\delta > 0$ beliebig existiert nach Voraussetzung ein $i_0 \in \mathbb{N}$, so daß $\mathbb{P}(\{|\xi_i| > |a_i|\delta\}) \le 1/4$ für alle $i \ge i_0$. Es folgt $|m(\xi_i)| \le |a_i|\delta$, $i \ge i_0$, und somit die Behauptung. $\square$

Mittels 1.18.16 werden wir später in der Lage sein, die in den Symmetrisierungsungleichungen auftretenden Variablen $\xi - m(\xi)$ durch ξ zu ersetzen. Ist ξ eine Variable über $(\Omega, \mathscr{A}, \mathbb{P})$ und setzt man $\mu = Q_\xi = \xi\mathbb{P}$, so haben wir in 1.18.2 eine Möglichkeit kennengelernt, die Größe $\mu(\{x \in \mathbb{R}: |x| \ge \varepsilon\}) = \mathbb{P}(\{\omega \in \Omega: |\xi(\omega)| \ge \varepsilon\})$ durch Momente von Variablen $g \bullet |\xi|$ nach oben abzuschätzen. Wir wollen abschließend zwei Ungleichungen kennenlernen, in denen die rechte Seite von 1.18.2 durch einen Ausdruck ersetzt wird, der nur von der charakteristischen Funktion von ξ abhängt.

<u>1.18.17 Lemma.</u> Sei $\mu|\mathscr{B}^*$ ein W.-Maß mit zugehöriger charakteristischer Funktion $\varphi = \varphi_\mu$. Dann gilt für alle $\lambda > 0$:

$$(1.18.18) \qquad \int\limits_{\{|x|<1/\lambda\}} x^2 \mu(dx) \le 3\lambda^{-2}(1-\mathrm{Re}\varphi(\lambda))$$

und

$$(1.18.19) \qquad \int\limits_{\{|x|\ge 1/\lambda\}} 1\mu(dx) \le 7\lambda^{-1} \int\limits_0^\lambda (1-\mathrm{Re}\varphi(y))dy.$$

Man beachte, daß im Fall einer symmetrischen Variablen ξ mit $Q_\xi = \mu$ auf der rechten Seite $\mathrm{Re}\varphi$ jeweils durch φ ersetzt werden kann (vgl. 1.17.7).

<u>Beweis von 1.18.17.</u> Es ist (vgl. A13)

$$1-\mathrm{Re}\varphi(\lambda) = \int\limits_{\mathbb{R}} (1-\cos \lambda x)\mu(dx) \ge \int\limits_{\{|x|<1/\lambda\}} (1-\cos \lambda x)\mu(dx) \ge$$

$$\int\limits_{\{|x|<1/\lambda\}} \frac{\lambda^2 x^2}{2} (1 - \frac{\lambda^2 x^2}{12})\mu(dx) \ge \frac{11\lambda^2}{24} \int\limits_{\{|x|<1/\lambda\}} x^2 \mu(dx)$$

und

$$\lambda^{-1}\int\limits_0^\lambda (1-\mathrm{Re}\varphi(y))dy = \lambda^{-1}\int\limits_0^\lambda \int\limits_{\mathbb{R}} (1-\cos yx)\mu(dx)dy =$$

$$\int\limits_{\mathbb{R}} \lambda^{-1}\int\limits_0^\lambda (1-\cos yx)dy\mu(dx) \ge \int\limits_{\{|x|\ge 1/\lambda\}} (1- \frac{\sin \lambda x}{\lambda x})\mu(dx) \ge$$

$$(1-\sin 1) \cdot \int\limits_{\{|x|\ge 1/\lambda\}} 1\mu(dx) \qquad (\text{vgl. A14}).$$

Damit folgt die Behauptung. $\square$

1.18.20 Bemerkung. Beachtet man, daß für alle $a > 0$ $1-a \leq -\log a$ ist, so lassen sich die rechten Seiten von (1.18.18) bzw. (1.18.19) weiter nach oben abschätzen, wenn man $1-\mathrm{Re}\varphi$ durch $-\log \mathrm{Re}\varphi$ ersetzt, sofern nur sichergestellt ist, daß $\mathrm{Re}\varphi(y) > 0$ für alle $0 \leq y \leq \lambda$.

1.19 Normalverteilungen

Unter den in 1.10.14 aufgeführten Verteilungen wird in den folgenden Kapiteln der Normalverteilung eine besondere Bedeutung zukommen. Aus diesem Grund wollen wir in diesem Abschnitt einige ihrer wichtigsten Eigenschaften zusammenfassen und kurz auf den Begriff einer mehrdimensionalen Normalverteilung zu sprechen kommen.

Nach 1.10.14 heißt eine Variable $\xi \in \mathcal{L}(\Omega, \mathcal{A})$ $\mathcal{N}(\mu, \sigma^2)$-verteilt, falls

$$\mathbb{P}(\{\xi \leq x\}) = \frac{1}{\sqrt{2\pi\sigma^2}} \int_{-\infty}^{x} e^{-(y-\mu)^2/2\sigma^2} dy \quad \text{für alle } x \in \mathbb{R}.$$

Im Falle $\mu = 0$ und $\sigma^2 = 1$ nennen wir ξ __standard normalverteilt__ und schreiben für die Verteilungsfunktion

$$\Phi(x) = \frac{1}{\sqrt{2\pi}} \int_{-\infty}^{x} e^{-y^2/2} dy, \quad x \in \mathbb{R}.$$

Wie bereits in 1.17.8 bemerkt worden ist, besitzt Φ die charakteristische Funktion $\varphi(\lambda) = e^{-\lambda^2/2}$, $\lambda \in \mathbb{R}$.

Da bekanntlich für jede nach Φ verteilte Variable ξ und für alle $\mu \in \mathbb{R}$ und $\sigma > 0$ die Variable $\eta := \sigma\xi + \mu$ $\mathcal{N}(\mu, \sigma^2)$-verteilt ist, besitzt $\mathcal{N}(\mu, \sigma^2)$ gemäß 1.17.3 (iii) die charakteristische Funktion

$$\varphi(\lambda) = e^{i\mu\lambda} \cdot e^{-\sigma^2\lambda^2/2}, \quad \lambda \in \mathbb{R}.$$

Sind ferner ξ_1 und ξ_2 unabhängige $\mathcal{N}(\mu_i, \sigma_i^2)$, $i=1,2$, verteilte Variable, so besitzt die Summenvariable $S = \xi_1 + \xi_2$ die charakteristische Funktion (vgl. 1.17.5)

$$\varphi(\lambda) = e^{i(\mu_1+\mu_2)\lambda - (\sigma_1^2+\sigma_2^2)\lambda^2/2}, \quad \lambda \in \mathbb{R},$$

d.h. mit dem Eindeutigkeitssatz 1.17.11 folgt

__1.19.1 Satz.__ Sind ξ_1 und ξ_2 unabhängige $\mathcal{N}(\mu_i,\sigma_i^2)$, i=1,2, verteilte Variable, so ist die Summenvariable $S = \xi_1+\xi_2$ $\mathcal{N}(\mu_1+\mu_2,\ \sigma_1^2+\sigma_2^2)$-verteilt.

Satz 1.19.1 gilt entsprechend für den Fall einer beliebigen Anzahl von endlich vielen Variablen ξ_i.

Als nächstes wollen wir zwei Abschätzungen für $1-\Phi(x)$ angeben, aus denen sich dann sofort eine Aussage über das Wachstumsverhalten von $1-\Phi(x)$ für $x \to \infty$ ergibt.

__1.19.2 Lemma.__ Für alle $x > 0$ ist

$$(x^{-1}-x^{-3})(2\pi)^{-1/2}e^{-x^2/2} \leq 1-\Phi(x) \leq x^{-1}(2\pi)^{-1/2}e^{-x^2/2}.$$

__Beweis.__ Es ist

$$1-\Phi(x) = \frac{1}{\sqrt{2\pi}} \int_x^\infty e^{-y^2/2}dy \leq x^{-1}(2\pi)^{-1/2} \int_x^\infty ye^{-y^2/2}dy = x^{-1}(2\pi)^{-1/2}e^{-x^2/2}$$

und

$$1-\Phi(x) \geq \frac{1}{\sqrt{2\pi}} \int_x^\infty e^{-y^2/2}(1-\frac{3}{y^4})dy = (x^{-1}-x^{-3})(2\pi)^{-1/2}e^{-x^2/2}. \quad \square$$

__1.19.3 Korollar.__ Es ist

$$1-\Phi(x) \sim x^{-1}(2\pi)^{-1/2}e^{-x^2/2} \quad \text{für } x \to \infty.$$

Mittels 1.19.3 erhält man weiter, daß zu jedem $\gamma > 1/2$ ein $x_o=x_o(\gamma)>0$ existiert, so daß

$$(1.19.4) \quad 1-\Phi(x) \geq e^{-\gamma x^2} \quad \text{für alle } x \geq x_o.$$

__1.19.5 Lemma.__ Für alle $q > 0$ und $p > 0$ ist

(i) $\quad \sup_{x \in \mathbb{R}} |\Phi(x+q)-\Phi(x)| \leq (2\pi)^{-1/2}q$

(ii) $\quad \sup_{x \in \mathbb{R}} |\Phi(px)-\Phi(x)| \leq \dfrac{p-1}{\sqrt{2\pi e}}$, falls $p \geq 1$

(iii) $\sup_{x \in \mathbb{R}} |\Phi(px)-\Phi(x)| \leq \dfrac{p^{-1}-1}{\sqrt{2\pi e}}$, falls $p < 1$.

__Beweis.__ Die erste Behauptung folgt unmittelbar aus der für alle $y \in \mathbb{R}$ gültigen Ungleichung $\exp(-y^2/2) \leq 1$, und (iii) ergibt sich wegen

$$\sup_{x \in \mathbb{R}} |\Phi(px)-\Phi(x)| = \sup_{x \in \mathbb{R}} |\Phi(x)-\Phi(p^{-1}x)|$$

sofort aus (ii). Somit bleibt nur (ii) zu zeigen. Dazu sei (o.E.)
$x \geq 0$ beliebig. Dann ist

$$|\Phi(px)-\Phi(x)| = \Phi(x+(p-1)x)-\Phi(x)$$
$$\leq (2\pi)^{-1/2}(p-1)xe^{-x^2/2}.$$

Die Behauptung folgt nun aus der Tatsache, daß die Funktion
$x \to xe^{-x^2/2}$ auf $\mathbb{R}_+$ im Punkte 1 ihr Maximum annimmt. $\square$

Wir wollen abschließend noch die Frage untersuchen, wie man in sinnvoller Weise den Begriff einer normalverteilten Zufallsvariablen auf
den Fall eines n-dimensionalen Zufallsvektors ausdehnen kann.

<u>1.19.6 Definition.</u> Ein Zufallsvektor $\xi = (\xi_1,\dots,\xi_n)$ besitzt eine
<u>gemeinsame (zentrierte) Normalverteilung</u>, falls k unabhängige
$\mathcal{N}(0,1)$-verteilte Variable $\eta_1,\dots,\eta_k$ existieren sowie eine $k \times n$
Matrix $A = (a_{sj})$ derart, daß mit $\eta = (\eta_1,\dots,\eta_k)$ gilt:

$$(1.19.7) \qquad\qquad \xi = \eta A.$$

Während der Vektor η und die Matrix A durch (1.19.7) nicht eindeutig bestimmt sind, erhalten wir für die $n \times n$ Matrix $\Gamma := A^t A = (b_{ij})$
(dabei bezeichne A^t die Transponierte von A):

$$b_{ij} = \sum_{r=1}^{k} a_{ri}a_{rj} = \mathbb{E}((\sum_{r=1}^{k} a_{ri}\eta_r)(\sum_{m=1}^{k} a_{mj}\eta_m)) = \mathbb{E}(\xi_i\xi_j),$$

d.h. die Matrix Γ ist durch die gemeinsame Verteilung der $\xi_1,\dots,\xi_n$
eindeutig bestimmt. Wir nennen $\Gamma = A^t A$ die <u>Kovarianzmatrix</u> des
Vektors ξ. Bezeichnen wir ferner mit $\langle \underline{x},\underline{y} \rangle$ das skalare Produkt der
beiden Vektoren $\underline{x},\underline{y} \in \mathbb{R}^n$, so erhalten wir für die Funktion $\varphi \colon \mathbb{R}^n \to \mathbb{C}$,
definiert durch

$$(1.19.8) \quad \varphi_\xi(\underline{\lambda}) = \varphi(\underline{\lambda}) := \mathbb{E}(e^{i\langle \underline{\lambda},\xi \rangle}), \quad \underline{\lambda} = (\underline{\lambda}_1,\dots,\lambda_n) \in \mathbb{R}^n$$

$\qquad$ (wobei i wiederum die imaginäre Einheit in $\mathbb{C}$ bezeichne):

$$\varphi(\underline{\lambda}) = \mathbb{E}(\exp(i\sum_{j=1}^{n} \lambda_j\xi_j)) = \mathbb{E}(\exp(i\sum_{j=1}^{n} \lambda_j(\sum_{m=1}^{k} a_{mj}\eta_m)))$$

$$= \mathbb{E}(\exp(i\sum_{m=1}^{k} \eta_m(\sum_{j=1}^{n} \lambda_j a_{mj}))).$$

Da die Variablen $\eta_1,\ldots,\eta_k$ nach Voraussetzung unabhängig und $\mathscr{N}(0,1)$-verteilt sind, folgt mit 1.17.5:

$$(1.19.9)\quad \varphi(\underline{\lambda}) = \exp\left[-\frac{1}{2}\sum_{m=1}^{k}\left(\sum_{j=1}^{n}\lambda_j a_{mj}\right)^2\right] = \exp\left[-\frac{1}{2}\underline{\lambda}\Gamma\underline{\lambda}^t\right].$$

Die obige Wahl von φ verallgemeinert in naheliegender Weise die in 1.17.2 getroffene Definition der charakteristischen Funktion einer (reellen) Variablen. Aus diesem Grund nennen wir die in (1.19.8) definierte Funktion φ_ξ die <u>charakteristische Funktion des zufälligen Vektors</u> ξ. Mit Hilfe von (1.19.9) erhalten wir speziell

<u>1.19.10 Satz.</u> Die charakteristische Funktion eines (zentrierten) normalverteilten Vektors ξ ist durch die Kovarianzmatrix Γ eindeutig bestimmt, und es gilt (1.19.9).

Wir werden in Kapitel VIII zeigen, daß entsprechend zu 1.17.11 die Verteilung von ξ durch φ_ξ eindeutig bestimmt ist. Somit gilt

<u>1.19.11 Korollar.</u> Die Verteilung eines (zentrierten) normalverteilten Vektors ξ ist durch seine Kovarianzmatrix eindeutig bestimmt.

Offensichtlich ist Γ symmetrisch und wegen $\sum_{i,j=1}^{n} x_i b_{ij} x_j = \mathbb{E}\left(\left(\sum_{j=1}^{n} x_j \xi_j\right)^2\right) \geq 0$ für alle $\underline{x}=(x_1,\ldots,x_n) \in \mathbb{R}^n$ auch nichtnegativ definit. Der folgende Satz zeigt, daß umgekehrt jede Matrix mit diesen beiden Eigenschaften die Kovarianzmatrix eines zentrierten normalverteilten Zufallsvektors ist.

<u>1.19.12 Satz.</u> Jede symmetrische nichtnegativ definite $n\times n$ Matrix Γ ist die Kovarianzmatrix eines n-dimensionalen zentrierten normalverteilten Zufallsvektors.

<u>Beweis.</u> Nach einem bekannten Satz aus der linearen Algebra (vgl. [84], Satz 23.9) existiert eine orthogonale $n\times n$ Matrix C derart, daß $C^t\Gamma C=D$ Diagonalgestalt besitzt und sämtliche Elemente von D nichtnegativ sind. Bezeichnet B die Diagonalmatrix, deren Elemente gerade die Wurzeln der entsprechenden Elemente von D sind, also $D=B^t B$, so folgt $\Gamma=(C^t B^t)(BC)$. Sind nun $\eta_1,\ldots,\eta_n$ unabhängige $\mathscr{N}(0,1)$-verteilte Variable und setzt man $A:=BC$ und $\xi:=(\eta_1,\ldots,\eta_n)A$, so ist ξ ein zentrierter normalverteilter Zufallsvektor mit Kovarianzmatrix $A^t A = \Gamma$. $\square$

1.20 Laplace-Transformierte

Für nichtnegative ξ wird es mitunter wichtig sein, die charakteristische Funktion φ_ξ auch für rein imaginäre $i\lambda \in \mathbb{C}$ zu definieren.

1.20.1 Definition.

Sei ξ eine nichtnegative Variable über einem W.-Raum $(\Omega, \mathscr{A}, \mathbb{P})$ mit Verteilung $\mu = Q_\xi$. Dann heißt die für alle $\lambda \geq 0$ definierte Funktion

$$\psi_\mu(\lambda) = \psi_\xi(\lambda) := \int\limits_0^\infty e^{-\lambda x} \mu(dx)$$

die Laplace-Transformierte von ξ (bzw. μ).

Wie für charakteristische Funktionen so gilt auch für Laplace-Transformierte der folgende

1.20.2 Satz (Eindeutigkeitssatz).

Für zwei Variable $\xi, \eta \in \mathscr{Z}_+(\Omega, \mathscr{A})$ gilt:

$$Q_\xi = Q_\eta \Leftrightarrow \psi_\xi = \psi_\eta.$$

__Beweis.__ Sei $g: \mathbb{R}_+ \to (0,1]$ definiert durch $g(x) := e^{-x}$. Mit dem Transformationssatz 1.10.4 folgt aus der Identität $\psi_\xi = \psi_\eta$ für alle $\lambda \geq 0$:

$$\int\limits_{[0,1]} y^\lambda Q_{g \cdot \xi}(dy) = \psi_\xi(\lambda) = \psi_\eta(\lambda) = \int\limits_{[0,1]} y^\lambda Q_{g \cdot \eta}(dy)$$

Setzt man $\lambda = 0,1,2,\ldots$, so erhält man aus der Linearität des Integrals

$$\int\limits_{[0,1]} p(y) Q_{g \cdot \xi}(dy) = \int\limits_{[0,1]} p(y) Q_{g \cdot \eta}(dy)$$

für jedes Polynom p. Da sich jedes stetige f: $[0,1] \to \mathbb{R}$ nach dem Weierstraßschen Approximationssatz durch Polynome gleichmäßig auf $[0,1]$ approximieren läßt, folgt (!)

$$\int\limits_{[0,1]} f(y) Q_{g \cdot \xi}(dy) = \int\limits_{[0,1]} f(y) Q_{g \cdot \eta}(dy)$$

und somit, da $Q_{g \cdot \xi}$ und $Q_{g \cdot \eta}$ auf $[0,1]$ konzentriert sind, $g \cdot \xi \overset{\mathscr{L}}{=} g \cdot \eta$ (vgl. 1.12.9). Wir erhalten

$$\xi = -\log g \circ \xi \overset{\mathscr{L}}{=} -\log g \circ \eta = \eta. \quad \square$$

Die in 1.20.1 getroffene Definition läßt sich in naheliegender Weise auf beliebige (nicht notwendig finite) Maße μ übertragen, die auf $\mathbb{R}_+$ konzentriert sind. Ist dann für ein $a \geq 0$ $\psi_\mu(a) < \infty$, so folgt aus Monotoniegründen $\psi_\mu(a+\lambda) < \infty$ für alle $\lambda \geq 0$. Bezeichne ν dasjenige Maß auf $\mathscr{B}^*$, welches absolutstetig bzgl. μ ist mit μ-Dichte f: $x \to [\psi_\mu(a)]^{-1} e^{-ax}$ (wobei o.E. $\mu \neq 0$). Dann ist ν ein W.-Maß mit der Laplace-Transformierten $\psi_\nu(\lambda) = \psi_\mu(\lambda+a)/\psi_\mu(a)$. Mit Satz 1.20.2 ist ν durch ψ_ν und somit durch ψ_μ eindeutig bestimmt.

Da ferner wegen

$$\mu(A) = \int_A 1 d\mu = \int_A \frac{1}{f} d\nu \text{ für alle } A \in \mathscr{B}^*$$

μ durch ν eindeutig festgelegt ist, folgt zusammenfassend

<u>1.20.3 Satz.</u> Sei $\mu | \mathscr{B}^*$ ein beliebiges Maß, welches auf $[0,\infty)$ konzentriert ist. Existiert dann ein $a \geq 0$ mit $\psi_\mu(a) < \infty$, so ist μ durch die Werte von ψ_μ auf dem Intervall $[a,\infty)$ eindeutig bestimmt.

Besitzt μ speziell eine Dichte h bzgl. des Lebesgueschen Maßes, so folgt aus dem letzten Satz, daß h durch die Werte

$$\psi_h(\lambda) := \psi_\mu(\lambda) = \int_0^\infty e^{-\lambda x} h(x) dx, \quad \lambda \geq a,$$

λ_1-fast überall bestimmt ist. Insbesondere erhalten wir daraus (!) das

<u>1.20.4 Korollar.</u> Jede stetige nichtnegative Funktion $h: \mathbb{R}_+ \to \mathbb{R}_+$ ist durch ihre Laplace-Transformierte ψ_h eindeutig bestimmt, sofern nur ein $a \geq 0$ existiert mit $\psi_h(a) < \infty$.

Speziell ist das letzte Korollar für beschränkte h anwendbar.

Für ein vertiefendes Studium der Laplace-Transformierten mit Anwendungen in der W.-Theorie sei das Buch von Feller [44] empfohlen.

<u>Übungen</u>

<u>Abschnitt 1.1</u>

1.1.1. Man zeige, daß der Durchschnitt von zwei Semialgebren nicht notwendig eine Semialgebra ist.

1.1.2. Ein Mengensystem $\mathscr{A} \subset \mathscr{P}(\Omega)$ heiße δ_o-System, falls (i) $\Omega \in \mathscr{A}$, (ii) $A \setminus B \in \mathscr{A}$ für alle $A,B \in \mathscr{A}$ mit $B \subset A$, (iii) $A+B \in \mathscr{A}$ für alle $A,B \in \mathscr{A}$ mit $A \cap B = \emptyset$. Man zeige, daß der Durchschnitt beliebig vieler δ_o-Systeme wieder ein δ_o-System ergibt.

1.1.3. Für ein (nichtleeres) Mengensystem $\mathscr{E} \subset \mathscr{P}(\Omega)$ bezeichne $\delta_o(\mathscr{E})$ das von $\mathscr{E}$ erzeugte δ_o-System. Man zeige:

$\mathscr{E} \cap$-stabil $\to \alpha(\mathscr{E}) = \delta_o(\mathscr{E})$ (Hinweis: vgl. Beweis zu Satz 1.1.22).

1.1.4. Sei $\mathscr{A} \subset \mathscr{P}(\Omega)$ eine [σ-]Algebra und $B \subset \Omega$ beliebig. Man zeige:
$\alpha(\mathscr{A} \cup \{B\}) = \{(A_1 \cap B) \cup (A_2 \smallsetminus B): A_1, A_2 \in \mathscr{A}\}$ (entsprechend im σ-Fall).

1.1.5. Man zeige, daß die σ-Algebra $\mathscr{A} := \{A \subset \mathbb{R}: A \text{ oder } \complement A \text{ abzählbar}\}$ nicht abzählbar erzeugt ist.

1.1.6. Man zeige, daß die σ-Algebra $\mathscr{A}$ aus Ü 1.1.5 von der Algebra $\mathscr{E} := \{A \subset \mathbb{R}: A \text{ oder } \complement A \text{ endlich}\}$ erzeugt wird.

Abschnitt 1.2

1.2.1 Sei $f_n \in \mathscr{T}(\Omega, \mathscr{A})$ für alle $n \in \mathbb{N}$. Dann gehört die Menge $A := \{\omega \in \Omega: \{f_n(\omega): n \in \mathbb{N}\} \text{ liegt dicht in } \mathbb{R}\}$ zu $\mathscr{A}$.

1.2.2. Man zeige an einem Beispiel: $f \in \mathscr{T}(\Omega, \mathscr{A})$ und $A \in \mathscr{A} \nRightarrow f(A) \in \mathscr{B}^{*}$.

1.2.3. Es sei $\mathscr{F}$ ein Vektorraum reellwertiger Abbildungen auf einer Menge Ω mit den folgenden Eigenschaften: (i) $1 \in \mathscr{F}$, (ii) $f, g \in \mathscr{F} \rightarrow \max(f,g) \in \mathscr{F}$ (iii) $f_n \in \mathscr{F}$ für alle $n \in \mathbb{N}$ und $f_n \uparrow f \in \mathbb{R}^{\Omega} \rightarrow f \in \mathscr{F}$.
Man zeige:
(i) $\mathscr{A} := \{A \subset \Omega: 1_A \in \mathscr{F}\}$ ist eine σ-Algebra in Ω
(ii) $\mathscr{F} = \mathscr{T}(\Omega, \mathscr{A})$.

Abschnitt 1.3

1.3.1. (Assoziativgesetz). Sei $(\Omega, \mathscr{A})$ das Produkt der meßbaren Räume $(\Omega_i, \mathscr{A}_i)$, $i \in I$, und $I = \bigcup_{k \in K} I_k$ eine Zerlegung von I. Man zeige:
$$\mathscr{A} = \underset{k \in K}{\circledast} (\underset{i \in I_k}{\circledast} \mathscr{A}_i).$$

1.3.2. Es sei $(X, \mathscr{G})$ das topologische Produkt der Räume $(X_i, \mathscr{G}_i)$, $i \in I$, wobei $X_i := \{0,1\}$ und $\mathscr{G}_i := \mathscr{P}(X_i)$ für alle $i \in I$. Man zeige: I überabzählbar $\rightarrow \underset{i \in I}{\circledast} \mathscr{B}(X_i) \subsetneqq \mathscr{B}(X)$. (Hinweis: Man verwende Satz 1.3.11).

1.3.3. Sei $\mathscr{A}_i = \mathscr{P}(\{0,1\})$ für $i \in I$. Dann gilt: I überabzählbar $\rightarrow \underset{i \in I}{\circledast} \mathscr{A}_i$ nicht abzählbar erzeugt.

1.3.4. Sei $X_i = \mathscr{P}(\mathbb{R})$, $i=1,2$ versehen mit der diskreten Topologie (d.h. $\mathscr{G}(X_i) = \mathscr{P}(X_i)$). Zeigen Sie, daß die Diagonale $D := \{(x_1, x_2) \in X_1 \times X_2: x_1 = x_2\}$ nicht zu $\mathscr{B}(X_1) \circledast \mathscr{B}(X_2)$ gehört (vgl. [57], S.261, Aufg.2).

Abschnitt 1.4

1.4.1. Man beweise die Aussagen von 1.4.3 - 1.4.5.

1.4.2. Es sei $(\mu_\alpha)_\alpha$ ein Netz von finiten Maßen und μ ein finites Maß über $(\Omega, \mathscr{A})$. Dann ist $\mathscr{A}_0 := \{A \in \mathscr{A}: \lim_\alpha \mu_\alpha(A) = \mu(A)\}$ ein δ_0-System (vgl. Ü 1.1.2), sofern nur $\Omega \in \mathscr{A}_0$.

1.4.3. Sei $\mathscr{A}$ die von den rechts abgeschlossenen und links offenen Intervallen in $\mathbb{R}$ erzeugte Algebra. Ist dann D eine abzählbare Teilmenge von $\mathbb{R}$, so wird durch $\mu(A) := |A \cap D|$, $A \in \mathscr{A}$, ein Prämaß auf $\mathscr{A}$ definiert.

1.4.4. Man zeige unter Verwendung von Aufgabe 1.4.3, daß die gemäß Satz 1.4.7 existierende Fortsetzung $\mu^*|\sigma(\mathscr{A})$ nicht eindeutig bestimmt zu sein braucht.

1.4.5. Sei $\mathscr{A}$ wie in Aufgabe 1.1.5 definiert. Dann wird durch $\nu(A)=0$, falls A abzählbar und ∞ sonst, ein Maß auf $\mathscr{A}$ definiert.

Abschnitt 1.5

1.5.1. Man zeige, daß das in Satz 1.5.3 betrachtete Mengensystem $\mathscr{A}_\mu$ eine σ-Algebra ist.

1.5.2. Sei $\mu|\mathscr{A}$ ein Maß. Dann gilt:
$$\mu_*(B_1)+\mu^*(B_2)=\mu(B_1 \cup B_2), \text{ falls } B_1 \cap B_2 = \emptyset \text{ und } B_1 \cup B_2 \in \mathscr{A}.$$

1.5.3. Sei $\mu|\mathscr{A}$ ein Maß. Dann gilt für beliebige Mengen $B_n, B \subset \Omega$:
$$B_n \downarrow B \rightarrow \mu_*(B_n) \downarrow \mu_*(B), \text{ falls } \mu_*(B_1) < \infty$$
$$B_n \uparrow B \rightarrow \mu^*(B_n) \uparrow \mu^*(B).$$

1.5.4. Man beweise die Aussage in Bemerkung 1.5.4.

1.5.5. Sei $\mu|\mathscr{A}$ ein Maß. Dann gilt für beliebige Mengen $B_1, B_2 \subset \Omega$:
$$\mu_*(B_1 \cup B_2) + \mu_*(B_1 \cap B_2) \geq \mu_*(B_1) + \mu_*(B_2)$$
$$\mu^*(B_1 \cup B_2) + \mu^*(B_1 \cap B_2) \leq \mu^*(B_1) + \mu^*(B_2).$$

Abschnitt 1.6

1.6. Man vergegenwärtige sich die Beweisideen der in diesem Abschnitt zitierten Sätze und Bemerkungen anhand eines der im Literaturverzeichnis aufgeführten Lehrbücher.

Abschnitt 1.7

1.7.1. Sei $\mu|\mathscr{A}$ vollständig. Man zeige: $\mathscr{L}(\Omega, \mathscr{A}, \mu) \ni \underline{f} \leq f \leq \overline{f} \in \mathscr{L}(\Omega, \mathscr{A}, \mu)$ mit $\int_\Omega \underline{f} d\mu = \int_\Omega \overline{f} d\mu \rightarrow f \in \mathscr{L}(\Omega, \mathscr{A}, \mu)$.

1.7.2. Sei μ ein beliebiges und ν ein finites Maß auf $\mathscr{A}$. Man zeige, daß $\nu << \mu$ genau dann, wenn zu jedem $\epsilon > 0$ ein $\delta > 0$ derart existiert, daß für jedes $A \in \mathscr{A}$ gilt: $\mu(A) \leq \delta \rightarrow \nu(A) \leq \epsilon$.

1.7.3. Man zeige, daß die σ-Finitheit von $\mu|\mathscr{A}$ im Satz von Radon-Nikodym wesentlich ist (Hinweis: Man konstruiere ein Gegenbeispiel mit dem in Aufgabe 1.1.5 bzw. 1.4.5 betrachteten meßbaren Raum $(\Omega, \mathscr{A})$).

Abschnitt 1.8

1.8.1. Es seien $(\Omega_i, \mathscr{A}_i)$, $i=1,2,3$, meßbare Räume, K_2^1 eine Übergangswahrscheinlichkeit von $(\Omega_1, \mathscr{A}_1)$ nach $(\Omega_2, \mathscr{A}_2)$ und K_3^{12} eine Übergangswahrscheinlichkeit von $(\Omega_1 \times \Omega_2, \mathscr{A}_1 \otimes \mathscr{A}_2)$ nach $(\Omega_3, \mathscr{A}_3)$. Dann existiert genau eine Übergangswahrscheinlichkeit K_{23}^1 von $(\Omega_1, \mathscr{A}_1)$ nach $(\Omega_2 \times \Omega_3, \mathscr{A}_2 \otimes \mathscr{A}_3)$ mit

$$K_{23}^1(\omega_1, A_2 \times A_3) = \int_{A_2} K_3^{12}((\omega_1, \omega_2), A_3) K_2^1(\omega_1, d\omega_2) \quad \text{für alle } A_i \in \mathscr{A}_i, i=2,3.$$

1.8.2. Bezeichnet man mit $K_2^1 \times K_3^{12}$ die gemäß Aufgabe 1.8.1 durch K_2^1 und K_3^{12} eindeutig bestimmte Übergangswahrscheinlichkeit, so zeige man (vgl. Aufgabe 1.3.1):

$$(K_2^1 \times K_3^{12}) \times K_4^{123} = K_2^1 \times (K_3^{12} \times K_4^{123}).$$

Dabei sei K_4^{123} eine Ü.-W. von $(\Omega_1 \times \Omega_2 \times \Omega_3, \mathscr{A}_1 \otimes \mathscr{A}_2 \otimes \mathscr{A}_3)$ nach $(\Omega_4, \mathscr{A}_4)$.

1.8.3. Man zeige an einem Beispiel, daß aus der Existenz der iterierten Integrale in (1.8.19) nicht die Integrierbarkeit von f folgt (Hinweis: Man setze $(\Omega_i, \mathscr{A}_i, P_i) = (\mathbb{N}, \mathscr{P}(\mathbb{N}), P_i)$, i=1,2, mit $P_i(\{n\}) = 2^{-n}$ für alle $n \in \mathbb{N}$ und konstruiere ein f so, daß die iterierten Integrale existieren und verschieden sind.).

Abschnitt 1.9

1.9.1. Verifizieren Sie die zu (1.9.1) führenden Überlegungen.

1.9.2. Sei $n \geq 2$. Mit den Bezeichnungen von Abschnitt 1.9 existiert genau eine Übergangswahrscheinlichkeit $K_{2,\ldots,n}^1$ von $(\Omega_1, \mathscr{A}_1)$ nach $(\underset{i=2}{\overset{n}{X}} \Omega_i, \underset{i=2}{\overset{n}{\otimes}} \mathscr{A}_i)$ mit folgender Eigenschaft:

$$K_{2,\ldots,n}^1(\omega_1, A_2 \times \ldots \times A_n) = \int_{A_2} K_2^1(\omega_1, d\omega_2) \ldots \int_{A_n} K_n^{1,\ldots,n-1}(\omega_1, \ldots, \omega_{n-1}, d\omega_n).$$

Ferner stimmt $P_1 \times K_{2,\ldots,n}^1$ mit dem durch P_1 und die $K_i^{1,\ldots,i-1}$ bestimmten W.-Maß $P \mid \underset{i=1}{\overset{n}{\otimes}} \mathscr{A}_i$ überein.

1.9.3. Man zeige, daß für endlich viele (σ-finite) Maße $\mu_i \mid \mathscr{A}_i$, $i=1,\ldots,n$, stets das folgende Assoziativgesetz gilt (vgl. Ü 1.3.1):

$$(\mu_1 \times \ldots \times \mu_j) \times (\mu_{j+1} \times \ldots \times \mu_n) = \mu_1 \times \ldots \times \mu_n \ (1 \leq j < n).$$

Abschnitt 1.10

1.10.1. Man beweise (1.10.8) (Hinweis: Man verwende Aufgabe 1.9.3).

1.10.2. Zeigen Sie, daß $\lim_{n \to \infty} b(k; n, p_n) = e^{-\lambda} \frac{\lambda^k}{k!}$ für alle k=0,1,..., sofern nur $\lim_{n \to \infty} np_n = \lambda$.

1.10.3. Sei f gleichverteilt über [0,1] und $a \in \mathbb{R}$ beliebig. Bestimmen Sie $\mathbb{E}(\max\{f, a\})$.

1.10.4. Bestimmen Sie den Erwartungswert einer zum Parameter $\lambda > 0$

Poisson-[exponential-]verteilten Variablen (Antwort: $\mathbb{E}(\ )=\lambda[\lambda^{-1}]$)

1.10.5. Sei μ die Gleichverteilung über $[0,1]$. Bestimmen Sie eine Dichte von $\mu * \mu$ bzgl. λ_1.

Abschnitt 1.11

1.11.1. Sei $(\Omega, \mathscr{A}, \mathbb{P}) = ([0,1], [0,1] \cap \mathscr{B}^*, \lambda | [0,1] \cap \mathscr{B}^*)$. Dann konvergieren die Variablen $\xi_n := 1_{A_n}$ mit $A_n = [\frac{q}{2^p}, \frac{q+1}{2^p}]$ (wobei $n=2^p+q$ die eindeutige Zerlegung von n ist mit $p \geq 0$ und $0 \leq q < 2^p$) $\mathbb{P}$-stochastisch, jedoch nicht $\mathbb{P}$-f.s. gegen null. Man bestimme eine Teilfolge, welche $\mathbb{P}$-f.s. konvergiert.

1.11.2 (Satz von Egoroff). Sei $\xi_n \to \xi$ $\mathbb{P}$-f.s. Dann existiert zu beliebigem $\varepsilon > 0$ ein $A_\varepsilon \in \mathscr{A}$ mit $\mathbb{P}(A_\varepsilon) \geq 1-\varepsilon$ derart, daß $\xi_n \to \xi$ gleichmäßig auf A_ε.

1.11.3. Sei $\xi_n \in \mathscr{L}(\Omega, \mathscr{A})$ für $n \in \mathbb{N}$ mit $\xi_1 \leq \xi_2 \leq \dots$. Dann gilt $\xi_n \xrightarrow[\mathbb{P}\text{-stoch.}]{} \xi \Leftrightarrow \xi_n \xrightarrow[\mathbb{P}\text{-f.s.}]{} \xi$.

1.11.4. Sei $(\Omega, \mathscr{A}, \mathbb{P})$ ein W.-Raum und für jedes $\xi \in \mathscr{L}(\Omega, \mathscr{A})$ $\delta(\xi) := \inf\{\varepsilon > 0: \mathbb{P}(\{|\xi| \geq \varepsilon\}) < \varepsilon\}$ gesetzt. Man beweise:

(i) $\delta(\xi) = 0 \Leftrightarrow \xi = 0$ $\mathbb{P}$-f.s.

(ii) $\delta(\xi+\eta) \leq \delta(\xi) + \delta(\eta)$ für alle $\xi, \eta \in \mathscr{L}(\Omega, \mathscr{A})$

(iii) $\delta(\xi_n) \to 0 \Leftrightarrow \xi_n \to 0$ $\mathbb{P}$-stoch.

Abschnitt 1.12

1.12.1. Sei $(\xi_n)_{n \in \mathbb{N}}$ eine Folge von Variablen über $(\Omega, \mathscr{A}, \mathbb{P})$ und $0 < a_n \to \infty$. Man zeige: $\xi_n \xrightarrow{\mathscr{L}} \xi \Rightarrow \frac{\xi_n}{a_n} \to 0$ $\mathbb{P}$-stoch.

1.12.2. Man zeige, daß die folgende Implikation i.a. nicht richtig ist: $\xi_n \xrightarrow{\mathscr{L}} \xi, \ \eta_n \xrightarrow{\mathscr{L}} \eta \Rightarrow \xi_n+\eta_n \xrightarrow{\mathscr{L}} \xi+\eta$.

1.12.3. Sei $(\xi_n)_{n \geq 0}$ eine Folge von Variablen mit Werten in einem festen kompakten Intervall I. Man zeige:
$\lim\limits_{n\to\infty} \int_{\mathbb{R}} x^k Q_{\xi_n}(dx) = \int_{\mathbb{R}} x^k Q_{\xi_0}(dx)$ für alle $k=0,1,2,\dots \Rightarrow \xi_n \xrightarrow{\mathscr{L}} \xi_0$. (Hinweis: Man verwende den Satz von Stone-Weierstraß).

1.12.4. Man zeige, daß die Folge $(\mu_n)_{n \in \mathbb{N}}$, definiert durch $\mu_n := \frac{1}{n} \sum\limits_{i=1}^{n} \varepsilon_{i/n}$, $n \in \mathbb{N}$, schwach gegen die Gleichverteilung über $[0,1]$ konvergiert.

1.12.5. Sei $\xi_n \in \mathscr{L}(\Omega, \mathscr{A}, \mathbb{P})$ für $n \geq 0$ mit $\xi_n \xrightarrow{\mathscr{L}} \xi_0$. Man zeige $\mathbb{E}(|\xi_0|) \leq \liminf\limits_{n\to\infty} \mathbb{E}(|\xi_n|)$. (Hinweis: Man verwende Satz 1.12.6 sowie das Lemma von Fatou).

Abschnitt 1.13

1.13.1. Es seien $\xi, \xi_n \in \mathscr{L}(\Omega, \mathscr{A}, \mathbb{P})$, $n \in \mathbb{N}$. Man zeige:

$$|\xi_n - \xi|_1 \to 0 \;\Leftrightarrow\; \sup_{A \in \mathscr{A}} \left| \int_A \xi_n \, d\mathbb{P} - \int_A \xi \, d\mathbb{P} \right| \to 0.$$

1.13.2. Man zeige an einem Beispiel, daß aus "$\xi_n \xrightarrow[\mathbb{P}\text{-f.s.}]{} \xi$" und
"$\mathbb{E}(\xi_n) \to \mathbb{E}(\xi)$" i.a. nicht $\xi_n \xrightarrow{L_1} \xi$ folgt (vgl. Satz 1.6.11).

1.13.3. Man zeige, daß sich zu jedem $f \in \mathscr{L}(\Omega, \mathscr{A}, \mathbb{P})$ und $\varepsilon > 0$ ein
$g \in \mathscr{E}(\Omega, \mathscr{A})$ finden läßt mit $|f - g|_1 \leq \varepsilon$. (Hinweis: Man verwende 1.2.23).

1.13.4. Sei $\mathscr{A}$ abzählbar erzeugt. Beweisen Sie, daß dann
$(\mathscr{L}(\Omega, \mathscr{A}, \mathbb{P}), |\cdot|_1)$ ein separabler pseudonormierter Raum ist (Hinweis:
Man verwende Aufgabe 1.13.3 sowie Satz 1.4.12 und Korollar 1.1.25).
Dabei erfüllt eine Pseudonorm $|\cdot|$ bis auf die Implikation "$|\cdot| = 0 \Rightarrow \cdot = 0$"
alle Eigenschaften einer Norm.

Abschnitt 1.14

1.14.1. Sei $\mathscr{M} := \{\xi_n : n \in \mathbb{N}\}$ eine gleichgradig integrierbare Teil-
familie von $\mathscr{L}(\Omega, \mathscr{A}, \mathbb{P})$. Man zeige: $\lim_{n \to \infty} \mathbb{E}(\frac{1}{n} \sup_{1 \leq m \leq n} |\xi_m|) = 0$.

1.14.2. Man zeige an einem Gegenbeispiel, daß die folgende Implikation
i.a. nicht richtig ist:
$\xi_n \xrightarrow{\mathscr{L}} \xi_0$ und $\mathscr{M} := \{\xi_n : n \geq 0\}$ gleichgradig integrierbar $\Rightarrow \xi_n \xrightarrow{L_1} \xi_0$.

1.14.3. Im folgenden geben wir einen "falschen Beweis" der letzten
Implikation. Suchen Sie den Fehler:
"Beweis": Gemäß 1.12.6 existieren Versionen $\hat{\xi}_n$ (über einem W.-Raum
$(\hat{\Omega}, \hat{\mathscr{A}}, \hat{\mathbb{P}})$) von ξ_n mit $\hat{\xi}_n \to \hat{\xi}_0$ $\mathbb{P}$-f.s. Mit $\mathscr{M}$ ist auch
$\hat{\mathscr{M}} := \{\hat{\xi}_n : n \geq 0\} \subset \mathscr{L}(\hat{\Omega}, \hat{\mathscr{A}}, \hat{\mathbb{P}})$ gleichgradig integrierbar, so daß gemäß
1.14.9 folgt: $\hat{\xi}_n \xrightarrow{L_1} \hat{\xi}_0$. Wegen $|\hat{\xi}_n - \hat{\xi}_0|_1 = |\xi_n - \xi_0|_1$ erhalten wir damit
aber $\xi_n \xrightarrow{L_1} \xi_0$. $\square$

1.14.4. $\xi_n \xrightarrow{\mathscr{L}} \xi_0$ und $\mathscr{M} := \{\xi_n : n \geq 0\}$ gleichgradig integrierbar $\Rightarrow$
$\mathbb{E}(\xi_n) \to \mathbb{E}(\xi_0)$. (Man beweise diese Aussage mit und ohne Zuhilfenahme
von Satz 1.12.6; vgl. auch Ü 1.14.3).

Abschnitt 1.15

1.15.1. Für $\mathbb{P}$-unabhängige Variable ξ und η zeige man:
$\xi, \eta \in \mathscr{L}(\Omega, \mathscr{A}, \mathbb{P}) \Rightarrow \xi - \eta \in \mathscr{L}(\Omega, \mathscr{A}, \mathbb{P})$.

1.15.2. Für zwei Variable $\xi, \eta \in \mathscr{Z}(\Omega, \mathscr{A})$ zeige man: ξ und η $\mathbb{P}$-unab-
hängig $\Rightarrow \mathbb{E}((f \cdot \xi) \cdot (f \cdot \eta)) = \mathbb{E}(f \cdot \xi) \cdot \mathbb{E}(f \cdot \eta)$ für alle $f \in C^b(\mathbb{R})$.

1.15.3. Es seien $\xi, \eta \in \mathscr{Z}(\Omega, \mathscr{A})$ $\mathbb{P}$-unabhängige Variable mit stetigen

Verteilungsfunktionen F_ξ und F_η. Dann gilt: $\mathbb{P}(\{\xi-\eta \in A\}) = 0$ für jede abzählbare Teilmenge A von $\mathbb{R}$.

1.15.4. Sei $(\xi_i)_{i \in \mathbb{N}}$ eine Folge unabhängiger zum Parameter 1 exponentialverteilter Variabler. Zeigen Sie, daß sowohl $\eta_n := \min\{\xi_1, \ldots, \xi_n\}$ als auch $\eta'_n := \frac{1}{n} \max\{\xi_1, \ldots, \xi_n\}$ $\mathbb{P}$-stochastisch gegen null konvergieren (Hinweis: Man verwende A9 aus dem Formelanhang).

1.15.5. Es seien $(\xi_n)_{n \geq 0}$ und $(\eta_n)_{n \geq 0}$ zwei Folgen von Variablen derart, daß ξ_n und η_n unabhängig für jedes $n \geq 0$. Man zeige: $\xi_n \overset{\mathscr{L}}{\to} \xi_0$ und $\eta_n \overset{\mathscr{L}}{\to} \eta_0 \Rightarrow$ $\xi_n + \eta_n \overset{\mathscr{L}}{\to} \xi_0 + \eta_0$. Man benutze verschiedene Beweismethoden (vgl. Satz 1.12.5). Ein einfacher Beweis benutzt Satz 1.12.6. Warum ist die Unabhängigkeit in diesem Fall wesentlich? (Vgl. auch Ü 1.12.2.)

1.15.6. Sei $(\Omega, \mathscr{A}, \mathbb{P}) = ((0,1), (0,1) \cap \mathscr{B}^*, \lambda_1 | (0,1) \cap \mathscr{B}^*)$. Für jedes $\omega \in \Omega$ sei $\xi_i(\omega) = 1$, falls in der dyadischen Entwicklung von ω an der i-ten Stelle eine 1 steht, und 0 sonst (falls die Darstellung nicht eindeutig ist, sei stets die mit unendlich vielen Nullen gemeint). Man zeige, daß die so definierten Variablen ξ_i, $i \in \mathbb{N}$, $\mathbb{P}$-unabhängig und identisch verteilt sind mit $\mathbb{E}(\xi_i) = \frac{1}{2}$ und $V(\xi_i) = \frac{1}{4}$.

Abschnitt 1.16

1.16.1. Sei $(\xi_i)_{i \in \mathbb{N}}$ eine Folge $\mathbb{P}$-unabhängiger über $[0,1]$ gleichverteilter Variabler. Man zeige, daß $\mathbb{P}(\{\omega \in \Omega : \{\xi_n(\omega) : n \in \mathbb{N}\}$ liegt dicht in $[0,1]\}) = 1$ (Hinweis: Man benutze das Borel-Cantelli Lemma 1.16.7 sowie die Separabilität von $[0,1]$).

1.16.2. Beweisen Sie die Aussage von Satz 1.16.3 (ii).

1.16.3. Sei $(\xi_n)_{n \in \mathbb{N}}$ eine Folge unabhängiger identisch verteilter Variabler über einem W.-Raum $(\Omega, \mathscr{A}, \mathbb{P})$ und $\alpha > 0$. Man zeige:

$$\mathbb{E}(|\xi_1|^\alpha) < \infty \Rightarrow \mathbb{P}(\{|\xi_n| \leq n^{1/\alpha} \text{ für schließlich alle } n \in \mathbb{N}\}) = 1$$

$$\mathbb{E}(|\xi_1|^\alpha) = \infty \Rightarrow \mathbb{P}(\{|\xi_n| > n^{1/\alpha} \text{ für unendlich viele } n \in \mathbb{N}\}) = 1$$

(Hinweis: Man verwende Korollar 1.8.22).

1.16.4. Sei $(\xi_n)_{n \in \mathbb{N}}$ eine Folge unabhängiger identisch verteilter Variabler über einem W.-Raum $(\Omega, \mathscr{A}, \mathbb{P})$ mit $n^{-1}\xi_n \to 0$ $\mathbb{P}$-f.s. Man zeige, daß dann notwendigerweise $\xi_1 \in \mathscr{L}(\Omega, \mathscr{A}, \mathbb{P})$ folgt. Gilt auch die Umkehrung?

Abschnitt 1.17

1.17.1. Seien ξ_i, $i=1,\ldots,n$, unabhängige und symmetrische Variable über $(\Omega, \mathscr{A}, \mathbb{P})$. Dann ist auch $S_n := \sum_{i=1}^{n} \xi_i$ symmetrisch.

1.17.2. Sei ξ eine symmetrische Variable über $(\Omega, \mathscr{A}, \mathbb{P})$. Dann ist 0 ein Median von ξ (zur Definition des Medians vgl. (1.18.14)).

1.17.3. Eine $\mathcal{N}(\mu,\sigma^2)$-verteilte Variable ξ ist genau dann symmetrisch, wenn $\mu = 0$.

1.17.4. Für eine $\mathcal{N}(0,1)$-verteilte Variable ξ zeige man $E(\xi^{2k}) = \frac{(2k)!}{2^k k!}$.

1.17.5. Man zeige: $\xi_n \overset{\mathcal{L}}{\to} \xi \Rightarrow \mathcal{F} := \{\varphi_{\xi_n} : n \in \mathbb{N}\}$ gleichgradig stetig auf $\mathbb{R}$ (zur Definition der gleichgradigen Stetigkeit vgl. [29], S. 141).

1.17.6. Unter Verwendung von Satz 1.17.21 zeige man: Das W.-Maß $v_T | \mathcal{B}^*$ mit der λ_1-Dichte $v_T(x) = \frac{1}{\pi} \frac{1-\cos Tx}{Tx^2}$, $x \in \mathbb{R}$, besitzt die

charakteristische Funktion $\varphi_T(x) = \begin{cases} 1 - \frac{|x|}{T}, & \text{falls } |x| < T \\ 0 \text{ sonst} \end{cases}$, $(T > 0)$.

Abschnitt 1.18

1.18.1. Sei $\xi \in \mathcal{L}(\Omega, \mathcal{A}, P)$ und $m(\xi)$ ein Median von ξ. Dann gilt für alle $c \in \mathbb{R}$: $E(|\xi-m(\xi)|) \le E(|\xi-c|)$.

1.18.2. Zeigen Sie, daß für jedes $f \in \mathcal{L}_2(\Omega, \mathcal{A}, P)$ die Funktion $f: \mathbb{R} \to \mathbb{R}$, definiert durch $f(c) := E((\xi-c)^2)$, im Punkt $c_0 := E(\xi)$ ihr Minimum annimmt.

1.18.3. Unter den Voraussetzungen von Lemma 1.18.10 zeige man für alle $\varepsilon \in \mathbb{R}$ und $a > 1$:

$$P(\{\sup_{1 \le k \le n} |S_k| \ge \varepsilon\}) \le \frac{a^2}{a^2-1} P(\{|S_n| \ge \varepsilon - as_n\}).$$

Abschnitt 1.19

1.19.1. Eine Variable ξ ist genau dann $\mathcal{N}(\mu,\sigma^2)$-verteilt, wenn eine $\mathcal{N}(0,1)$-verteilte Variable η existiert, so daß $\xi = \mu + \sigma\eta$.

1.19.2. Ist $\xi = (\xi_1,\ldots,\xi_n)$ ein n-dimensionaler (zentrierter) normalverteilter Vektor, so sind sämtliche $\xi_1,\ldots,\xi_n$ wieder normalverteilt.

1.19.3. Sei $\xi = (\xi_1,\ldots,\xi_n)$ ein n-dimensionaler (zentrierter) normalverteilter Vektor. Man zeige: $\xi_1,\ldots,\xi_n$ sind unabhängig $\Leftrightarrow$ $\xi_1,\ldots,\xi_n$ sind paarweise unkorreliert.

1.19.4. Sei $(\xi_n)_{n \in \mathbb{N}}$ eine Folge jeweils $\mathcal{N}(\mu_n,\sigma_n^2)$-verteilter Variabler. Man beweise: $\mu_n \to \mu_0$, $\sigma_n^2 \to \sigma_0^2 \Rightarrow Q_{\xi_n} \to \mathcal{N}(\mu_0,\sigma_0^2)$ (wobei $\mathcal{N}(\mu_0,\sigma_0^2) := \varepsilon_{\mu_0}$

gesetzt sei, falls $\sigma_0^2 = 0$). (Hinweis: Man verwende den Satz von der majorisierten Konvergenz, falls $\sigma_0^2 > 0$, und die Ungleichung 1.18.2, falls $\sigma_0^2 = 0$).

1.19.5. Seien ξ und η unabhängige $\mathcal{N}(0,1)$-verteilte Variable. Dann sind auch $\xi+\eta$ und $\xi-\eta$ wieder unabhängig und normalverteilt.

Abschnitt 1.20

1.20.1. Bezeichne $\mu \mid \mathscr{B}^*$ das Maß mit der Lebesgue-Dichte $f(x)=e^{x^2}$, $x \leq 0$, und 0 sonst. Dann ist $\psi_\mu(\lambda) = \infty$ für alle $\lambda \leq 0$.

1.20.2. Sei ξ eine nichtnegative Variable über einem W.-Raum $(\Omega, \mathscr{A}, \mathbb{P})$. Dann ist die zugehörige Laplace-Transformierte ψ_ξ in jedem Punkt $\lambda > 0$ unendlich oft differenzierbar mit p-ter Ableitung $\psi_\xi^{(p)}(\lambda) =$

$$(-1)^p \int_0^\infty e^{-\lambda x} x^p Q_\xi(dx), \quad p \in \mathbb{N}.$$

1.20.3. Zeigen Sie, daß $\lim_{\lambda \to 0} \psi_\xi^{(p)}(\lambda)$ genau dann (in $\mathbb{R}$) existiert, wenn ξ p-fach integrierbar ist.

Bemerkungen zum Text

Da im Text bewußt auf eine Diskussion elementarer wahrscheinlichkeits-theoretischer Modelle verzichtet worden ist, sei hier noch einmal auf die seit langem bewährten Lehrbücher von Feller [43], Fisz [46], Hinderer [63], Krickeberg [85] und Rényi [122] sowie auf Krickeberg-Ziezold [87] hingewiesen. Die im Text benötigten und nicht bewiesenen Resultate aus der Maß- und Integrationstheorie findet man z.B. in Bandelow [3], Bauer [5], Neveu [106] und Kingman-Taylor [79]. Fragen zur $\mathbb{P}$-f.s. und $\mathbb{P}$-stochastischen Konvergenz werden ausführlich in den Büchern von Lukacs [95] und Stout [140] diskutiert. In der Darstellung von Abschnitt 1.17 folgen wir Feller [44] (vgl. auch Bauer [5] und Kawata [76]). Die übrigen in Kapitel I bewiesenen Ergebnisse findet man in gleicher oder ähnlicher Form in den Lehr-büchern von Breiman [16], Burrill [18], Chung [25], Lévy [90] und Meyer [102]. Lediglich die konsequente Verwendung von 1.12.6 (auch in späteren Kapiteln) scheint neu (vgl. dazu auch Billingsley [13]).

Kapitel II. Gesetze der großen Zahlen

<u>2.1 Das schwache Gesetz der großen Zahlen</u>

Zur Motivation der Axiome, die man bei der Einführung des Wahrschein-
lichkeitsbegriffs aufstellt, greift man in der Regel auf entsprechende
Gesetzmäßigkeiten relativer Häufigkeiten zurück und dies unter gleich-
zeitigem Hinweis auf die Erfahrungstatsache, daß sich die relative
Häufigkeit $m(A_o)/n$ des Eintretens eines Ereignisses A_o bei einer
"großen" Anzahl von n "unabhängigen" Wiederholungen eines zufälligen
Experiments "mit großer Wahrscheinlichkeit" um einen bestimmten Wert
p_o "stabilisiert", den man dann als Funktionswert $\mathbb{P}_o(A_o)$ einer auf
einer Ereignis-σ-Algebra $\mathscr{A}_o$ definierten Mengenfunktion $\mathbb{P}_o$ mit Werten
in $[0,1]$ interpretiert.

Gesetze der großen Zahlen erlauben es, die gerade in Anführungsstrichen
gesetzten Begriffe zu präzisieren und gleichzeitig Verfahren der
Mathematischen Statistik wahrscheinlichkeitstheoretisch zu begründen
und zu rechtfertigen.

Ist nämlich $(\Omega_o, \mathscr{A}_o, \mathbb{P}_o)$ ein stochastisches Modell, welches ein zufälliges Experiment beschreibt, bei dem wir uns für das Eintreten
eines Ereignisses $A_o \in \mathscr{A}_o$ interessieren, so ist der Produktraum
$(\Omega, \mathscr{A}, \mathbb{P})$ mit $\Omega := \underset{i \in \mathbb{N}}{\times} \Omega_i$, $\mathscr{A} := \underset{i \in \mathbb{N}}{\circledast} \mathscr{A}_i$, $\mathbb{P} = \underset{i \in \mathbb{N}}{\text{X}} \mathbb{P}_i$, wobei $\Omega_i = \Omega_o$,
$\mathscr{A}_i = \mathscr{A}_o$ und $\mathbb{P}_i = \mathbb{P}_o$ für alle $i \in \mathbb{N}$, geeignet zur Beschreibung unab-
hängiger Wiederholungen des in Frage kommenden Experiments. Durch

$$\xi_i(\omega) := \begin{cases} 1 & \text{falls } \omega_i \in A_o \\ 0 & \text{sonst} \end{cases}, \quad \omega = (\omega_i)_{i \in \mathbb{N}} \in \Omega, \ i \in \mathbb{N},$$

werden ferner $\mathbb{P}$-unabhängige und identisch verteilte Variable über
$(\Omega, \mathscr{A}, \mathbb{P})$ definiert, für die eine Realisierung von $n^{-1}S_n = n^{-1} \sum_{i=1}^{n} \xi_i$ als
relative Häufigkeit $m(A_o)/n$ des Eintretens von A_o im Laufe der n
ersten Wiederholungen aufgefaßt werden kann. Durch Anwendung der
Tschebyscheffschen Ungleichung 1.18.3 folgt nun

$$\mathbb{P}(\{\omega \in \Omega: \ |n^{-1}S_n(\omega) - \mathbb{E}(\xi_1)| > \varepsilon\}) \leq \frac{V(\xi_1)}{n\varepsilon^2} , \text{ also}$$

$$\lim_{n\to\infty} \mathbb{P}(\{\omega \in \Omega: \ |n^{-1}S_n(\omega) - \mathbb{E}(\xi_1)| > \varepsilon\}) = 0 \text{ für alle } \varepsilon > 0,$$

d.h. es gilt das <u>Bernoullische Gesetz der großen Zahlen</u>:

$$(2.1.1) \quad n^{-1}S_n = n^{-1} \sum_{i=1}^{n} \xi_i \underset{\mathbb{P}\text{-stoch.}}{\to} p_0, \text{ wobei } p_0 = \mathbb{E}(\xi_1) = \mathbb{P}_0(A_0).$$

Wir werden im folgenden allgemeine Bedingungen kennenlernen, unter
denen für eine Folge beliebiger zufälliger Variabler ξ_i, $i \in \mathbb{N}$, auf
die $\mathbb{P}$-stochastische Konvergenz der zugehörigen (normierten) Summenvariablen geschlossen werden kann. Dabei werden wir im Rahmen dieses
Kapitels ausschließlich den Fall unabhängiger ξ_i betrachten und erst
in Kapitel VI Abhängigkeiten zulassen.

<u>2.1.2 Definition.</u> Eine Folge $(\xi_i)_{i \in \mathbb{N}}$ genügt dem <u>schwachen Gesetz
der großen Zahlen</u>, falls

$$(2.1.3) \quad n^{-1}S_n = n^{-1} \sum_{i=1}^{n} \xi_i \underset{\mathbb{P}\text{-stoch.}}{\to} 0.$$

(2.1.1) besagt gerade, daß die Variablen $(\xi_i - p_0)_{i \in \mathbb{N}}$ dem schwachen
Gesetz der großen Zahlen genügen. Ferner zeigt der Beweis, daß es
nicht so sehr auf die spezielle Gestalt der Variablen ξ_i sowie der
Normierungskoeffizienten ankommt als vielmehr auf die Anwendbarkeit
der Tschebyscheffschen Ungleichung. In Verallgemeinerung von (2.1.1)
erhalten wir somit

<u>2.1.4 Satz.</u> Sei $(\xi_i)_{i \in \mathbb{N}}$ eine Folge von paarweise unkorrelierten
Variablen über einem W.-Raum $(\Omega, \mathscr{A}, \mathbb{P})$ mit $\mathbb{E}(\xi_i) = 0$ und $\sigma_i^2 := V(\xi_i) < \infty$ für
alle $i \in \mathbb{N}$. Ist dann $(a_n)_{n \in \mathbb{N}}$ eine Folge positiver reeller Zahlen der-
art, daß

$$(2.1.5) \quad \lim_{n\to\infty} a_n^{-2} \sum_{i=1}^{n} \sigma_i^2 = 0,$$

so folgt

$$(2.1.6) \quad a_n^{-1} \sum_{i=1}^{n} \xi_i \underset{\mathbb{P}\text{-stoch.}}{\to} 0.$$

<u>Beweis.</u> Gemäß (1.15.23) ist $\mathbb{E}(a_n^{-2}S_n^2) = a_n^{-2} \sum_{i=1}^{n} \sigma_i^2 \to 0$, also

$a_n^{-1} S_n \overset{L_2}{\to} 0$ und somit $a_n^{-1} S_n \underset{\mathbb{P}\text{-stoch.}}{\to} 0$ (vgl. 1.13.10). $\square$

Die Bedingung (2.1.5) ist mit $a_n = n^{1/2} b_n$, $b_n \to \infty$, sicher dann erfüllt, wenn die Zahlenfolge $(\sigma_i^2)_{i \in \mathbb{N}}$ beschränkt ist, was z.B. dann zutrifft, wenn sämtliche ξ_i identisch verteilt sind mit $V(\xi_1) < \infty$. U 2.1.1 zeigt, daß in einem gewissen Sinne die Bedingung (2.1.5) nicht verbessert werden kann.

Offensichtlich setzt die Formulierung von (2.1.6) nicht die Existenz von Momenten voraus, so daß es das Ziel dieses Abschnitts sein wird, für (2.1.6) (und damit im Spezialfall $a_n = n$ für (2.1.3)) allgemeine hinreichende und notwendige Kriterien herzuleiten, in denen nicht von der Existenz solcher Momente Gebrauch gemacht wird. Beim Beweis des Hauptergebnisses werden wir dabei zum erstenmal die sogenannte "Methode der gestutzten Variablen" verwenden, die sich auch später zum Beweis von anderen Grenzwertsätzen als nützlich erweisen wird.

Sei dazu ξ eine beliebige Variable. Indem man für $c > 0$

$$\xi^{(c)} := \begin{cases} \xi & \text{falls } |\xi| < c \\ 0 & \text{sonst} \end{cases}$$

setzt, erhält man eine beschränkte Variable, für die

$$\mathbb{E}(\xi^{(c)}) = \int_{\{|x|<c\}} x Q_\xi(dx) \quad \text{und} \quad V(\xi^{(c)}) = \int_{\{|x|<c\}} x^2 Q_\xi(dx) - \left(\int_{\{|x|<c\}} x Q_\xi(dx) \right)^2$$

ist. Stutzt man die Variablen $\xi_1, \ldots, \xi_n$ in diesem Sinne an einer Stelle c_n, die von n abhängt und welche für $n \to \infty$ gegen ∞ konvergiert, so kann man erwarten, über die (zentrierten) Summen von $\xi_i^{(c_n)}$ auch eine Aussage (2.1.6) für S_n zu erhalten, sofern nur sichergestellt ist, daß $(a_n^{-1} S_n)_{n \in \mathbb{N}}$ und $(a_n^{-1} S_{nn})_{n \in \mathbb{N}}$ stochastisch äquivalent sind (vgl. 1.11.19), und wobei

$$S_{nn} := \sum_{i=1}^{n} (\xi_i^{(c_n)} - \mathbb{E}(\xi_i^{(c_n)})).$$

Mit den obigen Bezeichnungen gilt nun der folgende

<u>2.1.7 Satz.</u> Sei $(\xi_i)_{i \in \mathbb{N}}$ eine Folge von unabhängigen Variablen und $0 < a_n \uparrow \infty$. Dann sind folgende Bedingungen (2.1.8) - (2.1.10) hinreichend und notwendig für (2.1.6):

$$(2.1.8) \quad \lim_{n\to\infty} \sum_{i=1}^{n} \mathbb{P}(\{\omega \in \Omega : |\xi_i(\omega)| \prec a_n\}) = 0$$

$$(2.1.9) \quad \lim_{n\to\infty} a_n^{-2} \sum_{i=1}^{n} V(\xi_i^{(a_n)}) = 0$$

$$(2.1.10) \quad \lim_{n\to\infty} a_n^{-1} \sum_{i=1}^{n} \mathbb{E}(\xi_i^{(a_n)}) = 0.$$

__Beweis.__ 1. Die Bedingungen (2.1.8)-(2.1.10) mögen erfüllt sein. Setze $\xi_{in} := \xi_i^{(a_n)}$. Da mit 1.15.9 die Variablen $\xi_{1n},\ldots,\xi_{nn}$ wiederum unabhängig sind, erhalten wir aus (2.1.9)

$$\lim_{n\to\infty} \mathbb{E}(a_n^{-2}S_{nn}^2) = \lim_{n\to\infty} a_n^{-2} \sum_{i=1}^{n} V(\xi_{in}) = 0,$$

also $a_n^{-1}S_{nn} \xrightarrow{L_2} 0$ und somit $a_n^{-1}S_{nn} \xrightarrow{\mathbb{P}\text{-stoch.}} 0$. Mit (2.1.10) folgt

$a_n^{-1}\sum_{i=1}^{n}\xi_{in} \xrightarrow{\mathbb{P}\text{-stoch.}} 0$, so daß wegen 1.11.19 zu zeigen bleibt, daß

$(a_n^{-1}S_n)_{n\in\mathbb{N}}$ und $(a_n^{-1}\sum_{i=1}^{n}\xi_{in})_{n\in\mathbb{N}}$ stochastisch äquivalent sind. Für alle

$\varepsilon > 0$ ist aber

$$\mathbb{P}(\{|S_n - \sum_{i=1}^{n}\xi_{in}| > \varepsilon a_n\}) \leqslant \sum_{i=1}^{n} \mathbb{P}(\{\xi_i \neq \xi_{in}\}) \leqslant \sum_{i=1}^{n} \mathbb{P}(\{|\xi_i| \prec a_n\}) \to 0.$$

2. Sei umgekehrt $a_n^{-1}S_n \xrightarrow{\mathbb{P}\text{-stoch.}} 0$. Bezeichnet φ_{ξ_i} die charakteristische

Funktion von ξ_i und setzt man $\varphi_n(\lambda) := \prod_{i=1}^{n} \varphi_{\xi_i}(\lambda/a_n)$, $\lambda \in \mathbb{R}$, so ist aufgrund der Unabhängigkeit der ξ_i φ_n die charakteristische Funktion von $a_n^{-1}S_n$, und wegen 1.17.25 folgt, daß φ_n und somit $|\varphi_n|$ auf allen kompakten Intervallen gleichmäßig gegen 1 konvergiert. Ist $0 < c < 1$ und $n_0 \in \mathbb{N}$ so gewählt, daß $||\varphi_n(\lambda)|-1| \leqslant 1/2$ für alle $\lambda \in [-\frac{1}{c}, \frac{1}{c}]$ und $n \geqslant n_0$, so sind die Funktionen $\log|\varphi_n|^2$, $n \geqslant n_0$, auf $[-\frac{1}{c}, \frac{1}{c}]$ gleichmäßig beschränkt mit $|\varphi_{\xi_i}(\lambda/a_n)| > 0$ für alle $\lambda \in [-\frac{1}{c}, \frac{1}{c}]$ und $i=1,\ldots,n$. Mit 1.18.20 und 1.17.6 erhalten wir somit unter Verwendung der Symmetrisierungsungleichung 1.18.15 für alle großen n:

$$\frac{1}{2} \sum_{i=1}^{n} \mathbb{P}(\{|\xi_i - m(\xi_i)| \geqslant ca_n\}) \leqslant \sum_{i=1}^{n} \mathbb{P}(\{|\xi_i^s| \geqslant ca_n\}) \leqslant -7c \sum_{i=1}^{n} \int_{0}^{1/c} \log|\varphi_{\xi_i}(\lambda/a_n)|^2 d\lambda$$

$$= -7c \int_0^{1/c} \log|\varphi_n(\lambda)|^2 d\lambda \to 0. \quad \text{Ferner ist} \quad \frac{\xi_i}{a_i} = \frac{S_i}{a_i} - \frac{a_{i-1}}{a_i} \frac{S_{i-1}}{a_{i-1}} \to 0, \; \mathbb{P}\text{-stoch.}$$

so daß mit 1.18.16 $m(\xi_i)/a_i \to 0$ folgt, d.h. für alle hinreichend großen n und alle $i=1,\ldots,n$ ist

$$\mathbb{P}(\{\omega \in \Omega : |\xi_i(\omega)| \geq a_n\}) \leq \mathbb{P}(\{\omega \in \Omega : |\xi_i(\omega) - m(\xi_i)| \geq ca_n\}) \; (a_n \uparrow \infty!).$$

Damit ist (2.1.8) nachgewiesen. Wie in Beweisteil 1 folgt, daß $(a_n^{-1} S_n)_{n \in \mathbb{N}}$ und $(a_n^{-1} \sum_{i=1}^{n} \xi_{in})_{n \in \mathbb{N}}$ stochastisch äquivalent sind, so daß (vgl. 1.11.19) mit $a_n^{-1} S_n$ auch $a_n^{-1} \sum_{i=1}^{n} \xi_{in}$ stochastisch gegen 0 konvergiert. Sei $\xi_{in}^s = \xi_{in} - \xi_{in}'$ eine Symmetrisierte von ξ_{in} (wobei für festes $n \in \mathbb{N}$ o.E. sämtliche $\xi_{in}, \xi_{in}', i=1,\ldots,n$ unabhängig seien). Dann folgt unter Verwendung von (1.18.18) (bzw. 1.18.20) für alle großen n:

$$2a_n^{-2} \sum_{i=1}^{n} V(\xi_{in}) = \sum_{i=1}^{n} V(\xi_{in}^s/a_n) \leq -12\log|\varphi_{\xi_{in}^s}(1/2)|^2 \to 0, \; \text{also (2.1.9).}$$

Insbesondere erhält man wieder $a_n^{-1} S_{nn} \to 0$ $\mathbb{P}$-stochastisch und somit

$$a_n^{-1} \sum_{i=1}^{n} \mathbb{E}(\xi_{in}) = a_n^{-1} \sum_{i=1}^{n} \xi_{in} - a_n^{-1} S_{nn} \to 0 \; \text{für } n \to \infty, \text{ d.h. es gilt (2.1.10).} \; \square$$

Im Fall identisch verteilter Variabler erhalten wir aus Satz 2.1.7

<u>2.1.11 Satz.</u> Sei $(\xi_i)_{i \in \mathbb{N}}$ eine Folge unabhängiger identisch verteilter Variabler. Dann ist das schwache Gesetz der großen Zahlen

$$(2.1.3) \quad n^{-1} \sum_{i=1}^{n} \xi_i \xrightarrow[\mathbb{P}\text{-stoch.}]{} 0$$

genau dann erfüllt wenn

$$(2.1.12) \quad \lim_{n \to \infty} n\, \mathbb{P}(\{\omega \in \Omega : |\xi_1(\omega)| \geq n\}) = 0$$

und

$$(2.1.13) \quad \lim_{n \to \infty} \int_{\{|x| < n\}} x Q_{\xi_1}(dx) = 0.$$

<u>Beweis.</u> Die Notwendigkeit der Bedingungen (2.1.12) und (2.1.13) ergibt sich unmittelbar aus 2.1.7. Zum Beweis der umgekehrten Richtung bleibt zu zeigen, daß aus (2.1.12) die Bedingung

$$(2.1.14) \quad \lim_{n \to \infty} n^{-1} \int_{\{|x| < n\}} x^2 Q_{\xi_1}(dx) = 0$$

folgt. Es ist

$$\int_{\{|x| < n\}} x^2 Q_{\xi_1}(dx) \leq \sum_{m=1}^{n} m^2\, \mathbb{P}(\{m-1 \leq |\xi_1| < m\}) \leq 2 \sum_{m=1}^{n} \sum_{r=1}^{m} r\, \mathbb{P}(\{m-1 \leq |\xi_1| < m\})$$

$$= 2 \sum_{r=1}^{n} r \; \mathbb{P}(\{r-1 \leq |\xi_1| < n\}) \leq 2 \sum_{r=1}^{n} r \; \mathbb{P}(\{|\xi_1| \geq r-1\}),$$

so daß sich (2.1.14) unter Verwendung von (2.1.12) unmittelbar aus dem Konvergenzsatz von Césaro ergibt (vgl. A8). $\square$

<u>2.1.15 Korollar.</u> Sei $(\xi_i)_{i \in \mathbb{N}}$ eine Folge von unabhängigen, identisch verteilten Variablen mit $\mathbb{E}(|\xi_1|) < \infty$. Dann gilt

$$(2.1.16) \quad n^{-1} \sum_{i=1}^{n} \xi_i \xrightarrow[\mathbb{P}\text{-stoch.}]{} \mathbb{E}(\xi_1).$$

<u>Beweis.</u> Wir wenden Satz 2.1.11 auf die Variablen $\eta_i := \xi_i - \mathbb{E}(\xi_i)$ an und erhalten

$$n \; \mathbb{P}(\{|\eta_1| \geq n\}) \leq \int_{\{|x| \geq n\}} |x| Q_{\eta_1}(dx) \to 0 \quad \text{und} \quad \int_{\{|x| < n\}} x Q_{\eta_1}(dx) \to \mathbb{E}(\eta_1) = 0. \; \square$$

Wir werden im übernächsten Abschnitt sehen, daß unter den Voraussetzungen von 2.1.15 die in (2.1.16) betrachteten (normierten) Summenvariablen nicht nur $\mathbb{P}$-stochastisch, sondern sogar $\mathbb{P}$-fast sicher konvergieren.

2.2 Der Kolmogoroffsche Dreireihensatz

Schon zu Beginn einer"Vorlesung über Reihenrechnung"wird der Hörer in der Regel mit der harmonischen Reihe als dem einfachsten nichttrivialen Beispiel einer divergenten Reihe bekanntgemacht. Dagegen ist die entsprechende alternierende Reihe konvergent, d.h. setzt man $c_i := i^{-1}$, so hängt die Konvergenz der Reihe $\sum_{i \geq 1} c_i \eta_i$ wesentlich von der Wahl der Faktoren $\eta_i = \pm 1$ ab. Um nun diese Frage unter einem stochastischen Gesichtspunkt zu untersuchen, haben wir die Faktoren η_i als Realisierungen einer Folge von Variablen mit Werten in $\{-1, +1\}$ anzusehen. Sei dazu $(\eta_i)_{i \in \mathbb{N}}$ speziell eine Folge von unabhängigen Variablen mit

$$\mathbb{P}(\{\omega \in \Omega: \eta_i(\omega) = 1\}) = 1/2 = \mathbb{P}(\{\omega \in \Omega: \eta_i(\omega) = -1\})$$

und $c_i \in \mathbb{R}$ beliebig. Aufgrund des Kolmogoroffschen Null-Eins-Gesetzes hat das Ereignis

$$\Omega_0 := \{\omega \in \Omega: \sum_{i \geq 1} c_i \eta_i(\omega) \text{ konvergiert}\}$$

124

dann stets die Wahrscheinlichkeit 0 oder 1. Wir wollen in diesem Abschnitt u.a. die Folgen $(c_i)_{i \in \mathbb{N}}$ charakterisieren, für die $\mathbb{P}(\Omega_o) = 1$ ist (<u>Zeichenproblem</u>). Setzen wir $\xi_i := c_i \eta_i$, $i \in \mathbb{N}$, so ist dies gleichbedeutend mit der $\mathbb{P}$-fast sicheren Konvergenz der Reihe $\sum_{i \geq 1} \xi_i$, d.h. wir haben uns mit der Frage zu beschäftigen, unter welchen Bedingungen eine Reihe von unabhängigen Variablen $\mathbb{P}$-fast sicher konvergiert. Eine erste Antwort darauf gibt der folgende

<u>2.2.1 Satz.</u> Sei $(\xi_i)_{i \in \mathbb{N}}$ eine Folge von unabhängigen zentrierten Variablen mit $\sum_{i \geq 1} V(\xi_i) < \infty$. Dann konvergiert die Reihe $\sum_{i \geq 1} \xi_i$ $\mathbb{P}$-fast sicher.

<u>Beweis.</u> Wir haben zu zeigen, daß die Folge der Partialsummen $\mathbb{P}$-fast sicher konvergiert. Indem wir bei gegebenen $m,k \in \mathbb{N}$ mit $m < k$ die Kolmogoroffsche Ungleichung (1.18.7) auf $\xi_{m+1}, \ldots, \xi_k$ anwenden, erhalten wir für alle $\varepsilon > 0$:

$$\mathbb{P}(\{ \max_{m+1 \leq n \leq k} |S_n - S_m| > \varepsilon \}) \leq \varepsilon^{-2} \sum_{i=m+1}^{k} V(\xi_i) \quad \text{und somit}$$

$$\mathbb{P}(\{ \sup_{n \geq m} |S_n - S_m| > \varepsilon \}) = \lim_{k \to \infty} \mathbb{P}(\{ \max_{m+1 \leq n \leq k} |S_n - S_m| > \varepsilon \}) \leq \varepsilon^{-2} \sum_{i \geq m+1} V(\xi_i),$$

also $\lim_{m \to \infty} \mathbb{P}(\{ \sup_{n \geq m} |S_n - S_m| > \varepsilon \}) = 0$. Damit ergibt sich die Behauptung aus 1.11.9. $\square$

Für das eingangs erwähnte Zeichenproblem erhält man somit

<u>2.2.2 Korollar.</u> Die Reihe $\sum_{i \geq 1} c_i \eta_i$ konvergiert $\mathbb{P}$-fast sicher, falls $\sum_{i \geq 1} c_i^2 < \infty$.

<u>Beweis.</u> Es ist $\mathbb{E}(c_i \eta_i) = 0$ und $V(c_i \eta_i) = c_i^2$. $\square$

<u>2.2.3 Beispiel.</u> $c_i = i^{-1}$.

<u>2.2.4 Korollar.</u> Sei $(\xi_i)_{i \in \mathbb{N}}$ eine Folge von unabhängigen Variablen derart, daß $\sum_{i \geq 1} \mathbb{E}(\xi_i)$ und $\sum_{i \geq 1} V(\xi_i)$ konvergieren. Dann konvergiert die Reihe $\sum_{i \geq 1} \xi_i$ $\mathbb{P}$-fast sicher.

Beweis. Die zufälligen Variablen $\xi_i - \mathbb{E}(\xi_i)$ sind zentriert und haben dieselbe Varianz wie ξ_i. Somit ist nach 2.2.1 $\sum_{i \geq 1} (\xi_i - \mathbb{E}(\xi_i))$ $\mathbb{P}$-fast sicher konvergent. Wegen der Konvergenz der Reihe $\sum_{i \geq 1} \mathbb{E}(\xi_i)$ ergibt sich damit die $\mathbb{P}$-fast sichere Konvergenz von $\sum_{i \geq 1} \xi_i$. $\square$

Sind die Variablen ξ_i, $i \in \mathbb{N}$, gleichmäßig beschränkt, $|\xi_i| \leq c < \infty$, so gilt von 2.2.1 auch die Umkehrung.

2.2.5 Satz. Sei $(\xi_i)_{i \in \mathbb{N}}$ eine Folge von unabhängigen zentrierten Variablen mit $|\xi_i| \leq c < \infty$ für alle $i \in \mathbb{N}$. Dann folgt aus der $\mathbb{P}$-fast sicheren Konvergenz der Reihe $\sum_{i \geq 1} \xi_i$ die Konvergenz der Reihe $\sum_{i \geq 1} V(\xi_i)$.

Beweis. Indem wir analog zum Beweis von 2.2.1 die Kolmogoroffsche Ungleichung (1.18.9) auf $\xi_{m+1}, \ldots, \xi_k$, $m < k$, anwenden, erhalten wir für alle $\varepsilon > 0$:

$$(2.2.6) \quad \mathbb{P}(\{ \max_{m+1 \leq n \leq k} |S_n - S_m| > \varepsilon \}) \geq 1 - \frac{(\varepsilon + c)^2}{\sum_{i=m+1}^{k} V(\xi_i)} .$$

Da nach Voraussetzung die Reihe $\sum_{i \geq 1} \xi_i$ $\mathbb{P}$-fast sicher konvergiert, existiert (vgl. 1.11.9) ein $m_0 \in \mathbb{N}$ derart, daß die linke Seite von (2.2.6) für alle $k \geq m_0$ kleiner oder gleich $1/2$ ist. Dagegen konvergiert die rechte Seite mit $m = m_0$ für $k \to \infty$ gegen 1, falls $\sum_{i \geq 1} V(\xi_i) = \infty$, d.h. es ist notwendigerweise $\sum_{i \geq 1} V(\xi_i) < \infty$. $\square$

Für unser Zeichenproblem ergibt sich somit

2.2.7 Korollar. Die Reihe $\sum_{i \geq 1} c_i \eta_i$ konvergiert genau dann $\mathbb{P}$-fast sicher, wenn $\sum_{i \geq 1} c_i^2 < \infty$.

Beweis. Ist $\sum_{i \geq 1} c_i \eta_i$ $\mathbb{P}$-fast sicher konvergent, so existiert zumindest ein $\omega \in \Omega$, so daß $\sum_{i \geq 1} c_i \eta_i(\omega)$ konvergiert. Insbesondere folgt $|c_i| = |c_i \eta_i(\omega)| \to 0$, d.h. die Variablen $c_i \eta_i$ sind gleichmäßig beschränkt. Die Behauptung ergibt sich unter Verwendung von 2.2.2 nun unmittelbar aus 2.2.5. $\square$

<u>2.2.8 Lemma.</u> Sei $(\xi_i)_{i \in \mathbb{N}}$ eine Folge von unabhängigen Variablen mit $|\xi_i| \leq c < \infty$ für alle $i \in \mathbb{N}$. Dann folgt aus der $\mathbb{P}$-fast sicheren Konvergenz der Reihe $\sum\limits_{i \geq 1} \xi_i$ die Konvergenz der Reihen $\sum\limits_{i \geq 1} V(\xi_i)$ und $\sum\limits_{i \geq 1} \mathbb{E}(\xi_i)$.

<u>Beweis.</u> Sei $(\xi_i')_{i \in \mathbb{N}}$ eine weitere Folge von Variablen derart, daß ξ_i, ξ_i', $i \in \mathbb{N}$, sämtlich unabhängig sind, $Q_{\xi_i} = Q_{\xi_i'}$ und $|\xi_i'| \leq c$ für alle $i \in \mathbb{N}$ (unter Umständen kann die Existenz einer solchen Folge erst sichergestellt werden, nachdem der zugrundegelegte W.-Raum entsprechend erweitert worden ist (vgl. 1.15.11)). Sei $\xi_i^s = \xi_i - \xi_i'$ die Symmetrisierte von ξ_i. Dann sind die Variablen ξ_i^s wiederum unabhängig und zentriert mit $|\xi_i^s| \leq 2c$ und $V(\xi_i^s) = 2V(\xi_i)$. Da mit der Reihe $\sum\limits_{i \geq 1} \xi_i$ auch die Reihe $\sum\limits_{i \geq 1} \xi_i'$, also auch $\sum\limits_{i \geq 1} \xi_i^s$ $\mathbb{P}$-fast sicher konvergiert (vgl. Ü 2.2.4), folgt aus 2.2.5 die Konvergenz der Reihe $\sum\limits_{i \geq 1} V(\xi_i^s)$. Somit ist $\sum\limits_{i \geq 1} V(\xi_i)$ und wegen 2.2.1 auch die Reihe $\sum\limits_{i \geq 1} (\xi_i - \mathbb{E}(\xi_i))$ $\mathbb{P}$-fast sicher konvergent. Die Konvergenz der Reihe $\sum\limits_{i \geq 1} \mathbb{E}(\xi_i)$ ergibt sich nun aus der Darstellung $\mathbb{E}(\xi_i) = \xi_i - (\xi_i - \mathbb{E}(\xi_i))$.

$\square$

<u>2.2.9 Satz (Dreireihensatz).</u> Sei $(\xi_i)_{i \in \mathbb{N}}$ eine Folge von unabhängigen Variablen und $0 < c < \infty$ beliebig. Dann gilt: Die Reihe $\sum\limits_{i \geq 1} \xi_i$ ist genau dann $\mathbb{P}$-fast sicher konvergent, wenn die drei folgenden Reihen (i)-(iii) sämtlich konvergieren:

(i) $\sum\limits_{i \geq 1} \mathbb{P}(\{|\xi_i| \geq c\})$ (ii) $\sum\limits_{i \geq 1} V(\xi_i^{(c)})$ und (iii) $\sum\limits_{i \geq 1} \mathbb{E}(\xi_i^{(c)})$.

<u>Beweis.</u> 1. Sei $\sum\limits_{i \geq 1} \xi_i$ $\mathbb{P}$-fast sicher konvergent. Insbesondere gilt dann $\lim\limits_{i \to \infty} \xi_i = 0$ $\mathbb{P}$-fast sicher und somit $\mathbb{P}(\limsup\limits_{i \to \infty} \{|\xi_i| \geq c\}) = 0$. Mit dem Borel-Cantelli Lemma 1.16.7 folgt die Konvergenz der Reihe (i). Wegen $\lim\limits_{i \to \infty} \xi_i = 0$ $\mathbb{P}$-fast sicher folgt ferner die $\mathbb{P}$-fast sichere Konvergenz der Reihe $\sum\limits_{i \geq 1} \xi_i^{(c)}$, also mit 2.2.8 die Konvergenz der Reihen (ii) und (iii).

2. Sind umgekehrt die Reihen (i)-(iii) sämtlich konvergent, so folgt aus 2.2.4 die $\mathbb{P}$-fast sichere Konvergenz der Reihe $\sum\limits_{i \geq 1} \xi_i^{(c)}$. Hieraus

ergibt sich dann zusammen mit der Konvergenz der Reihe (i) unter Verwendung von 1.16.7 die $\mathbb{P}$-fast sichere Konvergenz von $\sum\limits_{i \geq 1} \xi_i$. $\square$

2.2.10 Bemerkung. Mit dem Null-Eins Gesetz folgt aus 2.2.9, daß $\mathbb{P}$-fast sicher die Reihe $\sum\limits_{i \geq 1} \xi_i$ divergiert, falls eine der Reihen (i)-(iii) für ein $c > 0$ divergiert.

2.3 Das starke Gesetz der großen Zahlen

In Satz 2.1.7 haben wir gesehen, daß unter geeigneten Bedingungen an die Verteilungen Q_{ξ_i} die (normierten) Summenvariablen $a_n^{-1} \sum\limits_{i=1}^{n} \xi_i$ stochastisch gegen 0 konvergieren. Korollar 2.1.15 zeigte, daß dies mit $a_n = n$ insbesondere dann der Fall ist, wenn sämtliche Variablen unabhängig und identisch verteilt sind mit $\mathbb{E}(\xi_1) = 0$. Wir werden in diesem Abschnitt nachweisen, daß unter diesen Voraussetzungen sogar $\mathbb{P}$-fast sichere Konvergenz vorliegt, d.h. es gilt das starke Gesetz der großen Zahlen im Sinne der folgenden

2.3.1 Definition. Eine Folge $(\xi_i)_{i \in \mathbb{N}}$ von Variablen erfüllt das starke Gesetz der großen Zahlen, falls

$$(2.3.2) \quad n^{-1} \sum_{i=1}^{n} \xi_i \to 0 \quad \mathbb{P}\text{-fast sicher.}$$

Wie in 2.1 wollen wir zunächst beliebige positive Normierungskoeffizienten a_n betrachten und entsprechend die $\mathbb{P}$-fast sichere Konvergenz der Variablen $a_n^{-1} \sum\limits_{i=1}^{n} \xi_i$ untersuchen. Die beiden nächsten Lemmata werden sich dabei im folgenden als besonders nützlich erweisen.

2.3.3 Lemma. Seien b, b_i, $i \in \mathbb{N}$, reelle Zahlen und $0 < a_n \uparrow \infty$. Dann gilt:

$$\lim_{i \to \infty} b_i = b \to \lim_{n \to \infty} \sum_{i=1}^{n-1} \frac{a_{i+1} - a_i}{a_n} b_i = b.$$

2.3.4 Bemerkung. Für $a_n = n$ ergibt sich der Konvergenzsatz von Césaro.

128

<u>Beweis.</u> Es ist

$$\sum_{i=1}^{n-1} \frac{a_{i+1}-a_i}{a_n}\, b_i - b = \sum_{i=1}^{n-1} \frac{a_{i+1}-a_i}{a_n}(b_i - b) - \frac{a_1}{a_n} b =: I.$$

Man beachte ferner, daß

$$\sum_{i=1}^{n-1} \frac{a_{i+1}-a_i}{a_n} = \frac{a_n - a_1}{a_n} \to 1 \text{ für } n \to \infty.$$

Wählen wir nun zu beliebig vorgegebenem $\varepsilon > 0$ ein $i_0 = i_0(\varepsilon) \in \mathbb{N}$ so, daß $|b_i - b| < \varepsilon$ für alle $i \geq i_0$, so folgt für $n > i_0$:

$$|I| \leq \sum_{i=1}^{i_0-1} \frac{a_{i+1}-a_i}{a_n} |b_i - b| + \varepsilon \frac{a_n - a_1}{a_n} + \frac{a_1}{a_n} |b|$$

und somit wegen $a_n \uparrow \infty$ $|I| \leq 2\varepsilon$ für alle hinreichend großen n. $\square$

<u>2.3.5 Lemmma (Kronecker).</u> Sei $(c_i)_{i \in \mathbb{N}}$ eine beliebige Zahlenfolge und $0 < a_n \uparrow \infty$. Dann folgt aus der Konvergenz der Reihe $\sum_{i \geq 1} c_i/a_i$ die Konvergenz $\lim_{n \to \infty} a_n^{-1} \sum_{i=1}^{n} c_i = 0$.

<u>Beweis.</u> Sei $b_0 := 0$ und $b_n := \sum_{i=1}^{n} c_i/a_i$, $n \geq 1$. Dann ist nach Voraussetzung $\lim_{n \to \infty} b_n = b$ für ein $b \in \mathbb{R}$ und somit wegen $c_i = a_i(b_i - b_{i-1})$

$$a_n^{-1} \sum_{i=1}^{n} c_i = b_n - \sum_{i=1}^{n-1} \frac{a_{i+1}-a_i}{a_n} b_i \to 0 \text{ für } n \to \infty \text{ (vgl. 2.3.3).} \quad \square$$

<u>2.3.6 Satz.</u> Sei $(\xi_i)_{i \in \mathbb{N}}$ eine Folge von unabhängigen Variablen und $0 < a_n \uparrow \infty$. Dann folgt aus der Konvergenz der Reihe $\sum_{i \geq 1} a_i^{-2} V(\xi_i)$

$$(2.3.7) \quad \lim_{n \to \infty} a_n^{-1} \sum_{i=1}^{n} (\xi_i - \mathbb{E}(\xi_i)) = 0 \ \mathbb{P}\text{-fast sicher.}$$

<u>Beweis.</u> Setze $\eta_i := a_i^{-1}(\xi_i - \mathbb{E}(\xi_i))$. Dann ist $(\eta_i)_{i \in \mathbb{N}}$ eine Folge von unabhängigen zentrierten Variablen mit $V(\eta_i) = a_i^{-2} V(\xi_i)$, so daß $\sum_{i \geq 1} \eta_i$ $\mathbb{P}$-fast sicher konvergiert, d.h. die Reihe der reellen Zahlen $\sum_{i \geq 1} c_i/a_i$ mit $c_i := \xi_i(\omega) - \mathbb{E}(\xi_i)$ konvergiert für $\mathbb{P}$-fast alle $\omega \in \Omega$. Die Behauptung folgt durch Anwendung von 2.3.5. $\square$

__2.3.8 Beispiele.__ Unter den Voraussetzungen von 2.3.6 sei

(i) die Folge $(V(\xi_i))_{i \in \mathbb{N}}$ beschränkt (was z.B. dann erfüllt ist,
wenn sämtliche Variable gleichmäßig beschränkt oder identisch
verteilt sind mit $V(\xi_1) < \infty$). Dann ist $\mathbb{P}$-fast sicher

$$\lim_{n \to \infty} a_n^{-1} \sum_{i=1}^{n} (\xi_i - \mathbb{E}(\xi_i)) = 0, \text{ falls } \sum_{i \geq 1} a_i^{-2} < \infty.$$

Beispiele sind $a_n := n$ und $a_n := n^{1/2}(\log n)^{(1/2)+\epsilon}$ mit $\epsilon > 0$.

(ii) Im Fall identisch verteilter Variabler mit $V(\xi_1) < \infty$ und $a_n = n$
folgt aus 2.3.6, daß $\mathbb{P}$-fast sicher $\lim_{n \to \infty} n^{-1} \sum_{i=1}^{n} \xi_i = \mathbb{E}(\xi_1)$. Insbesondere liefert dieses Resultat eine Verschärfung des
Bernoullischen Gesetzes der großen Zahlen (2.1.1).

Mit Hilfe des Kroneckerschen Lemmas folgt aus der Konvergenz der
Reihe $\sum_{i \geq 1} a_i^{-2} V(\xi_i)$ die Gültigkeit von (2.1.5), d.h. die Voraussetzungen
von 2.3.6 sind stärker als die von 2.1.4. Allerdings folgt mit
1.11.12 auch, daß die $\mathbb{P}$-fast sichere Konvergenz der Folge $a_n^{-1} S_n$ gegen
O die stochastische Konvergenz (2.1.6) impliziert.

Die Konvergenz der Reihe $\sum_{i \geq 1} a_i^{-2} V(\xi_i)$ ist zwar hinreichend für (2.3.7),
aber, wie folgendes Beispiel zeigt, bei weitem nicht notwendig.

__2.3.9 Beispiel.__ Sei $(\xi_i)_{i \in \mathbb{N}}$ eine (nicht notwendig unabhängige) Folge
von Variablen mit

$$\mathbb{P}(\{\xi_i = i2^{(i-1)/2}\}) = 2^{-i} = \mathbb{P}(\{\xi_i = -i2^{(i-1)/2}\})$$

und

$$\mathbb{P}(\{\xi_i = 0\}) = 1 - 2^{-i+1} \text{ für alle } i \in \mathbb{N}.$$

Dann ist $\mathbb{E}(\xi_i) = 0$ und $V(\xi_i) = i^2$, also $\sum_{i \geq 1} i^{-2} V(\xi_i) = \infty$. Ferner ist
$\sum_{i \geq 1} \mathbb{P}(\{\xi_i \neq 0\}) = \sum_{i \geq 1} 2^{-i+1} < \infty$, so daß nach dem Borel-Cantelli Lemma
1.16.7 folgt: $n^{-1} S_n \to 0$ $\mathbb{P}$-fast sicher.

Ferner existieren Beispiele, für die $a_n^{-1} S_n$ $\mathbb{P}$-stochastisch, jedoch nicht
$\mathbb{P}$-fast sicher gegen O konvergiert (vgl. Ü 2.3.2).

Wir wollen nun die Frage untersuchen, ob man in 2.3.8 (ii) im Fall
$a_n = n$ auf die Existenz der Varianzen $V(\xi_i)$ verzichten kann, und ob
man in diesem Fall auch umgekehrt aus der $\mathbb{P}$-fast sicheren Konvergenz

der arithmetischen Mittel $n^{-1} \sum_{i=1}^{n} \xi_i$ auf die Integrierbarkeit der ξ_i schließen kann. Der folgende Satz von Kolmogoroff beantwortet diese Frage positiv. Zu seinem Beweis benötigen wir

2.3.10 Lemma. Seien $(\xi_i)_{i\in\mathbb{N}}$ und $(\eta_i)_{i\in\mathbb{N}}$ zwei Folgen von Variablen derart, daß $\sum_{i\geq 1} \mathbb{P}(\{\omega\in\Omega: \xi_i(\omega) \neq \eta_i(\omega)\}) < \infty$. Dann gilt:

$$n^{-1} \sum_{i=1}^{n} \xi_i \underset{\mathbb{P}\text{-f.s.}}{\rightarrow} \xi \Leftrightarrow n^{-1} \sum_{i=1}^{n} \eta_i \underset{\mathbb{P}\text{-f.s.}}{\rightarrow} \xi \quad (\xi \in \overline{\mathscr{Z}}(\Omega,\mathscr{A})).$$

Beweis. Sei $A_i := \{\omega\in\Omega: \xi_i(\omega) \neq \eta_i(\omega)\}$, $i\in\mathbb{N}$; wegen $\sum_{i\geq 1} \mathbb{P}(A_i) < \infty$ folgt nach 1.16.7 $\mathbb{P}(\limsup_{i\to\infty} A_i) = 0$, d.h. für $\mathbb{P}$-fast alle ω ist $\xi_i(\omega) \neq \eta_i(\omega)$ für höchstens endlich viele $i\in\mathbb{N}$. Damit ergibt sich die Behauptung. $\square$

2.3.11 Satz (Kolmogoroff). Sei $(\xi_i)_{i\in\mathbb{N}}$ eine Folge unabhängiger identisch verteilter Variabler über einem W.-Raum $(\Omega,\mathscr{A},\mathbb{P})$. Dann gilt:

$$n^{-1} \sum_{i=1}^{n} \xi_i \rightarrow \xi \quad \mathbb{P}\text{-fast sicher für ein } \xi \in \mathscr{Z}(\Omega,\mathscr{A}) \Leftrightarrow \mathbb{E}(|\xi_1|) < \infty,$$

und in diesem Fall ist $\xi = \mathbb{E}(\xi_1)$ $\mathbb{P}$-fast sicher, d.h. die Variablen $\xi_i - \mathbb{E}(\xi_1)$ erfüllen das starke Gesetz der großen Zahlen.

2.3.12 Bemerkung. Die in Satz 2.3.11 auftretende Variable ξ ist nach 1.16.6 notwendigerweise $\mathbb{P}$-f.s. konstant. Satz 2.3.11 zeigt, daß in diesem Fall $\mathbb{P}$-fast sicher $\xi = \mathbb{E}(\xi_1)$ ist.

Beweis. 1. Aus der $\mathbb{P}$-fast sicheren Konvergenz von $n^{-1}S_n$ folgt die $\mathbb{P}$-f.s. Konvergenz von $n^{-1}\xi_n = n^{-1}S_n - \frac{n-1}{n}\frac{S_{n-1}}{n-1}$ gegen 0, d.h. $\mathbb{P}$-f.s. ist $|n^{-1}\xi_n| > 1$ für nur endlich viele n, also $\mathbb{P}(\limsup_{n\to\infty} A_n) = 0$ für $A_n := \{|\xi_n| > n\}$. Da die Ereignisse A_n unabhängig sind, folgt mit dem Borel-Cantelli Lemma die Konvergenz der Reihe $\sum_{n\geq 1} \mathbb{P}(A_n)$ und somit, da sämtliche ξ_i identisch verteilt sind, $\sum_{n\geq 1} \mathbb{P}(\{|\xi_1| > n\}) < \infty$. Die Behauptung ergibt sich nun aus 1.8.22.

2. Zum Beweis der umgekehrten Richtung benutzen wir wieder die Methode der gestutzten Variablen und setzen für alle $i\in\mathbb{N}$ $\eta_i := \xi_i^{(i)}$, d.h. es ist $\eta_i = \xi_i$ falls $|\xi_i| < i$ und 0 sonst.

Die Variablen η_i sind unabhängig, und es gilt:

$$\sum_{i \geq 1} i^{-2} V(\eta_i) \leq \sum_{i \geq 1} i^{-2} E(\eta_i^2) \leq \sum_{i \geq 1} i^{-2} \sum_{k=1}^{i} k^2 \, \mathbb{P}(\{k-1 \leq |\xi_1| < k\}) =$$

$$\sum_{k \geq 1} k \, \mathbb{P}(\{k-1 \leq |\xi_1| < k\})(k \cdot \sum_{i \geq k} i^{-2}), \text{ wobei für den letzten Faktor folgt}$$

$$\sum_{i \geq k} i^{-2} \leq 2 \sum_{i \geq k} [i(i+1)]^{-1} = 2 \sum_{i \geq k} [i^{-1} - (i+1)^{-1}] = 2k^{-1}, \text{ also}$$

$$\sum_{i \geq 1} i^{-2} V(\eta_i) \leq 2 \sum_{k \geq 1} k \, \mathbb{P}(\{k-1 \leq |\xi_1| < k\}) \leq 2(E(|\xi_1|) + 1) < \infty.$$

Damit können wir 2.3.6 anwenden und erhalten $\lim_{n \to \infty} n^{-1} \sum_{i=1}^{n} (\eta_i - E(\eta_i)) = 0$

$\mathbb{P}$-fast sicher. Hierbei ist $E(\eta_i) = E(1_{\{|\xi_1| < i\}} \cdot \xi_1) \to E(\xi_1)$, also

auch $n^{-1} \sum_{i=1}^{n} E(\eta_i) \to E(\xi_1)$ und somit $\lim_{n \to \infty} n^{-1} \sum_{i=1}^{n} \eta_i = E(\xi_1)$ $\mathbb{P}$-f.s. Zu-

sammen mit

$$\sum_{i \geq 1} \mathbb{P}(\{\xi_i \neq \eta_i\}) \leq \sum_{i \geq 1} \mathbb{P}(\{|\xi_i| \geq i\}) \leq \sum_{i \geq 1} \mathbb{P}(\{|\xi_1| > i-1\}) \leq E(|\xi_1|) + 1 < \infty \quad \text{(vgl.}$$

1.8.21) folgt die Behauptung nach 2.3.10. $\quad\square$

Der folgende Satz besagt, daß im Fall $E(|\xi_1|) = \infty$ die Folge $n^{-1} \sum_{i=1}^{n} \xi_i$

$\mathbb{P}$-fast sicher unbeschränkt ist.

<u>2.3.13 Satz.</u> Sei $(\xi_i)_{i \in \mathbb{N}}$ eine Folge unabhängiger identisch ver-
teilter Variabler. Ist dann $E(|\xi_1|) = \infty$, so folgt

$$(2.3.14) \quad \limsup_{n \to \infty} |n^{-1} \sum_{i=1}^{n} \xi_i| = \infty \quad \mathbb{P}\text{-fast sicher.}$$

<u>Beweis.</u> Sei $k \in \mathbb{N}$ fest gewählt und $A_i := \{\omega \in \Omega : |\xi_i(\omega)| \geq ik\}$, $i \in \mathbb{N}$, ge-
setzt. Gemäß 1.8.22 folgt dann $\sum_{i \geq 1} \mathbb{P}(A_i) = \sum_{i \geq 1} \mathbb{P}(\{|\xi_1| \geq ik\}) = \infty$, also
$\mathbb{P}(\limsup_{i \to \infty} A_i) = 1$ gemäß Lemma 1.16.7. Da $k \in \mathbb{N}$ fest aber beliebig
gewählt war, ist die Folge $i^{-1}|\xi_i|$ $\mathbb{P}$-fast sicher unbeschränkt.
Andererseits folgt aus der Beschränktheit der Folge $(|n^{-1} \sum_{i=1}^{n} \xi_i(\omega)|)_{n \in \mathbb{N}}$

die der Folge $(i^{-1}|\xi_i(\omega)|)_{i \in \mathbb{N}}$, d.h. es gilt (2.3.14). $\quad\square$

Übungen

Abschnitt 2.1

2.1.1. Zeigen Sie, daß Bedingung (2.1.5) nicht durch die Bedingung $\sup\limits_{n\geq 1} a_n^{-2} \sum\limits_{i=1}^{n} \sigma_i^2 < \infty$ ersetzt werden kann (Hinweis: Man setze $a_n = \sqrt{n}$, $\sigma_i^2 = 1$ und verwende Satz 1.19.1).

2.1.2. Sei $(\xi_i)_{i\in\mathbb{N}}$ eine Folge unabhängiger identisch verteilter Variabler und $0 < r < 2$. Man zeige:

$$\mathbb{E}(|\xi_1|^r) < \infty \;\rightarrow\; n^{-1/r} \sum_{i=1}^{n} (\xi_i - a) \;\xrightarrow[\mathbb{P}\text{-stoch.}]{}\; 0 \text{ für } n \rightarrow \infty,$$

wobei $a := \mathbb{E}(\xi_1)$ im Fall $r \geq 1$ und $a := 0$ im Fall $0 < r < 1$ (vgl. auch Loève [93], S. 243).

2.1.3. Man zeige an einem Beispiel, daß eine zu Ü 2.1.2 analoge Aussage im Fall $r \not< 2$ i.a. nicht richtig ist.

Abschnitt 2.2

2.2.1. Sei $(\xi_i)_{i\in\mathbb{N}}$ eine Folge unabhängiger Variabler mit $\mathbb{P}(\{\xi_i = 2^{-i}\}) = \tfrac{1}{2} = \mathbb{P}(\{\xi_i = -2^{-i}\})$ für alle $i\in\mathbb{N}$. Dann ist $\sum\limits_{i\geq 1} \xi_i$ $\mathbb{P}$-f.s. konvergent gegen ein $\xi \in \mathscr{L}(\Omega,\mathscr{A})$, welches über $[-1,+1]$ gleichverteilt ist. (Hinweis: Jede Verteilungsfunktion ist durch ihre Werte auf einer dichten Teilmenge von $\mathbb{R}$ eindeutig bestimmt).

2.2.2. Man zeige für alle $x\in\mathbb{R}$: $\lim\limits_{n\rightarrow\infty} \prod\limits_{i=1}^{n} \cos(x2^{-i}) = \dfrac{\sin x}{x}$. Dabei ist die rechte Seite für $x=0$ gleich 1 zu setzen. (Hinweis: Man verwende Ü 2.2.1 sowie (1.17.24)).

2.2.3. Sei $(\xi_i)_{i\in\mathbb{N}}$ eine Folge unabhängiger Variabler. Dann gilt:

$$\sum_{i\geq 1} \xi_i \text{ ist } \mathbb{P}\text{-f.s. konvergent} \;\bullet\; \sum_{i\geq 1} \xi_i \text{ ist } \mathbb{P}\text{-stoch. konvergent.}$$

(Hinweis: Man verwende 1.18.12).

2.2.4. Seien $(\xi_i)_{i\in\mathbb{N}}$ und $(\xi_i')_{i\in\mathbb{N}}$ jeweils unabhängige Variable über $(\Omega,\mathscr{A},\mathbb{P})$ mit $Q_{\xi_i} = Q_{\xi_i'}$ für alle $i\in\mathbb{N}$. Man zeige: $\sum\limits_{i\geq 1} \xi_i$ konvergiert $\mathbb{P}$-f.s. $\bullet$ $\sum\limits_{i\geq 1} \xi_i'$ konvergiert $\mathbb{P}$-f.s.

Abschnitt 2.3

2.3.1. Sei $(\xi_i)_{i\in\mathbb{N}}$ eine Folge unabhängiger identisch verteilter Variabler mit $\mathbb{E}(|\xi_1|) < \infty$. Man zeige: $\mathscr{M} := \{S_n/n : n\in\mathbb{N}\}$ ist gleichgradig integrierbar.

2.3.2. Unter den Voraussetzungen von Ü 2.3.1 sei zusätzlich $E(\xi_1) = 0$. Man zeige: $\frac{1}{n} \sum_{i=1}^{n} c_i \xi_i \to 0$ P-f.s. für jede beschränkte Folge $(c_i)_{i \in N}$.

2.3.3. Sei $(\xi_i)_{i \in N}$ eine Folge unabhängiger identisch verteilter Variabler mit $E(\xi_1^+)=\infty$ und $E(\xi_1^-)<\infty$. Dann gilt $S_n/n \to +\infty$ P-f.s.

2.3.4. Aus der Gültigkeit des schwachen Gesetzes der großen Zahlen folgt nicht notwendig die Gültigkeit des starken Gesetzes der großen Zahlen.

2.3.5. Sei $(\xi_i)_{i \in N}$ eine unabhängige Folge integrierbarer Variabler über $(\Omega, \mathcal{A}, P)$. Man zeige:

$$E(\xi_1) > 0 \;\twoheadrightarrow\; S_n := \sum_{i=1}^{n} \xi_i \to \infty \;\; P\text{-f.s.}$$

$$E(\xi_1) < 0 \;\twoheadrightarrow\; S_n \to -\infty \;\; P\text{-f.s.}$$

$$E(\xi_1) = 0, 0 < V(\xi_1) < \infty \;\twoheadrightarrow\; \lim_{n \to \infty} \sup S_n = \infty \text{ und } \lim_{n \to \infty} \inf S_n = -\infty \;\; P\text{-f.s.}$$

2.3.6. Sei $(\xi_i)_{i \in N}$ eine Folge unabhängiger identisch verteilter Variabler mit $E(|\xi_1|) = \infty$. Dann gilt für jede Folge $(c_i)_{i \in N}$ von reellen Zahlen: $\lim_{n \to \infty} \sup \frac{1}{n} | \sum_{i=1}^{n} (\xi_i - c_i) | = \infty$ P-f.s.

(Hinweis: Man verwende Ü 1.15.1 und betrachte Symmetrisierte).

2.3.7. Formulieren Sie ein starkes Gesetz der großen Zahlen für das in Ü 1.15.6 betrachtete Beispiel.

Bemerkungen zum Text

Der Inhalt des zweiten Kapitels gehört seit jeher zum klassischen Bestandteil eines Textes zur Wahrscheinlichkeitstheorie. Neben den bereits in Kapitel I zitierten Lehrbüchern findet sich eine weiterführende Darstellung z.B. in den Büchern von Gnedenko-Kolmogorov [54], Petrov [110] und Révész [123]. Fragen zur Konvergenzgeschwindigkeit in den Gesetzen der großen Zahlen werden in Baum-Katz [6] und Heyde [62] diskutiert (vgl. auch Dudley [35]).

Kapitel III. Empirische Verteilungen

<u>3.1 Uniforme Klassen</u>

Es sei $(\xi_i)_{i \in \mathbb{N}}$ eine Folge unabhängiger identisch verteilter Zufallsvektoren über $(\Omega, \mathscr{A}, \mathbb{P})$ mit Werten im k-dimensionalen Euklidischen Raum $\mathbb{R}^k$, $k \geq 1$. Ist dann $\mu := \xi_1\mathbb{P}$ die Verteilung von ξ_1 und bezeichnet $F = F_{\xi_1}$ die zugehörige Verteilungsfunktion, so wird es in statistischen Fragestellungen darauf ankommen, aufgrund von gemachten Beobachtungen $\xi_1(\omega),\ldots,\xi_n(\omega)$ Rückschlüsse auf die zugrundegelegte aber unbekannte Verteilung μ zu ziehen.

Betrachtet man dazu eine beliebige Borelsche Menge $C \in \mathscr{B}_k^*$ und setzt man für alle $i \in \mathbb{N}$ $\eta_i := 1_C \cdot \xi_i$, so ist die Folge $(\eta_i)_{i \in \mathbb{N}}$ gemäß Satz 1.15.9 wiederum unabhängig und identisch verteilt mit $\mathbb{E}(|\eta_1|) = \mu(C) < \infty$. Nach dem starken Gesetz der großen Zahlen 2.3.11 gilt somit

$$(3.1.1) \quad \lim_{n \to \infty} \frac{1}{n} \sum_{i=1}^{n} \eta_i = \lim_{n \to \infty} \frac{1}{n} \sum_{i=1}^{n} 1_C \cdot \xi_i = \mu(C) \quad \mathbb{P}\text{-fast sicher;}$$

d.h. bezeichnet man mit μ_n^ω dasjenige W.-Maß auf $\mathscr{B}_k^*$, welches den Punkten $\xi_1(\omega),\ldots,\xi_n(\omega)$ die gleiche Masse $1/n$ zuordnet (unter Berücksichtigung der Häufigkeit ihres Auftretens), also $\mu_n^\omega := \frac{1}{n} \sum_{i=1}^{n} \varepsilon_{\xi_i(\omega)}$ (die sog. <u>empirische Verteilung</u>), so besagt (3.1.1) gerade, daß bis auf einer Menge vom $\mathbb{P}$-Maß null das μ-Maß von C für $n \to \infty$ von der <u>empirischen Masse</u> $\mu_n^\omega(C)$ approximiert wird. Ersetzt man die Menge C durch ein zunächst beliebig gewähltes Teilsystem $\mathscr{C}$ von $\mathscr{B}_k^*$, so wird es mitunter wichtig sein zu wissen, ob die in (3.1.1) betrachtete Konvergenz gleichmäßig in $C \in \mathscr{C}$ ist, d.h. ob für eine geeignete Menge $\Omega_0 \in \mathscr{A}$ mit $\mathbb{P}(\Omega_0) = 1$ gilt:

$$(3.1.2) \quad D_n^\mu(\mathscr{C},\omega) := \sup_{C \in \mathscr{C}} |\mu_n^\omega(C) - \mu(C)| \to 0 \text{ für } n \to \infty \text{ und alle } \omega \in \Omega_0.$$

Betrachtet man den Fall $\mathscr{C} = \mathscr{B}_k^*$ und setzt für jedes $\omega \in \Omega_0$

$C(\omega) := \{\xi_i(\omega): i \in \mathbb{N}\} \in \mathscr{C}$, so folgt aus (3.1.2) wegen $\mu_n^\omega(C(\omega))=1$ für alle $n \in \mathbb{N}$ $\mu(C(\omega))=1$, d.h. μ ist notwendigerweise diskret. Auf der anderen Seite folgt aus den Ergebnissen dieses Kapitels, daß für diskret verteilte Variable (3.1.2) automatisch mit $\mathscr{C} = \mathscr{B}_k^*$ erfüllt ist.

Im Fall nicht notwendig diskret verteilter Variabler wird man sich daher von vornherein auf echte Teilsysteme $\mathscr{C}$ von $\mathscr{B}_k^*$ beschränken müssen. Insbesondere werden wir die Gültigkeit von (3.1.2) für verschiedene Teilklassen von konvexen Mengen in $\mathbb{R}^k$ untersuchen.

Die Frage der gleichmäßigen Konvergenz von Maßen werden wir dabei in dem folgenden allgemeinen Rahmen behandeln. Für einen meßbaren Raum $(X, \mathscr{B})$ bezeichne $\mathscr{M}_+(X)$ die Gesamtheit aller finiten Maße auf $\mathscr{B}$. Ist dann $(\mu_\alpha)_\alpha$ ein Netz in $\mathscr{M}_+(X)$, $\mathscr{C}$ ein Teilsystem von $\mathscr{B}$ und $\mu \in \mathscr{M}_+(X)$, so stellt sich die Frage nach hinreichenden Bedingungen für die Gültigkeit von

$$(3.1.3) \quad \lim_\alpha \left(\sup_{C \in \mathscr{C}} |\mu_\alpha(C)-\mu(C)|\right) = 0.$$

Es ist offensichtlich, daß bei Gültigkeit von (3.1.3) die μ_α das Maß μ von vornherein in irgendeinem Sinne approximieren sollten. Es stellt sich heraus, daß diese Approximation im Sinne einer mengenweisen Konvergenz auf einer Sub-Algebra $\mathscr{B}_o$ von $\mathscr{B}$ zu verstehen sein wird.

<u>3.1.4 Definition.</u> Sei $\mathscr{B}_o$ eine Sub-Algebra von $\mathscr{B}$ und $\mu \in \mathscr{M}_+(X)$. Dann heißt $\mathscr{C} \subset \mathscr{B}$ eine <u>$(\mu, \mathscr{B}_o)$-uniforme Klasse</u>, falls (3.1.3) erfüllt ist für jedes Netz $(\mu_\alpha)_\alpha$ in $\mathscr{M}_+(X)$ mit $\lim_\alpha \mu_\alpha(B) = \mu(B)$ für alle $B \in \mathscr{B}_o$.

Der folgende Satz gibt eine nützliche Charakterisierung $(\mu, \mathscr{B}_o)$-uniformer Klassen. Dazu bezeichne $\Pi(\mathscr{B}_o)$ die Gesamtheit aller endlichen Partitionen von X in Mengen aus $\mathscr{B}_o$. Dann heißt $\pi_1 \in \Pi(\mathscr{B}_o)$ feiner als $\pi_2 \in \Pi(\mathscr{B}_o)$ (in Zeichen $\pi_2 < \pi_1$), falls jedes $B \in \pi_2$ sich darstellen läßt als Vereinigung von Elementen aus π_1. Damit ist $(\Pi(\mathscr{B}_o), <)$ ein gerichtetes System, und für jeweils endlich viele $\pi_1, \ldots, \pi_n \in \Pi(\mathscr{B}_o)$ bezeichne $\pi := \bigvee_{i=1}^n \pi_i$ die gemeinsame Verfeinerung von $\pi_1, \ldots, \pi_n$. Wir wollen im folgenden stets annehmen, daß sämtliche Elemente von $\pi \in \Pi(\mathscr{B}_o)$ von der leeren Menge verschieden sind. Schließlich sei für $C \in \mathscr{C}$ und $\pi \in \Pi(\mathscr{B}_o)$ der <u>π-Rand</u> von C definiert

136

durch

$$\partial_\pi C := \bigcup \{B \in \pi: \ B \cap C \neq \emptyset \neq B \cap \complement C\}.$$

Man beachte, daß $\partial_{\pi_1} C \subset \partial_{\pi_2} C$, falls $\pi_2 < \pi_1$. Mit diesen Vorbetrachtungen gilt der folgende

<u>3.1.5 Satz.</u> $\mathscr{C} \subset \mathscr{B}$ ist eine $(\mu, \mathscr{B}_0)$-uniforme Klasse genau dann, wenn zu jedem $\varepsilon > 0$ ein $\pi = \pi(\varepsilon) \in \Pi(\mathscr{B}_0)$ existiert mit

$$\sup_{C \in \mathscr{C}} \mu(\partial_\pi C) \leq \varepsilon.$$

<u>Beweis.</u> 1. Zu $\varepsilon > 0$ beliebig sei $\pi \in \Pi(\mathscr{B}_0)$ so gewählt, daß $\sup_{C \in \mathscr{C}} \mu(\partial_\pi C) \leq \varepsilon/2$. Für jedes $C \in \mathscr{C}$ sei ferner

$$C^- = C^-(\pi) := \bigcup \{B \in \pi: \ B \subset C\} \quad \text{und} \quad C^+ = C^+(\pi) := \bigcup \{B \in \pi: B \cap C \neq \emptyset\}.$$

Dann folgt

(i) $C^- \in \alpha(\pi)$, $C^+ \in \alpha(\pi)$ (ii) $C^- \subset C \subset C^+$ (iii) $C^+ \smallsetminus C^- = \partial_\pi C$.

Sei nun $(\mu_\alpha)_\alpha$ ein Netz in $\mathscr{M}_+(X)$ mit $\lim_\alpha \mu_\alpha(B) = \mu(B)$ für alle $B \in \mathscr{B}_0$. Da $\alpha(\pi)$ eine endliche Sub-Algebra von $\mathscr{B}_0$ ist, existiert ein α_0 mit $\sup_{B \in \alpha(\pi)} |\mu_\alpha(B) - \mu(B)| \leq \varepsilon/2$ für alle $\alpha > \alpha_0$. Insbesondere ist

$$\sup_{C \in \mathscr{C}} |\mu_\alpha(C^+) - \mu(C^+)| \leq \varepsilon/2 \quad \text{und} \quad \sup_{C \in \mathscr{C}} |\mu_\alpha(C^-) - \mu(C^-)| \leq \varepsilon/2$$

und damit wegen (ii) und (iii) für alle $C \in \mathscr{C}$:

$$\mu_\alpha(C) - \mu(C) \leq \mu_\alpha(C^+) - \mu(C^-) \leq |\mu_\alpha(C^+) - \mu(C^+)| + \varepsilon/2 \leq \varepsilon \quad \text{und}$$
$$\mu_\alpha(C) - \mu(C) \geq \mu_\alpha(C^-) - \mu(C^+) \geq -|\mu_\alpha(C^-) - \mu(C^-)| - \varepsilon/2 \geq -\varepsilon,$$

d.h. $\sup_{C \in \mathscr{C}} |\mu_\alpha(C) - \mu(C)| \leq \varepsilon$ für alle $\alpha > \alpha_0$.

2. Zum Beweis der Umkehrung wollen wir annehmen, daß für ein $\varepsilon_1 > 0$ zu jedem $\pi \in \Pi(\mathscr{B}_0)$ ein $C_\pi \in \mathscr{C}$ existiert mit $\mu(\partial_\pi C_\pi) > \varepsilon_1$. Wir zeigen: Zu $\pi \in \Pi(\mathscr{B}_0)$ gibt es ein $\mu_\pi \in \mathscr{M}_+(X)$ mit den folgenden Eigenschaften

(iv) $\mu_\pi(B) = \mu(B)$ für alle $B \in \pi$ und (v) $|\mu_\pi(C_\pi) - \mu(C_\pi)| \geq \varepsilon_1/2$.

Dazu sei o.E. $\mu(\partial_\pi C_\pi \smallsetminus C_\pi) > \varepsilon_1/2$ (wegen $\mu(\partial_\pi C_\pi) > \varepsilon_1$ ist notwendigerweise $\mu(\partial_\pi C_\pi \cap C_\pi) > \varepsilon_1/2$ oder $\mu(\partial_\pi C_\pi \smallsetminus C_\pi) > \varepsilon_1/2$; im Fall $\mu(\partial_\pi C_\pi \cap C_\pi) > \varepsilon_1/2$ verläuft die Konstruktion analog). Ist $\partial_\pi C_\pi = \sum_i \Delta_i$ und x_i ein beliebiger Punkt in $\Delta_i \cap C_\pi$, so definieren wir μ_π durch

$$\mu_\pi := \text{rest}_{\left[(\partial_\pi C_\pi \smallsetminus C_\pi)\mu + \sum_i \mu(\Delta_i \smallsetminus C_\pi)\varepsilon_{x_i} \right.}$$

Dann ist $\mu_\pi(B) = \mu(B)$ für alle $B \in \pi$ und $\mu_\pi(C_\pi) = \mu(C_\pi) + \mu(\partial_\pi C_\pi \smallsetminus C_\pi)$,
d.h. $\mu_\pi(C_\pi) - \mu(C_\pi) = \mu(\partial_\pi C_\pi \smallsetminus C_\pi) > \varepsilon_1/2$. Damit erfüllt μ_π die Bedingungen (iv) und (v). Ferner gilt $\lim\limits_{\pi \in \Pi(\mathscr{B}_0)} \mu_\pi(B) = \mu(B)$ für alle
$B \in \mathscr{B}_0$. Ist nämlich $B \in \mathscr{B}_0$ (wobei o.E. $\emptyset \neq B \neq X$) und setzt man
$\pi_0 := \{B, \complement B\} \in \Pi(\mathscr{B}_0)$, so folgt wegen (iv) $\mu_\pi(B) = \mu(B)$ für alle $\pi > \pi_0$.
Also ist $(\mu_\pi)_{\pi \in \Pi(\mathscr{B}_0)}$ ein Netz in $\mathscr{M}_+(X)$, welches mengenweise auf
$\mathscr{B}_0$ gegen μ konvergiert, so daß nach Voraussetzung

$$\lim_{\pi \in \Pi(\mathscr{B}_0)} (\sup_{C \in \mathscr{C}} |\mu_\pi(C) - \mu(C)|) = 0,$$

im Widerspruch zu (v). Damit ist Satz 3.1.5 bewiesen. $\square$

Hinsichtlich der Gültigkeit von (3.1.2) wird das folgende Lemma später
eine entscheidende Rolle spielen.

<u>3.1.6 Lemma.</u> Sei $\mathscr{C} \subset \mathscr{B}$ eine $(\mu, \mathscr{B}_0)$-uniforme Klasse. Dann existiert
eine abzählbare Sub-Algebra $\mathscr{B}_1 \subset \mathscr{B}_0$, so daß $\mathscr{C}$ bereits eine
$(\mu, \mathscr{B}_1)$-uniforme Klasse ist.

<u>Beweis.</u> Zu $\varepsilon_n := n^{-1}$, $n \in \mathbb{N}$, sei $\pi_n \in \Pi(\mathscr{B}_0)$ gemäß 3.1.5 so gewählt,
daß $\sup\limits_{C \in \mathscr{C}} \mu(\partial_{\pi_n} C) \leq n^{-1}$. Dann ist $\mathscr{B}_1 := \alpha(\{B : B \in \pi_n$ für ein $n \in \mathbb{N}\})$
eine abzählbare Sub-Algebra von $\mathscr{B}_0$ (vgl. 1.1.25) und $\mathscr{C}$ offensicht-
lich eine $(\mu, \mathscr{B}_1)$-uniforme Klasse. $\square$

Aus beweistechnischen Gründen führen wir noch die folgenden Lemmata
an.

<u>3.1.7 Lemma.</u> Sei $\mu \in \mathscr{M}_+(X)$ und $(\mu_i)_{i \geq 0}$ eine Folge in $\mathscr{M}_+(X)$ mit
$\mu = \sum\limits_{i \geq 0} \mu_i$. Dann ist $\mathscr{C} \subset \mathscr{B}$ genau dann eine $(\mu, \mathscr{B}_0)$-uniforme Klasse,
wenn $\mathscr{C}$ eine $(\mu_i, \mathscr{B}_0)$-uniforme Klasse ist für alle $i \geq 0$.

<u>Beweis.</u> Sei $\mathscr{C}$ eine $(\mu_i, \mathscr{B}_0)$-uniforme Klasse für alle $i \geq 0$ und
$\varepsilon > 0$ beliebig. Wegen $\mu(X) < \infty$ existieren dann ein $i_0 \in \mathbb{N}$ und
Partitionen $\pi_i \in \Pi(\mathscr{B}_0)$ für $i = 0, 1, \ldots, i_0 - 1$ derart, daß

$$\sum_{i \geq i_0} \mu_i(X) < \varepsilon/2 \quad \text{und} \quad \sup_{C \in \mathscr{C}} \mu_i(\partial_{\pi_i} C) \leq \varepsilon/2i_0 \quad \text{für } i = 0, \ldots, i_0 - 1.$$

Für die gemeinsame Verfeinerung $\pi := \bigvee_{i=0}^{i_0-1} \pi_i \in \Pi(\mathscr{B}_0)$ gilt dann

$$\sup_{C \in \mathscr{C}} \mu(\partial_\pi C) \le \epsilon/2 + \sum_{i=0}^{i_0-1} \sup_{C \in \mathscr{C}} \mu_i(\partial_{\pi_i} C) \le \epsilon,$$

d.h. mit 3.1.5 ist $\mathscr{C}$ eine $(\mu, \mathscr{B}_0)$-uniforme Klasse. Zum Beweis der Umkehrung wende man wiederum 3.1.5 an und beachte, daß $\mu_i \le \mu$ für alle $i \ge 0$. $\square$

__3.1.8 Lemma.__ Mit $\mathscr{C}_i \subset \mathscr{B}$, $i=1,\ldots,k$, $k \in \mathbb{N}$, ist auch das System $\mathscr{C}_0 := \{C: C = \bigcap_{i=1}^{k} C_i \text{ mit } C_i \in \mathscr{C}_i \text{ für } i=1,\ldots,k\}$ eine $(\mu, \mathscr{B}_0)$-uniforme Klasse.

__Beweis.__ Zu $\epsilon > 0$ sei $\pi_i \in \Pi(\mathscr{B}_0)$ zu $\mathscr{C}_i$ und ϵ/k gemäß 3.1.5 gewählt. Setzen wir wieder $\pi := \bigvee_{i=1}^{k} \pi_i \in \Pi(\mathscr{B}_0)$, so folgt für alle $C = \bigcap_{i=1}^{k} C_i \in \mathscr{C}_0$: $\partial_\pi C \subset \bigcup_{i=1}^{k} \partial_{\pi_i} C_i$ und somit $\mu(\partial_\pi C) \le \sum_{i=1}^{k} \mu(\partial_{\pi_i} C_i) \le \epsilon$. $\square$

__3.1.9 Lemma.__ Sei $\mu = \sum_{i \ge 1} \lambda_i \epsilon_{x_i} \in \mathscr{M}_+(X)$ ein diskretes Maß und $\mathscr{B}_0$ eine Sub-Algebra von $\mathscr{B}$ mit $\{x_i\} \in \mathscr{B}_0$ für alle $i \in \mathbb{N}$. Dann ist $\mathscr{B}$ eine $(\mu, \mathscr{B}_0)$-uniforme Klasse.

__Beweis.__ Gemäß 3.1.7 bleibt zu zeigen, daß für jedes $i \in \mathbb{N}$ $\mathscr{B}$ eine $(\lambda_i \epsilon_{x_i}, \mathscr{B}_0)$-uniforme Klasse ist. Dies folgt aber sofort aus Satz 3.1.5, wenn man für $i \in \mathbb{N}$ $\pi_i := \{\{x_i\}, \complement\{x_i\}\} \in \Pi(\mathscr{B}_0)$ setzt und beachtet, daß wegen $\partial_{\pi_i} C \subset \complement\{x_i\}$ stets gilt: $\sup_{C \in \mathscr{B}} \epsilon_{x_i}(\partial_{\pi_i} C) = 0$. $\square$

__3.1.10 Definition.__ $\mathscr{C} \subset \mathscr{B}$ heißt eine __ideale $(X, \mathscr{B}_0)$-uniforme Klasse__, falls $\mathscr{C}$ eine $(\mu, \mathscr{B}_0)$-uniforme Klasse ist für jedes $\mu \in \mathscr{M}_+(X)$.

Offensichtlich sind alle endlichen Teilsysteme von $\mathscr{B}_0$ ideale $(X, \mathscr{B}_0)$-uniforme Klassen.

Unser nächstes Ziel wird nun darin bestehen, im Fall $(X, \mathscr{B}) = (\mathbb{R}^k, \mathscr{B}_k^*)$ verschiedene Teilsysteme von konvexen Mengen in $\mathbb{R}^k$ auf Uniformitätseigenschaften zu untersuchen. Das folgende Lemma wird sich dabei als recht nützlich erweisen.

<u>3.1.11 Lemma.</u> Seien $(X_i, \mathscr{A}_i)$, $i=1,2$, meßbare Räume und $f: X_1 \to X_2$ $\mathscr{A}_1, \mathscr{A}_2$-meßbar. Ist dann $\mathscr{C}_2 \subset \mathscr{A}_2$ eine ideale $(X_2, \mathscr{A}_2)$-uniforme Klasse, so ist das System $\mathscr{C}_1 := f^{-1}(\mathscr{C}_2) := \{f^{-1}(C_2): C_2 \in \mathscr{C}_2\}$ eine ideale $(X_1, \mathscr{A}_1)$-uniforme Klasse.

<u>Beweis.</u> Sei $\mu \in \mathscr{M}_+(X_1)$ beliebig und $(\mu_\alpha)_\alpha$ ein Netz in $\mathscr{M}_+(X_1)$, welches mengenweise auf $\mathscr{A}_1$ gegen μ konvergiert. Setzt man $\nu_\alpha := f\mu_\alpha$ und $\nu := f\mu$, so ist $(\nu_\alpha)_\alpha$ ein Netz in $\mathscr{M}_+(X_2)$, welches mengenweise auf $\mathscr{A}_2$ gegen ν konvergiert, so daß aufgrund der Uniformitätseigenschaft von $\mathscr{C}_2$

$$\lim_\alpha \left(\sup_{C \in \mathscr{C}_1} |\mu_\alpha(C) - \mu(C)|\right) = \lim_\alpha \left(\sup_{C \in \mathscr{C}_2} |\nu_\alpha(C) - \nu(C)|\right) = 0. \quad \Box$$

Im folgenden bezeichne $\mathscr{J}_{-\infty k} := \{I \cap \mathbb{R}^k: I = I(\underline{x}) := (-\underline{\infty}, \underline{x}], \underline{x} \in \bar{\mathbb{R}}^k\}$ die Gesamtheit aller "<u>Viertelräume</u>" in $\mathbb{R}^k$. Dann gilt

<u>3.1.12 Satz.</u> $\mathscr{C} := \mathscr{J}_{-\infty k}$ ist eine ideale $(\mathbb{R}^k, \mathscr{A}_k^*)$-uniforme Klasse.

<u>Beweis.</u> 1. Sei zunächst $k=1$ und $\mu \in \mathscr{M}_+(\mathbb{R})$ beliebig. Dabei sei o.E. $\mu(\mathbb{R}) = 1$. Wegen 3.1.7 und 3.1.9 ist ferner annehmbar, daß $\mu = \mu_c$. Zu $\varepsilon > 0$ beliebig lassen sich dann Punkte $-\infty < x_1 < \ldots < x_n < \infty$ derart finden, daß $\mu(I(x_1)) < \varepsilon$, $\mu(\complement I(x_n)) < \varepsilon$ und $\mu(I(x_i) \setminus I(x_{i-1})) < \varepsilon$ für alle $i=2,\ldots,n$. Es folgt $\pi = \pi(\varepsilon) := \{I(x_1), \complement I(x_n), I(x_i) \setminus I(x_{i-1}): i=2,\ldots,n\} \in \Pi(\mathscr{A}_1^*)$ mit $\sup_{C \in \mathscr{J}_{-\infty 1}} \mu(\partial_\pi C) \le \varepsilon$.

2. Für $k \ge 1$ beliebig gilt offenbar die Darstellung $\mathscr{J}_{-\infty k} = \{I: I = \bigcap_{i=1}^{k} I_i$ mit $I_i \in \mathscr{J}_{-\infty k}^i$ für $i=1,\ldots,k\}$, wobei $\mathscr{J}_{-\infty k}^i := \{I \cap \mathbb{R}^k: I = I(\underline{x})$ für $\underline{x} = (x_j)_{j=1,\ldots,k}$ mit $x_j = +\infty$ für alle $j \ne i\}$. Wegen 3.1.8 bleibt zu zeigen, daß für jedes $i=1,\ldots,k$ $\mathscr{J}_{-\infty k}^i$ eine ideale $(\mathbb{R}^k, \mathscr{A}_k^*)$-uniforme Klasse ist. Dies folgt aber unter Verwendung von 3.1.11 unmittelbar aus Beweisteil 1 (für $i \in \{1,\ldots,k\}$ sei f die i-te Projektion von $\mathbb{R}^k$ auf $\mathbb{R}$). $\Box$

Beweisteil 1 des letzten Satzes zeigt gleichzeitig, daß im Fall $k=1$ und $\mu = \mu_c$, also einer stetigen Verteilungsfunktion $F = F(\mu)$, die ge-

140

suchte Partition π sogar aus $\Pi(\alpha(\ \mathcal{J}\ ))$ gewählt werden kann. Beachtet
$\hspace{3.5cm}{}_{-\infty}\ ^1$
man ferner (vgl. 1.1.24), daß $\alpha(\ \mathcal{J}\ )$ aus allen endlichen Vereini-
$\hspace{5.5cm}{}_{-\infty}\ ^1$
gungen p.d. rechts abgeschlossener und links offener Intervalle
(einschließlich der leeren Menge) besteht, so folgt unmittelbar

3.1.13 Satz. Ist $(F_\alpha)_\alpha$ ein Netz von Verteilungsfunktionen auf $\mathbb{R}$,
welches punktweise gegen eine stetige Verteilungsfunktion F konver-
giert, so ist diese Konvergenz gleichmäßig auf $\mathbb{R}$, d.h. es gilt

$$\lim_\alpha \left(\sup_{x \in \mathbb{R}} |F_\alpha(x) - F(x)| \right) = 0.$$

Ersetzt man nun im Fall $k \geq 2$ das System $\mathcal{J}$ durch das weitaus umfang-
$\hspace{9cm}{}_{-\infty}\ ^k$
reichere System $\mathcal{C} = \mathcal{C}_k$ aller meßbaren konvexen Mengen im $\mathbb{R}^k$, so
zeigt das folgende Beispiel, daß dann die Uniformitätseigenschaft
i.a. verlorengeht.

3.1.14 Beispiel. Sei $S := \{ (x_1, x_2) \in \mathbb{R}^2 : x_1^2 + x_2^2 = 1 \}$ und $\mu | \mathcal{B}_2^*$ ein be-
liebiges W.-Maß mit $\mu(S) = 1$ und $\mu(\{\underline{x}\}) = 0$ für alle $\underline{x} \in S$. Bezeichnet
$\Pi(S)$ die Gesamtheit aller endlichen Partitionen von S in Mengen aus
$\mathcal{B}_2^*$ und definiert man $\mu_\pi \in \mathcal{M}_+(\mathbb{R}^2)$ für $\pi \in \Pi(S)$ durch
$\mu_\pi := \sum_{B \in \pi} \mu(B) \varepsilon_{\underline{x}_B}$, wobei $\underline{x}_B \in B$ für $B \in \pi$ beliebig gewählt sei, so
erhält man wie im Beweis zu Satz 3.1.5 ein Netz von (endlich dis-
kreten) Maßen $(\mu_\pi)_\pi$ mit $\lim_\pi \mu_\pi(B) = \mu(B)$ für alle $B \in \mathcal{B}_2^*$. Bezeichnet
andererseits C_π die konvexe Hülle von $\{\underline{x}_B : B \in \pi\}$, so folgt
$|\mu_\pi(C_\pi) - \mu(C_\pi)| = 1$ und somit $\sup_{C \in \mathcal{C}_2} |\mu_\pi(C) - \mu(C)| = 1$ für alle $\pi \in \Pi(S)$,
d.h. $\mathcal{C}_2$ ist keine $(\mu, \mathcal{B}_2^*)$-uniforme Klasse.

Der folgende Satz gibt nun eine hinreichende Bedingung dafür an, daß
$\mathcal{C}_k$ eine $(\mu, \alpha(\mathcal{C}_k))$-uniforme Klasse ist.

3.1.15 Satz. Die Gesamtheit $\mathcal{C}_k$ ist eine $(\mu, \alpha(\mathcal{C}_k))$-uniforme Klasse,
falls

$$(3.1.16) \quad \sup_{C \in \mathcal{C}_k} \mu_C(\partial C) = 0.$$

Der Beweis benutzt wesentlich den sogenannten Auswahlsatz von
Blaschke. Dazu einige Vorbemerkungen: Für $A \subset \mathbb{R}^k$ und $\rho > 0$ bezeichne
$A^\rho := \{\underline{x} \in \mathbb{R}^k : \inf \{|\underline{x} - \underline{a}| : \underline{a} \in A\} < \rho\}$ die ρ-Umgebung von A ($|\cdot|$ sei

die Euklidische Norm auf $\mathbb{R}^k$). Ferner sei $\partial_\rho A := A^\rho \cap (\complement A)^\rho$ und
$A_\rho := A^\rho \setminus \partial_\rho A$. Dann sind A^ρ bzw. $(\complement A)^\rho$ offen in $\mathbb{R}^k$ und somit $\partial_\rho A$ bzw.
A_ρ in $\mathscr{A}_k^*$. Setzt man für $A, B \neq \emptyset$

$$d(A,B) := \inf \{\rho > 0: A \subset B^\rho \text{ und } B \subset A^\rho\},$$

so erfüllt d auf der Gesamtheit $\mathscr{C}_k^O$ aller nichtleeren abgeschlossenen
beschränkten konvexen Mengen in $\mathbb{R}^k$ alle Forderungen an eine Metrik.
Wir nennen d die <u>Hausdorff-Metrik</u> auf $\mathscr{C}_k^O$. Der <u>Auswahlsatz von</u>
<u>Blaschke</u> besagt nun (vgl. [149], Seite 47): Für alle $r > 0$ ist die
Gesamtheit $\mathscr{C}_k^r$ aller $C \in \mathscr{C}_k^O$ mit $C \subset B(\underline{O},r) := \{\underline{x} \in \mathbb{R}^k: |\underline{x}| \leq r\}$, versehen
mit der Hausdorff-Metrik, ein kompakter metrischer Raum.

Zum Beweis von 3.1.15 wird noch das folgende Lemma benötigt.

<u>3.1.17 Lemma.</u> Mit den obigen Bezeichnungen gilt:

(i) $\quad C \in \mathscr{C}_k^O$ und $\rho > 0 \;\rightarrow\; C^\rho \in \mathscr{C}_k$ und $C_\rho \in \mathscr{C}_k$

(ii) $C, C' \in \mathscr{C}_k^O$ mit $d(C,C') < \rho \rightarrow C_\rho \subset C' \subset C^\rho$.

<u>Beweis.</u> Zu (i): Seien $\underline{x}, \underline{y} \in C^\rho$ und $\underline{z} = \lambda \underline{x} + (1-\lambda)\underline{y}$, $0 \leq \lambda \leq 1$, beliebig.
Dann existieren $\underline{x}_1, \underline{y}_1 \in C$ mit $|\underline{x} - \underline{x}_1| < \rho$ und $|\underline{y} - \underline{y}_1| < \rho$, so daß mit
$\underline{z}_1 := \lambda \underline{x}_1 + (1-\lambda)\underline{y}_1 \in C$ folgt: $|\underline{z} - \underline{z}_1| \leq \lambda |\underline{x} - \underline{x}_1| + (1-\lambda) \cdot |\underline{y} - \underline{y}_1| < \rho$, also
$\underline{z} \in C^\rho$. Damit ist C^ρ konvex. Der Beweis für C_ρ verläuft analog.

Zu (ii): Zu zeigen bleibt $C_\rho \subset C'$. Angenommen, es existiert ein $\underline{x} \in C_\rho$
mit $\underline{x} \notin C'$. Aufgrund der Kompaktheit von C' existiert dann eine Hyperebene H, welche $\underline{x}$ und C' strikt trennt (vgl. O.9.4). Wegen $\underline{x} \in C_\rho$ existiert
dann ferner ein $\underline{y} \in C$ mit $\inf\{|\underline{y} - \underline{z}|: \underline{z} \in C'\} \geq \rho$, d.h. $\underline{y} \in C \setminus C'^\rho$, im
Widerspruch zu $C \subset C'^\rho$.

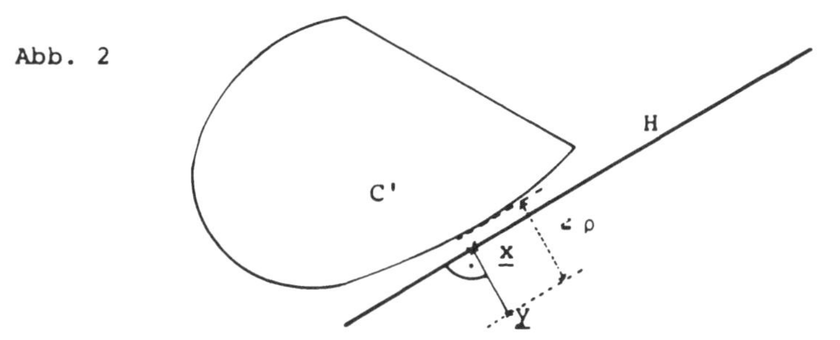

$\square$

<u>Beweis von 3.1.15.</u> Gemäß 3.1.7 und 3.1.9 können wir wiederum o.E.
annehmen, daß $\mu = \mu_C$. Ferner sei zu $\varepsilon > 0$ $r > 0$ so gewählt, daß
$\mu(\complement B(\underline{O},r)) \leq \varepsilon/2$. Dann folgt aus der in (3.1.16) gemachten Annahme

(man beachte, daß $\bigcap_{\rho > 0} \partial_\rho C = \partial C$ mit $\partial_\rho C \neq \partial C$ für $\rho \neq 0$), daß zu jedem $C \in \mathscr{C}_k^r$ ein $\rho = \rho(\varepsilon,C) > 0$ existiert mit $\mu(\partial_\rho C) \leq \varepsilon/2$. Sei $\mathscr{U}_\rho(C) := \{C' \in \mathscr{C}_k^r : d(C,C') < \rho\}$ mit $C \in \mathscr{C}_k^r$ und $\rho = \rho(\varepsilon,C)$. Dann ist $\{\mathscr{U}_\rho(C) : C \in \mathscr{C}_k^r\}$ eine offene Überdeckung von $(\mathscr{C}_k^r,d)$, so daß sich nach dem Satz von Blaschke endlich viele $C_1,\ldots,C_n \in \mathscr{C}_k^r$ finden lassen mit $\mathscr{C}_k^r = \bigcup_{i=1}^{n} \mathscr{U}_{\rho_i}(C_i)$, $\rho_i := \rho(\varepsilon,C_i)$. Setzt man nun

$$\{(C_i)^{\rho_i} : i=1,\ldots,n\} \cup \{(C_i)_{\rho_i} : i=1,\ldots,n\} \cup \{\complement B(\underline{0},r)\} =: \{A_j : j=1,\ldots,m\},$$

so gehört gemäß 3.1.17 (i) die durch

$$\pi := \{\bigcap_{j \in T} A_j \cap \bigcap_{j \in \{1,\ldots,m\} \smallsetminus T} \complement A_j : T \subset \{1,\ldots,m\}\}$$ definierte Partition

von $\mathbb{R}^k$ zu $\Pi(\alpha(\mathscr{C}_k))$. Wir behaupten: $\mu(\partial_\pi C) \leq \varepsilon$ für alle abgeschlossenen $C \in \mathscr{C}_k$. Wegen $\partial_\pi C \subset \partial_\pi(C \cap B(\underline{0},r)) \cup \complement B(\underline{0},r)$ bleibt nach Wahl von r nur $\mu(\partial_\pi C) \leq \varepsilon/2$ für alle $C \in \mathscr{C}_k^r$ zu zeigen. Für jedes solche C existiert nach Konstruktion ein $i \in \{1,\ldots,n\}$ mit $d(C,C_i) < \rho_i$, also wegen 3.1.17 (ii) $(C_i)_{\rho_i} \subset C \subset (C_i)^{\rho_i}$. Wegen $\mu(\partial_{\rho_i} C_i) \leq \varepsilon/2$ bleibt somit lediglich $\partial_\pi C \subset \partial_{\rho_i} C_i$ zu zeigen. Sei dazu $A \in \pi$ mit $A \subset \partial_\pi C$ beliebig.

Dann besitzt A die Darstellung $A = \bigcap_{j \in T} A_j \cap \bigcap_{j \in \{1,\ldots,m\} \smallsetminus T} \complement A_j$ für ein $T \subset \{1,\ldots,m\}$, so daß wegen $A \cap C \neq \emptyset$ und $C \subset (C_i)^{\rho_i}$ folgt: $A \cap (C_i)^{\rho_i} \neq \emptyset$, d.h. $(C_i)^{\rho_i} = A_j$ für ein $j \in T$ und damit $A \subset (C_i)^{\rho_i}$. Es bleibt zu zeigen, daß $A \cap (C_i)_{\rho_i} = \emptyset$. Wäre nämlich $A \cap (C_i)_{\rho_i} \neq \emptyset$, so ergäbe sich wegen $A \subset (C_i)_{\rho_i} \subset C$ ein Widerspruch zu $A \cap \complement C \neq \emptyset$. Da $\varepsilon > 0$ beliebig gewählt war, folgt mit 3.1.5, daß die Gesamtheit aller abgeschlossenen konvexen Mengen in $\mathbb{R}^k$ eine $(\mu,\alpha(\mathscr{C}_k))$-uniforme Klasse bildet. Die entsprechende Aussage für $\mathscr{C}_k$ folgt nun aus der Tatsache (!), daß wegen $\sup_{C \in \mathscr{C}_k} \mu(\partial C) = 0$ für alle $\nu \in \mathcal{M}_+(\mathbb{R}^k)$

$$(*) \qquad \sup_{C \in \mathscr{C}_k} |\nu(C) - \mu(C)| = \sup_{\substack{C \in \mathscr{C}_k \\ C \text{ abg.}}} |\nu(C) - \mu(C)|$$

ist (vgl. dazu Ü 3.1.2). Damit ist Satz 3.1.15 vollständig bewiesen. $\qquad\square$

Der folgende Satz zeigt, inwieweit (3.1.16) von einer für die Uniformität von $\mathscr{C}_k$ notwendigen Bedingung entfernt ist.

__3.1.18 Satz.__ Für $\mu \in \mathcal{M}_+(\mathbb{R}^k)$ ist Bedingung (3.1.16) genau dann erfüllt,
wenn

(i) $\mu_c(H) = 0$ für alle Hyperebenen H in $\mathbb{R}^k$

und

(ii) $\mathscr{C}_k$ eine $(\mu, \alpha(\mathscr{C}_k))$-uniforme Klasse ist.

__Beweis.__ Gemäß 3.1.15 bleibt zu zeigen, daß (i) und (ii) hinreichend
für (3.1.16) sind, wobei wir wiederum o.E. annehmen können, daß $\mu = \mu_c$.
Angenommen, es existiert ein $C_0 \in \mathscr{C}_k$ mit $\mu(\partial C_0) > 0$. Dann gibt es
wegen (ii) und Satz 3.1.5 zu $0 < \varepsilon < \mu(\partial C_0)$ ein $\pi = \pi(\varepsilon) \in \Pi(\alpha(\mathscr{C}_k))$ mit

(*) $\sup\limits_{C \in \mathscr{C}_k} \mu(\partial_\pi C) \leq \varepsilon$. Sei $\sigma := \{A \in \pi : \mu(A \cap \partial C_0) > 0\}$ ($\neq \emptyset$ wegen

$\mu(\partial C_0) > 0)$ und für $A \in \sigma$ $\underline{x}_A \in A \cap \partial C_0$ beliebig gewählt. Bezeichnet D
die konvexe Hülle der Punkte $\underline{x}_A$, so ist D ein konvexes Polytop, für
das wegen (i) $\mu(\partial D) = 0$ ist. Da ferner $\mu(A \cap \partial C_0) > 0$ für $A \in \sigma$ und μ
atomlos ist, existiert ein $\underline{x}'_A \in A \cap \partial C_0$ mit $\underline{x}'_A \neq \underline{x}_A$ und $\underline{x}'_A \notin \partial D$. Wegen
$D \subset C_0^c$ folgt aber weiter $D^o \subset (C_0^c)^o = C_0^o$ (vgl. dazu 0.9.3), so daß
$\partial C_0 \cap D^o = \emptyset$ und damit $\underline{x}'_A \in \complement D$ für alle $A \in \sigma$. Wir erhalten
$\bigcup \{A: A \in \sigma\} \subset \partial_\pi D$, also $\varepsilon < \mu(\partial C_0) = \mu(\partial C_0 \cap \bigcup\{A: A \in \sigma\}) \leq$
$\mu(\bigcup\{A: A \in \sigma\}) \leq \mu(\partial_\pi D)$. Wegen $D \in \mathscr{C}_k$ ist dies aber ein Widerspruch zu
(*). Damit ist 3.1.18 vollständig bewiesen. $\quad\square$

Offenbar war die Bedingung $\pi \in \Pi(\alpha(\mathscr{C}_k))$ im Beweis des letzten Satzes
nicht wesentlich, d.h. $\alpha(\mathscr{C}_k)$ ist in (ii) durch $\mathscr{A}_k^*$ ersetzbar. In
dieser Form zeigt 3.1.18 noch einmal, daß in bezug auf das in Bei-
spiel 3.1.14 betrachtete Maß μ die Klasse $\mathscr{C}_k$ keine Uniformitätseigenschaften besitzt.

Mit Hilfe von Satz 3.1.15 erhalten wir ferner als Verallgemeinerung
eines Ergebnisses von Fabian [41] den folgenden

__3.1.19 Satz.__ Sei $\mu \in \mathcal{M}_+(\mathbb{R}^k)$ und $(\mu_\alpha)_\alpha$ ein Netz in $\mathcal{M}_+(\mathbb{R}^k)$ mit

(i) $\lim\limits_\alpha \mu_\alpha(C) = \mu(C)$ für alle $C \in \mathscr{C}_k$.

Dann folgt aus der Gültigkeit von (3.1.16) die gleichmäßige Konvergenz

$$\lim_\alpha (\sup_{C \in \mathscr{C}_k} |\mu_\alpha(C) - \mu(C)|) = 0.$$

<u>Beweis.</u> Sei $\mathcal{D}_0 := \{A \in \mathcal{R}_k^* : \lim\limits_\alpha \mu_\alpha(A) = \mu(A)\}$. Dann ist $\mathcal{D}_0$ ein δ_0-System (vgl. U 1.4.2) mit $\mathcal{C}_k \subset \mathcal{D}_0$ und somit wegen U 1.2. ($\mathcal{C}_k$ $\cap$-stabil!) $\alpha(\mathcal{C}_k) = \delta_0(\mathcal{C}_k) \subset \delta_0(\mathcal{D}_0) = \mathcal{D}_0$. Die Behauptung folgt nun unmittelbar aus der Uniformitätsaussage in 3.1.15. $\square$

Das folgende Ergebnis zeigt, daß Bedingung (3.1.16) automatisch erfüllt ist, wenn μ absolutstetig ist bzgl. einem Produkt $\mathop{\chi}\limits_{i=1}^{k} \mu_i$ von k atomlosen Radon-Maßen $\mu_i | \mathcal{R}_1^*$ (dabei heißt $\mu_0 | \mathcal{R}_1^*$ ein Radon-Maß, falls $\mu_0(K) < \infty$ für alle kompakten $K \in \mathcal{R}_1^*$). Insbesondere ist (3.1.16) somit erfüllt, wenn $\mu << \lambda_k$.

<u>3.1.20 Satz.</u> Ist $\mu \in \mathcal{M}_+(\mathbb{R}^k)$ absolutstetig bzgl. einem Produkt $\mathop{\chi}\limits_{i=1}^{k} \mu_i =: \nu$ von k atomlosen Radon-Maßen $\mu_i | \mathcal{R}_1^*$, so folgt
$$\sup_{C \in \mathcal{C}_k} \mu(\partial C) = 0.$$

<u>Beweis.</u> Offensichtlich reicht es wenn wir zeigen, daß für jedes $a > 0$ und alle $C \in \mathcal{C}_k$ mit $C \subset [-a,a]^k$ gilt: $\nu(\partial C) = 0$. Sei o.E. $k=2$ und $K := [-a,a]^2$ gesetzt. Aufgrund der vorausgesetzten Atomlosigkeit von μ_1 bzw. μ_2 können wir das Quadrat K in neun p.d. Rechtecke $J_i^1 = I_{j_i}^1 \times I_{k_i}^2$, $j_i, k_i = 1,2,3$, $i=1,\ldots,9$ zerlegen, so daß stets

$$\mu_1(I_{j_i}^1) = \tfrac{1}{3}\mu_1([-a,a]) \text{ und } \mu_2(I_{k_i}^2) = \tfrac{1}{3}\mu_2([-a,a]) \text{ (Zwischenwertsatz!)}.$$

Da C konvex ist, existiert ein $i_0 \in \{1,\ldots,9\}$, so daß $\partial C \cap (J_{i_0}^1)^\circ = \emptyset$. Es folgt $\nu(\partial C) \leq 8/9\, \nu(K)$. Im zweiten Schritt betrachten wir ein $J_{i_1}^1$ mit $\partial C \cap (J_{i_1}^1)^\circ \neq \emptyset$ und wählen entsprechend eine Zerlegung von $J_{i_1}^1$ in neun p.d. Teilrechtecke der Form $J_{i_1 i}^2 = I_{j_i}^2 \times I_{k_i}^2$, und zwar so, daß wiederum $\mu_1(I_{j_i}^2) = \tfrac{1}{3}\mu_1(I_{j_{i_1}}^1)$ und $\mu_2(I_{k_i}^2) = \tfrac{1}{3}\mu_2(I_{k_{i_1}}^1)$. Wir erhalten $\nu(J_{i_1 i}^2) = \dfrac{\nu(K)}{9^2}$, $i=1,\ldots,9$. Aufgrund der Konvexität von C folgt wie oben, daß $\partial C \cap (J_{i_1 i_0}^2)^\circ = \emptyset$ für mindestens ein $i_0 \in \{1,\ldots,9\}$ und somit (wenn man beachtet, daß höchstens acht Rechtecke J_i^1 existieren mit $\partial C \cap (J_i^1)^\circ \neq \emptyset$) $\nu(\partial C) \leq 8 \cdot \dfrac{8}{9^2}\nu(K)$. Durch weitere Zerlegung der so erhaltenen Teilrechtecke erhalten wir im n-ten Schritt $\nu(\partial C) \leq (\tfrac{8}{9})^n \nu(K)$

und damit $\nu(\partial C) = 0$ $(n \to \infty$ und $\nu(K) < \infty!)$. $\square$

3.2 Gleichmäßige Konvergenz empirischer Verteilungen

Der folgende Satz zeigt, daß jede $(\mu, \mathscr{B}_o)$-uniforme Klasse $\mathscr{C}$ automatisch ein gleichmäßiges Gesetz der großen Zahlen (3.1.2) erfüllt.

__3.2.1 Satz.__ Sei $\mu | \mathscr{B}_k^*$ ein W.-Maß und $\mathscr{C} \subset \mathscr{B}_k^*$ eine $(\mu, \mathscr{B}_o)$-uniforme Klasse. Ist ferner $(\xi_i)_{i \in \mathbb{N}}$ eine Folge unabhängiger identisch nach μ verteilter Vektoren über $(\Omega, \mathscr{A}, \mathbb{P})$, so gilt: Es existiert ein $\Omega_o \in \mathscr{A}$ mit $\mathbb{P}(\Omega_o) = 1$ derart, daß

$$(3.1.2) \quad \sup_{C \in \mathscr{C}} |\mu_n^\omega(C) - \mu(C)| \to 0 \text{ für } n \to \infty \text{ und alle } \omega \in \Omega_o.$$

__Beweis.__ Gemäß 3.1.6 existiert eine abzählbare Sub-Algebra $\mathscr{B}_1$ von $\mathscr{B}_o$, so daß $\mathscr{C}$ bereits eine $(\mu, \mathscr{B}_1)$-uniforme Klasse ist. Nach dem starken Gesetz der großen Zahlen 2.3.11 existiert ferner ein $\Omega_o \in \mathscr{A}$ mit $\mathbb{P}(\Omega_o) = 1$, so daß

$$\lim_{n \to \infty} \mu_n^\omega(B) = \mu(B) \text{ für alle } B \in \mathscr{B}_1 \text{ und } \omega \in \Omega_o.$$

Die Behauptung folgt nun unmittelbar aus der Uniformitätseigenschaft von $\mathscr{C}$. $\square$

Als Anwendung der Sätze 3.1.12 und 3.1.15 sowie Lemma 3.1.9 erhalten wir aus 3.2.1 die folgenden Aussagen zur gleichmäßigen Konvergenz empirischer Verteilungen.

__3.2.2 Satz (Glivenko-Cantelli).__ Sei $(\xi_i)_{i \in \mathbb{N}}$ eine Folge unabhängiger identisch nach $\mu | \mathscr{B}_k^*$ verteilter Vektoren über $(\Omega, \mathscr{A}, \mathbb{P})$. Ferner bezeichne F_n^ω die Verteilungsfunktion zu μ_n^ω (_empirische Verteilungsfunktion_) und F die Verteilungsfunktion zu μ. Dann existiert ein $\Omega_o \in \mathscr{A}$ mit $\mathbb{P}(\Omega_o) = 1$ derart, daß

$$(3.2.3) \quad \sup_{\underline{x} \in \mathbb{R}^k} |F_n^\omega(\underline{x}) - F(\underline{x})| \to 0 \text{ für } n \to \infty \text{ und alle } \omega \in \Omega_o.$$

(3.2.3) wurde im Fall k=1 und F stetig zuerst von Glivenko [53] und für beliebiges F von Cantelli [20] bewiesen.

146

<u>3.2.4 Satz (R.R. Rao)</u>. Unter den Voraussetzungen von 3.2.2 gelte zusätzlich (3.1.16). Dann existiert ein $\Omega_o \in \mathcal{A}$ mit $\mathbb{P}(\Omega_o) = 1$ derart, daß

$$\sup_{C \in \mathcal{C}_k} |\mu_n^\omega(C) - \mu(C)| \to 0 \quad \text{für } n \to \infty \text{ und alle } \omega \in \Omega_o.$$

<u>3.2.5 Satz</u>. Ist mit den Bezeichnungen von 3.2.2 μ eine diskrete Verteilung auf $\mathcal{B}_k^*$, so existiert ein $\Omega_o \in \mathcal{A}$ mit $\mathbb{P}(\Omega_o) = 1$ derart, daß

$$\sup_{C \in \mathcal{B}_k^*} |\mu_n^\omega(C) - \mu(C)| \to 0 \quad \text{für } n \to \infty \text{ und alle } \omega \in \Omega_o.$$

3.3 Eindimensionale empirische Verteilungen

Wir beginnen mit einem Beispiel, welches zeigt, wie man mit Hilfe des Glivenko-Cantellischen Satzes 3.2.2 den klassischen Weierstraßschen Approximationssatz beweisen kann.

<u>3.3.1 Beispiel</u>. Sei $f: [0,1] \to \mathbb{R}$ eine beliebige stetige Funktion und $(\xi_i)_{i \in \mathbb{N}}$ eine Folge unabhängiger über $[0,1]$ gleichverteilter Variabler. Dann ist für jedes $0 \le x \le 1$ die Variable

$$S_n := nF_n^\cdot(x) = \sum_{i=1}^{n} 1_{[0,x]} \cdot \xi_i$$

binomialverteilt zu den Parametern x und n, also

$$(3.3.2) \quad \mathbb{E}(f(F_n^\cdot(x))) = \int_{\mathbb{R}} f(\tfrac{y}{n}) Q_{S_n}(dy) = \sum_{i=0}^{n} f(\tfrac{i}{n}) \binom{n}{i} x^i (1-x)^{n-i} =: p_n^f(x).$$

Aufgrund der rechtsseitigen Stetigkeit von F_n^ω erhalten wir ferner
$\sup_{0 \le x \le 1} |F_n^\omega(x) - x| = \sup_{x \in \mathbb{Q} \cap [0,1]} |F_n^\omega(x) - x|$ und somit die $\mathcal{A}, \mathcal{B}^*$-Meßbarkeit der
Abbildung $\omega \to \sup_{0 \le x \le 1} |F_n^\omega(x) - x|$. Insbesondere gehört $\Omega_o = \{\sup_{0 \le x \le 1} |F_n^\cdot(x) - x| \to 0\}$
zu $\mathcal{A}$, und mit Satz 3.2.2 folgt $\mathbb{P}(\Omega_o) = 1$, also

$$\sup_{0 \le x \le 1} |p_n^f(x) - f(x)| = \sup_{0 \le x \le 1} \left| \int_{\Omega_o} [f(F_n^\omega(x)) - f(x)] \, \mathbb{P}(d\omega) \right| \le$$

$$\sup_{0 \le x \le 1} \int_{\Omega_o} |f(F_n^\omega(x)) - f(x)| \, \mathbb{P}(d\omega) \le \int_{\Omega_o} \sup_{0 \le x \le 1} |f(F_n^\omega(x)) - f(x)| \, \mathbb{P}(d\omega).$$

Wegen der Stetigkeit von f ist dabei der letzte Integrand $\mathcal{A}, \mathcal{B}^*$-meßbar und somit die rechte Seite wohldefiniert. Da f auf dem kompakten Intervall $[0,1]$ sogar gleichmäßig stetig ist, erhalten wir

$$\lim_{\substack{n \to \infty \\ 0 \leq x \leq 1}} \sup \; |f(F_n^\omega(x)) - f(x)| = 0 \quad \text{für alle } \omega \in \Omega_0$$

und somit nach dem Satz von der majorisierten Konvergenz (f beschränkt!)

$$\lim_{n \to \infty} \int_{\Omega_0} \sup_{0 \leq x \leq 1} |f(F_n^\omega(x)) - f(x)| \; \mathbb{P}(d\omega) = 0, \text{ also}$$

$$(3.3.3) \quad \sup_{0 \leq x \leq 1} |p_n^f(x) - f(x)| \to 0 \quad \text{für } n \to \infty.$$

Man nennt p_n^f das <u>n-te Bernstein-Polynom der Funktion f</u>.

Wir wollen nun einen Begriff einführen, der mit dem der empirischen Verteilungsfunktion in einem engen Zusammenhang steht, nämlich den Begriff der <u>Ordnungsstatistik</u>. Ist $(x_1, \ldots, x_n)$ ein Punkt des $\mathbb{R}^n$, so lassen sich die Komponenten dieses Vektors der Größe nach anordnen. Der dadurch entstehende Vektor werde mit $(x_{[1]}^{(n)}, x_{[2]}^{(n)}, \ldots, x_{[n]}^{(n)})$ bezeichnet, d.h. es ist $x_{[1]}^{(n)} \leq x_{[2]}^{(n)} \leq \ldots \leq x_{[n]}^{(n)}$. Man nennt die Abbildung $T: \mathbb{R}^n \to \mathbb{R}^n$, definiert durch $T(x_1, \ldots, x_n) := (x_{[1]}^{(n)}, \ldots, x_{[n]}^{(n)})$ die Ordnungsstatistik auf $\mathbb{R}^n$, und die Abbildung $T_i: \mathbb{R}^n \to \mathbb{R}$, $i = 1, \ldots, n$, definiert durch $T_i(x_1, \ldots, x_n) := x_{[i]}^{(n)}$, die <u>i-te Ordnungsgröße</u> auf $\mathbb{R}^n$. Ordnungsgrößen und Ordnungsstatistiken sind meßbare Abbildungen. Offensichtlich gilt dies für T_1 und T_n (da $T_1(x_1, \ldots, x_n) = \min(x_1, \ldots, x_n)$ und $T_n(x_1, \ldots, x_n) = \max(x_1, \ldots, x_n)$); allgemein erhält man die Darstellung

$$\{T_i \leq x\} = \{(x_1, \ldots, x_n) \in \mathbb{R}^n : x_k \leq x \text{ für mindestens } i \text{ der Indizes } k \in \{1, \ldots, n\}\}$$

$$= \bigcup_{\substack{K \subset \{1, \ldots, n\} \\ |K| = i}} \; \bigcap_{k \in K} \{(x_1, \ldots, x_n) \in \mathbb{R}^n : x_k \leq x\}.$$

Ist $\xi = (\xi_1, \ldots, \xi_n)$ ein n-dimensionaler Zufallsvektor, so ist also $\xi_{[i]}^{(n)} := T_i \cdot \xi$ eine zufällige Variable, <u>die zu ξ gehörende i-te Ordnungsgröße</u>, und $T \cdot \xi = (\xi_{[1]}^{(n)}, \ldots, \xi_{[n]}^{(n)})$ ein n-dimensionaler Zufallsvektor, <u>die zu ξ gehörende Ordnungsstatistik</u>.

<u>3.3.4 Lemma.</u> Seien $\xi_1, \ldots, \xi_n$, $n \in \mathbb{N}$, unabhängige und identisch verteilte zufällige Variable. Ist $F = F_{\xi_1}$ die Verteilungsfunktion von ξ_1, so hat $\xi_{[i]}^{(n)}$ die Verteilungsfunktion

$$G_i(x) = \sum_{k=i}^{n} \binom{n}{k} (F(x))^k (1 - F(x))^{n-k}, \quad x \in \mathbb{R}.$$

<u>Beweis.</u> Sei $x \in \mathbb{R}$ beliebig aber fest gewählt und für $k=1,\ldots,n$
$\eta_k := 1_{(-\infty,x]} \circ \xi_k$ gesetzt. Dann ist, wie bereits in 3.3.1 bemerkt,
$S_n = \sum_{k=1}^{n} \eta_k$ binomialverteilt zu den Parametern $F(x)$ und n, also

$$G_i(x) = \mathbb{P}(\{\xi_{[i]}^{(n)} \leq x\}) = \mathbb{P}(\{\sum_{k=1}^{n} \eta_k \geq i\}) = \sum_{k=i}^{n} \binom{n}{k} (F(x))^k (1-F(x))^{n-k}. \quad \square$$

Um nun die Verteilung von $T \cdot \xi$, also die gemeinsame Verteilung von
$\xi_{[1]}^{(n)},\ldots,\xi_{[n]}^{(n)}$ zu bestimmen, bemerken wir zunächst, daß $T \cdot \xi$ ausschließlich Werte in der Menge aller $(x_1,\ldots,x_n) \in \mathbb{R}^n$ mit $x_1 \leq x_2 \leq \ldots \leq x_n$
annimmt. Sind die Variablen darüberhinaus sämtlich gleichverteilt über
dem Einheitsintervall $[0,1]$, so ist die Verteilung von $T \cdot \xi$ sogar auf
der Menge $G_n := \{(x_1,\ldots,x_n) \in \mathbb{R}^n: 0 < x_1 < x_2 < \ldots < x_n < 1\}$ konzentriert
(vgl. Aufgabe 1.15.3). Da ferner das System

$$\mathscr{A}_0 := \{(a_1,b_1) \times \ldots \times (a_n,b_n): 0 \leq a_1 \leq b_1 \leq a_2 \leq b_2 \leq \ldots \leq a_n \leq b_n \leq 1\} \cup \{G_n\}$$

ein $\cap$-stabiles Erzeugendensystem der auf G_n eingeschränkten Borel-
σ-Algebra $\mathscr{A}_n^*$ ist (vgl. 1.2.10 und 1.3.13; G_n offen in $\mathbb{R}^n$!) mit
$G_n \in \mathscr{A}_0$, reicht es aufgrund des Eindeutigkeitssatzes 1.4.10, zur Bestimmung der gemeinsamen Verteilung von $\xi_{[1]}^{(n)},\ldots,\xi_{[n]}^{(n)}$ sich auf Mengen
aus $\mathscr{A}_0$ zu beschränken. Wegen der Unabhängigkeit folgt aus unserer
Verteilungsannahme aber für alle Intervalle aus $\mathscr{A}_0$:

$$\mathbb{P}(\{a_i < \xi_{[i]}^{(n)} < b_i \text{ für alle } i=1,\ldots,n\}) = n! \mathbb{P}(\{a_i < \xi_i < b_i \text{ für alle } i=1,\ldots,n\})$$

$$= n! \prod_{i=1}^{n} (b_i - a_i).$$

Somit erhalten wir

<u>3.3.5 Satz.</u> Die zu n unabhängigen und über dem Einheitsintervall $[0,1]$
gleichverteilten Variablen $\xi_1,\ldots,\xi_n$ gehörende Ordnungsstatistik
$(\xi_{[1]}^{(n)},\ldots,\xi_{[n]}^{(n)})$ ist absolutstetig verteilt bzgl. λ_n mit Dichte

$$g_n(x_1,\ldots,x_n) = \begin{cases} n! & \text{falls } 0 < x_1 < x_2 < \ldots < x_n < 1 \\ \\ 0 & \text{sonst} \end{cases}.$$

Zwischen der empirischen Verteilungsfunktion F_n^ω, die zur <u>Stichprobe</u>
$\xi_1(\omega),\ldots,\xi_n(\omega)$ gehört, und der Ordnungsstatistik $(\xi_{[1]}^{(n)}(\omega),\ldots,\xi_{[n]}^{(n)}(\omega))$
besteht nun der folgende Zusammenhang (dabei wollen wir im folgenden

aus schreibtechnischen Gründen die Abhängigkeit von $\omega \in \Omega$ typographisch
stets unterdrücken). Es ist

$$F_n(x) = \begin{cases} 0 & , \text{ falls } x < \xi_{[1]}^{(n)} \\ k/n & , \text{ falls } \xi_{[k]}^{(n)} \leq x < \xi_{[k+1]}^{(n)} \text{ und } k=1,\ldots,n-1 \\ 1 & , \text{ falls } \xi_{[n]}^{(n)} \leq x \end{cases}$$

Sind sämtliche Variable identisch verteilt mit Verteilungsfunktion
F, so erhalten wir daraus die Darstellungen

$$(3.3.6) \quad \Delta_n^F := \sup_{x \in \mathbb{R}} |F_n(x)-F(x)| = \max_{1 \leq k \leq n} (\max\{F(\xi_{[k]}^{(n)}) - \frac{k-1}{n}, \frac{k}{n}-F(\xi_{[k]}^{(n)})\})$$

und

$$(3.3.7) \quad \Delta_n^{+F} := \sup_{x \in \mathbb{R}} [F_n(x)-F(x)] = \max_{1 \leq k \leq n} [\frac{k}{n} - F(\xi_{[k]}^{(n)})] .$$

Mit Hilfe von (3.3.6) und (3.3.7) erhalten wir

<u>3.3.8 Lemma.</u> Für alle stetigen Verteilungsfunktionen F und G ist

$$Q_{\Delta_n^F} = Q_{\Delta_n^G} \quad \text{und} \quad Q_{\Delta_n^{+F}} = Q_{\Delta_n^{+G}} .$$

Man sagt: Δ_n^F (bzw. Δ_n^{+F}) ist eine <u>verteilungsfreie Statistik</u>, d.h.
eine (meßbare) Funktion der Beobachtungswerte, deren Verteilung un-
abhängig ist von der zugrundeliegenden (und als stetig vorausgesetzten)
Verteilungsfunktion F der Beobachtungswerte ξ_i. Da die grundlegenden
Eigenschaften von Δ_n^F und Δ_n^{+F} zuerst von Kolmogoroff und Smirnoff
untersucht worden sind, heißen Δ_n^F bzw. Δ_n^{+F} üblicherweise <u>Kolmogoroff-</u>
bzw. <u>Smirnoff-Statistik.</u>

<u>Beweis von 3.3.8.</u> Wir zeigen lediglich die Behauptung für Δ_n^F. Wegen
(3.3.6) gilt

$$\Delta_n^F = g(F(\xi_{[1]}^{(n)}),\ldots,F(\xi_{[n]}^{(n)}))$$

mit einer geeigneten von F nicht abhängenden $\mathscr{A}_n^*, \mathscr{A}^*$-meßbaren Abbildung $g: \mathbb{R}^n \to \mathbb{R}$. Hieraus folgt, daß $Q_{\Delta_n^F}$ nur von der gemeinsamen Verteilung von $F(\xi_{[1]}^{(n)}),\ldots,F(\xi_{[n]}^{(n)})$ abhängt. Setzen wir $\eta_i := F \circ \xi_i$, so
ist wegen 1.10.15 η_i über $[0,1]$ gleichverteilt, so daß wegen
$\eta_{[i]}^{(n)} = F \circ \xi_{[i]}^{(n)}$ (da F monoton wachsend ist, bleibt die Anordnung der
$\xi_{[i]}^{(n)}$ bei Anwendung der Transformation $\eta_i = F \circ \xi_i$ erhalten) folgt:

$Q_{\Delta_n^F}$ ist durch $Q_{\eta_{[1]}^{(n)},\ldots,\eta_{[n]}^{(n)}}$ völlig bestimmt, woraus sich unmittelbar die Behauptung ergibt. $\square$

Wir haben damit gesehen, daß man (bei stetigem F) in Verteilungsaussagen o.E. annehmen darf, daß die zugrundeliegenden Variablen ξ_i über dem Einheitsintervall $[0,1]$ gleichverteilt sind. In diesem Fall schreiben wir anstelle von Δ_n^F und Δ_n^{+F} kurz Δ_n bzw. Δ_n^+, also

$$\Delta_n = \sup_{0 \leq x \leq 1} |F_n(x)-x| \quad \text{und} \quad \Delta_n^+ := \sup_{0 \leq x \leq 1} [F_n(x)-x] .$$

Das folgende Beispiel zeigt, daß ein 3.3.8 entsprechender Sachverhalt im Fall mehrdimensionaler Verteilungsfunktionen nicht mehr zutrifft, d.h. für $k > 1$ ist z.B. $\Delta_n^F := \sup_{\underline{x} \in \mathbb{R}^k} |F_n(\underline{x})-F(\underline{x})|$ keine verteilungsfreie Statistik mehr.

Dazu betrachten wir den einfachsten Fall, nämlich $k=2$ und $n=1$. Ferner sei G die Verteilungsfunktion zur Gleichverteilung auf dem Einheitsquadrat $[0,1] \times [0,1]$ und F die Verteilungsfunktion zum eindimensionalen Lebesgueschen Maß auf der Diagonalen $D:=\{(x,x) \in \mathbb{R}^2 : 0 \leq x \leq 1/\sqrt{2}\}$ ("Gleichverteilung" auf D). Dann sind F und G stetig, und es gilt:

1. Ist F_1 die empirische Verteilungsfunktion eines nach F verteilten Vektors $\xi = (\eta_1,\eta_2)$, so ist $\Delta_1^F \leq 3/4$ genau dann, wenn $1/4 \leq \sqrt{2\eta_1^2} \leq 3/4$, d.h. $\mathbb{P}(\{\Delta_1^F \leq 3/4\}) = 1/2$ ($F_1 = 1$ auf der Menge $\{(x_1,x_2): x_1,x_2 \leq \eta_1\}$ und 0 sonst !).

2. Ist F_1 die empirische Verteilungsfunktion eines nach G verteilten Vektors $\xi = (\eta_1,\eta_2)$, so ist $F_1 = 1$ auf $\{(x_1,x_2): x_1 \leq \eta_1, x_2 \leq \eta_2\}$ und 0 sonst. Mit den Bezeichnungen von Zeichnung 2 gilt dann:

$$|F_1(\underline{x})-G(\underline{x})| \leq 3/4 \iff \begin{cases} \eta_1\eta_2 \leq 1/4 & , \text{ falls } \underline{x} \in I_1 \\ \eta_1 \leq 3/4 & , \text{ falls } \underline{x} \in I_2 \\ \eta_1\eta_2 \leq 3/4 & , \text{ falls } \underline{x} \in I_3 \\ \eta_2 \leq 3/4 & , \text{ falls } \underline{x} \in I_4 \end{cases} .$$

Indem man sich die Graphen der Funktionen $x_2=1/4x_1$ und $x_2=3/4x_1$ anhand eines Schaubilds verdeutlicht, erhält man aus allen vier Bedingungen durch Integration, daß

$$\mathbb{P}(\{\Delta_1^G \leq 3/4\}) = (\tfrac{3}{4} - \tfrac{1}{3})\tfrac{3}{4} - \tfrac{1}{4}[\log\tfrac{3}{4} - \log\tfrac{1}{3}] = \tfrac{15}{48} - \tfrac{1}{4}\log\tfrac{9}{4} + \tfrac{1}{2}\ .$$

Abb. 3

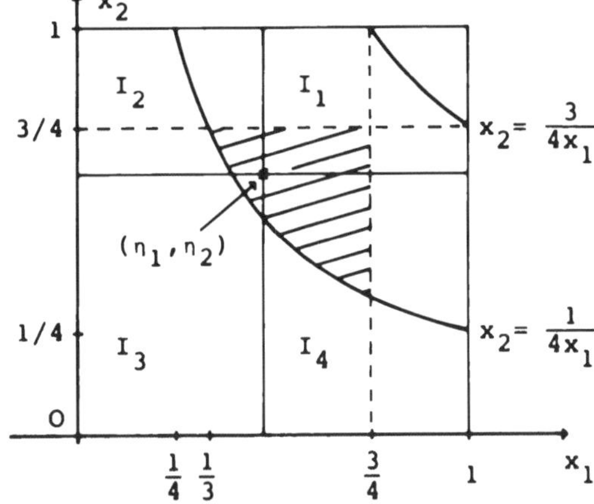

Wir wollen abschließend die Verteilungsfunktion für den Fall der Smirnoff-Statistik Δ_n^+ konkret berechnen.

Dazu setzen wir für alle $0 < \varepsilon < 1$ und $n \in \mathbb{N}$

$$R_n(\varepsilon) := \mathbb{P}(\{\Delta_n^+ \leq \varepsilon\})\ .$$

Offensichtlich ist $F_n(x) \leq x+\varepsilon$ für alle $0 \leq x \leq 1$ genau dann erfüllt, wenn

$$\xi_{[i]}^{(n)} \geq 1-\varepsilon - \frac{n-i}{n} \quad \text{für alle } i=n,n-1,\ldots,K,$$

wobei K die durch die Ungleichungen $K+1 \geq n\varepsilon+1 > K$ eindeutig bestimmte natürliche Zahl bezeichne. Wegen Satz 3.3.5 bleibt zur Bestimmung von $R_n(\varepsilon)$ lediglich das Integral

$$J(\varepsilon,n,K) := n! \int_{1-\varepsilon}^{1} \int_{1-\varepsilon-\frac{1}{n}}^{x_n} \cdots \int_{1-\varepsilon-\frac{n-K}{n}}^{x_{K+1}} \int_{0}^{x_K} \cdots \int_{0}^{x_2} dx_1 dx_2 \ldots dx_{K-1} dx_K \ldots dx_{n-1} dx_n$$

zu berechnen. Durch vollständige Induktion ergibt sich zunächst, daß

$$\int_{0}^{x_K} \cdots \int_{0}^{x_2} dx_1 \ldots dx_{K-1} = \frac{x_K^{K-1}}{(K-1)!}\ .$$

Daraus folgt mit $J := J(\varepsilon,n,K)$

$$J = n!\left[\int_{1-\varepsilon}^{1} \cdots \int_{1-\varepsilon-\frac{n-(K+1)}{n}}^{x_{K+2}} \frac{x_{K+1}^K}{K!} dx_{K+1} \cdots dx_n - \frac{(1-\varepsilon-\frac{n-K}{n})^K}{K!} \int \cdots \int dx_{K+1} \ldots dx_n \right]$$

$$= J(\varepsilon,n,K+1) - \frac{(1-\varepsilon-\frac{n-K}{n})^K}{K!}\, J'(\varepsilon,n,K+1)\ .$$

Unter Verwendung dieser Rekursionsformel erhalten wir weiter, daß

$$J(\epsilon,n,K) = J(\epsilon,n,n) - \sum_{i=K}^{n-1} \frac{(1-\epsilon-\frac{n-i}{n})^i}{i!} \, J'(\epsilon,n,i+1).$$

Dabei ist $J(\epsilon,n,n)=1-(1-\epsilon)^n$, und für $J'(\epsilon,n,i+1)$ erhalten wir durch vollständige Induktion über i

$$J'(\epsilon,n,i+1) = n! \, \frac{\epsilon\,(\epsilon+\frac{n-i}{n})^{n-i-1}}{(n-i)!} \quad , \quad i=K,\ldots,n-1.$$

Somit ergibt sich für $R_n(\epsilon)$:

$$R_n(\epsilon) = J(\epsilon,n,K) = 1-(1-\epsilon)^n - \epsilon \sum_{i=K}^{n-1} \binom{n}{i} (1-\epsilon-\tfrac{n-i}{n})^i (\epsilon+\tfrac{n-i}{n})^{n-i-1}$$

bzw. nach der Indextransformation $j=n-i$ (unter Berücksichtigung der Tatsache, daß $n-K = \langle n(1-\epsilon)\rangle$):

<u>3.3.9 Satz.</u> Für alle $0 < \epsilon < 1$ und $n\in\mathbb{N}$ ist

$$\mathbb{P}(\{\Delta_n^+ \leq \epsilon\}) = R_n(\epsilon) = 1-\epsilon \sum_{j=0}^{\langle n(1-\epsilon)\rangle} \binom{n}{j} (1-\epsilon-\tfrac{j}{n})^{n-j} (\epsilon+\tfrac{j}{n})^{j-1}.$$

Man kann nun zeigen, daß für $\epsilon_n := xn^{-1/2}$ der Ausdruck auf der rechten Seite in 3.3.9 für alle $x > 0$ gegen $1-\exp(-2x^2)$ konvergiert; mit anderen Worten, es gilt

$$(3.3.10) \quad n^{1/2}\Delta_n^+ \xrightarrow{\mathcal{L}} \xi \text{ mit } F_\xi(x) := \begin{cases} 1-\exp(-2x^2) & \text{falls } x > 0 \\ 0 & 0 \text{ sonst.} \end{cases}$$

Ein zu Satz 3.3.9 analoges Ergebnis für die Variable Δ_n bereitet erheblich mehr Schwierigkeiten. Das für praktische Bedürfnisse brauchbarste Resultat stammt von Steck [137]; ein neuer Beweis findet sich bei Pitman [115]. Die (3.3.10) entsprechende asymptotische Aussage für Δ_n geht auf Kolmogoroff [81] zurück:

$$(3.3.11) \quad n^{1/2}\Delta_n \xrightarrow{\mathcal{L}} \xi \text{ mit } F_\xi(x) := \begin{cases} \sum\limits_{m=-\infty}^{\infty} (-1)^m \exp(-2m^2 x^2) & \text{falls } x > 0 \\ 0 & \text{sonst} \end{cases}$$

(vgl. dazu auch 10.2).

Desgleichen kann man mit Hilfe von 3.3.9 zeigen, daß

$$(3.3.12) \quad \mathbb{E}(\Delta_n^+) = \mathcal{O}(n^{-1/2}) \text{ für } n\to\infty.$$

Übungen

Abschnitt 3.1

3.1.1. Das System $\mathscr{K}(\underline{x})$ aller konzentrischen Kugeln mit Mittelpunkt $\underline{x} \in \mathbb{R}^k$ ist eine ideale $(\mathbb{R}^k, \mathscr{B}_k^*)$-uniforme Klasse.

3.1.2. Man begründe die Gleichung (*) im Beweis zu Satz 3.1.15 (Hinweis: vgl. Lemma 3.1.17 (i) und 0.9.3).

3.1.3. Sei $\mu \in \mathscr{M}_+(X)$ und $(B_n)_{n \geq 0}$ eine Folge von Mengen aus $\mathscr{B}$ mit $1_{B_n} \to 1_{B_0}$ μ-f.ü. Dann ist $\mathscr{C} := \{B_n : n \geq 0\}$ eine $(\mu, \mathscr{B})$-uniforme Klasse.

Abschnitt 3.2

3.2.1. Sei $(\xi_i)_{i \in \mathbb{N}}$ eine Folge unabhängiger identisch verteilter Variabler über $(\Omega, \mathscr{A}, \mathbb{P})$. Dann existiert ein $\Omega_0 \in \mathscr{A}$ mit $\mathbb{P}(\Omega_0) = 1$ derart, daß $\mu_n^\omega \to Q_{\xi_1}$ für $n \to \infty$ und alle $\omega \in \Omega_0$.

Abschnitt 3.3

3.3.1. Seien $\xi_1, \ldots, \xi_n$ unabhängige über $[0,1]$ gleichverteilte Variable. Man zeige für die i-te Ordnungsgröße $\xi_{[i]}^{(n)}$: $\mathbb{E}(\xi_{[i]}^{(n)}) = \frac{i}{n+1}$.

3.3.2. Unter den Voraussetzungen von Ü 3.3.1 bestimme man die Verteilung des Vektors $(\xi_{[i]}^{(n)}, \xi_{[j]}^{(n)})$ für alle $1 \leq i < j \leq n$.

3.3.3. Zeigen Sie, daß unter den Voraussetzungen von Lemma 3.3.8 die Variable $\Delta_n^{-F} := \sup_{x \in \mathbb{R}} [F(x) - F_n(x)]$ wie Δ_n^{+F} verteilt ist.

3.3.4. Es seien $0 \leq u_1 \leq u_2 \leq 1$ und $0 \leq v_1 \leq v_2 \leq 1$ gegebene Konstanten mit $u_i < v_i$ für $i = 1, 2$. Man zeige für die zu unabhängigen über $[0,1]$ gleichverteilten ξ_1, ξ_2 gehörige Ordnungsstatistik $(\xi_{[1]}^{(2)}, \xi_{[2]}^{(2)})$:

$$\mathbb{P}(\{u_i \leq \xi_{[i]}^{(2)} \leq v_i, \ i=1,2\}) = 2! \ \det[(v_i - u_j)_+^{j-i+1}/(j-i+1)!].$$

Bemerkungen zum Text

Der Begriff der uniformen Klasse wurde in dieser allgemeinen Form von Stute [143] eingeführt und in einem Spezialfall bereits bei Billingsley-Topsøe [11] betrachtet.

Fragen zur gleichmäßigen Konvergenz empirischer Verteilungen wurden ausführlich in [38] diskutiert. Verteilungsaussagen und Konvergenzuntersuchungen weiterer verteilungsfreier Statistiken findet man in Sahler [126] sowie in den Monographien von Billingsley [13] und Durbin [37].

Kapitel IV. Der zentrale Grenzwertsatz

4.1 Der zentrale Grenzwertsatz

Neben den Gesetzen der großen Zahlen, die wir im zweiten Kapitel kennengelernt haben, spielen asymptotische Verteilungsaussagen eine nicht minder wichtige Rolle. Für das in (2.1.1) erwähnte Beispiel besagt der <u>Grenzwertsatz von De Moivre-Laplace</u> (vgl. [87], Satz 22.2), daß

$$\lim_{n\to\infty} \mathbb{P}(\{ \frac{S_n - np_0}{\sqrt{np_0(1-p_0)}} \leq x) = \frac{1}{\sqrt{2\pi}} \int_{-\infty}^{x} e^{-y^2/2} dy \text{ für alle } x \in \mathbb{R},$$

d.h. die Verteilungsfunktionen F_n der standardisierten Partialsummen

$$S_n^* = \frac{S_n - \mathbb{E}(S_n)}{\sqrt{V(S_n)}} = \frac{S_n - np_0}{\sqrt{np_0(1-p_0)}}$$

konvergieren schwach gegen die standardisierte Normalverteilung:

$$F_n \rightharpoonup \Phi, \text{ wobei } \Phi(x) = \frac{1}{\sqrt{2\pi}} \int_{-\infty}^{x} e^{-y^2/2} dy.$$

Andererseits zeigt Satz 1.19.1, daß für jede Folge $(\xi_i)_{i \in \mathbb{N}}$ von unabhängigen $\mathcal{N}(\mu, \sigma^2)$-verteilten zufälligen Variablen die standardisierte Summenvariable S_n^* wiederum $\mathcal{N}(0,1)$-verteilt ist, d.h. $F_n = \Phi$ und somit $F_n \rightharpoonup \Phi$. Obwohl in den genannten Fällen die Verteilungen $\mu = \xi_1 \mathbb{P}$ von grundsätzlich verschiedener Struktur sind, stellt sich somit heraus, daß für $n \to \infty$ S_n^* jedesmal asymptotisch $\mathcal{N}(0,1)$-verteilt ist, d.h. insbesondere ist F_n "asymptotisch invariant" gegenüber F_{ξ_1}. Wir wollen im folgenden die Frage untersuchen, inwieweit sich diese Eigenschaft auf beliebige Folgen $(\xi_i)_{i \in \mathbb{N}}$ überträgt. Dabei werden wir uns in diesem Kapitel auf den Fall unabhängiger Variabler beschränken und die Frage der asymptotischen Normalität unter Berücksichtigung schwacher Abhängigkeiten erst in Kapitel IX behandeln. Sei also $(\xi_i)_{i \in \mathbb{N}}$ eine Folge von unabhängigen Variablen über einem W.-Raum $(\Omega, \mathscr{A}, \mathbb{P})$. Wir wollen dabei stets $0 < V(\xi_i) < \infty$ annehmen. Sei zur Abkürzung $\sigma_i^2 := V(\xi_i)$ und $s_n^2 = V(S_n) = \sum_{i=1}^{n} \sigma_i^2$ gesetzt.

4.1.1 Definition. Für die Folge $(\xi_i)_{i \in \mathbb{N}}$ gilt der <u>zentrale Grenzwert-satz</u>, falls die Verteilungsfunktionen F_n der standardisierten Partial-summen schwach gegen die standardisierte Normalverteilung konver-gieren, d.h. falls mit $S_n^* := s_n^{-1} \sum_{i=1}^{n} (\xi_i - \mathbb{E}(\xi_i))$ gilt:

$$(4.1.2) \quad \lim_{n \to \infty} F_n(x) = \lim_{n \to \infty} \mathbb{P}(\{S_n^* \leq x\}) = \phi(x) = \frac{1}{\sqrt{2\pi}} \int_{-\infty}^{x} e^{-y^2/2} dy \text{ für alle } x \in \mathbb{R}.$$

Zur Frage der Gültigkeit des zentralen Grenzwertsatzes in einem weit-aus allgemeineren Rahmen (wo z.B. Variable ξ_i mit $V(\xi_i) = \infty$ zugelas-sen sind) verweisen wir auf das Lehrbuch von Petrov [110].

Ist $r \in \mathbb{Z}_+$ eine beliebige ganze Zahl, so haben wir in 1.12.5 gesehen, daß (4.1.2) äquivalent ist zur Bedingung

$$(4.1.3) \quad \lim_{n \to \infty} \int_{\mathbb{R}} f(y) Q_{S_n^*}(dy) = \int_{\mathbb{R}} f(y) \, \mathcal{N}(0,1)(dy) \text{ für alle } f \in C^{(r)}(\mathbb{R}).$$

Unsere Hauptaufgabe wird zunächst darin bestehen, für die Gültig-keit von (4.1.3) hinreichende Kriterien herzuleiten. Wir werden da-bei die sogenannte <u>Operatorenmethode</u> anwenden, wie sie zum Beweis des zentralen Grenzwertsatzes zum erstenmal von Trotter [148] be-nutzt worden ist (vgl. auch Krickeberg [85]). Sei dazu $\mu \mid \mathscr{B}^*$ ein be-liebiges W.-Maß und $f \in C^{(0)}(\mathbb{R})$. Wir setzen $(W_\mu f)(x) := \int_{\mathbb{R}} f(y+x)\mu(dy)$. Dann ist wegen

$$|(W_\mu f)(x) - (W_\mu f)(z)| \leq \int_{\mathbb{R}} |f(y+x) - f(y+z)| \mu(dy) \leq \sup_{y \in \mathbb{R}} |f(y+x) - f(y+z)|$$

$W_\mu f$ wiederum gleichmäßig stetig auf $\mathbb{R}$. Da ferner wegen

$$(4.1.4) \quad |W_\mu f| \leq |f| \text{ für alle } f \in C^{(0)}(\mathbb{R})$$

$W_\mu f$ auch beschränkt ist und somit zu $C^{(0)}(\mathbb{R})$ gehört, ist W_μ auf-grund der Linearität des Integrals ein kontrahierender linearer Operator auf $C^{(0)}(\mathbb{R})$.

Bezeichnet W_ν den entsprechend zum W.-Maß $\nu \mid \mathscr{B}^*$ gehörigen Operator, und ist $W_\nu W_\mu$ die Komposition von W_μ und W_ν, so folgt aufgrund des Satzes von Fubini ferner für alle $x \in \mathbb{R}$

$$(W_{\mu * \nu} f)(x) = \int_{\mathbb{R}} f(y+x)\mu * \nu(dy) = \int_{\mathbb{R}} \int_{\mathbb{R}} f(y_1+y_2+x)\mu(dy_1)\nu(dy_2)$$

$$= \int_{\mathbb{R}} (W_\mu f)(y_2+x)\nu(dy_2) = [W_\nu(W_\mu f)](x) = (W_\nu W_\mu f)(x).$$

Somit ist $W_{\mu * \nu} = W_\nu W_\mu$, also nach Vertauschung von μ und ν:

(4.1.5) $\quad W_\nu W_\mu = W_{\mu * \nu} = W_{\nu * \mu} = W_\mu W_\nu$.

Definiert man Summe und Differenz $U \overset{+}{_-} V$ zweier Operatoren U, V auf $C^{(0)}(\mathbb{R})$ wie gewöhnlich durch $(U \overset{+}{_-} V)(f) := Uf \overset{+}{_-} Vf$, $f \in C^{(0)}(\mathbb{R})$, so erhält man für beliebige Operatoren $U_1,\dots,U_n$, $V_1,\dots,V_n$:

$$U_1 \dots U_n - V_1 \dots V_n = \sum_{i=1}^{n} U_1 \dots U_{i-1}(U_i - V_i)V_{i+1} \dots V_n.$$

Für kommutierbare Operatoren gilt somit

$$U_1 \dots U_n - V_1 \dots V_n = \sum_{i=1}^{n} U_1 \dots U_{i-1} V_{i+1} \dots V_n (U_i - V_i).$$

Sind $U_1,\dots,U_n$, $V_1,\dots,V_n$ darüberhinaus Kontraktionen, so folgt für alle $f \in C^{(0)}(\mathbb{R})$:

(4.1.6) $\quad \| U_1 \dots U_n f - V_1 \dots V_n f \| \leq \sum_{i=1}^{n} \| U_i f - V_i f \|.$

Sei $n \in \mathbb{N}$ im folgenden beliebig aber fest gewählt. O.E. seien sämtliche Variable zentriert. Mit $\mu_i := Q_{s_n^{-1}\xi_i}$ bzw. $\nu_i := \mathcal{N}(0, \sigma_i^2/s_n^2)$ werden dann durch $U_i := W_{\mu_i}$ bzw. $V_i := W_{\nu_i}$ kommutierbare Kontraktionen definiert, für welche nach (4.1.5) und 1.19.1 $U_1 \dots U_n = W_{Q_{s_n^*}}$ und $V_1 \dots V_n = W_{\mathcal{N}(0,1)}$ ist. Durch Anwendung von (4.1.6) erhält man somit für alle $f \in C^{(0)}(\mathbb{R})$:

$$\sup_{x \in \mathbb{R}} \left| \int_{\mathbb{R}} f(y+x) Q_{s_n^*}(dy) - \int_{\mathbb{R}} f(y+x)\mathcal{N}(0,1)(dy) \right| = \| W_{Q_{s_n^*}} f - W_{\mathcal{N}(0,1)} f \| \leq \sum_{i=1}^{n} \| U_i f - V_i f \|,$$

so daß zum Nachweis von (4.1.3) $\sum_{i=1}^{n} \| U_i f - V_i f \| \to 0$ für $n \to \infty$ zu zeigen bleibt. Seien dazu $r \geq 2$ und $f \in C^{(r)}(\mathbb{R})$ beliebig aber fest gewählt. Wir wollen annehmen, daß sämtliche Momente $\alpha_{r,i} := \mathbb{E}(|\xi_i|^r)$ endlich sind. Entwickelt man f in seine Taylor-Reihe

$$f(y+x) = \sum_{j=0}^{r} \frac{f^{(j)}(x)}{j!} y^j + [f^{(r)}(x+\theta_y y) - f^{(r)}(x)]y^r/r!, \text{ wobei } 0 \leq \theta_y \leq 1,$$

und wendet man die Operatoren U_i und V_i auf die rechtsstehende
Funktion an, so erhält man

$$U_i f(x) = \sum_{j=0}^{r} \frac{f^{(j)}(x)}{s_n^j j!} \int_{\mathbb{R}} y^j Q_{\xi_i}(dy) + \frac{1}{s_n^r r!} \int_{\mathbb{R}} [\, f^{(r)}(x+\bar{\theta}_y y) - f^{(r)}(x)\,] y^r Q_{\xi_i}(dy)$$

bzw. mit $\nu_i' := \mathcal{N}(0, \sigma_i^2)$

$$V_i f(x) = \sum_{j=0}^{r} \frac{f^{(j)}(x)}{s_n^j j!} \int_{\mathbb{R}} y^j \, \nu_i'(dy) + \frac{1}{s_n^r r!} \int_{\mathbb{R}} [\, f^{(r)}(x+\bar{\theta}_y y) - f^{(r)}(x)\,] y^r \, \nu_i'(dy),$$

wobei $0 \le \bar{\theta}_y \le s_n^{-1}$. Betrachtet man nun einmal den Fall, daß

$$\int_{\mathbb{R}} y^j Q_{\xi_i}(dy) = \int_{\mathbb{R}} y^j \, \mathcal{N}(0, \sigma_i^2)(dy) \quad \text{für alle } i=1,\ldots,n \text{ und } j=1,\ldots,r$$

(eine Bedingung, welche für $r=2$ automatisch erfüllt ist!), so folgt
aus der obigen Darstellung von $U_i f(x)$ und $V_i f(x)$

$$|U_i f(x) - V_i f(x)| = \frac{1}{s_n^r r!} \left| \int_{\mathbb{R}} [\, f^{(r)}(x+\bar{\theta}_y y) - f^{(r)}(x)\,] y^r (Q_{\xi_i}(dy) - \mathcal{N}(0, \sigma_i^2)(dy)) \right|.$$

Ist zu vorgegebenem $\varepsilon > 0$ $\delta = \delta(\varepsilon) > 0$ so gewählt, daß
$|f^{(r)}(x_1) - f^{(r)}(x_2)| \le \varepsilon$ für alle $|x_1 - x_2| < \delta$ ($f^{(r)}$ gleichmäßig stetig!)
so folgt wegen $0 \le \bar{\theta}_y \le s_n^{-1}$:

$$|U_i f(x) - V_i f(x)| \le \frac{2|f^{(r)}|}{s_n^r r!} \left[\int_{\{|y| \ge \delta s_n\}} |y|^r Q_{\xi_i}(dy) + \sigma_i^r \int_{\{|y| \ge \delta s_n\}} |y|^r \, \mathcal{N}(0,1)(dy) \right]$$

$$+ \frac{\varepsilon}{s_n^r r!} (\alpha_{r,i} + \sigma_i^r \gamma_r), \quad \text{wobei } \gamma_r := \int_{\mathbb{R}} |y|^r \, \mathcal{N}(0,1)(dy). \text{ Da die rechte Seite}$$

der letzten Ungleichung von x unabhängig ist, erhalten wir

$$\sum_{i=1}^{n} |U_i f - V_i f| \le \frac{2|f^{(r)}|}{s_n^r r!} \left[\sum_{i=1}^{n} \left(\int_{\{|y| \ge \delta s_n\}} |y|^r Q_{\xi_i}(dy) + \sigma_i^r \int_{\{|y| \ge \delta s_n\}} |y|^r \, \mathcal{N}(0,1)(dy) \right) \right]$$

$$+ \frac{\varepsilon}{s_n^r r!} \sum_{i=1}^{n} (\alpha_{r,i} + \sigma_i^r \gamma_r).$$

Da ferner für alle $r \ge 2$ $\sum_{i=1}^{n} \sigma_i^r \le s_n^2 [\max_{k=1,\ldots,n} \sigma_k^2]^{r/2-1}$, ergibt sich damit

158

$$(4.1.7) \quad \sum_{i=1}^{n} |U_i f - V_i f| \le \frac{2|f^{(r)}|}{s_n^r r!} \sum_{i=1}^{n} \int_{\{|y| \ge \delta s_n\}} |y|^r Q_{\xi_i}(dy) + \frac{\varepsilon}{s_n^r r!} \sum_{i=1}^{n} \alpha_{r,i} +$$

$$\frac{1}{s_n^{r-2} r!} [\max_{k=1,\ldots,n} \sigma_k^2]^{r/2-1} [\varepsilon \gamma_r + 2|f^{(r)}| \cdot \int_{\{|y| \ge \delta s_n\}} |y|^r \, \mathscr{N}(0,1)(dy)].$$

Da (4.1.7) im Fall r=2 automatisch erfüllt ist, ergibt sich daraus
der folgende

<u>4.1.8 Satz.</u> Sei $(\xi_i)_{i \in \mathbb{N}}$ eine Folge von unabhängigen Variablen mit
$0 < V(\xi_i) < \infty$. Ist dann

$$(4.1.9) \quad \lim_{n \to \infty} L_n(\delta) = 0 \quad \text{für alle } \delta > 0,$$

wobei $L_n(\delta) := \frac{1}{s_n^2} \sum_{i=1}^{n} \int_{\{|\xi_i - E(\xi_i)| \ge \delta s_n\}} |\xi_i(\omega) - E(\xi_i)|^2 \, \mathbb{P}(d\omega)$,

so gilt für die Folge $(\xi_i)_{i \in \mathbb{N}}$ der zentrale Grenzwertsatz.

(4.1.9) ist in der Literatur als (klassische) <u>Lindeberg-Bedingung</u>
bekannt.

<u>Beweis.</u> Sei $f \in C^{(2)}(\mathbb{R})$ und (o.E.) $E(\xi_i)=0$ für alle $i \in \mathbb{N}$. Wir wenden
(4.1.7) mit r=2 an und erhalten für alle $\varepsilon > 0$ (wobei $\delta = \delta(\varepsilon)$ wie
oben gewählt sei):

$$\sum_{i=1}^{n} |U_i f - V_i f| \le \frac{\varepsilon}{2}(1+\gamma_2) + |f^{(2)}| \cdot \int_{\{|y| \ge \delta s_n\}} y^2 \, \mathscr{N}(0,1)(dy) + |f^{(2)}| L_n(\delta).$$

Da aufgrund von (4.1.9) $s_n \uparrow \infty$ (Beweis!) und γ_2 endlich ist, folgt

$$\limsup_{n \to \infty} \sum_{i=1}^{n} |U_i f - V_i f| \le \frac{\varepsilon}{2}(1+\gamma_2), \text{ also } \lim_{n \to \infty} \sum_{i=1}^{n} |U_i f - V_i f| = 0 \quad (\varepsilon \downarrow 0).$$

Durch Anwendung von (4.1.6) erhalten wir gleichmäßig in x:

$$\lim_{n \to \infty} \int_{\mathbb{R}} f(y+x) Q_{S_n^*}(dy) = \int_{\mathbb{R}} f(y+x) \, \mathscr{N}(0,1)(dy), \text{ also } (4.1.3) \text{ für } x=0. \quad \square$$

<u>4.1.10 Korollar.</u> Sei $(\xi_i)_{i \in \mathbb{N}}$ eine Folge von unabhängigen, identisch
verteilten Variablen mit $0 < V(\xi_1) < \infty$. Dann gilt für die Folge $(\xi_i)_{i \in \mathbb{N}}$
der zentrale Grenzwertsatz.

<u>Beweis.</u> Es ist $L_n(\delta) = \frac{1}{V(\xi_1)} \cdot \int_{\{|\xi_1 - E(\xi_1)| \ge \delta s_n\}} |\xi_1(\omega) - E(\xi_1)|^2 \, \mathbb{P}(d\omega)$ und

somit wegen $s_n \to \infty$ $\lim_{n\to\infty} L_n(\delta) = 0$ für alle $\delta > 0$, d.h. es gilt (4.1.9). $\square$

Insbesondere umfaßt 4.1.10 den eingangs erwähnten Grenzwertsatz von De Moivre-Laplace.

<u>4.1.11 Korollar.</u> Erfüllt eine Folge $(\xi_i)_{i \in \mathbb{N}}$ von unabhängigen Variablen mit $0 < V(\xi_i) < \infty$ die sogenannte <u>Ljapunoff-Bedingung</u>, d.h. existiert ein $\epsilon > 0$ mit

$$(4.1.12) \quad \lim_{n\to\infty} \frac{1}{s_n^{2+\epsilon}} \sum_{i=1}^{n} \mathbb{E}(|\xi_i - \mathbb{E}(\xi_i)|^{2+\epsilon}) = 0,$$

so gilt für die Folge $(\xi_i)_{i \in \mathbb{N}}$ der zentrale Grenzwertsatz.

<u>Beweis.</u> Man zeigt leicht, daß (4.1.12) die Lindeberg-Bedingung (4.1.9) impliziert. $\square$

Für beliebiges $r \geq 2$ nimmt die rechte Seite von (4.1.7) ebenfalls eine recht einfache Form an, wenn die Variablen ξ_i identisch verteilt sind, nämlich

$$\sum_{i=1}^{n} |U_i f - V_i f| \leq 2|f^{(r)}|\sigma_1^{-r} n^{1-r/2} r!^{-1} \int_{\{|y| \geq \delta s_n\}} |y|^r Q_{\xi_1}(dy) + \epsilon \alpha_{r,1} \sigma_1^{-r} n^{1-r/2} r!^{-1}$$

$$+ n^{1-r/2} r!^{-1} [\epsilon \gamma_r + 2|f^{(r)}| \cdot \int_{\{|y| \geq \delta s_n\}} |y|^r \mathcal{N}(0,1)(dy)].$$

Da die beiden Integrale auf der rechten Seite für $n \to \infty$ gegen 0 konvergieren, erhalten wir zusammenfassend den folgenden

<u>4.1.13 Satz (Butzer-Hahn-Westphal).</u> Sei $(\xi_i)_{i \in \mathbb{N}}$ eine Folge unabhängiger identisch verteilter Variabler mit $0 < V(\xi_1) < \infty$ und $\mathbb{E}(\xi_1) = 0$. Ist dann für $r \geq 2$

$$(4.1.14) \quad \alpha_{r,1} = \mathbb{E}(|\xi_1|^r) < \infty \quad \text{und}$$

$$(4.1.15) \quad \mathbb{E}(\xi_1^j) = \int_{\mathbb{R}} y^j \mathcal{N}(0,\sigma_1^2)(dy) \quad \text{für alle } j=3,\ldots,r,$$

so gilt für die Folge $(\xi_i)_{i \in \mathbb{N}}$ der zentrale Grenzwertsatz, und für alle $f \in C^{(r)}(\mathbb{R})$ ist

$$\sup_{x \in \mathbb{R}} |\int_{\mathbb{R}} f(y+x) Q_{S_n^*}(dy) - \int_{\mathbb{R}} f(y+x) \mathcal{N}(0,1)(dy)| = \mathcal{O}(n^{1-r/2}).$$

Fordert man in (4.1.15) dagegen nur die Gleichheit der Integrale für

alle j=3,...,r-1, so zeigt der Beweis von (4.1.7), daß die Ungleichung
noch richtig bleibt, wenn man auf der rechten Seite zusätzlich

$$\frac{|f^{(r)}|}{s_n^r r!} \; [\; \sum_{i=1}^{n} (\int_{\mathbb{R}} |y|^r Q_{\xi_i}(dy) + \int_{\mathbb{R}} |y|^r . \mathcal{N}(0,\sigma_i^2)(dy)]\; \text{ addiert.}$$

Im Fall identisch verteilter Variabler ergibt sich somit

__4.1.16 Satz.__ Sei $(\xi_i)_{i \in \mathbb{N}}$ eine Folge unabhängiger identisch verteilter
zentrierter Variabler mit $0 < \sigma_1^2 = V(\xi_1) < \infty$. Ist dann für $r \geq 2$

$$(4.1.14) \quad \alpha_{r,1} = \mathbb{E}(|\xi_1|^r) < \infty \text{ und}$$

$$(4.1.17) \quad \mathbb{E}(\xi_1^j) = \int_{\mathbb{R}} y^j . \mathcal{N}(0,\sigma_1^2)(dy) \text{ für alle } j=3,...,r-1,$$

so gilt für die Folge $(\xi_i)_{i \in \mathbb{N}}$ der zentrale Grenzwertsatz, und für
alle $f \in C^{(r)}(\mathbb{R})$ ist

$$\sup_{x \in \mathbb{R}} |\int_{\mathbb{R}} f(y+x)Q_{S_n^*}(dy) - \int_{\mathbb{R}} f(y+x).\mathcal{N}(0,1)(dy)| = \mathcal{O}(n^{1-r/2}).$$

Da Bedingung (4.1.17) für r=3 leer ist, erhalten wir schließlich

__4.1.18 Korollar.__ Es sei $(\xi_i)_{i \in \mathbb{N}}$ eine Folge unabhängiger identisch
verteilter Variabler mit $0 < \sigma_1^2 = V(\xi_1)$ und $\mathbb{E}(|\xi_1|^3) < \infty$. Dann gilt
für alle $f \in C^{(3)}(\mathbb{R})$:

$$\sup_{x \in \mathbb{R}} |\int_{\mathbb{R}} f(y+x)Q_{S_n^*}(dy) - \int_{\mathbb{R}} f(y+x).\mathcal{N}(0,1)(dy)| = \mathcal{O}(n^{-1/2}).$$

Während Satz 4.1.8 nur eine qualitative Aussage zur Gültigkeit des
zentralen Grenzwertsatzes macht, zeigen die letzten beiden Sätze, daß
unter gewissen Bedingungen an die Momente der Variablen ξ_i sogar eine
Aussage über die Konvergenzgeschwindigkeit möglich ist. Der für spätere
Anwendungen wichtigste Fall wird dabei jedoch nicht erfaßt. Setzt man
nämlich $f = 1_{(-\infty,0]}$, so ist

$$\sup_{x \in \mathbb{R}} |\int_{\mathbb{R}} f(y+x)Q_{S_n^*}(dy) - \int_{\mathbb{R}} f(y+x) . \mathcal{N}(0,1)(dy)| = \sup_{x \in \mathbb{R}} |F_n(x)-\Phi(x)| =: \rho_n,$$

also die maximale Abweichung von F_n und Φ. Zwar folgt mit Satz 3.1.13
die Konvergenz von ρ_n gegen 0, jedoch setzen die Abschätzungen zur
Bestimmung der Konvergenzgeschwindigkeit u.a. wesentlich die Existenz
der r-ten Ableitung von f voraus. Zum Beweis entsprechender Aussagen
für die Größen ρ_n wird somit eine Technik erforderlich sein, die

nicht die Entwicklung von f in eine Taylorreihe benötigt. Dies wird
uns im nächsten Abschnitt beschäftigen. Mit Hilfe der Theorie der
charakteristischen Funktionen werden wir dort zeigen, daß die Aussage
von 4.1.18 auch dann noch richtig bleibt, wenn $f = 1_{(-\infty,0]}$ ist, d.h.
daß $\rho_n = \mathcal{C}(n^{-1/2})$.

Zunächst wollen wir nachweisen, daß die Lindeberg-Bedingung (4.1.9)
auch notwendig für die Gültigkeit des zentralen Grenzwertsatzes ist,
sofern die Folge $(\xi_i)_{i \in \mathbb{N}}$ die nach <u>Feller</u> benannte <u>Bedingung</u>

$$(4.1.19) \quad \lim_{n \to \infty} \quad \max_{k=1,\ldots,n} \quad \sigma_k^2/s_n^2 = 0$$

erfüllt. Es gilt nämlich

<u>4.1.20 Satz.</u> Für jede Folge $(\xi_i)_{i \in \mathbb{N}}$ u..abhängiger Variabler mit
$0 < \sigma_i^2 = V(\xi_i) < \infty$ sind folgende Aussagen äquivalent:

(i) Die Folge genügt der Lindeberg-Bedingung (4.1.9)
(ii) Es gilt der zentrale Grenzwertsatz, und die Folge genügt der
     Fellerschen Bedingung (4.1.19).

<u>Beweis.</u> 1. Erfüllt die Folge $(\xi_i)_{i \in \mathbb{N}}$ die Lindeberg-Bedingung, so
bleibt gemäß 4.1.8 nur noch zu zeigen, daß sie auch der Fellerschen
Bedingung genügt. Für alle $\delta > 0$ ist

$$\max_{k=1,\ldots,n} \sigma_k^2/s_n^2 \leq \delta^2 + \max_{k=1,\ldots,n} \frac{1}{s_n^2} \int_{\{|\xi_k - \mathbb{E}(\xi_k)| \geq \delta s_n\}} |\xi_k - \mathbb{E}(\xi_k)|^2 d\mathbb{P} \leq \delta^2 + L_n(\delta),$$

also (4.1.19) ($n \to \infty$ und $\delta \to 0$!).

2. Sei o.E. $\mathbb{E}(\xi_i)=0$ für alle $i \in \mathbb{N}$. Bezeichnet φ_{ξ_i} die charakteristische
Funktion von ξ_i, so folgt zunächst aus der Gültigkeit des zentralen
Grenzwertsatzes (vgl.(1.17.24)),daß $\lim_{n \to \infty} \prod_{i=1}^{n} \varphi_{\xi_i}(\lambda/s_n) = e^{-\lambda^2/2}$ für
alle $\lambda \in \mathbb{R}$. Ferner erhält man unter Verwendung von (1.17.20)

$|1-\varphi_{\xi_i}(\lambda/s_n)| \leq \sigma_i^2\lambda^2/2s_n^2 \leq \frac{\lambda^2}{2} \max_{k=1,\ldots,n} \sigma_k^2/s_n^2$. Wegen (4.1.19) existiert

somit zu $\lambda \in \mathbb{R}$ und $0 < \epsilon \leq 1/2$ ein $n_0=n_0(\lambda,\epsilon) \in \mathbb{N}$ derart, daß

$|1-\varphi_{\xi_i}(\lambda/s_n)| \leq \epsilon \leq 1/2$ für alle $n \geq n_0$ und $i=1,\ldots,n$. Insbesondere besitzt $\log \varphi_{\xi_i}(\lambda/s_n)$ für diese $n \in \mathbb{N}$ im Hauptzweig die Taylor-Entwicklung

$$\log \varphi_{\xi_i}(\lambda/s_n) = (\varphi_{\xi_i}(\lambda/s_n)-1) + \sum_{k\geq 2}(-1)^{k-1}(\varphi_{\xi_i}(\lambda/s_n)-1)^k/k, \text{ d.h. es ist}$$

$$\sum_{i=1}^{n}|\log \varphi_{\xi_i}(\lambda/s_n)-\varphi_{\xi_i}(\lambda/s_n)+1| \leq \sum_{i=1}^{n}|1-\varphi_{\xi_i}(\lambda/s_n)|^2 \leq \varepsilon \sum_{i=1}^{n}|1-\varphi_{\xi_i}(\lambda/s_n)| \leq$$

$$\varepsilon \cdot \sum_{i=1}^{n}\sigma_i^2\lambda^2/2s_n^2 = \frac{\varepsilon\lambda^2}{2}. \text{ Für jedes feste } \lambda\in\mathbb{R} \text{ ist somit}$$

$$(4.1.21) \quad \lim_{n\to\infty}\sum_{i=1}^{n}(\varphi_{\xi_i}(\lambda/s_n)-1) = \lim_{n\to\infty}\sum_{i=1}^{n}\log \varphi_{\xi_i}(\lambda/s_n) = -\lambda^2/2.$$

Sei nun $\delta > 0$ beliebig aber fest vorgegeben. Indem man auf beiden Seiten von (4.1.21) zum Realteil übergeht, erhält man:

$$\frac{\lambda^2}{2} - \sum_{i=1}^{n}\int_{\{|y|<\delta s_n\}}(1-\cos\frac{\lambda y}{s_n})Q_{\xi_i}(dy) = \sum_{i=1}^{n}\int_{\{|y|\geq\delta s_n\}}(1-\cos\frac{\lambda y}{s_n})Q_{\xi_i}(dy)+R_n$$

mit einem Fehlerterm R_n, der für $n\to\infty$ gegen 0 konvergiert. Unter Ausnutzung der für alle $z\in\mathbb{R}$ gültigen Ungleichung $1-\cos z \leq z^2/2$ folgt weiter

$$\sum_{i=1}^{n}\int_{\{|y|<\delta s_n\}}(1-\cos\frac{\lambda y}{s_n})Q_{\xi_i}(dy) \leq \frac{\lambda^2}{2s_n^2}\sum_{i=1}^{n}\int_{\{|y|<\delta s_n\}}y^2 Q_{\xi_i}(dy) = \frac{\lambda^2}{2}(1-L_n(\delta)).$$

Da ferner

$$\sum_{i=1}^{n}\int_{\{|y|\geq\delta s_n\}}(1-\cos\frac{\lambda y}{s_n})Q_{\xi_i}(dy) \leq 2\sum_{i=1}^{n}\int_{\{|y|\geq\delta s_n\}}Q_{\xi_i}(dy) \leq$$

$$\frac{2}{\delta^2 s_n^2}\sum_{i=1}^{n}\int_{\{|y|\geq\delta s_n\}}y^2 Q_{\xi_i}(dy) \leq \frac{2}{\delta^2}, \text{erhalten wir zusammenfassend}$$

$$\frac{\lambda^2}{2}L_n(\delta) \leq \frac{2}{\delta^2} + R_n, \text{ also } 0 \leq \limsup_{n\to\infty}L_n(\delta) \leq \frac{4}{\lambda^2\delta^2}. \text{ Mit } \lambda\to\infty \text{ folgt}$$

$$\lim_{n\to\infty}L_n(\delta) = 0, \text{ d.h. es gilt (i).} \quad \square$$

4.2 Der Satz von Berry-Esséen

Wie im letzten Abschnitt bereits bemerkt wurde, liefert die Operatorenmethode keine Abschätzung für die Konvergenzgeschwindigkeit der Größen $\rho_n = \sup_{x\in\mathbb{R}}|F_n(x)-\Phi(x)|$. Da jedoch speziell in Abschnitt 4.3 das asymptotische Verhalten von ρ_n eine große Rolle spielt, wollen

wir in diesem Abschnitt näher auf diese Frage eingehen. Wie in 4.1.20
werden wir dabei als wichtige Hilfsmittel einige Ergebnisse aus der
Theorie der charakteristischen Funktionen benutzen.

Für zwei beliebige Verteilungsfunktionen F und G auf $\mathbb{R}$ sei
$\Delta(x) := F(x)-G(x)$, $x \in \mathbb{R}$, und $\rho := |\Delta| := \sup_{x \in \mathbb{R}} |F(x)-G(x)|$ gesetzt.
Bezeichnen φ und γ die zugehörigen charakteristischen Funktionen, so
besteht unser erstes Ziel zunächst darin, ρ durch einen Ausdruck nach
oben abzuschätzen, der nur von $\varphi-\gamma$ abhängt. Um dabei Satz 1.17.13 und
Lemma 1.17.14 anwenden zu können, bedarf es zunächst einer "Glättung"
(smoothing) von F und G.

Für $T > 0$ bezeichne dazu $\nu_T | \mathscr{B}^*$ das W.-Maß mit der Dichte

$$\nu_T(x) = \frac{1}{\pi} \frac{1-\cos Tx}{Tx^2} \ , \ x \in \mathbb{R}.$$ Gemäß U 1.17.5 gilt dann für die zugehörige
charakteristische Funktion φ_T:

$$(4.2.1) \quad \varphi_T(x) = \begin{cases} 1 - \dfrac{|x|}{T} & , \text{ falls } |x| < T \\[2mm] 0 & \text{ sonst} \end{cases} \ .$$

Im folgenden kommt es uns nicht so sehr auf die spezielle Gestalt
von φ_T an als vielmehr auf die Tatsache, daß φ_T außerhalb des kompakten
Intervalls $[-T,T]$ verschwindet. Setze

$$\Delta^T(t) := \int_{\mathbb{R}} \Delta(t-x)\nu_T(x)dx \text{ und } \rho^T := \sup_{t \in \mathbb{R}} |\Delta^T(t)| ,$$

d.h. Δ^T ist die Differenz der Verteilungsfunktionen von $F * \nu_T$ und
$G * \nu_T$ (vgl. (1.10.9)).

<u>4.2.2 Lemma.</u> Seien F und G zwei Verteilungsfunktionen, G differenzier-
bar auf $\mathbb{R}$ mit Ableitung G' derart, daß

$$(4.2.3) \quad |G'(x)| \leq m < \infty \text{ für alle } x \in \mathbb{R}.$$

Dann gilt: $\rho/2 \leq \rho^T + \dfrac{12m}{\pi T}$.

<u>Beweis.</u> Zu $\varepsilon > 0$ beliebig sei $x_0 \in \mathbb{R}$ so gewählt, daß $\rho \leq |F(x_0)-G(x_0)|+\varepsilon$.
Dabei sei o.E. $F(x_0) \geq G(x_0)$. Aufgrund von (4.2.3) folgt für alle $s \geq 0$:

$$\Delta(x_0+s) = F(x_0+s)-G(x_0+s) \geq F(x_0)-G(x_0)-ms \geq \rho-\varepsilon-ms.$$

Mit $h = \dfrac{\rho}{2m}$, $t=x_0+h$ und $x=h-s$ erhält man somit

(4.2.4) $\Delta(t-x) \geq \rho/2 - \varepsilon + mx$ für alle $|x| \leq h$.

Für $|x| > h$ schätzen wir $\Delta(t-x)$ nach unten durch $-\rho$ ab und erhalten:

$$|\Delta^T(t)| \leq \int_{\mathbb{R}} \Delta(t-x) v_T(x) dx \leq \int_{\{|x| \leq h\}} (\rho/2 - \varepsilon + mx) v_T(x) dx - \rho \cdot \int_{\{|x| > h\}} v_T(x) dx.$$

Da aus Symmetriegründen $\int_{\{|x| \leq h\}} x v_T(x) dx = 0$ ist, folgt

$$|\Delta^T(t)| \geq \rho/2 - \varepsilon - 3\rho/2 \cdot \int_{\{|x| > h\}} v_T(x) dx \geq \rho/2 - \varepsilon - \frac{3\rho \cdot 4}{2\pi Th} = \rho/2 - \varepsilon - \frac{12m}{\pi T}$$

und somit $\rho/2 \leq \rho^T + \frac{12m}{\pi T} + \varepsilon$. Daraus folgt die Behauptung ($\varepsilon \downarrow 0$). $\square$

Als nächstes wollen wir die sogenannte Fundamentalungleichung von Esséen beweisen. In ihr wird die maximale Abweichung zweier Verteilungsfunktionen durch einen Ausdruck nach oben abgeschätzt, der im wesentlichen nur von der Differenz der zugehörigen charakteristischen Funktionen abhängt.

<u>4.2.5 Lemma.</u> Seien F und G zwei Verteilungsfunktionen mit charakteristischen Funktionen φ bzw. γ derart, daß $|G'(x)| \leq m < \infty$ für alle $x \in \mathbb{R}$. Dann gilt für alle $T > 0$:

$$(4.2.6) \quad \rho = \sup_{x \in \mathbb{R}} |F(x) - G(x)| \leq 1/\pi \int_{-T}^{T} \left|\frac{\varphi(x) - \gamma(x)}{x}\right| dx + \frac{24m}{\pi T}.$$

<u>Beweis.</u> Wir wollen von vornherein annehmen, daß die rechte Seite endlich, d.h. $\left|\frac{\varphi(x) - \gamma(x)}{x}\right|$ über $[-T, T]$ integrierbar ist, da sonst die Ungleichung trivialerweise richtig ist. Setze $\mu = F * v_T$ und $\nu := G * v_T$. Bezeichnen φ_μ bzw. φ_ν die zugehörigen charakteristischen Funktionen, so folgt mit 1.17.4 $\varphi_\mu = \varphi\varphi_T$ bzw. $\varphi_\nu = \gamma\varphi_T$. Da φ_T und somit auch φ_μ bzw. φ_ν außerhalb von $[-T, T]$ verschwinden, also insbesondere integrierbar sind, erhält man mit 1.17.13, daß μ und ν bzgl. des Lebesgueschen Maßes absolutstetig sind mit Dichten

$$f_\mu(\lambda) = \frac{1}{2\pi} \int_{-T}^{T} e^{-i\lambda x} \varphi(x) \varphi_T(x) dx \quad \text{bzw.} \quad f_\nu(\lambda) = \frac{1}{2\pi} \int_{-T}^{T} e^{-i\lambda x} \gamma(x) \varphi_T(x) dx,$$

also

$$(4.2.7) \quad f_\mu(\lambda) - f_\nu(\lambda) = \frac{1}{2\pi} \int_{-T}^{T} e^{-i\lambda x} [\varphi(x) - \gamma(x)] \varphi_T(x) dx.$$

Wir zeigen, daß (4.2.7) äquivalent ist zu

$$(4.2.8) \quad \Delta^T(\lambda) = \frac{1}{2\pi} \int_{-T}^{T} e^{-i\lambda x} \left[\frac{\varphi(x) - \gamma(x)}{-ix}\right] \varphi_T(x) dx.$$

Zunächst sei bemerkt, daß sich der Integrand auf der rechten Seite von (4.2.8) für alle x dem Betrage nach durch die nach Annahme integrierbare Funktion $|\frac{\varphi(x)-\gamma(x)}{x}|$ nach oben abschätzen läßt. Differenziert man somit beide Seiten nach λ, so ergibt sich formal (4.2.7), d.h.

$$\Delta^T{}'(\lambda) = \frac{1}{2\pi} \int_{-T}^{T} e^{-i\lambda x}[\frac{\varphi(x)-\gamma(x)}{-ix}] \varphi_T(x)dx+c \text{ mit einer Konstanten } c\in\mathbb{C}.$$

Nach Definition von Δ^T bzw. mit dem Lemma von Riemann-Lebesgue konvergieren aber sowohl die linke als auch die rechte Seite von (4.2.8) für $\lambda\to\infty$ gegen 0, d.h. c=0. Die Behauptung des Lemmas ergibt sich unter Verwendung von (4.2.8) nun unmittelbar aus 4.2.2. $\square$

Ist $F = F_n$ speziell die Verteilungsfunktion einer standardisierten Partialsumme und $G = \Phi$ die Verteilungsfunktion der standardisierten Normalverteilung (also $m = (2\pi)^{-1/2}$), so liefert 4.2.5 eine obere Schranke für die Konvergenzgeschwindigkeit im zentralen Grenzwertsatz:

$$(4.2.9) \quad \rho_n=\sup_{x\in\mathbb{R}} |F_n(x)-\Phi(x)| \leq \frac{1}{\pi}\int_{-T}^{T}|\overline{\varphi}_n(\frac{x}{s_n})-e^{-x^2/2}|/|x|dx + \frac{24}{T\pi\sqrt{2\pi}}$$

für alle $T > 0$. Dabei ist $\overline{\varphi}_n := \prod_{i=1}^{n} \varphi_{\xi_i}$ die charakteristische Funktion der Partialsumme $S_n = \sum_{i=1}^{n} \xi_i$ (o.E. sei $\mathbb{E}(\xi_i) = 0$ für alle $i\in\mathbb{N}$). Man beachte dazu, daß aufgrund der vorausgesetzten Existenz der Momente der Zähler des Integranden in (4.2.9) wegen 1.17.18 in 0 differenzierbar und somit der Integrand an der Stelle 0 über die Ableitungen definiert ist.

<u>4.2.10 Satz (Berry-Esséen)</u>. Sei $(\xi_i)_{i\in\mathbb{N}}$ eine Folge von unabhängigen zentrierten Variablen über einem W.-Raum $(\Omega, \mathcal{A}, \mathbb{P})$ mit $0<\sigma_i^2=V(\xi_i) < \infty$. Dann gilt für alle $n\in\mathbb{N}$:

$$(4.2.11) \quad \rho_n = \sup_{x\in\mathbb{R}} |F_n(x)-\Phi(x)| \leq \frac{6}{s_n^3} \cdot \sum_{i=1}^{n} \mathbb{E}(|\xi_i|^3).$$

<u>Beweis.</u> Sei $n\in\mathbb{N}$ beliebig aber fest gewählt. O.E. sei $\alpha_i :=\mathbb{E}(|\xi_i|^3)<\infty$ für alle $i=1,\ldots,n$. Setze $T:=8s_n^3/9\alpha$ mit $\alpha:= \sum_{i=1}^{n} \alpha_i$. Ferner sei für alle $i=1,\ldots,n$ und $|x|\leq T$ $\beta_i:=\varphi_{\xi_i}(\frac{x}{s_n})$ und $\gamma_i:=\exp[-\frac{1}{2}(\sigma_i^2/s_n^2)x^2]$ gesetzt. Mit (1.17.20) erhalten wir für β_i die Abschätzung $|\beta_i|\leq|1-\frac{\sigma_i^2x^2}{2s_n^2}| + \frac{\alpha_i|x|^3}{6s_n^3}$.

Im Fall $\sigma_iT\leq s_n\sqrt{2}$ ist $1 - \frac{\sigma_i^2x^2}{2s_n^2}$ für alle $|x|\leq T$ nichtnegativ, so daß man (da $1+x \le e^x$, $x \in \mathbb{R}$) $|\beta_i|$ weiter durch $\exp[(-\sigma_i^2/2s_n^2 + \alpha_i T/6s_n^3)x^2]$ abschätzen kann. Ist $\sigma_i T > s_n \sqrt{2}$, so erhalten wir wegen $\alpha_i \ge \sigma_i^3$ (vgl. 1.13.7) die Ungleichung $-\sigma_i^2/2s_n^2 + 3\alpha_i T/8s_n^3 \le 0$, d.h. (da $|\beta_i| \le 1$) in jedem Fall gilt für alle $|x| \le T$

$$(4.2.12) \qquad |\beta_i| \le \exp\left[\left(-\frac{\sigma_i^2}{2s_n^2} + \frac{3\alpha_i T}{8s_n^3}\right)x^2\right] =: \delta_i \quad \text{für alle } i=1,\ldots,n.$$

Eine entsprechende Abschätzung für γ_i ist aus trivialen Gründen richtig. Da die linke Seite von (4.2.11) stets kleiner oder gleich 1 und somit die Behauptung des Satzes richtig ist, falls $\alpha/s_n^3 \ge 1/6$, können wir im folgenden stets $\alpha/s_n^3 < 1/6$ bzw. $T > 16/3$ annehmen. In diesem Fall gilt aber für alle $i=1,\ldots,n$ die Abschätzung

$$(4.2.13) \qquad \delta_1 \cdots \delta_{i-1} \cdot \delta_{i+1} \cdots \delta_n \le \exp\left[\left(-\frac{1}{2} + \frac{3\alpha T}{8s_n^3} + \frac{1}{32}\right)x^2\right] \le \exp(-x^2/8).$$

Ist nämlich $\sigma_i/s_n \le 4/3T \le 1/4$, so folgt (4.2.13) unmittelbar aus der Definition von δ_i. Ist $\sigma_i/s_n > 4/3T$, so erhält man mit der Momentenungleichung $\sigma_i^3 \ge \alpha_i$ die Beziehung $\delta_i \le 1$, also

$$\delta_1 \cdots \delta_{i-1} \cdot \delta_{i+1} \cdots \delta_n \le \prod_{k=1}^{n} \delta_k = \exp\left[\left(-\frac{1}{2} + \frac{3\alpha T}{8s_n^3}\right)x^2\right] \le \exp\left[\left(-\frac{1}{2} + \frac{3\alpha T}{8s_n^3} + \frac{1}{32}\right)x^2\right].$$

Unter abermaliger Verwendung von (1.17.20) folgt weiter

$$|\beta_i - \gamma_i| = \left|\beta_i - 1 + \frac{x^2\sigma_i^2}{2s_n^2} + 1 - \frac{x^2\sigma_i^2}{2s_n^2} - \gamma_i\right| \le \frac{|x|^3\alpha_i}{6s_n^3} + \frac{x^4\sigma_i^4}{24\,s_n^4}c_4$$

(mit $c_4 := \int_{\mathbb{R}} x^4 \, \mathcal{N}(0,1)(dx)$, wobei man zu beachten hat, daß das dritte Moment von $\mathcal{N}(0,1)$ verschwindet). Wegen $c_4 = 3$ (vgl. Ü 1.17.4) erhalten wir somit

$$\sum_{i=1}^{n} |\beta_i - \gamma_i| \le \frac{|x|^3\alpha}{6s_n^3} + \frac{x^4}{8s_n^4} \cdot \sum_{i=1}^{n} \sigma_i^4,$$

so daß, da $\sigma_i^4 \le \alpha_i^{4/3} \le \alpha^{1/3}\alpha_i$ für alle $i=1,\ldots,n$, schließlich folgt:

$$(4.2.14) \qquad \sum_{i=1}^{n} |\beta_i - \gamma_i| \le \frac{|x|^3\alpha}{6s_n^3} + \frac{x^4}{8}\left(\frac{\alpha}{s_n^3}\right)^{4/3} \le \frac{|x|^3\alpha}{6s_n^3} + \frac{x^4}{8\sqrt[3]{6}} \cdot \frac{\alpha}{s_n^3}.$$

Zusammenfassend erhalten wir aus (4.2.12), (4.2.13) und (4.2.14):

$$\left|\prod_{i=1}^{n}\beta_i - \prod_{i=1}^{n}\gamma_i\right| \le \sum_{i=1}^{n}\left|\beta_1 \cdots \beta_{i-1}(\beta_i - \gamma_i)\gamma_{i+1}\cdots\gamma_n\right| \le \frac{8}{9T}\cdot\left(\frac{|x|^3}{6} + \frac{5x^4}{72}\right)e^{-x^2/8}.$$

Dividiert man beide Seiten durch $|x|$, so liefert dies eine Abschätzung für den Integranden in (4.2.9). Integration über $[-T,T]$ ergibt dann die Behauptung (vgl. dazu auch A7). $\square$

Der Beweis von 4.2.10 geht in dieser Form auf Feller [44] zurück.

4.2.15 Korollar. Sei $(\xi_i)_{i \in \mathbb{N}}$ eine Folge unabhängiger identisch verteilter Variabler über einem W.-Raum $(\Omega, \mathscr{A}, \mathbb{P})$ mit $0 < \sigma_1^2 := V(\xi_1^2) < \infty$. Dann ist für alle $n \in \mathbb{N}$

$$\rho_n = \sup_{x \in \mathbb{R}} |F_n(x) - \phi(x)| \leq \frac{6 \, \mathbb{E}(|\xi_1 - \mathbb{E}(\xi_1)|^3)}{\sigma_1^3 n^{1/2}} \; .$$

Das folgende Beispiel zeigt, daß die Konvergenzordnung $n^{-1/2}$ in Korollar 4.2.15 im allgemeinen nicht verbessert werden kann, selbst wenn ξ_1 beschränkt ist und somit sämtliche Momente existieren.

4.2.16 Beispiel. Sei $(\xi_i)_{i \in \mathbb{N}}$ eine Folge unabhängiger Variabler mit $\mathbb{P}(\{\xi_i = 1\}) = 1/2 = \mathbb{P}(\{\xi_i = -1\})$. Dann ist $\mathbb{E}(\xi_1) = 0$ und $V(\xi_1) = 1 = \mathbb{E}(|\xi_1|^3)$. Ferner folgt mit Hilfe der Stirling schen Formel für alle geraden n:

$$\mathbb{P}(\{S_n = 0\}) = \binom{n}{n/2} 2^{-n} \sim \frac{2}{\sqrt{2\pi n}} \; , \text{ also}$$

$$\rho_n \geq \max\{|F_n(0) - \phi(0)|, |F_n(0-0) - \phi(0)|\} \geq \frac{1}{2} |F_n(0) - F_n(0-0)| \sim \frac{1}{\sqrt{2\pi n}} \; .$$

Insbesondere zeigt das Beispiel, daß die Konstante 6 in 4.2.15 nicht durch eine Konstante $< (2\pi)^{-1/2} \doteq 0,4$ ersetzt werden kann.

Was die obere Schranke anbetrifft, so besagt ein Ergebnis von van Beek [7], daß die Aussage von 4.2.15 sogar mit 0,7995 statt 6 richtig bleibt. Dagegen erhöht sich die Konvergenzgeschwindigkeit, falls wie in 4.1.16 $\mathbb{E}(|\xi_1|^r) < \infty$, $r \geq 2$, und sämtliche Momente $\mathbb{E}(\xi_1^j)$, $j = 3, \ldots, r-1$, mit den entsprechenden der Standardnormalverteilung übereinstimmen. Ein Satz von Ibragimov [68] besagt, daß unter diesen Voraussetzungen $\rho_n = \mathcal{O}(n^{1-r/2})$ (vgl. 4.1.16), sofern φ_{ξ_1} die nach Cramér benannte **Bedingung** $\lim \sup_{|\lambda| \to \infty} |\varphi_{\xi_1}(\lambda)| < 1$ erfüllt.

Wie schon im Beweis zu Satz 4.2.10 bemerkt wurde, ist die Ungleichung 4.2.11 aus trivialen Gründen richtig aber gleichzeitig praktisch wertlos, falls für ein $i \in \{1, \ldots, n\}$ $\mathbb{E}(|\xi_i|^3) = \infty$. Andererseits zeigt 4.1.8 zusammen mit 3.1.13 , daß $\sup_{x \in \mathbb{R}} |F_n(x) - \phi(x)| = o(1)$, sobald die Lindeberg-Bedingung (4.1.9) erfüllt ist. Somit stellt sich die Frage nach der Konvergenzgeschwindigkeit im zentralen Grenzwertsatz, wenn wir nur die Existenz der zweiten Momente voraussetzen. Wie in den Gesetzen der großen Zahlen wollen wir dabei so vorgehen, daß wir zunächst geeignete gestutzte zufällige Variable ξ_{in} betrachten, für die wir den Satz von

Berry-Esséen anwenden können, um anschließend ρ_n (in einer etwas modifizierten Form) durch einen Term abzuschätzen, welcher als wesentlichen Bestandteil die den Variablen $\xi_{1n},\ldots,\xi_{nn}$ zugehörige Maximalabweichung ρ_n' enthält. Sei im folgenden $(\xi_i)_{i\in\mathbb{N}}$ stets eine Folge unabhängiger identisch verteilter zufälliger Variabler über einem W.-Raum $(\Omega,\mathcal{A},\mathbb{P})$ mit (o.E.) $\mathbb{E}(\xi_1)=0$ und $\sigma_1^2=V(\xi_1)=1$. Ferner setzen wir für alle $n\in\mathbb{N}$

$$\bar\sigma_n^2 := \int_{\{|\xi_1|<\sqrt{n}\}} \xi_1^2\ d\mathbb{P} - [\int_{\{|\xi_1|<\sqrt{n}\}} \xi_1\ d\mathbb{P}]^2 \quad\text{und}\quad \bar F_n(x) := F_n(\bar\sigma_n x),$$

d.h. $\bar F_n$ ist die Verteilungsfunktion der mit $\bar\sigma_n\sqrt{n}$ normierten Partialsumme S_n. Man beachte, daß wegen $\bar\sigma_n\to 1$ mit F_n auch $\bar F_n$ gleichmäßig gegen Φ konvergiert (vgl. 1.12.11 und 3.1.13). Der folgende Satz macht eine Aussage über die Geschwindigkeit dieser Konvergenz. Dabei sei stets o.E. $\bar\sigma_n>0$.

<u>4.2.17 Satz (Heyde).</u> Es ist

$$\sum_{n\geq 1} n^{-1} \sup_{x\in\mathbb{R}} |\bar F_n(x)-\Phi(x)| < \infty.$$

<u>4.2.18 Bemerkung.</u> $\sum_{n\geq 1} n^{-1} = \infty$!

<u>Beweis von 4.2.17.</u> Setzt man für jedes $n\in\mathbb{N}$ und alle $i=1,\ldots,n$ (vgl. 2.1)

$$\xi_{in} := \xi_i^{(\sqrt{n})} = \begin{cases} \xi_i & \text{falls } |\xi_i| < \sqrt{n} \\ 0 & \text{sonst} \end{cases},$$

so sind für jedes $n\in\mathbb{N}$ die Variablen ξ_{in}, $i=1,\ldots,n$, wieder unabhängig und identisch verteilt mit $V(\xi_{1n}) = \bar\sigma_n^2$. Für die mit $\bar\sigma_n\sqrt{n}$ normierten zentrierten Partialsummen $S_{nn} := \sum_{i=1}^{n} (\xi_{in}-\mathbb{E}(\xi_{1n}))$ erhält man ferner

$$\mathbb{P}(\{\frac{S_{nn}}{\bar\sigma_n\sqrt{n}} \leq \frac{x-\sqrt{n}\,\mathbb{E}(\xi_{1n})}{\bar\sigma_n}\})-n\mathbb{P}(\{|\xi_1|\geq\sqrt{n}\}) \leq F_n(x) \leq n\mathbb{P}(\{|\xi_1|\geq\sqrt{n}\}) +$$

$$\mathbb{P}(\{\frac{S_{nn}}{\bar\sigma_n\sqrt{n}} \leq \frac{x-\sqrt{n}\,\mathbb{E}(\xi_{1n})}{\bar\sigma_n}\}).$$ Subtrahiert man auf jeder der drei Seiten

$\Phi(x/\bar\sigma_n)$, so liefert dies unter Verwendung der Bezeichnungen

$$a_n:=n^{-1}(F_n(x)-\Phi(x/\bar\sigma_n)),\quad b_n:=n^{-1}(\mathbb{P}(\{\frac{S_{nn}}{\bar\sigma_n\sqrt{n}} \leq \frac{x-\sqrt{n}\,\mathbb{E}(\xi_{1n})}{\bar\sigma_n}\})-\Phi(x/\bar\sigma_n))\quad\text{sowie}$$

$c_n := \mathbb{P}(\{|\xi_1|\geq\sqrt{n}\})$ die Ungleichungen $b_n-c_n\leq a_n\leq b_n+c_n$, also $|a_n|\leq|b_n|+c_n$.

Ferner ist

$$|b_n| \leq \frac{1}{n} \left| \mathbb{P}\left(\left\{ \frac{S_{nn}}{\overline{\sigma}_n \sqrt{n}} \leq \frac{x - \sqrt{n}\,\mathbb{E}(\xi_{1n})}{\overline{\sigma}_n} \right\}\right) - \phi\left(\frac{x - \sqrt{n}\,\mathbb{E}(\xi_{1n})}{\overline{\sigma}_n}\right) \right| + \frac{1}{n}\left| \phi\left(\frac{x - \sqrt{n}\,\mathbb{E}(\xi_{1n})}{\overline{\sigma}_n}\right) - \phi(x/\overline{\sigma}_n) \right|$$

$=: d_n + e_n$, wobei für d_n aufgrund von Korollar 4.2.15 die Abschätzung

$$d_n \leq \frac{6\,\mathbb{E}(|\xi_{1n} - \mathbb{E}(\xi_{1n})|^3)}{\overline{\sigma}_n^3\, n^{3/2}} \leq \frac{48}{\overline{\sigma}_n^3\, n^{3/2}} (\mathbb{E}(|\xi_{1n}|^3) + |\mathbb{E}(\xi_{1n})|^3) \text{ gilt}$$

(da $|z-y|^3 \leq 8(|z|^3 + |y|^3)$ für alle $z,y \in \mathbb{R}$). Um e_n abzuschätzen, bemerken wir, daß $|\phi'| = (2\pi)^{-1/2}$, $\overline{\sigma}_n \to 1$ und somit

$$n e_n = \left| \phi\left(\frac{x - \sqrt{n}\,\mathbb{E}(\xi_{1n})}{\overline{\sigma}_n}\right) - \phi(x/\overline{\sigma}_n) \right| \leq \frac{\sqrt{n}\,|\mathbb{E}(\xi_{1n})|}{\sqrt{2\pi}\,\overline{\sigma}_n} = \mathcal{O}(\sqrt{n}\,|\mathbb{E}(\xi_{1n})|).$$

Da ferner $\mathbb{E}(\xi_1) = 0$, folgt

$$|\mathbb{E}(\xi_{1n})| = \left| \int_{\{|\xi_1| < \sqrt{n}\}} \xi_1\, d\mathbb{P} \right| = \left| \int_{\{|\xi_1| \geq \sqrt{n}\}} \xi_1\, d\mathbb{P} \right| \leq \int_{\{|\xi_1| \geq \sqrt{n}\}} |\xi_1|\, d\mathbb{P} =: f_n,$$

und somit

$$(4.2.19) \quad \frac{1}{n} \sup_{x \in \mathbb{R}} |\overline{F}_n(x) - \phi(x)| \leq \frac{48}{\overline{\sigma}_n^3\, n^{3/2}} (\mathbb{E}(|\xi_{1n}|^3) + f_n^3) + \text{const} \cdot n^{-1/2} f_n + c_n.$$

Wir haben zu zeigen, daß die aus den Summanden der rechten Seite gebildeten vier Reihen sämtlich konvergieren. Die Konvergenz der Reihe $\sum_{n \geq 1} f_n^3\, \overline{\sigma}_n^{-3} n^{-3/2}$ ergibt sich wegen $\overline{\sigma}_n \to 1$ und $f_n \to 0$ dabei unmittelbar aus der Konvergenz der Reihe $\sum_{n \geq 1} n^{-3/2}$. Die Konvergenz der Reihe $\sum_{n \geq 1} c_n$ folgt wegen $\xi_1 \in \mathcal{L}_2(\Omega, \mathcal{A}, \mathbb{P})$ sofort aus 1.8.22 ($\leq$ statt $>$ unwesentlich). Die Konvergenz der Reihe $\sum_{n \geq 1} n^{-3/2}\,\mathbb{E}(|\xi_{1n}|^3)$ sieht man wie folgt ein. Es ist (vgl. A12)

$$\sum_{n \geq 1} n^{-3/2}\,\mathbb{E}(|\xi_{1n}|^3) \leq \sum_{n \geq 1} n^{-3/2} \sum_{i=1}^{n} i^{3/2}\, \mathbb{P}(\{i-1 \leq \xi_1^2 < i\}) =$$

$$\sum_{i \geq 1} i^{3/2}\, \mathbb{P}(\{i-1 \leq \xi_1^2 < i\}) \sum_{n \geq i} n^{-3/2} \leq \text{const} \cdot \sum_{i \geq 1} i\, \mathbb{P}(\{i-1 \leq \xi_1^2 < i\}) \leq \text{const} \cdot (\mathbb{E}(\xi_1^2) + 1) < \infty.$$

In gleicher Weise ist $\sum_{n \geq 1} n^{-1/2} f_n \leq \sum_{n \geq 1} n^{-1/2} \sum_{i \geq n} (i+1)^{1/2}\, \mathbb{P}(\{i \leq \xi_1^2 < i+1\}) =$

$$\sum_{i \geq 1} (i+1)^{1/2} \mathbb{P}(\{i \leq \xi_1^2 < i+1\}) \sum_{n=1}^{i} n^{-1/2} \leq \text{const.} \sum_{i \geq 1} (i+1) \mathbb{P}(\{i \leq \xi_1^2 < i+1\}) \leq$$

$$\text{const.} \cdot (\mathbb{E}(\xi_1^2)+1) < \infty. \quad \square$$

Für spätere Anwendungen wird es sich als nützlich erweisen, das Konvergenzverhalten von $\sup\limits_{x \in \mathbb{R}} |\overline{F}_{n_k}(x)-\phi(x)|$ zu studieren, wenn $(n_k)_{k \in \mathbb{N}}$ eine geometrisch wachsende Folge von natürlichen Zahlen ist.

<u>4.2.20 Satz.</u> Sei $K > 0$, $C > 1$ und $(n_k)_{k \in \mathbb{N}}$ eine monoton wachsende Folge von natürlichen Zahlen mit $n_k \sim KC^{2k}$ für $k \to \infty$. Dann gilt

$$\sum_{k \geq 1} \sup_{x \in \mathbb{R}} |\overline{F}_{n_k}(x)-\phi(x)| < \infty.$$

<u>Beweis.</u> Wegen (4.2.19) reicht es zu zeigen, daß

$$(4.2.21) \quad \sum_{k \geq 1} [n_k^{-1/2}(\mathbb{E}(|\xi_{1n_k}|^3)+f_{n_k}^3) + n_k^{1/2}f_{n_k} + n_k c_{n_k}] < \infty.$$

Da $\mathbb{E}(|\xi_{1n}|^3)$ monoton wachsend in n ist, folgt:

$$\sum_{n \geq 1} n^{-3/2}\mathbb{E}(|\xi_{1n}|^3) \geq \sum_{k \geq 1} \sum_{n=n_k}^{n_{k+1}-1} n^{-3/2}\mathbb{E}(|\xi_{1n}|^3) \geq \sum_{k \geq 1} (n_{k+1}-n_k)n_{k+1}^{-3/2}\mathbb{E}(|\xi_{1n_k}|^3).$$

Wegen $n_k \sim KC^{2k}$ für $k \to \infty$ ist ferner $(n_{k+1}-n_k)n_{k+1}^{-3/2} \sim C^{-3}(C^2-1)n_k^{-1/2}$, also

$$\sum_{k \geq 1} n_k^{-1/2}\mathbb{E}(|\xi_{1n_k}|^3) \leq \text{const.} \sum_{n \geq 1} n^{-3/2}\mathbb{E}(|\xi_{1n}|^3) < \infty \text{(vgl. Beweis von 4.2.17)}.$$

Die Konvergenz der zweiten Reihe folgt unmittelbar aus der Konvergenz der Reihe $\sum\limits_{k \geq 1} n_k^{-1/2}$ ($f_n \to 0!$). Aus Monotoniegründen folgt desgleichen

$$\sum_{n \geq 1} n^{-1/2}f_n \geq \sum_{k \geq 1} \sum_{n=n_k+1}^{n_{k+1}} n^{-1/2}f_n \geq \sum_{k \geq 1} n_{k+1}^{-1/2}(n_{k+1}-n_k)f_{n_{k+1}}, \text{ also wegen}$$

$$n_{k+1}^{-1/2}(n_{k+1}-n_k) \sim n_{k+1}^{1/2}(1-C^{-2}): \sum_{k \geq 1} n_k^{1/2}f_{n_k} \leq \text{const.} \sum_{n \geq 1} n^{-1/2}f_n < \infty.$$

Schließlich ist

$$\sum_{n \geq 1} c_n \geq \sum_{k \geq 1} \sum_{n=n_k+1}^{n_{k+1}} c_n \geq \sum_{k \geq 1} (n_{k+1}-n_k)c_{n_{k+1}} \text{ und somit wegen}$$

$$n_{k+1}-n_k \sim (1-C^{-2})n_{k+1}: \sum_{k \geq 1} n_k c_{n_k} \leq \text{const.} \sum_{n \geq 1} c_n < \infty. \text{Damit ist (4.2.21) gezeigt.}$$

□

4.2.22 <u>Korollar.</u> Sei $(\xi_i)_{i \in \mathbb{N}}$ eine Folge unabhängiger identisch verteilter Variabler mit $\mathbb{E}(\xi_1) = 0$ und $V(\xi_1) = 1$. Ferner sei $\alpha(n) \uparrow \infty$ eine monoton wachsende Folge reeller Zahlen und $n_k \sim KC^{2k}$ für $k \to \infty$ und ein $K > 0$ und $C > 1$. Dann sind die beiden folgenden Bedingungen äquivalent:

(i) $\sum_{k \geq 1} \mathbb{P}(\{\omega \in \Omega : S_{n_k}(\omega) > \alpha(n_k) n_k^{1/2}\}) < \infty$

(ii) $\sum_{k \geq 1} [\alpha(n_k)]^{-1} \exp [-(1/2) [\alpha(n_k)]^2 \bar{\sigma}_{n_k}^{-2}] < \infty$.

<u>Beweis.</u> Aufgrund von Satz 4.2.20 ist (i) äquivalent zur Konvergenz der Reihe $\sum_{k \leq 1} [1 - \Phi(\alpha(n_k) \bar{\sigma}_{n_k}^{-1})]$. Da gemäß (1.19.3)

$$1 - \Phi(\alpha(n_k) \bar{\sigma}_{n_k}^{-1}) \sim (2\pi)^{-1/2} \frac{\bar{\sigma}_{n_k}}{\alpha(n_k)} \exp [-(1/2) [\alpha(n_k)]^2 \bar{\sigma}_{n_k}^{-2}] \quad \text{und}$$

$\bar{\sigma}_{n_k} \to 1$, folgt die Behauptung. $\square$

Die in Satz 4.2.17 angewendete "Methode der gestutzten Variablen" kann in leicht abgewandelter Form auch zum Beweis des folgenden Ergebnisses benutzt werden. In ihm wird die Beziehung zwischen den Größen ρ_n und $L_n(\delta)$ nun auch quantitativ besser erfaßt als es in Satz 4.1.8 möglich war.

4.2.23 <u>Satz (Berry).</u> Sei $(\xi_i)_{i \in \mathbb{N}}$ eine Folge von unabhängigen Variablen mit $0 < \sigma_i^2 = V(\xi_i) < \infty$. Dann existiert eine Konstante $D > 0$ mit der folgenden Eigenschaft: Für alle $\delta > 0$ und $n \in \mathbb{N}$ folgt aus $L_n(\delta) \leq \delta^3$ die Beziehung $\rho_n \leq D\delta$.

<u>Beweis.</u> Sei o.E. $\mathbb{E}(\xi_i) = 0$ für alle $i \in \mathbb{N}$. Da die Behauptung für $\delta \geq 2/7$ (mit $D \geq 7/2$ beliebig) trivialerweise richtig ist, bleibt die Aussage nur für alle $\delta < 2/7$ zu zeigen. Analog zum Beweis von Satz 4.2.17 setzen wir

$$\xi_{in} := \begin{cases} \xi_i & \text{falls } |\xi_i| < \delta s_n \\ 0 & \text{sonst} \end{cases} \quad , \; i=1,\ldots,n, \; n \in \mathbb{N}.$$

Für jedes $n \in \mathbb{N}$ sind die Variablen ξ_{in}, $i=1,\ldots,n$ wieder unabhängig mit $\mathbb{E}(|\xi_{in}|^3) < \infty$. Sei $S_{nn} := \sum_{i=1}^{n} (\xi_{in} - \mathbb{E}(\xi_{in}))$ und $\bar{s}_n^2 := V(S_{nn})$.

Dann folgt für alle $x \in \mathbb{R}$ (wobei o.E. $\bar{s}_n > 0$):

172

$$\mathbb{P}(\{\frac{S_{nn}}{\bar{s}_n} \le \frac{s_n x - \sum_{i=1}^{n} \mathbb{E}(\xi_{in})}{\bar{s}_n}\}) - \sum_{i=1}^{n} \mathbb{P}(\{|\xi_i| \ge \delta s_n\}) \le \mathbb{P}(\{S_n \le s_n x\}) \le$$

$$\mathbb{P}(\{\frac{S_{nn}}{\bar{s}_n} \le \frac{s_n x - \sum_{i=1}^{n} \mathbb{E}(\xi_{in})}{\bar{s}_n}\}) + \sum_{i=1}^{n} \mathbb{P}(\{|\xi_i| \ge \delta s_n\}) \quad \text{und somit}$$

$$|F_n(x) - \phi(\frac{s_n x}{\bar{s}_n})| \le \sum_{i=1}^{n} \mathbb{P}(\{|\xi_i| \ge \delta s_n\}) + |\phi(\frac{s_n x}{\bar{s}_n}) - \phi(\frac{s_n x - \sum_{i=1}^{n} \mathbb{E}(\xi_{in})}{\bar{s}_n})| +$$

$$\frac{6}{\bar{s}_n^3} \cdot \sum_{i=1}^{n} \mathbb{E}(|\xi_{in} - \mathbb{E}(\xi_{in})|^3) = I + II + III.$$

Dabei ist (vgl. den Beweis zu 4.2.17)

$$I \quad \le \quad \sum_{i=1}^{n} \frac{1}{\delta^2 s_n^2} \int_{\{|\xi_i| \ge \delta s_n\}} \xi_i^2 \, d\mathbb{P} = \delta^{-2} L_n(\delta)$$

$$II \quad \le \quad (2\pi)^{-1/2} \bar{s}_n^{-1} |\sum_{i=1}^{n} \mathbb{E}(\xi_{in})| \quad \text{und}$$

$$III \quad \le \quad 12 \cdot \delta s_n \bar{s}_n^{-3} \sum_{i=1}^{n} V(\xi_{in}) = 12 \cdot \delta s_n \bar{s}_n^{-1}.$$

Da sämtliche Variablen ξ_i zentriert sind, erhält man ferner unter Verwendung der Hölderschen Ungleichung (1.13.3):

$$\bar{s}_n^2 = \sum_{i=1}^{n} [\int_{\{|\xi_i| < \delta s_n\}} \xi_i^2 d\mathbb{P} - (\int_{\{|\xi_i| < \delta s_n\}} \xi_i d\mathbb{P})^2] \ge s_n^2 - 2\sum_{i=1}^{n} \int_{\{|\xi_i| \ge \delta s_n\}} \xi_i^2 \, d\mathbb{P} =$$

$$s_n^2 (1 - 2 L_n(\delta)). \quad \text{Schließlich ist}$$

$$|\sum_{i=1}^{n} \mathbb{E}(\xi_{in})| \le \sum_{i=1}^{n} \int_{\{|\xi_i| \ge \delta s_n\}} |\xi_i| \, d\mathbb{P} \le (\delta s_n)^{-1} \sum_{i=1}^{n} \int_{\{|\xi_i| \ge \delta s_n\}} \xi_i^2 d\mathbb{P} = \delta^{-1} s_n L_n(\delta),$$

d.h. zusammenfassend erhalten wir:

$$I + II + III \le \delta^{-2} L_n(\delta) + \frac{L_n(\delta)}{(2\pi)^{1/2} \delta (1 - 2 L_n(\delta))^{1/2}} + \frac{12\delta}{(1 - 2 L_n(\delta))^{1/2}}.$$

Ist nun $L_n(\delta) \le \delta^3$, so folgt wegen $0 < \delta < 2/7 < 1/2$:

I+II+III $\le \delta + (\frac{2}{3\pi})^{1/2}\delta + 12 \cdot (4/3)^{1/2}\delta = D_1\delta$. Da $x \in \mathbb{R}$ beliebig ge-

wählt war, bleibt somit nur noch zu zeigen, daß $\sup_{x \in \mathbb{R}} |\phi(\frac{s_n x}{\bar{s}_n}) - \phi(x)| \le D_2\delta$,

falls $L_n(\delta) \le \delta^3$. Wegen 1.19.5 ist dazu lediglich nachzuweisen, daß

$s_n \bar{s}_n^{-1} - 1 \le \delta$. Es gilt:

$s_n \bar{s}_n^{-1} - 1 \le (1 - 2L_n(\delta))^{-1/2} - 1 \le (1 - 2\delta^3)^{-1/2} - 1 \le \delta$, wobei die letzte Un-

gleichung wegen $0 < \delta < 2/7$ durch einfache Umformungen sofort nachzu-

prüfen ist. $\square$

4.3 Der zentrale Grenzwertsatz und das Gesetz vom iterierten Logarithmus

Sei $(\xi_i)_{i \in \mathbb{N}}$ eine Folge unabhängiger identisch verteilter Variabler

über einem W.-Raum $(\Omega, \mathscr{A}, \mathbb{P})$ mit $\mathbb{E}(\xi_1) = 0$ und $V(\xi_1) = 1$. Setzt man

für $n \in \mathbb{N}$ $S_n = \sum_{i=1}^{n} \xi_i$ und $S_0 = 0$, und bezeichnen wir mit $S(\omega)$ den

(zufälligen) Weg, der entsteht, wenn man die Punkte $(n, S_n(\omega))$,

$n = 0, 1, \ldots$ durch lineare Streckenzüge miteinander verbindet, so wissen

wir aufgrund des starken Gesetzes der großen Zahlen 2.3.11, daß bis

auf eine Menge vom $\mathbb{P}$-Maß null alle Wege $S(\omega)$ schließlich in dem durch

die beiden Geraden $y = -\epsilon x$ und $y = \epsilon x (\epsilon > 0$ beliebig) gebildeten

Winkelraum liegen. Der zentrale Grenzwertsatz 4.1.10 sagt aus, daß

das Maß der ω-Menge, deren zugehörige Wege $S(\omega)$ an der Stelle $x = n$

zwischen den beiden Parabelästen $y = \alpha \sqrt{x}$ und $y = \beta \sqrt{x}$, $\alpha < \beta$, ver-

laufen, für große n durch $\phi(\beta) - \phi(\alpha) = (2\pi)^{-1/2} \int_{\alpha}^{\beta} e^{-y^2/2} dy$ approximiert

wird. Obgleich es demnach "unwahrscheinlich" ist, daß für großes n

der standardisierte Weg $n^{-1/2} S_n(\omega)$ z.B. das Niveau 10 überschreitet

(es ist $1 - \phi(10) \approx 10^{-23}$), so schließt dies natürlich nicht aus, daß

auch für noch so große n $n^{-1/2} S_n(\omega)$ beliebig große Werte annehmen

kann. Wir wollen in diesem Abschnitt die Frage untersuchen, ob und

wann eine Funktion $y = E(x)$ mit $\lim_{x \to \infty} E(x) = \infty$ existiert, die Ein-

hüllende von $S(\omega)$ ist, d.h. für die gilt:

$(*)$ $\lim_{n \to \infty} \sup E(n)^{-1} S_n = 1$ und $\lim_{n \to \infty} \inf E(n)^{-1} S_n = -1$ $\mathbb{P}$-fast sicher.

Es wird sich herausstellen, daß dies unter den gemachten Annahmen für
$E(x) := \sqrt{2x\log\log x}$, $x \geq 3$, der Fall sein wird. Aufgrund der speziellen
Struktur der Funktion E nennt man (*) das <u>Gesetz vom iterierten
Logarithmus</u>. So wie der zentrale Grenzwertsatz zusammen mit dem Satz
von Berry-Esséen das Verteilungsverhalten der standardisierten Partialsummen beschreibt, macht das Gesetz vom iterierten Logarithmus eine
in diesem Rahmen bestmögliche Aussage über das $\mathbb{P}$-fast sichere Verhalten der Pfade $S(\omega)$. Offenbar ist die obige Frage ebenso für nicht
notwendig identisch verteilte Variable formulierbar. Im folgenden sei
$(\xi_i)_{i \in \mathbb{N}}$ eine Folge unabhängiger Variabler über einem W.-Raum $(\Omega, \mathscr{A}, \mathbb{P})$
mit $0 < \sigma_i^2 := V(\xi_i) < \infty$. Sei o.E. $\mathbb{E}(\xi_i)=0$, so daß $\sigma_i^2 = \mathbb{E}(\xi_i^2)$. Setze

$$S_n^* = s_n^{-1} S_n = s_n^{-1} \sum_{i=1}^{n} \xi_i, \text{ wobei } s_n^2 = V(S_n) = \sum_{i=1}^{n} \sigma_i^2. \text{ Ferner sei}$$

$t_n^2 = 2\log\log s_n^2$ (falls definiert), so daß das Gesetz vom iterierten
Logarithmus in diesem Fall gleichbedeutend ist mit der Aussage

$$\text{(IL)} \quad \lim_{n \to \infty} \sup \frac{S_n}{s_n t_n} = 1 \text{ und } \lim_{n \to \infty} \inf \frac{S_n}{s_n t_n} = -1 \quad \mathbb{P}\text{-fast sicher.}$$

Zum Beweis von (IL) wird es nun darauf ankommen, die Größen $1-F_n(x)$
und $F_n(-x)$ für $n \to \infty$ und $x \to \infty$ geeignet abzuschätzen. Da $1-\phi(x)=\phi(-x)$
mit 1.19.3 für $x \to \infty$ asymptotisch bekannt ist, wird dies leicht möglich sein, sofern man entsprechende Voraussetzungen an die Güte der
Approximation von F_n durch ϕ macht.

Das folgende Beispiel zeigt jedoch, daß dies allein für die Gültigkeit von (IL) nicht ausreicht. Insbesondere kann aus der Gültigkeit
des zentralen Grenzwertsatzes i.a. nicht auf die Richtigkeit des Gesetzes vom iterierten Logarithmus geschlossen werden.

<u>4.3.1 Beispiel.</u> Sei $\sigma_i^2 := \exp[e^i] - \exp[e^{i-1}]$ für $i \geq 2$ und $\sigma_1^2 = e^e$.

Ist dann $(\xi_i)_{i \in \mathbb{N}}$ eine Folge von unabhängigen $\mathscr{N}(0,\sigma_i^2)$-verteilten
Variablen, so ist aufgrund der Faltungseigenschaft 1.19.1 sogar $F_n=\phi$
für alle $n \in \mathbb{N}$, also insbesondere der zentrale Grenzwertsatz erfüllt.
Wir zeigen: $\lim_{n \to \infty} \frac{S_n}{s_n t_n} = 0$ $\mathbb{P}$-fast sicher. Sei dazu $\epsilon > 0$ beliebig vorgegeben. Wegen 1.16.7 bleibt die Konvergenz der Reihe

$$\sum_{n \geq 1} \mathbb{P}(\{|\frac{S_n}{s_n t_n}| \geq \epsilon\}) = 2 \sum_{n \leq 1} (1-\phi(\epsilon t_n)) \text{ zu zeigen. Mit 1.19.2 ist aber}$$

$1-\phi(\epsilon t_n) = \mathcal{O}(\exp(-\epsilon^2 \log\log s_n^2))$, also wegen $\exp(-\epsilon^2 \log\log s_n^2)=\exp(-\epsilon^2 n)$

die obige Reihe konvergent.

Wie in Satz 4.1.20 wird es sich in Hinblick auf die Gültigkeit von (IL) als entscheidend erweisen, daß die in der standardisierten Partialsumme aufaddierten Zuwächse ξ_i/s_n asymptotisch klein werden. Als Größenmaß hatten wir dort ihre Varianz σ_i^2/s_n^2 betrachtet und gesehen, daß unter der Fellerschen Bedingung der zentrale Grenzwertsatz genau dann gilt, wenn die Lindeberg-Bedingung erfüllt ist. Es gilt nun der folgende Satz.

<u>4.3.2 Satz.</u> Sei $(\xi_i)_{i\in\mathbb{N}}$ eine Folge unabhängiger zentrierter Variabler mit $0 < \sigma_i^2 = V(\xi_i) < \infty$ für alle $i\in\mathbb{N}$, welche die Fellersche Bedingung

$$(4.1.19) \quad \lim_{n\to\infty} \max_{1\le k\le n} \sigma_k^2/s_n^2 = 0$$

erfüllt. Ferner existiere ein $B > 1$ und eine Folge $(f_n)_{n\in\mathbb{N}}$ von Funktionen auf $(1,B)$ derart, daß für alle $x\in(1,B)$ $\lim_{n\to\infty} f_n(x) = 0$ und

$$(4.3.3) \quad \limsup_{n\to\infty} \frac{1-F_n(xt_n)}{1-\Phi(xt_n)} \cdot \exp\left[(1/2)x^2t_n^2 f_n(x)\right] < \infty.$$

Dann ist $\mathbb{P}$-fast sicher

$$\limsup_{n\to\infty} \frac{S_n}{s_n t_n} \le 1.$$

<u>Beweis.</u> Zunächst zeigt man leicht, daß aus (4.1.19) $s_n^2 \to \infty$ und $\sigma_n^2/s_n^2 \to 0$ folgt. Somit ist $s_n \sim s_{n+1}$ für $n\to\infty$. Seien $1 < \alpha'' < \alpha' < \alpha < B$ beliebig gewählt und $c > 1$ so, daß $c\alpha' < \alpha$. Für $k \ge 1$ sei n_k die kleinste natürliche Zahl mit $s_{n_k} > c^k$ (man beachte, daß die Folge $(n_k)_{k\in\mathbb{N}}$ wegen $s_n^2 \to \infty$ wohldefiniert ist). Nach Definition von n_k und wegen $s_n \sim s_{n+1}$ folgt $s_{n_k} \sim c^k$ und somit auch $t_{n_k} \sim t_{n_{k+1}}$. Schließlich existiert ein $K_o > 0$ derart, daß

$$(4.3.4) \quad n_{k-1} < n_k \quad \text{und} \quad 2^{1/2} < (\alpha'-\alpha'')t_{n_k} \quad \text{für alle } k \ge K_o.$$

Setze $M_k := \max_{n_{k-1} < n \le n_k} S_n$, $k \ge K_o$. Dann folgt unter Verwendung der Lévy-Ungleichung 1.18.10 (mit $a = \sqrt{2}$): $\mathbb{P}(\{M_k > \alpha's_{n_k}t_{n_k}\}) \le$

$$2\mathbb{P}(\{S_{n_k} > \alpha's_{n_k}t_{n_k} - \sqrt{2}s_{n_k}\}) \le 2\mathbb{P}(\{S_{n_k} > \alpha''s_{n_k}t_{n_k}\}) = 2(1-F_{n_k}(\alpha''t_{n_k})) =: a_k.$$

Gemäß (4.3.3) existiert eine auf $(1,B)$ definierte Funktion U mit

$$\frac{1-F_n(xt_n)}{1-\Phi(xt_n)} \cdot \exp[(1/2)x^2 t_n^2 f_n(x)] \le U(x) \text{ für alle } 1 < x < B \text{ und } n \in \mathbb{N}.$$

Ferner existiert wegen $\lim_{n \to \infty} f_n(\alpha'') = 0$ ein $N_0 \le 1$ mit $\alpha''(1+f_n(\alpha'')) > 1$ für alle $n \le N_0$. Zusammenfassend erhalten wir mit 1.19.2 für alle großen k:

$$a_k \le 2U(\alpha'') \exp[-(1/2)(\alpha'')^2 t_{n_k}^2 (1+f_{n_k}(\alpha''))] \le 2U(\alpha'')[(\log(s_{n_k}^2))]^{-\alpha''}.$$

Wegen $s_{n_k}^2 \sim c^{2k}$ folgt $[\log(s_{n_k}^2)]^{-\alpha''} \sim (2\log c)^{-\alpha''} k^{-\alpha''}$ und daher wegen

$\alpha'' > 1$ die Konvergenz der Reihe $\sum_{k \ge K_0} \mathbb{P}(\{M_k \ge \alpha' s_{n_k} t_{n_k}\})$.

Mit dem ersten Borel-Cantelli Lemma 1.16.7 (i) erhält man $\mathbb{P}(\{M_k \ge \alpha' s_{n_k} t_{n_k} \text{ unendlich oft}\}) = 0$. Berücksichtigt man ferner, daß

$s_{n_{k-1}} t_{n_{k-1}} \sim s_{n_k} t_{n_k}/c$ und $c\alpha' < \alpha$, so folgt:

$$\mathbb{P}(\{S_n \ge \alpha s_n t_n \text{ u.o.}\}) \le \mathbb{P}(\{M_k \ge \alpha s_{n_{k-1}} t_{n_{k-1}} \text{ u.o.}\}) \le \mathbb{P}(\{M_k \ge \alpha' s_{n_k} t_{n_k} \text{ u.o.}\}) = 0.$$

Somit ist $\mathbb{P}$-fast sicher $\limsup_{n \to \infty} \frac{S_n}{s_n t_n} \le \alpha$, also, da $\alpha > 1$ beliebig ge-

wählt war, $\limsup_{n \to \infty} \frac{S_n}{s_n t_n} \le 1$. $\square$

<u>4.3.5 Satz (Tomkins)</u>. Unter den Voraussetzungen von 4.3.2 existiere ferner ein $A < 1$ und eine auf $(A,1)$ definierte Folge $(h_n)_{n \in \mathbb{N}}$ von Funktionen derart, daß für alle $x \in (A,1)$

$$(4.3.6) \quad \lim_{n \to \infty} h_n(x) = 0$$

und

$$(4.3.7) \quad \liminf_{n \to \infty} \frac{1-F_n(xt_n)}{1-\Phi(xt_n)} \exp[(1/2)x^2 t_n^2 h_n(x)] > 0.$$

Gelten (4.3.3) und (4.3.7) ferner für $F_n(-xt_n-0)$ anstelle von $1-F_n(xt_n)$, so ist (IL) erfüllt, d.h. es ist

$$\limsup_{n \to \infty} \frac{S_n}{s_n t_n} = 1 \text{ und } \liminf_{n \to \infty} \frac{S_n}{s_n t_n} = -1 \quad \mathbb{P}\text{-fast sicher.}$$

<u>Beweis.</u> Seien $0 < \varepsilon < \varepsilon' < 1-A$ beliebig gewählt und sei $c > 1$ so groß, daß mit $b := (1+B)/2$ gilt

(4.3.8) $\epsilon(c^2-1)^{1/2} > 3b$ und $(1-\epsilon)(c^2-1)^{1/2} > 1+c(1-\epsilon')$.

Für $k \geq 1$ sei n_k wiederum die kleinste natürliche Zahl mit $s_{n_k} > c^k$ und $K_1 > 0$ so gewählt, daß $n_{k-1} < n_k$ für alle $k \geq K_1$. Setzt man nun

$u_k^2 = s_{n_k}^2 - s_{n_{k-1}}^2$ und $v_k^2 = 2\log\log(u_k^2)$, $k \geq K_1$, so folgt wegen $s_{n_k} \sim c^k$

$u_k^2 \sim c^{-2}(c^2-1)s_{n_k}^2 \sim (c^2-1)s_{n_{k-1}}^2$ und $t_{n_k} \sim v_k$ (vgl. A10), also

(4.3.9) $u_k^2 v_k^2 / (s_{n_{k-1}}^2 t_{n_{k-1}}^2) > 4(c^2-1)/9$ für alle hinreichend großen k.

Sei $A_k := \{S_{n_k} - S_{n_{k-1}} > (1-\epsilon)u_k v_k\}$,

$\quad B_k := \{S_{n_k} > (1-\epsilon/2)u_k v_k\}$ und

$\quad C_k := \{S_{n_{k-1}} > \epsilon u_k v_k/2\}$, $k \geq K_1$.

Wegen (4.3.8) und (4.3.9) folgt $\mathbb{P}(C_k) \leq 1-F_{n_{k-1}}(bt_{n_{k-1}})$ für schließlich

alle k und damit wegen $\lim_{k\to\infty} b(1+f_{n_{k-1}}(b)) = b > 1$:

$\mathbb{P}(C_k) \leq U(b)\exp[-(1/2)b^2 t_{n_{k-1}}^2(1+f_{n_{k-1}}(b))] \leq U(b)\exp[-(1/2)bt_{n_{k-1}}^2] =$

$U(b)[\log(s_{n_{k-1}}^2)]^{-b} \sim U(b)(2\log c)^{-b}(k-1)^{-b}$, also wegen $b>1$ $\sum_{k \geq K_1} \mathbb{P}(C_k) < \infty$.

Als nächstes setzen wir $\beta = 1-\epsilon/2$ und $\gamma = \beta^{-2}-1 > 0$. Da $u_k v_k < s_{n_k} t_{n_k}$

folgt $\mathbb{P}(B_k) \geq 1-F_{n_k}(\beta t_{n_k})$. Gemäß (4.3.7) existiert ferner eine auf

(A,1) definierte positive Funktion L derart, daß für alle $A < x < 1$

und alle $n \geq n_x$ $\dfrac{1-F_n(xt_n)}{1-\Phi(xt_n)}\exp[(1/2)x^2 t_n^2 h_n(x)] \geq L(x)$. Da mit (1.19.4)

$1-\Phi(\beta t_{n_k}) \geq \exp[-(1+\gamma/2)\beta^2 t_{n_k}^2/2]$ und wegen (4.3.6) $h_{n_k}(\beta) < \gamma/2$ für

schließlich alle k, folgt zusammenfassend für alle großen k:

$\mathbb{P}(B_k) \geq L(\beta)\exp[-(1/2)\beta^2 t_{n_k}^2(1+(\gamma/2)+h_{n_k}(\beta))] \geq L(\beta)\exp[-t_{n_k}^2/2] =$

$L(\beta)(\log s_{n_k}^2)^{-1} \sim L(\beta)(2\log c)^{-1}k^{-1}$, also $\sum_{k \geq K_1} \mathbb{P}(B_k) = \infty$. Da nach

Definition $\mathbb{P}(B_k) \leq \mathbb{P}(A_k) + \mathbb{P}(C_k)$, ist die Reihe $\sum_{k \geq K_1} \mathbb{P}(A_k)$ notwendigerweise divergent. Ferner sind die Ereignisse A_k, $k \geq K_1$, unabhängig, so daß man mit dem zweiten Borel-Cantelli Lemma $\mathbb{P}(\limsup_{k \to \infty} A_k) = 1$ erhält, d.h. mit Wahrscheinlichkeit 1 ist

$$\limsup_{k \to \infty} \frac{S_{n_k} - S_{n_{k-1}}}{u_k v_k} > 1 - \varepsilon, \text{ also wegen } u_k v_k \sim s_{n_k} t_{n_k} c^{-1} (c^2 - 1)^{1/2}$$

$$(4.3.10) \quad \limsup_{k \to \infty} \frac{S_{n_k} - S_{n_{k-1}}}{s_{n_k} t_{n_k}} > (1-\varepsilon)(c^2-1)^{1/2} c^{-1} \quad \mathbb{P}\text{-fast sicher.}$$

Da wegen $F_n(-x-0) = 1 - \mathbb{P}(\{-S_n^* \leq x\})$ die Bedingung (4.3.3) auch für die Variablen $-\xi_i$ erfüllt ist, folgt aus 4.3.2 $\limsup_{n \to \infty} \frac{-S_n}{s_n t_n} \leq 1$ $\mathbb{P}$-fast sicher und somit

$$(4.3.11) \quad \liminf_{k \to \infty} \frac{S_{n_{k-1}}}{s_{n_k} t_{n_k}} \geq -c^{-1} \quad \mathbb{P}\text{-fast sicher.}$$

Durch Addition von (4.3.10) und (4.3.11) ergibt sich schließlich

$$\limsup_{k \to \infty} \frac{S_{n_k}}{s_{n_k} t_{n_k}} \geq (1-\varepsilon)(c^2-1)^{1/2} c^{-1} - c^{-1} > 1 - \varepsilon' \quad (\text{vgl. } (4.3.8)). \text{ Da}$$

$0 < \varepsilon' < 1-A$ beliebig gewählt war, folgt $\limsup_{n \to \infty} \frac{S_n}{s_n t_n} \geq 1$ $\mathbb{P}$-fast sicher und somit unter Verwendung von 4.3.2 $\limsup_{n \to \infty} \frac{S_n}{s_n t_n} = 1$ $\mathbb{P}$-fast sicher.

Die entsprechende Aussage für $\liminf_{n \to \infty} \frac{S_n}{s_n t_n}$ ergibt sich nun durch Übergang zu den Variablen $-\xi_i$. $\square$

4.3.12 Satz. Sei $(\xi_i)_{i \in \mathbb{N}}$ eine Folge unabhängiger zentrierter Variabler mit $0 < \sigma_i^2 = V(\xi_i) < \infty$, welche die Fellersche Bedingung

$$(4.1.19) \quad \lim_{n \to \infty} \max_{1 \leq k \leq n} \sigma_k^2 / s_n^2 = 0$$

erfüllt. Ferner existiere ein Intervall (A,B) mit $A < 1 < B$ derart, daß

$$(4.3.13) \quad 1 - F_n(x t_n) \sim 1 - \Phi(x t_n) \text{ und } F_n(-x t_n - 0) \sim \Phi(-x t_n) \text{ für alle } x \in (A,B).$$

Dann erfüllt die Folge $(\xi_i)_{i \in \mathbb{N}}$ das Gesetz vom iterierten Logarithmus, d.h. es gilt (IL).

Beweis. Man setze $f_n = h_n = \text{const} = t_n^{-2}$. $\square$

<u>4.3.14 Korollar.</u> Sei $(\xi_i)_{i \in \mathbb{N}}$ eine Folge unabhängiger $\mathcal{N}(0,\sigma_i^2)$-verteilter Variabler, welche die Fellersche Bedingung (4.1.19) erfüllt. Dann gilt

$$\limsup_{n \to \infty} \frac{S_n}{s_n t_n} = 1 \quad \text{und} \quad \liminf_{n \to \infty} \frac{S_n}{s_n t_n} = -1 \quad \mathbb{P}\text{-fast sicher.}$$

<u>Beweis.</u> Es ist $1 - F_n(xt_n) = 1 - \Phi(xt_n)$ und $F_n(-xt_n - 0) = \Phi(-xt_n)$. $\square$

Wir werden später 4.3.14 insbesondere für den Fall anwenden, daß sämtlicht Variable identisch $\mathcal{N}(0,\sigma^2)$-verteilt sind.

<u>4.3.15 Bemerkung.</u> Die Behauptung in 4.3.14 bleibt richtig, wenn man (4.1.19) durch die schwächere Bedingung "$s_n^2 \to \infty$ und $\limsup\limits_{n \to \infty} \sigma_n^2/s_n^2 < 1$" ersetzt (vgl. Hartman [58]).

Mit Hilfe von Satz 4.3.12 wollen wir nun die Frage untersuchen, ob zwischen der Gültigkeit des zentralen Grenzwertsatzes und des Gesetzes vom iterierten Logarithmus ein innerer Zusammenhang besteht, sofern man an die Konvergenz der Größen ρ_n geeignete Bedingungen stellt. Zunächst bemerken wir, daß für alle $x > 0$

$$\left| \frac{1 - F_n(xt_n)}{1 - \Phi(xt_n)} - 1 \right| \le \frac{\rho_n}{1 - \Phi(xt_n)} \quad \text{und} \quad \left| \frac{F_n(-xt_n - 0)}{\Phi(-xt_n)} - 1 \right| \le \frac{\rho_n}{\Phi(-xt_n)} = \frac{\rho_n}{1 - \Phi(xt_n)} \, ,$$

d.h. (4.3.13) ist sicherlich dann erfüllt (wobei wir im folgenden stets $0 < A$ annehmen wollen), falls $\rho_n = \sigma(1 - \Phi(xt_n))$ für alle $x \in (A,B)$, also die Konvergenzgeschwindigkeit im zentralen Grenzwertsatz hinreichend groß ist.

<u>4.3.16 Korollar.</u> Sei $(\xi_i)_{i \in \mathbb{N}}$ eine Folge unabhängiger zentrierter Variabler mit $0 < \sigma_i^2 = V(\xi_i) < \infty$, welche die Fellersche Bedingung (4.1.19) erfüllt und für die gilt

(4.3.17) $\quad \rho_n = \sigma(1 - \Phi(xt_n))$ für alle $x \in (A,B)$.

Dann ist

(IL) $\quad \limsup\limits_{n \to \infty} \dfrac{S_n}{s_n t_n} = 1 \quad \text{und} \quad \liminf\limits_{n \to \infty} \dfrac{S_n}{s_n t_n} = -1 \quad \mathbb{P}\text{-fast sicher.}$

Da der Nachweis von (4.3.17) im Einzelfall einige Schwierigkeiten bereiten dürfte, wollen wir nun unter Verwendung der asymptotischen Äquivalenz 1.19.3 einige für (4.3.17) hinreichende Kriterien ableiten.

180

<u>4.3.18 Lemma.</u> Für eine Folge unabhängiger zentrierter Variabler mit $s_n^2 \to \infty$ sind folgende Bedingungen (i)–(iii) jeweils hinreichend für (4.3.17):

(i) $\rho_n = \mathcal{O}((\log s_n^2)^{-1-\delta})$ für ein $\delta > 0$

(ii) $s_n^{-3} \sum_{i=1}^{n} \mathbb{E}(|\xi_i|^3) = \mathcal{O}((\log s_n^2)^{-1-\delta})$ für ein $\delta > 0$

(iii) Es existiert eine Folge $(\delta_n)_{n \in \mathbb{N}}$ positiver reeller Zahlen
   mit $\delta_n = o(1-\Phi(xt_n))$ für alle $x \in (A,B)$ derart, daß
   $L_n(\delta_n) = \mathcal{O}(\delta_n^3)$, wobei wie in 4.1.8 für alle $\delta > 0$

$$L_n(\delta) = \frac{1}{s_n^2} \sum_{i=1}^{n} \int_{\{|\xi_i| \geq \delta s_n\}} \xi_i^2 \, d\mathbb{P} \text{ gesetzt sei.}$$

<u>Beweis.</u> (i) Setze $B := (1+\delta)^{1/2} > 1$ und $0 < A < 1$ beliebig. Für alle $x \in (A,B)$ ist dann $(1-\Phi(xt_n))^{-1}(\log s_n^2)^{-1-\delta} \cdot (2\pi)^{1/2} xt_n(\log s_n^2)^{x^2-1-\delta} \to 0$, also (4.3.17).

(ii) Folgt unmittelbar aus (i) unter Verwendung von (4.2.11).

(iii) Gemäß 4.2.23 existiert eine Konstante D derart, daß $\rho_n \leq D\delta$ für alle $\delta > 0$ mit $L_n(\delta) \leq \delta^3$. Es folgt $\rho_n = \mathcal{O}(\delta_n) = o(1-\Phi(xt_n))$ und somit (4.3.17). $\square$

<u>4.3.19 Bemerkung.</u> Da die rechte Seite in 4.3.18 (ii) wegen $s_n^2 \to \infty$ für $n \to \infty$ gegen null konvergiert, erfüllt $(\xi_i)_{i \in \mathbb{N}}$ die Ljapunoff-Bedingung (mit $\varepsilon=1$) und somit auch die Fellersche Bedingung. Desgleichen zeigt man leicht, daß (iii) die Lindeberg-Bedingung und somit die Fellersche Bedingung impliziert, d.h. (ii) (vgl. Chung [25], Theorem 7.5.1) und (iii) sind hinreichend für die Gültigkeit des Gesetzes vom iterierten Logarithmus.

Sind sämtliche ξ_i identisch verteilt, so zeigt 4.3.18 (ii), daß das Gesetz vom iterierten Logarithmus erfüllt ist, sofern nur $\mathbb{E}(|\xi_1|^3) < \infty$. Mit Hilfe von (iii) erhält man weiter, daß (IL) auch dann gilt, wenn man nur die Endlichkeit von $\mathbb{E}(|\xi_1|^{2+c})$ für ein $c > 0$ fordert. Sei dazu o.E. $V(\xi_1)=1$ und $\delta > 0$ beliebig gewählt. Setze $B=(1+\delta)^{1/2}$. Dann ist

$(\log n)^{-(1+\delta)} = o(1-\Phi(xt_n))$ für alle $0 < x < B$, so daß wegen $c > 0$

$\delta_n := n^{-c/(2(3+c))} = o(1-\Phi(xt_n))$ für alle $0 < x < B$. Ferner ist

$$L_n(\delta_n) = \int_{\{|\xi_1| \geq \delta_n n^{1/2}\}} \xi_1^2 \, d\mathbb{P} \leq \delta_n^{-c} n^{-c/2} \mathbb{E}(|\xi_1|^{2+c}) = \delta_n^3 \, \mathbb{E}(|\xi_1|^{2+c}),$$

d.h. δ_n ist im Sinne von 4.3.18 (iii) geeignet. Setzen wir dagegen nur die Existenz der zweiten Momente voraus, so ist ein entsprechendes Ergebnis nicht unmittelbar aus 4.3.16 bzw. 4.3.18 ableitbar. Andererseits zeigte aber der Beweis von 4.3.2, daß zum Nachweis der Behauptung lediglich die Konvergenz der Reihe $\sum_{k \in K_0} (1-F_{n_k}(a''t_{n_k}))$ benötigt wurde.

Beachtet man ferner, daß im Fall identisch verteilter Variabler $n_k = V(\xi_1)^{-1}s_{n_k}^2 \sim V(\xi_1)^{-1}c^{2k}$ und somit die Folge $(n_k)_{k \in \mathbb{N}}$ die Voraussetzungen von Korollar 4.2.22 erfüllt, so kann man aufgrund dessen auch in diesem Fall eine entsprechende Konvergenz erwarten.

$\underline{\text{4.3.20 Satz (Hartman-Wintner)}}$. Sei $(\xi_i)_{i \in \mathbb{N}}$ eine Folge unabhängiger identisch verteilter Variabler mit $\mathbb{E}(\xi_1) = 0$ und $0 < V(\xi_1) =: \sigma^2 < \infty$. Dann gilt $\mathbb{P}$-fast sicher

$$\limsup_{n \to \infty} \frac{S_n}{\sqrt{2\sigma^2 n \, \mathrm{loglog}\, n}} = 1 \quad \text{und} \quad \liminf_{n \to \infty} \frac{S_n}{\sqrt{2\sigma^2 n \, \mathrm{loglog}\, n}} = -1.$$

$\underline{\text{Beweis.}}$ 1. Sei o.E. $\sigma^2 = 1$. Offensichtlich ist die Fellersche Bedingung erfüllt, und es gilt mit den Bezeichnungen im Beweis zu 4.3.2: $\sum_{k \geq K_0} a_k = 2 \sum_{k \geq K_0} (1-F_{n_k}(a''t_{n_k})) < \infty$, wobei in diesem Fall $t_n^2 = 2 \, \mathrm{loglog}\, n$. Mit der obigen Bemerkung bleibt nämlich wegen 4.2.22 nur zu zeigen, daß $\sum_{k \geq K_0} (a''t_{n_k})^{-1} \exp[-(a'')^2 \bar\sigma_{n_k}^{-2} \mathrm{loglog}\, n_k] < \infty$. Dies folgt aber sofort aus der asymptotischen Äquivalenz $n_k \sim c^{2k}$, da $a'' > 1$ und $\bar\sigma_{n_k}^2 \to 1$ für $k \to \infty$. Der Beweis von 4.3.2 zeigt, daß damit $\mathbb{P}$-fast sicher $\limsup_{n \to \infty} \frac{S_n}{\sqrt{2n \, \mathrm{loglog}\, n}} \leq 1$ und (indem man das gleiche Argument auf die Folge $(-\xi_i)_{i \in \mathbb{N}}$ anwendet) $\liminf_{n} \frac{S_n}{\sqrt{2n \, \mathrm{loglog}\, n}} \geq -1$.

2. Zum Beweis der umgekehrten Ungleichungen kam es in 4.3.5 lediglich darauf an zu zeigen, daß $\sum_{k \geq K_1} \mathbb{P}(C_k) < \infty$ und $\sum_{k \geq K_1} \mathbb{P}(B_k) = \infty$. Da $\mathbb{P}(C_k) \leq 1-F_{n_{k-1}}(bt_{n_{k-1}})$ und $b > 1$, folgt die Konvergenz der ersten Reihe wie in Beweisteil 1. Um die Divergenz der zweiten Reihe nach-

zuweisen, bleibt wegen $\mathbb{P}(B_k) \geq 1-F_{n_k}(\beta t_{n_k})$ (wobei $\beta < 1$) zu zeigen,

daß $\sum_{k \geq K_1} (1-F_{n_k}(\beta t_{n_k})) = \infty$. Dies folgt aber unter Verwendung von 4.2.22

sofort aus der Divergenz (!) der Reihe $\sum_{k \geq 1} t_{n_k}^{-1} \exp[-\beta^2 \bar{\sigma}_{n_k}^{-2} \log\log n_k]$.

Damit ist $\mathbb{P}$-fast sicher $\limsup\limits_{n \to \infty} \dfrac{S_n}{\sqrt{2n \log\log n}} \leq 1$ und entsprechend

$\liminf\limits_{n \to \infty} \dfrac{S_n}{\sqrt{2n \log\log n}} \leq -1.$ $\square$

An dieser Stelle sei bereits auf Abschnitt 10.4 hingewiesen, wo das
Hartman - Wintnersche Resultat unter Zuhilfenahme sogenannter
"starker Approximationen" eine unmittelbare Folgerung aus 4.3.14 ist.
Man beachte ferner, daß aufgrund von 2.1.4 die Folge $\dfrac{S_n}{\sqrt{2\sigma^2 n \log\log n}}$

$\underline{\mathbb{P}\text{-stochastisch}}$ gegen 0 konvergiert.

Schließlich wollen wir noch ohne Beweis das Kolmogoroffsche Gesetz
vom iterierten Logarithmus für den Fall unabhängiger beschränkter
Variabler angeben.

4.3.21 Satz (Kolmogoroff). Sei $(\xi_i)_{i \in \mathbb{N}}$ eine Folge unabhängiger
Variabler mit $\mathbb{E}(\xi_i) = 0$ und $s_n^2 \to \infty$ derart, daß $|\xi_i| \leq K_i s_i t_i^{-1}$ für alle
$i \in \mathbb{N}$ und eine geeignete Folge $(K_i)_{i \in \mathbb{N}}$ reeller Zahlen mit $K_i \to 0$. Dann
ist (IL) erfüllt.

Ein Beweis dieses Satzes, welcher die sogenannten Exponentialungleichungen benutzt, findet sich in den Büchern von Loève [93] oder
Petrov [110]. Tomkins [144] gibt einen Beweis, welcher unter Verwendung
eines entsprechenden Ergebnisses von Feller [42] auf den Sätzen 4.3.2
und 4.3.5 basiert.

Wie 4.3.18 (iii) gezeigt hat, ist das Gesetz vom iterierten Logarithmus insbesondere dann erfüllt, wenn an die Konvergenz der Lindeberg-
Funktionen L_n geeignete Bedingungen gestellt werden. Marcinkiewicz
und Zygmund [99] haben bewiesen, daß darauf im allgemeinen nicht verzichtet werden kann. Insbesondere wird die Existenz einer Folge
$(\xi_i)_{i \in \mathbb{N}}$ von unabhängigen Variablen nachgewiesen mit $\mathbb{E}(\xi_i)=0$ und $s_n^2 \to \infty$
derart, daß

(i) $|\xi_i| = \mathcal{O}(s_i t_i^{-1})$ für alle $i \in \mathbb{N}$ und

(ii) $\limsup\limits_{n \to \infty} \dfrac{S_n}{s_n t_n} < 1$ $\mathbb{P}$-fast sicher, d.h. wegen (i) und $t_n \to \infty$ ist die Lindeberg-Bedingung erfüllt (!), jedoch nicht das Gesetz vom iterierten Logarithmus. Andererseits wird deutlich, daß die Bedingung "$K_i \to O$" in 4.3.21 nicht durch "$(K_i)_{i \in \mathbb{N}}$ beschränkt" ersetzt werden kann.

Übungen

Abschnitt 4.1

4.1.1. Durch Anwendung des zentralen Grenzwertsatzes auf eine Folge von unabhängigen zum Parameter 1 Poisson-verteilten Variablen zeige man:
$$\lim_{n \to \infty} e^{-n} \sum_{k=0}^{n} \frac{n^k}{k!} = 1/2.$$

4.1.2. Durch Anwendung des zentralen Grenzwertsatzes zeige man, daß für jede stetige und beschränkte Funktion f auf $\mathbb{R}$ und alle $0 < x < 1$:
$$\lim_{n \to \infty} \sum_{k=0}^{n} f\left(\frac{k-nx}{\sqrt{nx(1-x)}}\right) \binom{n}{k} x^k (1-x)^{n-k} = \frac{1}{\sqrt{2\pi}} \int_{\mathbb{R}} f(t) e^{-t^2/2} dt.$$

4.1.3. Man zeige, daß aus der Gültigkeit des zentralen Grenzwertsatzes nicht notwendig die Lindeberg-Bedingung folgt.

4.1.4. Es seien ξ und η unabhängige nach F verteilte Variable mit existierender Varianz $\sigma^2 > O$. Sei ferner $\zeta := \frac{\xi+\eta}{a}$, $a > O$, gesetzt. Man zeige: Ist ζ nach F verteilt, so folgt notwendigerweise

(i) $a = \sqrt{2}$ (ii) $\varphi_\xi(x/2^n)^{2^n} = \varphi_\xi(x)$ für alle $x \in \mathbb{R}$ und $n \in \mathbb{N}$

(iii) ξ ist $\mathcal{N}(O,\sigma^2)$-verteilt.

4.1.5. Man zeige, daß aus der Gültigkeit des zentralen Grenzwertsatzes notwendigerweise die Gültigkeit des schwachen Gesetzes der großen Zahlen folgt. Gilt dies auch für das starke Gesetz der großen Zahlen?

4.1.6. Zeigen Sie, daß aus der Ljapunoff-Bedingung notwendigerweise die Lindeberg-Bedingung folgt.

Abschnitt 4.2

4.2.1. Unter den Voraussetzungen von Satz 4.2.17 gelte ferner $\sum_{n \geq 1} n^{-1}(1 - \bar{\sigma}_n) < \infty$. Dann folgt $\sum_{n \geq 1} n^{-1} \sup_{x \in \mathbb{R}} |F_n(x) - \Phi(x)| < \infty$ (Hinweis: Man verwende Lemma 1.19.5).

Abschnitt 4.3

4.3.1. Beweisen Sie die Aussagen in Bemerkung 4.3.19.

4.3.2. Lesen Sie die Arbeit [99] von Marcinkiewicz und Zygmund.

<u>Bemerkungen zum Text</u>

Zur Gültigkeit zentraler Grenzwertsätze für Summen unabhängiger
Variabler mit nicht notwendig endlicher Varianz sowie zum Studium
der möglichen Grenzverteilungen sei auf Burrill [18], Gnedenko-
Kolmogorov [54], Loève [93] und Petrov [110] verwiesen. In der
Darstellung von 4.2.1 - 4.2.10 folgen wir weitgehend Feller [44].
Klassische Beweise zum Gesetz vom iterierten Logarithmus finden sich
in Burrill [18] und Loève [93]. Über den Zusammenhang zwischen
der Gültigkeit des zentralen Grenzwertsatzes und der Gültigkeit von
(IL) vgl. man Petrov [110] sowie die dort zitierte Literatur.

Kapitel V. Bedingte Erwartungen und bedingte Verteilungen

5.1 Spezielle bedingte Erwartungen

Es sei $(\Omega, \mathscr{A}, \mathbb{P})$ ein W.-Raum und $\{B_j: j \in \mathbb{N}\}$ eine Zerlegung von Ω in p.d. Mengen $B_j \in \mathscr{A}$. Für jedes $A \in \mathscr{A}$ und alle B_j mit $\mathbb{P}(B_j) > 0$ läßt sich dann durch

$$\mathbb{P}(A|B_j) := \frac{\mathbb{P}(A \cap B_j)}{\mathbb{P}(B_j)} \ , \ j \in \mathbb{N},$$

bekanntlich die <u>bedingte Wahrscheinlichkeit $\mathbb{P}(A|B_j)$ von A unter der Hypothese B_j bilden.</u>

Bezeichnet $\mathscr{B} = \sigma(\{B_j: j \in \mathbb{N}\})$ die von allen B_j erzeugte σ-Algebra, so besteht $\mathscr{B}$ aus allen Ereignissen, die sich als Vereinigung gewisser B_j darstellen lassen. Eine Abbildung von Ω nach $\mathbb{R}$ ist somit genau dann $\mathscr{B}, \mathscr{B}^*$-meßbar, wenn sie auf jedem B_j konstant ist. Setzen wir speziell

$$y_o := \sum_{j \in J} \mathbb{P}(A|B_j) 1_{B_j},$$

wobei $J := \{j \in \mathbb{N}: \mathbb{P}(B_j) > 0\}$, so besitzt y_o über die $\mathscr{B}, \mathscr{B}^*$-Meßbarkeit hinaus noch die folgende Eigenschaft: Für jedes $B \in \mathscr{B}$, also $B = \sum_{k \in \Delta} B_k$ mit geeignetem $\Delta \subset \mathbb{N}$, gilt wegen 1.6.14

$$(5.1.1) \quad \mathbb{E}(y_o 1_B) = \sum_{k \in \Delta \cap J} \mathbb{P}(A|B_k) \, \mathbb{P}(B_k) = \mathbb{P}(A \cap B) \ .$$

Da ferner jedes im Sinne von 1.7.3 zu y_o äquivalente $y \in \mathscr{L}(\Omega, \mathscr{B})$ sich höchstens auf der $\mathbb{P}$-Nullmenge $N := \bigcup\{B_j: \mathbb{P}(B_j)=0\}$ von y_o unterscheidet, sehen wir, daß (5.1.1) richtig bleibt, wenn man y_o durch jedes solche y ersetzt.

Wir bezeichnen die zugehörige Äquivalenzklasse (in $\mathscr{L}(\Omega, \mathscr{B})$) mit $\mathbb{P}(A \mid \mathscr{B})$ und nennen sie die <u>bedingte Wahrscheinlichkeit von A bei gegebenem $\mathscr{B}$</u> (bzgl. $\mathbb{P}$).

Für alle $y \in \mathbb{P}(A \mid \mathscr{B})$ gilt somit

(5.1.2) $y \in \mathcal{L}(\Omega, \mathcal{B}, \mathbb{P})$

und

(5.1.3) $\mathbb{E}(y1_B) = \mathbb{P}(A \cap B) = \mathbb{E}(1_A 1_B)$ für alle $B \in \mathcal{B}$.

Ist speziell $\mathcal{B} = \{\emptyset, \Omega\}$, so ist für jedes $A \in \mathcal{A}$

$$\mathbb{P}(A \mid \mathcal{B}) = \{y_o\} \text{ mit } y_o = \text{const} = \mathbb{P}(A).$$

Die Wahrscheinlichkeit eines Ereignisses $A \in \mathcal{A}$ ist der Erwartungswert seiner Indikatorvariablen 1_A. Dementsprechend läßt sich die bisher getroffene Definition der bedingten Wahrscheinlichkeit auf bedingte Erwartungswerte von beliebigen zufälligen Variablen übertragen
(deren Erwartungswerte existieren).

<u>5.1.4 Definition.</u> Sei $\xi \in \mathcal{L}(\Omega, \mathcal{A}, \mathbb{P})$ und $B \in \mathcal{A}$ beliebig mit $\mathbb{P}(B) > 0$.
Dann heißt die Zahl

$$(5.1.5) \quad \mathbb{E}(\xi \mid B) := \frac{1}{\mathbb{P}(B)} \cdot \mathbb{E}(\xi 1_B) = \frac{1}{\mathbb{P}(B)} \cdot \int_B \xi(\omega) \mathbb{P}(d\omega)$$

<u>bedingter Erwartungswert von ξ unter der Hypothese B.</u>

Ist nun wie oben $\{B_j : j \in \mathbb{N}\}$ eine Zerlegung von Ω und $\mathcal{B} := \sigma(\{B_j : j \in \mathbb{N}\})$,
so wird durch

$$z_o := \sum_{j \in J} \mathbb{E}(\xi \mid B_j) 1_{B_j}$$

eine $\mathcal{B}, \mathcal{B}^*$-meßbare Abbildung von Ω nach $\mathbb{R}$ definiert mit der Eigenschaft, daß für jede zu z_o äquivalente Abbildung $z \in \mathcal{Z}(\Omega, \mathcal{B})$
(vgl. (5.1.3))

$$\mathbb{E}(z1_B) = \mathbb{E}(\xi 1_B) \text{ für alle } B \in \mathcal{B} .$$

Wir bezeichnen die zugehörige Äquivalenzklasse in $\mathcal{Z}(\Omega, \mathcal{B})$ mit
$\mathbb{E}(\xi \mid \mathcal{B})$ und nennen sie die <u>bedingte Erwartung von ξ bei gegebenem $\mathcal{B}$</u>
(bzgl. $\mathbb{P}$).

Für alle $z \in \mathbb{E}(\xi \mid \mathcal{B})$ gilt somit

(5.1.6) $z \in \mathcal{L}(\Omega, \mathcal{B}, \mathbb{P})$

und

$$(5.1.7) \quad \mathbb{E}(z1_B) = \mathbb{E}(\xi 1_B) = \int_B \xi(\omega) \mathbb{P}(d\omega) \text{ für alle } B \in \mathcal{B} .$$

Offenbar ist für jedes $A \in \mathcal{A}$ $\mathbb{E}(1_A \mid \mathcal{B}) = \mathbb{P}(A \mid \mathcal{B})$. Außerdem folgt aus Bemerkung 1.7.10 (i), daß jede Abbildung z: $\Omega \to \mathbb{R}$, die die beiden Eigenschaften (5.1.6) und (5.1.7) besitzt, mit z_0 $\mathbb{P}$-fast sicher über-einstimmt.

__5.1.8 Beispiel.__ Sei $\Omega := [0,1[$, $\mathscr{A} := [0,1[\cap \mathscr{A}^*$ und $\mathbb{P}$ das auf $\mathscr{A}$ ein-geschränkte Lebesguesche Maß. Betrachten wir dann eine Zerlegung von Ω in Intervalle $B_i = [a_{i-1}, a_i[$, $0 = a_0 < a_1 < \ldots < a_n = 1$, so ist für $\xi \in \mathscr{L}(\Omega, \mathscr{A}, \mathbb{P})$ die Abbildung $z_0 \in \mathbf{E}(\xi \mid \mathscr{A})$ diejenige Treppenfunktion, die auf B_i den konstanten Wert

$$\frac{1}{a_i - a_{i-1}} \cdot \int_{[a_{i-1}, a_i)} \xi(\omega) \mathbb{P}(d\omega)$$

annimmt.

5.2 Allgemeine Definition und grundlegende Eigenschaften bedingter Erwartungen

In Verallgemeinerung der im letzten Abschnitt eingeführten Begriffe definieren wir:

__5.2.1 Definition.__ Seien $(\Omega, \mathscr{A}, \mathbb{P})$ ein W.-Raum, $\mathscr{B}$ eine beliebige Sub-σ-Algebra von $\mathscr{A}$ und $\xi \in \mathscr{L}(\Omega, \mathscr{A}, \mathbb{P})$ bzw. $A \in \mathscr{A}$. Dann heißt die Gesamtheit

(i) $\mathbf{E}(\xi \mid \mathscr{B}) := \{z \in \mathscr{L}(\Omega, \mathscr{B}, \mathbb{P}): \mathbf{E}(z 1_B) = \mathbf{E}(\xi 1_B) \text{ für alle } B \in \mathscr{B}\}$ __bedingte Erwartung von ξ bei gegebenem $\mathscr{B}$__ (bzgl. $\mathbb{P}$)
   (falls man $\mathbb{P}$ hervorheben will: $\mathbf{E}_{\mathbb{P}}(\xi \mid \mathscr{B}) := \mathbf{E}(\xi \mid \mathscr{B})$)

(ii) $\mathbb{P}(A \mid \mathscr{B}) := \mathbf{E}(1_A \mid \mathscr{B})$ __bedingte Wahrscheinlichkeit von A bei gegebenem $\mathscr{B}$__ (bzgl. $\mathbb{P}$).

Die Elemente von $\mathbf{E}(\xi \mid \mathscr{B})$ [$\mathbb{P}(A \mid \mathscr{B})$] nennt man auch __Versionen__ von $\mathbf{E}(\xi \mid \mathscr{B})$ [$\mathbb{P}(A \mid \mathscr{B})$]. Während in dem in 5.1 betrachteten Beispiel eine Version von $\mathbf{E}(\xi \mid \mathscr{B})$ direkt angegeben werden konnte, benötigen wir im allgemeinen Fall zum Existenzbeweis einen tiefliegenden Satz aus der Maßtheorie, nämlich den unter 1.7.12 aufgeführten Satz von Radon-Nikodym.

__5.2.2 Satz.__ Unter den Voraussetzungen von 5.2.1 gilt

(i) $\mathbf{E}(\xi \mid \mathscr{B}) \neq \emptyset$

(ii) $z_1, z_2 \in \mathbf{E}(\xi \mid \mathscr{B}) \to z_1 = z_2$ $\mathbb{P}$-fast sicher

(iii) $z_1 \in \mathbf{E}(\xi \mid \mathscr{B})$, $z_2 \in \mathscr{L}(\Omega, \mathscr{B})$ und $z_1 \underset{[\mathbb{P}]}{=} z_2 \to z_2 \in \mathbf{E}(\xi \mid \mathscr{B})$.

188

<u>Beweis.</u> (i): Sei zunächst $\xi \geq 0$. Dann wird durch

$$Q(B) := \int_B \xi(\omega)\mathbb{P}(d\omega) \quad \text{für alle } B \in \mathcal{B}$$

ein endliches Maß $Q|\mathcal{B}$ definiert mit $Q|\mathcal{B} \ll \mathbb{P}|\mathcal{B}$. Gemäß 1.17.12 existiert somit ein $z_0 \in \overline{\mathcal{Z}}_+(\Omega, \mathcal{B})$ derart, daß $Q(B) = \int_B z_0 d\mathbb{P}$. Wegen $\int_\Omega z_0 d\mathbb{P} = \int_\Omega \xi d\mathbb{P} < \infty$ kann aufgrund von 1.7.8 ferner o.E. z_0 als reellwertig, also $z_0 \in \mathcal{L}(\Omega, \mathcal{B}, \mathbb{P})$ angenommen werden. Offenbar ist dann $z_0 \in \mathbb{E}(\xi \mid \mathcal{B})$. Im allgemeinen Fall betrachte man die Zerlegung $\xi = \xi^+ - \xi^-$ und definiere $z_0 \in \mathbb{E}(\xi|\mathcal{B})$ durch $z_0 = z_0^+ - z_0^-$, wobei $z_0^+ \in \mathbb{E}(\xi^+ \mid \mathcal{B})$ und $z^- \in \mathbb{E}(\xi^- \mid \mathcal{B})$.

(ii) und (iii): Unmittelbare Folgerung aus 1.7.10 (i). $\square$

<u>5.2.3 Beispiele.</u> Wir betrachten die folgenden Spezialfälle:

(a) $\mathcal{B} = \{\emptyset, \Omega\} \Rightarrow \mathbb{E}(\xi \mid \mathcal{B}) = \{\mathbb{E}(\xi)\}$

(b) $\mathbb{P}(B) \in \{0,1\}$ für alle $B \in \mathcal{B} \Rightarrow \mathbb{E}(\xi) \in \mathbb{E}(\xi|\mathcal{B})$

(c) $\mathcal{B} = \mathcal{A} \Rightarrow \xi \in \mathbb{E}(\xi|\mathcal{B})$

<u>5.2.4 Vereinbarung.</u> Es ist üblich, jedes $z \in \mathbb{E}(\xi| \mathcal{B})$ selbst wieder mit $\mathbb{E}(\xi \mid \mathcal{B})$ zu bezeichnen (jetzt aufgefaßt als Element in $\mathcal{L}(\Omega, \mathcal{B}, \mathbb{P})$!). Dasselbe gilt für $\mathbb{P}(A|\mathcal{B})$. In diesem Sinne bedeutet z.B. die Schreibweise $\mathbb{E}(\xi|\mathcal{A}) \underset{[\mathbb{P}]}{=} \mathbb{E}(\eta|\mathcal{A})$ nichts anderes, als das jedes Element der linken Klasse mit jedem Element der rechten Klasse $\mathbb{P}$-f.s. übereinstimmt. Aus der Definition ergeben sich nun unter Verwendung von 1.7.9 sowie 1.7.10 die folgenden Eigenschaften von $\mathbb{E}(\xi|\mathcal{A})$.

<u>5.2.5 Satz.</u> Mit den Bezeichnungen von Definition 5.2.1 gilt für alle $\xi, \xi_i \in \mathcal{L}(\Omega, \mathcal{A}, \mathbb{P})$, $i=1,2$, und $\alpha, \beta \in \mathbb{R}$:

(i) $\int_B \mathbb{E}(\xi|\mathcal{B})d\mathbb{P} = \int_B \xi d\mathbb{P}$ für alle $B \in \mathcal{B}$

(ii) $\mathbb{E}(\mathbb{E}(\xi \mid \mathcal{B})) = \mathbb{E}(\xi)$

(iii) $\xi \underset{[\mathbb{P}]}{=} \alpha \Rightarrow \mathbb{E}(\xi|\mathcal{B}) \underset{[\mathbb{P}]}{=} \alpha$

(iv) $0 \underset{[\mathbb{P}]}{\leq} \xi \Rightarrow 0 \underset{[\mathbb{P}]}{\leq} \mathbb{E}(\xi \mid \mathcal{B})$

(v) $\mathbb{E}(\alpha\xi_1 + \beta\xi_2|\mathcal{B}) \underset{[\mathbb{P}]}{=} \alpha\mathbb{E}(\xi_1|\mathcal{B}) + \beta\mathbb{E}(\xi_2|\mathcal{B})$

(vi) $\xi_1 \underset{[\mathbb{P}]}{\leq} \xi_2 \Rightarrow \mathbb{E}(\xi_1|\mathcal{B}) \underset{[\mathbb{P}]}{\leq} \mathbb{E}(\xi_2|\mathcal{B})$

(vii) $\xi \in \mathcal{Z}(\Omega, \mathcal{B}) \Rightarrow \xi \in \mathbb{E}(\xi|\mathcal{B})$.

5.2.6 Bemerkung. Ist $(\Omega', \mathscr{A}')$ ein weiterer meßbarer Raum und $\zeta: \Omega \to \Omega'$ $\mathscr{A}, \mathscr{A}'$-meßbar, so folgt

$$\mathbb{P}(\zeta^{-1}(A') \cap B) = \int_B \mathbb{P}(\zeta^{-1}(A') | \mathscr{B}) \, d\mathbb{P} \text{ für alle } A' \in \mathscr{A}' \text{ und } B \in \mathscr{B}.$$

Zum Beweis der Gleichung hat man in 5.2.5 (i) lediglich $\xi = 1_{\zeta^{-1}(A')}$ zu setzen.

Die in den folgenden Sätzen festgehaltenen Eigenschaften einer bedingten Erwartung werden sich für spätere Anwendungen als nützlich erweisen.

5.2.7 Satz. Für alle $\xi \in \mathscr{L}(\Omega, \mathscr{A}, \mathbb{P})$ und $\eta \in \mathscr{L}(\Omega, \mathscr{B})$ mit $\eta \cdot \xi \in \mathscr{L}(\Omega, \mathscr{A}, \mathbb{P})$ ist

$$\mathbb{E}(\eta \cdot \xi | \mathscr{B}) \underset{[\mathbb{P}]}{=} \eta \cdot \mathbb{E}(\xi | \mathscr{B}).$$

Beweis. Sei o.E. $\eta \geq 0$ und $\xi \geq 0$ (sonst Zerlegung $\eta = \eta^+ - \eta^-$ bzw. $\xi = \xi^+ - \xi^-$). Da die Abbildung $\eta \cdot \mathbb{E}(\xi | \mathscr{B})$ automatisch $\mathscr{B}, \mathscr{B}^*$-meßbar ist, bleibt somit nur zu zeigen, daß

$$(5.2.8) \quad \int_B \eta \cdot \mathbb{E}(\xi | \mathscr{B}) \, d\mathbb{P} = \int_B \eta \cdot \xi \, d\mathbb{P} \ (< \infty) \text{ für alle } B \in \mathscr{B}.$$

Nach Definition von $\mathbb{E}(\xi | \mathscr{B})$ gilt (5.2.8) zunächst für den Fall einer Indikatorvariablen $\eta = 1_C$ mit $C \in \mathscr{B}$. Der allgemeine Fall ergibt sich mit den üblichen Schlußweisen durch algebraische Induktion. $\square$

5.2.9 Korollar. Gilt für $\xi, \xi' \in \mathscr{L}(\Omega, \mathscr{A}, \mathbb{P})$ zusätzlich $\xi \cdot \mathbb{E}(\xi' | \mathscr{B}) \in \mathscr{L}(\Omega, \mathscr{A}, \mathbb{P})$, so ist

$$\mathbb{E}(\xi \, \mathbb{E}(\xi' | \mathscr{B}) | \mathscr{B}) = \mathbb{E}(\xi | \mathscr{B}) \, \mathbb{E}(\xi' | \mathscr{B}) \ \mathbb{P}\text{-fast sicher.}$$

5.2.10 Satz. Sind $\mathscr{B}_1 \subset \mathscr{B}_2$ zwei Sub-σ-Algebren von $\mathscr{A}$, so ist für alle $\xi \in \mathscr{L}(\Omega, \mathscr{A}, \mathbb{P})$

$$\mathbb{E}(\mathbb{E}(\xi | \mathscr{B}_1) | \mathscr{B}_2) \underset{[\mathbb{P}]}{=} \mathbb{E}(\xi | \mathscr{B}_1) \underset{[\mathbb{P}]}{=} \mathbb{E}(\mathbb{E}(\xi | \mathscr{B}_2) | \mathscr{B}_1).$$

Beweis. Die erste Gleichheit folgt unmittelbar aus 5.2.5 (vii). Zum Beweis der zweiten Gleichheit haben wir lediglich zu zeigen, daß

$$\int_B \xi \, d\mathbb{P} = \int_B \mathbb{E}(\xi | \mathscr{B}_2) \, d\mathbb{P} \text{ für alle } B \in \mathscr{B}_1.$$

Wegen $\mathscr{B}_1 \subset \mathscr{B}_2$ folgt dies aber sofort aus der Definition von $\mathbb{E}(\xi | \mathscr{B}_2)$. $\square$

<u>5.2.11 Satz.</u> Ist $\xi \in \mathscr{L}(\Omega, \mathscr{A}, \mathbb{P})$ und $\xi^{-1}(\mathscr{B}^*)$ unabhängig von $\mathscr{B}$, so folgt

$$\mathbb{E}(\xi \mid \mathscr{B}) \underset{[\mathbb{P}]}{=} \mathbb{E}(\xi) .$$

<u>Beweis.</u> Da die Abbildung $\text{const} = \mathbb{E}(\xi)$ $\mathscr{B}$, $\mathscr{B}^*$-meßbar ist, bleibt zu zeigen, daß

$$\int\limits_B \xi(\omega)\mathbb{P}(d\omega) = \mathbb{E}(\xi)\mathbb{P}(B) \text{ für alle } B \in \mathscr{B} \quad .$$

Dies folgt aber mit 1.15.15 sofort aus der vorausgesetzten Unabhängigkeit von $\xi^{-1}(\mathscr{B}^*)$ und $\mathscr{B}$. $\square$

Wir wollen die bisher erhaltenen Ergebnisse nun dahingehend spezialisieren, daß wir uns die jeweils betrachtete Sub-σ-Algebra $\mathscr{B} \subset \mathscr{A}$ als von einer meßbaren Abbildung erzeugt denken.

<u>5.2.12 Definition.</u> Sei $(\Omega, \mathscr{A}, \mathbb{P})$ ein W.-Raum, $\xi \in \mathscr{L}(\Omega, \mathscr{A}, \mathbb{P})$, $(\psi, \mathscr{V})$ ein weiterer meßbarer Raum und $\eta: \Omega \to \psi$ $\mathscr{A}, \mathscr{V}$-meßbar; dann heißt

$\mathbb{E}(\xi \mid \eta) := \mathbb{E}(\xi \mid \eta^{-1}(\mathscr{V}))$ <u>bedingte Erwartung von ξ bei gegebenem η.</u>

Falls $(\psi, \mathscr{V}) = (\underset{i \in I}{\times} \psi_i, \underset{i \in I}{\otimes} \mathscr{V}_i)$ und $\eta = (\eta_i)_{i \in I}$ mit $\mathscr{A}, \mathscr{V}_i$-meßbaren $\eta_i: \Omega \to \psi_i, i \in I$, so nennt man

$\mathbb{E}(\xi \mid (\eta_i)_{i \in I}) := \mathbb{E}(\xi \mid \eta)$ <u>bedingte Erwartung von ξ bei gegebenen $\eta_i, i \in I$.</u>

Im Fall $I = \{1, \ldots, n\}$ ist für $\mathbb{E}(\xi \mid (\eta_i)_{i \in I})$ die Schreibweise $\mathbb{E}(\xi \mid \eta_1, \ldots, \eta_n)$ gebräuchlich. Ist $\xi = 1_A$ mit $A \in \mathscr{A}$, so definiert man entsprechend

$\mathbb{P}(A \mid \eta) := \mathbb{E}(1_A \mid \eta)$ und nennt $\mathbb{P}(A \mid \eta)$ <u>bedingte Wahrscheinlichkeit von A bei gegebenem η.</u>

<u>5.2.13 Zusatz.</u> Ist $(\psi, \mathscr{V}) = (\Omega, \mathscr{B})$ mit $\mathscr{B} \subset \mathscr{A}$ und $\eta := \text{id}_\Omega$, so folgt

$$\mathbb{E}(\xi \mid \mathscr{B}) = \mathbb{E}(\xi \mid \eta) .$$

Als Spezialfall von 5.2.11 erhält man

<u>5.2.14 Satz.</u> Ist η unabhängig von ξ, so folgt

$$\mathbb{E}(\xi \mid \eta) \underset{[\mathbb{P}]}{=} \mathbb{E}(\xi) .$$

<u>5.2.15 Satz.</u> Mit den Bezeichnungen von Definition 5.2.12 existiert ein $g \in \mathscr{L}(\psi, \mathscr{V})$, so daß

(5.2.16) $\mathbb{E}(\xi \mid \eta) = g \circ \eta .$

__Beweis.__ Unmittelbare Folgerung aus 1.2.24 mit $(\Omega_1, \mathscr{A}_1) = (\Omega, \mathscr{A})$, $(\Omega_2, \mathscr{A}_2) = (\psi, \mathscr{V})$, $T = \eta$ und $f = \mathbb{E}(\xi|\eta)$. $\square$

Die in 5.2.15 auftretende Variable g nennen wir __Faktorisierung der__ __bedingten Erwartung__. Ihr wollen wir im folgenden unser besonderes Interesse schenken.

__5.2.17 Satz.__ Eine zufällige Variable $g \in \mathscr{L}(\psi, \mathscr{V})$ ist genau dann eine Faktorisierung der bedingten Erwartung $\mathbb{E}(\xi|\eta)$, wenn

$$(5.2.18) \quad \int_C g(x) Q_\eta(dx) = \int_{\eta^{-1}(C)} \xi(\omega) \mathbb{P}(d\omega) \quad \text{für alle } C \in \mathscr{V}.$$

__Beweis.__ 1. Für alle $C \in \mathscr{V}$ gilt nach dem Transformationssatz 1.10.4 unter Verwendung von (5.2.16):

$$\int_{\eta^{-1}(C)} \xi \, d\mathbb{P} = \int_{\eta^{-1}(C)} \mathbb{E}(\xi|\eta) \, d\mathbb{P} = \int_{\eta^{-1}(C)} g \cdot \eta \, d\mathbb{P} = \int_C g(x) Q_\eta(dx), \text{ also } (5.2.18).$$

2. Da umgekehrt die Variable $g \cdot \eta$ automatisch $\eta^{-1}(\mathscr{V}), \mathscr{B}^*$-meßbar ist, bleibt nur die Gleichheit der Integrale zu zeigen. Dies besagt aber gerade (5.2.18). $\square$

Wegen 1.7.10 (i) ist die Faktorisierung von $\mathbb{E}(\xi|\eta)$ durch (5.2.18) Q_η-fast sicher eindeutig bestimmt. Mit 5.2.15 ist die zugehörige Äquivalenzklasse in $\mathscr{L}_1(\psi, \mathscr{V}, Q_\eta)$ nichtleer. Ihre Elemente bezeichnen wir mit $\mathbb{E}(\xi|\eta=\cdot)$ bzw. $\mathbb{P}(A|\eta=\cdot)$, falls $\xi = 1_A$ mit $A \in \mathscr{A}$. Im übrigen gilt eine entsprechende Identifizierung wie in 5.2.4. Wir nennen

$\mathbb{E}(\xi|\eta = x)$ __bedingte Erwartung von ξ unter der Hypothese__ $\eta = x$ und
$\mathbb{P}(A|\eta = x)$ __bedingte Wahrscheinlichkeit von A unter der Hypothese__ $\eta = x$.

Nach Definition gilt somit stets

$$\mathbb{E}(\xi|\eta)(\omega) = \mathbb{E}(\xi|\eta = \eta(\omega))$$

und

$$Q_\eta(\{x \in \psi: \mathbb{E}(\xi|\eta=x) \in B\}) = \mathbb{P}(\{\omega \in \Omega: \mathbb{E}(\xi|\eta)(\omega) \in B\}) \quad \text{für alle } B \in \mathscr{B}^*.$$

Es sei ausdrücklich darauf hingewiesen, daß für festes $x \in \psi$ die Größe $\mathbb{P}(A|\eta = x)$ als Funktion von $A \in \mathscr{A}$ i.a. kein W.-Maß im bisher verstandenen Sinne sein muß. Ist nämlich $A = \sum_{n \geq 1} A_n$ die Vereinigung von p.d. Mengen $A_n \in \mathscr{A}$, so gilt zwar (vgl. 1.6.6)

$$\mathbb{P}(A|\eta) = \sum_{n \geq 1} \mathbb{P}(A_n|\eta) \quad \mathbb{P}\text{-fast sicher}$$

192

und somit

(5.2.19) $\mathbb{P}(A|\eta = x) = \sum_{n \geq 1} \mathbb{P}(A_n|\eta = x)$ für Q_η-fast alle $x \in \psi$,

jedoch hängt die in (5.2.19) auftretende Nullmenge in der Regel von
den Mengen A und A_n ab. Wir werden im folgenden Abschnitt zeigen, daß
unter geeigneten Voraussetzungen an den Raum $(\psi, \mathcal{V})$ "Versionen" von
$\mathbb{P}(A|\eta = x)$ derart gefunden werden können, daß diese Ausnahmemenge
von der Wahl der Mengen A und A_n unabhängig ist und somit für Q_η-
fast alle $x \in \psi$ durch $A \to \mathbb{P}(A|\eta = x)$ ein W.-Maß auf $\mathcal{A}$ definiert wird.

Zuvor bemerken wir (vgl. 5.2.5)

__5.2.20 Satz.__ Mit den Bezeichnungen von Definition 5.2.12 seien ferner
$\xi_1, \xi_2 \in \mathcal{L}(\Omega, \mathcal{A}, \mathbb{P})$ und $\alpha, \beta \in \mathbb{R}$ beliebig vorgegeben; dann gilt:

(i) $\quad \int_C \mathbb{E}(\xi|\eta = x) Q_\eta(dx) = \int_{\eta^{-1}(C)} \xi(\omega)\mathbb{P}(d\omega)$ für alle $C \in \mathcal{V}$

(ii) $\quad \xi = \alpha \underset{[\mathbb{P}]}{\to} \mathbb{E}(\xi|\eta = \cdot) = \alpha \quad Q_\eta$-fast sicher

(iii) $\quad 0 \underset{[\mathbb{P}]}{\leq} \xi \to 0 \leq \mathbb{E}(\xi|\eta = \cdot) \quad Q_\eta$-fast sicher

(iv) $\quad \mathbb{E}(\alpha \xi_1 + \beta \xi_2|\eta = \cdot) = \alpha \mathbb{E}(\xi_1|\eta = \cdot) + \beta \mathbb{E}(\xi_2|\eta = \cdot) \quad Q_\eta$-fast sicher

(v) $\quad \xi_1 \underset{[\mathbb{P}]}{\leq} \xi_2 \to \mathbb{E}(\xi_1|\eta = \cdot) \leq \mathbb{E}(\xi_2|\eta = \cdot) \quad Q_\eta$-fast sicher.

Entsprechend zu 5.2.6 gilt nun mit den dortigen Bezeichnungen

__5.2.21 Bemerkung.__ Für alle $A' \in \mathcal{A}'$ und $C \in \mathcal{V}$ ist

(5.2.22) $\mathbb{P}(\zeta^{-1}(A') \cap \eta^{-1}(C)) = \int_C \mathbb{P}(\zeta^{-1}(A')|\eta = x) Q_\eta(dx)$.

Zum Abschluß dieses Abschnitts wollen wir $\mathbb{E}(\xi|\eta = \cdot)$ in zwei Spezial-
fällen explizit angeben.

__5.2.23 Beispiel.__ Setzen wir mit den Bezeichnungen von 5.2.12 in
(5.2.18) $C = \{x\}$ (wobei wir stets $\{x\} \in \mathcal{V}$ annehmen wollen), so folgt

$$\int_{\{\eta=x\}} \xi(\omega) \, \mathbb{P}(d\omega) = \mathbb{E}(\xi|\eta = x) \, \mathbb{P}(\{\eta=x\}),$$

also im Fall $\mathbb{P}(\{\eta=x\}) > 0$

$$\mathbb{E}(\xi|\eta = x) = \frac{1}{\mathbb{P}(\{\eta=x\})} \cdot \int_{\{\eta=x\}} \xi(\omega) \, \mathbb{P}(d\omega),$$

eine Gleichheit, welche offensichtlich mit der in (5.1.5) getroffenen
Definition von $\mathbb{E}(\xi|\{\eta=x\})$ übereinstimmt.

5.2.24 Beispiel. Sei $\eta \in \mathcal{Z}(\Omega,\mathcal{A})$ absolutstetig verteilt bzgl. λ_1 mit
λ_1 mit Dichte f. Dann gilt λ_1-f.ü. auf der Menge $\{x \in \mathbb{R}: f(x) > 0\}$:

$$(5.2.25) \quad \mathbb{E}(\xi|\eta=x) = \lim_{h \downarrow 0} \frac{\int_{\{x<\eta\leq x+h\}} \xi\, d\mathbb{P}}{\mathbb{P}(\{x<\eta\leq x+h\})} .$$

Sei $g(x) := \int_{\{\eta\leq x\}} \xi\, d\mathbb{P}$, $x \in \mathbb{R}$. Dann ist

$$g(x) = \int_{(-\infty,x]} \mathbb{E}(\xi|\eta=y) Q_\eta(dy) = \int_{-\infty}^{x} \mathbb{E}(\xi|\eta=y) f(y) dy,$$

so daß g λ_1-fast überall differenzierbar ist mit der Ableitung
$g'(x) = \mathbb{E}(\xi|\eta=x) f(x)$. Da ferner $F_\eta'(x) = f(x)$ für λ_1-fast alle $x \in \mathbb{R}$,
folgt die Behauptung nun unmittelbar aus der Definition der Ableitung.

5.2.26 Bemerkung. Ist in den letzten beiden Beispielen ζ von der Gestalt $\zeta = 1_{\zeta^{-1}(A')}$, so ergeben sich für die bedingten Wahrscheinlichkeiten

$$\mathbb{P}(\zeta^{-1}(A')|\eta=x) = \mathbb{P}(\zeta^{-1}(A') \cap \{\eta=x\})/\mathbb{P}(\{\eta=x\})$$

$$= \mathbb{P}(\zeta^{-1}(A')|\{\eta=x\})$$

bzw.

$$\mathbb{P}(\zeta^{-1}(A')|\eta=x) = \lim_{h \downarrow 0} \frac{\mathbb{P}(\zeta^{-1}(A') \cap \{x<\eta\leq x+h\})}{\mathbb{P}(\{x<\eta\leq x+h\})} .$$

5.3 Reguläre bedingte Wahrscheinlichkeitsverteilungen

Wir wollen nun auf die bereits im letzten Abschnitt aufgeworfene
Frage zurückkommen, unter welchen Bedingungen Versionen von $\mathbb{P}(A|\eta=x)$
existieren, die für feste $x \in \psi$ als Funktionen von $A \in \mathcal{A}$ W.-Maße
im bisher verstandenen Sinne sind. Dazu betrachten wir wie in
Definition 5.2.12 wiederum einen festen W.-Raum $(\Omega,\mathcal{A},\mathbb{P})$ sowie einen
meßbaren Raum $(\psi,\mathcal{V})$ mit einer $\mathcal{A},\mathcal{V}$ -meßbaren Abbildung $\eta: \Omega \to \psi$.
Ferner sei (wie in 5.2.6 bzw. 5.2.21) $(\Omega',\mathcal{A}')$ ein meßbarer Raum und
$\zeta: \Omega \to \Omega'$ $\mathcal{A},\mathcal{A}'$-meßbar. Wie wir im letzten Abschnitt gesehen haben
(vgl. 5.2.15, (5.2.19), 5.2.20 und (5.2.22)), besitzt dann die

Abbildung K: $\psi \times \mathscr{A}' \to \mathbb{R}$, definiert durch

(5.3.1) $K(x,A') := \mathbb{P}(\zeta^{-1}(A') \mid \eta = x)$

folgende Eigenschaften:

(5.3.2) $K(x,A')$ ist als Funktion von x $\mathscr{V}, \mathscr{B}^*$-meßbar für alle $A' \in \mathscr{A}'$

(5.3.3) $0 \leq K(x,A') \leq 1$ Q_η-fast sicher für jedes $A' \in \mathscr{A}'$

(5.3.4) $K(x,\emptyset) = 0$ und $K(x,\Omega') = 1$ Q_η-fast sicher

(5.3.5) $K(x,A') = \sum_{n \geq 1} K(x,A_n')$ Q_η-fast sicher, falls $A' = \sum_{n \geq 1} A_n' (\ldots \in \mathscr{A}')$

(5.3.6) $\mathbb{P}(\zeta^{-1}(A') \cap \eta^{-1}(C)) = \int_C K(x,A') Q_\eta(dx)$ für alle $A' \in \mathscr{A}'$ und $C \in \mathscr{V}$.

Wir haben bereits bemerkt, daß die in (5.3.5) auftretende Ausnahme-menge von A' bzw. von A_n', $n \in \mathbb{N}$, abhängen kann. Im Spezialfall $\mathscr{V} = \{\emptyset, \psi\}$ erhalten wir für jedes x $K(x,A') = Q_\zeta(A')$ (vgl. 5.2.22), d.h. in diesem Fall ist $K(x,A')$ als Funktion von $A' \in \mathscr{A}'$ ein W.-Maß auf $\mathscr{A}'$ und somit $K(x,A')$ eine reguläre bedingte Wahrscheinlichkeits-verteilung im Sinne der folgenden

<u>5.3.7 Definition.</u> Mit den bisherigen Bezeichnungen heißt die Abbildung K: $\psi \times \mathscr{A}' \to [0,1]$ eine <u>reguläre bedingte Wahrscheinlichkeitsverteilung</u> <u>von ζ bzgl. η</u>, falls

(5.3.2) $K(x,A')$ ist als Funktion von x $\mathscr{V}, \mathscr{B}^*$-meßbar für alle $A' \in \mathscr{A}'$

(5.3.8) $K(x,\cdot)$ ist ein W.-Maß auf $\mathscr{A}'$ für alle $x \in \psi$

(5.3.6) $\mathbb{P}(\zeta^{-1}(A') \cap \eta^{-1}(C)) = \int_C K(x,A') Q_\eta(dx)$ für alle $A' \in \mathscr{A}'$ und $C \in \mathscr{V}$.

In Analogie zu $\mathbb{P}(A \mid \eta = x)$ bezeichnet man $K(x,\cdot)$ auch als <u>reguläre be-</u> <u>dingte Wahrscheinlichkeitsverteilung von ζ unter der Hypothese $\eta = x$</u>.

<u>5.3.9 Bemerkung.</u> Die Bedingungen (5.3.2) und (5.3.8) bedeuten nichts anderes als daß K eine Übergangswahrscheinlichkeit von $(\psi, \mathscr{V})$ nach $(\Omega', \mathscr{A}')$ ist (vgl. 1.8). In der Schreibweise von 1.8.10 ist dabei $P_1 = Q_\eta$ und $P_1 \times K_2^1 = Q_{(\eta, \zeta)}$. Setzt man in 1.8.10 umgekehrt $(\Omega, \mathscr{A}, \mathbb{P}) = (\Omega_1 \times \Omega_2, \mathscr{A}_1 \otimes \mathscr{A}_2, P_1 \times K_2^1)$, so ist K_2^1 eine reguläre be-dingte Wahrscheinlichkeitsverteilung von π_2 bzgl. π_1, wobei π_i die Projektion von Ω auf Ω_i bezeichnet.

5.3.10 Beispiel. Für unabhängige Variable ζ und η wird eine reguläre bedingte W.-Verteilung von ζ bzgl. η durch

$$K(x,A') := Q_\zeta(A'), \quad x \in \psi, \quad A' \in \mathscr{A}'$$

definiert.

5.3.11 Beispiel. Ist K eine reguläre bedingte W.-Verteilung von ζ bzgl. η, ferner $(\Omega'', \mathscr{A}'')$ ein meßbarer Raum und $\gamma: \Omega' \to \Omega''$ $\mathscr{A}', \mathscr{A}''$-meßbar, so wird durch

$$R(x,A'') := K(x,\gamma^{-1}(A'')), \quad x \in \psi, \quad A'' \in \mathscr{A}''$$

eine reguläre bedingte W.-Verteilung von $\gamma \cdot \zeta$ bzgl. η definiert.

Der folgende Satz zeigt, wie sich mit Hilfe einer regulären bedingten W.-Verteilung die bedingte Erwartung $\mathbb{E}(\xi|\eta=x)$ einer Funktion $\xi = T \cdot \zeta$ von ζ konkret angeben läßt.

5.3.12 Satz. Ist K eine reguläre bedingte W.-Verteilung von ζ bzgl. η und $T: \Omega' \to \mathbb{R}$ $\mathscr{A}', \mathscr{B}^*$-meßbar mit $T \cdot \zeta \in \mathscr{L}(\Omega, \mathscr{A}, \mathbb{P})$, so gilt:

$$(5.3.13) \quad \mathbb{E}(T \cdot \zeta|\eta=x) = \int_{\Omega'} T(\omega')K(x,d\omega') \quad \text{für } Q_\eta\text{-fast alle } x \in \psi.$$

Beweis. Wir haben zu zeigen, daß die rechte Seite von (5.3.13) als Funktion von $x \in \psi$ eine Faktorisierung von $\mathbb{E}(T \cdot \zeta|\eta)$ ist. Der Beweis der $\mathscr{V}, \mathscr{B}^*$-Meßbarkeit erfolgt wie üblich mit Hilfe algebraischer Induktion (für $T = 1_{A'}$ mit $A' \in \mathscr{A}'$ ist dies gerade die Aussage von (5.3.2)). Mit Satz 5.2.17 bleibt somit nachzuweisen, daß für alle $C \in \mathscr{V}$

$$(5.3.14) \quad \int_C \int_{\Omega'} T(\omega')K(x,d\omega')Q_\eta(dx) = \int_{\eta^{-1}(C)} T \cdot \zeta(\omega)\mathbb{P}(d\omega).$$

Offensichtlich bleibt (5.3.14) wiederum nur für den Fall einer Indikatorvariablen $T = 1_{A'}$ zu zeigen, d.h. wir haben zu zeigen, daß

$$\int_C K(x,A')Q_\eta(dx) = \mathbb{P}(\zeta^{-1}(A') \cap \eta^{-1}(C)).$$

Dies ist aber gerade die Aussage von (5.3.6). $\square$

5.3.15 Korollar. Unter den Voraussetzungen des letzten Satzes ist

$$\mathbb{E}(T \cdot \zeta|\eta)(\omega) = \int_{\Omega'} T(\omega')K(\eta(\omega),d\omega') \quad \text{für } \mathbb{P}\text{-fast alle } \omega \in \Omega.$$

Bevor wir auf weitere Beispiele und Anwendungen eingehen, soll zunächst die Frage geklärt werden, unter welchen Bedingungen die Existenz einer regulären bed. W.-Verteilung von ζ bzgl. η sichergestellt werden kann. Wie in Satz 1.4.16 wird dabei der Begriff der kompakten Approximierbarkeit eine wesentliche Rolle spielen.

__5.3.16 Satz.__ Mit den bisherigen Bezeichnungen sei ferner $\mathscr{A}'$ abzählbar erzeugt und $Q_\zeta \mid \mathscr{A}'$ kompakt approximierbar (vgl. (1.4.17)). Dann existiert eine reguläre bedingte W.-Verteilung von ζ bzgl. η.

__Beweis.__ 1. Sei $K: \psi \times \mathscr{A}' \to \mathbb{R}$ wie in (5.3.1) definiert und $\mathscr{C} \subset \mathscr{A}'$ ein Mengensystem, welches $Q_\zeta \mid \mathscr{A}'$ kompakt approximiert. Zu $A' \in \mathscr{A}'$ existieren dann $A_k \in \mathscr{C}$, $k \in \mathbb{N}$, mit $A_k \subset A'$ und so, daß $Q_\zeta(A') = \sup\limits_{k \in \mathbb{N}} Q_\zeta(A_k)$. Wegen 5.2.20 (v) ist ferner $K(\cdot,A_k) \leq K(\cdot,A')$ Q_η-fast sicher, so daß

$$(5.3.17) \quad \sup_{k \in \mathbb{N}} K(\cdot,A_k) \leq K(\cdot,A') \quad Q_\eta\text{-fast sicher.}$$

Durch Integration bzgl. Q_η folgt somit wegen (5.3.6):

$$Q_\zeta(A') = \sup_{k \in \mathbb{N}} Q_\zeta(A_k) \leq \int_\psi \sup_{k \in \mathbb{N}} K(x,A_k) Q_\eta(dx) \leq \int_\psi K(x,A') Q_\eta(dx) = Q_\zeta(A'),$$

so daß wegen (5.3.17) unter Verwendung von 1.7.7 folgt

$$(5.3.18) \quad \sup_{k \in \mathbb{N}} K(\cdot,A_k) = K(\cdot,A') \quad Q_\eta\text{-fast sicher.}$$

2. Da $\mathscr{A}'$ abzählbar erzeugt ist, existiert gemäß 1.1.26 eine abzählbare Algebra $\mathscr{A}'_0 = \{A'_i: i \in \mathbb{N}\}$, welche $\mathscr{A}'$ erzeugt. Mit Beweisteil 1 erhält man ferner für jedes $i \in \mathbb{N}$ eine Folge von Mengen A_{ik} aus $\mathscr{C}$ mit $A_{ik} \subset A'_i$ und

$$\sup_{k \in \mathbb{N}} K(\cdot,A_{ik}) = K(\cdot,A'_i) \quad Q_\eta\text{-fast sicher.}$$

Sei $\mathscr{A}'_1 := \alpha(\mathscr{A}'_0 \cup \{A_{ik}: i \in \mathbb{N}, k \in \mathbb{N}\})$. Dann ist $\mathscr{A}'_1$ eine abzählbare Algebra (vgl. 1.1.25), für die gemäß (5.3.3)-(5.3.5) sowie (5.3.18) eine Q_η-Nullmenge $N \in \mathscr{V}$ existiert, so daß für alle $x \notin N$

(i) $0 \leq K(x,A') \leq 1$ für alle $A' \in \mathscr{A}'_1$

(ii) $K(x,\Omega') = 1$

(iii) $K(x,A'+B') = K(x,A')+K(x,B')$ für alle disjunkten $A',B' \in \mathscr{A}'_1$

(iv) $\sup\limits_{k \in \mathbb{N}} K(x,A_{ik}) = K(x,A'_i)$ für alle $i \in \mathbb{N}$.

Für alle $x \notin N$ ist $K(x,\cdot)$ somit ein normierter Inhalt auf $\mathscr{A}'_1$. Da ferner wegen (iv) $K(x,\cdot) \mid \mathscr{A}'_0$ durch $\mathscr{C}$ kompakt approximierbar ist, zeigt man wie in 1.4.16, daß $K(x,\cdot) \mid \mathscr{A}_o'$ sogar σ-additiv ist.

3. Mit den Bezeichnungen von Beweisteil 2 setzen wir für alle $A' \in \mathscr{A}_o'$

$$q(x,A') := \begin{cases} K(x,A') & \text{für } x \notin N \\ Q_\zeta(A') & \text{für } x \in N \end{cases} .$$

Dann ist $q(x,\cdot) \mid \mathscr{A}_o'$ für jedes $x \in \psi$ ein normiertes Prämaß auf $\mathscr{A}_o'$ und $q(\cdot, A')$ für jedes $A' \in \mathscr{A}_o'$ $\mathscr{V}, \mathscr{B}^*$-meßbar. Mit 1.4.11 besitzt $q(x,\cdot) \mid \mathscr{A}_o'$ eine eindeutig bestimmte Fortsetzung zu einem W.-Maß $q(x,\cdot)$ auf $\sigma(\mathscr{A}_o') = \mathscr{A}'$, wobei wegen 1.8.5 die Variable $q(x,A')$ als Funktion von $x \in \psi$ für alle $A' \in \mathscr{A}'$ $\mathscr{V}, \mathscr{B}^*$-meßbar ist.

4. Zum Beweis des Satzes bleibt lediglich die Gültigkeit von (5.3.6) (mit q anstelle von K) zu zeigen. Da für festes $C \in \mathscr{V}$ durch $A' \to \int_C q(x,A')Q_\eta(dx)$ und $A' \to \mathbb{P}(\{\zeta^{-1}(A') \cap \eta^{-1}(C)\})$ endliche Maße auf $\mathscr{A}'$ definiert werden, die aufgrund der Definition von q auf $\mathscr{A}_o'$ übereinstimmen, folgt die noch fehlende Eigenschaft nun unmittelbar aus dem Eindeutigkeitssatz 1.4.10. $\square$

Der Beweis des letzten Satzes zeigte, daß bis auf einer Q_η-Nullmenge N die Größe $q(x,A')$ mit der in (5.3.1) definierten bedingten Wahrscheinlichkeit $K(x,A')$ übereinstimmt. Der folgende Satz zeigt, daß im Fall einer abzählbar erzeugten σ-Algebra $\mathscr{A}'$ dies auch die einzig mögliche Wahl ist. Es gilt nämlich

5.3.19 Satz. Sei $\mathscr{A}'$ abzählbar erzeugt. Sind dann q und q' zwei reguläre bedingte W.-Verteilungen von ζ bzgl. η, so existiert ein $N \in \mathscr{V}$ mit $Q_\eta(N) = 0$ derart, daß

$$q(x,A') = q'(x,A') \text{ für alle } A' \in \mathscr{A}' \text{ und } x \notin N.$$

Beweis. Wird $\mathscr{A}'$ durch die abzählbare Algebra $\mathscr{A}_o'$ erzeugt (vgl. 1.1.26), so existiert zu jedem $A' \in \mathscr{A}_o'$ eine Q_η-Nullmenge $N_{A'}$ mit

$$q(x,A') = q'(x,A') \text{ für alle } x \notin N_{A'} \text{ (vgl. 1.7.10 (i))},$$

d.h. setzt man $N := \bigcup_{A' \in \mathscr{A}_o'} N_{A'}$, so ist $Q_\eta(N) = 0$, und für alle $x \notin N$ gilt:

$$q(x,A') = q'(x,A') \text{ für alle } A' \in \mathscr{A}_o'.$$

Aufgrund des Eindeutigkeitssatzes 1.4.10 gilt die letzte Gleichung auch für alle $A' \in \sigma(\mathscr{A}_o') = \mathscr{A}'$. $\square$

<u>5.3.20 Bemerkung.</u> Die Voraussetzungen von Satz 5.3.16 sind insbesondere dann erfüllt, wenn $\mathscr{A}' = \mathscr{B}(\Omega')$ die Borel-σ-Algebra über einem polnischen Raum $(\Omega',\mathscr{G})$ ist. Gemäß 1.1.28 ist $\mathscr{A}'$ nämlich abzählbar erzeugt und $Q_\zeta \mid \mathscr{A}'$ wegen 1.4.19 durch das System der kompakten Teilmengen von Ω' kompakt approximierbar.

Sind $(\Omega_i,\mathscr{A}_i)$, $i=1,2$, zwei meßbare Räume, $P_1 \mid \mathscr{A}_1$ eine Wahrscheinlichkeit und K_2^1 eine Übergangswahrscheinlichkeit von $(\Omega_1,\mathscr{A}_1)$ nach $(\Omega_2,\mathscr{A}_2)$, so haben wir in Satz 1.8.10 gesehen, daß durch

$$(*) \qquad P(A) := (P_1 \times K_2^1)(A) := \int_{\Omega_1} \int_{\Omega_2} 1_A(\omega_1,\omega_2) K_2^1(\omega_1,d\omega_2) P_1(d\omega_1)$$

ein W.-Maß auf der Produkt-σ-Algebra $\mathscr{A}_1 \otimes \mathscr{A}_2$ definiert wird. Mit Hilfe von 5.3.16 wollen wir nun die Frage untersuchen, unter welchen Bedingungen umgekehrt bei vorgegebenen W.-Maßen P und P_1 eine Übergangswahrscheinlichkeit K_2^1 derart existiert, daß (1.8.11) erfüllt ist. Bezeichnet man dazu mit π_i, $i=1,2$, die Projektion von $\Omega_1 \times \Omega_2$ auf Ω_i und setzt man $(\Omega,\mathscr{A},\mathbb{P}) = (\Omega_1 \times \Omega_2, \mathscr{A}_1 \otimes \mathscr{A}_2, P)$, so ist wegen 1.8.12 dieses Problem offensichtlich gleichbedeutend mit der Frage nach der Existenz einer regulären bedingten W.-Verteilung von π_2 bzgl. π_1 (wobei man zu beachten hat, daß bei Gültigkeit von (1.8.11) das W.-Maß P_1 notwendigerweise gleich $\pi_1 P$ ist; vgl. dazu auch 5.3.9).

Somit erhalten wir aus unserem allgemeinen Existenzsatz 5.3.16 den

<u>5.3.21 Satz.</u> Sei $(\Omega,\mathscr{A})$ das Produkt der meßbaren Räume $(\Omega_i,\mathscr{A}_i)$, $i=1,2$, und $P \mid \mathscr{A}$ ein beliebiges W.-Maß. Dann existiert eine Übergangswahrscheinlichkeit von $(\Omega_1,\mathscr{A}_1)$ nach $(\Omega_2,\mathscr{A}_2)$, welche (*) erfüllt (mit $P_1 := \pi_1 P$), falls die σ-Algebra $\mathscr{A}_2$ abzählbar erzeugt und das W.-Maß $\pi_2 P$ auf $\mathscr{A}_2$ kompakt approximierbar ist.

Die Voraussetzungen des Satzes sind somit insbesondere dann gegeben, wenn $\mathscr{A}_2$ die Borel-σ-Algebra über einem polnischen Raum $(\Omega_2,\mathscr{G}_2)$ ist (vgl. 5.3.20), speziell also für $\Omega_2 = \mathbb{R}^k$, versehen mit der gewöhnlichen Topologie.

Ein weiteres Beispiel erhalten wir, wenn wir in Satz 5.3.16 $(\Omega',\mathscr{A}') = (\Omega,\mathscr{A})$, $(\psi,\mathscr{V}) = (\Omega,\mathscr{V})$ mit einer Sub-σ-Algebra $\mathscr{V} \subset \mathscr{A}$ und $\zeta = id_\Omega = \eta$ setzen. Ist dann $\mathscr{A}$ abzählbar erzeugt und $\mathbb{P} \mid \mathscr{A}$ $(= Q_\zeta \mid \mathscr{A}')$ kompakt approximierbar, so liefert Satz 5.3.16 die Existenz einer Übergangswahrscheinlichkeit K von $(\Omega,\mathscr{V})$ nach $(\Omega,\mathscr{A})$ mit

$$\mathbb{P}(A \cap C) = \int_C K(\omega,A) \mathbb{P}(d\omega) \quad \text{für alle } A \in \mathscr{A} \text{ und } C \in \mathscr{V}.$$

Als letztes wollen wir noch einmal auf den Spezialfall zurückkommen, daß ζ und η unabhängig sind (vgl. 5.3.10).

__5.3.22 Satz.__ Seien ζ und η unabhängig und $T \in \mathscr{T}(\Omega' \times \psi, \mathscr{A}' \otimes \mathscr{V})$ derart, daß $T \circ (\zeta, \eta) \in \mathscr{L}(\Omega, \mathscr{A}, \mathbb{P})$. Dann gilt für Q_η-fast alle $x \in \psi$:

$$(5.3.23) \quad \mathbb{E}(T \cdot (\zeta, \eta) \mid \eta = x) = \mathbb{E}(T(\zeta, x)).$$

__Beweis.__ Gemäß Satz 5.3.12 haben wir lediglich eine reguläre bedingte W.-Verteilung von (ζ, η) bzgl. η zu bestimmen und das Integral auf der rechten Seite von (5.3.13) zu berechnen (mit $\Omega' \times \psi$ anstelle von Ω').

1. Wir zeigen zunächst, daß durch

$$K(x, D) := (Q_\zeta \times \varepsilon_x)(D) \quad \text{für } D \in \mathscr{A}' \otimes \mathscr{V} \text{ und } x \in \psi$$

eine reguläre bedingte W.-Verteilung von (ζ, η) bzgl. η definiert wird. Für festes $x \in \psi$ ist $K(x, \cdot)$ offensichtlich ein W.-Maß auf $\mathscr{A}' \otimes \mathscr{V}$. Die Meßbarkeit von $K(\cdot, D)$ ist aufgrund von 1.8.5 wieder nur für Mengen D vom Typ $D = A' \times C$ zu zeigen. In diesem Fall ist aber

$$K(x, D) = Q_\zeta(A') \varepsilon_x(C) = Q_\zeta(A') 1_C(x)$$

und somit $x \to K(x, D)$ $\mathscr{V}, \mathscr{B}^*$-meßbar. Beziehung (5.3.6) sieht man schließlich wie folgt ein. Aufgrund des Eindeutigkeitssatzes 1.4.10 reicht es zunächst wiederum aus, Mengen vom Typ $D = A' \times C_1$ zu betrachten. Für alle $C_1, C_2 \in \mathscr{V}$ und $A' \in \mathscr{A}'$ ist aber unter Verwendung der Unabhängigkeit von ζ und η:

$$\mathbb{P}((\zeta, \eta)^{-1}(A' \times C_1) \cap \eta^{-1}(C_2)) = \mathbb{P}(\zeta^{-1}(A') \cap \eta^{-1}(C_1 \cap C_2)) =$$

$$\mathbb{P}(\zeta^{-1}(A')) \mathbb{P}(\eta^{-1}(C_1 \cap C_2)) = \int_{C_2} 1_{C_1}(x) Q_\zeta(A') Q_\eta(dx) = \int_{C_2} K(x, A' \times C_1) Q_\eta(dx).$$

2. Mit (5.3.13) und Beweisteil 1 bleibt zu zeigen, daß

$$(5.3.24) \quad \int_{\Omega'} \int_\psi T(\omega', y) \varepsilon_x(dy) Q_\zeta(d\omega') = \mathbb{E}(T(\zeta, x)).$$

Auswertung des inneren Integrals liefert für die linke Seite von (5.3.24) $\int_{\Omega'} T(\omega', x) Q_\zeta(d\omega')$ und somit unter Verwendung des Transformationssatzes die Behauptung. $\square$

Wie Beispiel 5.3.10 zeigt der Beweis des letzten Satzes, daß für unabhängige ζ und η entsprechende reguläre bedingte W.-Verteilungen konkret angegeben werden können und zusätzliche Forderungen an die Struktur des Raumes $(\Omega', \mathscr{A}')$ nicht notwendig sind. Dagegen kann man

zeigen, daß ohne die Voraussetzung der Unabhängigkeit für die Existenz
von K selbst im Fall einer abzählbar erzeugten σ-Algebra $\mathscr{A}'$ auf die
Bedingung der kompakten Approximierbarkeit i.a. nicht verzichtet
werden kann (vgl. [112], S. 35).

5.4 Die Jensensche Ungleichung

In diesem Abschnitt wollen wir eine für spätere Abschätzungen wichtige
Ungleichung herleiten. Die dazu benötigten Hilfsmittel über konvexe
Mengen und konvexe Funktionen finden sich in Abschnitt 0.9.
Im folgenden sei der W.-Raum $(\Omega, \mathscr{A}, \mathbb{P})$ wiederum beliebig aber fest
gewählt.

__5.4.1 Satz.__ Sind $\xi_1, \ldots, \xi_k \in \mathscr{L}(\Omega, \mathscr{A}, \mathbb{P})$ und ist für eine konvexe
Menge $C \in \mathscr{C}_k$ die Bedingung

$$(5.4.2) \quad (\xi_1(\omega), \ldots, \xi_k(\omega)) \in C \text{ für } \mathbb{P}\text{-fast alle } \omega \in \Omega$$

erfüllt, so folgt $(\mathbb{E}(\xi_1), \ldots, \mathbb{E}(\xi_k)) \in C$.

__Beweis.__ Sei o.E. $\mathbb{E}(\xi_i) = 0$ für alle i (sonst Übergang zu $\eta_i := \xi_i - \mathbb{E}(\xi_i)$).
Wir betrachten zunächst den Fall k=1, so daß C ein Intervall ist mit
Endpunkten $-\infty \le a \le b \le \infty$. Mit 1.6.1 (iv) erhalten wir $a \le \mathbb{E}(\xi_1)=0 \le b$,
so daß die Behauptung bereits bewiesen ist, falls C abgeschlossen ist.
Ist $a \notin C$ und $a \ne 0$, so folgt gemäß (5.4.2) $\xi_1 > 0$ $\mathbb{P}$-fast sicher und somit aufgrund von Satz 1.7.6 $\mathbb{E}(\xi_1) > 0$, ein Widerspruch. Damit
ist $a < 0$. Im Fall $b \notin C$ erhält man entsprechend $0 < b$, also in jedem
Fall $0 \in C$. Ist $k \ge 2$ und die Behauptung bereits für k-1 nachgewiesen,
so folgt mit 0.9.4 aus der Annahme $\underline{0} = (0, \ldots, 0) \notin C$ die Existenz
einer Hyperebene $H = \{\underline{x} \in \mathbb{R}^k : \langle \underline{p}, \underline{x} \rangle = 0\}$ $(\underline{p} \ne \underline{0})$ mit $\langle \underline{p}, \underline{x} \rangle \ge 0$ für alle
$\underline{x} \in C$. Sei $\eta(\omega) := \langle \underline{p}, (\xi_1(\omega), \ldots, \xi_k(\omega)) \rangle$, $\omega \in \Omega$. Dann ist $\eta \in \mathscr{L}(\Omega, \mathscr{A}, \mathbb{P})$
mit $\mathbb{E}(\eta) = 0$ und $\mathbb{P}(\{\omega \in \Omega : \eta(\omega) \ge 0\}) = 1$, also wegen 1.7.6 $\eta = 0$
$\mathbb{P}$-fast sicher. Setzen wir ferner $K := C \cap H$, so ist K eine konvexe Menge,
welche ganz in der Hyperebene H liegt und für die außerdem gilt:

$$(5.4.3) \quad \mathbb{P}(\{\omega \in \Omega : (\xi_1(\omega), \ldots, \xi_k(\omega)) \in K\}) = 1.$$

Ist $\underline{p} = (p_1, \ldots, p_k)$ mit (o.E.) $p_1 \ne 0$, so besagt (5.4.3) unter anderem,
daß $\mathbb{P}$-fast sicher $(\xi_1, \xi_2, \ldots, \xi_k) = T(\xi_2, \ldots, \xi_k)$, wobei $T : \mathbb{R}^{k-1} \to \mathbb{R}^k$

definiert sei durch $T(x_2, \ldots, x_k) := (-\sum_{i=2}^{k} \frac{p_i}{p_1} x_i, x_2, \ldots, x_k)$. Da ferner

T eine lineare Abbildung ist und somit $T^{-1}(K) \in \mathscr{C}_{k-1}$, folgt wegen

$\mathbb{P}(\{\omega \in \Omega: (\xi_2(\omega),\ldots,\xi_k(\omega)) \in T^{-1}(K)\}) = 1$ (vgl. (5.4.3)) aufgrund unserer gemachten Induktionsannahme, daß $(\mathbb{E}(\xi_2),\ldots, \mathbb{E}(\xi_k)) \in T^{-1}(K)$, d.h.

$$(-\sum_{i=2}^{k} \frac{p_i}{p_1} \mathbb{E}(\xi_i), \mathbb{E}(\xi_2),\ldots, \mathbb{E}(\xi_k)) = (0,\ldots,0) = \underline{0} \in K \subset C, \text{ im}$$

Widerspruch zur Annahme $\underline{0} \notin C$. Damit ist Satz 5.4.1 vollständig bewiesen. $\square$

Sei $\mathscr{B}$ im folgenden eine beliebige Sub-σ-Algebra von $\mathscr{A}$. Der nächste Satz zeigt, daß 5.4.1 noch richtig bleibt, wenn man $\mathbb{E}(\xi_i)$ durch die bedingte Erwartung $\mathbb{E}(\xi_i \mid \mathscr{B})$ ersetzt (so daß sich im Spezialfall $\mathscr{B} = \{\emptyset,\Omega\}$ wieder 5.4.1 ergibt).

<u>5.4.4 Satz.</u> Unter den Voraussetzungen von 5.4.1 gilt

$$(5.4.5) \quad (\mathbb{E}(\xi_1 \mid \mathscr{B}),\ldots, \mathbb{E}(\xi_k \mid \mathscr{B})) \in C \quad \mathbb{P}\text{-fast sicher.}$$

<u>Beweis.</u> Wir setzen $\zeta := (\xi_1,\ldots,\xi_k)$ und $\eta := \mathrm{id}_\Omega$. Gemäß Satz 5.3.16 (mit $(\Omega', \mathscr{A}') := (\mathbb{R}^k, \mathscr{B}_k^*)$ und $(\psi,\mathscr{V}) := (\Omega, \mathscr{B})$) existiert dann eine reguläre bedingte W.-Verteilung K von ζ bzgl. η. Wegen (5.3.13) ist ferner für jedes T mit $T\cdot\zeta \in \mathscr{L}(\Omega, \mathscr{A}, \mathbb{P})$

$$\mathbb{E}(T\cdot\zeta \mid \eta=x) = \int_{\Omega'} T(\omega')K(x,d\omega') \quad \text{für } Q_\eta\text{-fast alle } x \in \psi.$$

Setzen wir insbesondere $T := \pi_i$ (= i-te Projektion von $\mathbb{R}^k$ auf $\mathbb{R}$), so erhalten wir

$$\mathbb{E}(\xi_i \mid \eta=x) = \int_{\mathbb{R}^k} \pi_i(\underline{y})K(x,d\underline{y}) \quad Q_\eta\text{-fast sicher.}$$

Es genügt also zu zeigen, daß

$$(5.4.6) \quad (\int_{\mathbb{R}^k} \pi_1(\underline{y})K(x,d\underline{y}),\ldots, \int_{\mathbb{R}^k} \pi_k(\underline{y})K(x,d\underline{y})) \in C \quad Q_\eta\text{-fast sicher.}$$

Wegen Satz 5.4.1 (angewendet auf den W.-Raum $(\mathbb{R}^k, \mathscr{B}_k^*, K(x,\cdot))$, $x \in \Omega$, und die Variablen $\xi_i := \pi_i$) ist (5.4.6) bewiesen, wenn für Q_η-fast alle $x \in \Omega$

$$K(x,\{\underline{y} \in \mathbb{R}^k: (\pi_1(\underline{y}),\ldots,\pi_k(\underline{y})) \in C\}) = K(x,C) = 1.$$

Nach Wahl von K ist aber (vgl. (5.3.6))

$$\int_{\Omega} K(x,C)Q_\eta(dx) = \mathbb{P}(\{\omega \in \Omega: (\xi_1(\omega),\ldots,\xi_k(\omega)) \in C\}) = 1,$$

so daß wegen $K(x,C) \leq 1$ für alle $x \in \Omega$ folgt: $K(\cdot,C)=1$ Q_η-fast sicher. $\square$

Wir kommen nun zur angekündigten Ungleichung. Dazu betrachten wir wieder integrierbare Variable $\xi_1, \ldots, \xi_k$, eine konvexe Menge $C \in \mathcal{C}_k$ sowie eine feste Sub-σ-Algebra $\mathcal{B} \subset \mathcal{A}$. Ferner sei für <u>alle</u> $\omega \in \Omega$ $(\xi_1(\omega), \ldots, \xi_k(\omega)) \in C$ und $T: C \to \mathbb{R}$ eine $C \cap \mathcal{B}_k^*$, $\mathcal{B}^*$-meßbare Abbildung, welche konvex ist mit $T(\xi_1, \ldots, \xi_k) \in \mathcal{L}(\Omega, \mathcal{A}, \mathbb{P})$. Dabei heißt $T: C \to \mathbb{R}$ gemäß 0.9 konvex, falls für alle $\underline{x}, \underline{y} \in C$ und alle $0 \leq \lambda \leq 1$ gilt

$$T(\lambda \underline{x} + (1-\lambda)\underline{y}) \leq \lambda T(\underline{x}) + (1-\lambda) T(\underline{y}).$$

Es ist bekannt (vgl. 0.9.5), daß für konvexe Funktionen T die Menge

$$D := \{(\underline{x}, y) \in \mathbb{R}^{k+1} : \underline{x} \in C \text{ und } y \geq T(\underline{x})\}$$

konvex ist und, sofern T meßbar ist, sogar in $\mathcal{C}_{k+1}$ liegt.

Mit diesen Bemerkungen gilt unter den oben gemachten Annahmen der folgende

<u>5.4.7 Satz (Jensensche Ungleichung)</u>. Es ist $\mathbb{P}$-fast sicher

$$T \cdot (\mathbb{E}(\xi_1 \mid \mathcal{B}), \ldots \mathbb{E}(\xi_k \mid \mathcal{B})) \leq \mathbb{E}(T(\xi_1, \ldots, \xi_k) \mid \mathcal{B}).$$

<u>Beweis</u>. Sei D wie oben definiert. Dann ist $D \in \mathcal{C}_{k+1}$ mit $(\xi_1(\omega), \ldots, \xi_k(\omega), T(\xi_1(\omega), \ldots, \xi_k(\omega))) \in D$ für alle $\omega \in \Omega$. Somit ist (vgl. 5.4.4) $\mathbb{P}$-fast sicher

$$(\mathbb{E}(\xi_1 \mid \mathcal{B}), \ldots, \mathbb{E}(\xi_k \mid \mathcal{B}), \mathbb{E}(T(\xi_1, \ldots, \xi_k) \mid \mathcal{B})) \in D,$$

d.h. es ist $\mathbb{P}$-fast sicher

$$T \cdot (\mathbb{E}(\xi_1 \mid \mathcal{B}), \ldots, \mathbb{E}(\xi_k \mid \mathcal{B})) \leq \mathbb{E}(T(\xi_1, \ldots, \xi_k) \mid \mathcal{B}),$$

was zu zeigen war. $\square$

Im Fall der trivialen σ-Algebra $\mathcal{B} = \{\emptyset, \Omega\}$ ergibt 5.4.7 die Jensensche Ungleichung für Integrale:

$$(5.4.8) \quad T(\mathbb{E}(\xi_1), \ldots, \mathbb{E}(\xi_k)) \leq \mathbb{E}(T(\xi_1, \ldots, \xi_k)).$$

Für $k=1$ (mit ξ anstelle von ξ_1) liefert 5.4.7 mit $C = \mathbb{R}$ und $T(x) := |x|^p$, $p \geq 1$, für alle $\xi \in \mathcal{L}_p(\Omega, \mathcal{A}, \mathbb{P})$ die Abschätzung

$$(5.4.9) \quad |\mathbb{E}(\xi \mid \mathcal{B})|^p \leq \mathbb{E}(|\xi|^p \mid \mathcal{B}) \quad \mathbb{P}\text{-fast sicher},$$

so daß wegen $\mathbb{E}(\mathbb{E}(|\xi|^p \mid \mathcal{B})) = \mathbb{E}(|\xi|^p)$ für alle $\xi \in \mathcal{L}_p(\Omega, \mathcal{A}, \mathbb{P})$ folgt:

(5.4.10) $\quad |\mathbb{E}(\xi \mid \mathscr{B})|_p \leq |\xi|_p.$

Insbesondere ist damit $\mathbb{E}(\xi \mid \mathscr{B}) \in \mathscr{L}_p(\Omega, \mathscr{A}, \mathbb{P})$. Als unmittelbare Anwendung der letzten Ungleichung erhalten wir

5.4.11 Satz. Sei $\xi_n \in \mathscr{L}_p(\Omega, \mathscr{A}, \mathbb{P})$ für $n \in \mathbb{N}$. Dann gilt:

$$\xi_n \overset{L_p}{\to} \xi \in \mathscr{L}_p(\Omega, \mathscr{A}, \mathbb{P}) \Rightarrow \mathbb{E}(\xi_n \mid \mathscr{B}) \overset{L_p}{\to} \mathbb{E}(\xi \mid \mathscr{B}).$$

Übungen

Abschnitt 5.2

5.2.1. Seien $(\Omega, \mathscr{A}, \mathbb{P})$ ein W.-Raum, $\xi \in \mathscr{L}(\Omega, \mathscr{A}, \mathbb{P})$ sowie $\mathscr{B}_1$ und $\mathscr{B}_2$ zwei Sub-σ-Algebren von $\mathscr{A}$. Ferner sei $\mathscr{B}_3 := \sigma(\mathscr{B}_1 \cup \mathscr{B}_2)$. Dann sind folgende zwei Bedingungen äquivalent:

(i) $\mathbb{E}(\xi \mid \mathscr{B}_3) \supset \mathbb{E}(\xi \mid \mathscr{B}_2)$

(ii) $\mathbb{E}(\xi \cdot \eta \mid \mathscr{B}_2) = \mathbb{E}(\xi \mid \mathscr{B}_2)\, \mathbb{E}(\eta \mid \mathscr{B}_2)$ für alle beschränkten $\eta \in \mathscr{L}(\Omega, \mathscr{B}_1)$.

5.2.2. Seien $\mathscr{B}_1$ und $\mathscr{B}_2$ Sub-σ-Algebren von $\mathscr{A}$, $\mathscr{B}_3 := \sigma(\mathscr{B}_1 \cup \mathscr{B}_2)$ sowie $\xi \in \mathscr{L}(\Omega, \mathscr{A}, \mathbb{P})$ derart, daß $\sigma(\xi^{-1}(\mathscr{A}^*) \cup \mathscr{B}_1)$ und $\mathscr{B}_2$ unabhängig sind. Dann folgt $\mathbb{E}(\xi \mid \mathscr{B}_1) \subset \mathbb{E}(\xi \mid \mathscr{B}_3)$.

5.2.3. Sei $(\Omega, \mathscr{A}, \mathbb{P})$ ein W.-Raum, $\xi \in \mathscr{L}(\Omega, \mathscr{A}, \mathbb{P})$ sowie $\mathscr{T}$ eine endliche Gruppe von $\mathscr{A}, \mathscr{A}$-meßbaren bijektiven Abbildungen von Ω nach Ω. Sei $\mathscr{B} := \{A \in \mathscr{A} : T(A) = A \text{ für alle } T \in \mathscr{T}\}$. Man zeige:

(i) $\mathscr{B}$ ist eine Sub-σ-Algebra von $\mathscr{A}$

(ii) Ist $\mathbb{P}$ invariant gegenüber $\mathscr{T}$, d.h. gilt $T\mathbb{P} = \mathbb{P}$ für alle $T \in \mathscr{T}$,

so ist $\dfrac{1}{|\mathscr{T}|} \cdot \sum_{T \in \mathscr{T}} \xi \cdot T \in \mathbb{E}(\xi \mid \mathscr{B})$.

5.2.4. Sei $(\Omega, \mathscr{A}, \mathbb{P})$ das Produkt der W.-Räume $(\Omega_i, \mathscr{A}_i, \mathbb{P}_i)$, $i = 1,2$. Ferner sei $\pi_1: \Omega \to \Omega_1$ die Projektion von Ω auf Ω_1 und $\mathscr{B} := \pi_1^{-1}(\mathscr{A}_1)$. Setzt man für $\xi \in \mathscr{L}(\Omega, \mathscr{A}, \mathbb{P})$ und alle $\omega_1 \in \Omega_1$

$$\xi_0(\omega_1) := \begin{cases} \displaystyle\int_{\Omega_2} \xi(\omega_1, \omega_2)\, \mathbb{P}_2(d\omega_2), & \text{sofern das Integral existiert,} \\ 0 & \text{, sonst} \end{cases}$$

so gilt: $\xi_0 \cdot \pi_1 \in \mathbb{E}_{\mathbb{P}}(\xi \mid \mathscr{B})$.

5.2.5. Sei $(\Omega, \mathscr{A}, \mathbb{P})$ ein W.-Raum und $\mathscr{B}$ eine Sub-σ-Algebra von $\mathscr{A}$. Sei $Q \mid \mathscr{A}$ ein W.-Maß mit $Q \ll \mathbb{P}$ und f eine Q-Dichte bzgl. $\mathbb{P}$. Man stelle $\mathbb{E}_Q(\cdot \mid \mathscr{B})$ durch $\mathbb{E}_{\mathbb{P}}(\cdot \mid \mathscr{B})$ dar.

5.2.6. Sei $\xi_n \in \mathscr{L}(\Omega, \mathscr{A}, \mathbb{P})$ mit $\xi_n \uparrow \sup_{n \in \mathbb{N}} \xi_n \in \mathscr{L}(\Omega, \mathscr{A}, \mathbb{P})$. Man zeige:

$\mathbb{E}(\xi_n \mid \mathscr{B}) \uparrow \mathbb{E}(\sup_{n \in \mathbb{N}} \xi_n \mid \mathscr{B})$ $\mathbb{P}$-f.s.

Abschnitt 5.3

5.3.1. Sei $\mathbb{P}\,|\,\mathscr{B}_2^{*}$ absolutstetig bzgl. $\lambda_2\,|\,\mathscr{B}_2^{*}$ mit λ_2-Dichte h. Ferner sei $D := \{x \in \mathbb{R}: \int\limits_{-\infty}^{\infty} h(y,x)\,dy > 0\}$. Bezeichnen π_1 und π_2 die Projektionen auf die Koordinatenräume, so zeige man für jedes $\xi \in \mathscr{L}(\mathbb{R}^2, \mathscr{B}_2^{*}, \mathbb{P})$:

$$\mathbb{E}(\pi_1\,|\,\pi_2=x) = \frac{\int\limits_{-\infty}^{\infty} y\,h(y,x)\,dy}{\int\limits_{-\infty}^{\infty} h(y,x)\,dy} \quad \text{für } Q_{\pi_2}\text{-fast alle } x \in D.$$

5.3.2. Sei $\bar{\mathbb{P}}\,|\,\mathscr{B}_2^{*}$ das Produkt zweier $\mathscr{N}(0,1)$-Verteilungen und $\mathbb{P} := T\bar{\mathbb{P}}$, wobei $T: \mathbb{R}^2 \to \mathbb{R}^2$ durch $T(r_1,r_2):=(r_1+r_2,r_2)$ definiert sei. Bestimmen Sie eine reguläre bedingte Wahrscheinlichkeitsverteilung von $\mathrm{id}_{\mathbb{R}^2}$ bzgl. π_1 (in bezug auf den W.-Raum $(\Omega, \mathscr{A}, \mathbb{P})=(\mathbb{R}^2, \mathscr{B}_2^{*}, \mathbb{P})$).

5.3.4. Formulieren und beweisen Sei eine bedingte Fassung der Hölderschen Ungleichung.

5.3.5. Formulieren und beweisen Sei eine bedingte Fassung der Minkowski-Ungleichung.

Abschnitt 5.4

5.4.1. Seien $p_1,\ldots,p_n$, $n \in \mathbb{N}$, nichtnegative reelle Zahlen mit $\sum\limits_{i=1}^{n} p_i=1$. Man zeige für alle $0 \leq y_1,\ldots,y_n$ die Gültigkeit der folgenden Ungleichung: $y_1^{p_1} \cdot y_2^{p_2} \cdot \ldots \cdot y_n^{p_n} \leq p_1 y_1 + \ldots + p_n y_n$ (Hinweis: Man verwende (5.4.8) mit $k=1$ und $T(x)=e^x$). Im Spezialfall $p_1=\ldots=p_n = \frac{1}{n}$ erhält man somit die bekannte Ungleichung $(y_1 \cdot \ldots \cdot y_n)^{1/n} \leq \dfrac{y_1+\ldots+y_n}{n}$.

5.4.2. Zeigen Sie, daß jede konvexe Funktion über einem Intervall $I \subseteq \mathbb{R}$ notwendigerweise $I \cap \mathscr{B}^{*}, \mathscr{B}^{*}$-meßbar ist.

Bemerkungen zum Text

Die in 5.2 zusammengefaßten grundlegenden Eigenschaften bedingter Erwartungen gehören zum festen Bestandteil eines jeden weiterführenden Buches über W.-Theorie. Eine kurze Übersicht enthält der Anhang zu Freedman [49]. Der in 5.3 (wie in 1.4) zentrale Begriff der kompakten Approximierbarkeit geht auf Marczewski [100] und Ryll-Nardzewski [125] zurück. Eine systematische Untersuchung kompakter Mengensysteme findet sich in Pfanzagl-Pierlo [112]. In der Darstellung von 5.4 folgen wir der Arbeit [114] von Pfanzagl.

Kapitel VI. Martingale

<u>6.1 Martingale und Sub-Martingale</u>

Sei $(\xi_i)_{i \in \mathbb{N}}$ eine Folge von unabhängigen identisch verteilten zufälligen Variablen, welche nur zwei Werte, z.B. +1 und -1, mit den
Wahrscheinlichkeiten p und 1-p annehmen. Wir wollen die ξ_i wie folgt
interpretieren: Eine Münze werde unendlich oft geworfen, und es sei
ξ_n=+1 oder gleich -1, je nachdem ob beim n-ten Wurf "Kopf" oder
"Zahl" geworfen wurde. Wir nehmen ferner an, daß beim n-ten Wurf um
den Einsatz $e_n \geq 0$ gespielt wird, d.h. wir gewinnen den Betrag e_n,
falls ξ_n=1, und verlieren den Betrag e_n, falls ξ_n=-1. Eine Spielstrategie ist nun eine Vorschrift, die den Einsatz beim n-ten Spiel
festlegt, und zwar in Abhängigkeit von den Ergebnissen der vorausgegangenen n-1 Würfe; m.a.W. besteht eine Strategie aus einer Folge
von Funktionen $E_{n-1}:\{-1,1\}^{n-1} \to \mathbb{R}_+$ derart, daß $E_{n-1} \cdot (\xi_1,\ldots,\xi_{n-1})$ den
Einsatz e_n beim n-ten Spiel bezeichnet. Ist a unser Startkapital,
e_1 der Einsatz beim ersten Wurf und S_n unser Guthaben nach dem n-ten
Wurf, so ist S_n eine zufällige Variable mit

$$S_1 = a + \xi_1 e_1$$

und

$$S_n = S_{n-1} + \xi_n \cdot E_{n-1} \cdot (\xi_1,\ldots,\xi_{n-1}), \quad n \geq 2.$$

Bezeichnet $\mathscr{F}_n = \sigma(\{\xi_1,\ldots,\xi_n\})$ die von den Variablen $\xi_1,\ldots,\xi_n$ erzeugte σ-Algebra, so ist S_n $\mathscr{F}_n$, $\mathscr{B}^*$-meßbar, d.h. mit 5.2.7 und
5.2.14 folgt $\mathbb{P}$-f.s.

$$\mathbb{E}(S_{n+1} \mid \mathscr{F}_n) = \mathbb{E}(S_n + \xi_{n+1} E_n \cdot (\xi_1,\ldots,\xi_n) \mid \mathscr{F}_n) = S_n + E_n \circ (\xi_1,\ldots,\xi_n) \mathbb{E}(\xi_{n+1} \mid \mathscr{F}_n)$$

$$= S_n + E_n \cdot (\xi_1,\ldots,\xi_n) \mathbb{E}(\xi_{n+1}).$$

Wir erhalten $\mathbb{P}$-f.s.

$$\mathbb{E}(S_{n+1} \mid \mathscr{F}_n) \begin{cases} \leq S_n & \text{, falls } p < 1/2 \\ = S_n & \text{, falls } p = 1/2 \\ \geq S_n & \text{, falls } p > 1/2 \end{cases}.$$

Damit erweist sich die Folge $(S_n)_{n \in \mathbb{N}}$, wie wir später in 6.1.8 zeigen werden, im Fall p=1/2 [p > 1/2] als Martingal [Sub-Martingal] im Sinne der folgenden

6.1.1 Definition. Sei $(\Omega, \mathscr{A}, \mathbb{P})$ ein W.-Raum, T eine geordnete Menge und $(\mathscr{F}_t)_{t \in T}$ eine monoton wachsende Familie von Sub-σ-Algebren von $\mathscr{A}$, d.h. für alle $s, t \in T$ mit $s \leq t$ ist $\mathscr{F}_s \subset \mathscr{F}_t$.

Ist dann S_t, $t \in T$, eine Familie von $\mathscr{F}_t$, $\mathscr{B}^*$-meßbaren Variablen mit $S_t \in \mathscr{L}(\Omega, \mathscr{A}, \mathbb{P})$ für alle $t \in T$, so heißt $(S_t)_{t \in T}$ ein

(i) <u>Sub-Martingal bzgl. $(\mathscr{F}_t)_{t \in T}$</u> $:\Leftrightarrow S_s \underset{[\mathbb{P}]}{\leq} \mathbb{E}(S_t \mid \mathscr{F}_s)$ für alle $s \leq t$

(ii) <u>Super-Martingal bzgl. $(\mathscr{F}_t)_{t \in T}$</u> $:\Leftrightarrow S_s \underset{[\mathbb{P}]}{\geq} \mathbb{E}(S_t \mid \mathscr{F}_s)$ für alle $s \leq t$

(iii) <u>Martingal bzgl. $(\mathscr{F}_t)_{t \in T}$</u> $:\Leftrightarrow S_s \underset{[\mathbb{P}]}{=} \mathbb{E}(S_t \mid \mathscr{F}_s)$ für alle $s \leq t$.

$(S_t)_{t \in T}$ heißt Sub-Martingal, Super-Martingal bzw. Martingal schlechthin bzw. kurz ($\sim$)-Martingal, falls $\mathscr{F}_t = \sigma(\{S_s : s \leq t\})$, $t \in T$.

6.1.2 Bemerkungen. Jedes (Sub-, Super-) Martingal bzgl. einer Familie $(\mathscr{F}_t)_{t \in T}$ ist auch ein (Sub-, Super-) Martingal schlechthin. Ferner ist $(S_t)_{t \in T}$ genau dann ein Sub-Martingal, wenn $(-S_t)_{t \in T}$ ein Super-Martingal ist. $(S_t)_{t \in T}$ ist ein Martingal genau dann, wenn $(S_t)_{t \in T}$ zugleich ein Sub- und ein Super-Martingal ist. Mit 1.7.10 folgt, daß die (Sub-, Super-) Martingaleigenschaft genau dann erfüllt ist, wenn

$$(+) \qquad \int_{F_s} S_s \, d\mathbb{P} \; \underset{=}{\overset{\leq}{\geq}} \; \int_{F_s} S_t \, d\mathbb{P} \quad \text{für alle } s \leq t \text{ und } F_s \in \mathscr{F}_s.$$

Setzt man $F_s = \Omega \in \mathscr{F}_s$, so folgt aus (+), daß die Erwartungswerte sich im jeweils betrachteten Sinne monoton verhalten bzw. im Martingalfall unabhängig von $t \in T$ sind (sofern T totalgeordnet ist).

6.1.3 Beispiele. Sei $(\Omega, \mathscr{A}, \mathbb{P})$ ein W.-Raum.

(a) Eine monoton wachsende Familie $(S_t)_{t \in T}$ von $\mathbb{P}$-integrierbaren Funktionen ist ein Sub-Martingal schlechthin, da für alle $s \leq t$

$$S_s = \mathbb{E}(S_s \mid \mathscr{F}_s) \leq \mathbb{E}(S_t \mid \mathscr{F}_s) \quad \mathbb{P}\text{-fast sicher}$$

(b) Sei $\zeta \in \mathscr{L}(\Omega, \mathscr{A}, \mathbb{P})$ und $(\mathscr{F}_t)_{t \in T}$ eine monoton wachsende Familie von Sub-σ-Algebren von $\mathscr{A}$. Dann wird durch $S_t := \mathbb{E}(\xi \mid \mathscr{F}_t)$, $t \in T$, ein Martingal bzgl. $(\mathscr{F}_t)_{t \in T}$ definiert. Nach Definition ist S_t

nämlich $\mathscr{F}_t, \mathscr{B}^*$-meßbar, und wegen 5.2.10 folgt für alle $s \geq t$:

$$\mathbb{E}(S_t \mid \mathscr{F}_s) = \mathbb{E}(\mathbb{E}(\xi \mid \mathscr{F}_t) \mid \mathscr{F}_s) = \mathbb{E}(\xi \mid \mathscr{F}_s) = S_s \quad \mathbb{P}\text{-f.s.}$$

Das folgende Lemma zeigt, daß das in (b) betrachtete Martingal gleich-gradig integrierbar ist, eine Eigenschaft, welche sich beim Studium von Martingalen als wesentlich erweisen wird.

__6.1.4 Lemma.__ Sei $\xi \in \mathscr{L}(\Omega, \mathscr{A}, \mathbb{P})$ und $\mathscr{F}$ die Gesamtheit aller Sub-σ-Algebren von $\mathscr{A}$. Dann ist die Familie $\mathscr{M} := \{\mathbb{E}(\xi \mid \mathscr{F}) : \mathscr{F} \in \mathscr{F}\}$ gleich-gradig integrierbar.

__Beweis.__ Sei $\varepsilon > 0$ beliebig vorgegeben. Für jedes $\mathscr{F} \in \mathscr{F}$ ist mit (5.4.9) $|\mathbb{E}(\xi \mid \mathscr{F})| \leq \mathbb{E}(|\xi| \mid \mathscr{F})$ $\mathbb{P}$-f.s., so daß sich für alle $a > 0$ die Ab-schätzung

$$(6.1.5) \qquad \int\limits_{\{|\mathbb{E}(\xi \mid \mathscr{F})| > a\}} |\mathbb{E}(\xi \mid \mathscr{F})| \, d\mathbb{P} \leq \int\limits_{\{\mathbb{E}(|\xi| \mid \mathscr{F}) > a\}} \mathbb{E}(|\xi| \mid \mathscr{F}) \, d\mathbb{P} = \int\limits_{\{\mathbb{E}(|\xi| \mid \mathscr{F}) > a\}} |\xi| \, d\mathbb{P}$$

ergibt. Mit der Markoff-Ungleichung 1.8.1 erhält man ferner

$$\mathbb{P}(\{\mathbb{E}(|\xi| \mid \mathscr{F}) > a\}) \leq a^{-1} \mathbb{E}(\mathbb{E}(|\xi| \mid \mathscr{F})) = a^{-1} \mathbb{E}(|\xi|),$$

d.h. zu jedem $\delta > 0$ läßt sich ein $a > 0$ finden mit

$$\sup_{\mathscr{F} \in \mathscr{F}} \mathbb{P}(\{\mathbb{E}(|\xi| \mid \mathscr{F}) > a\}) < \delta.$$

Ist $\delta > 0$ gemäß 1.14.5 speziell so gewählt, daß $\int_A |\xi| \, d\mathbb{P} \leq \varepsilon$ für alle $A \in \mathscr{A}$ mit $\mathbb{P}(A) < \delta$, so folgt, daß die linke Seite von (6.1.5) für alle hinreichend großen a und alle $F \in \mathscr{F}$ kleiner oder gleich ε ist. Wegen 1.14.7 folgt damit aber die Behauptung. $\square$

Der folgende Satz zeigt, daß die Martingaleigenschaften unter ge-wissen Abbildungen erhalten bleiben.

__6.1.6 Satz.__ Sei $(S_t)_{t \in T}$ ein Sub-Martingal bzgl. $(\mathscr{F}_t)_{t \in T}$ und $I \subset \mathbb{R}$ ein Intervall derart, daß $S_t(\Omega) \subset I$ für alle $t \in T$. Ferner sei $\varphi : I \to \mathbb{R}$ eine konvexe Funktion mit $\varphi \cdot S_t \in \mathscr{L}(\Omega, \mathscr{A}, \mathbb{P})$ für alle $t \in T$. Dann gilt

(i) Ist φ monoton wachsend, so ist auch $(\varphi \circ S_t)_{t \in T}$ ein Sub-Martingal bzgl. $(\mathscr{F}_t)_{t \in T}$

(ii) Ist $(S_t)_{t \in T}$ sogar ein Martingal bzgl. $(\mathscr{F}_t)_{t \in T}$, so kann in (i) auf die Monotonie von φ verzichtet werden.

<u>Beweis.</u> Sei $\eta_t := \varphi \cdot S_t$, $t \in T$; dann gilt in beiden Fällen

$$\eta_s = \varphi \cdot S_s \leq \varphi \cdot E(S_t \mid \mathscr{F}_s) \quad \mathbb{P}\text{-f.s. für alle } s \leq t,$$

so daß mit 5.4.7 weiter folgt:

$$\eta_s \leq E(\varphi \cdot S_t \mid \mathscr{F}_s) = E(\eta_t \mid \mathscr{F}_s) \quad \mathbb{P}\text{-f.s. für alle } s \leq t. \quad \square$$

<u>6.1.7 Korollar.</u> (i) Sei $(S_t)_{t \in T}$ ein Martingal bzgl. $(\mathscr{F}_t)_{t \in T}$ und $S_t \in \mathscr{L}_p(\Omega, \mathscr{A}, \mathbb{P})$ für ein $1 \leq p < \infty$ und alle $t \in T$. Dann ist $(|S_t|^p)_{t \in T}$ ein Sub-Martingal bzgl. $(\mathscr{F}_t)_{t \in T}$.

(ii) Für jedes $c \in \mathbb{R}$ ist mit $(S_t)_{t \in T}$ auch $(\max\{c, S_t\})_{t \in T}$ ein Sub-Martingal bzgl. $(\mathscr{F}_t)_{t \in T}$, für $c=0$ also auch $(S_t^+)_{t \in T}$.

(iii) Ist $(S_t)_{t \in T}$ ein Super-Martingal bzgl. $(\mathscr{F}_t)_{t \in T}$, so ist $(S_t^-)_{t \in T}$ ein Sub-Martingal bzgl. $(\mathscr{F}_t)_{t \in T}$ (Übergang zu $(-S_t)_{t \in T}$ und Anwendung von (ii)!).

Wir werden uns im folgenden auf <u>(Sub-) Martingale mit diskreter Zeit</u> (d.h. solche mit $T = \mathbb{Z}$ bzw. $T = \mathbb{N}$, versehen mit der natürlichen Ordnung) beschränken. In diesem Fall gilt das

<u>6.1.8 Lemma.</u> Sei $(S_n)_{n \in \mathbb{N}}$ eine Folge integrierbarer zufälliger Variabler über einem W.-Raum $(\Omega, \mathscr{A}, \mathbb{P})$ und $(\mathscr{F}_n)_{n \in \mathbb{N}}$ eine monoton wachsende Folge von Sub-σ-Algebren von $\mathscr{A}$ derart, daß S_n $\mathscr{F}_n, \mathscr{B}^*$-meßbar ist für jedes $n \in \mathbb{N}$. Dann gilt: $(S_n)_{n \in \mathbb{N}}$ ist ein (Sub-) Martingal bzgl. $(\mathscr{F}_n)_{n \in \mathbb{N}}$ genau dann, wenn

$$(6.1.9) \qquad S_n \underset{(\leq)}{=} E(S_{n+1} \mid \mathscr{F}_n) \quad \mathbb{P}\text{-f.s. für alle } n \in \mathbb{N}.$$

<u>Beweis.</u> Wir betrachten lediglich den Fall des Sub-Martingals. Zu zeigen ist, daß unter der Annahme (6.1.9) für alle $p, n \in \mathbb{N}$ gilt: $S_n \leq E(S_{n+p} \mid \mathscr{F}_n)$ $\mathbb{P}$-f.s. Für $p=1$ ist dies gerade die Aussage von (6.1.9), während sich der allgemeine Fall durch vollständige Induktion über p aus der $\mathbb{P}$-fast sicher gültigen Identität

$$E(S_{n+p+1} \mid \mathscr{F}_n) = E(E(S_{n+p+1} \mid \mathscr{F}_{n+1}) \mid \mathscr{F}_n)$$

ergibt. $\square$

Damit haben wir nachträglich gesehen, daß es sich beim eingangs behandelten Beispiel um ein $(-)$-Martingal mit diskreter Zeit handelt. Das folgende Beispiel zeigt, wie man aus jeder Folge $(\xi_n)_{n \in \mathbb{N}}$ von integrierbaren Variablen durch <u>Zentrieren an der bedingten Erwartung</u> ein Martingal gewinnen kann.

<u>6.1.10 Beispiel.</u> Sei $\xi_n \in \mathscr{L}(\Omega, \mathscr{A}, \mathbb{P})$ für $n \in \mathbb{N}$ und $a \in \mathbb{R}$ beliebig. Dann wird durch $S_1 := \xi_1 - a$ und $S_{n+1} := S_n + \xi_{n+1} - \mathbb{E}(\xi_{n+1} | \xi_1, \ldots, \xi_n)$, $n \in \mathbb{N}$, ein Martingal bzgl. $\mathscr{F}_n := \sigma(\{\xi_1, \ldots, \xi_n\})$ definiert. Es ist $\mathbb{P}$-f.s.

$$\mathbb{E}(S_{n+1} | \mathscr{F}_n) = \mathbb{E}(S_n | \mathscr{F}_n) + \mathbb{E}(\xi_{n+1} | \mathscr{F}_n) - \mathbb{E}(\mathbb{E}(\xi_{n+1} | \mathscr{F}_n) | \mathscr{F}_n)$$

$$= S_n + \mathbb{E}(\xi_{n+1} | \mathscr{F}_n) - \mathbb{E}(\xi_{n+1} | \mathscr{F}_n) = S_n.$$

Ist umgekehrt $(S_n)_{n \in \mathbb{N}}$ ein Martingal schlechthin und setzt man $\xi_1 := S_1$ bzw. $\xi_n := S_n - S_{n-1}$, $n \geq 2$, so wird dadurch eine Folge $(\xi_n)_{n \in \mathbb{N}}$ von integrierbaren Variablen definiert, welche an der bedingten Erwartung zentriert ist:

$$\mathbb{E}(\xi_{n+1} | \xi_1, \ldots, \xi_n) = \mathbb{E}(S_{n+1} - S_n | \xi_1, \ldots, \xi_n) = \mathbb{E}(S_{n+1} - S_n | S_1, \ldots, S_n) =$$

$$\mathbb{E}(S_{n+1} | S_1, \ldots, S_n) - S_n = S_n - S_n = 0 \quad \mathbb{P}\text{-f.s.}$$

Dies gibt Anlaß zu der folgenden

<u>6.1.11 Definition.</u> Eine Folge $(\xi_i)_{i \in \mathbb{N}}$ von integrierbaren Variablen heißt <u>Martingaldifferenzfolge</u> (MDF), falls

$$(6.1.12) \quad \mathbb{E}(\xi_{i+1} | \xi_1, \ldots, \xi_i) = 0 \quad \mathbb{P}\text{-f.s. für jedes } i \in \mathbb{N}.$$

<u>6.1.13 Bemerkungen.</u> In der Regel ergänzt man in der letzten Definition die Bedingung (6.1.12) durch $\mathbb{E}(\xi_1 | \mathscr{F}_0) = 0$, wobei $\mathscr{F}_0 = \{\emptyset, \Omega\}$. Durch Integration folgt, daß in diesem Fall $\mathbb{E}(\xi_i) = 0$ für alle $i \in \mathbb{N}$. Ferner folgt wie in 6.1.8, daß $\mathbb{E}(\xi_{i+p} | \xi_1, \ldots, \xi_i) = 0$ $\mathbb{P}$-f.s. für alle $i, p \in \mathbb{N}$. Weiter erhalten wir mit 5.2.7, daß $\mathbb{P}$-f.s.

$$\mathbb{E}(\xi_{i+p} \cdot \varphi_i(\xi_1, \ldots, \xi_i) | \xi_1, \ldots, \xi_i) = 0 \text{ für alle } i, p \in \mathbb{N} \text{ und } \varphi_i : \mathbb{R}^i \to \mathbb{R},$$

für die der Integrand integrierbar ist. Schließlich gelten noch die drei folgenden einfach zu beweisenden Aussagen:

(i) $(\xi_i)_{i \in \mathbb{N}}$ MDF mit $\xi_i \in \mathscr{L}_2(\Omega, \mathscr{A}, \mathbb{P}) \to \xi_i$, $i \in \mathbb{N}$, paarweise unkorreliert

(ii) $(\xi_i)_{i \in \mathbb{N}}$ MDF und $\xi_I := (\xi_i)_{i \in I}$ normalverteilt für alle $I \in \mathscr{P}_0(\mathbb{N})$
   $\to (\xi_i)_{i \in \mathbb{N}}$ unabhängig (vgl. 1.19.11 und Ü 1.19.3)

(iii) $(\xi_i)_{i \in \mathbb{N}}$ unabhängig und zentriert $\to (\xi_i)_{i \in \mathbb{N}}$ MDF

Insbesondere bilden damit die Partialsummen unabhängiger und zentrierter Variabler (aus $\mathscr{L}(\Omega, \mathscr{A}, \mathbb{P})$) ein Martingal schlechthin.

Das folgende Beispiel zeigt, daß MDF $(\xi_i)_{i \in \mathbb{N}}$ mit nicht unabhängigen

ξ_i existieren.

___6.1.14 Beispiel.___ Sei $(\Omega, \mathscr{A}, \mathbb{P}) = ([0,1), [0,1) \cap \mathscr{B}^*, \lambda|[0,1) \cap \mathscr{B}^*)$
und ξ_i definiert durch $\xi_1 := 0$, $\xi_i := i 1_{[0,1/i)} - (i-1) 1_{[0,1/(i-1))}$, $i \geq 2$.
Dann ist $\mathscr{F}_1 = \sigma(\{\xi_1\}) = \{\emptyset, \Omega\}$ und für $i \geq 2$

$$\mathscr{F}_i = \sigma(\{\xi_1, \ldots, \xi_i\}) = \sigma(\{[0,1/i), [1/i, 1/(i-1)), \ldots, [1/3, 1/2), [1/2, 1)\}).$$

Ferner gilt $\mathbb{E}(\xi_2|\mathscr{F}_1) \underset{[\mathbb{P}]}{=} \mathbb{E}(\xi_2) = 0$ und im Fall $i \geq 2$ $\mathbb{P}$-f.s.

$$\mathbb{E}(\xi_{i+1}|\mathscr{F}_i) = (i+1)\, \mathbb{E}(1_{[0,1/(i+1))}|\mathscr{F}_i) - i 1_{[0,1/i)}.$$

Man prüft leicht die Beziehung $\mathbb{E}(1_{[0,1/(i+1))}|\mathscr{F}_i) = \dfrac{1}{i+1} 1_{[0,1/i)}$
nach, so daß zusammenfassend $\mathbb{E}(\xi_{i+1}|\mathscr{F}_i) = 0$ folgt. Wegen

$$\mathbb{P}(\{\xi_2 = 1\} \cap \{\xi_3 = 1\}) = \frac{1}{3} \neq \frac{1}{6} = \mathbb{P}(\{\xi_2 = 1\}) \cdot \mathbb{P}(\{\xi_3 = 1\})$$

sind die Variablen ξ_i aber nicht unabhängig.

Als letzte Anwendung erhalten wir aus 6.1.6 und 6.1.13 (i) das

___6.1.15 Korollar.___ Sei $(\xi_i)_{i \in \mathbb{N}}$ eine MDF mit $\xi_i \in \mathscr{L}_2(\Omega, \mathscr{A}, \mathbb{P})$ für alle
$i \in \mathbb{N}$. Dann gilt für das zugehörige Martingal $(S_n)_{n \in \mathbb{N}}$ der Partial-
summen $S_n = \sum_{i=1}^{n} \xi_i$:

(i) $(S_n^2)_{n \in \mathbb{N}}$ ist ein Sub-Martingal

(ii) $\mathbb{E}(S_n^2) = \sum_{i=1}^{n} \mathbb{E}(\xi_i^2)$.

6.2 Das Optional Sampling Theorem

In diesem Abschnitt geht es darum, eine vorgegebene Folge von zufälligen Variablen in einer vom Zufall abhängigen Weise so zu transformieren, daß sich gewisse Martingaleigenschaften der Ausgangsfolge
auf die transformierte Folge übertragen. Sei $(\Omega, \mathscr{A}, \mathbb{P})$ wieder ein
fest vorgegebener W.-Raum.

___6.2.1 Definition.___ Sei $(S_n)_{n \in \mathbb{N}}$ eine Folge von Variablen über $(\Omega, \mathscr{A}, \mathbb{P})$.
Eine Folge $\nu_n \colon \Omega \to \mathbb{N}$, $n \in \mathbb{N}$, heißt eine Folge von "__sampling Variablen__"
(zu $(S_n)_{n \in \mathbb{N}}$), falls

(i) $1 \leq \nu_1 \leq \nu_2 \leq \ldots \leq \nu_n \leq \ldots$ und

(ii) $\{\nu_n=j\} \in \sigma(\{S_1,\ldots,S_j\})$ für alle $j,n \in \mathbb{N}$.

Setzt man für jedes $n \in \mathbb{N}$ $\check{S}_n(\omega):=S_{\nu_n(\omega)}(\omega)$, $\omega \in \Omega$, so sagt man, die Folge $(\check{S}_n)_{n \in \mathbb{N}}$ <u>gehe aus</u> $(S_n)_{n \in \mathbb{N}}$ <u>durch "optional sampling" vermöge</u> <u>$(\nu_n)_{n \in \mathbb{N}}$ hervor</u>.

<u>6.2.2 Bemerkung.</u> Die $\check{S}_n$ sind zufällige Variable, da für alle $a \in \mathbb{R}$

$$\{\check{S}_n \leq a\} = \bigcup_{j \in \mathbb{N}} \{\check{S}_n \leq a,\ \nu_n=j\} = \bigcup_{j \in \mathbb{N}} \{S_j \leq a,\ \nu_n=j\} \in \mathscr{A} \ .$$

Auf die Frage, ob bei einer Transformation durch optional sampling aus (Sub-) Martingalen wieder solche entstehen, gibt das sogenannte <u>"Optional Sampling Theorem" (OS-Theorem)</u> die folgende Antwort.

<u>6.2.3 Satz</u> (vgl. Breiman [16], S. 85). Sei $(S_n)_{n \in \mathbb{N}}$ ein (Sub-) Martingal und $(\nu_n)_{n \in \mathbb{N}}$ eine Folge von sampling Variablen. Dann ist die zugehörige durch optional sampling hervorgehende Folge $(\check{S}_n)_{n \in \mathbb{N}}$ ebenfalls ein (Sub-) Martingal, falls die beiden folgenden Bedingungen erfüllt sind:

(6.2.4) $\mathbb{E}(|\check{S}_k|) < \infty$ für alle $k \in \mathbb{N}$
und
(6.2.5) $\lim_{k \to \infty} \inf \int_{\{\nu_n > k\}} |S_k| dP = 0$ für alle $n \in \mathbb{N}$.

<u>Beweis.</u> Mit 6.1.8 bleibt zu zeigen, daß

(6.2.6) $\int_A \check{S}_n dP \underset{(\leq)}{=} \int_A \check{S}_{n+1} dP$ für alle $n \in \mathbb{N}$ und $A \in \sigma(\{\check{S}_1,\ldots,\check{S}_n\})$.

Sei $A \in \sigma(\{\check{S}_1,\ldots,\check{S}_n\})$ beliebig aber fest gewählt und $D_j:=A \cap \{\nu_n=j\}$, $j \in \mathbb{N}$. Dann ist $A = \sum_{j \geq 1} D_j$, so daß zur Gültigkeit von (6.2.6) lediglich

(6.2.7) $\int_{D_j} \check{S}_n dP \underset{(\leq)}{=} \int_{D_j} \check{S}_{n+1} dP$ für alle $n \in \mathbb{N}$ und $j \in \mathbb{N}$

nachzuweisen bleibt. Wir zeigen zunächst

(6.2.8) $D_j \in \sigma(\{S_1,\ldots,S_j\})$ für alle $j \in \mathbb{N}$.

Nach Voraussetzung besitzt A eine Darstellung $A=\{(\check{S}_1,\ldots,\check{S}_n) \in B_n\}$ mit einem geeigneten $B_n \in \mathscr{B}_n^*$, so daß

$$D_j = \bigcup_{1 \leq j_1 \leq \ldots \leq j_{n-1} \leq j} \{(\check{S}_1, \ldots, \check{S}_n) \in B_n, \ v_1 = j_1, \ldots, v_{n-1} = j_{n-1}, v_n = j\}$$

$$= \bigcup_{1 \leq j_1 \leq \ldots \leq j_{n-1} \leq j} \{(S_{j_1}, \ldots, S_{j_{n-1}}, S_j) \in B_n, \ v_1 = j_1, \ldots, v_{n-1} = j_{n-1}, v_n = j\}.$$

Nach Definition der sampling Variablen gehören aber alle an der letzten Vereinigung beteiligten Mengen zu $\sigma(\{S_1, \ldots, S_j\})$. Damit ist (6.2.8) gezeigt. Weiter gilt für alle j und $k > j$:

$$(6.2.9) \quad \sum_{i=j}^{k} \int_{D_j \cap \{v_{n+1} = i\}} S_i \, dP + \int_{D_j \cap \{v_{n+1} > k\}} S_k \, dP \underset{(\geq)}{=} \int_{D_j \cap \{v_{n+1} \geq j\}} S_j \, dP.$$

Der Beweis erfolgt durch Induktion nach k.

1. Sei $k = j+1$. Dann ist

$$\int_{D_j \cap \{v_{n+1} = j\}} S_j \, dP + \int_{D_j \cap \{v_{n+1} = j+1\}} S_{j+1} \, dP + \int_{D_j \cap \{v_{n+1} > j+1\}} S_{j+1} \, dP =$$

$$\int_{D_j \cap \{v_{n+1} = j\}} S_j \, dP + \int_{D_j \cap \{v_{n+1} \geq j+1\}} S_{j+1} \, dP \quad (\geq)$$

$$\int_{D_j \cap \{v_{n+1} = j\}} S_j + \int_{D_j \cap \{v_{n+1} \geq j+1\}} S_j = \int_{D_j \cap \{v_{n+1} \geq j\}} S_j \, dP,$$

da wegen (6.2.8) $D_j \in \sigma(\{S_1, \ldots, S_j\})$ und $\{v_{n+1} \geq j+1\} = \complement \{v_{n+1} \leq j\} \in \sigma(\{S_1, \ldots, S_j\})$.

2. Der Induktionsschluß $k \to k+1$ ergibt sich unter Verwendung der Induktionsannahme aus

$$\sum_{i=j}^{k+1} \int_{D_j \cap \{v_{n+1} = i\}} S_i \, dP + \int_{D_j \cap \{v_{n+1} > k+1\}} S_{k+1} \, dP =$$

$$\sum_{i=j}^{k} \int_{D_j \cap \{v_{n+1} = i\}} S_i \, dP + \int_{D_j \cap \{v_{n+1} \geq k+1\}} S_{k+1} \, dP \quad (\geq)$$

$$\sum_{i=j}^{k} \int_{D_j \cap \{v_{n+1} = i\}} S_i \, dP + \int_{D_j \cap \{v_{n+1} \geq k+1\}} S_k \, dP .$$

Damit ist (6.2.9) bewiesen. Es folgt nun für beliebige j und $k > j$:

$$\int_{D_j} \check{S}_{n+1}\,d\mathbb{P} = \sum_{i=j}^{k} \int_{D_j \cap \{\nu_{n+1}=i\}} S_i\,d\mathbb{P} + \int_{D_j \cap \{\nu_{n+1}>k\}} \check{S}_{n+1}\,d\mathbb{P} = \qquad (\measuredangle)$$

$$\int_{D_j \cap \{\nu_{n+1}\leq j\}} S_j\,d\mathbb{P} - \int_{D_j \cap \{\nu_{n+1}>k\}} (S_k-\check{S}_{n+1})\,d\mathbb{P} = \int_{D_j} \check{S}_n\,d\mathbb{P} - \int_{D_j \cap \{\nu_{n+1}>k\}} (S_k-\check{S}_{n+1})\,d\mathbb{P}$$

(da $D_j \subset \{\nu_{n+1}\leq j\}$). Somit genügt es zum Nachweis von (6.2.7) zu zeigen, daß

$$\lim_{r\to\infty} \int_{D_j \cap \{\nu_{n+1}>k_r\}} (S_{k_r}-\check{S}_{n+1})\,d\mathbb{P}=0 \text{ für eine geeignete Teilfolge } (k_r)_{r\in\mathbb{N}}.$$

Wegen (6.2.5) existiert eine Teilfolge $(k_r)_{r\in\mathbb{N}}$ mit $\int_{\{\nu_{n+1}>k_r\}} |S_{k_r}|\,d\mathbb{P}\to 0$ für $r\to\infty$, so daß

$$\left| \int_{D_j \cap \{\nu_{n+1}>k_r\}} (S_{k_r}-\check{S}_{n+1})\,d\mathbb{P}\right| \leq \int_{\{\nu_{n+1}>k_r\}} |S_{k_r}|\,d\mathbb{P} + \int_{\{\nu_{n+1}>k_r\}} |\check{S}_{n+1}|\,d\mathbb{P}\to 0 \text{ für } r\to\infty,$$

da $\{\nu_{n+1}>k_r\}\downarrow\emptyset$ und $\mathbb{E}(|\check{S}_{n+1}|) < \infty$ gemäß (6.2.4). $\square$

6.2.10 Satz. Unter den Voraussetzungen des OS-Theorems gelte zusätzlich $\lim\sup_{n\to\infty} \mathbb{E}(|S_n|) < \infty$. Dann folgt für alle $n\in\mathbb{N}$

(i) $\mathbb{E}(S_1) \leq \mathbb{E}(\check{S}_n) \leq \lim\sup_{k\to\infty} \mathbb{E}(S_k)$

und

(ii) $\mathbb{E}(|\check{S}_n|) \leq 2 \lim\sup_{k\to\infty} \mathbb{E}(|S_k|) - \mathbb{E}(S_1)$.

Beweis. Zu (i): Da $\mathbb{E}(\check{S}_n)$ monoton in $n\in\mathbb{N}$ wächst, bleibt zum Beweis der ersten Ungleichung lediglich $\mathbb{E}(S_1) \leq \mathbb{E}(\check{S}_1)$ zu zeigen. Dazu setzen wir $\nu_1' := 1$ und $\nu_n' := \nu_I$ für $n \geq 2$. Dann ist $(\nu_n')_{n\in\mathbb{N}}$ ebenfalls eine Folge von sampling Variablen, für die mit $S_n'(\omega):=S_{\nu_n'(\omega)}(\omega)$ anstelle von $\check{S}_n$ sämtliche Voraussetzungen von 6.2.3 erfüllt sind. Somit ist $(S_n')_{n\in\mathbb{N}}$ ein (Sub-) Martingal, d.h. insbesondere gilt $\mathbb{E}(S_1) = \mathbb{E}(S_1') \leq \mathbb{E}(S_2') = \mathbb{E}(\check{S}_1)$. Ferner ist für jede Teilfolge $k_r \uparrow \infty$

$$\mathbb{E}(\check{S}_n) = \lim_{r\to\infty} \left[\sum_{j=1}^{k_r} \int_{\{\nu_n=j\}} S_j\,d\mathbb{P}\right] \leq \lim\sup_{r\to\infty} \left[\sum_{j=1}^{k_r} \int_{\{\nu_n=j\}} S_{k_r}\,d\mathbb{P}\right] =$$

$$= \lim\sup_{r\to\infty} \left[\mathbb{E}(S_{k_r}) - \int_{\{\nu_n>k_r\}} S_{k_r}\,d\mathbb{P}\right],$$

so daß sich mit (6.2.5) auch die zweite Ungleichung ergibt.

Zu (ii): Nach 6.1.7 (ii) ist auch $(S_n^+)_{n \in \mathbb{N}}$ ein Sub-Martingal (welches mit $(S_n)_{n \in \mathbb{N}}$ auch die Voraussetzungen von 6.2.3 erfüllt) und somit auch $(\check{S}_n^+)_{n \in \mathbb{N}}$. Mit Teil (i) folgt $\mathbb{E}(\check{S}_n^+) \leq \lim \sup_{k \to \infty} \mathbb{E}(S_k^+)$. Ferner gilt $\mathbb{E}(S_1) \leq \mathbb{E}(\check{S}_n) = \mathbb{E}(\check{S}_n^+) - \mathbb{E}(\check{S}_n^-)$ oder $\mathbb{E}(\check{S}_n^-) \leq \mathbb{E}(\check{S}_n^+) - \mathbb{E}(S_1)$. Somit ist

$$\mathbb{E}(|\check{S}_n|) = \mathbb{E}(\check{S}_n^+) + \mathbb{E}(\check{S}_n^-) \leq 2\mathbb{E}(\check{S}_n^+) - \mathbb{E}(S_1) \leq 2\lim_{k \to \infty} \sup \mathbb{E}(S_k^+) - \mathbb{E}(S_1)$$

$$\leq 2 \lim_{k \to \infty} \sup \mathbb{E}(|S_k|) - \mathbb{E}(S_1). \quad \square$$

6.2.11 Lemma. Mit den Bezeichnungen von 6.2.3 gelte (6.2.5) und zusätzlich $\lim \sup_{n \to \infty} \mathbb{E}(|S_n|) < \infty$. Dann folgt $\sup_{k \in \mathbb{N}} \mathbb{E}(|\check{S}_k|) < \infty$, d.h. in diesem Fall ist Bedingung (6.2.4) im OS-Theorem automatisch erfüllt.

Beweis. Wir wenden die Methode der gestutzten Variablen auf die Folge $(\nu_n)_{n \in \mathbb{N}}$ an und setzen für jedes $m \in \mathbb{N}$

$$\nu_{n,m}(\omega) := \begin{cases} \nu_n(\omega), & \text{falls } \nu_n(\omega) \leq m \\ m, & \text{falls } \nu_n(\omega) > m \end{cases} \quad \text{und} \quad \check{S}_{n,m} := S_{\nu_{n,m}}.$$

Dann sind für jedes feste m die $\nu_{n,m}$, $n \in \mathbb{N}$, wieder sampling Variable mit

$$\mathbb{E}(|\check{S}_{n,m}|) = \sum_{j=1}^{m} \int_{\{\nu_{n,m}=j\}} |S_j| \, d\mathbb{P} \leq \sum_{j=1}^{m} \mathbb{E}(|S_j|) < \infty,$$

so daß $(\check{S}_{n,m})_{n \in \mathbb{N}}$ die Bedingung (6.2.4) im OS-Theorem erfüllt. Wegen $\{\nu_{n,m} > k\} \subset \{\nu_n > k\}$ ist auch (6.2.5) mit $\nu_{n,m}$ anstelle von ν_n erfüllt, so daß gemäß 6.2.10 (ii) folgt:

$$\mathbb{E}(|\check{S}_{n,m}|) \leq 2 \lim_{k \to \infty} \sup \mathbb{E}(|S_k|) - \mathbb{E}(S_1) < \infty.$$

Wegen $\lim_{m \to \infty} \nu_{n,m} = \nu_n$ erhalten wir weiter $\lim_{m \to \infty} \check{S}_{n,m} = \check{S}_n$, so daß schließlich mit dem Fatou'schen Lemma 1.6.7 folgt:

$$\mathbb{E}(|\check{S}_n|) = \mathbb{E}(\lim_{m \to \infty} \inf |\check{S}_{n,m}|) \leq \lim_{m \to \infty} \inf \mathbb{E}(|\check{S}_{n,m}|) \leq 2\lim_{k \to \infty} \sup \mathbb{E}(|S_k|) - \mathbb{E}(S_1) < \infty. \quad \square$$

6.2.12 Zusatz. Das OS-Theorem läßt sich in natürlicher Weise auf (Sub-) Martingale $(S_n)_{n=1,\ldots,k}$ mit <u>endlicher Zeit</u> $T = \{1, \ldots, k\}$ übertragen. Eine sampling Variable nimmt in diesem Fall lediglich Werte in T an, so daß die Bedingungen (6.2.4) und (6.2.5) trivialerweise erfüllt sind. Mithin ist auch $(\check{S}_n)_{n \in \mathbb{N}}$ ein (Sub-) Martingal (Formal hat man durch die Festsetzung $S_n := S_k$, $n \geq k$, das (Sub-) Martingal $(S_n)_{n=1,\ldots,k}$ durch das (Sub-) Martingal $(S_n)_{n \in \mathbb{N}}$ zu ersetzen).

6.3 Stopzeiten und Transformation durch Stopzeiten

Gegeben sei wieder ein fester W.-Raum $(\Omega, \mathscr{A}, \mathbb{P})$ sowie eine monoton wachsende Folge $(\mathscr{F}_n)_{n \in \mathbb{N}}$ von Sub-σ-Algebren von $\mathscr{A}$. Setze

$$\mathscr{F}_\infty := \sigma \left(\bigcup_{n \in \mathbb{N}} \mathscr{F}_n \right).$$

6.3.1 Definition. Eine Abbildung $\nu: \Omega \to \bar{\mathbb{N}} := \mathbb{N} \cup \{\infty\}$ heißt <u>Stopzeit</u> <u>bzgl.</u> $(\mathscr{F}_n)_{n \in \mathbb{N}}$, falls

(6.3.2) $\{\nu = n\} \in \mathscr{F}_n$ für alle $n \in \bar{\mathbb{N}}$.

ν heißt <u>Stopzeit im engeren Sinne</u> oder <u>Stopregel</u>, falls $\mathbb{P}(\{\nu < \infty\}) = 1$. Insbesondere ist mit den Bezeichnungen von Definition 6.2.1 jede sampling Variable eine Stopregel bzgl. $\mathscr{F}_n := \sigma(\{S_1, \ldots, S_n\})$.

6.3.3 Bemerkung. (6.3.2) ist gleichbedeutend mit

(6.3.4) $\{\nu \le n\} \in \mathscr{F}_n$ für alle $n \in \bar{\mathbb{N}}$

Wegen $\{\nu \le n\} = \bigcup\limits_{m=1}^{n} \{\nu = m\}$ folgt (6.3.4) unter Ausnutzung der Monotonie von $(\mathscr{F}_n)_{n \in \mathbb{N}}$ sofort aus (6.3.2). Umgekehrt folgt aus (6.3.4), daß

$$\{\nu = n\} = \{\nu \le n\} \smallsetminus \bigcup_{m < n} \{\nu \le m\} \in \mathscr{F}_n.$$

6.3.5 Lemma. Sei $(\nu_k)_{k \in \mathbb{N}}$ eine Folge von Stopzeiten; dann gilt:

(i) $\inf\limits_{k \ge 1} \nu_k$ und $\sup\limits_{k \ge 1} \nu_k$ sind Stopzeiten

(ii) $\liminf\limits_{k \to \infty} \nu_k$ und $\limsup\limits_{k \to \infty} \nu_k$ sind Stopzeiten.

Beweis. Vgl. 1.2.16. $\square$

6.3.6 Beispiele. Sei $(S_n)_{n \in \mathbb{N}}$ eine Folge von Variablen über $(\Omega, \mathscr{A})$ und $\mathscr{F}_n := \sigma(\{S_1, \ldots, S_n\})$, $n \in \mathbb{N}$. Dann werden durch

(a) $\nu = m$, $m \in \bar{\mathbb{N}}$

(b) $\nu(\omega) := \inf \{n \in \mathbb{N}: S_n(\omega) \in \{S_1(\omega), \ldots, S_{n-1}(\omega)\}\}$, $\omega \in \Omega$

(c) $\nu_B(\omega) := \inf \{n \in \mathbb{N}: S_n(\omega) \in B\}$, $\omega \in \Omega$, $B \in \mathscr{B}^*$

jeweils Stopzeiten bzgl. $(\mathscr{F}_n)_{n \in \mathbb{N}}$ definiert.

<u>6.3.7 Definition.</u> Sei ν eine Stopzeit bzgl. $(\mathscr{F}_n)_{n \in \mathbb{N}}$; dann ist

$$\mathscr{F}(\nu) := \{A \in \mathscr{A} : A \cap \{\nu \le n\} \in \mathscr{F}_n \text{ für alle } n \in \bar{\mathbb{N}}\}$$

eine σ-Algebra. Sie heißt "<u>σ-Algebra der ν-Vergangenheit</u>" (oder "<u>σ-Algebra der Ereignisse bis zur Zeit ν</u>").

<u>6.3.8 Bemerkung.</u> Wegen $\{\nu \le m, \nu \le n\} = \{\nu \le \min(m,n)\} \in \mathscr{F}_n$ für alle $m,n \in \mathbb{N}$ ist ν $\mathscr{F}(\nu), \mathscr{B}^*$-meßbar.

<u>6.3.9 Lemma.</u> Für zwei Stopzeiten ν_1 und ν_2 gilt:

(i) $\{\nu_1 < \nu_2\}$, $\{\nu_1 = \nu_2\}$ und $\{\nu_1 \le \nu_2\}$ sind Ereignisse, die sowohl zu

$\mathscr{F}(\nu_1)$ als auch zu $\mathscr{F}(\nu_2)$ gehören

(ii) $A \in \mathscr{F}(\nu_1) \rightarrow A \cap \{\nu_1 \le \nu_2\} \in \mathscr{F}(\nu_2)$

(iii) $\nu_1 \le \nu_2 \rightarrow \mathscr{F}(\nu_1) \subset \mathscr{F}(\nu_2)$.

<u>Beweis.</u> Zu (i): Aus Symmetriegründen bleibt lediglich zu zeigen, daß jede der drei Mengen zu $\mathscr{F}(\nu_2)$ gehört. Für alle $n \in \mathbb{N}$ ist z.B.
$$\{\nu_1 < \nu_2\} \cap \{\nu_2 \le n\} = \bigcup_{1 \le m < k \le n} \{\nu_1 = m, \nu_2 = k\} \in \mathscr{F}_n \text{ und damit } \{\nu_1 < \nu_2\} \in \mathscr{F}(\nu_2).$$
Die Behauptungen für $\{\nu_1 = \nu_2\}$ und $\{\nu_1 \le \nu_2\}$ folgen analog.
Zu (ii): $A \in \mathscr{F}(\nu_1) \rightarrow A \cap \{\nu_1 \le \nu_2\} \cap \{\nu_2 \le n\} = \bigcup_{m=1}^{n} [A \cap \{\nu_1 \le m\} \cap \{\nu_2 = m\}] \in \mathscr{F}_n$,
d.h. $A \cap \{\nu_1 \le \nu_2\} \in \mathscr{F}(\nu_2)$.
Zu (iii): Unmittelbare Folgerung aus (ii). □

Im folgenden wollen wir die im letzten Abschnitt gewonnenen Ergebnisse über durch optional sampling transformierte (Sub-) Martingale auf den folgenden Spezialfall anwenden.

<u>6.3.10 Definition.</u> Sei $(S_n)_{n \in \mathbb{N}}$ eine Folge von zufälligen Variablen über einem W.-Raum $(\Omega, \mathscr{A}, \mathbb{P})$, $\mathscr{F}_n := \sigma(\{S_1, \ldots, S_n\})$ und ν eine Stopzeit bzgl. $(\mathscr{F}_n)_{n \in \mathbb{N}}$. Setzt man dann für jedes $n \in \mathbb{N}$

$$(6.3.11) \quad \check{S}_n := S_{\nu_n} \text{ mit } \nu_n := \min(\nu, n),$$

so heißt $(\check{S}_n)_{n \in \mathbb{N}}$ die <u>zum Zeitpunkt ν gestoppte Folge</u> $(S_n)_{n \in \mathbb{N}}$. Man spricht auch kurz von einer <u>Transformation durch eine Stopzeit</u>.

Ein Vergleich mit 6.2.1 zeigt, daß es sich hierbei in der Tat um einen
Spezialfall einer Transformation durch optional sampling handelt,
da für die in (6.3.11) definierten zufälligen Variablen $\nu_n: \Omega \to \mathbb{N}$ gilt:

(i) $1 \leq \nu_1 \leq \nu_2 \leq \ldots \leq \nu_n \leq \ldots$ und

(ii) $\{\nu_n=j\} \in \sigma(\{S_1,\ldots,S_j\})$ (vgl. 6.3.5).

Aus dem OS-Theorem 6.2.3 folgt nunmehr der

<u>6.3.12 Satz.</u> Sei $(S_n)_{n \in \mathbb{N}}$ ein (Sub-) Martingal und ν eine Stopzeit
bzgl. $\mathscr{F}_n := \sigma(\{S_1,\ldots,S_n\})$, $n \in \mathbb{N}$. Dann ist die zugehörige gestoppte
Folge $(\check{S}_n)_{n \in \mathbb{N}}$ ebenfalls ein (Sub-) Martingal.

<u>Beweis.</u> Wir haben die Gültigkeit von (6.2.4) und (6.2.5) zu zeigen.
Es ist

$$\mathbb{E}(|\check{S}_k|) = \int_{\{k \leq \nu\}} |S_k| \, d\mathbb{P} + \int_{\{k > \nu\}} |S_\nu| \, d\mathbb{P} \leq \mathbb{E}(|S_k|) + \sum_{j=1}^{k-1} \int_{\{\nu=j\}} |S_j| \, d\mathbb{P} < \infty,$$

d.h. es gilt (6.2.4). Ferner ist für alle $n \in \mathbb{N}$ und $k \geq n$ $\int_{\{\nu_n > k\}} |S_k| \, d\mathbb{P} = 0$,
so daß auch (6.2.5) erfüllt ist. $\square$

Ist ν eine endliche Stopzeit, so wird durch

(6.3.13) $\nu_1 := 1$ und $\nu_n := \nu$ für $n \geq 2$

eine Folge von sampling Variablen definiert, und wir erhalten aus dem
OS-Theorem 6.2.3 als weiteres Korollar den

<u>6.3.14 Satz.</u> Sei $(S_n)_{n \in \mathbb{N}}$ ein (Sub-) Martingal und ν eine zugehörige
endliche Stopzeit. Dann ist die durch optional sampling hervorgehende
"Folge" $(S_n)_{n \in \mathbb{N}} = (S_1, S_\nu)$ ebenfalls ein (Sub-) Martingal, sofern die
folgende Bedingung

(6.3.15) $\mathbb{E}(|S_\nu|) < \infty$ und $\liminf_{k \to \infty} \int_{\{\nu > k\}} |S_k| \, d\mathbb{P} = 0$

erfüllt ist. Insbesondere gilt dann also

(6.3.16) $\mathbb{E}(S_1) \underset{(\leq)}{=} \mathbb{E}(S_\nu)$.

<u>6.3.17 Zusatz.</u> Ersetzt man im letzten Satz die Bedingung (6.3.15) durch

(6.3.15') $\mathbb{E}(\nu) < \infty$ und $\mathbb{E}(|S_{n+1}-S_n| \mid S_1,\ldots,S_n)(\omega) \leq \alpha$

für $\mathbb{P}$-fast alle $\omega \in \{\nu > n\}$ mit einer von n unabhängigen Konstanten α, so gilt ebenfalls (6.3.16).

Beweis. Wir zeigen, daß die Bedingung (6.3.15) notwendig für (6.3.15')
ist. Sei $\xi_1 := |S_1|$ und $\xi_n := |S_n - S_{n-1}|$ für $n \geq 2$. Ferner sei

$$S'_\nu := \sum_{i=1}^{\nu} \xi_i = \sum_{i \geq 1} 1_{\{\nu \geq i\}} \xi_i. \quad \text{Dann ist}$$

$$|S_\nu| = \left| \sum_{i=2}^{\nu} (S_i - S_{i-1}) + S_1 \right| \leq \sum_{i=1}^{\nu} \xi_i = S'_\nu$$

und

$$\mathbb{E}(S'_\nu) = \sum_{i \geq 1} \int_{\{\nu \geq i\}} \xi_i \, d\mathbb{P}, \quad \text{wobei } \{\nu \geq i\} \in \sigma(\{S_1, \ldots, S_{i-1}\}),$$

also gemäß (6.3.15')

$$\int_{\{\nu \geq i\}} \xi_i \, d\mathbb{P} = \int_{\{\nu \geq i\}} \mathbb{E}(\xi_i | S_1, \ldots, S_{i-1}) \, d\mathbb{P} \leq \alpha \mathbb{P}(\{\nu \geq i\}), \quad i \geq 2.$$

Es folgt

$$\mathbb{E}(|S_\nu|) \leq \mathbb{E}(S'_\nu) \leq \int_\Omega \xi_1 \, d\mathbb{P} + \sum_{i \geq 1} \alpha \, \mathbb{P}(\{\nu \geq i\})$$

und somit, da die Reihe $\sum_{i \geq 1} \mathbb{P}(\{\nu \geq i\})$ wegen $\mathbb{E}(\nu) < \infty$ konvergiert
(vgl. 1.8.22), $\mathbb{E}(|S_\nu|) < \infty$. Schließlich ist auf $\{\nu > k\}$ $S'_k = \sum_{i=1}^{k} \xi_i \leq S'_\nu$, also

$$\int_{\{\nu > k\}} |S_k| \, d\mathbb{P} \leq \int_{\{\nu > k\}} S'_k \, d\mathbb{P} \leq \int_{\{\nu > k\}} S'_\nu \, d\mathbb{P},$$

so daß die zweite Bedingung in (6.3.15) wegen $\{\nu > k\} \downarrow \emptyset$ sofort aus
$\mathbb{E}(S'_\nu) < \infty$ folgt. $\square$

Die bisher erzielten Ergebnisse lassen sich nun wie folgt auf Partialsummen unabhängiger Variabler anwenden. Sei $(\xi_i)_{i \in \mathbb{N}}$ eine Folge
unabhängiger identisch verteilter Variabler über einem W.-Raum
$(\Omega, \mathcal{A}, \mathbb{P})$ und $g : \mathbb{R} \to \mathbb{R}$ eine $\mathcal{B}^*, \mathcal{B}^*$-meßbare Funktion. Mit $\eta_i := g \cdot \xi_i, i \in \mathbb{N}$,
ist dann auch $(\eta_i)_{i \in \mathbb{N}}$ eine Folge unabhängiger identisch verteilter
Variabler. Ferner sei ν eine endliche Stopzeit bzgl. $\mathcal{F}_n := \sigma(\{\eta_1, \ldots, \eta_n\})$.

<u>6.3.18 Lemma (Waldsche Gleichung).</u> Unter den genannten Voraussetzungen
gelte zusätzlich $\mathbb{E}(|\eta_1|) < \infty$ sowie $\mathbb{E}(\nu) < \infty$. Dann folgt

$$(6.3.19) \quad \mathbb{E}\left(\sum_{i=1}^{\nu} \eta_i \right) = \mathbb{E}(\nu) \, \mathbb{E}(\eta_1).$$

Beweis. Sei $a = \mathbb{E}(\eta_1)$ und $S_n := \sum_{i=1}^{n} (\eta_i - a), n \in \mathbb{N}$, gesetzt. Dann ist

$(S_n)_{n \in \mathbb{N}}$ ein Martingal schlechthin mit

$$\mathbb{E}(\,|S_{n+1}-S_n|\ |\ S_1,\ldots,S_n) = \mathbb{E}(\,|\eta_{n+1}-a|) = \mathbb{E}(\,|\eta_1-a|)\quad \mathbb{P}\text{-fast sicher,}$$

d.h. Bedingung (6.3.15') ist mit $\alpha := \mathbb{E}(\,|\eta_1-a|)$ erfüllt. Es folgt $\mathbb{E}(S_1) = \mathbb{E}(S_\nu)$, was im vorliegenden Fall gerade besagt, daß

$$0 = \mathbb{E}(S_1) = \mathbb{E}\left(\sum_{i=1}^{\nu} \eta_i - a\nu\right).\quad \square$$

6.4 Martingalkonvergenzsätze

In diesem Abschnitt wollen wir Bedingungen studieren, unter denen ein (Sub-) Martingal $\mathbb{P}$-fast sicher und im Mittel konvergiert. Dabei wird sich der im folgenden definierte Begriff der Überquerung eines Intervalls $[a,b]$ als ein wesentliches Hilfsmittel erweisen.

6.4.1 Definition. Seien $a_1,\ldots,a_n$ reelle Zahlen und $[a,b] \subset \mathbb{R}$ mit $a < b$. Dann heißt die wie folgt definierte ganze Zahl $U[a,b]$ die <u>Anzahl der aufsteigenden Überquerungen des Intervalls $[a,b]$ durch $a_1,\ldots,a_n$</u>: Gibt es Indizes $i,j \in \{1,\ldots,n\}$ mit $i < j$ und so, daß $a_i \leq a$ und $a_j \geq b$, so sei $U[a,b]$ definiert als die größte natürliche Zahl m, zu welcher Indizes $i_1 < \ldots < i_{2m}$ aus $\{1,\ldots,n\}$ derart existieren, daß $a_{i_{2\lambda-1}} \leq a$ und $a_{i_{2\lambda}} \geq b$ für alle $1 \leq \lambda \leq m$. Gibt es keine Indizes mit der genannten Eigenschaft, so sei $U[a,b] := 0$.

Betrachten wir nun zufällige Variable $S_1,\ldots,S_n$ über einem W.-Raum $(\Omega, \mathscr{A}, \mathbb{P})$ und bezeichnen wir mit $U[a,b](\omega)$ die Anzahl der aufsteigenden Überquerungen des Intervalls $[a,b]$ durch $S_1(\omega),\ldots,S_n(\omega)$, so wird durch $\omega \to U[a,b](\omega)$ eine zufällige Variable über $(\Omega, \mathscr{A}, \mathbb{P})$ definiert (!), für welche die folgende wichtige Ungleichung erfüllt ist.

6.4.2 Lemma ("Upcrossing-Inequality"). Ist $S_1,\ldots,S_n$ ein Sub-Martingal (mit Zeit $T=\{1,\ldots,n\}$), so gilt für die Anzahl $U[a,b]$ der aufsteigenden Überquerungen eines Intervalls $[a,b]$ durch $S_1,\ldots,S_n$ die Ungleichung

$$(6.4.3)\quad (b-a)\,\mathbb{E}(U[a,b]) \leq \mathbb{E}((S_n-a)^+) - \mathbb{E}((S_1-a)^+).$$

<u>Beweis.</u> Offensichtlich stimmt $U[a,b](\omega)$ überein mit der Anzahl der aufsteigenden Überquerungen des Intervalls $[0,b-a]$ durch $(S_1(\omega)-a)^+,\ldots,(S_n(\omega)-a)^+$. Daher kann man, ohne $U[a,b](\omega)$ zu verändern,

[a,b] durch [0,b-a] und $(S_k)_{1 \leq k \leq n}$ durch $(\eta_k)_{1 \leq k \leq n} = ((S_k - a)^+)_{1 \leq k \leq n}$ ersetzen, wobei nach 6.1.6 (i) auch $(\eta_k)_{1 \leq k \leq n}$ ein Sub-Martingal ist.
Wir definieren nun induktiv sampling Variable $\nu_1, \ldots, \nu_{n+1}$, indem
wir für $\omega \in \Omega$ setzen:

$$\nu_1(\omega) = 1$$

$$\nu_2(\omega) := \begin{cases} n, & \text{falls } \eta_i(\omega) > 0 \text{ für alle } 1 \leq i \leq n \\ \min\{i: \eta_i(\omega) = 0\} & \text{sonst} \end{cases}$$

$$\nu_3(\omega) := \begin{cases} n, & \text{falls } \eta_i(\omega) < b-a \text{ für alle } \nu_2(\omega) \leq i \leq n \\ \min\{i \geq \nu_2(\omega): \eta_i(\omega) \geq b-a\} & \text{sonst} \end{cases}$$

usw. bis $\nu_{n+1}(\omega) := n$.

Daß es sich bei den ν_k's in der Tat um sampling Variable handelt, sei
dem Leser zur einfachen Übung überlassen. Mit 6.2.12 folgt, daß dann
auch $(\check{\eta}_k)_{1 \leq k \leq n+1}$, wobei $\check{\eta}_k := \eta_{\nu_k}$, ein Sub-Martingal ist. Offenbar ist

$$(6.4.4) \quad \eta_n(\omega) - \eta_1(\omega) = \sum_{k=1}^{n} (\check{\eta}_{k+1}(\omega) - \check{\eta}_k(\omega)).$$

Betrachtet man in dieser Summe zunächst die Glieder der Form
$\check{\eta}_{2k+1}(\omega) - \check{\eta}_{2k}(\omega)$, so folgt aufgrund der Definition der ν_k, daß

$$\sum_{\{k: 2k \leq n\}} (\check{\eta}_{2k+1}(\omega) - \check{\eta}_{2k}(\omega)) \geq (b-a) \; U[a,b](\omega),$$

also gemäß (6.4.4)

$$(6.4.5) \quad \eta_n - \eta_1 \geq (b-a) \; U[a,b] + \sum_{\{k: 2k \leq n+1\}} (\check{\eta}_{2k} - \check{\eta}_{2k-1}).$$

Berücksichtigt man ferner, daß aufgrund der Sub-Martingaleigenschaft
der $\check{\eta}_k$ stets $\mathbb{E}(\check{\eta}_{2k} - \check{\eta}_{2k-1}) \geq 0$ ist, so liefert (6.4.5) nach Integration
beider Seiten gerade die Behauptung. $\square$

<u>6.4.6 Martingalkonvergenzsatz (Doob).</u> Sei $(S_n)_{n \in \mathbb{N}}$ ein Sub-Martingal
über einem W.-Raum $(\Omega, \mathscr{A}, \mathbb{P})$ mit $\sup_{n \geq 1} \mathbb{E}(|S_n|) < \infty$. Dann existiert eine
zufällige Variable S über $(\Omega, \mathscr{A}, \mathbb{P})$ derart, daß $\lim_{n \to \infty} S_n = S$ $\mathbb{P}$-fast
sicher und $\mathbb{E}(|S|) < \infty$.

<u>Beweis.</u> Wir beweisen zunächst die folgende Aussage

$$(6.4.7) \quad \mathbb{P}(\{\liminf_{n \to \infty} S_n < a < b < \limsup_{n \to \infty} S_n\}) = 0 \text{ für alle } a < b.$$

Seien dazu $a, b \in \mathbb{R}$ mit $a < b$ beliebig aber fest vorgegeben. Setze

$$A(a,b) := \{\liminf_{n \to \infty} S_n < a < b < \limsup_{n \to \infty} S_n\}.$$

Bezeichnen wir dann für jedes $n \in \mathbb{N}$ mit $U_n[a,b]$ die Anzahl der aufsteigenden Überquerungen des Intervalls $[a,b]$ durch $S_1, \ldots, S_n$, so folgt mit (6.4.3)

(6.4.8) $(b-a) \, \mathbb{E}(U_n[a,b]) \leq \mathbb{E}((S_n-a)^+)$ für alle $n \in \mathbb{N}$.

Nun ist $U_n[a,b]$ monoton wachsend in n mit $\lim_{n \to \infty} U_n[a,b](\omega) = \infty$ für alle $\omega \in A(a,b)$. Hieraus ergäbe sich angesichts von

$$\sup_{n \geq 1} \mathbb{E}((S_n-a)^+) \leq \sup_{n \geq 1} \mathbb{E}(|S_n|) + |a| < \infty$$

ein Widerspruch zu (6.4.8), sofern nicht $\mathbb{P}(A(a,b))=0$. Damit ist (6.4.7) bewiesen.

Aus der Darstellung

$$A := \{\liminf_{n \to \infty} S_n < \limsup_{n \to \infty} S_n\} = \bigcup_{\{a,b \in \mathbb{Q}: a < b\}} A(a,b)$$

folgt nun aber $\mathbb{P}(A)=0$, womit die $\mathbb{P}$-fast sichere Konvergenz von S_n gegen die Variable $S := (\liminf_{n \to \infty} S_n) 1_{\complement A}$ gezeigt ist. Nach dem Fatouschen Lemma ist ferner

$$\mathbb{E}(|S|) = \mathbb{E}(\liminf_{n \to \infty} |S_n|) \leq \liminf_{n \to \infty} \mathbb{E}(|S_n|) < \infty. \qquad \square$$

6.4.9 Bemerkung. Für ein Sub-Martingal $(S_n)_{n \in \mathbb{N}}$ sind die beiden folgenden Aussagen äquivalent:

(i) $\sup_{n \geq 1} \mathbb{E}(|S_n|) < \infty$

und

(ii) $\sup_{n \geq 1} \mathbb{E}(S_n^+) < \infty$.

Für Super-Martingale hat man in (ii) S_n^+ durch S_n^- zu ersetzen.

Beweis. Wegen $S_n^+ \leq |S_n|$ gilt trivialerweise "(i) $\to$ (ii)". Zum Beweis der Umkehrung hat man zu beachten, daß $|S_n| = 2S_n^+ - S_n$. Da ferner $\mathbb{E}(S_n)$ monoton in $n \in \mathbb{N}$ wächst, folgt

$$\mathbb{E}(|S_n|) = 2\mathbb{E}(S_n^+) - \mathbb{E}(S_n) \leq 2\mathbb{E}(S_n^+) - \mathbb{E}(S_1),$$

woraus sich mit (ii) (i) ergibt. $\square$

Wir wollen uns als nächstes mit der Frage beschäftigen, ob in der Situation von 6.4.6 das Sub-Martingal $(S_n)_{n \in \mathbb{N}}$ durch $S_\infty := S$ zu einem Sub-Martingal $(S_n)_{n \in \mathbb{N} \cup \{\infty\}}$ bzgl. $(\mathscr{F}_n)_{n \in \mathbb{N} \cup \{\infty\}}$ verlängert werden kann, wobei $\mathscr{F}_\infty := \sigma(\bigcup_{n \in \mathbb{N}} \mathscr{F}_n)$ gesetzt sei. Zunächst sei bemerkt, daß die im Beweis zu 6.4.6 konstruierte Variable S $\mathscr{F}_\infty, \mathscr{A}^*$-meßbar ist. Ferner gilt das folgende

<u>6.4.10 Lemma.</u> Es sei $(S_n)_{n \in \mathbb{N}}$ ein (Sub-) Martingal bzgl. $(\mathscr{F}_n)_{n \in \mathbb{N}}$ mit $S_n \overset{L_1}{\to} S_\infty \in \mathscr{L}(\Omega, \mathscr{F}_\infty, \mathbb{P})$. Dann ist $(S_n)_{n \in \mathbb{N} \cup \{\infty\}}$ ein (Sub-) Martingal bzgl. $(\mathscr{F}_n)_{n \in \mathbb{N} \cup \{\infty\}}$.

<u>Beweis.</u> Seien $n_0 \in \mathbb{N}$ und $A_0 \in \mathscr{F}_{n_0}$ beliebig aber fest gewählt; dann gilt für alle $n \ge n_0$ $\int_{A_0} S_{n_0} d\mathbb{P} \underset{(\le)}{=} \int_{A_0} S_n d\mathbb{P}$. Ferner ist

$$\left| \int_{A_0} S_n d\mathbb{P} - \int_{A_0} S_\infty d\mathbb{P} \right| \le \int_{A_0} |S_n - S_\infty| d\mathbb{P} \le |S_n - S_\infty|_1 \to 0 \text{ für } n \to \infty, \text{ also}$$

$\lim_{n \to \infty} \int_{A_0} S_n d\mathbb{P} = \int_{A_0} S_\infty d\mathbb{P}$. Es folgt $\int_{A_0} S_{n_0} d\mathbb{P} \underset{(\le)}{=} \int_{A_0} S_\infty d\mathbb{P}$, und hieraus ergibt sich die Behauptung. $\square$

<u>6.4.11 Satz.</u> Für ein Sub-Martingal $(S_n)_{n \in \mathbb{N}}$ bzgl. $(\mathscr{F}_n)_{n \in \mathbb{N}}$ betrachte man die folgenden vier Aussagen:

(i) $\{S_n : n \in \mathbb{N}\}$ ist gleichgradig integrierbar

(ii) Es existiert ein $S_\infty \in \mathscr{L}(\Omega, \mathscr{F}_\infty, \mathbb{P})$ mit $S_n \underset{\mathbb{P}\text{-f.s.}}{\to} S_\infty$ und $S_n \overset{L_1}{\to} S_\infty$

(iii) Es existiert ein $S_\infty \in \mathscr{L}(\Omega, \mathscr{F}_\infty, \mathbb{P})$ mit $S_n \underset{\mathbb{P}\text{-f.s.}}{\to} S_\infty$ derart,

daß $(S_n)_{n \in \mathbb{N} \cup \{\infty\}}$ ein Sub-Martingal bzgl. $(\mathscr{F}_n)_{n \in \mathbb{N} \cup \{\infty\}}$ ist

(iv) $\{S_n^+ : n \in \mathbb{N}\}$ ist gleichgradig integrierbar.

Dann gilt: (i) $\Rightarrow$ (ii) $\Rightarrow$ (iii) $\Rightarrow$ (iv).

<u>Beweis.</u> "(i) $\Rightarrow$ (ii)": Aufgrund von (i) gilt $\sup_{n \ge 1} \mathbb{E}(|S_n|) < \infty$, so daß (ii) unter Verwendung von 1.14.9 sofort aus dem Martingalkonvergenzsatz folgt.

"(ii) $\Rightarrow$ (i)" : Folgt unmittelbar aus 1.14.9.

"(ii) $\Rightarrow$ (iii)": Folgt unmittelbar aus 6.4.10.

"(iii) $\rightarrow$ (iv)": Gemäß 1.14.7 (ii) ist zu zeigen, daß $\sup\limits_{n\in\mathbb{N}}\int\limits_{\{S_n^+>a\}} S_n^+\,d\mathbb{P}\downarrow 0$

für $a\uparrow\infty$. Wegen $S_n^+\to S_\infty^+$ $\mathbb{P}$-f.s. ist für jedes $a>0$ und alle $\delta>0$

$\limsup\limits_{n\to\infty} 1_{\{S_n^+>a\}}\leq 1_{\{S_\infty^+>a-\delta\}}$ $\mathbb{P}$-f.s., so daß unter Ausnutzung der Sub-

Martingaleigenschaft von $(S_n^+)_{n\in\mathbb{N}\cup\{\infty\}}$ folgt:

$$\limsup\limits_{n\to\infty}\int\limits_{\{S_n^+>a\}} S_n^+\,d\mathbb{P}\leq\limsup\limits_{n\to\infty}\int\limits_{\{S_n^+>a\}} S_\infty^+\,d\mathbb{P}\leq\int\limits_{\{S_\infty^+>a-\delta\}} S_\infty^+\,d\mathbb{P}\downarrow 0\text{ für }a\uparrow\infty.$$

"(iv) $\rightarrow$ (iii)": Wegen (iv) ist zunächst $\sup\limits_{n\geq 1}\mathbb{E}(S_n^+)<\infty$, also auch

$\sup\limits_{n\geq 1}\mathbb{E}(|S_n|)<\infty$ (vgl. 6.4.9). Aus dem Martingalkonvergenzsatz folgt
die Existenz eines $S_\infty\in\mathscr{L}(\Omega,\mathscr{F}_\infty,\mathbb{P})$ mit $S_n\to S_\infty$ $\mathbb{P}$-f.s. Ferner wird
für jedes $k\in\mathbb{N}$ durch $S_{n,k}:=\max(-k,S_n)$, $n\in\mathbb{N}$, ein Sub-Martingal
bzgl. $(\mathscr{F}_n)_{n\in\mathbb{N}}$ definiert, welches wegen $-k\leq S_{n,k}\leq S_n^+$ mit $\{S_n^+:n\in\mathbb{N}\}$
auch gleichgradig integrierbar ist. Wendet man die bereits bewiesene
Implikation "(i) $\rightarrow$ (iii)" auf jedes der Sub-Martingale $(S_{n,k})_{n\in\mathbb{N}}$ an,
so zeigt dies, daß $(S_{n,k})_{n\in\mathbb{N}\cup\{\infty\}}$ für jedes $k\in\mathbb{N}$ ein Sub-Martingal
bzgl. $(\mathscr{F}_n)_{n\in\mathbb{N}\cup\{\infty\}}$ ist, wobei $S_{\infty,k}=\max(-k,S_\infty)$. Insbesondere
folgt für alle $n\in\mathbb{N}$ und $A\in\mathscr{F}_n$:

$$(6.4.12)\qquad \int\limits_A S_{n,k}\,d\mathbb{P}\leq\int\limits_A S_{\infty,k}\,d\mathbb{P}\text{ für alle }k\in\mathbb{N}.$$

Wegen $S_{n,k}\downarrow S_n$ und $S_{\infty,k}\downarrow S_\infty$ folgt hieraus nach dem Satz von der
monotonen Konvergenz aber, daß $\int\limits_A S_n\,d\mathbb{P}\leq\int\limits_A S_\infty\,d\mathbb{P}$, was zu zeigen war. $\square$

Für Martingale erhalten wir den folgenden Äquivalenzsatz.

<u>6.4.13 Satz.</u> Sei $(S_n)_{n\in\mathbb{N}}$ ein Martingal bzgl. $(\mathscr{F}_n)_{n\in\mathbb{N}}$; dann sind
die folgenden fünf Aussagen äquivalent:

(i) $\{S_n:n\in\mathbb{N}\}$ ist gleichgradig integrierbar

(ii) Es existiert ein $S_\infty\in\mathscr{L}(\Omega,\mathscr{F}_\infty,\mathbb{P})$ mit $S_n\xrightarrow[\mathbb{P}\text{-f.s.}]{} S_\infty$ und $S_n\xrightarrow{L_1} S_\infty$

(iii) Es existiert ein $S_\infty\in\mathscr{L}(\Omega,\mathscr{F}_\infty,\mathbb{P})$ mit $S_n\xrightarrow[\mathbb{P}\text{-f.s.}]{} S_\infty$ derart,
      daß $(S_n)_{n\in\mathbb{N}\cup\{\infty\}}$ ein Martingal bzgl. $(\mathscr{F}_n)_{n\in\mathbb{N}\cup\{\infty\}}$ ist

(iv) Es existiert ein $S_\infty\in\mathscr{L}(\Omega,\mathscr{F}_\infty,\mathbb{P})$, so daß $(S_n)_{n\in\mathbb{N}\cup\{\infty\}}$ ein
      Martingal bzgl. $(\mathscr{F}_n)_{n\in\mathbb{N}\cup\{\infty\}}$ ist

(v)   Es existiert ein $S_\infty\in\mathscr{L}(\Omega,\mathscr{F}_\infty,\mathbb{P})$, so daß $S_n=\mathbb{E}(S_\infty|\mathscr{F}_n)$
      $\mathbb{P}$-f.s. für alle $n\in\mathbb{N}$.

Beweis. Die Implikationen "(i) → (ii)" und "(ii) → (iii)" ergeben sich unmittelbar aus 6.4.11 (die Martingaleigenschaft in (iii) folgt dabei aus 6.4.10). "(iii) → (iv)" ist trivial. Gilt (iv), so folgt für alle $n \in \mathbb{N}$ und $A \in \mathscr{F}_n$: $\int_A S_n d\mathbb{P} = \int_A S_\infty d\mathbb{P}$ und somit, da S_n $\mathscr{F}_n$, $\mathscr{B}^*$-meßbar ist, $S_n = \mathbb{E}(S_\infty \mid \mathscr{F}_n)$ $\mathbb{P}$-f.s. Schließlich ist die Implikation "(v) → (i)" eine unmittelbare Folgerung aus 6.1.4. $\square$

6.4.14 Satz. Aus den beiden vorausgegangenen Sätzen folgt insbesondere: Jedes gleichgradig integrierbare Martingal $(S_n)_{n \in \mathbb{N}}$ ist $\mathbb{P}$-f.s. gleich einer Folge bedingter Erwartungen, und jedes gleichgradig integrierbare Sub-Martingal $(S_n)_{n \in \mathbb{N}}$ ist $\mathbb{P}$-fast sicher durch das Martingal $(\mathbb{E}(S_\infty \mid \mathscr{F}_n))_{n \in \mathbb{N}}$ (vgl. 6.1.3 (b)) nach oben beschränkt.

6.5 Inverse Martingale und Inverse Sub-Martingale

Wir haben uns bislang fast ausschließlich mit (Sub-) Martingalen beschäftigt, deren Index- oder Zeitbereich T die Menge $\mathbb{N}$ der natürlichen Zahlen war. Im folgenden wollen wir nun Martingale studieren, deren Indexmenge T die Menge $-\mathbb{N}$ der negativen ganzen Zahlen, versehen mit der natürlichen Ordnung, ist. Sei also $(S_n)_{n \in -\mathbb{N}}$ ein Martingal bzw. Sub-Martingal bzgl. einer monoton wachsenden Familie $(\mathscr{F}_n)_{n \in -\mathbb{N}}$ von Sub-σ-Algebren von $\mathscr{A}$. Setzt man dann für jedes $n \in \mathbb{N}$ $T_n := S_{-n}$ und $\mathscr{G}_n := \mathscr{F}_{-n}$, so ist $\mathscr{G}_n$ monoton fallend in n und $T_n \in \mathscr{L}(\Omega, \mathscr{G}_n, \mathbb{P})$. Weiter gilt

$$(6.5.1) \quad T_n \underset{(\leq)}{=} \mathbb{E}(T_m \mid \mathscr{G}_n) \quad \mathbb{P}\text{-f.s. für alle } m, n \in \mathbb{N} \text{ mit } m \leq n$$

bzw.

$$(6.5.2) \quad \int_G T_n d\mathbb{P} \underset{(\leq)}{=} \int_G T_m d\mathbb{P} \quad \text{für alle } G \in \mathscr{G}_n \text{ und } m \leq n.$$

Dies führt nun zur folgenden

6.5.3 Definition. Sei $(\Omega, \mathscr{A}, \mathbb{P})$ ein W.-Raum, $(\mathscr{G}_n)_{n \in \mathbb{N}}$ eine monoton fallende Folge von Sub-σ-Algebren von $\mathscr{A}$ sowie $(T_n)_{n \in \mathbb{N}}$ eine Folge jeweils $\mathscr{G}_n, \mathscr{B}^*$-meßbarer Variabler mit $T_n \in \mathscr{L}(\Omega, \mathscr{A}, \mathbb{P})$. Dann heißt $(T_n)_{n \in \mathbb{N}}$ __Inverses Martingal bzw. Inverses Sub-Martingal__ bzgl. $(\mathscr{G}_n)_{n \in \mathbb{N}}$, falls $(T_n)_{n \in \mathbb{N}}$ die Bedingung (6.5.1) mit "=" bzw. "≤" erfüllt.

Inverse Martingale bzw. Inverse Sub-Martingale (mit Indexmenge $\mathbb{N}$) sind also lediglich eine andere Beschreibung von Martingalen bzw.

Sub-Martingalen mit Indexmenge $-\mathbb{N}$. Aus diesem Grunde bleiben sämtliche Ergebnisse, die für (Sub-) Martingale mit beliebiger Indexmenge T gelten, auch für Inverse (Sub-) Martingale bestehen bzw. übertragen sich (von $T = \mathbb{N}$) entsprechend (auf $T = -\mathbb{N}$). So gilt z.B. in Analogie zu 6.1.2, 6.1.8 und 6.1.10

<u>6.5.4 Lemma.</u> (i) Ist $(T_n)_{n \in \mathbb{N}}$ ein Inverses (Sub-) Martingal bzgl. $(\mathscr{G}_n)_{n \in \mathbb{N}}$, so ist $(T_n)_{n \in \mathbb{N}}$ auch ein Inverses (Sub-) Martingal bzgl. $\mathscr{G}_n' = \sigma(\{T_n, T_{n+1}, \ldots\})$, $n \in \mathbb{N}$.

(ii) Sei $T_n \in \mathscr{L}(\Omega, \mathscr{A}, \mathbb{P})$ für $n \in \mathbb{N}$ und $(\mathscr{G}_n)_{n \in \mathbb{N}}$ eine monoton fallende Folge von Sub-σ-Algebren von $\mathscr{A}$ derart, daß T_n $\mathscr{G}_n, \mathscr{B}^*$-meßbar ist für jedes $n \in \mathbb{N}$. Dann gilt: $(T_n)_{n \in \mathbb{N}}$ Inverses (Sub-) Martingal bzgl.

$(\mathscr{G}_n)_{n \in \mathbb{N}}$ $\bullet$ $T_{n+1} \underset{(\leq)}{=} \mathbb{E}(T_n \mid \mathscr{G}_{n+1})$ $\mathbb{P}$-f.s. Insbesondere ist also $(T_n)_{n \in \mathbb{N}}$ genau dann ein Inverses (Sub-) Martingal bzgl. $\mathscr{G}_n := \sigma(\{T_n, T_{n+1}, \ldots\})$, wenn $T_{n+1} \underset{(\leq)}{=} \mathbb{E}(T_n \mid T_{n+1}, T_{n+2}, \ldots)$ $\mathbb{P}$-f.s. für alle $n \in \mathbb{N}$.

(iii) $(T_n)_{n \in \mathbb{N}}$ ist genau dann ein Inverses Martingal bzgl. $(\mathscr{G}_n)_{n \in \mathbb{N}}$, falls $\mathbb{E}(\xi_n \mid \mathscr{G}_{n+1}) \underset{[\mathbb{P}]}{=} 0$ für alle $n \in \mathbb{N}$, wobei $\xi_n = T_n - T_{n+1}$.

<u>6.5.5 Beispiele.</u> (a) Sei $\xi \in \mathscr{L}(\Omega, \mathscr{A}, \mathbb{P})$, $(\mathscr{G}_n)_{n \in \mathbb{N}}$ eine monoton fallende Folge von Sub-σ-Algebren von $\mathscr{A}$ und $T_n := \mathbb{E}(\xi \mid \mathscr{G}_n)$, $n \in \mathbb{N}$. Dann ist $(T_n)_{n \in \mathbb{N}}$ ein Inverses Martingal bzgl. $(\mathscr{G}_n)_{n \in \mathbb{N}}$. Nach Definition ist T_n $\mathscr{G}_n, \mathscr{B}^*$-meßbar, und (6.5.1) ergibt sich aus

$$\mathbb{E}(T_n \mid \mathscr{G}_{n+1}) = \mathbb{E}(\mathbb{E}(\xi \mid \mathscr{G}_n) \mid \mathscr{G}_{n+1}) = \mathbb{E}(\xi \mid \mathscr{G}_{n+1}) = T_{n+1} \quad \mathbb{P}\text{-f.s.}$$

(b) Jedes Inverse Martingal $(T_n)_{n \in \mathbb{N}}$ bzgl. $(\mathscr{G}_n)_{n \in \mathbb{N}}$ ist von der in (a) beschriebenen Form. Wegen (6.5.1) hat man lediglich $\xi = T_1$ zu setzen (Damit ergibt sich hier ein wesentlicher Unterschied zu Martingalen $(S_n)_{n \in \mathbb{N}}$, wo eine entsprechende Darstellung lediglich für gleichgradig integrierbare Martingale richtig ist (vgl. 6.4.13)). Wegen 6.1.4 ist jedes Inverse Martingal automatisch gleichgradig integrierbar!

(c) Sei $(\xi_i)_{i \in \mathbb{N}}$ eine Folge unabhängiger identisch verteilter Variabler über einem W.-Raum $(\Omega, \mathscr{A}, \mathbb{P})$ mit $\xi_i \in \mathscr{L}(\Omega, \mathscr{A}, \mathbb{P})$ für alle $i \in \mathbb{N}$. Dann ist $(T_n)_{n \in \mathbb{N}}$ mit $T_n := n^{-1} \sum_{i=1}^{n} \xi_i$ ein Inverses Martingal bzgl. $\mathscr{G}_n := \sigma(\{T_n, T_{n+1}, \ldots\})$, $n \in \mathbb{N}$. Zum Beweis dieser Aussage setzen wir $S_n := \sum_{i=1}^{n} \xi_i$ und zeigen als erstes

(6.5.6) $\mathbb{E}(\xi_1 \mid S_n) = \mathbb{E}(\xi_j \mid S_n)$ $\mathbb{P}$-f.s. für alle $j = 1, \ldots, n$.

Offenbar bleibt dazu lediglich die Gleichheit der Integrale
$\int_A \xi_1 d\mathbb{P} = \int_A \xi_j d\mathbb{P}$ für alle Mengen vom Typ $A = S_n^{-1}(B)$, $B \in \mathscr{B}^*$ zu zeigen.
Sei $\pi_j : \mathbb{R}^n \to \mathbb{R}$ die j-te Projektion von $\mathbb{R}^n$ auf $\mathbb{R}$ und $f_n : \mathbb{R}^n \to \mathbb{R}$ definiert
durch $f_n(x_1, \ldots, x_n) := \sum_{i=1}^{n} x_i$. Dann ist $\int_A \xi_j d\mathbb{P} = \int_\Omega 1_{\{S_n \in B\}} \cdot \xi_j d\mathbb{P} =$

$$\int_{\mathbb{R}} \ldots \int_{\mathbb{R}} 1_B(f_n(x_1, \ldots, x_n)) \pi_j(x_1, \ldots, x_n) Q_{\xi_1}(dx_1) \ldots Q_{\xi_1}(dx_n) = \int_{\mathbb{R}} (\underset{i=1}{\overset{n-1}{*}} Q_{\xi_1})(B-x) x Q_{\xi_1}(dx),$$

wobei der Wert des letzten Integrals aber offensichtlich von j unabhängig ist, d.h. es gilt (6.5.6). Damit ist aber $\mathbb{P}$-f.s.

$$S_n = \mathbb{E}(S_n | S_n) = \sum_{j=1}^{n} \mathbb{E}(\xi_j | S_n) = n\mathbb{E}(\xi_1 | S_n) = n\mathbb{E}(\xi_j | S_n),$$

also $\mathbb{E}(\xi_j | S_n) = T_n$ für $j = 1, \ldots, n$. Es folgt für alle $m \leq n$:

$$\mathbb{E}(S_m | S_n) = \sum_{j=1}^{m} \mathbb{E}(\xi_j | S_n) = mT_n, \text{ d.h. } \mathbb{E}(T_m | S_n) = T_n. \text{ Somit erhalten wir}$$

$\mathbb{P}$-f.s. für alle $m \leq n$

$$\mathbb{E}(T_m | T_n, T_{n+1}, \ldots) = \mathbb{E}(T_m | S_n, \xi_{n+1}, \xi_{n+2}, \ldots) = \mathbb{E}(T_m | S_n) = T_n,$$

wobei sich die vorletzte Gleichheit unmittelbar aus Ü 5.2.2 ergibt.

Der folgende Satz liefert ein 6.4.14 entsprechendes Ergebnis für
Inverse (Sub-) Martingale.

<u>6.5.7 Satz.</u> Jedes Inverse Martingal bzgl. $(\mathscr{G}_n)_{n \in \mathbb{N}}$ ist $\mathbb{P}$-f.s. gleich
einer Folge bedingter Erwartungen, und jedes Inverse Sub-Martingal
$(T_n)_{n \in \mathbb{N}}$ mit $\underset{n \geq 1}{\inf} \mathbb{E}(T_n) > -\infty$ ist durch ein Inverses Martingal nach
unten beschränkt.

<u>Beweis.</u> Die erste Aussage wurde bereits unter 6.5.5 (b) vermerkt.
Zum Beweis der zweiten Aussage setzen wir $B_k := \{\mathbb{E}(T_k | \mathscr{G}_{k+1}) \geq T_{k+1}\}$,
so daß $B_k \in \mathscr{G}_{k+1}$ und $\mathbb{P}(B_k) = 1$. Ferner sei

$$T_n' := T_n - \sum_{k \geq n} [\mathbb{E}(T_k | \mathscr{G}_{k+1}) - T_{k+1}] 1_{B_k} \quad \text{und}$$

$$T_n'' := T_n - T_n' = \sum_{k \geq n} [\mathbb{E}(T_k | \mathscr{G}_{k+1}) - T_{k+1}] 1_{B_k}, \quad n \in \mathbb{N}, \text{ gesetzt.}$$

Dann ist $(T_n')_{n \in \mathbb{N}}$ ein Inverses Martingal bzgl. $(\mathscr{G}_n)_{n \in \mathbb{N}}$, welches $(T_n)_{n \in \mathbb{N}}$
nach unten beschränkt. Nach Definition ist T_n' $\mathscr{G}_n, \overline{\mathscr{B}}^*$-meßbar mit
$T_n' \leq T_n$ für alle $n \in \mathbb{N}$. Ferner ist T_n'' nichtnegativ, monoton fallend in
n sowie $\mathscr{G}_{n+1}, \overline{\mathscr{B}}^*$-meßbar. Wegen

$$O \le \mathbb{E}(T_1'') = \sum_{k \ge 1} \int_{B_k} [\mathbb{E}(T_k \mid \mathcal{G}_{k+1}) - T_{k+1}] d\mathbb{P} = \sum_{k \ge 1} [\mathbb{E}(T_k) - \mathbb{E}(T_{k+1})] =$$

$$\mathbb{E}(T_1) - \lim_{n \to \infty} \mathbb{E}(T_n) = \mathbb{E}(T_1) - \inf_{n \ge 1} \mathbb{E}(T_n) < \infty$$

folgt $T_1'' \in \overline{\mathcal{L}}(\Omega, \mathcal{A}, \mathbb{P})$, d.h. wegen 1.7.8 kann T_1'' o.E. als reellwertig angenommen werden. Damit gehören sämtliche T_n'', also auch T_n' zu $\mathcal{L}(\Omega, \mathcal{G}_n, \mathbb{P})$. Schließlich ist $\mathbb{P}$-f.s.

$$\mathbb{E}(T_n' \mid \mathcal{G}_{n+1}) = \mathbb{E}(T_n \mid \mathcal{G}_{n+1}) - \mathbb{E}(T_n'' \mid \mathcal{G}_{n+1}) = \mathbb{E}(T_n \mid \mathcal{G}_{n+1}) - T_n'' =$$

$$\mathbb{E}(T_n \mid \mathcal{G}_{n+1}) - \sum_{k \ge n} [\mathbb{E}(T_k \mid \mathcal{G}_{k+1}) - T_{k+1}] 1_{B_k} = T_{n+1} - \sum_{k \ge n+1} [\mathbb{E}(T_k \mid \mathcal{G}_{k+1}) - T_{k+1}] 1_{B_k} =$$

$T_{n+1} - T_{n+1}'' = T_{n+1}'$, was zu zeigen war. $\square$

Wir bemerken an dieser Stelle weiter, daß für Inverse Martingale auch ein Analogon zu dem in 6.2 bewiesenen OS-Theorem gilt (vgl. Scott [128]). Der folgende Konvergenzsatz für Inverse Martingale entspricht dem Martingalkonvergenzsatz 6.4.6.

6.5.8 Satz. Jedes Inverse Martingal $(T_n)_{n \in \mathbb{N}}$ bzgl. $(\mathcal{G}_n)_{n \in \mathbb{N}}$ konvergiert $\mathbb{P}$-fast sicher und im Mittel gegen eine integrierbare Variable T_∞. Dabei kann die Variable T_∞ so gewählt werden, daß sie meßbar bzgl. $\mathcal{G}_\infty := \bigcap_{n \in \mathbb{N}} \mathcal{G}_n$ ist.

Beweis. Wir zeigen, daß $T_\infty := \mathbb{E}(T_1 \mid \mathcal{G}_\infty)$ im obigen Sinne geeignet ist, d.h. daß

$$(6.5.9) \quad T_n = \mathbb{E}(T_1 \mid \mathcal{G}_n) \to \mathbb{E}(T_1 \mid \mathcal{G}_\infty) \quad \mathbb{P}\text{-f.s. und im Mittel.}$$

Wegen 1.14.9 und 6.1.4 bleibt lediglich die $\mathbb{P}$-fast sichere Konvergenz zu zeigen. Setzt man $S_n := T_{-n}$ und $\mathcal{F}_n := \mathcal{G}_{-n}$, $n \in -\mathbb{N}$, so ist, wie bereits bemerkt, $(S_n)_{n \in -\mathbb{N}}$ ein Martingal bzgl. $(\mathcal{F}_n)_{n \in -\mathbb{N}}$.

In diesem Fall können wir analog zum Beweis des Martingalkonvergenzsatzes 6.4.6 die "Upcrossing-Inequality" für jedes $n \in -\mathbb{N}$ auf das Martingal $S_n, S_{n+1}, \ldots, S_{-1}$ anwenden ($T = \{1, \ldots, n\}$ dort unwesentlich) und erhalten für die Anzahl $U_n[a,b]$ der aufsteigenden Überquerungen des Intervalls $[a,b]$ durch $S_n, S_{n+1}, \ldots, S_{-1}$ anstelle von (6.4.8) die Ungleichung $(b-a) \mathbb{E}(U_n[a,b]) \le \mathbb{E}((S_{-1} - a)^+)$.

Damit ergibt sich für $n \to -\infty$ wie dort aber die Behauptung. $\square$

Für Inverse Sub-Martingale erhalten wir nun

6.5.10 Satz. Jedes Inverse Sub-Martingal $(T_n)_{n \in \mathbb{N}}$ bzgl. $(\mathcal{G}_n)_{n \in \mathbb{N}}$, welches die Bedingung $\inf\limits_{n \geq 1} \mathbb{E}(T_n) > -\infty$ erfüllt, konvergiert $\mathbb{P}$-fast sicher und im Mittel gegen eine integrierbare Variable T_∞.

Beweis. Seien T_n' und T_n'' wie im Beweis zu Satz 6.5.7 gewählt. Dann ist $(T_n')_{n \in \mathbb{N}}$ ein Inverses Martingal bzgl. $(\mathcal{G}_n)_{n \in \mathbb{N}}$ und $0 \leq T_n''$ monoton fallend in n. Setze $T'':=\inf\limits_{n \geq 1} T_n''$; dann ist $0 \leq T'' \in \mathcal{L}(\Omega, \mathcal{A}, \mathbb{P})$ mit $T_n'' \downarrow T''$ $\mathbb{P}$-f.s., und somit $\mathbb{E}(T_n'') \downarrow \mathbb{E}(T'')$, also $\mathbb{E}(|T_n''-T''|) \to 0$, d.h. $T_n'' \overset{L_1}{\to} T''$. Da $(T_n')_{n \in \mathbb{N}}$ ein Inverses Martingal ist, folgt mit (6.5.9) $T_n' \to \mathbb{E}(T_1' | \bigcap\limits_{n \in \mathbb{N}} \mathcal{G}_n)$ $\mathbb{P}$-f.s. und im Mittel. Zusammenfassend erhalten wir

$$T_n = T_n'+T_n'' \to \mathbb{E}(T_1' | \bigcap\limits_{n \in \mathbb{N}} \mathcal{G}_n) + T''=:T_\infty \quad \mathbb{P}\text{-f.s. und im Mittel, was zu}$$

zeigen war. $\square$

6.5.11 Bemerkung. Der Beweis von 6.5.10 zeigt, daß wie in 6.5.8 die Variable T_∞ so gewählt werden kann, daß sie meßbar bzgl. $\mathcal{G}_\infty := \bigcap\limits_{n \in \mathbb{N}} \mathcal{G}_n$ ist.

6.5.12 Bemerkung. Wir wollen abschließend zeigen, wie man aus den soeben gewonnenen Ergebnissen einen einfachen Beweis des Kolmogoroffschen Satzes 2.3.11 ableiten kann (dortiger Beweisteil 2). Sei wie dort $(\xi_i)_{i \in \mathbb{N}}$ eine Folge unabhängiger identisch verteilter Variabler mit $\mathbb{E}(|\xi_1|) < \infty$. Wir zeigen die $\mathbb{P}$-fast sichere Konvergenz (sowie die Konvergenz im Mittel!) von $T_n := n^{-1} \sum\limits_{i=1}^{n} \xi_i$ gegen $\mathbb{E}(\xi_1)$. Gemäß 6.5.5 (c) ist nämlich $(T_n)_{n \in \mathbb{N}}$ ein Inverses Martingal bzgl. $\mathcal{G}_n:=\sigma(\{T_n,T_{n+1},\ldots\})$, so daß wegen 6.5.8 ein $T_\infty \in \mathcal{L}(\Omega, \mathcal{A}, \mathbb{P})$ existiert mit $T_n \underset{\mathbb{P}\text{-f.s.}}{\to} T_\infty$ und $T_n \overset{L_1}{\to} T_\infty$. Insbesondere folgt $\lim\limits_{n \to \infty} \mathbb{E}(T_n) = \mathbb{E}(T_\infty)$. Wegen $\mathbb{E}(T_n) = \mathbb{E}(\xi_1)$ für alle $n \in \mathbb{N}$ ist dann notwendigerweise $\mathbb{E}(T_\infty) = \mathbb{E}(\xi_1)$. Aufgrund des Kolmogoroffschen Null-Eins-Gesetzes 1.16.5 ist T_∞ ferner $\mathbb{P}$-fast sicher konstant (vgl. 2.3.12), also $T_\infty \overset{[\mathbb{P}]}{=} \mathbb{E}(\xi_1)$. Wir erhalten $T_n \to \mathbb{E}(\xi_1)$ $\mathbb{P}$-f.s. und im Mittel.

6.6 Stochastische Ungleichungen für Martingale und Sub-Martingale

Zum Beweis der in Kapitel II und IV für unabhängige Variable hergeleiteten Grenzwertsätze hatten wir entscheidend von den in Abschnitt

1.18 zusammengestellten stochastischen Ungleichungen Gebrauch gemacht. In diesem Abschnitt wollen wir nun einige wichtige Ungleichungen für (Sub-) Martingale kennenlernen und dabei als Spezialfälle entsprechend zu 1.18.4 und 1.18.6 eine Hajek-Rényi-Ungleichung sowie eine Kolmogoroff-Ungleichung für Martingaldifferenzfolgen ableiten.

<u>6.6.1 Satz (Chowsche Ungleichung)</u>. Sei $(S_n)_{n \in \mathbb{N}}$ ein Sub-Martingal bzgl. $(\mathscr{F}_n)_{n \in \mathbb{N}}$. Dann gilt für alle $\epsilon > 0$ und $a_1 \geq a_2 \geq \ldots \geq a_n > 0$, $n \in \mathbb{N}$:

$$(6.6.2) \quad \epsilon \mathbb{P}(\{ \max_{1 \leq i \leq n} a_i S_i \geq \epsilon \}) \leq a_1 \mathbb{E}(S_1^+) + \sum_{i=2}^{n} a_i \mathbb{E}(S_i^+ - S_{i-1}^+) - a_n \int_{\{ \max_{1 \leq i \leq n} a_i S_i < \epsilon \}} S_n^+ d\mathbb{P}$$

und damit auch

$$(6.6.3) \quad \epsilon \mathbb{P}(\{ \max_{1 \leq i \leq n} a_i S_i \geq \epsilon \}) \leq \sum_{i=1}^{n-1} (a_i - a_{i+1}) \mathbb{E}(S_i^+) + a_n \mathbb{E}(S_n^+).$$

<u>Beweis.</u> Sei $A := \{ \max_{1 \leq i \leq n} a_i S_i \geq \epsilon \}$ und $A_i := \{ a_j S_j < \epsilon, 1 \leq j < i, a_i S_i \geq \epsilon \}$, $i = 1, \ldots, n$. Es folgt $A = \sum_{i=1}^{n} A_i$ sowie $A_i \in \mathscr{F}_i$ für alle $i = 1, \ldots, n$, also

$$\epsilon \, \mathbb{P}(A) = \epsilon \sum_{i=1}^{n} \mathbb{P}(A_i) \leq \sum_{i=1}^{n} a_i \int_{A_i} S_i \, d\mathbb{P} = \sum_{i=1}^{n} a_i \int_{A_i} S_i^+ \, d\mathbb{P} =$$

$$a_1 \mathbb{E}(S_1^+) - a_1 \int_{\complement A_1} S_1^+ d\mathbb{P} + \sum_{i=2}^{n} a_i \int_{A_i} S_i^+ d\mathbb{P}.$$

Da ferner $a_i \downarrow$ und $A_2 = \complement A_1 \setminus \complement (A_1 + A_2)$, erhalten wir weiter

$$-a_1 \int_{\complement A_1} S_1^+ d\mathbb{P} + a_2 \int_{A_2} S_2^+ d\mathbb{P} \leq -a_2 \int_{\complement A_1} S_1^+ d\mathbb{P} + a_2 \int_{A_2} S_2^+ d\mathbb{P} =$$

$$a_2 \int_{\complement A_1} (S_2^+ - S_1^+) d\mathbb{P} - a_2 \int_{\complement (A_1 + A_2)} S_2^+ d\mathbb{P},$$

so daß zusammenfassend folgt:

$$\epsilon \, \mathbb{P}(A) \leq a_1 \mathbb{E}(S_1^+) + a_2 \int_{\complement A_1} (S_2^+ - S_1^+) d\mathbb{P} - a_2 \int_{\complement (A_1 + A_2)} S_2^+ d\mathbb{P} + \sum_{i=3}^{n} a_i \int_{A_i} S_i^+ d\mathbb{P}.$$

Gemäß 6.1.7 ist mit $(S_n)_{n \in \mathbb{N}}$ auch $(S_n^+)_{n \in \mathbb{N}}$ ein Sub-Martingal, so daß wegen $A_1 \in \mathscr{F}_1$ das Integral $\int_{A_1} (S_2^+ - S_1^+) d\mathbb{P}$ nichtnegativ ist. Somit ist

$$\epsilon \, \mathbb{P}(A) \leq a_1 \mathbb{E}(S_1^+) + a_2 \mathbb{E}(S_2^+ - S_1^+) - a_2 \int_{\complement (A_1 + A_2)} S_2^+ d\mathbb{P} + \sum_{i=3}^{n} a_i \int_{A_i} S_i^+ d\mathbb{P}.$$

Fährt man in dieser Weise fort und beachtet man, daß wegen $\sum_{j=1}^{i} A_j \in \mathscr{F}_i$ stets $\int_{A_1+\ldots+A_i} (S_{i+1}^+ - S_i^+)\,d\mathbb{P} \leq 0$ ist, so folgt

$$\epsilon\,\mathbb{P}(A) \leq a_1\mathbb{E}(S_1^+) + a_2\mathbb{E}(S_2^+ - S_1^+) + a_3\mathbb{E}(S_3^+ - S_2^+) - a_3 \int_{\complement(A_1+A_2+A_3)} S_3^+\,d\mathbb{P} + \sum_{i=4}^{n} a_i\int_{A_i} S_i^+\,d\mathbb{P} \leq \ldots$$

$$\leq a_1\mathbb{E}(S_1^+) + \sum_{i=2}^{n} a_i\mathbb{E}(S_i^+ - S_{i-1}^+) - a_n \int_{\complement A} S_n^+\,d\mathbb{P}. \qquad \square$$

6.6.4 Korollar (Hajek-Rényi-Ungleichung für Martingaldifferenzfolgen).

Sei $(\xi_i)_{i\in\mathbb{N}}$ eine MDF mit $\xi_i \in \mathscr{L}_2(\Omega, \mathscr{A}, \mathbb{P})$ für alle $i\in\mathbb{N}$. Ferner sei $S_n := \sum_{i=1}^{n} \xi_i$ gesetzt. Dann gilt für alle $\epsilon > 0$ sowie $a_1 \geq a_2 \geq \ldots \geq a_n > 0$:

$$(6.6.5) \quad \mathbb{P}(\{\max_{1\leq i\leq n} a_i|S_i| \geq \epsilon\}) \leq \epsilon^{-2} \sum_{i=1}^{n} a_i^2\, V(\xi_i).$$

Beweis. Nach Voraussetzung ist $(S_n)_{n\in\mathbb{N}}$ ein Martingal, also nach 6.1.15 $(S_n^2)_{n\in\mathbb{N}}$ ein Sub-Martingal, wobei $\mathbb{E}(S_n^2) = \sum_{i=1}^{n} \mathbb{E}(\xi_i^2)$ und somit $\mathbb{E}(S_i^2 - S_{i-1}^2) = \mathbb{E}(\xi_i^2)\;(S_0 := 0)$. Mit (6.6.2) angewendet auf S_n^2, ϵ^2 und $a_1^2 \geq a_2^2 \geq \ldots \geq a_n^2 > 0$, folgt:

$$\epsilon^2\,\mathbb{P}(\{\max_{1\leq i\leq n} a_i^2 S_i^2 \geq \epsilon^2\}) \leq \sum_{i=1}^{n} a_i^2\,\mathbb{E}(\xi_i^2),$$

was gleichbedeutend mit (6.6.5) ist. $\square$

6.6.6 Korollar (Kolmogoroffsche Ungleichung für MDF). Unter den Voraussetzungen von 6.6.4 gilt

$$\mathbb{P}(\{\max_{1\leq i\leq n} |S_i| \geq \epsilon\}) \leq \epsilon^{-2} \sum_{i=1}^{n} V(\xi_i) \quad \text{für alle } n\in\mathbb{N}.$$

6.6.7 Korollar (Doobsche Ungleichung für Sub-Martingale). Unter den Voraussetzungen von 6.6.1 gilt für alle $n\in\mathbb{N}$ und $\epsilon > 0$

$$(6.6.8) \quad \mathbb{P}(\{\max_{1\leq i\leq n} S_i \geq \epsilon\}) \leq \frac{1}{\epsilon} \int_{\{\max_{1\leq i\leq n} S_i \geq \epsilon\}} S_n^+\,d\mathbb{P} \leq \frac{1}{\epsilon}\,\mathbb{E}(S_n^+) \leq \frac{1}{\epsilon}\,\mathbb{E}(|S_n|).$$

Ist $(S_n)_{n\in\mathbb{N}}$ sogar ein Martingal, so können wir (6.6.8) auf das Sub-Martingal $(|S_n|)_{n\in\mathbb{N}}$ anwenden und erhalten

(6.6.8') $\mathbb{P}(\{\max_{1\leq i\leq n} |S_i| \geq \varepsilon\}) \leq \frac{1}{\varepsilon} \int_{\{\max_{1\leq i\leq n} |S_i| \geq \varepsilon\}} |S_n| d\mathbb{P}$.

Für das nächste Korollar wird noch das folgende Lemma benötigt.

6.6.9 Lemma. Für zwei Variable $\xi, \eta \in \mathscr{L}_+(\Omega, \mathscr{A})$ gelte

(6.6.10) $\mathbb{P}(\{\eta \geq \varepsilon\}) \leq \frac{1}{\varepsilon} \int_{\{\eta \geq \varepsilon\}} \xi d\mathbb{P}$ für alle $\varepsilon > 0$.

Dann folgt

$$\mathbb{E}(\eta^\alpha) \leq (\frac{\alpha}{\alpha-1})^\alpha \mathbb{E}(\xi^\alpha) \text{ für alle } \alpha > 1.$$

Beweis. Wir wollen zunächst annehmen, daß sämtliche im folgenden auftretenden Momente existieren. Unter dieser Annahme erhalten wir mit 1.8.20, dem Satz von Fubini sowie der Hölderschen Ungleichung (1.13.3)

$$\mathbb{E}(\eta^\alpha) = \int_0^\infty \mathbb{P}(\{\eta^\alpha > t\}) dt = \int_0^\infty \alpha s^{\alpha-1} \mathbb{P}(\{\eta > s\}) ds \leq \int_0^\infty \alpha s^{\alpha-2} [\int_{\{\eta \geq s\}} \xi d\mathbb{P}] ds =$$

$$\int_\Omega \xi(\omega) [\int_0^{\eta(\omega)} \alpha s^{\alpha-2} ds] \mathbb{P}(d\omega) = \frac{\alpha}{\alpha-1} \mathbb{E}(\xi \eta^{\alpha-1}) \leq \frac{\alpha}{\alpha-1} \mathbb{E}(\xi^\alpha)^{1/\alpha} \mathbb{E}(\eta^\alpha)^{\frac{\alpha-1}{\alpha}}.$$

Hieraus ergibt sich aber die Behauptung. Im allgemeinen Fall ist die Aussage trivialerweise richtig, wenn $\mathbb{E}(\xi^\alpha) = \infty$. Ist $\mathbb{E}(\xi^\alpha) < \infty$, ersetze man zunächst η durch $\min\{\eta, n\}$ und mache dann den Grenzübergang für $n \to \infty$ (wobei man zu beachten hat, daß (6.6.10) auch für $\min\{\eta, n\}$ anstelle von η gilt). $\square$

6.6.11 Korollar (Doobsche Ungleichung für nichtnegative Sub-Martingale. Sei $(S_n)_{n \in \mathbb{N}}$ ein nichtnegatives Sub-Martingal; dann gilt für alle $n \in \mathbb{N}$

(6.6.12) $\mathbb{E}(\max_{1\leq i\leq n} S_i^\alpha) \leq (\frac{\alpha}{\alpha-1})^\alpha \mathbb{E}(S_n^\alpha)$ für alle $\alpha > 1$.

Beweis. Unmittelbare Folgerung aus (6.6.8) und 6.6.9. $\square$

Für spätere Zwecke benötigen wir schließlich noch das folgende

6.6.13 Lemma (Brownsche Ungleichung). Sei $(S_i)_{0\leq i\leq n}$ ein Martingal mit $S_0 = 0$. Dann gilt für jedes $\varepsilon > 0$:

(6.6.14) $\mathbb{P}(\{\max_{1\leq i\leq n} |S_i| > 2\varepsilon\}) \leq \mathbb{P}(\{|S_n| > \varepsilon\}) + \int_{\{|S_n| \geq 2\varepsilon\}} (\varepsilon^{-1} |S_n| - 2) d\mathbb{P} \leq$

$$\leq \varepsilon^{-1} \int_{\{|S_n| \geq \varepsilon\}} |S_n| d\mathbb{P}.$$

Verglichen mit (6.6.8') besteht der Vorteil der Brownschen Ungleichung darin, daß unter dem Integral auf der rechten Seite die Menge $\{ \max\limits_{1\leq i\leq n} |S_i| \geq \varepsilon \}$ durch $\{|S_n| \geq \varepsilon\}$ ersetzt werden kann, eine Tatsache, die sich im Hinblick auf Anwendungen in Abschnitt 10.1 als entscheidend erweisen wird.

__Beweis.__ Sei $A_n := \{ \min\limits_{1\leq i\leq n} S_i < -2\varepsilon \}$ und $U_{n,1}(\omega)$ die Anzahl der aufsteigenden Überquerungen des Intervalls $[-2\varepsilon,-\varepsilon]$ durch $S_0(\omega), S_1(\omega), \ldots, S_n(\omega)$. Ferner sei $B_n := \{ \max\limits_{1\leq i\leq n} S_i > 2\varepsilon \}$ und $U_{n,2}(\omega)$ die Anzahl der aufsteigenden Überquerungen des Intervalls $[-2\varepsilon,-\varepsilon]$ durch $-S_0(\omega), -S_1(\omega), \ldots, -S_n(\omega)$. Dann folgt

$$\mathbb{P}(A_n) = \mathbb{P}(A_n \cap \{S_n \geq -\varepsilon\}) + \mathbb{P}(A_n \cap \{S_n < -\varepsilon\}) \leq \mathbb{P}(\{U_{n,1} > 0\}) + \mathbb{P}(\{S_n < -\varepsilon\}) =$$

$$\mathbb{P}(\{U_{n,1} \geq 1\}) + \mathbb{P}(\{S_n < -\varepsilon\}) \leq \mathbb{E}(U_{n,1}) + \mathbb{P}(\{S_n < -\varepsilon\})$$

sowie, da mit $S_0, S_1, \ldots, S_n$ auch $-S_0, -S_1, \ldots, -S_n$ ein Martingal ist,
$\mathbb{P}(B_n) \leq \mathbb{E}(U_{n,2}) + \mathbb{P}(\{S_n > \varepsilon\})$. Daher ist

$$\mathbb{P}(\{ \max\limits_{1\leq i\leq n} |S_i| > 2\varepsilon \}) = \mathbb{P}(A_n \cup B_n) \leq \mathbb{E}(U_{n,1}) + \mathbb{E}(U_{n,2}) + \mathbb{P}(\{|S_n| > \varepsilon\}),$$

also unter Verwendung der "Upcrossing-Inequality" (6.4.3)

$$\mathbb{P}(\{ \max\limits_{1\leq i\leq n} |S_i| > 2\varepsilon \}) \leq \varepsilon^{-1}[\mathbb{E}((S_n+2\varepsilon)^+) + \mathbb{E}((-S_n+2\varepsilon)^+) - 4\varepsilon] + \mathbb{P}(\{|S_n| > \varepsilon\}) =$$

$$\int\limits_{\{S_n+2\varepsilon>0\}} (\varepsilon^{-1}S_n+2)\,d\mathbb{P} + \int\limits_{\{2\varepsilon-S_n>0\}} (2-\varepsilon^{-1}S_n)\,d\mathbb{P} - 4 + \mathbb{P}(\{|S_n| > \varepsilon\}) =$$

$$-2\,\mathbb{P}(\{|S_n| \geq 2\varepsilon\}) + \mathbb{P}(\{|S_n| > \varepsilon\}) + \int\limits_{\{S_n>-2\varepsilon\}} \varepsilon^{-1}S_n\,d\mathbb{P} - \int\limits_{\{2\varepsilon>S_n\}} \varepsilon^{-1}S_n\,d\mathbb{P}.$$

Wegen $\mathbb{E}(S_n)=0$ kann man die beiden letzten Integrale aber weiter durch

$$\int\limits_{\{S_n\leq-2\varepsilon\}} \varepsilon^{-1}|S_n|\,d\mathbb{P} + \int\limits_{\{2\varepsilon\leq S_n\}} \varepsilon^{-1}|S_n|\,d\mathbb{P} = \int\limits_{\{|S_n|\geq 2\varepsilon\}} \varepsilon^{-1}|S_n|\,d\mathbb{P}$$

nach oben abschätzen. Dies beweist die erste Ungleichung in (6.6.14). Die zweite Ungleichung prüft man sofort nach. $\square$

6.7 Gesetze der großen Zahlen für nichtnegative Sub-Martingale und MDF

__6.7.1 Satz (Chow).__ Sei $(S_n)_{n\in\mathbb{N}}$ ein nichtnegatives Sub-Martingal bzgl. $(\mathscr{F}_n)_{n\in\mathbb{N}}$ mit $\mathbb{E}(S_n^\alpha) < \infty$ für alle $n\in\mathbb{N}$ und ein $\alpha \geq 1$. Sei ferner $0 < a_n \uparrow \infty$ eine Folge reeller Zahlen mit $\sum\limits_{n\geq 2} a_n^{-\alpha}\,\mathbb{E}(S_n^\alpha - S_{n-1}^\alpha) < \infty$. Dann gilt

$$\lim_{n \to \infty} a_n^{-1} S_n = 0 \quad \mathbb{P}\text{-f.s.}$$

<u>Beweis.</u> Mit 6.1.6 (i) ist $(S_n^\alpha)_{n \in \mathbb{N}}$ ein Sub-Martingal bzgl. $(\mathscr{F}_n)_{n \in \mathbb{N}}$. Wendet man die Chowsche Ungleichung (6.6.2) für jedes $m \in \mathbb{N}$ und $k \in \mathbb{N}$ mit $m < k$ auf das Sub-Martingal $S_m^\alpha, \dots, S_k^\alpha$ an (mit $a_i^{-\alpha}$ und ε^α anstelle von a_i und ε), so liefert dies für $k \to \infty$

$$\varepsilon^\alpha \, \mathbb{P}(\{\sup_{n \geq m} a_n^{-1}|S_n| \geq \varepsilon\}) = \varepsilon^\alpha \, \mathbb{P}(\{\sup_{n \geq m} a_n^{-\alpha} S_n^\alpha \geq \varepsilon^\alpha\}) \leq a_m^{-\alpha} \mathbb{E}(S_m^\alpha) + \sum_{n \geq m+1} a_n^{-\alpha} \mathbb{E}(S_n^\alpha - S_{n-1}^\alpha).$$

Nach Voraussetzung konvergiert der Reihenrest für $m \to \infty$ gegen null, so daß mit 1.11.6 zum Beweis der Aussage lediglich zu zeigen bleibt, daß $a_m^{-\alpha} \mathbb{E}(S_m^\alpha) \to 0$ für $m \to \infty$. Mit $c_n := \mathbb{E}(S_n^\alpha - S_{n-1}^\alpha)$ und a_n^α anstelle von a_n folgt dies unter Verwendung des Kroneckerschen Lemmas 2.3.5 aber sofort aus der Konvergenz der Reihe $\sum_{n \geq 2} a_n^{-\alpha} \mathbb{E}(S_n^\alpha - S_{n-1}^\alpha)$. $\square$

<u>6.7.2 Korollar.</u> Sei $(\xi_i)_{i \in \mathbb{N}}$ eine Martingaldifferenzfolge (MDF) mit $\xi_i \in \mathscr{L}_2(\Omega, \mathscr{A}, \mathbb{P})$ stets und $0 < a_n \uparrow \infty$ derart, daß $\sum_{n \geq 1} a_n^{-2} \mathbb{E}(\xi_n^2) < \infty$. Dann folgt für die zugehörigen Partialsummen $S_n := \sum_{i=1}^{n} \xi_i$:

$$\lim_{n \to \infty} a_n^{-1} S_n = 0 \quad \mathbb{P}\text{-fast sicher.}$$

<u>Beweis.</u> Man wende 6.7.1 mit $\alpha = 2$ auf das Sub-Martingal $(|S_n|)_{n \in \mathbb{N}}$ an, wobei man zu beachten hat, daß die Variablen ξ_i wegen 6.1.13 (i) paarweise unkorreliert sind und somit $\mathbb{E}(|S_n|^2 - |S_{n-1}|^2) = \mathbb{E}(\xi_n^2)$ ist.
$\square$

<u>6.7.3 Bemerkungen.</u> Im Fall unabhängiger Variabler ergibt sich als Spezialfall des letzten Korollars der Satz 2.3.6. Ferner läßt sich jede beliebige Folge $(\xi_i)_{i \in \mathbb{N}}$ von Variablen aus $\mathscr{L}_2(\Omega, \mathscr{A}, \mathbb{P})$ durch die Festsetzung

$$\tilde{\xi}_1 := \xi_1 - \mathbb{E}(\xi_1) \quad \text{bzw.} \quad \tilde{\xi}_{i+1} := \xi_{i+1} - \mathbb{E}(\xi_{i+1}|\xi_1, \dots, \xi_i), \quad i \in \mathbb{N},$$

in eine MDF transformieren. Da mit ξ_i auch $\tilde{\xi}_i$ zu $\mathscr{L}_2(\Omega, \mathscr{A}, \mathbb{P})$ gehört (vgl. (5.4.10)ff) und

$$\mathbb{E}(\tilde{\xi}_{i+1}^2) = \mathbb{E}(\xi_{i+1}^2) - 2\, \mathbb{E}(\xi_{i+1} \mathbb{E}(\xi_{i+1}|\xi_1, \dots, \xi_i)) + \mathbb{E}([\mathbb{E}(\xi_{i+1}|\xi_1, \dots, \xi_i)]^2)$$

$$= \mathbb{E}(\xi_{i+1}^2) - \mathbb{E}([\mathbb{E}(\xi_{i+1}|\xi_1, \dots, \xi_i)]^2) \leq \mathbb{E}(\xi_{i+1}^2)$$

ist, erhalten wir für die Folge $(\tilde{S}_n)_{n \in \mathbb{N}}$ der Partialsummen $\tilde{S}_n := \sum_{i=1}^{n} \tilde{\xi}_i$

den folgenden

<u>6.7.4 Satz.</u> Sei $(\xi_i)_{i \in \mathbb{N}}$ eine Folge von Variablen in $\mathscr{L}_2(\Omega, \mathscr{A}, \mathbb{P})$ und $0 < a_n \uparrow \infty$ derart, daß $\sum_{n \geq 1} a_n^{-2} \mathbb{E}(\xi_n^2) < \infty$. Dann folgt

$$\lim_{n \to \infty} a_n^{-1} \sum_{i=1}^{n} [\xi_i - \mathbb{E}(\xi_i | \xi_1, \ldots, \xi_{i-1})] = 0 \quad \mathbb{P}\text{-f.s.}$$

(wobei $\mathbb{E}(\xi_1 | \xi_0) := \mathbb{E}(\xi_1)$).

6.8 Ein Gesetz vom iterierten Logarithmus für Sub-Martingale mit einer Anwendung auf die Konvergenz empirischer Verteilungen

Der folgende Satz liefert ein den Ergebnissen von 4.3 entsprechendes Gesetz vom iterierten Logarithmus für Sub-Martingale, welche eine gewisse Zusatzbedingung erfüllen.

<u>6.8.1 Satz (Csáki).</u> Sei $(S_n)_{n \in \mathbb{N}}$ ein Sub-Martingal über einem W.-Raum $(\Omega, \mathscr{A}, \mathbb{P})$, für welches folgende Bedingungen erfüllt sind:

(6.8.2) $\mathbb{E}(\exp tS_n) \leq (\psi(t))^n$ für alle $t > 0$,

wobei $\psi: \mathbb{R}_+ \to \mathbb{R}$ für ein geeignetes $A > 0$ die Darstellung

$$(6.8.3) \quad \psi(t) = 1 + \frac{A^2}{2} t^2 + \mathcal{C}(t^3) \text{ für } t \downarrow 0$$

besitzen möge. Dann gilt:

$$(6.8.4) \quad \mathbb{P}(\{\limsup_{n \to \infty} \frac{S_n}{\sqrt{2n \log\log n}} \leq A\}) = 1.$$

<u>Beweis.</u> Aufgrund des Borel-Cantelli Lemmas 1.16.7 bleibt zu zeigen, daß für alle $\varepsilon > 0$ eine geeignete Teilfolge $(n_k)_{k \in \mathbb{N}}$ von natürlichen Zahlen existiert, so daß

$$(6.8.5) \quad \sum_{k \geq 1} \mathbb{P}(\{\max_{n_k < i \leq n_{k+1}} S_i \geq (A+\varepsilon) \cdot \sqrt{2n_k \log\log n_k}\}) =: \sum_{k \geq 1} p_k < \infty.$$

Da mit $(S_n)_{n \in \mathbb{N}}$ auch $(\exp tS_n)_{n \in \mathbb{N}}$, $t > 0$, ein Sub-Martingal ist (vgl. 6.1.6; die Integrierbarkeit von $\exp tS_n$ folgt aus (6.8.2)), ergibt sich mit Hilfe der Doobschen Ungleichung (6.6.8)

$$P_k = \mathbb{P}(\{ \max_{n_k < i \le n_{k+1}} S_i \ge (A+\epsilon) \cdot \sqrt{2n_k \log\log n_k} \}) =$$

$$\mathbb{P}(\{ \max_{n_k < i \le n_{k+1}} (\exp tS_i) \ge \exp[t(A+\epsilon) \cdot \sqrt{2n_k \log\log n_k}] \}) \le$$

$$(6.8.6) \qquad \frac{\mathbb{E}(\exp tS_{n_{k+1}})}{\exp[t(A+\epsilon)\sqrt{2n_k \log\log n_k}]} \le \frac{(\psi(t))^{n_{k+1}}}{\exp[t(A+\epsilon)\sqrt{2n_k \log\log n_k}]} \quad .$$

Setzen wir nun $n_k := \langle (1 + \frac{\epsilon}{A})^k \rangle$ und $t = t_k := \frac{\sqrt{2}}{A} \sqrt{1 + \frac{\epsilon}{A}} \sqrt{\frac{\log\log n_{k+1}}{n_{k+1}}}$,

so folgt $n_k \sim (1 + \frac{\epsilon}{A})^k$, $t_k \downarrow 0$, also wegen (6.8.3) und $\log(1+x) \sim x$, $x \downarrow 0$:

$$n_{k+1} \log\psi(t_k) \sim n_{k+1} (\frac{A^2}{2} t_k^2 + \mathcal{O}(t_k^3)) \sim (1 + \frac{\epsilon}{A}) \log\log n_{k+1}$$

und

$$t_k(A+\epsilon) \sqrt{2n_k \log\log n_k} = 2(1 + \frac{\epsilon}{A})^{3/2} \sqrt{n_k/n_{k+1}} \sqrt{\log\log n_k \cdot \log\log n_{k+1}}$$

$$\sim 2(1 + \frac{\epsilon}{A}) \log\log n_{k+1}.$$

Für alle $\epsilon' > 0$ ergibt sich somit

$$P_k = \mathcal{O}(\exp[-(1-\epsilon')(1 + \frac{\epsilon}{A}) \log\log n_{k+1}]).$$

Ist $\epsilon' > 0$ speziell so klein gewählt, daß $(1-\epsilon')(1 + \frac{\epsilon}{A}) > 1$, so folgt daraus unter Verwendung von $n_k \sim (1 + \frac{\epsilon}{A})^k$ die Konvergenz in (6.8.5). Damit ist der Satz vollständig bewiesen. $\square$

6.8.7 Bemerkung. Die Bedingung (6.8.2) läßt sich abschwächen zu

(6.8.2') $\mathbb{E}(\exp tS_n) \le C_n(t)(\psi(t))^n$ für alle $t > 0$,

wobei ψ die Bedingung (6.8.3) erfüllt und $C_n(t)$ ein Faktor ist, der die Konvergenz der in (6.8.5) auftretenden Reihe nicht stört (z.B. $C_n(t) = C(t \cdot \sqrt{n})^K$ mit einem festen $K \in \mathbb{N}$).

6.8.8 Korollar. Sei $(S_n)_{n \in \mathbb{N}}$ ein Sub-Martingal, welches (6.8.2) oder (6.8.2') erfüllt. Dann gilt

$$\mathbb{P}(\{ \limsup_{n \to \infty} \frac{\max(S_1, \ldots, S_n)}{\sqrt{2n\log\log n}} \le A \}) = 1.$$

Beweis. Für jedes feste $t > 0$ ist mit $(S_n)_{n \in \mathbb{N}}$ auch $(\exp \frac{t}{2} S_n)_{n \in \mathbb{N}}$ ein (nichtnegatives) Sub-Martingal, so daß aus 6.6.11 (angewendet mit $\alpha=2$) folgt:

$$\mathbb{E}(\exp(t \max(S_1,\ldots,S_n))) = \mathbb{E}(\max_{1 \le i \le n} \exp tS_i) \le 4\,\mathbb{E}(\exp tS_n) \le 4C_n(t)(\psi(t))^n.$$

Da ferner $(\max(S_1,\ldots,S_n))_{n \in \mathbb{N}}$ als monoton wachsende Folge von Variablen trivialerweise ein Sub-Martingal ist, folgt die Behauptung nun sofort aus dem letzten Satz. $\square$

Im folgenden wollen wir die bisher erzielten Ergebnisse auf die Konvergenz empirischer Verteilungen anwenden. Dazu sei $(\xi_i)_{i \in \mathbb{N}}$ eine Folge unabhängiger identisch verteilter Variabler über einem W.-Raum $(\Omega, \mathscr{A}, \mathbb{P})$, $F = F_{\xi_1}$ sowie F_n^ω, $\omega \in \Omega$, die empirische Verteilungsfunktion zu $\xi_1(\omega),\ldots,\xi_n(\omega)$. In Abschnitt 3.2 haben wir gesehen, daß F_n^ω gleichmäßig auf $\mathbb{R}$ gegen F konvergiert ($\mathbb{P}$-fast sicher). Als Verschärfung dieses Ergebnisses wollen wir nun zeigen, daß die Kolmogoroff-Statistik

$$\Delta_n^F := \sup_{x \in \mathbb{R}} |F_n(x) - F(x)|$$

sogar ein Gesetz vom iterierten Logarithmus erfüllt. Als erstes beweisen wir dazu das folgende

<u>6.8.9 Lemma.</u> Mit den obigen Bezeichnungen bilden die Variablen

$$S_n := n \sup_{x \in \mathbb{R}} [F_n(x) - F(x)] \quad \text{und} \quad \overline{S}_n := n \sup_{x \in \mathbb{R}} [F(x) - F_n(x)], \quad n \in \mathbb{N},$$

jeweils Sub-Martingale bzgl. $\mathscr{F}_n := \sigma(\{\xi_1,\ldots,\xi_n\})$, $n \in \mathbb{N}$.

<u>Beweis.</u> Wir zeigen die Sub-Martingaleigenschaft lediglich für S_n. Sei dazu $\zeta_{i,x} := 1_{(-\infty,x]} \cdot \xi_i - F(x)$ und $S_{n,x} := \sum_{i=1}^{n} \zeta_{i,x}$, $x \in \mathbb{R}$, gesetzt.

Für jedes feste x sind dann die Variablen $\zeta_{i,x}$, $i \in \mathbb{N}$, unabhängig und identisch verteilt mit $\mathbb{E}(\zeta_{i,x}) = 0$. Mithin ist $(S_{n,x})_{n \in \mathbb{N}}$ ein Martingal bzgl. $(\mathscr{F}_n)_{n \in \mathbb{N}}$ (vgl. 6.1.13 (iii)). Es folgt

$$S_{n,x} = \mathbb{E}(S_{n+1,x}|\xi_1,\ldots,\xi_n) \le \mathbb{E}(S_{n+1}|\xi_1,\ldots,\xi_n) \quad \mathbb{P}\text{-f.s.},$$

also wegen $S_n = \sup_{x \in \mathbb{Q}} S_{n,x}$ $(!)$ $\quad S_n \le \mathbb{E}(S_{n+1}|\xi_1,\ldots,\xi_n)$ $\mathbb{P}$-f.s. $\square$

<u>6.8.10 Satz (Smirnoff).</u> Sei $(\xi_i)_{i \in \mathbb{N}}$ eine Folge von unabhängigen identisch verteilten Variablen über einem W.-Raum $(\Omega, \mathscr{A}, \mathbb{P})$ mit stetiger Verteilungsfunktion F. Sei F_n^ω, $\omega \in \Omega$, die zu $\xi_1(\omega),\ldots,\xi_n(\omega)$ gehörige empirische Verteilungsfunktion und $\Delta_n^F(\omega) := \sup_{x \in \mathbb{R}} |F_n^\omega(x) - F(x)|$ gesetzt.

Dann gilt

$$(6.8.11) \quad \mathbb{P}\left(\left\{\limsup_{n\to\infty} \frac{n\Delta_n^F}{\sqrt{2n\log\log n}} = \frac{1}{2}\right\}\right) = 1.$$

__Beweis.__ Zum Beweis von (6.8.11) benötigen wir die exakte Verteilung von $S_n = n \sup_{x\in\mathbb{R}} [F_n(x)-F(x)]$ sowie die Abschätzung (3.3.12). Gemäß 3.3.8 und 3.3.9 gilt für alle $0 < z < n$:

$$(6.8.12) \quad \mathbb{P}(\{S_n > z\}) = \frac{z}{n} \sum_{j=0}^{\langle n-z \rangle} \binom{n}{j} \left(1 - \frac{z+j}{n}\right)^{n-j} \left(\frac{z+j}{n}\right)^{j-1}.$$

Wir zeigen zunächst, daß die Folge $(S_n)_{n\in\mathbb{N}}$ die Bedingung (6.8.2') erfüllt. Mit 1.8.20 und (6.8.12) folgt für alle $t > 0$:

$$\mathbb{E}(\exp tS_n) = 1 + \int_1^{\exp tn} \mathbb{P}(\{e^{tS_n} > y\})dy = 1 + t \int_0^n \mathbb{P}(\{S_n > z\}) e^{tz}dz =$$

$$1 + t\,\mathbb{E}(S_n) + t \int_0^n \mathbb{P}(\{S_n > z\}) [e^{tz}-1]dz =$$

$$1+t\,\mathbb{E}(S_n) + \frac{t}{n} \sum_{k=1}^{n} \int_{k-1}^{k} z(e^{tz}-1) \sum_{j=0}^{n-k} \binom{n}{j} \left(1 - \frac{z+j}{n}\right)^{n-j} \left(\frac{z+j}{n}\right)^{j-1}dz =$$

$$1+t\,\mathbb{E}(S_n) + \frac{t}{n} \sum_{j=0}^{n} \binom{n}{j} \int_0^{n-j} z(e^{tz}-1)\left(1 - \frac{z+j}{n}\right)^{n-j} \left(\frac{z+j}{n}\right)^{j-1}dz = 1 + t\,\mathbb{E}(S_n) + I.$$

Substitution $y = \frac{z+j}{n}$ liefert für I:

$$I = t \sum_{j=0}^{n} \binom{n}{j} \int_{j/n}^{1} (ny-j)(e^{t(ny-j)}-1)(1-y)^{n-j}y^{j-1}dy$$

$$\leq t \sum_{j=0}^{n} \binom{n}{j} \int_0^1 (ny-j)(e^{t(ny-j)}-1)(1-y)^{n-j}y^{j-1}dy$$

$$= nt\, \frac{e^t-1}{e^t} \int_0^1 e^{tny}(1-y+ye^{-t})^{n-1}(1-y)dy \leq nt\, \frac{e^t-1}{e^t} \int_0^1 e^{tny}(1-y+ye^{-t})^n dy.$$

(Die letzte Gleichheit folgt dabei sofort durch Ausmultiplikation des Integranden und Anwendung der Binomialformel.) Die Funktion $g(y):=e^{ty}(1-y+ye^{-t})$, $0 \leq y \leq 1$, nimmt ihr Maximum an der Stelle

$$y_0 = \frac{t-1+e^{-t}}{t-te^{-t}}$$

an, d.h. mit $h(t):=g(y_0)$ läßt sich das letzte Integral weiter durch $(h(t))^n$ abschätzen. Einsetzen in g liefert für $h(t)$ die Identität

$$h(t)=t^{-1}e^{-t}(e^t-1)\exp[t/(1-e^{-t})-1]=t^{-1}(e^t-1)\exp[t/(e^t-1)-1].$$

Da $t/(e^t-1)-1$ für alle $t > 0$ negativ ist, folgt aus der Potenzreihenentwicklung von e^z

$$h(t) \geqslant t^{-1}(e^t-1) \; [1 + \frac{t}{e^t-1} - 1 + \frac{1}{2} (\frac{t}{e^t-1} - 1)^2]$$

$$= 1 + \frac{e^t-1}{2t} \cdot \frac{(t-e^t+1)^2}{(e^t-1)^2} = 1 + \frac{(t-e^t+1)^2}{2t(e^t-1)} \leq 1 + \frac{(t-e^t+1)^2}{2t^2}$$

$$= 1 + \frac{1}{2t^2} (\sum_{k \geq 2} \frac{t^k}{k!})^2 =: \psi(t).$$

Offensichtlich gilt $\psi(t) = 1 + \frac{t^2}{8} + \mathcal{C}(t^3)$ für $t \downarrow 0$, d.h. ψ erfüllt

(6.8.3) mit $A = \frac{1}{2}$. Ferner folgt aus den bisherigen Abschätzungen

$$(6.8.13) \quad \mathbb{E}(\exp tS_n) \leq 1 + t \, \mathbb{E}(S_n) + nt \, \frac{e^t-1}{e^t} \, (\psi(t))^n.$$

Da weiter $\frac{e^t-1}{e^t} \leq t$ für alle $t \geq 0$, erfüllt der letzte Summand in

(6.8.13) die Bedingung (6.8.2'). Wegen (3.3.12) ändern die ersten
beiden Summanden nichts an der Konvergenz der Reihe in (6.8.5)
(vgl. (6.8.6)). Zusammen mit 6.8.9 folgt aus (6.8.4)

$$\mathbb{P}(\{\limsup_{n \to \infty} \frac{n \sup_{x \in \mathbb{R}} [F_n(x)-F(x)]}{\sqrt{2n \, \log\log n}} \leq 1/2\}) = 1.$$

Wendet man schließlich das klassische Gesetz vom iterierten Logarith-
mus 4.3.20 auf die Variablen $\zeta_i := 1_{(-\infty, m]} \circ \xi_i$, $i \in \mathbb{N}$, an, wobei

$F(m) = 1/2$ (F stetig!), so zeigt dies, daß $1/2$ die bestmögliche
Konstante ist, d.h. daß

$$\mathbb{P}(\{\limsup_{n \to \infty} \frac{n \sup_{x \in \mathbb{R}} [F_n(x)-F(x)]}{\sqrt{2n \, \log\log n}} = 1/2\}) = 1.$$

Wiederholen wir die bisherigen Überlegungen mit $\bar{S}_n := n \sup_{x \in \mathbb{R}} [F(x)-F_n(x)]$

anstelle von S_n (es ist $Q_{S_n} = Q_{\bar{S}_n}$!), so folgt insgesamt die Behauptung.

$\square$

Ein entsprechendes Ergebnis im Fall mehrdimensionaler zufälliger
Vektoren findet man bei Kiefer [78], Richter [124] und Wichura [153].

6.9 $\mathcal{U}$-Statistiken

<u>Vorbemerkungen aus der "Schätztheorie".</u> Gegeben sei eine Folge $(\xi_i)_{i \in \mathbb{N}}$ von unabhängigen und identisch verteilten zufälligen Variablen über einem W.-Raum $(\Omega, \mathcal{A}, \mathbb{P})$. $Q = Q_{\xi_1}$ sei die als unbekannt angenommene W.-Verteilung von ξ_1 und $g(Q)$ eine reellwertige "<u>schätz-bare Funktion von Q</u>", d.h. es ist $g(Q) = \mathbb{E}_Q(\varphi_n)$ für eine geeignete "<u>Schätzerfolge</u>" $\varphi_n = \varphi_n \cdot (\xi_1, \ldots, \xi_n)$, $n \geq m$, $m \in \mathbb{N}$ (m.a.W.: die φ_n sind "<u>erwartungstreue Schätzer für g(Q)</u>"). $g(Q)$ heißt "<u>schätzbar vom Grade m</u>" ($m \in \mathbb{N}$), falls eine Schätzerfolge $\varphi_n = \varphi_n \cdot (\xi_1, \ldots, \xi_n)$ derart existiert, daß $m = \min\{n \in \mathbb{N}: \mathbb{E}_Q(\varphi_n) = g(Q)\}$. Dabei bezeichne $\mathbb{E}_Q$ $[V_Q]$ den Erwartungswert [Varianz] bei zugrundeliegender Verteilung Q.

6.9.1 Beispiele. Mit den obigen Bezeichnungen ist

(a) $g(Q) := \mathbb{E}_Q(\xi_1)$ schätzbar vom Grade m=1 $(\varphi_n = n^{-1} \sum_{i=1}^{n} \xi_i$ geeignet)

(b) $g(Q) := V_Q(\xi_1)$ schätzbar vom Grade m=2 $(\varphi_n = (n-1)^{-1} \sum_{i=1}^{n} (\xi_i - \overline{\xi})^2$

  mit $\overline{\xi} := n^{-1} \sum_{i=1}^{n} \xi_i$ geeignet).

6.9.2 Definition. Eine meßbare Funktion f von m reellen Variablen heißt <u>Kern einer vom Grade m schätzbaren Funktion g(Q)</u>, falls

$$(6.9.3) \quad \mathbb{E}_Q(f \cdot (\xi_1, \ldots, \xi_m)) = g(Q).$$

6.9.4 Bemerkung. Man beachte, daß für einen Kern f aufgrund der Unabhängigkeit und identischen Verteiltheit der ξ_i Bedingung (6.9.3) äquivalent ist zu

$$(6.9.3') \quad \mathbb{E}_Q(f \cdot (\xi_{i_1}, \xi_{i_2}, \ldots, \xi_{i_m})) = g(Q) \text{ für alle paarweise ver-}$$
schiedenen $i_1, \ldots, i_m$.

6.9.5 Beispiel. Die Funktion f, definiert durch $f(x_1, x_2) := x_1^2 - x_1 x_2$, ist Kern der vom Grade m=2 schätzbaren Funktion $g(Q) = V_Q(\xi_1)$.

6.9.6 Bemerkung. Der im letzten Beispiel angegebene Kern f ist nicht <u>symmetrisch</u> (d.h. es ist i.a. $f(x_1, x_2) \neq f(x_2, x_1)$). Jedoch läßt sich zu jedem Kern f einer vom Grade m schätzbaren Funktion g stets ein Kern f_s angeben, welcher symmetrisch ist. Man hat lediglich

$$f_s(x_1, \ldots, x_m) = \frac{1}{m!} \sum_{P_m} f(x_{i_1}, \ldots, x_{i_m})$$

240

zu setzen, wobei sich die Summation über alle m! Permutationen der Komponenten von $(x_1,\ldots,x_m)$ erstreckt. Im folgenden sei o.E. $f=f_s$. Bei einem zugrundeliegenden Beobachtungsvektor $(\xi_1,\ldots,\xi_n)$, $n \geq m$, existieren dann höchstens $\binom{n}{m}$ verschiedene Werte $f(\xi_{i_1},\ldots,\xi_{i_m})$, $1 \leq i_1,\ldots,i_m \leq n$. Dies führt nun zu der folgenden auf Hoeffding [65] zurückgehenden Definition einer $\mathcal{U}$-Statistik.

__6.9.7 Definition.__ Sei g(Q) schätzbar vom Grade m und f ein zugehöriger symmetrischer Kern. Dann ist eine __$\mathcal{U}$-Statistik__ bzw. eine __Folge__ $(U_n)_{n \geq m}$ __von $\mathcal{U}$-Statistiken zur Schätzung von g(Q)__ definiert als

$$(6.9.8)\quad U_n = U_n \cdot (\xi_1,\ldots,\xi_n) = \binom{n}{m}^{-1} \sum_{C_{n,m}} f \cdot (\xi_{i_1},\ldots,\xi_{i_m}),\quad n \geq m,$$

wobei $C_{n,m} := \{(i_1,\ldots,i_m): 1 \leq i_1 < i_2 < \ldots < i_m \leq n\}$.

__6.9.9 Beispiele.__

(a) (__Empirisches Mittel__). $U_n = n^{-1} \sum_{i=1}^{n} \xi_i$, $n \geq 1$, ist eine $\mathcal{U}$-Statistik zur Schätzung von $g(Q) = \mathbb{E}_Q(\xi_1)$ mit Kern $f(x_1) = x_1$.

(b) (__Empirische Varianz__). $U_n = \binom{n}{2}^{-1} \sum_{1 \leq i_1 < i_2 \leq n} \frac{1}{2}(\xi_{i_1} - \xi_{i_2})^2 = \frac{1}{n-1} \sum_{i=1}^{n} (\xi_i - \bar{\xi})^2$,

$n \geq 2$, (mit $\bar{\xi} = n^{-1} \sum_{i=1}^{n} \xi_i$) ist eine $\mathcal{U}$-Statistik zur Schätzung von $g(Q) = V_Q(\xi_1)$ mit Kern $f(x_1,x_2) = \frac{1}{2}(x_1-x_2)^2$.

(c) (__Empirische Verteilungsfunktionen__). Sei $x_0 \in \mathbb{R}$ beliebig aber fest. Dann ist $U_n = n^{-1} \sum_{i=1}^{n} 1_{(-\infty,x_0]} \cdot \xi_i$, $n \geq 1$, eine $\mathcal{U}$-Statistik zur Schätzung von $g(Q) = F_{\xi_1}(x_0)$ mit Kern $f(x_1) = 1_{(-\infty,x_0]}(x_1)$.

(d) (__Zentrale Stichprobenmomente__). Sei $f: \mathbb{R}^m \to \mathbb{R}$ definiert durch

$f(x_1,\ldots,x_m) := x_1^m - m x_1^{m-1} x_2 + \binom{m}{2} x_1^{m-2} x_2 x_3 + \ldots + [(-1)^{m-1} \binom{m}{m-1} + (-1)^m] x_1 x_2 \ldots x_m$

und (wie oben) $f_s(x_1,\ldots,x_m) := \frac{1}{m!} \sum_{P_m} f(x_{i_1},\ldots,x_{i_m})$ gesetzt. Dann ist

das durch (6.9.8) definierte U_n eine $\mathcal{U}$-Statistik zur Schätzung von $g(Q) = \mathbb{E}_Q((\xi_1 - \mathbb{E}_Q(\xi_1))^m)$.

(e) (__Ginis mittlere Differenz__). $U_n = \binom{n}{2}^{-1} \sum_{1 \leq i_1 < i_2 \leq n} |\xi_{i_1} - \xi_{i_2}|$, $n \geq 2$,

ist eine $\mathcal{U}$-Statistik zur Schätzung von $g(Q) = \mathbb{E}_Q(|\xi_1 - \xi_2|)$ mit Kern $f(x_1,x_2) = |x_1 - x_2|$.

Da wegen der Symmetrie von f die in (6.9.8) definierte Variable U_n

ihren Wert nicht verändert, wenn man den Vektor $(\xi_1,\ldots,\xi_n)$ durch seine Ordnungsstatistik $\eta_n := (\xi_{[1]}^{(n)},\ldots,\xi_{[n]}^{(n)})$ ersetzt (zur Definition von η_n vgl. Abschnitt 3.3), so folgt

$$U_n = U_n \cdot (\xi_1,\ldots,\xi_n) = U_n \cdot (\xi_{[1]}^{(n)},\ldots,\xi_{[n]}^{(n)}).$$

Insbesondere ist U_n $\eta_n^{-1}(\mathscr{A}_n^*)$, $\mathscr{A}^*$-meßbar, so daß wegen 5.2.5 (vii) folgt:

(6.9.10) $\mathbb{E}(U_n|\eta_n) = U_n$ $\mathbb{P}$-f.s. für alle $n \geq m$.

Aus Beispiel 6.5.5 (c) ist bekannt, daß die in 6.9.9 (a) betrachtete Folge von $\mathscr{U}$-Statistiken ein Inverses Martingal bildet. Der folgende Satz zeigt, daß diese Eigenschaft allgemein für $\mathscr{U}$-Statistiken gilt. Zu seinem Beweis benötigen wir

<u>6.9.11 Lemma.</u> Seien $\xi_1,\ldots,\xi_n$ unabhängige und identisch verteilte Variable über einem W.-Raum $(\Omega, \mathscr{A}, \mathbb{P})$. Bezeichnet η_n die zugehörige Ordnungsstatistik und ist $f \in \mathscr{L}(\mathbb{R}^n, \mathscr{A}_n^*)$ eine Variable mit $f \cdot (\xi_1,\ldots,\xi_n) \in \mathscr{L}(\Omega, \mathscr{A}, \mathbb{P})$, so gilt

$$\mathbb{E}(f \cdot (\xi_1,\ldots,\xi_n)|\eta_n) = \frac{1}{n!}\sum_{P_n} f \cdot (\xi_{i_1},\ldots,\xi_{i_n}) \quad \mathbb{P}\text{-f.s.}$$

(wobei sich die Summation über alle n! Permutationen der Komponenten von $(\xi_1,\ldots,\xi_n)$ erstreckt).

<u>Beweis.</u> Zunächst ist die rechte Seite der letzten Gleichung $\eta_n^{-1}(\mathscr{A}_n^*)$, $\mathscr{A}^*$-meßbar. Zum Nachweis der Integralbedingung hat man nur zu beachten, daß η_n wie in 3.3 eine Darstellung $\eta_n = T \cdot (\xi_1,\ldots,\xi_n)$ besitzt, welche bzgl. jeder Permutation der Komponenten von $(\xi_1,\ldots,\xi_n)$ invariant ist, d.h. es ist stets $T \cdot (\xi_1,\ldots,\xi_n) = \eta_n = T \cdot (\xi_{i_1},\ldots,\xi_{i_n})$. Damit folgt für alle $B \in \mathscr{A}_n^*$

$$\int_{\eta_n^{-1}(B)} f \cdot (\xi_1,\ldots,\xi_n)\,d\mathbb{P} = \int_{T^{-1}(B)} f(x_1,\ldots,x_n)Q_{\xi_1,\ldots,\xi_n}(dx_1,\ldots,dx_n) =$$

$$\int_{T^{-1}(B)} f(x_1,\ldots,x_n)Q_{\xi_{i_1},\ldots,\xi_{i_n}}(dx_1,\ldots,dx_n) = \int_{\eta_n^{-1}(B)} f \cdot (\xi_{i_1},\ldots,\xi_{i_n})\,d\mathbb{P}.$$

Damit ergibt sich aber die Behauptung. $\square$

<u>6.9.12 Satz.</u> Sei $(\xi_i)_{i \in \mathbb{N}}$ eine Folge unabhängiger und identisch verteilter Variabler über einem W.-Raum $(\Omega, \mathscr{A}, \mathbb{P})$. Sei $Q = Q_{\xi_1}$ und $(U_n)_{n \geq m}$ eine Folge von $\mathscr{U}$-Statistiken zur Schätzung von $g(Q)$. Dann

ist $(U_n)_{n \geq m}$ ein Inverses Martingal.

__Beweis.__ Laut Definition ist $\mathbb{E}_Q(U_n) = g(Q)$, also insbesondere
$U_n \in \mathscr{L}(\Omega, \mathscr{A}, \mathbb{P})$ für alle $n \geq m$. Wir zeigen, daß $(U_n)_{n \geq m}$ ein Inverses
Martingal bzgl. $(\mathscr{G}_n)_{n \geq m}$ ist, wobei $\mathscr{G}_n := \sigma(\{\eta_n, \xi_{n+1}, \xi_{n+2}, \ldots\})$ und
$\eta_n = (\xi_{[1]}^{(n)}, \ldots, \xi_{[n]}^{(n)})$ gesetzt sei. Zunächst ist, da η_{n+1} meßbar von
η_n und ξ_{n+1} abhängt, $\mathscr{G}_n$ monoton fallend in n. Die Meßbarkeit von U_n
bzgl. $\mathscr{G}_n$ folgt unmittelbar aus der Bemerkung vor (6.9.10).

Zum Beweis von (6.5.1) betrachten wir zwei Indizes k,n mit $m \leq k \leq n$.
Seien $1 \leq i_1 < i_2 < \ldots < i_m \leq k$ beliebig aber fest gewählt. Ferner sei
$\hat{f} \colon \mathbb{R}^n \to \mathbb{R}$ definiert durch $\hat{f}(x_1, \ldots, x_n) := f(x_{i_1}, \ldots, x_{i_m})$ für alle

$(x_1, \ldots, x_n) \in \mathbb{R}^n$. Gemäß U 5.2.2 (mit $\mathscr{B}_1 = \sigma(\{\eta_n\})$, $\mathscr{B}_2 = \sigma(\{\xi_{n+1}, \ldots\})$ und
$\xi = f \bullet (\xi_{i_1}, \ldots, \xi_{i_m}))$ sowie Lemma 6.9.11 folgt $\mathbb{P}$-fast sicher

$$\mathbb{E}(f \bullet (\xi_{i_1}, \ldots, \xi_{i_m}) \mid \mathscr{G}_n) = \mathbb{E}(f \circ (\xi_{i_1}, \ldots, \xi_{i_m}) \mid \eta_n) =$$

$$\mathbb{E}(\hat{f} \bullet (\xi_1, \ldots, \xi_n) \mid \eta_n) = \frac{1}{n!} \sum_{P_n} \hat{f} \circ (\xi_{r_1}, \ldots, \xi_{r_n}) =$$

$$\frac{(n-m)!}{n!} \sum_{P_{n,m}} f \bullet (\xi_{s_1}, \ldots, \xi_{s_m}) = \frac{(n-m)! \, m!}{n!} \sum_{C_{n,m}} f \bullet (\xi_{s_1}, \ldots, \xi_{s_m}) = U_n$$

(wobei $P_{n,m} := \{(s_1, \ldots, s_m) \colon s_j = 1, \ldots, n$ und $s_j \neq s_k$ für $j \neq k\}$. Damit ist
die rechte Seite unabhängig von $(i_1, \ldots, i_m)$, so daß sich durch
Summation über $C_{k,m}$ $\quad \mathbb{E}(U_k \mid \mathscr{G}_n) = U_n$ $\mathbb{P}$-f.s. ergibt. Dies war aber
gerade zu zeigen. $\quad \Box$

Die Variablen U_n, wie in (6.9.8) definiert, bilden im Fall $m \geq 2$ offenbar keine Summe von unabhängigen zufälligen Variablen, so daß sich
das asymptotische Verhalten für $n \to \infty$ zunächst nicht durch klassische
Grenzwertsätze erfassen läßt. Wir werden aber später (in Kapitel X)
sehen, daß dies dennoch möglich ist, indem man ausnutzt, daß sich U_n
nach geeigneter Umformung (und Normierung) asymptotisch wie eine Summe
von unabhängigen Variablen verhält. Die entscheidenden Schritte hierzu wollen wir bereits an dieser Stelle ausführen. Sei $m \geq 2$ und
$f_0 := g(Q)$ bzw. $f_c(x_1, \ldots, x_c) := \mathbb{E}_Q(f \bullet (x_1, \ldots, x_c, \xi_{c+1}, \ldots, \xi_m))$,
$c = 1, 2, \ldots, m$ gesetzt. Wegen 5.3.22 folgt

$$f_c(x_1, \ldots, x_c) = \mathbb{E}(f \bullet (\xi_1, \ldots, \xi_m) \mid \xi_1 = x_1, \ldots, \xi_c = x_c),$$
also
$$f_c \bullet (\xi_1, \ldots, \xi_c) = \mathbb{E}(f \bullet (\xi_1, \ldots, \xi_m) \mid \xi_1, \ldots, \xi_c).$$

Insbesondere ist $f_m = f$. Wir wollen im folgenden annehmen, daß $f \cdot (\xi_1, \ldots, \xi_m)$ sogar quadratintegrierbar ist. In diesem Fall setze man

$$z_c(Q) := V_Q(f_c \cdot (\xi_1, \ldots, \xi_c)) = \mathbb{E}_Q[(f_c \cdot (\xi_1, \ldots, \xi_c))^2] - g^2(Q).$$

Die folgenden Abschätzungen entnehmen wir der bereits zitierten Arbeit von Hoeffding [65] (vgl. auch den Übungsteil zu diesem Abschnitt).

6.9.13 Lemma. Mit den obigen Bezeichnungen gilt:

(i) $\quad V_Q(U_n) = \binom{n}{m}^{-1} \sum\limits_{c=1}^{m} \binom{m}{c} \binom{n-m}{m-c} z_c(Q)$

(ii) $\quad 0 \leq c^{-1} z_c(Q) \leq d^{-1} z_d(Q)$ für $1 \leq c \leq d \leq m$

(iii) $\quad \dfrac{m^2}{n} z_1(Q) \leq V_Q(U_n) \leq \dfrac{m}{n} z_m(Q)$

(iv) $\quad (n+1) V_Q(U_{n+1}) \leq n V_Q(U_n)$

(v) $\quad V_Q(U_m) = z_m(Q)$

(vi) $\quad \lim\limits_{n \to \infty} n V_Q(U_n) = m^2 z_1(Q)$

(vii) $\quad \sum\limits_{C_{n,m}} \mathrm{cov}(f \circ (\xi_{i_1}, \ldots, \xi_{i_m}), f_1 \cdot \xi_i) = \binom{n-1}{m-1} z_1(Q)$, $\quad 1 \leq i \leq n$.

Für jedes $1 \leq c \leq m$ setzen wir weiter

$$U_{n,c} := U_{n,c} \cdot (\xi_1, \ldots, \xi_n) := \binom{n}{c}^{-1} \sum\limits_{C_{n,c}} f_c^* \cdot (\xi_{i_1}, \ldots, \xi_{i_c}),$$

wobei $f_c^*: \mathbb{R}^c \to \mathbb{R}$ definiert sei durch

$$f_c^*(x_1, \ldots, x_c) = f_c(x_1, \ldots, x_c) - \sum\limits_{j=1}^{c} f_{c-1}(x_1, \ldots, x_{j-1}, x_{j+1}, \ldots, x_c) +$$

$$\sum\limits_{1 \leq j < k \leq c} f_{c-2}(x_1, \ldots, x_{j-1}, x_{j+1}, \ldots, x_{k-1}, x_{k+1}, \ldots, x_c) - \ldots + (-1)^c g(Q).$$

Zwischen U_n und $U_{n,c}$, $1 \leq c \leq m$, besteht nun der folgende Zusammenhang.

6.9.14 Lemma. Mit den obigen Bezeichnungen gilt:

$$(6.9.15) \quad U_n = g(Q) + \sum\limits_{c=1}^{m} \binom{m}{c} U_{n,c}.$$

Beweis. Unmittelbar aus der Definition erhalten wir für $U_{n,c}$ die Darstellung

$$U_{n,c} = \binom{n}{c}^{-1} \sum\limits_{r=0}^{c} (-1)^r \binom{n-c+r}{r} \sum\limits_{C_{n,c-r}} f_{c-r} \cdot (\xi_{i_1}, \ldots, \xi_{i_{c-r}}).$$

Es folgt

$$\sum_{c=1}^{m} \binom{m}{c} U_{n,c} = \sum_{c=1}^{m} \sum_{r=0}^{c} \sum_{C_{n,c-r}} (-1)^{r} \binom{n}{c}^{-1} \binom{m}{c} \binom{n-c+r}{r} f_{c-r} \cdot (\xi_{i_1}, \ldots, \xi_{i_{c-r}}),$$

also (mit k=c-r)

$$\sum_{c=1}^{m} \binom{m}{c} U_{n,c} = \sum_{c=1}^{m} \sum_{k=0}^{c} \sum_{C_{n,k}} (-1)^{c-k} \binom{n}{c}^{-1} \binom{m}{c} \binom{n-k}{c-k} f_{k} \cdot (\xi_{i_1}, \ldots, \xi_{i_k}) =$$

$$\sum_{c=1}^{m} \binom{m}{c} (-1)^{c} g(Q) + \sum_{k=1}^{m} \left[(-1)^{-k} \sum_{c=k}^{m} (-1)^{c} \binom{n}{c}^{-1} \binom{m}{c} \binom{n-k}{c-k} \right] \sum_{C_{n,k}} f_{k} \cdot (\xi_{i_1}, \ldots, \xi_{i_k}).$$

Durch Kürzen der Binomialkoeffizienten erhalten wir für den in [ ] stehenden Ausdruck:

$$[\quad] = \begin{cases} 0 & \text{falls } 1 \le k < m \\ \binom{n}{m}^{-1} & \text{falls } k = m. \end{cases}$$

Zusammenfassend folgt

$$\sum_{c=1}^{m} \binom{m}{c} U_{n,c} = -g(Q) + \binom{n}{m}^{-1} \sum_{C_{n,m}} f_{m} \cdot (\xi_{i_1}, \ldots, \xi_{i_m}) = -g(Q) + U_n,$$

was zu zeigen war. $\square$

6.9.16 Satz. Sei $U_n^{*} := \sum_{c=2}^{m} \binom{m}{c} U_{n,c}$, $n \ge m$. Dann gilt:

(i) $(U_n^{*})_{n \ge m}$ ist ein Inverses Martingal bzgl. $\mathscr{G}_n := \sigma(\{\eta_n, \xi_{n+1}, \ldots\})$, $n \ge m$

(ii) $\mathbb{E}_Q[(U_n^{*})^2] \le K z_m(Q) n^{-2}$, $n \ge m$, mit einer von n unabhängigen Konstanten $K > 0$.

Beweis. Zu (i): Aufgrund von (6.9.15) gilt

$$U_n^{*} = U_n - g(Q) - m U_{n,1} = U_n - g(Q) - \frac{m}{n} \sum_{i=1}^{n} (f_1 \cdot \xi_i - g(Q))$$

$$= U_n - \frac{m}{n} \sum_{i=1}^{n} f_1 \cdot \xi_i + (m-1) g(Q).$$

Beachtet man, daß $\frac{1}{n} \sum_{i=1}^{n} f_1 \cdot \xi_i$, $n \ge m$, ebenfalls eine $\mathscr{U}$-Statistik ist, so folgt die Behauptung unmittelbar aus dem Beweis von Satz 6.9.12. Zu (ii): Aus der letzten Darstellung von U_n^{*} erhält man $\mathbb{E}_Q[(U_n^{*})^2] =$

$$\mathbb{E}_Q[(U_n - g(Q))^2] - \frac{2m}{n} \mathbb{E}_Q[(U_n - g(Q))(\sum_{i=1}^{n} (f_1 \cdot \xi_i - g(Q)))] + \frac{m^2}{n^2} \sum_{i=1}^{n} \mathbb{E}_Q[(f_1 \cdot \xi_i - g(Q))^2]$$

$$= V_Q(U_n) - \frac{2m}{n} \sum_{i=1}^{n} \binom{n}{m}^{-1} \sum_{C_{n,m}} \text{cov}(f \cdot (\xi_{i_1}, \ldots, \xi_{i_m}), f_1 \cdot \xi_i) + \frac{m^2}{n} z_1(Q),$$

also wegen 6.9.13 (vii), 6.9.13 (i) sowie A4 aus dem Formelanhang

$$\mathbb{E}_Q[(U_n^*)^2] = V_Q(U_n) - \frac{2m}{n} \sum_{i=1}^{n} \binom{n}{m}^{-1} \binom{n-1}{m-1} z_1(Q) + \frac{m^2}{n} z_1(Q) = V_Q(U_n) - \frac{m^2}{n} z_1(Q).$$

$$= \binom{n}{m}^{-1} \sum_{c=1}^{m} \binom{m}{c} \binom{n-m}{m-c} z_c(Q) - \binom{n}{m}^{-1} \sum_{c=1}^{m} c \binom{m}{c} \binom{n-m}{m-c} z_1(Q)$$

$$= z_m(Q) \binom{n}{m}^{-1} \sum_{c=2}^{m} \binom{m}{c} \binom{n-m}{m-c} \left\{ \frac{z_c(Q) - c z_1(Q)}{z_m(Q)} \right\}$$

$$= z_m(Q) \cdot \mathcal{O}\left(n^{-m} \sum_{c=2}^{m} \frac{(n-m)!}{(n+c)!}\right) = z_m(Q) \cdot \mathcal{O}(n^{-m} \cdot n^{-(m+2)}) = z_m(Q) \cdot \mathcal{O}(n^{-2}). \qquad \square$$

Schließlich gilt noch das für spätere Anwendungen entscheidende

6.9.17 Lemma (Miller-Sen). Sei $z_m(Q) < \infty$. Dann gilt:

$$n^{-1/2} \max_{m \le k \le n} k|U_k^*| \underset{\mathbb{P}\text{-stoch.}}{\to} 0 \quad \text{für } n \to \infty.$$

<u>Beweis.</u> Nach 6.9.16 (i) bildet die Folge U_n^*, $n \ge m$, ein Inverses Martingal bzgl. einer Folge $(\mathcal{G}_n)_{n \ge m}$ von monoton fallenden Sub-σ-Algebren von $\mathcal{A}$. Setzt man nun $S_k := U_{n-(k-1)}^*$, sowie $\mathcal{F}_k := \mathcal{G}_{n-(k-1)}$, $1 \le k \le n-m+1$, so ist $(S_k)_{1 \le k \le n-m+1}$ ein Martingal bzgl. $(\mathcal{F}_k)_{1 \le k \le n-m+1}$. Wendet man die Chowsche Ungleichung (6.6.3) auf das Sub-Martingal $(S_k^2)_{1 \le k \le n-m+1}$ an (mit $a_k := [n-(k-1)]^2$), so erhält man für alle $\varepsilon > 0$ die Abschätzung

$$\mathbb{P}\left(\left\{ \max_{m \le k \le n} k|U_k^*| > \varepsilon n^{1/2} \right\}\right) = \mathbb{P}\left(\left\{ \max_{m \le k \le n} k^2 (U_k^*)^2 > \varepsilon^2 n \right\}\right) \le$$

$$\frac{1}{\varepsilon^2 n} \left\{ \sum_{k=1}^{n-m} (a_k - a_{k+1}) \mathbb{E}_Q(S_k^2) + a_{n-m+1} \mathbb{E}_Q(S_{n-m+1}^2) \right\} =$$

$$\frac{1}{\varepsilon^2 n} \left\{ \sum_{k=1}^{n-m} ([n-(k-1)]^2 - (n-k)^2) \mathbb{E}_Q[(U_{n-(k-1)}^*)^2] + m^2 \mathbb{E}_Q[(U_m^*)^2] \right\} =$$

$$\frac{1}{\varepsilon^2 n} \left\{ \sum_{j=m+1}^{n} (2j-1) \mathbb{E}_Q[(U_j^*)^2] + m^2 \mathbb{E}_Q[(U_m^*)^2] \right\} =: I.$$

Mit 6.9.16 und dem Kroneckerschen Lemma folgt schließlich aus der Konvergenz der Reihe $\sum_{j \ge 1} j^{-2}$:

$$I \le \frac{K z_m(Q)}{\varepsilon^2 n} \left[1 + \sum_{j=m+1}^{n} (2j-1) j^{-2}\right] \to 0 \quad \text{für } n \to \infty.$$

Dies war aber gerade zu zeigen. $\square$

6.10 Anwendungen in der Sequentialanalyse

Seien Q_j, $j=0,1$, zwei W.-Maße auf $\mathscr{B}^*$ mit $Q_0 \neq Q_1$, und $(\xi_i)_{i \in \mathbb{N}}$ eine
Folge von unabhängigen identisch verteilten Variablen mit unbekannter
W.-Verteilung Q. Wir denken uns im folgenden die ξ_i als Koordinaten-
variablen über $(\mathbb{R}^{\mathbb{N}}, \mathscr{B}^*_{\mathbb{N}}, Q^{\mathbb{N}})$, wobei $Q^{\mathbb{N}} = \underset{i \in \mathbb{N}}{\times} Q$ gesetzt sei.

Ein gewöhnlicher Test (zum Stichprobenumfang n) für die Nullhypothese
H_0: $Q=Q_0$ gegen die Alternative H_1: $Q=Q_1$ besteht dann in der Angabe
eines kritischen Bereichs $K \subset \mathbb{R}^n$, verbunden mit der Entscheidungsvor-
schrift, H_0 zu verwerfen (und dann H_1 anzunehmen) , falls eine Realisierung $x=(x_1,\dots,x_n)$ von $\xi = (\xi_1,\dots,\xi_n)$ mit $x \in K$ beobachtet wurde
(vgl. [87], § 9). Dabei wird K so gewählt, daß die Fehlerwahrschein-
lichkeit erster Art $\beta_0 = Q_0^n(K)$ (wobei $Q_0^n := \underset{i=1}{\overset{n}{\times}} Q_0$) eine vorgegebene obere
Schranke α nicht überschreitet und gleichzeitig $\beta_1 = Q_1^n(K)$ maximiert,
d.h. $1-\beta_1$ (Fehlerwahrscheinlichkeit zweiter Art) minimiert wird.

Bei einem solchen Verfahren fällt also eine Entscheidung zugunsten
von H_0 ($x \notin K$) bzw. H_1 ($x \in K$) erst nach Vorliegen <u>sämtlicher</u> n Einzel-
beobachtungen $x_1,\dots,x_n$; m.a.W.: Eine Information, die man durch
$x_1,\dots,x_i$, $i < n$, bereits gewonnen hat, gibt solange keinen Anlaß zu
einer Entscheidung, solange nicht alle Meßwerte $x_1,\dots,x_n$ sämtlicher
n Einzelversuche vorliegen.

In der Praxis ist aber in der Regel jeder Versuch mit Kosten verbunden, und für eine Versuchsreihe stehen insgesamt meist nur eine
von vornherein festgelegte Zeitspanne sowie beschränkte Ressourcen
zur Verfügung. Dies hat zur Folge, daß der Stichprobenumfang n, d.h.
die Anzahl der innerhalb einer festgelegten Zeitspanne bzw. im
Rahmen begrenzter Ressourcen durchführbaren Einzelexperimente,i.a.
vom Zufall abhängen wird. Man denke etwa an den Fall, daß Teile einer
Versuchseinrichtung während einer laufenden Versuchsserie schadhaft
werden, was erfahrungsgemäß zu zeitlichen Verzögerungen und Kosten-
erhöhungen führt. Ebenso sind aber auch Situationen denkbar, bei
denen Tests, die auf einem festen Stichprobenumfang n basieren, in
dem Sinne sich als ungünstig erweisen, daß im Hinblick auf eine
statistisch gesicherte Entscheidung mehr Beobachtungen zugunsten von
H_0 bzw. H_1 (im Rahmen vorgegebener Fehlerwahrscheinlichkeiten) ange-
stellt werden als unbedingt nötig sind. Um Überlegungen dieser Art
zu berücksichtigen, wurde von Wald [150] für das oben angeführte
Testproblem das folgende Verfahren vorgeschlagen (<u>Sequentieller</u>
<u>Likelihood-Quotienten-Test</u>):

Sei $\mu = Q_0 + Q_1$ und f_j, $j=0,1$, eine W.-Dichte von Q_j bzgl. μ. Unter der <u>zusätzlichen Voraussetzung</u>, daß $Q_0 << Q_1$ und $Q_1 << Q_0$, sei o.E. $f_0(x)=0$ genau dann, wenn $f_1(x)=0$ (Begründung!). Dann ist $f_1(x)/f_0(x)$ für alle x außerhalb einer μ-Nullmenge N definiert, wobei i.f. o.E. stets $N = \emptyset$ sei. Für alle $n \in \mathbb{N}$ setzen wir $f_{jn} := \prod_{i=1}^{n} f_j \circ \xi_i$, $j=0,1$, und definieren zu vorgegebenen Konstanten $0 < B < 1 < A < \infty$ eine Stopzeit ν bzgl. $\mathscr{F}_n := \sigma(\{\xi_1, \ldots, \xi_n\})$, $n \in \mathbb{N}$, durch:

$$(6.10.1) \quad \nu = \nu_{A,B} := \inf \{n \in \mathbb{N}: \ f_{1n}/f_{0n} \geq A \text{ oder } f_{1n}/f_{0n} \leq B\}.$$

Der Sequentielle Likelihood-Quotienten-Test (SLQT) besteht dann in der Vorschrift, H_0 zu verwerfen bzw. anzunehmen, falls $f_{1\nu}/f_{0\nu} \geq A$ bzw. $\leq B$; d.h. nach Vorliegen des ersten Beobachtungswertes x_1 (von ξ_1) betrachte man den Wert des Quotienten $f_1(x_1)/f_0(x_1)$ und verwerfe H_0, falls $f_1(x_1)/f_0(x_1) \geq A$, bzw. nehme H_0 an, falls $f_1(x_1)/f_0(x_1) \leq B$. Ist dagegen $B < f_1(x_1)/f_0(x_1) < A$, so mache man eine weitere Beobachtung x_2 (von ξ_2) und wiederhole sodann das gerade im ersten Schritt beschriebene Vorgehen mit dem Quotienten $\dfrac{f_1(x_1)f_1(x_2)}{f_0(x_1)f_0(x_2)}$ anstelle von $\dfrac{f_1(x_1)}{f_0(x_1)}$, usw.

Ein solches Verfahren erfordert natürlich eine Antwort auf die folgenden Fragen:

(6.10.2) Ist die Wahrscheinlichkeit dafür, daß das beschriebene Verfahren nach endlich vielen Schritten zu einer Entscheidung führt, gleich 1, d.h. ist $Q^{\mathbb{N}}(\{\nu < \infty\})=1$?

(6.10.3) Wie bestimmt man A und B in Abhängigkeit vorgegebener Fehlerwahrscheinlichkeiten α_0 bzw. α_1, d.h. so, daß $Q_0^{\mathbb{N}}(\{\text{Annahme von } H_1\}) = \alpha_0$ und $Q_1^{\mathbb{N}}(\{\text{Annahme von } H_0\}) = \alpha_1$?

(6.10.4) Was kann man aussagen über die mittlere Anzahl $\mathbb{E}_{Q^{\mathbb{N}}}(\nu)$ der bis zu einer Entscheidung nötigen Beobachtungen?

Ehe wir versuchen, diese Fragen zu beantworten, wollen wir unter Verwendung der in 6.3 erzielten Ergebnisse einige allgemeingültige Hilfsmittel bereitstellen. Zu diesem Zweck sei $(\xi_i)_{i \in \mathbb{N}}$ eine Folge unabhängiger identisch verteilter Variabler über einem W.-Raum $(\Omega, \mathscr{A}, \mathbb{P})$ sowie $g: \mathbb{R} \to \mathbb{R}$ eine $\mathscr{B}^*, \mathscr{B}^*$-meßbare Abbildung. Dann sind die Variablen $\eta_i := g \cdot \xi_i$, $i \in \mathbb{N}$, wieder unabhängig und identisch verteilt.

Schließlich sei ν eine endliche Stopzeit bzgl. $\mathscr{F}_n := \sigma(\{\eta_1, \ldots, \eta_n\})$, $n \in \mathbb{N}$, und $S_n := \sum\limits_{i=1}^{n} \eta_i$ gesetzt.

6.10.5 Lemma (Waldsche Fundamentalidentität). Unter den oben gemachten Voraussetzungen gelte zusätzlich (mit einer von n unabhängigen Konstanten c)

(i) $\quad |S_n| < c < \infty$ auf $\{\nu > n\}$

sowie

(ii) $\quad \mathbb{E}(\nu) < \infty$.

Ferner existiere für ein reelles $t_o \neq 0$ $M(t_o) := \mathbb{E}[\exp(t_o \eta_1)]$, und es sei $M(t_o) \leq 1$. Dann gilt:

$$(6.10.6) \quad \mathbb{E}[\exp(t_o S_\nu)(M(t_o))^{-\nu}] = 1.$$

Beweis. Sei $S_n' := \exp(t_o S_n)(M(t_o))^{-n}$, $n \in \mathbb{N}$. Dann ist $S_n' \in \mathscr{L}(\Omega, \mathscr{A}, \mathbb{P})$ (vgl. 1.15.15), und mit 5.2.7 bzw. 5.2.14 folgt

$$\mathbb{E}(S_{n+1}' | S_1, \ldots, S_n) = (M(t_o))^{-(n+1)} \exp(t_o S_n) M(t_o) = S_n',$$

d.h. $(S_n')_{n \in \mathbb{N}}$ ist ein Martingal bzgl. $\mathscr{F}_n = \sigma(\{S_1, \ldots, S_n\})$.

Wir zeigen, daß $(S_n')_{n \in \mathbb{N}}$ die zweite Bedingung in (6.3.15') erfüllt. Im vorliegenden Fall ist dies aber gleichbedeutend mit

$$(M(t_o))^{-n} \mathbb{E}(|\exp(t_o S_{n+1})(M(t_o))^{-1} - \exp(t_o S_n)| \, | \, S_1, \ldots, S_n) \leq \alpha < \infty$$

$\mathbb{P}$-f.s. auf $\{\nu > n\}$, was genau dann zutrifft, falls

$$(6.10.7) \quad \exp(t_o S_n) \, \mathbb{E}(|\exp(t_o \eta_1)(M(t_o))^{-1} - 1|) \leq \alpha (M(t_o))^n$$

$\mathbb{P}$-f.s. auf $\{\nu > n\}$. Auf $\{\nu > n\}$ ist wegen (i) aber $|S_n| < c < \infty$, so daß sich wegen $M(t_o) \leq 1$ ein $0 < \alpha < \infty$ finden läßt, für welches (6.10.7) für alle $n \in \mathbb{N}$ erfüllt ist. Mit 6.3.17 folgt $\mathbb{E}(S_\nu') = \mathbb{E}(S_1')$ und damit (6.10.6), da $\mathbb{E}(S_1') = 1$. $\square$

Das folgende Lemma liefert eine hinreichende Bedingung für die Existenz eines $t_o \neq 0$ mit $M(t_o) = 1$.

6.10.8 Lemma. Es seien die folgenden Voraussetzungen erfüllt:

(i) $\quad \mathbb{E}(\eta_1) = a \neq 0$

(ii) $\quad \mathbb{P}(\{\eta_1 > 0\}) > 0$ und $\mathbb{P}(\{\eta_1 < 0\}) > 0$

(iii) $\quad M(t) = \mathbb{E}[\exp(t \eta_1)] < \infty$ für alle $t \in \mathbb{R}$.

Dann ist M beliebig oft unter dem Integralzeichen differenzierbar mit
r-ter Ableitung

$$M^{(r)}(t) = \mathbb{E}[\eta_1^r \exp(t\eta_1)], \quad r=1,2,\ldots,$$

und es existiert ein $t_0 \neq 0$ mit $M(t_0) = 1$. Dabei haben t_0 und a ent-
gegengesetzte Vorzeichen.

<u>Beweis.</u> Wir beschränken uns lediglich auf den Beweis des zweiten Teils
der Behauptung (zum Nachweis der Differenzierbarkeit vergleiche man
Satz 1.17.18, wo ein entsprechendes Ergebnis für charakteristische
Funktionen formuliert wurde; man beachte ferner, daß (iii) die
Existenz von $\mathbb{E}[\eta_1^r \exp(t\eta_1)]$ impliziert, da

$$|\eta_1|^r \exp(t\eta_1) \leq r! \max[\exp(t \pm 1)\eta_1]).$$

Gemäß (ii) existiert ein $\varepsilon > 0$ derart, daß $p_1 := \mathbb{P}(\{\eta_1 > \varepsilon\}) > 0$ und
$p_2 := \mathbb{P}(\{\eta_1 < -\varepsilon\}) > 0$. Somit folgt

$$M(t) = \mathbb{E}[\exp(t\eta_1)] > p_1 \exp(t\varepsilon) \to \infty \quad \text{für } t \to \infty$$

sowie

$$M(t) > p_2 \exp(-t\varepsilon) \to \infty \quad \text{für } t \to -\infty .$$

Außerdem ist $M^{(2)}(t) = \mathbb{E}(\eta_1^2 \exp(t\eta_1)) > 0$ wegen (ii) und somit M strikt
konvex mit $\lim_{|t| \to \infty} M(t) = \infty$. Damit besitzt M aber ein globales Minimum
an einer bestimmten Stelle t^*, und es ist $0 = M'(t^*) = \mathbb{E}[\eta_1 \exp(t^* \eta_1)]$,
also wegen (i) $t^* \neq 0$. Wegen $M(0) = 1$ muß somit ein $t_0 \neq 0$ existieren
mit $M(t_0) = 1$. Ist hierbei $a > 0$, so folgt $M'(0) = \mathbb{E}(\eta_1) > 0$, also
$t_0 < 0$. Entsprechend folgt aus $a < 0$, daß $t_0 > 0$ ist. $\square$

Wir kommen nun auf die eingangs gestellten Fragen (6.10.2)-(6.10.4)
zurück und geben zunächst eine hinreichende Bedingung dafür an, daß
die in (6.10.1) definierte Stopzeit ν integrierbar und somit Q^N-f.s.
endlich ist. Dabei bezeichne ξ_i wieder die i-te Koordinatenvariable
über $(\mathbb{R}^N, \mathscr{B}_N^*, Q^N)$.

<u>6.10.9 Lemma.</u> Erfüllt die Variable $\eta_1 := \log \dfrac{f_1 \cdot \xi_1}{f_0 \cdot \xi_1}$ die Bedingung
$Q^N(\{\eta_1 = 0\}) < 1$, so gilt:

(6.10.10) $\quad Q^N(\{\nu \geq n\}) \leq \rho \delta^n$ für geeignete $0 < \rho < \infty$ und $0 < \delta < 1$.

<u>Beweis.</u> Sei $\eta_i := \log \dfrac{f_1 \cdot \xi_i}{f_0 \cdot \xi_i}$, $i \in \mathbb{N}$, gesetzt. Mit ξ_i sind auch die
Variablen η_i wieder unabhängig und identisch verteilt. Ferner gilt

für die Stopzeit $\nu = \nu_{A,B}$:

$$\nu(\underline{x}) \geq n \;\Rightarrow\; \log B < \sum_{i=1}^{k} \eta_i(\underline{x}) < \log A \text{ für } k=1,\ldots,n-1, \; \underline{x} \in \mathbb{R}^{\mathbb{N}},$$

also $|\eta_k(\underline{x})| \leq c$ für $k=1,\ldots,n-1$ und $c := \log A - \log B$.

Da die η_i unabhängig und identisch verteilt sind, folgt

$$Q^{\mathbb{N}}(\{\nu \geq n\}) \leq [Q^{\mathbb{N}}(\{|\eta_1| \leq c\})]^{n-1}.$$

An dieser Stelle machen wir nun die folgende Fallunterscheidung:

<u>1. Fall</u>: $0 < Q^{\mathbb{N}}(\{|\eta_1| \leq c\}) < 1$. Insbesondere ist dann (6.10.10) mit $\delta := Q^{\mathbb{N}}(\{|\eta_1| \leq c\})$ und $\rho := \delta^{-1}$ erfüllt.

<u>2. Fall</u>: $Q^{\mathbb{N}}(\{|\eta_1| \leq c\}) = 1$. Wegen $Q^{\mathbb{N}}(\{\eta_1=0\}) < 1$ läßt sich ein $r \in \mathbb{N}$ finden, so daß $Q^{\mathbb{N}}(\{|\eta_1| > cr^{-1}\}) > 0$, also z.B. $Q^{\mathbb{N}}(\{\eta_1 > cr^{-1}\}) > 0$. Es folgt

$$Q^{\mathbb{N}}(\{\sum_{i=1}^{r} \eta_i > c\}) \geq [Q^{\mathbb{N}}(\{\eta_1 > cr^{-1}\})]^r > 0,$$

also $\delta' := Q^{\mathbb{N}}(\{|\sum_{i=1}^{r} \eta_i| \leq c\}) < 1$. Wie in dem zuerst betrachteten Fall folgt für jedes $m \in \mathbb{N}$ (indem man $\eta_1+\ldots+\eta_{rm}$ in m unabhängige disjunkte Blöcke der Länge r zerlegt):

$$Q^{\mathbb{N}}(\{\nu \geq rm\}) \leq \rho'(\delta')^m \text{ mit } \rho' := (\delta')^{-1}.$$

Es folgt

$$Q^{\mathbb{N}}(\{\nu \geq n\}) \leq Q^{\mathbb{N}}(\{\nu \geq r\langle n/r\rangle\}) \leq \rho'(\delta')^{\langle n/r\rangle} \leq \rho'(\delta')^{(n/r)-1} = \frac{\rho'}{\delta'}[(\delta')^{1/r}]^n,$$

also wiederum (6.10.10) (mit $\rho = \rho'/\delta'$ und $\delta = (\delta')^{1/r}$). $\square$

<u>6.10.11 Satz.</u> Sei $Q^{\mathbb{N}}(\{\eta_1=0\}) < 1$. Dann folgt

$$(6.10.12) \quad \mathbb{E}_{Q^{\mathbb{N}}}(\nu) < \infty, \text{ also } Q^{\mathbb{N}}(\{\nu < \infty\}) = 1.$$

<u>Beweis.</u> Gemäß (6.10.10) besitzt $\sum_{n \geq 1} Q^{\mathbb{N}}(\{\nu \geq n\})$ eine konvergente geometrische Reihe als Majorante, so daß sich die Behauptung sofort aus 1.8.22 ergibt. $\square$

Wir wollen uns als nächstes den Fragen (6.10.3) und (6.10.4) zuwenden. Zu diesem Zweck sei $S_n := \sum_{i=1}^{n} \eta_i$, $n \in \mathbb{N}$, und wie zuvor $\eta_i = \log \dfrac{f_1 \cdot \xi_i}{f_0 \cdot \xi_i}$, $i \in \mathbb{N}$, gesetzt. Ferner sei $\beta(Q) = Q^{\mathbb{N}}(\{\text{Annahme von } H_1\}) = Q^{\mathbb{N}}(\{S_\nu \geq \log A\})$, also $\beta(Q_0) = \alpha_0$ und $\beta(Q_1) = 1-\alpha_1$ (da $Q_1^{\mathbb{N}}(\{\eta_1=0\}) < 1$ wegen $Q_0 \neq Q_1$ und somit $Q_1^N(\{\nu<\infty\}) = 1$ gemäß (6.10.12)). Setzen wir dann

$$E_n:=\{\log B < S_k < \log A \text{ für } k=1,\ldots,n-1, \ S_n \geq \log A\} \quad \text{und} \quad \mu^n := \prod_{i=1}^n \mu,$$

so folgt

$$1-\alpha_1 = Q_1^N(\{S_\nu \geq \log A\}) = \sum_{n\geq 1} Q_1^n(E_n) = \sum_{n\geq 1} \int_{E_n} f_{1n} d\mu^n \geq \sum_{n\geq 1} \int_{E_n} A f_{0n} d\mu^n = A\alpha_0,$$

da $S_n \geq \log A$ auf E_n und dies nach Definition von f_{jn}, $j=0,1$, äquivalent ist zu $f_{1n}/f_{0n} \geq A$. Damit erhalten wir

$$(6.10.13) \quad A \leq \frac{1-\alpha_1}{\alpha_0}$$

bzw. entsprechend

$$(6.10.14) \quad B \geq \frac{\alpha_1}{1-\alpha_0}\ .$$

Diese beiden Ungleichungen legen es nahe, bei vorgegebenen α_0 und α_1 A und B näherungsweise zu ersetzen durch

$$(6.10.15) \quad A' = \frac{1-\alpha_1}{\alpha_0} \quad \text{und} \quad B' = \frac{\alpha_1}{1-\alpha_0}\ .$$

Bezeichnen wir dann mit α_0' und α_1' die beiden Fehlerwahrscheinlichkeiten für den durch A' und B' definierten SLQT, so folgt entsprechend wie oben, daß

$$A' \leq \frac{1-\alpha_1'}{\alpha_0'} \quad \text{und} \quad B' \geq \frac{\alpha_1'}{1-\alpha_0'}\ ,$$

also gemäß (6.10.15)

$$(6.10.16) \quad \begin{cases} \alpha_0' \leq \alpha_0 \dfrac{1-\alpha_1'}{1-\alpha_1} \leq \alpha_0 \dfrac{1}{1-\alpha_1} \\[2ex] \alpha_1' \leq \alpha_1 \dfrac{1-\alpha_0'}{1-\alpha_0} \leq \alpha_1 \dfrac{1}{1-\alpha_0}\ . \end{cases}$$

Falls sich also α_0 und α_1 z.B. in der Größenordnung zwischen 0,01 und 0,1 bewegen, werden α_0' bzw. α_1' gegebenenfalls nur unwesentlich größer sein. Zum anderen folgt aus (6.10.16)

$$(6.10.17) \quad \alpha_0' + \alpha_1' \leq \alpha_0 + \alpha_1\ .$$

Zusammenfassend zeigt dies, daß man in der Praxis bei Anwendungen des SLQT getrost mit den Stopgrenzen log A' und log B' arbeiten kann. Wir bemerken jedoch, daß die Verwendung von log A' und log B' (wegen $A' \geq A$ und $B' \leq B$) i.a. mehr Beobachtungen erfordert, um zu einer Entscheidung zu kommen. Im allgemeinen erweisen sich die Näherungswerte

A' und B' als gut, wenn $|\mathbf{E}_{Q^{\mathbf{N}}}(\eta_1)|$ und $V_{Q^{\mathbf{N}}}(\eta_1)$ "nicht zu groß" sind bzw. wenn η_1 "klein" ist im Vergleich zu S_n, so daß dann $S_\nu \cdot \log B$ bzw. $S_\nu \cdot \log A$ im Fall einer Entscheidung zugunsten von H_o bzw. H_1. Zur Beantwortung der Frage (10.6.4) wenden wir die Waldsche Gleichung (6.3.19) auf die Variablen $\eta_i = g \cdot \xi_i = \log \dfrac{f_1 \cdot \xi_i}{f_o \cdot \xi_i}$, $i \in \mathbf{N}$, sowie auf die Stopzeit $\nu = \nu_{A,B}$ an. Dazu wollen wir annehmen, daß $\mathbf{E}_{Q^{\mathbf{N}}}(|\eta_1|) < \infty$ und $\mathbf{E}_{Q^{\mathbf{N}}}(\nu) < \infty$ (vgl. dazu 6.10.11). In diesem Fall ist

$$\mathbf{E}_{Q^{\mathbf{N}}}(S_\nu) = \mathbf{E}_{Q^{\mathbf{N}}}(\nu)\,\mathbf{E}_{Q^{\mathbf{N}}}(\eta_1).$$

Falls dann, wie gerade oben erwähnt, $S_\nu \cdot \log B$ bzw. $S_\nu \cdot \log A$ im Fall der Entscheidung zugunsten von H_o bzw. H_1, so erhält man ($\mathbf{E}_{Q^{\mathbf{N}}}(\eta_1) \neq 0$ vorausgesetzt), aus der letzten Gleichung die Näherung

$$(6.10.18) \quad \mathbf{E}_{Q^{\mathbf{N}}}(\nu) \cdot [\mathbf{E}_{Q^{\mathbf{N}}}(\eta_1)]^{-1}\{\beta(Q)\log A + (1-\beta(Q))\log B\}.$$

Ohne die Kenntnis von $\beta(Q)$ oder wenigstens einer entsprechenden Näherungsformel ist (6.10.18) als Antwort auf (6.10.4) natürlich unzureichend. Die folgenden Ausführungen wollen diese Lücke (zumindest näherungsweise) schließen. Wir wenden dabei die Waldsche Fundamentalidentität (6.10.6) auf die Variablen $\eta_i = \log \dfrac{f_1 \cdot \xi_i}{f_o \cdot \xi_i}$, $i \in \mathbf{N}$, sowie auf die (wegen $\mathbf{E}_{Q^{\mathbf{N}}}(\nu) < \infty$ o.E.) endliche Stopzeit ν an. Zunächst ist Bedingung (i) in Lemma 6.10.5 offensichtlich mit $c:=a+b:=\log A - \log B$ erfüllt. Ferner wollen wir annehmen, daß ein $t_o \neq 0$ mit den in 6.10.5 genannten Eigenschaften existiert (vgl. dazu 6.10.8). Dann ist

$$\beta(Q) = Q^{\mathbf{N}}(\{S_\nu \geq a\}) \quad \text{und} \quad 1-\beta(Q) = Q^{\mathbf{N}}(\{S_\nu \leq -b\}),$$

so daß durch Anwendung von (6.10.6) für alle $t \neq 0$ mit $M_Q(t) := \mathbf{E}_{Q^{\mathbf{N}}}[\exp(t\eta_1)] \geq 1$ folgt (vgl. 5.1.4):

$$\beta(Q)\mathbf{E}_{Q^{\mathbf{N}}}[\exp(tS_\nu)(M_Q(t))^{-\nu}\mid\{S_\nu \geq a\}]+(1-\beta(Q))\mathbf{E}_{Q^{\mathbf{N}}}[\exp(tS_\nu)(M_Q(t))^{-\nu}\mid\{S_\nu \leq -b\}]$$

$$= \mathbf{E}_{Q^{\mathbf{N}}}[\exp(tS_\nu)(M_Q(t))^{-\nu}] = 1.$$

Falls also, wie in 6.10.8 gezeigt, ein $t_o=t_o(Q) \neq 0$ mit $M_Q(t_o)=1$ existiert, und dies wollen wir jetzt einmal annehmen, so folgt aus der letzten Gleichungskette

$$\beta(Q)\,\mathbf{E}_{Q^{\mathbf{N}}}[\exp(t_oS_\nu)\mid\{S_\nu \geq a\}]+(1-\beta(Q))\,\mathbf{E}_{Q^{\mathbf{N}}}[\exp(t_oS_\nu)\mid\{S_\nu \leq -b\}] = 1.$$

Wenn wir nun weiter wie bei der Herleitung von (6.10.18) annehmen, daß $S_\nu = -b$ bzw. $S_\nu = a$ im Fall der Entscheidung zugunsten von H_o bzw. H_1, so erhalten wir die Näherungsformeln

$$\mathbb{E}_{Q^{\mathbb{N}}}[\exp(t_o S_\nu) \mid \{S_\nu \geq a\}] = \exp(t_o a)$$

und

$$\mathbb{E}_{Q^{\mathbb{N}}}[\exp(t_o S_\nu) \mid \{S_\nu \leq -b\}] = \exp(-t_o b).$$

Zusammenfassend ergibt sich damit für $\beta(Q)$ die Näherungsformel

$$(6.10.19)\quad \beta(Q) = \frac{1 - \exp(-t_o b)}{\exp(t_o a) - \exp(-t_o b)}\ ,\quad t_o = t_o(Q).$$

Übungen

Abschnitt 6.1

6.1.1. Seien $\xi_1, \dots, \xi_n$, $n \in \mathbb{N}$, endlich viele Variable über einem meßbaren Raum $(\Omega, \mathscr{A})$. Ferner sei $S_i := \sum_{k=1}^{i} \xi_k$, $i = 1, \dots, n$, gesetzt. Dann gilt $\sigma(\{\xi_1, \dots, \xi_n\}) = \sigma(\{S_1, \dots, S_n\})$.

6.1.2. Sei $(\xi_i)_{i \in \mathbb{N}}$ eine Folge positiver unabhängiger und identisch verteilter Variabler mit $\mathbb{E}(\xi_1) = 1$ und $\mathbb{P}(\{\xi_1 = 1\}) < 1$. Dann bilden die Variablen $S_n := \prod_{i=1}^{n} \xi_i$, $n \in \mathbb{N}$, ein Martingal bzgl. $\mathscr{F}_n := \sigma(\{\xi_1, \dots, \xi_n\})$, $n \in \mathbb{N}$, und es gilt $S_n \to 0$ $\mathbb{P}$-f.s. (Hinweis: Man betrachte die Variablen $\log \xi_i$ und verwende Ü 2.3.3).

6.1.3. Sei $(\Omega, \mathscr{A}) = (\mathbb{N}, \mathscr{P}(\mathbb{N}))$ und $\mathbb{P} \mid \mathscr{A}$ definiert durch $\mathbb{P}(\{n\}) = \frac{1}{n} - \frac{1}{n+1}$. Ferner sei $\mathscr{F}_n := \sigma(\{\{1\}, \{2\}, \dots, \{n\}\})$ und $S_n := (n+1) 1_{\{n+1, n+2, \dots\}}$ gesetzt. Man zeige: $(S_n)_{n \in \mathbb{N}}$ ist ein Martingal bzgl. $(\mathscr{F}_n)_{n \in \mathbb{N}}$ mit $\mathbb{E}(S_n) = 1$ und $\sup_{n \in \mathbb{N}} S_n \notin \mathscr{L}(\Omega, \mathscr{A}, \mathbb{P})$.

6.1.4. Man betrachte den W.-Raum $(\Omega, \mathscr{A}, \mathbb{P})$ mit $\Omega := [0,1)$, $\mathscr{A} = \Omega \cap \mathscr{B}^*$ sowie $\mathbb{P} \mid \mathscr{A} := \lambda_1 \mid \mathscr{A}$. Für jedes $n \in \mathbb{N}$ sei ferner $\mathscr{F}_n := \sigma(\{[\frac{j}{2^{n+1}}, \frac{j+1}{2^{n+1}}): j = 0, 1, \dots, 2^{n+1} - 1\})$ und $S_n := 2^{n+1} 1_{[\frac{1}{2} - \frac{1}{2^{n+1}}, \frac{1}{2})}$ gesetzt. Dann ist $(S_n)_{n \in \mathbb{N}}$ ein Martingal bzgl. $(\mathscr{F}_n)_{n \in \mathbb{N}}$.

Abschnitt 6.2

6.2.1. Man zeige an einem Beispiel, daß Bedingung (6.2.5) nicht ersatzlos gestrichen werden kann.

Abschnitt 6.3

6.3.1. Sei ν eine endliche Stopzeit bzgl. $(\mathcal{F}_n)_{n \in \mathbb{N}}$ und
$\varphi(n) := \min\{p \in \mathbb{N}: \{\nu=n\} \in \mathcal{F}_p\}$. Dann ist $\varphi \cdot \nu$ wieder eine Stopzeit bzgl.
$(\mathcal{F}_n)_{n \in \mathbb{N}}$ mit $\varphi \cdot \nu \le \nu$.

6.3.2. Sei ν eine endliche Stopzeit bzgl. $(\mathcal{F}_n)_{n \in \mathbb{N}}$ und $(S_n)_{n \in \mathbb{N}}$ eine
Folge jeweils $\mathcal{F}_n$, $\mathcal{B}^*$-meßbarer Variabler mit $\mathbb{E}(\sup_{n \in \mathbb{N}} |S_n|) < \infty$. Dann
wird durch $\nu^*(\omega) := \inf\{n \in \mathbb{N}: S_n(\omega) \ge \mathbb{E}(S_{\nu(\omega)} | \mathcal{F}_n)(\omega)\}$ falls $\{\ \} \ne \emptyset$, und
∞ sonst, wieder eine Stopzeit definiert mit $\nu^* \le \nu$ $\mathbb{P}$-f.s.

6.3.3. Man zeige für das in Ü 6.3.2 betrachtete Beispiel:
$S_n < \mathbb{E}(S_{\nu^*} | \mathcal{F}_n)$ $\mathbb{P}$-f.s. auf $\{\nu^* > n\}$.

6.3.4. Es seien $(S_n^{(i)})_{n \in \mathbb{N}}$, $i=1,2$, zwei Sub-Martingale und ν eine
Stopzeit bzgl. $(\mathcal{F}_n)_{n \in \mathbb{N}}$ mit $S_\nu^{(1)} \le S_\nu^{(2)}$ auf $\{\nu < \infty\}$. Dann wird durch

$$S_n(\omega) := \begin{cases} S_n^{(1)}(\omega), & \text{falls } n < \nu(\omega) \\ S_n^{(2)}(\omega), & \text{falls } n \ge \nu(\omega) \end{cases}, \quad n \in \mathbb{N}, \text{ wiederum ein Sub-Martingal}$$

bzgl. $(\mathcal{F}_n)_{n \in \mathbb{N}}$ definiert.

6.3.5. Sei $(\xi_i)_{i \in \mathbb{N}}$ eine Folge unabhängiger Variabler mit
$\mathbb{P}(\{\xi_i=1\}) = \frac{1}{2} = \mathbb{P}(\{\xi_i=-1\})$ für alle $i \in \mathbb{N}$. Ferner sei $S_n := \sum_{i=1}^{n} \xi_i, n \in \mathbb{N}$,
und $\nu := \inf\{n \in \mathbb{N}: S_n=k \text{ oder } S_n=-m\}$, wobei k und m zwei fest vorge-
gegebene natürliche Zahlen sind. Dann folgt $\mathbb{E}(\nu) < \infty$ und
$\mathbb{P}(\{S_\nu=k\}) = \frac{m}{k+m}$.

6.3.6. Sei $(\xi_i)_{i \in \mathbb{N}}$ eine Folge unabhängiger identisch verteilter
Variabler. Ferner sei $S_n := \sum_{i=1}^{n} \xi_i$ und $\nu := \inf\{n \in \mathbb{N}: S_n > 0\}$ gesetzt.
Man beweise:
(i) $\mathbb{E}(\xi_1) = 0 \Rightarrow \mathbb{E}(\nu) = \infty$
(ii) Ist $\mathbb{E}(\xi_1) > 0$, so gilt: $\mathbb{E}(\nu) < \infty \Rightarrow \mathbb{E}(S_\nu) < \infty$.

Abschnitt 6.4

6.4.1. Leiten Sie Satz 2.2.1 aus dem Martingalkonvergenzsatz 6.4.6 ab.
6.4.2. Man zeige für das in Ü 6.1.4 betrachtete Beispiel: Es existiert
kein $S_\infty \in \mathcal{L}(\Omega, \mathcal{F}_\infty, \mathbb{P})$, so daß $(S_n)_{n \in \mathbb{N} \cup \{\infty\}}$ ein Martingal bzgl.
$(\mathcal{F}_n)_{n \in \mathbb{N} \cup \{\infty\}}$ ist. Geben Sie unterschiedliche Begründungen.

6.4.3. Sei $(\xi_i)_{i \in \mathbb{N}}$ eine Folge unabhängiger Variabler mit
$\mathbb{P}(\{\xi_i=1\}) = \frac{1}{2} = \mathbb{P}(\{\xi_i=-1\})$ für alle $i \in \mathbb{N}$. Ferner sei $\mathcal{F}_n := \sigma(\{\xi_1, \ldots, \xi_n\})$
und $F_n \in \mathcal{F}_n$ mit $\lim_{n \to \infty} \mathbb{P}(F_n) = 0$ und $\mathbb{P}(\limsup_{n \to \infty} F_n) = 1$. Setzt man
$S_1 := 0$ und für $n > 1$ $S_n := S_{n-1}(1+\xi_n) + 1_{F_{n-1}} \xi_n$, so gilt:

(i) $(S_n)_{n \in \mathbb{N}}$ ist ein Martingal bzgl. $(\mathscr{F}_n)_{n \in \mathbb{N}}$

(ii) $\lim\limits_{n \to \infty} \mathbb{P}(\{S_n = 0\}) = 1$

(iii) $\mathbb{P}(\{\liminf\limits_{n \to \infty} S_n = \limsup\limits_{n \to \infty} S_n\}) = 0$.

6.4.4. Man beweise, daß jedes nichtnegative Super-Martingal $\mathbb{P}$-f.s. konvergiert.

6.4.5. Geben Sie ein Beispiel für ein Martingal an, welches $\mathbb{P}$-f.s., jedoch nicht im Mittel konvergiert.

6.4.6. Sei $\xi \in \mathscr{L}(\Omega, \mathscr{A}, \mathbb{P})$ und $\mathscr{F}_n\!\uparrow$. Man zeige: $\mathbb{E}(\xi \mid \mathscr{F}_n) \to \mathbb{E}(\xi \mid \mathscr{F}_\infty)$ $\mathbb{P}$-fast sicher und im Mittel.

6.4.7. Beweisen Sie das Kolmogoroffsche Null-Eins-Gesetz unter alleiniger Verwendung von Ü 6.4.6.

6.4.8. Sei $(S_n)_{n \in \mathbb{N}}$ ein Martingal mit $\sup\limits_{n \in \mathbb{N}} \mathbb{E}(S_n^2) < \infty$. Dann konvergiert $(S_n)_{n \in \mathbb{N}}$ $\mathbb{P}$-f.s. und im Mittel.

Abschnitt 6.6

6.6.1. Studieren Sie die Maximalungleichungen für Martingale in der Arbeit [138] von Stout.

Abschnitt 6.8

6.8.1. Zeigen Sie unter alleiniger Verwendung von Satz 6.8.1 (vgl. auch Abschnitt 4.3): Sei $(\xi_i)_{i \in \mathbb{N}}$ eine Folge unabhängiger identisch verteilter Variabler mit $\mathbb{E}(\xi_1) = 0$ derart, daß $\mathbb{E}(\exp t\xi_1)$ für alle $t \lessdot 0$ existiert. Dann gilt $\limsup\limits_{n \to \infty} \dfrac{S_n}{\sqrt{2n\log\log n}} \leq \sigma$ $\mathbb{P}$-f.s., wobei $S_n := \sum\limits_{i=1}^{n} \xi_i$ und $\sigma^2 := V(\xi_1)$ gesetzt sei.

Abschnitt 6.9

Im folgenden übernehmen wir sämtliche Voraussetzungen und Bezeichnungen des Abschnitts 6.9.

6.9.1. Für beliebige $(i_1, \ldots, i_m)$ und $(j_1, \ldots, j_m) \in C_{n,m}$ mit $|\{i_1, \ldots, i_m\} \cap \{j_1, \ldots, j_m\}| = c$ gilt:

$$\mathbb{E}(f \cdot (\xi_{i_1}, \ldots, \xi_{i_m}) f \cdot (\xi_{j_1}, \ldots, \xi_{j_m})) = \mathbb{E}[f_c^2(\xi_1, \ldots, \xi_c)] \text{ und}$$

$$\mathbb{E}[(f \cdot (\xi_{i_1}, \ldots, \xi_{i_m}) - g(Q))(f \cdot (\xi_{j_1}, \ldots, \xi_{j_m}) - g(Q))] = z_c(Q).$$

6.9.2. Unter Verwendung von Ü 6.9.1 zeige man die Gültigkeit von (i) in Lemma 6.9.13.

6.9.3. Zeigen Sie die Gültigkeit von (v) in Lemma 6.9.13.

6.9.4. Unter Anwendung von 6.9.13 (i) zeige man 6.9.13 (vi) (vgl. dazu den Beweis zu Satz 6.9.16 (ii)).

6.9.5. Zeigen Sie die Gültigkeit von (vii) in Lemma 6.9.13.

Bemerkungen zum Text

Die Martingale gehören neben den Markoff-Prozessen zu der Klasse
von stochastischen Prozessen, deren Eigenschaften am besten bekannt
sind. Ausgehend von Doob [33] gibt es mittlerweile eine Reihe von
Lehrbüchern, die sich ausführlich mit den in 6.1 - 6.4 behandelten
Fragestellungen beschäftigen, z.B. Loève [93], Meyer [103] und
Neveu [107]. Stochastische Ungleichungen für Martingale werden außer
in den oben zitierten Büchern eingehend in Garsia [52] diskutiert.
Ein Gesetz vom iterierten Logarithmus wurde unter Zuhilfenahme entsprechender Exponentialungleichungen von Stout [138], [139] bewiesen
(vgl. auch Stout [140]).

Kapitel VII. Stochastische Prozesse

7.1 Allgemeine Existenzaussagen (Satz von Kolmogoroff)

Sei $(\Omega, \mathscr{A})$ das Produkt der meßbaren Räume $(\Omega_i, \mathscr{A}_i)$, $i \in I$. Wie wir in 1.9.7 gesehen haben, existiert zu jeder Familie $(P_i)_{i \in I}$ von Wahrscheinlichkeitsmaßen $P_i \mid \mathscr{A}_i$ genau ein W.-Maß $P \mid \mathscr{A}$ mit

$$(\pi_S P)(\underset{i \in S}{\times} A_i) = \underset{i \in S}{\Pi} P_i(A_i) \text{ für alle } A_i \in \mathscr{A}_i, \ i \in S \text{ und } S \in \mathscr{P}_o(I),$$

was gleichbedeutend damit ist, daß

$$(7.1.1) \quad \pi_S P = \underset{i \in S}{\times} P_i \text{ für alle } S \in \mathscr{P}_o(I).$$

Wir denken uns jetzt für jedes $S \in \mathscr{P}_o(I)$ anstelle von $\underset{i \in S}{\times} P_i$ ein beliebiges W.-Maß $P^S \mid \underset{i \in S}{\otimes} \mathscr{A}_i$ vorgegeben und untersuchen die Frage, ob analog zum gerade erwähnten Fall ein W.-Maß $P \mid \underset{i \in I}{\otimes} \mathscr{A}_i$ existiert mit

$$(7.1.2) \quad \pi_S P = P^S \text{ für alle } S \in \mathscr{P}_o(I).$$

Wie 7.1.5 zeigen wird, ist dafür die folgende Bedingung notwendig.

7.1.3 Verträglichkeitsbedingung (VB).

Sei $(\Omega_i, \mathscr{A}_i)$, $i \in I$, eine Familie meßbarer Räume und $(P^S)_{S \in \mathscr{P}_o(I)}$ eine Familie von W.-Maßen $P^S \mid \underset{i \in S}{\otimes} \mathscr{A}_i$. Man sagt,

$(P^S)_{S \in \mathscr{P}_o(I)}$ erfülle die Verträglichkeitsbedingung, falls

$$(7.1.4) \quad \pi^S_T P^S = P^T \text{ für alle } T, S \in \mathscr{P}_o(I) \text{ mit } T \subset S.$$

7.1.5 Satz. Unter den Voraussetzungen von 7.1.3 gilt:

Die Bedingung (7.1.4) ist notwendig für die Existenz eines W.-Maßes $P \mid \mathscr{A}$ auf $\mathscr{A} := \underset{i \in I}{\otimes} \mathscr{A}_i$ mit der Eigenschaft (7.1.2).

<u>Beweis.</u> Für $T, S \in \mathscr{P}_o(I)$ mit $T \subset S$ ist

$(7.1.6) \quad \pi_T^S \cdot \pi_S = \pi_T,$

also $P^T = \pi_T P = (\pi_T^S \cdot \pi_S) P = \pi_T^S (\pi_S P) = \pi_T^S P^S.$ $\square$

Man nennt eine Familie $(P^S)_{S \in \mathscr{P}_o(I)}$ von W.-Maßen $P^S | \underset{i \in S}{\bullet} \mathscr{A}_i$, welche die VB (7.1.4) erfüllt, eine <u>projektive Familie</u>, und in diesem Fall heißt ein W.-Maß $P | \mathscr{A}$ mit der Eigenschaft (7.1.2) der <u>projektive Limes</u> von $(P^S)_{S \in \mathscr{P}_o(I)}$.

<u>7.1.7 Bemerkung.</u> Sei $(\Omega, \mathscr{A})$ das Produkt der meßbaren Räume $(\Omega_i, \mathscr{A}_i)$, $i \in I$, und $P | \mathscr{A}$ ein W.-Maß. Dann ist die Familie $(P_S)_{S \in \mathscr{P}_o(I)}$ der <u>endlichdimensionalen Randverteilungen von P</u>, definiert durch

$(7.1.8) \quad P_S := \pi_S P$ für $S \in \mathscr{P}_o(I)$,

eine projektive Familie. P ist der projektive Limes seiner endlichdimensionalen Randverteilungen und durch diese eindeutig bestimmt (vgl. 1.4.10 und 1.3.9). Satz 7.1.5 zeigt, daß für endliche Indexmengen I unser oben gestelltes Problem stets lösbar ist; in diesem Fall ist die VB (7.1.4) notwendig und hinreichend für die Existenz des gesuchten P, wobei $P = P^I$. Allgemein gilt dies nicht (vgl. 7.1.17). Es läßt sich jedoch folgende schwächere Aussage beweisen.

<u>7.1.9 Satz.</u> Es seien die Voraussetzungen von 7.1.3 gegeben und $(P^S)_{S \in \mathscr{P}_o(I)}$ eine projektive Familie. Dann existiert genau ein normierter Inhalt $P | \mathscr{Z}$ (vgl. 1.3.9) mit

$(7.1.2) \quad \pi_S P = P^S$ für alle $S \in \mathscr{P}_o(I)$.

<u>Beweis.</u> Sei $Z \in \mathscr{Z}$, also $Z = \pi_S^{-1}(A)$ für geeignete $S \in \mathscr{P}_o(I)$ und $A \in \underset{i \in S}{\bullet} \mathscr{A}_i$. Wir setzen $P(Z) := P^S(A)$. Da $(P^S)_{S \in \mathscr{P}_o(I)}$ die VB (7.1.4) erfüllt, sieht man leicht, daß $P | \mathscr{Z}$ wohldefiniert ist und dies die einzig mögliche Definition von $P | \mathscr{Z}$ ist, für die (7.1.2) erfüllt ist. Ferner gilt: $P | \mathscr{Z}$ ist ein normierter Inhalt. Offensichtlich ist $P \geq 0$, $P(\emptyset) = 0$ und $P(\Omega) = 1$. Um die Additivität von $P | \mathscr{Z}$ zu zeigen, betrachten wir $Z_1, Z_2 \in \mathscr{Z}$ mit $Z_1 \cap Z_2 = \emptyset$. Dann besitzt Z_k, $k=1,2$, eine Darstellung $Z_k = \pi_{S_k}^{-1}(A_k)$ mit $S_k \in \mathscr{P}_o(I)$ und $A_k \in \underset{i \in S_k}{\bullet} \mathscr{A}_i$. Setze $S := S_1 \cup S_2$; dann ist $Z_k = \pi_S^{-1}(A_k')$ mit geeignet

gewählten $A_k^! \in \underset{i \in S}{\otimes} \mathscr{A}_i$, $k=1,2$. Wegen $Z_1 \cap Z_2 = \emptyset$ ist auch $A_1^! \cap A_2^! = \emptyset$, also $P(Z_1 \cup Z_2) = P(\pi_S^{-1}(A_1^! \cup A_2^!)) = P^S(A_1^! \cup A_2^!) = P^S(A_1^!) + P^S(A_2^!) = P(Z_1) + P(Z_2)$. $\square$

Im folgenden wollen wir uns damit beschäftigen, eine hinreichende Bedingung für die σ-Additivität des in 7.1.9 angegebenen Inhalts $P \mid \mathscr{Z}$ (und damit eine hinreichende Bedingung für seine Fortsetzbarkeit zu einem W.-Maß $P \mid \sigma(\mathscr{Z})$) herzuleiten. Zu diesem Zweck benötigen wir zunächst zwei Hilfssätze über kompakte Mengensysteme (vgl. 1.4.13).

<u>7.1.10 Lemma.</u> Sei $\mathscr{C}$ ein kompaktes Mengensystem. Dann ist auch das System $\mathscr{C}_\delta$ aller abzählbaren Durchschnitte von Mengen aus $\mathscr{C}$ kompakt.

<u>Beweis.</u> Sei $(C_n)_{n \in \mathbb{N}}$ eine Folge von Mengen aus $\mathscr{C}_\delta$ mit $\bigcap_{n \in \mathbb{N}} C_n = \emptyset$. Zu C_n existieren $C_n^m \in \mathscr{C}$, $m \in \mathbb{N}$, mit $C_n = \bigcap_{m \in \mathbb{N}} C_n^m$, also $\bigcap_{(n,m) \in \mathbb{N} \times \mathbb{N}} C_n^m = \emptyset$. Da $\mathscr{C}$ kompakt ist, existiert eine endliche Teilmenge $N_O \subset \mathbb{N} \times \mathbb{N}$ mit $\bigcap_{(n,m) \in N_O} C_n^m = \emptyset$. Sei $n_O := \max\{n \in \mathbb{N}: (n,m) \in N_O$ für ein geeignetes $m \in \mathbb{N}\}$; dann ist $\bigcap_{n=1}^{n_O} C_n \subset \bigcap_{(n,m) \in N_O} C_n^m = \emptyset$. $\square$

<u>7.1.11 Lemma.</u> Seien Ω_i, $i \in I$, beliebige nichtleere Mengen und $\mathscr{C}_i \subset \mathscr{P}(\Omega_i)$ kompakte Mengensysteme mit $\mathscr{C}_i = (\mathscr{C}_i)_\delta$. Dann ist auch

$$(7.1.12) \quad \mathscr{C} := \bigcup_{i \in I} \pi_{\{i\}}^{-1}(\mathscr{C}_i) = \bigcup_{i \in I} \{C_i \times \underset{j \neq i}{\times} \Omega_j : C_i \in \mathscr{C}_i\}$$

ein kompaktes Mengensystem in $\Omega := \underset{i \in I}{\times} \Omega_i$.

<u>Beweis.</u> Sei $(C_n)_{n \in \mathbb{N}}$ eine Folge von Mengen aus $\mathscr{C}$ mit $\bigcap_{n \in \mathbb{N}} C_n = \emptyset$. Zu jedem $n \in \mathbb{N}$ existiert ein Index $t_n \in I$ und eine Menge $C_{t_n}^n \in \mathscr{C}_{t_n}$, so daß $C_n = C_{t_n}^n \times \underset{j \neq t_n}{\times} \Omega_j$. Setze $M := \{t_n : n \in \mathbb{N}\}$ und für jedes $i \in M$ $N_i := \{n \in \mathbb{N}: t_n = i\}$. Dann ist $H_i := \bigcap_{n \in N_i} C_{t_n}^n \in \mathscr{C}_i$ für alle $i \in M$ und

$$\emptyset = \bigcap_{n \in \mathbb{N}} C_n = \bigcap_{i \in M} \bigcap_{n \in N_i} C_n = \bigcap_{i \in M} (H_i \times \underset{j \neq i}{\times} \Omega_j) = \underset{i \in M}{\times} H_i \times \underset{j \in I \setminus M}{\times} \Omega_j.$$ Es folgt

somit $H_{i_O} = \emptyset$ für ein $i_O \in M$, also $\bigcap_{n \in N_{i_O}} C_{t_n}^n = \emptyset$. Da $\mathscr{C}_{i_O}$ kompakt ist, existiert $n_O \in \mathbb{N}$ mit $\bigcap_{n \in N_{i_O} \cap \{1, \ldots, n_O\}} C_{t_n}^n = \emptyset$. Es folgt $\bigcap_{n=1}^{n_O} C_n = \emptyset$. $\square$

7.1.13 Satz. Sei $(\Omega,\mathscr{A})$ das Produkt der meßbaren Räume $(\Omega_i,\mathscr{A}_i)$, $i \in I$, und $(P^S)_{S \in \mathscr{P}_o(I)}$ eine projektive Familie, welche in folgendem Sinne <u>kompakt approximierbar</u> ist (vgl. 1.4.16):

(7.1.14) Für jedes $i \in I$ existiere ein kompaktes Mengensystem $\mathscr{C}_i \subset \mathscr{A}_i$
      mit $P^{\{i\}}(A_i) = \sup\{P^{\{i\}}(C_i) : A_i \supset C_i \in \mathscr{C}_i\}$ für alle $A_i \in \mathscr{A}_i$.

Dann existiert genau ein W.-Maß $P \mid \mathscr{A}$ mit

(7.1.2) $\pi_S P = P^S$ für alle $S \in \mathscr{P}_o(I)$.

<u>Beweis.</u> Gemäß 7.1.9 existiert ein normierter Inhalt $P \mid \mathscr{Z}$, welcher (7.1.2) erfüllt. Mit 1.3.9 und 1.4.11 bleibt zu zeigen: $P : \mathscr{Z} \to [0,1]$ ist σ-additiv auf $\mathscr{Z}$. Hierfür genügt es aufgrund von 1.4.16 nachzuweisen, daß ein kompaktes Mengensystem $\mathscr{D} \subset \mathscr{Z}$ existiert, so daß

(7.1.15) $P(A) = \sup\{P(C) : A \supset C \in \mathscr{D}\}$ für alle $A \in \mathscr{Z}$.

Sei dazu (wegen 7.1.10) o.E. $\mathscr{C}_i = (\mathscr{C}_i)_\delta$ und $\mathscr{C}$ wie in (7.1.12) definiert. Dann ist gemäß 7.1.11 $\mathscr{C}$ ein kompaktes Mengensystem und somit nach 7.1.10 auch das System $\mathscr{D} \subset \mathscr{Z}$, welches aus allen endlichen Durchschnitten von Mengen aus $\mathscr{C}$ besteht. Wir zeigen, daß $\mathscr{D}$ die gewünschte Approximationseigenschaft besitzt: Sei $A \in \mathscr{Z}$, also
$A = \underset{i \in T}{X} A_i \times \underset{i \notin T}{X} \Omega_i$ mit $|T| = n$, $n \in \mathbb{N}$, und $A_i \in \mathscr{A}_i$ für $i \in T$ geeignet.
Dann existieren zu $\varepsilon > 0$ laut Voraussetzung $C_i \in \mathscr{C}_i$ mit $C_i \subset A_i$ und
$P^{\{i\}}(A_i) \le P^{\{i\}}(C_i) + \varepsilon/n$. Es folgt

$D := \underset{i \in T}{\bigcap}(C_i \times \underset{j \ne i}{X}\Omega_j) \in \mathscr{D}$, $D \subset A$ und $A \setminus D \subset \underset{i \in T}{\bigcup}[(A_i \setminus C_i) \times \underset{j \ne i}{X}\Omega_j]$,

also wegen der Subadditivität von $P \mid \mathscr{Z}$ (vgl. 1.4.3):

$$P(A) - P(D) \le \underset{i \in T}{\sum}(P^{\{i\}}(A_i) - P^{\{i\}}(C_i)) \le \varepsilon.$$

Da $\varepsilon > 0$ beliebig gewählt war, folgt die Behauptung. $\square$

Ist Ω_i, $i \in I$, speziell ein topologischer Hausdorff-Raum und $\mathscr{A}_i = \mathscr{B}(\Omega_i)$ das zugehörige System der Borelschen Mengen, so besagt 1.4.19 gerade, daß das System $\mathscr{K}(\Omega_i)$ der kompakten Teilmengen von Ω_i die Approximationseigenschaft (7.1.14) besitzt, falls Ω_i ein polnischer Raum ist. Wir erhalten somit

$\underline{\text{7.1.16 Satz (Kolmogoroff)}}.$ Sei Ω_i, $i \in I$, eine Familie polnischer Räume und $(P^S)_{S \in \mathscr{P}_0(I)}$ eine projektive Familie von W.-Maßen $P^S | \underset{i \in S}{\otimes} \mathscr{B}(\Omega_i)$. Dann existiert genau ein W.-Maß $P | \underset{i \in I}{\otimes} \mathscr{B}(\Omega_i)$, so daß $\pi_S P = P^S$ für alle $S \in \mathscr{P}_0(I)$.

Speziell gilt dies für $\Omega_i = \mathbb{R}$ (versehen mit der gewöhnlichen Topologie). Das folgende Beispiel zeigt, daß auf die Bedingung (7.1.14) i.a. nicht verzichtet werden kann.

$\underline{\text{7.1.17 Beispiel.}}$ Sei $X := [0,1]$, versehen mit der gewöhnlichen Topologie $\mathscr{G}$. Dann existiert gemäß 1.5.5 eine Folge $(Y_n)_{n \in \mathbb{N}}$ von Teilmengen von X mit $Y_n \downarrow \emptyset$ und $\lambda_0^*(Y_n) = 1$ für alle $n \in \mathbb{N}$ (dabei bezeichnet λ_0 das auf X eingeschränkte Lebesguesche Maß). $(X, \mathscr{G})$ besitzt eine abzählbare Basis und somit auch die Unterräume $(Y_n, Y_n \cap \mathscr{G})$, $n \in \mathbb{N}$. Für $\emptyset \neq S \subset \mathbb{N}$ sei $Y_S := \underset{n \in S}{X} Y_n$ und $X_S := \underset{n \in S}{X} X_n$ mit $X_n = X$ für $n \in S$ gesetzt.

1. Nach 1.3.12 und 1.2.10 gilt dann für jede endliche Menge $\emptyset \neq S \subset \mathbb{N}$:
$$\underset{n \in S}{\otimes} \mathscr{B}(Y_n) = \mathscr{B}(Y_S) = Y_S \cap \mathscr{B}(X_S).$$

2. Für $S \in \mathscr{P}_0(\mathbb{N})$ sei $\mu^S | \mathscr{B}(Y_S)$ definiert durch:
$$\mu^S(Y_S \cap A_S) := \lambda_0(\{x \in X: (x,\ldots,x) \in A_S\}), \quad A_S \in \mathscr{B}(X_S).$$

a) $\mu^S | \mathscr{B}(Y_S)$ ist eindeutig definiert: Sei $Y_S \cap A_S = Y_S \cap B_S$ mit $A_S, B_S \in \mathscr{B}(X_S)$ und $(x,\ldots,x) \in A_S \triangle B_S$; dann ist $x \notin Y_n$ für ein $n \in S$. Da $Y_n \downarrow$, folgt für $n_0 := \max S$: $x \notin Y_{n_0}$, also $\{x \in X: (x,\ldots,x) \in A_S \triangle B_S\} \subset X \setminus Y_{n_0}$ und damit $\lambda_0(\{x: (x,\ldots,x) \in A_S \triangle B_S\}) \leq (\lambda_0)_*(X \setminus Y_{n_0}) = 0$; somit gilt $\mu^S(Y_S \cap A_S) = \lambda_0(\{x \in X: (x,\ldots,x) \in A_S\}) = \lambda_0(\{x \in X: (x,\ldots,x) \in B_S\}) = \mu^S(Y_S \cap B_S)$.

b) $\mu^S | \mathscr{B}(Y_S)$ ist σ-additiv: Seien $Y_S \cap A_S^n \in \mathscr{B}(Y_S)$, $n \in \mathbb{N}$, paarweise disjunkt. Wie in a) zeigt man, daß $\lambda_0(\{x \in X: (x,\ldots,x) \in A_S^n \cap A_S^m\}) = 0$ für $n \neq m$, so daß aus 1.4.5(vi) die σ-Additivität von $\mu^S | \mathscr{B}(Y_S)$ folgt.

c) Es ist $\mu^S(Y_S) = 1$.

3. $(\mu^S)_{S \in \mathcal{P}_O(\mathbb{N})}$ erfüllt die VB (7.1.4): Seien $T,S \in \mathcal{P}_O(\mathbb{N})$, $T \subset S$,
   $T \neq S$ beliebig vorgegeben; dann folgt für alle $A_T \in \mathcal{B}(X_T)$:
   $$\mu^T(Y_T \cap A_T) = \lambda_O(\{x \in X: (x,\ldots,x) \in A_T\}) =$$
   $$\lambda_O(\{x \in X: (x,\ldots,x,x,\ldots,x) \in A_T \times X_{S \smallsetminus T}\}) = \mu^S(Y_S \cap (A_T \times X_{S \smallsetminus T})) =$$
   $$\mu^S((Y_T \cap A_T) \times Y_{S \smallsetminus T}) = \pi_T^S \mu^S(Y_T \cap A_T).$$

4. Es existiert kein W.-Maß $\mu \big|_{\underset{n \in \mathbb{N}}{\otimes} \mathcal{B}(Y_n)}$ mit $\pi_S \mu = \mu^S$ für alle
   $S \in \mathcal{P}_O(\mathbb{N})$.
   Annahme: ein Maß μ mit dieser Eigenschaft existiert. Sei
   $$A_n := \{(y_k)_{k \in \mathbb{N}} \in \underset{k \in \mathbb{N}}{\times} Y_k: y_1 = y_2 = \ldots = y_n\} \text{ und}$$
   $$\Delta_n := \{(y_k)_{1 \leq k \leq n} \in \underset{k=1}{\overset{n}{\times}} X_k: y_1 = y_2 = \ldots = y_n\} \in \mathcal{B}(X_{\{1,\ldots,n\}}), \ n \in \mathbb{N}. \text{ Dann}$$
   ist $\mu(A_n) = \pi_{\{1,\ldots,n\}} \mu(Y_{\{1,\ldots,n\}} \cap \Delta_n) = \mu^{\{1,\ldots,n\}}(Y_{\{1,\ldots,n\}} \cap \Delta_n) = 1$
   für alle $n \in \mathbb{N}$; wegen $A_n \downarrow \emptyset$ ist dies aber unmöglich.

<u>7.1.18 Satz.</u> Es seien die Voraussetzungen von 7.1.13 erfüllt, also
$(P^S)_{S \in \mathcal{P}_O(I)}$ eine projektive Familie von W.-Maßen $P^S \big|_{\underset{i \in S}{\otimes} \mathcal{A}_i}$, welche
(7.1.14) erfüllt. Bezeichnen wir mit $P \mid \mathcal{A}$ den gemäß Satz 7.1.13
existierenden projektiven Limes, so gilt für eine Teilmenge Ω_O von Ω:

(7.1.19) $\quad P^*(\Omega_O) = 1 \Leftrightarrow$ Es existiert ein W.-Maß μ auf $\mathcal{A}_O := \Omega_O \cap \mathcal{A}$ mit
$$\mu_S = P^S \text{ für alle } S \in \mathcal{P}_O(I).$$

Dabei ist μ_S das durch $\mu_S(B) := \mu(\Omega_O \cap \pi_S^{-1}(B))$ auf $\underset{i \in S}{\otimes} \mathcal{A}_i$ definierte
W.-Maß.

<u>Beweis.</u> "$\Rightarrow$": Gemäß 1.5.1 wird durch

(7.1.20) $\quad \mu(\Omega_O \cap A) := P(A)$ für $A \in \mathcal{A} = \underset{i \in I}{\otimes} \mathcal{A}_i$

ein W.-Maß μ auf $\mathcal{A}_O$ definiert, und es gilt für beliebige $S \in \mathcal{P}_O(I)$
und $B \in \underset{i \in S}{\otimes} \mathcal{A}_i$: $\mu_S(B) = \mu(\Omega_O \cap \pi_S^{-1}(B)) = P(\pi_S^{-1}(B)) = (\pi_S P)(B) = P^S(B)$,
was zu zeigen war.

"$\Leftarrow$": Für alle $S \in \mathcal{P}_O(I)$ und $B \in \underset{i \in S}{\otimes} \mathcal{A}_i$ ist
$$\mu(\Omega_O \cap \pi_S^{-1}(B)) = \mu_S(B) = P^S(B) = P(\pi_S^{-1}(B)),$$
also $\mu(\Omega_O \cap Z) = P(Z)$ für alle $Z \in \mathcal{Z}$. Definiert man $P_O \mid \mathcal{A}$ durch

$P_0(A) := \mu(\Omega_0 \cap A)$, so ist $P_0|\mathscr{T} = P|\mathscr{T}$, also wegen 1.4.11 $P_0|\mathscr{A} = P|\mathscr{A}$.
Es folgt $P^*(\Omega_0) = \inf \{P(A): \Omega_0 \subset A \in \mathscr{A}\} = \inf\{\mu(\Omega_0 \cap A): \Omega_0 \subset A \in \mathscr{A}\} = \mu(\Omega_0) = 1.$ $\square$

Im folgenden wollen wir die bisher erhaltenen Ergebnisse anwenden
auf projektive Familien $(P^S)_{S \in \mathscr{P}_0(I)}$ von W.-Maßen $P^S\big|\ \underset{i \in S}{\bullet}\ \mathscr{A}_i$, wobei
$\Omega_i = \mathbb{R}$ und $\mathscr{A}_i = \mathscr{B}(\Omega_i)$ für alle $i \in I$. Bezeichnet $P|\mathscr{A}$ den zugehörigen projektiven Limes (vgl. 7.1.16) und setzt man $\xi_t := \pi_{\{t\}}$ für
$t \in I$, so ist die Familie $(\xi_t)_{t \in I}$ ein stochastischer Prozeß im Sinne
der folgenden Definition.

<u>7.1.21 Definition.</u> $(\xi_t)_{t \in T}$ heißt <u>stochastischer Prozeß</u> (über einem
W.-Raum $(\Omega, \mathscr{A}, \mathbb{P})$): ⇔

(i) T ist eine nichtleere Menge, die sogenannte <u>Parametermenge</u>
     (<u>Parameterraum</u>)
(ii) $\xi_t: \Omega \to \mathbb{R}$ ist eine zufällige Variable, also $\mathscr{A}, \mathscr{B}^*$-meßbar, für
     alle $t \in T$.

Zur Beschreibung von Vorgängen in Natur und Technik, welche mit der
Zeit ablaufen und deren Verlauf vom Zufall abhängt, ist es notwendig,
unsere bisherigen Modelle, in denen ausschließlich Folgen von zufälligen
Variablen betrachtet wurden, zu erweitern. Das allgemeine Modell
eines stochastischen Prozesses bietet nun auch die Möglichkeit, das
Verhalten kontinuierlich vieler zufälliger Variabler zu beschreiben.
Für $\omega \in \Omega$ betrachten wir dazu $\xi_t(\omega)$ als Funktion von t und bezeichnen
sie mit $\xi(\omega)$, d.h. es ist $\xi(\omega) \in \mathbb{R}^T$ mit $\xi(\omega)(t) = \xi_t(\omega)$ für alle $t \in T$.
$\xi(\omega)$, $\omega \in \Omega$, heißt eine <u>Trajektorie</u> (<u>Realisierung</u> oder <u>Pfad</u>, engl.
<u>sample function</u>) des stochastischen Prozesses $(\xi_t)_{t \in T}$. Setzen wir
fernerhin $\mathscr{A}_T := \mathscr{B}_T^* = \underset{t \in T}{\bullet}\ \mathscr{B}^*$, so ergibt sich mit 1.3.5, daß durch
$\xi: \Omega \to \mathbb{R}^T$ eine <u>zufällige</u>, d.h. $\mathscr{A}, \mathscr{A}_T$-meßbare Abbildung erklärt ist.
Insbesondere ist die Verteilung $Q_\xi = \xi\mathbb{P}$ von ξ wohldefiniert.

<u>7.1.22 Bemerkung.</u> Bezeichnet $(P_S)_{S \in \mathscr{P}_0(T)}$ das System der endlich-
dimensionalen Randverteilungen von Q_ξ (vgl. (7.1.8)) und ist
$S = \{t_1, \ldots, t_n\}$ mit $t_i \neq t_j$ für $i \neq j$, so ist P_S gleich der gemeinsamen Verteilung von $\xi_{t_1}, \ldots, \xi_{t_n}$, d.h. es ist

$$(7.1.23) \quad P_{\{t_1, \ldots, t_n\}} = (\xi_t: t \in S)\,\mathbb{P} \quad \text{für alle } S = \{t_1, \ldots, t_n\} \in \mathscr{P}_0(T).$$

__Beweis.__ Sei $A \in \underset{i \in S}{\otimes} \mathscr{B}^*$. Dann gilt nach (7.1.8)

$$P_S(A) = (\pi_S Q_\xi)(A) = \mathbb{P}(\{\omega \in \Omega : \xi(\omega) \in \pi_S^{-1}(A)\}) = \mathbb{P}(\{\omega \in \Omega : (\xi_t(\omega))_{t \in S} \in A\}) \cdot \square$$

Aufgrund von (7.1.23) heißt die projektive Familie $(P_S)_{S \in \mathscr{P}_0(T)}$ auch das System der __endlichdimensionalen Randverteilungen des stochastischen Prozesses__ $(\xi_t)_{t \in T}$. Mit 7.1.7 folgt: Q_ξ ist der projektive Limes der endlichdimensionalen Randverteilungen von $(\xi_t)_{t \in T}$ und durch diese eindeutig bestimmt.

Die Frage der Existenz eines stochastischen Prozesses zu vorgegebenen endlichdimensionalen Randverteilungen beantwortet der folgende Satz.

__7.1.24 Satz.__ Sei $\emptyset \neq T$ eine beliebige Menge und $(P^S)_{S \in \mathscr{P}_0(T)}$ eine projektive Familie von W.-Maßen $P^S \mid \mathscr{B}_S^*$. Dann existiert ein stochastischer Prozeß $(\xi_t)_{t \in T}$ über einem geeigneten W.-Raum $(\Omega, \mathscr{A}, \mathbb{P})$ derart, daß $P_S = \pi_S Q_\xi = P^S$ für alle $S \in \mathscr{P}_0(T)$.

__Beweis.__ Setze $(\Omega, \mathscr{A}) = (\mathbb{R}^T, \mathscr{B}_T^*)$. Sei $\mathbb{P} \mid \mathscr{B}_T^*$ der gemäß 7.1.16 existierende projektive Limes von $(P^S)_{S \in \mathscr{P}_0(T)}$. Setzen wir dann $\xi_t := \pi_t$, $t \in T$, so ist die zu $(\xi_t)_{t \in T}$ gehörige Funktion ξ die Identität auf $\mathbb{R}^T$, also $Q_\xi = \mathbb{P}$ und somit $P_S = \pi_S Q_\xi = \pi_S \mathbb{P} = P^S$ für alle $S \in \mathscr{P}_0(T)$. $\square$

__7.1.25 Bemerkung.__ Für die Wahrscheinlichkeitstheorie besonders relevant sind Eigenschaften eines stochastischen Prozesses $(\xi_t)_{t \in T}$, die sich durch Eigenschaften seiner endlichdimensionalen Randverteilungen beschreiben lassen. Von gleichem Interesse sind die Fälle, in denen sich die Verteilungen von zufälligen Variablen η, die meßbar von $(\xi_t)_{t \in T}$ abhängen, aus den endlichdimensionalen Randverteilungen von $(\xi_t)_{t \in T}$ bestimmen lassen, oder allgemeiner die Fälle, in denen die endlichdimensionalen Randverteilungen des durch Adjunktion einer solchen Variablen η aus $(\xi_t)_{t \in T}$ entstehenden neuen Prozesses $(\eta, \xi_t)_{t \in T}$ bereits durch die endlichdimensionalen Randverteilungen von $(\xi_t)_{t \in T}$ festgelegt sind.

__7.1.26 Beispiele.__

(a) $T = \{1, \ldots, n\}$, $\eta = g \cdot (\xi_1, \ldots, \xi_n)$, wobei $g: \mathbb{R}^n \to \mathbb{R}$ $\mathscr{B}_n^*, \mathscr{B}^*$-meßbar;

dann ist $_\eta\mathbb{P}$ durch $Q_{\xi_1,\ldots,\xi_n}$ eindeutig bestimmt.

(b) $T = \mathbb{N}$, $\eta = \sup\limits_{n \in \mathbb{N}} \xi_n$ existiere $\mathbb{P}$-fast sicher; dann lassen sich die endlichdimensionalen Randverteilungen von $(\eta,\xi_1,\xi_2,\ldots)$ aus denen der Folge $(\xi_1,\xi_2,\ldots)$ berechnen: Sind nämlich $a,a_1,a_2,\ldots$ beliebige reelle Zahlen, $b_i := a \wedge a_i$ für $i=1,\ldots,n$ und $b_i := a$ für $i > n$, so folgt:

$$\mathbb{P}(\{\eta \leq a, \xi_1 \leq a_1,\ldots, \xi_n \leq a_n\}) = \mathbb{P}(\{\xi_i \leq b_i \text{ für alle } i \in \mathbb{N}\}) =$$

$$= \lim_{k\to\infty} \mathbb{P}(\{\xi_1 \leq b_1,\ldots,\xi_k \leq b_k\}).$$

(c) Fall (b) gilt entsprechend für $\eta = \inf\limits_{n\to\infty} \xi_n$, $\eta = \limsup\limits_{n\to\infty} \xi_n$ oder $\eta = \liminf\limits_{n\to\infty} \xi_n$. Insbesondere sind also im Fall der $\mathbb{P}$-f.s. Konvergenz von ξ_n gegen η die endlichdimensionalen Randverteilungen von $(\eta,\xi_1,\xi_2,\ldots)$ durch jene von $(\xi_n)_{n\in\mathbb{N}}$ eindeutig bestimmt.

Entsprechendes gilt für die $\mathbb{P}$-stochastische Konvergenz. Mit den Ergebnissen von Abschnitt 1.12 folgt (!) für festgewählte $i_1,\ldots,i_k \in \mathbb{N}$ und $x_1,\ldots,x_k \in \mathbb{R}$:

$$\lim_{n\to\infty} \mathbb{P}(\{\xi_n \leq x_0, \xi_{i_1} \leq x_1,\ldots,\xi_{i_k} \leq x_k\}) = G(x_0) := \mathbb{P}(\{\eta \leq x_0, \xi_{i_1} \leq x_1,\ldots,\xi_{i_k} \leq x_k\})$$

für alle $x_0 \in S(G) = \{x \in \mathbb{R}: G \text{ stetig in } x\}$, wodurch G wiederum völlig bestimmt ist.

(d) Mit 1.11.9 und 1.11.15 folgt, daß die $\mathbb{P}$-fast sichere bzw. $\mathbb{P}$-stochastische Konvergenz einer Folge von zufälligen Variablen nur von deren endlichdimensionalen Randverteilungen abhängt, d.h. es gilt:

Haben zwei Folgen $(\xi_n)_{n\in\mathbb{N}}$ und $(\xi'_n)_{n'\in\mathbb{N}}$ dieselben endlichdimensionalen Randverteilungen, so konvergiert mit der einen auch die andere $\mathbb{P}$-fast sicher oder $\mathbb{P}$-stochastisch.

7.2 Maße in Funktionenräumen $X \subset \mathbb{R}^I$, $I = [0,1]$

Im Hinblick auf spätere Untersuchungen über die Realisierbarkeit stochastischer Prozesse $(\xi_t)_{t\in[0,1]}$ als Wahrscheinlichkeitsverteilungen in Funktionenräumen $X \subset \mathbb{R}^{[0,1]}$ werden wir in diesem Abschnitt einige Beispiele für solche Räume X kennenlernen und ihre wichtigsten Eigenschaften zusammenstellen. Dabei bezeichne I in diesem Abschnitt stets das Einheitsintervall $[0,1]$.

<u>7.2.1 Definition.</u> Im folgenden sei

(i) $C(I) := \{f \in \mathbb{R}^I: f \text{ stetig}\}$

(ii) $\hat{D}(I) := \{f \in \mathbb{R}^I: f \text{ erfüllt } (7.2.2)-(7.2.4)\}$, wobei

   (7.2.2) für alle $t \in [0,1)$ existiert $f(t+0) := \lim\limits_{s \downarrow t} f(s)$,

   (7.2.3) für alle $t \in (0,1]$ existiert $f(t-0) := \lim\limits_{s \uparrow t} f(s)$,

   (7.2.4) für alle $t \in (0,1)$ ist $f(t)=f(t+0)$ oder $f(t)=f(t-0)$

(iii) $D(I) := \{f \in \mathbb{R}^I: f \text{ erfüllt } (7.2.2), (7.2.3) \text{ und } (7.2.4')\}$, wobei

   (7.2.4') für alle $t \in [0,1)$ gilt $f(t) = f(t+0)$.

Ferner sei für alle $T \subset I$, $f \in \mathbb{R}^T$ und $\delta > 0$

(7.2.5) $w^{(C)}(f,\delta,T) := \sup\limits_{\substack{|t-t'| \le \delta \\ t,t' \in T}} |f(t)-f(t')|$ und

(7.2.6) $w^{(\hat{D})}(f,\delta,T) := \sup\limits_{\substack{t-\delta \le t_1 \le t \le t_2 \le t+\delta \\ t_1,t,t_2 \in T}} \min\{|f(t_1)-f(t)|,|f(t)-f(t_2)|\}$

gesetzt. Dabei sei stets $\sup \emptyset := 0$.

<u>7.2.7 Eigenschaften des Raumes X = C(I).</u> Versehen wir $C(I)$ mit der
durch die Supremumsnorm $\|f\| := \sup\limits_{t \in I} |f(t)|$ induzierten Topologie,
so ist $C(I)$ ein vollständiger separabler normierter (also metrischer)
Raum, gehört also zur Klasse derjenigen topologischen Räume, die,
vom Standpunkt der topologischen Maßtheorie betrachtet, besonders
schöne Eigenschaften haben (vgl. 1.4.19). Bezeichnen wir mit
$\mathscr{G} = \mathscr{G}(C)$ die Gesamtheit der offenen Mengen in $(C(I), \|\cdot\|)$ und mit
$\mathscr{B} = \mathscr{B}(C)$ die zugehörige σ-Algebra der Borelschen Mengen, so kann
man leicht folgendes zeigen:

<u>7.2.8 Bemerkungen.</u>

(a) $f \to \|f\|$ ist stetig, also $\mathscr{B},\mathscr{B}^*$-meßbar ($|\|f\|-\|g\|| \le \|f-g\|$!)

(b) $f \to w^{(C)}(f,\delta,I)$ ist stetig, also $\mathscr{B},\mathscr{B}^*$-meßbar

(c) $f \in C(I) \Rightarrow \lim\limits_{\delta \to 0} w^{(C)}(f,\delta,I) = 0$

(d) Bezeichnen wir mit $\pi_t(C)$, $t \in I$, die durch $\pi_t(C)(f):=f(t)$ definierte
   Projektion von $C(I)$ auf $\mathbb{R}$, so folgt wegen $|\pi_t(C)(f)-\pi_t(C)(g)| =$
   $|f(t)-g(t)| \le \|f-g\|$ für alle $f,g \in C(I)$: $f \to \pi_t(C)(f)$ ist stetig,
   also $\mathscr{B},\mathscr{B}^*$-meßbar. Ebenso ist $\pi_S(C): C(I) \to \mathbb{R}^n$, definiert durch
   $\pi_S(C)(f):=(f(t_1),\ldots,f(t_n))$, $\mathscr{B},\mathscr{B}_n^*$-meßbar für alle
   $S=\{t_1,\ldots,t_n\} \in \mathscr{P}_0(I)$ mit $t_1 < t_2 < \ldots < t_n$.

Neben der bereits erwähnten σ-Algebra $\mathscr{B} = \mathscr{B}(C)$ können wir auf $C = C(I)$ auch die Spur-σ-Algebra $\mathscr{B}_I^{*C} = C \cap \mathscr{B}_I^* = C \cap \sigma(\{\pi_t : t \in I\})$ betrachten. Wir zeigen, daß beide übereinstimmen:

(e) $\quad \mathscr{B} = \sigma(\{\pi_t(C) : t \in I\}) = \mathscr{B}_I^{*C}$.

Beweis zu (e). Die zweite Gleichheit folgt wegen $\pi_t(C)^{-1}(A) = C \cap \pi_t^{-1}(A)$, $A \in \mathscr{B}^*$, sofort aus (1.2.9). Um die erste zu beweisen, setzen wir $\mathscr{A}_o := \sigma(\{\pi_t(C) : t \in I\})$; dann ist wegen (d) $\mathscr{A}_o \subset \mathscr{B}$. Zum Beweis der umgekehrten Inklusion bleibt zu zeigen: $\mathscr{B} \subset \mathscr{A}_o$. Sei $\mathscr{K}$ die Gesamtheit der abgeschlossenen Kugeln in C, d.h. $B \in \mathscr{K}$ genau dann, wenn $B = \{f \in C : |f - f_o| \le r\}$ für ein $f_o \in C$ und $r \in \mathbb{R}_+$. Da $(C, \mathscr{G})$ ein separabler metrischer Raum ist, läßt sich jedes $G \in \mathscr{G}$ in der Form $G = \bigcup_{i \in \mathbb{N}} B_i$ mit geeigneten $B_i \in \mathscr{K}$, $i \in \mathbb{N}$, darstellen. Da $\mathscr{A}_o$ gegenüber abzählbarer Vereinigungsbildung abgeschlossen ist, bleibt lediglich $\mathscr{K} \subset \mathscr{A}_o$ zu zeigen Bezeichnen wir mit $\mathbb{Q}_1$ die Menge der rationalen Zahlen in I, so folgt wegen der Stetigkeit der $f \in C$:

$$B = \{f \in C : |f - f_o| \le r\} = \bigcap_{t \in \mathbb{Q}_1} \{f \in C : |f(t) - f_o(t)| \le r\} =$$

$$\bigcap_{t \in \mathbb{Q}_1} \{f \in C : \pi_t(C)(f) \in [f_o(t) - r, f_o(t) + r]\} \in \mathscr{A}_o,$$ da $\{\dots\} \in \mathscr{A}_o$ nach Definition von $\mathscr{A}_o$ und $\mathbb{Q}_1$ abzählbar. $\square$

(f) Es ist $C = C(I) \notin \mathscr{B}_I^*$.

Beweis zu (f). Wäre nämlich $C \in \mathscr{B}_I^*$, so existierte gemäß 1.3.11 ein abzählbares $T_o \subset I$ mit der Eigenschaft, daß aus $f(t) = g(t)$ für alle $t \in T_o$ und $f \in C$ stets $g \in C$ folgt. Sei $t_o \in I \smallsetminus T_o$, $f \in C$, und $g := f + 1_{\{t_o\}}$ gesetzt. Dann ist $f(t) = g(t)$ für alle $t \in T_o$, also $g \in C$, im Widerspruch zur Unstetigkeit von g an der Stelle t_o. $\square$

7.2.9 Eigenschaften des Raumes $X = \hat{D}(I)$.

(a) Sei T dicht in I und ψ eine auf T definierte reelle Funktion; dann gilt:

$$\lim_{\delta \to 0} w^{(\hat{\delta})}(\psi, \delta, T) = 0 \;\Rightarrow\; \text{für alle } t \in [0,1] \text{ (bzw. } t \in (0,1]) \text{ existiert}$$

$$\lim_{T \ni s \downarrow t} \psi(s) \quad \text{(bzw. } \lim_{T \ni s \uparrow t} \psi(s)).$$

Beweis zu (a). Angenommen, an einer Stelle $t_o \in [0,1)$ existiert kein

268

rechtsseitiger Grenzwert $\lim\limits_{T \ni s \downarrow t_o} \psi(s)$. Da T dicht in I und $\mathbb{R}$ vollständig ist, folgt:

(+) es existieren $\varepsilon_o > 0$ und Folgen $t_n \downarrow t_o$, $t_n' \downarrow t_o$ mit $t_n, t_n' \in T$,

$0 < t_n - t_o < \frac{1}{n}$, $0 < t_n' - t_o < \frac{1}{n}$ und $|\psi(t_n) - \psi(t_n')| \geq \varepsilon_o$ für alle $n \in \mathbb{N}$.

Laut Voraussetzung existiert zu $\varepsilon_o > 0$ ein $\delta_o = \delta_o(\varepsilon_o) > 0$ so, daß

(++) $w^{(\hat{D})}(\psi, \delta_o, T) < \varepsilon_o/2$. Wähle t_{n_o}, t_{n_o}' (dabei o.E. $t_{n_o} \leq t_{n_o}'$) mit

$n_o^{-1} < \delta_o$. Wegen (+) existiert $t^* \in (t_o, t_{n_o}] \cap T$ mit $|\psi(t^*) - \psi(t_{n_o})| \geq \varepsilon_o/2$,

so daß wegen $t_{n_o} - \delta_o < t^* \leq t_{n_o} \leq t_{n_o}' < t_{n_o} + \delta_o$ folgt: $w^{(\hat{D})}(\psi, \delta_o, T) \geq \varepsilon_o/2$,

im Widerspruch zu (++).

Die Existenz des linksseitigen Grenzwertes beweist man analog. $\square$

(b) $f \in \hat{D}(I) \Leftrightarrow \lim\limits_{\delta \to 0} w^{(\hat{D})}(f, \delta, I) = 0$.

<u>Beweis zu (b)</u>. "$\Leftarrow$": Sei $f \in \mathbb{R}^I$ und $\lim\limits_{\delta \to 0} w^{(\hat{D})}(f, \delta, I) = 0$. Dann ergibt

sich die Gültigkeit von (7.2.2) und (7.2.3) unmittelbar aus (a) (mit T=I). Bedingung (7.2.4) sieht man wie folgt ein: Angenommen, es existiert $t_o \in (0,1)$ mit $f(t_o) \neq f(t_o+0)$ und $f(t_o) \neq f(t_o-0)$. Sei

$\varepsilon_o := \frac{1}{2} \min \{|f(t_o)-f(t_o+0)|, |f(t_o)-f(t_o-0)|\}$. Dann ist $\varepsilon_o > 0$ und

infolge der Existenz von $f(t_o+0)$ und $f(t_o-0)$ gilt: für alle $\delta > 0$

existieren $t_1, t_2 \in I$ mit $t_o - \delta < t_1 \leq t_o \leq t_2 < t_o + \delta$ so, daß

$\min \{|f(t_1)-f(t_o)|, |f(t_o)-f(t_2)|\} \geq \varepsilon_o$, also $w^{(\hat{D})}(f, \delta, I) \geq \varepsilon_o$ für

alle $\delta > 0$, im Widerspruch zur Voraussetzung.

"$\Rightarrow$": Annahme: $\lim\limits_{\delta \to 0} w^{(\hat{D})}(f, \delta, I) > 0$; dann existieren ein $\varepsilon > 0$ und

Folgen $t_n' < t_n < t_n''$ derart, daß

(+) $|f(t_n')-f(t_n)| > \varepsilon$ und $|f(t_n'')-f(t_n)| > \varepsilon$ für $n \in \mathbb{N}$ und $\lim\limits_{n \to \infty}(t_n'-t_n'')=0$.

O.E. $t_n \to t_o \in I$ (gegebenenfalls mittels Übergang zu Teilfolgen erreichbar, da I kompakt), so daß wegen $\lim\limits_{n \to \infty}(t_n'-t_n'') = 0$ und $t_n' < t_n < t_n''$ folgt:

(++) $t_n \to t_o$, $t_n' \to t_o$ und $t_n'' \to t_o$.

Fall A): $t_n \downarrow t_o$ für alle $n \in \mathbb{N}$ (o.E.)

(i) $t_o \in (0,1]$: dann o.E. $t_n \uparrow t_o$ und wegen (++) o.E. $t_n' \uparrow t_o$.

Da $f \in \hat{D}(I)$ folgt somit wegen (7.2.3):

$$\lim_{n \to \infty} f(t_n) = \lim_{n \to \infty} f(t_n') = f(t_o-0), \text{ im Widerspruch zu (+).}$$

(ii) $t_o \in [0,1)$: dann o.E. $t_n \downarrow t_o$ und wegen (++) o.E. $t_n'' \downarrow t_o$.

Da $f \in \hat{D}(I)$ folgt somit wegen (7.2.2):

$$\lim_{n \to \infty} f(t_n) = \lim_{n \to \infty} f(t_n'') = f(t_o+0), \text{ im Widerspruch zu (+).}$$

Fall B): $t_n = t_o$ für alle $n \in \mathbb{N}$ (o.E.). Wegen $t_n' < t_n = t_o < t_n''$ ist somit $t_o \in (0,1)$, und wir erhalten aus (+):

$$f(t_o-0) \neq f(t_o) \text{ und } f(t_o+0) \neq f(t_o), \text{ im Widerspruch zu (7.2.4).} \quad \square$$

7.2.10 <u>Eigenschaften des Raumes X = D(I)</u>. An dieser Stelle sollen lediglich die für spätere Abschnitte wichtigen Eigenschaften des Raumes X = D(I) zusammengestellt werden. Hinsichtlich der nicht durchgeführten Beweise verweisen wir auf das Buch von Billingsley [2], Kapitel 3, S. 109ff.

Betrachtet man auf D = D(I) die durch die Supremumsnorm definierte Metrik

$$d(f,g) := \sup_{t \in I} |f(t)-g(t)|, \text{ so folgt}$$

(a) (D,d) ist nicht separabel.

<u>Beweis zu (a)</u>. Sei $f_s(t) := \begin{cases} 0 & , \text{ falls } t < s \\ 1 & , \text{ falls } t \geq s \end{cases}$, für $0 < s < 1$.

Dann ist $\{f_s : 0 < s < 1\}$ überabzählbar mit $d(f_s, f_{s'}) = 1$ für $s \neq s'$. $\quad \square$

Die Frage, ob auf D eine andere (schwächere) Topologie eingeführt werden kann, die D zu einem separablen metrischen Raum macht, wird im folgenden beantwortet (vgl. hierzu auch Skorokhod [132] und Kolmogorov [82]).

(b) Sei $H := \{\lambda: I \to I: \lambda$ Homöomorphismus mit $\lambda(0)=0$ und $\lambda(1)=1\}$.

Dann ist $(H, \circ)$ eine (nicht-abelsche) Gruppe, wobei "$\circ$" die Verknüpfung von Abbildungen bedeutet. Setzt man für $f,g \in D$

$$s(f,g) := \inf_{\lambda \in H} \{\sup_{t \in I} |f(t)-g(\lambda(t))| + \sup_{t \in I} |t-\lambda(t)|\},$$

so folgt: (D,s) ist ein separabler metrischer Raum. Man nennt s die

<u>Skorokhod-Metrik</u> und die davon erzeugte Topologie die <u>Skorokhod-Topologie</u> auf D = D(I).

(c) Die auf C(I) ($\subset$ D(I)) relativierte Skorokhod-Topologie stimmt mit der durch die Supremumsnorm auf C(I) erzeugten Topologie überein.

<u>Beweis zu (c)</u>. Es gilt: (α) $d(f_n,f) \to 0 \to s(f_n,f) \to 0$ (wegen s $\leq$ d) und

$$(\beta) \quad s(f_n,f) \to 0 \text{ } \underline{\text{und}} \text{ } f \in C(I) \to d(f_n,f) \to 0:$$

wegen $s(f_n,f) \to 0$ existieren $\lambda_n \in H$, $n \in \mathbb{N}$, so daß

(i) $\lim\limits_{n\to\infty} (\sup\limits_{t \in I} |f_n(t)-f(\lambda_n(t))|)=0$ und (ii) $\lim\limits_{n\to\infty}(\sup\limits_{t \in I} |t-\lambda_n(t)|)=0$.

Falls nun $f \in C(I)$, also f gleichmäßig stetig auf I, so folgt wegen (ii):

(iii) $\lim\limits_{n\to\infty} (\sup\limits_{t \in I} |f(\lambda_n(t))-f(t)|)=0$, und somit $\sup\limits_{t \in I} |f_n(t)-f(t)| \leq$

$\sup\limits_{t \in I} |f_n(t)-f(\lambda_n(t))| + \sup\limits_{t \in I} |f(\lambda_n(t))-f(t)| \to 0$ mit $n \to \infty$

wegen (i) und (iii). $\square$

(d) (D,s) ist nicht vollständig.

Man kann nun aber zeigen (s. Billingsley [12]):

(e) Es existiert eine zu s äquivalente Metrik $\bar{s}$ (d.h. s und $\bar{s}$ erzeugen dieselbe Topologie auf D), so daß (D,$\bar{s}$) ein vollständiger separabler metrischer Raum ist. Somit ist (D(I),s) (entsprechend zu (C(I),d)) ein polnischer Raum und daher z.B. jedes auf der σ-Algebra $\mathscr{B}$(D) der Borelschen Mengen in (D,s) definierte W.-Maß straff (vgl. 1.4.19).

(f) C = C(I) ist abgeschlossen in (D,s).

<u>Beweis zu (f)</u>. Seien $f_n \in C$, $f \in D$ und $s(f_n,f) \to 0 \to$ existieren $\lambda_n \in H$ so, daß $\sup\limits_{t \in I} |f(t)-f_n(\lambda_n(t))| \to 0$, also $\sup\limits_{t \in I} |f(t)-(f_n \cdot \lambda_n)(t)| \to 0$, wobei $f_n \cdot \lambda_n \in C$ und somit $f \in C$. $\square$

(g) Bezeichnen wir mit $\pi_t(D)$, $t \in I$, die durch $\pi_t(D)(f) := f(t)$, $f \in D(I)$, definierte Projektion von D = D(I) auf $\mathbb{R}$, so ist $\pi_t(D)$ i.a. <u>nicht</u> stetig: Setze $f_n := 1_{[t+1/n,1]} \in D$, $f := 1_{[t,1]} \in D$ für $0 < t < 1$ und schließlich alle $n \in \mathbb{N}$: dann gilt $s(f_n,f) \to 0$, jedoch $\pi_t(D)(f_n)=0$ und $\pi_t(D)(f) = 1$.

(h) Sei $\mathscr{A}_o := \sigma(\{\pi_t(D): t \in T\})$ mit T dicht in I und $1 \in T$; dann gilt

für die σ-Algebra $\mathscr{B}(D)$ der Borelschen Mengen in $D = (D(I),s)$:
$\mathscr{B}(D) = \mathscr{A}_o$ und (für $T=I$): $\mathscr{B}(D) = \sigma(\{\pi_t(D): t \in I\}) = D(I) \cap \mathscr{B}_I^* = \mathscr{B}_I^{*D}$.

(i) Es ist $D = D(I) \notin \mathscr{B}_I^*$ (vgl. Beweis zu 7.2.8 (f)).

Im folgenden sei $P \mid \mathscr{B}_I^*$ wiederum ein W.-Maß auf der σ-Algebra $\mathscr{B}_I^*$ in $\mathbb{R}^I$ (zur Existenz von $P \mid \mathscr{B}_I^*$ vgl. 7.1.16), $\Omega_o = X \subset \mathbb{R}^I$ ein beliebiger Funktionenraum (z.B. $X = C(I)$ oder $X=D(I)$) und $\mathscr{B}_I^{*X} = X \cap \mathscr{B}_I^*$.

<u>7.2.11 Definition.</u> $P \mid \mathscr{B}_I^*$ heißt <u>realisierbar</u> in $(X, \mathscr{B}_I^{*X})$ genau dann, wenn ein W.-Maß $\mu \mid \mathscr{B}_I^{*X}$ existiert mit der Eigenschaft

$$(7.2.12) \quad \mu_S(B) := \mu(X \cap \pi_S^{-1}(B)) = P_S(B) = P(\pi_S^{-1}(B)) \quad \text{für alle } S \in \mathscr{S}_o(I)$$
$$\text{und } B \in \mathscr{B}_S^*.$$

Wie wir in 7.1.18 gesehen haben, ist $P \mid \mathscr{B}_I^*$ genau dann realisierbar in $(X, \mathscr{B}_I^{*X})$, wenn $P^*(X) = 1$. Da die Bedingung $P^*(X) = 1$ in den uns interessierenden Fällen jedoch schwer nachzuweisen sein wird, wollen wir im folgenden ein allgemeines Realisierbarkeitskriterium ableiten, welches gestattet, die Existenz von $\mu \mid \mathscr{B}_I^{*X}$ nur aufgrund einfacher Bedingungen an die endlichdimensionalen Randverteilungen von P (vgl. (7.1.8)) zu gewährleisten. Das folgende Lemma wird dabei von großem Nutzen sein.

<u>7.2.13 Lemma.</u> Sei $(\Omega, \mathscr{A}, P)$ ein W.-Raum, $\mathscr{H} \subset \mathscr{P}(\Omega)$ eine Algebra mit $\sigma(\mathscr{H}) = \mathscr{A}$, und sei $\Omega_o \subset \Omega$. Falls dann für beliebige $H_1, H_2 \in \mathscr{H}$ mit $H_1 \neq H_2$ stets $\Omega_o \cap (H_1 \vartriangle H_2) \neq \emptyset$ ist, so wird durch

$$(7.2.14) \quad \mu_o(\Omega_o \cap H) := P(H), \quad H \in \mathscr{H},$$

auf $\mathscr{H}_o := \Omega_o \cap \mathscr{H}$ ein normierter Inhalt μ_o definiert. Dieser ist σ-additiv auf $\mathscr{H}_o$ (mithin fortsetzbar zu einem W.-Maß μ auf $\sigma(\mathscr{H}_o) = \Omega_o \cap \mathscr{A}$), falls $\lim_{n \to \infty} \mu_o(\Omega_o \cap H_n) = 0$ für jede monoton fallende Folge $\Omega_o \cap H_n \downarrow \emptyset$.

<u>Beweis.</u> Aus $\Omega_o \cap H_1 = \Omega_o \cap H_2$ mit $H_i \in \mathscr{H}$ für $i=1,2$ folgt $H_1 = H_2$: Ist nämlich $H_1 \neq H_2$, so existiert ein $\omega_o \in \Omega_o$ derart, daß (o.E.) $\omega_o \in H_2 \setminus H_1$, im Widerspruch zu $\Omega_o \cap H_1 = \Omega_o \cap H_2$. Also ist $\mu_o \mid \mathscr{H}_o$ wohldefiniert. Es ist $\mu_o(\Omega_o) = \mu_o(\Omega_o \cap \Omega) = P(\Omega) = 1$ und $\mu_o \mid \mathscr{H}_o$ additiv: Sei $G_i = \Omega_o \cap H_i$ mit $H_i \in \mathscr{H}$ für $i=1,2$ und $G_1 \cap G_2 = \emptyset$. Im Fall $H_1 \cap H_2 \neq \emptyset$, setzen wir

272

$H_1' := H_1 \setminus H_2 \in \mathscr{H}$ und $H_2' := H_2 \in \mathscr{H}$ und bemerken: Wegen $\Omega_o \cap H_1' = \Omega_o \cap H_1$ folgt wieder aufgrund der vorausgesetzten Struktureigenschaft von Ω_o, daß $H_1' = H_i$, $i=1,2$; es ist also notwendigerweise $H_1 \cap H_2 = \emptyset$, falls $G_1 \cap G_2 = \emptyset$, und somit ergibt sich die Additivität von $\mu_o \mid \mathscr{H}_o$ aus der Additivität von $P \mid \mathscr{H}$. $\square$

<u>7.2.15 Bemerkungen.</u> Man kann Beispiele konstruieren, die zeigen, daß der in (7.2.14) definierte Inhalt $\mu_o \mid \mathscr{H}_o$ i.a. nicht σ-additiv ist. Setzt man speziell $(\Omega, \mathscr{A}) = (\mathbb{R}^I, \mathscr{B}_I^*)$ und $\mathscr{H} = \mathscr{Z}$, die Algebra der Zylindermengen im $\mathbb{R}^I$, so sieht man leicht, daß die Frage nach der Realisierbarkeit von P in $(X, \mathscr{B}_I^{*X})$ äquivalent ist zur Frage der Fortsetzbarkeit von $\mu_o \mid \mathscr{H}_o$ zu einem W.-Maß $\mu \mid \mathscr{B}_I^{*X}$.

Für die nun folgenden Überlegungen erweist es sich als zweckmäßig, für $X \subset \mathbb{R}^I$ einen sogenannten X-Stetigkeitsmodul $w^{(X)}$ einzuführen (vgl. (7.2.5) und (7.2.6)).

<u>7.2.16 Definition.</u> Eine Funktion $w^{(X)}: \mathbb{R}^I \times \mathbb{R}_+ \times \mathscr{P}(I) \rightarrow \mathbb{R}_+$ heißt <u>X-Stetigkeitsmodul</u> genau dann, wenn folgende Bedingungen erfüllt sind:

(7.2.17) $\quad w^{(X)}(f, \delta_1, S) \leq w^{(X)}(f, \delta_2, S)$ für alle $f \in \mathbb{R}^I$ und $S \subset I$,

$\qquad$ falls $0 \leq \delta_1 \leq \delta_2$

$\qquad w^{(X)}(f, \delta, S_1) \leq w^{(X)}(f, \delta, S_2)$ für alle $f \in \mathbb{R}^I$, $\delta \geq 0$, und

$\qquad$ alle $S_1 \subset S_2 \subset I$

$\qquad w^{(X)}(f, \delta, S_n) \uparrow w^{(X)}(f, \delta, T)$ für alle $f \in \mathbb{R}^I$, $\delta \geq 0$, und

$\qquad S_n \uparrow T$, $S_n \in \mathscr{P}_o(I)$

(7.2.18) $\quad w^{(X)}(f, \delta, S) = w^{(X)}(g, \delta, S)$ für alle $\delta \geq 0$, $S \subset I$ und

$\qquad f, g \in \mathbb{R}^I$ mit $\text{rest}_S f = \text{rest}_S g$

(7.2.19) Zu $S = \{t_1, t_2, \ldots, t_n\} \subset I$ (mit $t_1 < t_2 < \ldots < t_n$) und $\delta \geq 0$

$\qquad$ existiert eine stetige Abbildung $\phi_{\delta,S}^{(X)}: \mathbb{R}^n \rightarrow \mathbb{R}_+$, so daß für

$\qquad$ alle $f \in \mathbb{R}^I$ $w^{(X)}(f, \delta, S) = \phi_{\delta,S}^{(X)}(f(t_1), \ldots, f(t_n))$

(7.2.20) $f \in X \Leftrightarrow \lim_{\delta \to 0} w^{(X)}(f, \delta, I) = 0$

Wir nennen einen Funktionenraum $X \subset \mathbb{R}^I$ <u>modulisierbar</u>, falls ein X-Stetigkeitsmodul $w^{(X)}$ mit den Eigenschaften (7.2.17)-(7.2.20) existiert. Für unsere weiteren Überlegungen spielen besonders diejenigen Funktionsräume X eine Rolle, die <u>punktetrennend</u> sind im Sinne von

(7.2.21) Zu beliebigen $0 \le t_1 < t_2 < \ldots < t_m \le 1$ und beliebigem
$(a_1, a_2, \ldots, a_m) \in \mathbb{R}^m$ existiert ein $f \in X$ derart, daß
$f(t_i) = a_i$ für $i = 1, \ldots, m$.

Es sei $X \subset \mathbb{R}^I$ modulisierbar und T dicht in I. Für $\psi \in \mathbb{R}^T$ sei
$w^{(X)}(\psi, \delta, T) := w^{(X)}(f, \delta, T)$ gesetzt, wobei $f \in \mathbb{R}^I$ so gewählt sei, daß
$\mathrm{rest}_T f = \psi$ (diese Definition ist eindeutig gemäß (7.2.18)). Dann betrachten wir die folgende Eigenschaft:

(7.2.22) Zu $\psi \in \mathbb{R}^T$ mit $\lim\limits_{\delta \to 0} w^{(X)}(\psi, \delta, T) = 0$ existiert ein $\tilde{\psi} \in X$
mit $\mathrm{rest}_T \tilde{\psi} = \psi$.

Es gilt nun der folgende allgemeine <u>Realisierbarkeitssatz</u>.

<u>7.2.23 Satz.</u> Sei $P \mid \mathcal{A}_I^*$ ein beliebiges W.-Maß über $(\mathbb{R}^I, \mathcal{A}_I^*)$ und
$X \subset \mathbb{R}^I$ ein modulisierbarer Funktionenraum mit den Eigenschaften (7.2.21)
und (7.2.22). Dann sind die beiden folgenden Aussagen äquivalent:

(i) P ist realisierbar in $(X, \mathcal{A}_I^{*X})$

(ii) Für alle $\varepsilon, \eta > 0$ existiert $\delta = \delta(\varepsilon, \eta) > 0$, so daß
$P(\{f \in \mathbb{R}^I : w^{(X)}(f, \delta, S) > \varepsilon\}) \le \eta$ für alle $S \in \mathcal{P}_0(I)$.

Man beachte, daß die in (ii) auftretenden Wahrscheinlichkeiten wegen
(7.2.19) wohldefiniert sind und (ii) ausschließlich eine Bedingung an
die endlichdimensionalen Randverteilungen von P darstellt. Zur Vorbereitung des Beweises zeigen wir

<u>7.2.24 Lemma.</u> Sei $X \subset \mathbb{R}^I$ ein Funktionenraum mit der Eigenschaft (7.2.21)
und $P \mid \mathcal{A}_I^*$ beliebig; dann gilt:

(7.2.25) Durch $\mu_0(X \cap \pi_S^{-1}(B)) := \pi_S P(B)$, $S \in \mathcal{P}_0(I)$ und $B \in \mathcal{A}_S^*$, wird
auf $X \cap \mathcal{Z}$ ein normierter Inhalt definiert;

(7.2.26) Ist $A_j := X \cap \pi_{S_j}^{-1}(B_j)$, $j \in \mathbb{N}$, $S_j \in \mathcal{P}_0(I)$ und $B_j \in \mathcal{A}_{S_j}^*$, eine
monoton fallende Folge mit $\lim\limits_{j \to \infty} \mu_0(A_j) =: L > 0$, so
existieren kompakte Mengen $K_j \in \mathcal{A}_{S_j}^*$, so daß
$A_j' := X \cap \pi_{S_j}^{-1}(K_j) \subset A_j$ und A_j' monoton fallend in j ist mit
$\lim\limits_{j \to \infty} \mu_0(A_j') =: L' > 0$.

<u>Beweis.</u> 1. (7.2.25) folgt wegen (7.2.21) unmittelbar aus 7.2.13.
2. O.E. sei $S_j \subset S_{j+1}$ für alle $j \in \mathbb{N}$. Zu $0 < \varepsilon < L$ existieren aufgrund
der Straffheit von $\pi_{S_j} P$ kompakte Mengen $K_j' \subset B_j$ derart, daß

$$\pi_{S_j} P(B_j - K_j') \leq \varepsilon \cdot 2^{-j}.$$ Setzt man $K_k := \bigcap_{j=1}^{k} \underbrace{[K_j' \times \mathbb{R} \times \ldots \times \mathbb{R}]}_{|S_k - S_j| \text{-mal}}$, $k \in \mathbb{N}$, so ist

$$K_k \subset K_k' \subset B_k, \quad K_k \text{ kompakt, und } \pi_{S_k} P(B_k - K_k) \leq \sum_{j=1}^{k} \pi_{S_k} P(B_k \cap \complement (K_j' \times \mathbb{R} \times \ldots \times \mathbb{R}))$$

$$\underset{(*)}{\leq} \sum_{j=1}^{k} \pi_{S_k} P((B_j \times \mathbb{R} \times \ldots \times \mathbb{R}) \cap \complement (K_j' \times \mathbb{R} \times \ldots \times \mathbb{R})) = \sum_{j=1}^{k} \pi_{S_j} P(B_j \smallsetminus K_j') \leq \varepsilon$$

für alle $k \in \mathbb{N}$.

Dabei ist Ungleichung (*) wie folgt einzusehen: zu beliebigem $\phi \in B_k$ existiert gemäß (7.2.21) ein $f \in X$ mit $\text{rest}_{S_k} f = \phi$, d.h. $f \in A_k$, also $f \in A_j$ für alle $1 \leq j \leq k$ und somit $\phi \in B_j \times \mathbb{R} \times \ldots \times \mathbb{R}$. Also gilt $B_k \subset B_j \times \mathbb{R} \times \ldots \times \mathbb{R}$, $1 \leq j \leq k$, und damit (*). Setzt man nun $A_k' := X \cap \pi_{S_k}^{-1}(K_k) \subset A_k$, so ist A_k' monoton fallend, und wegen $0 < \varepsilon < L$ gilt:

$$\mu_o(A_k') = \pi_{S_k} P(K_k) \geq \pi_{S_k} P(B_k) - \varepsilon = \mu_o(A_k) - \varepsilon \geq L - \varepsilon =: L'' > 0 \text{ für alle } k \in \mathbb{N}. \quad \square$$

<u>Beweis von Satz 7.2.23.</u> (ii) $\rightarrow$ (i): Gemäß (7.2.25) wird durch $\mu_o(X \cap \pi_S^{-1}(B)) := \pi_S P(B)$, $S \in \mathscr{P}_o(I)$ und $B \in \mathscr{B}_S^*$, ein normierter Inhalt auf $X \cap \mathscr{Y}$ definiert. Mit 7.2.15 bleibt zu zeigen, daß $\mu_o | X \cap \mathscr{Y}$ fortsetzbar ist zu einem W.-Maß $\mu | \mathscr{B}_I^{*X}$. Nach 1.4.11 reicht es, wenn wir nachweisen, daß

(7.2.27) Für jede Folge $(A_j)_{j \in \mathbb{N}}$ mit $A_j \in X \cap \mathscr{Y}$, $A_j \downarrow$ und

$$\lim_{j \to \infty} \mu_o(A_j) =: L > 0 \text{ folgt } \bigcap_{j \in \mathbb{N}} A_j \neq \emptyset.$$

Sei $A_j = X \cap \pi_{S_j}^{-1}(B_j)$ mit $S_j \in \mathscr{P}_o(I)$ und $B_j \in \mathscr{B}_{S_j}^*$. Setze $\mathbb{Q}_+ \cap I = \{r_n : n \in \mathbb{N}\}$. Indem man gegebenenfalls S_j ersetzt durch $S_j' := S_1 \cup \ldots \cup S_j \cup \{r_n : 1 \leq n \leq j\}$, ist o.E. annehmbar, daß $S_j \uparrow T$ und T dicht in I. Gemäß (7.2.26) reicht es, die Behauptung für den Fall $B_j = K_j$ mit kompakten K_j zu zeigen. Nach Voraussetzung existiert für alle $m \in \mathbb{N}$ und $\varepsilon_m = \eta_m := L 2^{-m}$ ein $\delta_m = \delta_m(L 2^{-m}, L 2^{-m}) > 0$ derart, daß mit $B_j^m := \{f \in X: w^{(X)}(f, \delta_m, S_j) \leq L 2^{-m}\} \in X \cap \mathscr{Y}$, $j \in \mathbb{N}$, gilt:

$$\mu_o(B_j^m) = P(\{f \in \mathbb{R}^I : w^{(X)}(f, \delta_m, S_j) \leq L 2^{-m}\}) > 1 - L 2^{-m}.$$

Aufgrund von (7.2.17) können wir o.E. annehmen, daß $\delta_m \downarrow 0$. Setzen wir $A_j^m := A_j^{m-1} \cap B_j^m$, $j \in \mathbb{N}$, $m \geq 2$, und $A_j^1 := A_j$, $j \in \mathbb{N}$, so folgt (da $A_j \downarrow$ und

$B_j^m\!\downarrow$ für alle $m\in\mathbb{N}$): Für alle $m\in\mathbb{N}$ ist $A_j^m\!\downarrow$, und wegen (7.2.19) folgt $A_j^m = X\cap \pi_{S_j}^{-1}(K_j^m)$ mit geeignetem kompaktem $K_j^m \in \mathscr{B}_{S_j}^*$. Wir zeigen als nächstes:

(7.2.28) $\mu_0(A_j^m) \gtrless L/2 + L2^{-m}$ für alle $j,m\in\mathbb{N}$.

Gemäß (7.2.27) ist $\mu_0(A_j^1) = \mu_0(A_j) \gtrless L$, d.h. (7.2.28) gilt für $m=1$. Setzen wir voraus, daß $\mu_0(A_j^{m-1}) \gtrless L/2 + L2^{-(m-1)}$ für alle $j\in\mathbb{N}$, so folgt wegen $\mu_0(B_j^m) > 1-L2^{-m}$, daß $\mu_0(A_j^m) = \mu_0(A_j^{m-1}\cap B_j^m) \gtrless L/2 + L2^{-m}$, also (7.2.28). Betrachten wir nun die Diagonalfolge $(A_p^p)_{p\in\mathbb{N}}$, so gilt: $A_p^p \subset A_p^{p-1} \subset A_{p-1}^{p-1}$, also $A_p^p\!\downarrow$. Ferner ist $A_p^p = X\cap \pi_{S_p}^{-1}(K_p^p)$ und wegen (7.2.28) $\lim_{p\to\infty} \mu_0(A_p^p) \gtrless L/2 > 0$. Insbesondere existiert für alle $p\in\mathbb{N}$ ein $f_p \in A_p^p$. Mittels Diagonalverfahren (man beachte, daß $\{f_p(t): p\in\mathbb{N}\}$ beschränkt ist für alle $t\in T$) findet man eine Teilfolge $(\bar{f}_p)_{p\in\mathbb{N}}$ derart, daß $\lim_{p\to\infty} \bar{f}_p(t_i) =: \psi(t_i)$ existiert für alle $t_i \in T$, wobei wegen der Abgeschlossenheit der K_j^j folgt: $\pi_{S_j}^T(\psi) \in K_j^j$, und somit $A_j \supset A_j^j \supset \{f\in X: \mathrm{rest}_{S_j} f = \mathrm{rest}_{S_j} \psi\} =: C_j$, $j\in\mathbb{N}$. Es genügt daher zu zeigen, daß $\bigcap_{j\in\mathbb{N}} C_j \neq \emptyset$, d.h. daß gilt: es existiert $\bar{\psi}\in X$ so, daß $\mathrm{rest}_T\bar{\psi} = \psi$, was nach Bedingung (7.2.22) gleichbedeutend damit ist, daß $\lim_{\delta\to 0} w^{(X)}(\psi,\delta,T) = 0$. Dies sieht man aber leicht so ein: Für alle $p\in\mathbb{N}$ und $m \leq p$ ist $\bar{f}_r \in A_p^p \subset A_p^m \subset B_p^m$ für schließlich alle $r\in\mathbb{N}$, also wegen (7.2.19) $w^{(X)}(\psi,\delta_m,S_p) = \lim_{r\to\infty} w^{(X)}(\bar{f}_r,\delta_m,S_p) \leq L2^{-m}$. Mit (7.2.17) folgt $w^{(X)}(\psi,\delta_m,T) \leq L2^{-m}$ für alle $m\in\mathbb{N}$, also $\lim_{\delta\to 0} w^{(X)}(\psi,\delta,T) = 0$.

(i) $\to$ (ii): Für $\varepsilon,\delta > 0$ sei $S(\varepsilon,\delta) := \{f\in X: w^{(X)}(f,\delta,I) > \varepsilon\}$. Wegen (7.2.17) und (7.2.20) folgt für $\delta_n \downarrow 0$, daß $S(\varepsilon,\delta_n)\downarrow\emptyset$, also $\mu_*(S(\varepsilon,\delta_n))\downarrow 0$, wobei μ das P in $(X,\mathscr{B}_I^{*X})$ realisierende Maß bezeichne.

Somit existiert für alle $\varepsilon,\eta > 0$ ein $\delta = \delta(\varepsilon,\eta) > 0$ derart, daß $\mu_*(S(\varepsilon,\delta)) \leq \eta$; insbesondere erhält man wegen (7.2.17) und (7.2.19), daß für alle $S \in \mathscr{P}_0(I)$

$$P(\{f\in\mathbb{R}^I: w^{(X)}(f,\delta,S) > \varepsilon\}) = \mu(\{f\in X: w^{(X)}(f,\delta,S) > \varepsilon\}) \leq \eta.$$

Damit ist Satz 7.2.23 vollständig bewiesen. $\square$

7.2.29 Definition. Sei $\xi = (\xi_t)_{t\in I}$ ein stochastischer Prozeß über einem W.-Raum $(\Omega, \mathscr{A}, \mathbb{P})$. Dann heißt $\underline{\xi \text{ realisierbar}}$ in $(X, \mathscr{A}_I^{*X})$, falls dies für die Verteilung $P = Q_\xi = \xi\mathbb{P}$ von ξ richtig ist.

7.2.30 Bemerkung. Ist $\xi = (\xi_t)_{t \in I}$ realisierbar in $(X, \mathscr{A}_I^{*X})$, so bedeutet dies i.a. $\underline{\text{nicht}}$, daß $\xi(\omega) \in X$ für $\mathbb{P}$-fast alle $\omega \in \Omega$: Ist nämlich $(\Omega, \mathscr{A}, \mathbb{P}) := ((0,1), (0,1) \cap \mathscr{A}^*, \lambda | (0,1) \cap \mathscr{A}^*)$ und $(\xi_t)_{t \in I}$ definiert durch $\xi_t(\omega) := \left\{ \begin{array}{l} 1, \text{ falls } t=\omega \\ 0, \text{ sonst} \end{array} \right.$, so ist ξ realisierbar in $X = C(I)$ mit $\mu = \varepsilon_o | \mathscr{A}_I^{*X}$. Andererseits ist aber $\mathbb{P}(\{\omega \in \Omega : \xi(\omega) \in C\}) = \mathbb{P}(\emptyset) = 0$.

Es gilt jedoch das folgende Lemma.

7.2.31 Lemma. $\xi = (\xi_t)_{t \in I}$ ist realisierbar in $(X, \mathscr{A}_I^{*X})$ genau dann, wenn ein zu ξ äquivalenter stochastischer Prozeß $\eta = (\eta_t)_{t \in I}$ existiert, so daß sämtliche Trajektorien von η in X liegen.

Dabei heißen zwei stochastische Prozesse ξ und η $\underline{\text{äquivalent}}$, falls ihre entsprechenden endlichdimensionalen Randverteilungen übereinstimmen, d.h. es ist $\pi_S Q_\xi = \pi_S Q_\eta$ für alle $S \in \mathscr{P}_o(I)$. Man beachte, daß ξ und η nicht notwendig über demselben W.-Raum definiert zu sein brauchen.

Beweis. 1. Sei $\xi = (\xi_t)_{t \in I}$ realisierbar in $(X, \mathscr{A}_I^{*X})$, d.h. es existiert ein W.-Maß $\mu | \mathscr{A}_I^{*X}$, welches die Bedingung (7.2.12) für $P=Q_\xi$ erfüllt. Setze $(\Omega', \mathscr{A}', \mathbb{P}') := (X, \mathscr{A}_I^{*X}, \mu)$ und $\eta_t = \pi_t(X)$, $t \in I$, also $\eta = \text{id}_X$ und damit $\eta(\omega') \in X$ für alle $\omega' \in \Omega'$. Da ferner für alle $S \in \mathscr{P}_o(I)$ und $B \in \mathscr{A}_S^*$

$$\pi_S Q_\eta(B) = \mu(\{f \in X : \pi_S(f) \in B\}) = Q_\xi(\{f \in \mathbb{R}^I : \pi_S(f) \in B\}) = \pi_S Q_\xi(B),$$

sind ξ und η äquivalent.

2. Sei η ein zu ξ äquivalenter stochastischer Prozeß derart, daß alle Trajektorien von η in X liegen. Da gemäß 7.1.22ff Q_ξ eindeutig durch seine endlichdimensionalen Randverteilungen bestimmt ist, folgt $Q_\xi = Q_\eta$ und damit $(Q_\xi)^*(X) = (Q_\eta)^*(X) = 1$. Die Behauptung ergibt sich nun sofort aus (7.1.19). $\square$

Bei Zugrundelegen des in (7.2.5) definierten C-Stetigkeitsmoduls $w^{(C)}(f, \delta, T)$ folgt aus seiner Definition und den in 7.2.8 angegebenen Eigenschaften für $X = C(I)$, daß in diesem Fall die Forderungen (7.2.17) - (7.2.22) erfüllt sind. (Die Funktion $\phi_{\delta, S}^{(C)}$ in (7.2.19) hat dabei die Gestalt

$$\phi_{\delta,S}^{(C)}(x_1,\ldots,x_n) := \sup_{\substack{\{(i,j):|t_i-t_j|\le\delta \\ t_i,t_j\in S\}}} |x_i-x_j|,$$

falls $S = \{t_1,\ldots,t_n\}$ mit $t_1 < t_2 < \ldots < t_n$.

Somit erhalten wir aus unserem allgemeinen Realisierbarkeitssatz 7.2.23 den folgenden

<u>7.2.32 Satz.</u> Sei $\xi = (\xi_t)_{t\in I}$ ein stochastischer Prozeß über einem W.-Raum $(\Omega,\mathscr{A},\mathbb{P})$. Dann sind die beiden folgenden Eigenschaften äquivalent:

(7.2.33) $\xi = (\xi_t)_{t\in I}$ ist realisierbar in $(C,\mathscr{A}_I^{*C}) = (C,\mathscr{A}(C))$

(7.2.34) Für alle $\varepsilon,\eta > 0$ existiert $\delta = \delta(\varepsilon,\eta) > 0$, so daß für

$$\text{alle } S\in\mathscr{S}_0(I)\ \mathbb{P}(\{\omega\in\Omega: \sup_{\substack{|s-s'|\le\delta \\ s,s'\in S}} |\xi_s(\omega)-\xi_{s'}(\omega)| > \varepsilon\}) \le \eta.$$

<u>7.2.35 Bemerkung.</u> Jeder stochastische Prozeß $\xi = (\xi_t)_{t\in I}$, welcher die Bedingung (7.2.34) erfüllt, ist <u>nach Wahrscheinlichkeit stetig</u>, d.h. es gilt:

(7.2.36) Für alle $\varepsilon > 0$ ist $\lim_{t\to s}\mathbb{P}(\{\omega\in\Omega:|\xi_t(\omega)-\xi_s(\omega)|>\varepsilon\})=0,\ 0\le s\le 1$.

Hiervon gilt jedoch nicht die Umkehrung, wie folgendes Beispiel zeigt: Sei $(\Omega,\mathscr{A},\mathbb{P}) := ((0,1),\ (0,1)\cap\mathscr{A}^*,\ \lambda|(0,1)\cap\mathscr{A}^*)$ und

$$\xi_t(\omega) := \begin{cases} 0, & \text{falls } t > \omega \\ 1, & \text{falls } t \le \omega \end{cases}, \quad \omega\in\Omega,\ t\in I;\ \text{dann gilt für alle } 0 < \varepsilon < 1:$$

$\lim_{t\to s}\mathbb{P}(\{|\xi_t - \xi_s| > \varepsilon\}) = \lim_{t\to s}|t-s|=0,\ 0\le s\le 1$, also (7.2.36). Andererseits folgt mit $S_\delta:=\{0,\delta,2\delta,\ldots,n\delta,1\}$, wobei $n\in\mathbb{N}$ so gewählt ist, daß $1/(n+1)<\delta<1/n$:

$$\mathbb{P}(\{\omega\in\Omega: \sup_{\substack{|s-s'|\le\delta \\ s,s'\in S_\delta}} |\xi_s(\omega)-\xi_{s'}(\omega)| > \tfrac{1}{2}\})=1 \text{ für alle } \delta > 0,$$

d.h. $\xi = (\xi_t)_{t\in I}$ erfüllt nicht Bedingung (7.2.34). Setzt man für $\delta,\varepsilon > 0$

$$W(\delta,\varepsilon) := \sup_{\substack{|t-t'|\le\delta \\ t,t'\in I}} \mathbb{P}(\{\omega\in\Omega:\ |\xi_t(\omega)-\xi_{t'}(\omega)| > \varepsilon\}),$$

so sieht man leicht (vgl. auch Ü 7.2.7), daß jeder Prozeß $\xi = (\xi_t)_{t\in I}$

welcher die Bedingung (7.2.34) erfüllt, sogar <u>nach Wahrscheinlichkeit
gleichmäßig stetig</u> ist, d.h. es ist

$$(7.2.37) \quad \lim_{\delta \to 0} W(\delta,\varepsilon) = 0 \text{ für alle } \varepsilon > 0.$$

Andererseits ergibt sich aus dem letzten Beispiel (mit $W(\delta,\varepsilon) = \delta$ für
alle $0 < \delta, \varepsilon < 1$), daß hiervon nicht die Umkehrung gilt. Wie der
folgende Satz zeigt, ist (7.2.37) jedoch hinreichend für (7.2.34),
wenn man an das Konvergenzverhalten von $W(\delta,\varepsilon)$ gewisse Bedingungen
stellt.

<u>7.2.38 Satz.</u> Es sei $\xi = (\xi_t)_{t \in I}$ ein stochastischer Prozeß über einem
W.-Raum $(\Omega, \mathscr{A}, \mathbb{P})$. Ferner existiere eine monoton wachsende Funktion
$q: I \to \mathbb{R}_+$ mit den Eigenschaften

$$(7.2.39) \quad \int_0^1 q(\delta)\,\delta^{-1}\,d\delta < \infty$$

und

$$(7.2.40) \quad \int_0^1 W(\delta,q(\delta))\,\delta^{-2}\,d\delta < \infty.$$

Dann ist $\xi = (\xi_t)_{t \in I}$ realisierbar in $(C, \mathscr{A}(C))$.

<u>7.2.41 Bemerkung.</u> Aufgrund von $\int_0^1 \delta^{-1}\,d\delta = \infty$ und der vorausgesetzten
Monotonieeigenschaft von q folgt aus (7.2.39), daß q rechtsseitig
stetig in 0 ist mit $q(0) = 0$. Insbesondere existiert zu vorgegebenem
$\varepsilon > 0$ ein $\delta_0 > 0$ derart, daß $q(\delta) \leq \varepsilon$ für alle $0 \leq \delta \leq \delta_0$. Da die Funktion
W im ersten Argument monoton wachsend und im zweiten Argument monoton
fallend ist, erhält man aus (7.2.40), daß

$$\int_0^{\delta_0} W(\delta,\varepsilon)\delta^{-2}\,d\delta \leq \int_0^{\delta_0} W(\delta,q(\delta))\,\delta^{-2}\,d\delta < \infty \text{ und damit } \lim_{\delta \to 0} W(\delta,\varepsilon) = 0, \text{ d.h.}$$

$\xi = (\xi_t)_{t \in I}$ ist nach Wahrscheinlichkeit gleichmäßig stetig.

<u>Beweis von Satz 7.2.38.</u> Aufgrund von (7.2.39) und der vorausge-
setzten Monotonieeigenschaft von q ist

$$\sum_{n \geq 1} q(2^{-(n+1)})2^n(2^{-n}-2^{-(n+1)}) \leq \int_0^1 q(\delta)\delta^{-1}\,d\delta < \infty$$

und damit

$$(7.2.42) \quad \sum_{n \geq 1} q(2^{-n}) < \infty.$$

Aufgrund der Monotonieeigenschaften von W (vgl. 7.2.41) erhält man
analog aus (7.2.40), daß

(7.2.43) $\sum\limits_{n\geq 1} W(2^{-(n+1)}, q(2^{-n}))2^n < \infty.$

Sei $A_k^n := \{\omega \in \Omega : |\xi(k2^{-(n+1)},\omega)-\xi((k+1)2^{-(n+1)},\omega)| \leq q(2^{-n})\}$,

$k=0,\ldots,2^{n+1}-1$ und $D^n := \bigcap\limits_{m\geq n} \bigcap\limits_{k=0}^{2^{m+1}-1} A_k^m$, wobei $\xi(t,\omega):=\xi_t(\omega)$, $t\in I$,

$\omega \in \Omega$, gesetzt ist. Dann ist

$$\mathbb{P}(\complement D^n) \leq \sum\limits_{m\geq n} \sum\limits_{k=0}^{2^{m+1}-1} \mathbb{P}(\complement A_k^m) \leq \sum\limits_{m\geq n} \sum\limits_{k=0}^{2^{m+1}-1} W(2^{-(m+1)}, q(2^{-m}))$$

$$= \sum\limits_{m\geq n} 2^{m+1} W(2^{-(m+1)}, q(2^{-m})), \text{ also wegen (7.2.43)}$$

(7.2.44) $\lim\limits_{n\to\infty} \mathbb{P}(\complement D^n) = 0.$

Als nächstes zeigen wir, daß für alle $\omega \in D^n$ und alle $m \in \mathbb{N}$

(7.2.45) $|\xi(s2^{-(n+m)},\omega)-\xi(k2^{-(n+1)},\omega)| \leq \sum\limits_{r=n}^{n+m-1} q(2^{-r})$, $k=0,\ldots,2^{n+1}-1$,

$k2^{m-1} \leq s \leq (k+1)2^{m-1}$, $s \in \mathbb{N}$.

Der Beweis erfolgt durch Induktion über m. Da $\omega \in A_k^n$ für alle $k=0,\ldots,2^{n+1}-1$, ist die Behauptung richtig für $m=1$. Im Fall $m \geq 1$ folgt die Behauptung für $m+1$ aus der Ungleichung

$$|\xi(s2^{-(n+m+1)},\omega)-\xi(k2^{-(n+1)},\omega)| \leq |\xi(s2^{-(n+m+1)},\omega)-\xi(\langle s/2\rangle 2^{-(n+m)},\omega)|$$

$$+ |\xi(\langle s/2\rangle 2^{-(n+m)},\omega)-\xi(k2^{-(n+1)},\omega)|,$$

wenn man beachtet, daß der erste Summand auf der rechten Seite wegen $s-2\langle s/2\rangle = 0,1$ und $\omega \in A_k^{n+m}$ kleiner oder gleich $q(2^{-(n+m)})$ und der zweite Summand nach Induktionsannahme kleiner oder gleich $\sum\limits_{r=n}^{n+m-1} q(2^{-r})$ ist.

Sei $T := \{k/2^m : m \in \mathbb{N} \text{ und } 0 \leq k \leq 2^m\}$ die Gesamtheit der dyadischen Brüche in I. Da jedes $t \in T$ mit $k2^{-(n+1)} \leq t \leq (k+1)2^{-(n+1)}$ eine Darstellung $t = s2^{-(n+m)}$ mit $k2^{m-1} \leq s \leq (k+1)2^{m-1}$ besitzt, folgt aus (7.2.45), daß für alle $\omega \in D^n$ und $k=0,\ldots,2^{n+1}-1$

(7.2.46) $\sup\limits_{\substack{k2^{-(n+1)}\leq t\leq (k+1)2^{-(n+1)} \\ t \in T}} |\xi(t,\omega)-\xi(k2^{-(n+1)},\omega)| \leq \sum\limits_{r\geq n} q(2^{-r}).$

Um nun (7.2.34) nachzuweisen, sei zu beliebig vorgegebenen $\varepsilon, \eta > 0$ $n_0 \in \mathbb{N}$ so gewählt, daß

$$\sum_{r \geq n_o} q(2^{-r}) \leq \epsilon/6 \quad \text{und} \quad \mathbb{P}(\complement D^{n_o}) \leq \eta \quad (\text{vgl. } (7.2.42) \text{ und } (7.2.44)).$$

Setze $\delta = 2^{-(n_o+1)} > 0$. Mit (7.2.46) folgt durch Anwendung der Dreiecksungleichung, daß

$$(7.2.47) \quad \sup_{\substack{|t-t'| \leq \delta \\ t,t' \in T}} |\xi(t,\omega) - \xi(t',\omega)| \leq \epsilon/2 \quad \text{für alle } \omega \in D^{n_o}.$$

Zu zeigen bleibt, daß $\mathbb{P}(\{\omega \in \Omega : \sup_{\substack{|s-s'| \leq \delta/2 \\ s,s' \in S}} |\xi_s(\omega) - \xi_{s'}(\omega)| > \epsilon\}) \leq \eta$ für

alle $S \in \mathscr{P}_o(I)$.

Sei $S \in \mathscr{P}_o(I)$ im folgenden beliebig aber fest gewählt. Gemäß Bemerkung 7.2.41 ist der Prozeß $\xi = (\xi_t)_{t \in I}$ nach Wahrscheinlichkeit gleichmäßig stetig, also stetig. Da T dicht in I ist, existiert zu jedem $s \in S$ eine Folge $(t_s^n)_{n \in \mathbb{N}}$ in T mit $t_s^n \to s$. Indem man gegebenenfalls zu Teilfolgen übergeht (vgl. 1.11.13), ist dabei o.E. annehmbar, daß $\xi_{t_s^n} \to \xi_s$ $\mathbb{P}$-fast sicher für alle $s \in S$, d.h. es existiert $N \in \mathscr{A}$ mit $\mathbb{P}(\complement N) = 0$ derart, daß

$$(7.2.48) \quad \xi(t_s^n,\omega) \to \xi(s,\omega) \quad \text{für alle } s \in S \text{ und } \omega \in N.$$

Da nach Wahl von n_o $\mathbb{P}(\complement(N \cap D^{n_o})) \leq \eta$, reicht es zu zeigen, daß

$$(7.2.49) \quad \sup_{\substack{|s-s'| \leq \delta/2 \\ s,s' \in S}} |\xi_s(\omega) - \xi_{s'}(\omega)| \leq \epsilon \quad \text{für alle } \omega \in N \cap D^{n_o}.$$

Seien dazu $\omega \in N \cap D^{n_o}$ und $s,s' \in S$ mit $|s-s'| \leq \delta/2$ beliebig gewählt. Gemäß (7.2.48) existiert $n_1 \in \mathbb{N}$ derart, daß

$$\text{und} \quad \sup\{|t_s^{n_1}-s|, |t_{s'}^{n_1}-s'|\} \leq \delta/4$$

$$\sup\{|\xi(t_s^{n_1},\omega) - \xi(s,\omega)|, |\xi(t_{s'}^{n_1},\omega) - \xi(s',\omega)|\} \leq \epsilon/4.$$

Es folgt $|t_s^{n_1}-t_{s'}^{n_1}| \leq \delta$ und damit wegen (7.2.47)

$$|\xi(s,\omega) - \xi(s',\omega)| \leq \epsilon/2 + |\xi(t_s^{n_1},\omega) - \xi(t_{s'}^{n_1},\omega)| \leq \epsilon.$$

Damit ist Satz 7.2.38 vollständig bewiesen. $\square$

7.2.50 Bemerkung. Die Behauptung in Satz 7.2.38 bleibt richtig, wenn man nur die Existenz einer monoton wachsenden Funktion q fordert, welche auf einer offenen Umgebung $[0,\delta_o)$, $\delta_o > 0$, von 0 definiert ist und für die gilt: $\int\limits_{O}^{\delta_O} q(\delta)\,\delta^{-1}d\delta < \infty$ und $\int\limits_{O}^{\delta_O} W(\delta,q(\delta))\,\delta^{-2}d\delta < \infty$.

7.2.51 Korollar (Kolmogoroff). Es sei $\xi = (\xi_t)_{t\in I}$ ein stochastischer Prozeß über einem W.-Raum $(\Omega,\mathscr{A},\mathbb{P})$. Falls dann Konstanten $K \geq 0$, $a \geq 0$ und $b > 1$ derart existieren, daß für alle $t,t' \in I$ und $\varepsilon > 0$

$$\mathbb{P}(\{\omega \in \Omega : |\xi_t(\omega)-\xi_{t'}(\omega)| > \varepsilon\}) \leq K\varepsilon^{-a}|t-t'|^b,$$

so ist $\xi = (\xi_t)_{t\in I}$ realisierbar in $(C,\mathscr{B}(C))$.

Beweis. Nach Annahme gilt $W(\delta,\varepsilon) \leq K\delta^b\varepsilon^{-a}$ für alle $\delta \geq 0$ und $\varepsilon > 0$. Sei $c > 0$ so gewählt, daß $b-ac > 1$. Setze $q(\delta) = \delta^c$. Man prüft sofort nach, daß mit diesem q alle Voraussetzungen von 7.2.38 erfüllt sind.

□

7.2.52 Satz. Es sei $F: I \to \mathbb{R}$ eine beliebige stetige Funktion. Falls dann Konstanten $K \geq 0$, $a \leq 0$ und $b > 1$ derart existieren, daß für alle $t,t' \in I$ und $\varepsilon > 0$

$$(7.2.53)\quad \mathbb{P}(\{\omega \in \Omega : |\xi_t(\omega)-\xi_{t'}(\omega)| > \varepsilon\}) \leq K\varepsilon^{-a}|F(t)-F(t')|^b,$$

so ist $\xi = (\xi_t)_{t\in I}$ realisierbar in $(C,\mathscr{B}(C))$.

Beweis. Sei $M := \max\{F(t): t\in I\}$ und $m := \min\{F(t): t\in I\}$. O.E. ist dann $m < M$ annehmbar, da sonst F konstant und somit die Behauptung des Satzes unmittelbar aus 7.2.51 folgt. Indem man gegebenenfalls zu $F^*(t) := \frac{F(t)-m}{M-m}$ und $K^* := K(M-m)^b$ übergeht, ist weiterhin o.E. annehmbar, daß $F(I) = I$. Für $t\in I$ sei $F^{-1}(t) := \sup\{s\in I: F(s)=t\}$ gesetzt. Aufgrund der vorausgesetzten Stetigkeit von F ist F^{-1} wohldefiniert (Zwischenwertsatz!), und es ist $F(F^{-1}(t)) = t$. Setze $\xi_t^* = \xi_{F^{-1}(t)}$, $t\in I$. Dann ist $\xi^* = (\xi_t^*)_{t\in I}$ ein stochastischer Prozeß über $(\Omega,\mathscr{A},\mathbb{P})$, welcher die Voraussetzungen von 7.2.51 erfüllt:

$$\mathbb{P}(\{\omega \in \Omega : |\xi_t^*(\omega)-\xi_{t'}^*(\omega)| > \varepsilon\}) = \mathbb{P}(\{\omega \in \Omega : |\xi_{F^{-1}(t)}(\omega)-\xi_{F^{-1}(t')}(\omega)| > \varepsilon\})$$

$$\leq K\varepsilon^{-a}|F(F^{-1}(t))-F(F^{-1}(t'))|^b = K\varepsilon^{-a}|t-t'|^b.$$

Mit 7.2.51 und 7.2.31 folgt: es existiert ein zu ξ^* äquivalenter stochastischer Prozeß $\eta^* = (\eta_t^*)_{t\in I}$, so daß sämtliche Trajektorien von η^* stetig sind. Setze $\eta_t := \eta_{F(t)}^*$. Da F stetig ist und somit sämtliche Trajektorien von $\eta = (\eta_t)_{t\in I}$ in $C(I)$ liegen, reicht es aufgrund von 7.2.31 zu zeigen, daß η zu ξ äquivalent ist. Sei dazu

$S \in \mathscr{P}_0(I)$ beliebig vorgegeben. Dann gilt:

$$(\eta_s : s \in S) = (\eta^*_{F(s)} : s \in S) \overset{\mathscr{L}}{=} (\xi^*_{F(s)} : s \in S) = (\xi_{F^{-1}(F(s))} : s \in S).$$

Die Behauptung des Satzes ist bewiesen, wenn wir zeigen können, daß $(\xi_{F^{-1}(F(s))} : s \in S) \overset{\mathscr{L}}{=} (\xi_s : s \in S)$. Die letzte Gleichheit ist aber bewiesen, wenn für alle $t \in I$

$$(7.2.54) \quad \xi_t = \xi_{F^{-1}(F(t))} \quad \mathbb{P}\text{-fast sicher.}$$

Gemäß (7.2.53) ist aber

$$\mathbb{P}(\{\omega \in \Omega : |\xi_t(\omega) - \xi_{F^{-1}(F(t))}(\omega)| > \varepsilon\}) \leq K\varepsilon^{-a}|F(t) - F(F^{-1}(F(t)))|^b$$
$$= K\varepsilon^{-a}|F(t) - F(t)|^b = 0$$

für alle $\varepsilon > 0$ und damit (7.2.54). $\square$

7.2.55 Korollar. Mit den Bezeichnungen von Satz 7.2.52 gelte

$$(7.2.56) \quad \mathbb{E}(|\xi_t - \xi_{t'}|^a) \leq K|F(t) - F(t')|^b.$$

Dann ist $\xi = (\xi_t)_{t \in I}$ realisierbar in $(C, \mathscr{B}(C))$.

Beweis. Folgt unmittelbar aus 7.2.52 unter Verwendung von 1.18.2. $\square$

Im folgenden wollen wir die eben abgeleiteten Ergebnisse in analoger Weise auf den Fall $X = \hat{D}(I)$ übertragen. Als erstes zeigen wir, daß bei Zugrundelegen des in (7.2.6) definierten Stetigkeitsmoduls $w^{(\hat{D})}$ der Raum $X = \hat{D}(I)$ modulisierbar ist und die Bedingungen (7.2.21) und (7.2.22) erfüllt. (7.2.17) und (7.2.18) sind offensichtlich. Die Funktion $\phi^{(\hat{D})}_{\delta,S}$ in (7.2.19) hat die Gestalt

$$\phi^{(\hat{D})}_{\delta,S}(x_1,\ldots,x_n) := \sup_{\{(i,j,k):\, t_j - \delta \leq t_i \leq t_j \leq t_k \leq t_j + \delta\}} \min\{|x_i - x_j|, |x_j - x_k|\},$$

$$\text{falls } S = \{t_1,\ldots,t_n\} \text{ mit } t_1 < t_2 < \ldots < t_n.$$

(7.2.20) ist gerade die Aussage von 7.2.9 (b). (7.2.21) gilt ebenfalls, und die Gültigkeit von (7.2.22) sieht man so ein: Sei T dicht in I und $\psi \in \mathbb{R}^T$ so, daß $\lim_{\delta \to 0} w^{(\hat{D})}(\psi, \delta, T) = 0$. Dann folgt aus 7.2.9 (a) zunächst die Existenz der rechtsseitigen (bzw. linksseitigen) Limites $\lim_{T \ni s \downarrow t} \psi(s)$, $0 \leq t < 1$ (bzw. $\lim_{T \ni s \uparrow t} \psi(s)$, $0 < t \leq 1$).

$$\text{Setze } \breve{\psi}(t) := \begin{cases} \lim_{T \ni s \downarrow t} \psi(s), & \text{falls } t \notin T \text{ und } 0 \le t < 1 \\[2mm] \psi(s), & \text{falls } t \in T \\[2mm] \lim_{T \ni s \uparrow 1} \psi(s), & \text{falls } t=1 \text{ und } 1 \notin T \end{cases} \quad .$$

Dann ist $w^{(\hat{D})}(\psi,\delta,T) = w^{(\hat{D})}(\breve{\psi},\delta,I)$ für alle $\delta > 0$ und somit $\lim_{\delta \to 0} w^{(\hat{D})}(\breve{\psi},\delta,I) = 0$, also $\breve{\psi} \in \hat{D}(I)$ gemäß 7.2.9 (b). Da außerdem $\text{rest}_T \breve{\psi} = \psi$ laut Konstruktion, gilt auch (7.2.22), und wir erhalten aus dem allgemeinen Realisierbarkeitssatz 7.2.23 das folgende Ergebnis.

__7.2.57 Satz.__ Sei $\xi = (\xi_t)_{t \in I}$ ein stochastischer Prozeß über einem W.-Raum $(\Omega, \mathscr{A}, \mathbb{P})$; dann sind die beiden folgenden Eigenschaften äquivalent:

(7.2.58) $\xi = (\xi_t)_{t \in I}$ ist realisierbar in $(\hat{D}, \mathscr{A}_I^{*\hat{D}})$

(7.2.59) Für alle $\varepsilon, \eta > 0$ existiert $\delta = \delta(\varepsilon, \eta) > 0$, so daß

$$\mathbb{P}(\{ \sup_{\substack{s - \delta \le s_1 \le s \le s_2 \le s + \delta \\ s_1, s, s_2 \in S}} \min\{|\xi_{s_1} - \xi_s|, |\xi_s - \xi_{s_2}|\} > \varepsilon \}) \le \eta$$

für alle $S \in \mathscr{P}_0(I)$.

__7.2.60 Bemerkung.__ Setzt man für $\delta, \varepsilon > 0$

$$\hat{W}(\delta,\varepsilon) := \sup_{\substack{t - \delta \le t_1 \le t \le t_2 \le t + \delta \\ t_1, t, t_2 \in I}} \mathbb{P}(\{\omega \in \Omega : \min\{|\xi_{t_1}(\omega) - \xi_t(\omega)|, |\xi_t(\omega) - \xi_{t_2}(\omega)|\} > \varepsilon\}),$$

so folgt wie im Fall $X = C(I)$, daß jeder in $(\hat{D}, \mathscr{A}_I^{*\hat{D}})$ realisierbare Prozeß die Bedingung

(7.2.61) $\lim_{\delta \to 0} \hat{W}(\delta,\varepsilon) = 0$ für alle $\varepsilon > 0$

erfüllt. Man zeigt leicht, daß hiervon nicht die Umkehrung gilt. Als Analogon zu 7.2.38 erhalten wir jedoch den folgenden

__7.2.62 Satz.__ Es sei $\xi = (\xi_t)_{t \in I}$ ein stochastischer Prozeß über einem W.-Raum $(\Omega, \mathscr{A}, \mathbb{P})$. Ferner existiere eine monoton wachsende Funktion $q: I \to \mathbb{R}_+$ mit den Eigenschaften

(7.2.39) $\displaystyle\int_0^1 q(\delta)\, \delta^{-1} d\delta < \infty$

und

(7.2.63) $\displaystyle\int_0^1 \hat{W}(\delta, q(\delta))\, \delta^{-2} d\delta < \infty.$

Dann ist $\xi = (\xi_t)_{t\in I}$ realisierbar in $(\hat{D}, \mathscr{A}_I^{*\hat{D}})$.

__7.2.64 Bemerkung.__ Wie in 7.2.41 zeigt man, daß (7.2.39) und (7.2.63) die Bedingung (7.2.61) implizieren.

__Beweis.__ Aus (7.2.39) und (7.2.63) folgt wie im Beweis zu 7.2.38, daß

$$(7.2.42) \quad \sum_{n\geq 1} q(2^{-n}) < \infty \quad \text{und}$$

$$(7.2.65) \quad \sum_{n\geq 1} \hat{W}(2^{-(n+1)}, q(2^{-n}))2^n < \infty.$$

Sei $\hat{A}_k^n := \{\omega\in\Omega : |\xi(k2^{-(n+1)},\omega) - \xi((k+1)2^{-(n+1)},\omega)| \leq q(2^{-n})\}$, $k=0,\ldots,2^{n+1}-1$, $\hat{B}_k^n := \hat{A}_{k-1}^n \cup \hat{A}_k^n$, $k=1,\ldots,2^{n+1}-1$, und $\hat{D}^n := \bigcap_{m\geq n} \bigcap_{k=1}^{2^{m+1}-1} \hat{B}_k^m$.

Dann ist

$$\mathbb{P}(\complement\hat{D}^n) \leq \sum_{m\geq n} \sum_{k=1}^{2^{m+1}-1} \hat{W}(2^{-(m+1)}, q(2^{-m})) \leq \sum_{m\geq n} 2^{m+1} \hat{W}(2^{-(m+1)}, q(2^{-m})), \text{ also}$$

wegen (7.2.65)

$$(7.2.66) \quad \lim_{n\to\infty} \mathbb{P}(\complement\hat{D}^n) = 0.$$

Seien im folgenden $n\in\mathbb{N}$ und $k\in\{1,\ldots,2^{n+1}-1\}$ beliebig aber fest gewählt. Setze $a := (k-1)2^{-(n+1)}$ und $b := (k+1)2^{-(n+1)}$. Wir zeigen: Zu $\omega\in\hat{D}^n$ und $m\in\mathbb{N}$ existiert j_m, $0\leq j_m < 2^m$, mit den Eigenschaften

$$(7.2.67) \quad |\xi(a+s2^{-(n+m)},\omega) - \xi(a,\omega)| \leq \sum_{r=n}^{n+m-1} q(2^{-r}), \quad s=0,\ldots,j_m,$$

$$(7.2.68) \quad |\xi(a+s2^{-(n+m)},\omega) - \xi(b,\omega)| \leq \sum_{r=n}^{n+m-1} q(2^{-r}), \quad s=j_m+1,\ldots,2^m.$$

Der Beweis erfolgt durch Induktion über m. Setze

$$j_1 := \begin{cases} 0 & , \text{ falls } \omega\in\hat{A}_k^n \\ 1 & , \text{ falls } \omega\in\hat{A}_{k-1}^n \setminus \hat{A}_k^n \end{cases}.$$

Dann sind aufgrund der Definition von $\hat{A}_k^n$ offensichtlich beide Bedingungen erfüllt. Ist j_m, $m\in\mathbb{N}$, bereits definiert, setzen wir

$$j_{m+1} := \begin{cases} 2j_m & , \text{ falls } \omega\in\hat{A}_{k'}^{n+m} \\ 2j_m+1 & , \text{ falls } \omega\in\hat{A}_{k'-1}^{n+m} \setminus \hat{A}_{k'}^{n+m} \end{cases}, \text{ wobei } k'=k'(m)=(k-1)2^m+2j_m+1.$$

Wegen $\omega \in \hat{B}_{k,}^{n+m}$ ist j_{m+1} wohldefiniert, und es gilt

$$(7.2.69) \quad j_m 2^{-(n+m)} \leq j_{m+1} 2^{-(n+m+1)} \quad \text{für alle } m \in \mathbb{N}.$$

Um die Bedingungen (7.2.67) und (7.2.68) nachzuweisen, beschränken
wir uns o.E. auf den Fall $j_{m+1} = 2j_m$ (der Fall $j_{m+1} = 2j_m+1$ verläuft
analog). Die Behauptung folgt dann sofort aus der Induktionsannahme
für m, falls s gerade ist. Ist s ungerade und $0 \leq s \leq j_{m+1}$, so folgt
(7.2.67) aus der Ungleichung

$$|\xi(a+s2^{-(n+m+1)},\omega)-\xi(a,\omega)| \leq \min_{i=0,1} |\xi(a+s2^{-(n+m+1)},\omega)-\xi(a+(\langle s/2\rangle+i)2^{-(n+m)},\omega)$$

$$+ \max_{i=0,1} |\xi(a+(\langle s/2\rangle+i)2^{-(n+m)},\omega)-\xi(a,\omega)|.$$

Im Fall $j_{m+1}+3 \leq s \leq 2^{m+1}$, s ungerade, schließt man analog. Ist
$s = j_{m+1}+1$, so ergibt sich (7.2.68) aus

$$|\xi(a+s2^{-(n+m+1)},\omega)-\xi(b,\omega)| \leq |\xi(a+s2^{-(n+m+1)},\omega)-\xi(a+(s+1)2^{-(n+m+1)},\omega)| +$$

$$+ |\xi(a+(s+1)2^{-(n+m+1)},\omega)-\xi(b,\omega)|,$$

wenn man beachtet, daß der erste Summand wegen $\omega \in \hat{A}_{k,}^{n+m}$ kleiner oder
gleich $q(2^{-(n+m)})$ und der zweite Summand nach Induktionsvoraussetzung
kleiner oder gleich $\sum_{r=n}^{n+m-1} q(2^{-r})$ ist. Damit sind (7.2.67) und (7.2.68)
vollständig bewiesen.

Setze $\tau_k^n := a+\lim_{m\to\infty} j_m 2^{-(n+m)}$ (vgl. (7.2.69)). Dann folgt $a \leq \tau_k^n \leq b$ und
wegen (7.2.67) bzw. (7.2.68) erhält man (mit $T=\{k/2^m : m \in \mathbb{N} \text{ und } 0 \leq k \leq 2^m\}$)

$$(7.2.70) \quad \sup_{\substack{a \leq t < \tau_k^n \\ t \in T}} |\xi(t,\omega)-\xi(a,\omega)| \leq \sum_{r \geq n} q(2^{-r}) \quad \text{und}$$

$$(7.2.71) \quad \sup_{\substack{\tau_k^n < t \leq b \\ t \in T}} |\xi(t,\omega)-\xi(b,\omega)| \leq \sum_{r \geq n} q(2^{-r}).$$

Um nun (7.2.59) nachzuweisen, sei $n_0 = n_0(\varepsilon,\eta) \in \mathbb{N}$ zu $\varepsilon,\eta > 0$ so gewählt, daß $\sum_{r \geq n_0} q(2^{-r}) \leq \varepsilon/4$ und $\mathbb{P}(\complement \hat{D}^{n_0}) \leq \eta$ (vgl. (7.2.42) und
(7.2.66)). Setze $T_{n_0} := T \setminus \{\tau_k^{n_0} : 1 \leq k \leq 2^{n_0+1}-1\}$ und $\delta := 2^{-(n_0+2)} > 0$.
Dann ist T_{n_0} dicht in I, und wegen (7.2.70) und (7.2.71) folgt

$$(7.2.72) \quad \sup_{\substack{t-\delta \le t_1 \le t \le t_2 \le t+\delta \\ t_1,t,t_2 \in T_{n_o}}} \min\{|\xi_{t_1}(\omega)-\xi_t(\omega)|,|\xi_t(\omega)-\xi_{t_2}(\omega)|\} \le \varepsilon/2$$

$$\text{für alle } \omega \in \hat{D}^{n_o}.$$

Sei im folgenden $S \in \mathscr{P}_o(I)$ beliebig aber fest gewählt. Zu zeigen bleibt, daß

$$\mathbb{P}(\{\omega \in \Omega: \sup_{\substack{s-\delta/2 \le s_1 \le s \le s_2 \le s+\delta/2 \\ s_1,s,s_2 \in S}} \min\{|\xi_{s_1}(\omega)-\xi_s(\omega)|,|\xi_s(\omega)-\xi_{s_2}(\omega)|\} > \varepsilon\}) \le \eta.$$

Gemäß (7.2.61) existieren zu jedem $s \in S$ mit $0 < s < 1$ Folgen $(t_s^n)_{n \in \mathbb{N}}$ mit $t_s^n \in T_{n_o}$ und $t_s^n \to s$ derart, daß für $\mathbb{P}$-fast alle $\omega \in \Omega$

$$(7.2.73) \quad \xi(t_s^n,\omega) \to \xi(s,\omega) \text{ für alle } s \in S \text{ mit } 0 < s < 1.$$

Da nach Wahl von n_o $\mathbb{P}(\complement \hat{D}^{n_o}) \le \eta$, reicht es zu zeigen, daß für alle $\omega \in \hat{D}^{n_o}$, welche (7.2.73) erfüllen, gilt:für alle $s_1,s,s_2 \in S$ mit $s-\delta/2 \le s_1 \le s \le s_2 \le s+\delta/2$ ist

$$\min\{|\xi_{s_1}(\omega)-\xi_s(\omega)|,|\xi_s(\omega)-\xi_{s_2}(\omega)|\} \le \varepsilon.$$

Im Fall $0 < s_1 \le s \le s_2 < 1$ folgt die Behauptung analog zu (7.2.49), wobei man (7.2.47) durch (7.2.72) zu ersetzen hat. Ist $s_1=0$ (und damit $s_2<1$) und $0 \in T_{n_o}$, erhält man wegen (7.2.72) (wobei o.E. $s_1 < s < s_2$)

$$\min\{|\xi_{s_1}(\omega)-\xi_s(\omega)|,|\xi_s(\omega)-\xi_{s_2}(\omega)|\} =$$

$$\lim_{n\to\infty} \min\{|\xi_0(\omega)-\xi(t_s^n,\omega)|,|\xi(t_s^n,\omega)-\xi(t_{s_2}^n,\omega)|\} \le \varepsilon.$$

Im Fall $0 \notin T_{n_o}$, also $\tau_1^{n_o} = 0$, ist nach (7.2.71) aber

$$\min\{|\xi_{s_1}(\omega)-\xi_s(\omega)|,|\xi_s(\omega)-\xi_{s_2}(\omega)|\} \le$$

$$|\xi_s(\omega)-\xi_{s_2}(\omega)| = \lim_{n\to\infty} |\xi(t_s^n,\omega)-\xi(t_{s_2}^n,\omega)| \le \varepsilon/2 \le \varepsilon.$$

Damit ist Satz 7.2.62 vollständig bewiesen (der Fall $s_2=1$ folgt entsprechend). $\square$

<u>7.2.74 Korollar.</u> Es sei $\xi = (\xi_t)_{t \in I}$ ein stochastischer Prozeß über einem W.-Raum $(\Omega,\mathscr{A},\mathbb{P})$. Falls dann Konstanten $K \ge 0$, $a \ge 0$ und

und $b > 1$ derart existieren, daß für alle $0 \leq t_1 \leq t \leq t_2 \leq 1$ und $\varepsilon > 0$

$$\mathbb{P}(\{\omega \in \Omega : |\xi_{t_1}(\omega) - \xi_t(\omega)| > \varepsilon, |\xi_t(\omega) - \xi_{t_2}(\omega)| > \varepsilon\}) \leq K\varepsilon^{-a}|t_2 - t_1|^b,$$

so ist $\xi = (\xi_t)_{t \in I}$ realisierbar in $(\hat{D}, \mathscr{R}_I^{*\hat{D}})$.

7.2.75 Satz. Es sei $F: I \to \mathbb{R}_+$ eine beliebige stetige monoton wachsende Funktion. Falls dann Konstanten $K \geq 0$, $a \geq 0$ und $b > 1$ derart existieren, daß für alle $0 \leq t_1 \leq t \leq t_2 \leq 1$ und $\varepsilon > 0$

$$\mathbb{P}(\{\omega \in \Omega : |\xi_{t_1}(\omega) - \xi_t(\omega)| > \varepsilon, |\xi_t(\omega) - \xi_{t_2}(\omega)| > \varepsilon\}) \leq K\varepsilon^{-a}|F(t_2) - F(t_1)|^b,$$

so ist $\xi = (\xi_t)_{t \in I}$ realisierbar in $(\hat{D}, \mathscr{B}_I^{*\hat{D}})$.

<u>Beweis.</u> Analog zu 7.2.52. $\square$

Das folgende Korollar zeigt, daß sich 7.2.55 bei Gültigkeit einer entsprechenden Momentenungleichung auf den $\hat{D}$-Fall übertragen läßt.

7.2.76 Korollar. Unter den Voraussetzungen von Satz 7.2.75 gelte für nichtnegative Konstanten a_1, a_2, K sowie für ein $b > 1$

$$\mathbb{E}(|\xi_{t_1} - \xi_t|^{a_1}|\xi_t - \xi_{t_2}|^{a_2}) \leq K|F(t_2) - F(t_1)|^b.$$

Dann ist $\xi = (\xi_t)_{t \in I}$ realisierbar in $(\hat{D}, \mathscr{R}_I^{*\hat{D}})$.

Abschließend wollen wir ein notwendiges und hinreichendes Kriterium für die Realisierbarkeit eines stochastischen Prozesses $\xi = (\xi_t)_{t \in I}$ in $(D, \mathscr{R}_I^{*D}) = (D, \mathscr{R}(D))$ kennenlernen, wobei $\mathscr{R}(D)$ die σ-Algebra der Borelschen Mengen bzgl. der Skorokhod-Topologie bezeichnet (vgl. 7.2.10).

7.2.77 Satz. Ein stochastischer Prozeß $\xi = (\xi_t)_{t \in I}$ ist genau dann in $(D, \mathscr{R}(D))$ realisierbar, wenn er in $(\hat{D}, \mathscr{R}_I^{*\hat{D}})$ realisierbar ist und die folgende Bedingung

$$(7.2.78) \quad \lim_{h \downarrow 0} \mathbb{P}(\{\omega \in \Omega : |\xi_t(\omega) - \xi_{t+h}(\omega)| > \varepsilon\}) = 0 \text{ für alle } \varepsilon > 0 \text{ und } 0 \leq t < 1$$

erfüllt.

<u>Beweis.</u> 1. Sei $\xi = (\xi_t)_{t \in I}$ realisierbar in $(D, \mathscr{R}(D)) = (D, \mathscr{R}_I^{*D})$.

Gemäß 7.2.31 existiert dann ein zu ξ äquivalenter stochastischer Prozeß η über einem W.-Raum $(\Omega', \mathscr{A}', \mathbb{P}')$, so daß sämtliche Pfade von η in D und mithin in $\hat{D}$ liegen. Also ist ξ realisierbar in $\hat{D}$. Zu zeigen bleibt (7.2.78). Sei $h_n \downarrow 0$ beliebig (wobei stets $t+h_n \leq 1$) und $A_n := \{\omega' \in \Omega': |\eta_t(\omega') - \eta_{t+h_m}(\omega')| \leq \epsilon$ für alle $m \geq n\}$. Dann ist $A_n \uparrow \Omega'$ und somit

$$\liminf_{n \to \infty} \mathbb{P}(\{\omega \in \Omega: |\xi_t(\omega) - \xi_{t+h_n}(\omega)| \leq \epsilon\}) =$$

$$\liminf_{n \to \infty} \mathbb{P}'(\{\omega' \in \Omega': |\eta_t(\omega') - \eta_{t+h_n}(\omega')| \leq \epsilon\}) \geq \lim_{n \to \infty} \mathbb{P}'(A_n) = 1,$$

d.h. es gilt (7.2.78).

2. Sei $\xi = (\xi_t)_{t \in I}$ realisierbar in $(\hat{D}, \mathscr{B}_I^{*\hat{D}})$, und es gelte (7.2.78). Gemäß 7.2.31 ist o.E. annehmbar, daß sämtliche Pfade von ξ in $\hat{D}$ liegen. Setze

$$\eta_t(\omega) := \begin{cases} \xi_{t+0}(\omega), & \text{falls } 0 \leq t < 1 \\ \\ \xi_1(\omega), & \text{falls } t = 1 \end{cases}, \quad \text{wobei } \xi_{t+0}(\omega) := \lim_{s \downarrow t} \xi_s(\omega), \ 0 \leq t < 1.$$

Da $\eta(\omega) \in D$ für alle $\omega \in \Omega$, reicht es somit, wenn wir zeigen, daß η äquivalent zu ξ ist. Wir zeigen: $\xi_t = \eta_t$ $\mathbb{P}$-fast sicher für alle $t \in I$ ($\rightarrow$ Behauptung). Sei dazu $0 \leq t < 1$ (der Fall $t=1$ ist trivialerweise richtig) und $h_n \downarrow 0$ beliebig. Gemäß (7.2.78) existiert eine Teilfolge h_{n_k}, so daß $\xi_{t+h_{n_k}} \to \xi_t$ $\mathbb{P}$-fast sicher. Es folgt $\xi_t = \eta_t$ $\mathbb{P}$-fast sicher und damit die Behauptung des Satzes. $\square$

7.3 Maße in Funktionenräumen $X \subset \mathbb{R}^T$, $T \subset [0, \infty)$

Im folgenden sei $\xi = (\xi_t)_{t \in T}$ ein stochastischer Prozeß über einem W.-Raum $(\Omega, \mathscr{A}, \mathbb{P})$ und $X \subset \mathbb{R}^T$, $T \subset \mathbb{R}_+$ beliebig. Wie in 7.2.29 nennen wir ξ __realisierbar__ in $(X, \mathscr{B}_T^{*X})$, falls ein W.-Maß $\mu | \mathscr{B}_T^{*X}$ existiert, welches mit $Q_\xi = \xi \mathbb{P}$ dieselben endlichdimensionalen Randverteilungen besitzt. Um entsprechende Realisierbarkeitsaussagen speziell für den Fall $T = [0, \infty)$ zu erhalten, werden wir den in 7.2 gewählten Zugang jedoch etwas modifizieren müssen. Zunächst sei bemerkt, daß im Beweis des allgemeinen Realisierbarkeitssatzes 7.2.23 allein (jedoch wesentlich) die Kompaktheit des Intervalls $[0,1]$ einging, so daß die Ergebnisse von 7.2 sich sofort auf Prozesse mit kompakten Parameterintervallen übertragen lassen. Da in den uns interessierenden Fällen die Funktionenräume $X_s := \{f \in \mathbb{R}^{[0,s]}: f = g|[0,s]$ für ein $g \in X\}$, $s \geq 0$, die Voraussetzungen von Satz 7.2.23 erfüllen (mit $[0,1]$ ersetzt durch $[0,s]$), stellt sich somit die Frage, wie man aus entsprechenden Realisierbarkeitseigenschaften der Prozesse $(\xi_t)_{t \leq s}$ auf die Realisierbarkeit des Prozesses $\xi = (\xi_t)_{t \geq 0}$ schließen kann. Eine wichtige Rolle werden in diesem Zusammenhang die sogenannten separablen stochastischen Prozesse spielen. Sei $(\Omega, \mathcal{A}_\mathbb{P}, \tilde{\mathbb{P}})$ die Vervollständigung von $(\Omega, \mathcal{A}, \mathbb{P})$.

7.3.1 Definition. Ein stochastischer Prozeß $\tilde{\xi} = (\tilde{\xi}_t)_{t \in T}$ über der Vervollständigung $(\Omega, \mathcal{A}_\mathbb{P}, \tilde{\mathbb{P}})$ heißt <u>separabel</u>, falls es eine abzählbare Teilmenge T_0 von T (<u>Separator</u> genannt) gibt, sowie ein $N \in \mathcal{A}_\mathbb{P}$ mit $\tilde{\mathbb{P}}(N) = 0$ derart, daß für alle $\omega \notin N$ und alle $t \in T$ eine Folge $(t_n)_{n \in \mathbb{N}}$ in T_0 existiert, $t_n \to t$, mit $\tilde{\xi}_t(\omega) = \lim_{n \to \infty} \tilde{\xi}_{t_n}(\omega)$ (d.h. für alle $\omega \notin N$ sind die Trajektorien $\tilde{\xi}(\omega)$ durch ihre Werte auf T_0 eindeutig bestimmt).

Wir werden zeigen, daß zu jedem Prozeß $\xi = (\xi_t)_{t \in T}$, $T \subset \mathbb{R}_+$, über $(\Omega, \mathcal{A}, \mathbb{P})$ ein äquivalenter separabler Prozeß $\tilde{\xi} = (\tilde{\xi}_t)_{t \in T}$ existiert, welcher unter Umständen für festes $t \in T$ mit Wahrscheinlichkeit 0 die Werte $+\infty$ oder $-\infty$ annehmen kann.

7.3.2 Lemma. Sei B eine beliebige Borelmenge in $\bar{\mathbb{R}}$. Dann existieren endlich oder abzählbar unendlich viele Punkte $T_B = \{t_k\}$, so daß für alle $t \in T$ $\tilde{\mathbb{P}}(N(t,B)) = 0$, wobei

$$N(t,B) := \{\omega \in \Omega: \xi_{t_k}(\omega) \in B, \; k=1,2,\ldots, \xi_t(\omega) \notin B\}.$$

Beweis. Sei $t_1 \in T$ beliebig. Sind $t_1,\ldots,t_k$ bereits konstruiert, setze man

$$m_k := \sup_{t \in T} \tilde{\mathbb{P}}(\{\omega \in \Omega: \xi_{t_1}(\omega) \in B, \ldots, \xi_{t_k}(\omega) \in B, \; \xi_t(\omega) \notin B\}).$$

Im Falle $m_k = 0$ ist nichts mehr zu zeigen. Ist $m_k > 0$, sei $t_{k+1} \in T$ so gewählt, daß

$$\tilde{\mathbb{P}}(\{\omega \in \Omega: \xi_{t_i}(\omega) \in B, \; i=1,\ldots,k, \; \xi_{t_{k+1}}(\omega) \notin B\}) \geq m_k/2.$$

Da (im Fall $m_k > 0$ für alle $k \geq 1$) die Mengen

$$L_k := \{\omega \in \Omega: \xi_{t_i}(\omega) \in B, \; i=1,\ldots,k, \; \xi_{t_{k+1}}(\omega) \notin B\} \quad \text{paarweise disjunkt}$$

sind, folgt $1 \geq \sum_{k \geq 1} \tilde{\mathbb{P}}(L_k) \geq 1/2 \sum_{k \geq 1} m_k$, also $\lim_{k \to \infty} m_k = 0$. Somit erhalten wir für alle $t \in T$

$$\dot{\mathbb{P}}(\{\omega \in \Omega: \xi_{t_k}(\omega) \in B, \ k=1,2,\ldots, \xi_t(\omega) \notin B\}) \leq \lim_{k \to \infty} m_k = 0,$$

was zu beweisen war. $\square$

7.3.3 Lemma. Sei $\mathcal{N}$ eine abzählbare Gesamtheit von Borelmengen in $\bar{\mathbb{R}}$. Dann existieren endlich oder abzählbar unendlich viele Punkte $t_1, t_2, \ldots$ in T, Mengen $N(t) \in \mathcal{A}_{\mathbb{P}}$, $t \in T$, mit $\dot{\mathbb{P}}(N(t)) = 0$, so daß $\{\omega \in \Omega: \xi_{t_k}(\omega) \in B, \ k=1,\ldots, \xi_t(\omega) \notin B\} \subset N(t)$ für alle $B \in \mathcal{N}$ und $t \in T$.

Beweis. Setze $T' := \bigcup_{B \in \mathcal{N}} T_B = \{t_k\}$ mit T_B gemäß 7.3.2 und $N(t) := \bigcup_{B \in \mathcal{N}} N(t,B)$, also $\dot{\mathbb{P}}(N(t)) = 0$ für alle $t \in T$. Es folgt für alle $B \in \mathcal{N}$ und $t \in T$:

$$\{\omega \in \Omega: \xi_{t_k}(\omega) \in B, \ k=1,\ldots, \xi_t(\omega) \notin B\} \subset N(t,B) \subset N(t). \quad \square$$

7.3.4 Satz (Doob). Es sei $\xi = (\xi_t)_{t \in T}$, $T \subset \mathbb{R}_+$, ein stochastischer Prozeß über einem W.-Raum $(\Omega, \mathcal{A}, \mathbb{P})$. Dann existiert ein zu ξ äquivalenter separabler Prozeß $\bar{\xi} = (\bar{\xi}_t)_{t \in T}$ über der Vervollständigung $(\Omega, \mathcal{A}_{\mathbb{P}}, \dot{\mathbb{P}})$, welcher unter Umständen für festes $t \in T$ mit Wahrscheinlichkeit 0 die Werte $+\infty$ oder $-\infty$ annehmen kann.

Beweis. Sei T_1 eine abzählbare dichte Teilmenge von T. Setze $A(S,\omega) := \{\xi_s(\omega): s \in S \cap T_1\}^c$, $S \subset \mathbb{R}_+$, und $A(t,\omega) := \bigcap_{S \in \mathcal{U}_t} A(S,\omega)$, $t \in T$, wobei $\mathcal{U}_t$, $t \in \bar{\mathbb{R}}$, die Gesamtheit aller ausgearteten oder nicht ausgearteten Intervalle mit rationalen Endpunkten bezeichnet, welche t enthalten, und A^c, $A \subset \mathbb{R}$, der topologische Abschluß von A in $\bar{\mathbb{R}}$ ist. Ferner sei $\mathcal{N}$ die Gesamtheit aller Mengen, welche sich darstellen lassen als Komplemente von Mengen in $\mathcal{U} := \{\mathcal{U}_t: t \in \bar{\mathbb{R}}\}$. Betrachtet man nun für ein Intervall $S \in \mathcal{U}$ den Prozeß $(\xi_t)_{t \in S \cap T}$, also die Restriktion von ξ auf die Parametermenge $S \cap T$, so liefert 7.3.3 mit $S \cap T$ anstelle von T die Existenz einer abzählbaren Menge $T_S = \{t_k\} \subset S \cap T$ sowie von Mengen $N_S(t) \in \mathcal{A}_{\mathbb{P}}$ mit $\dot{\mathbb{P}}(N_S(t)) = 0$, $t \in S \cap T$, derart, daß $\{\omega \in \Omega: \xi_{t_k}(\omega) \in B, \ k=1,\ldots, \xi_t(\omega) \notin B\} \subset N_S(t)$ für alle $B \in \mathcal{N}$ und $t \in S \cap T$. Setze $N_t := \bigcup_{S \in \mathcal{U}_t} N_S(t)$, $N := \bigcup_{t \in T_1} N_t$, also $\dot{\mathbb{P}}(N) = 0$, und $T_o := \bigcup_{S \in \mathcal{U}} T_S$. Dann ist T_o abzählbar, und es gilt:

Durch

$$\bar{\xi}_t(\omega) := \begin{cases} \xi_t(\omega), & \text{falls } t \in T_0 \text{ oder } \omega \notin N_t \\ x \in A(t,\omega) \text{ beliebig}, & \text{falls } t \notin T_0 \text{ und } \omega \in N_t \end{cases}$$

wird ein separabler stochastischer Prozeß $\bar{\xi} = (\bar{\xi}_t)_{t \in T}$ über $(\Omega, \mathcal{A}_{\mathbb{P}}, \bar{\mathbb{P}})$ definiert, welcher äquivalent zu ξ ist und in T_0 einen Separator besitzt. Zunächst sei bemerkt, daß aufgrund der Kompaktheit von $\bar{\mathbb{R}}$ $A(t,\omega)$ stets von der leeren Menge verschieden und somit $\bar{\xi}_t$ wohldefiniert ist. Wegen $\{\omega \in \Omega: \xi_t(\omega) \neq \bar{\xi}_t(\omega)\} \subset N_t$ und $\mathbb{P}(N_t)=0$ ist $\bar{\xi}$ äquivalent zu ξ und nimmt für festes $t \in T$ die Werte $+\infty$ oder $-\infty$ höchstens auf der Menge N_t an. Es bleibt somit zu zeigen, daß $\bar{\xi}$ separabel ist und in T_0 einen Separator besitzt. Seien dazu $\omega \notin N$ und (o.E.) $t \in T \setminus T_0$ beliebig vorgegeben. Wähle $S_n \in \mathcal{U}_t$ und $S^n \in \mathcal{U}_{\bar{\xi}_t(\omega)}$ mit S_n^0, $(S^n)^0 \neq \emptyset$ so, daß $S_n \downarrow \{t\}$ und $S^n \downarrow \{\bar{\xi}_t(\omega)\}$. Ist $\omega \notin N_t$, also $\xi_t(\omega) = \bar{\xi}_t(\omega) \in S^n$ und $\omega \notin N_{S_n}(t)$, so folgt (mit $B := \lfloor S^n \in \mathcal{V})$: für alle $n \in \mathbb{N}$ existiert ein $t_n \in T_{S_n} \subset S_n \cap T_0$ mit $\xi_{t_n}(\omega) \in S^n$, d.h. es existiert in T_0 eine Folge $(t_n)_{n \in \mathbb{N}}$ mit $\lim_{n \to \infty} t_n = t$ und $\lim_{n \to \infty} \bar{\xi}_{t_n}(\omega) =$ $\lim_{n \to \infty} \xi_{t_n}(\omega) = \bar{\xi}_t(\omega)$. Im Fall $\omega \in N_t$ ist $\bar{\xi}_t(\omega) \in A(t,\omega) \subset A(S_n,\omega)$, d.h. zu jedem $n \in \mathbb{N}$ existiert $s_n \in S_n \cap T_1$ mit $\xi_{s_n}(\omega) \in S^n$.

Die Existenz einer im Sinne von 7.3.1 geeigneten Folge $(t_n)_{n \in \mathbb{N}}$ folgt dann aber sofort wie oben wegen $\omega \notin N$ aus der Inklusionskette $N \supset N_{S_n} \supset N_{S_n}(s_n)$. Damit ist Satz 7.3.4 vollständig bewiesen. $\square$

Mit Hilfe von 7.2.23 und 7.3.4 ergibt sich nun leicht ein entsprechender Realisierbarkeitssatz für stochastische Prozesse $\xi = (\xi_t)_{t \in T}$ mit $T = [0,\infty)$. Im Hinblick auf unsere Anwendungen wollen wir ihn jedoch nur für die Funktionenräume $X = C(T)$ bzw. $X = \hat{D}(T)$ formulieren, wobei

$$C(T) := \{f \in \mathbb{R}^T: f \text{ stetig auf } T\} \text{ und}$$
$$\hat{D}(T) := \{f \in \mathbb{R}^T: f \text{ erfüllt } (7.2.2)-(7.2.4) \text{ für alle } t \lessgtr 0\}.$$

Entsprechende Ergebnisse lassen sich ohne weiteres auf andere Funktionenräume $X \subset \mathbb{R}^T$ übertragen, sofern man an X geeignete Strukturforderungen stellt, die im Fall $X = C(T)$, $\hat{D}(T)$ jedoch automatisch erfüllt sind.

<u>7.3.5 Satz.</u> Sei $X = C(T)$ oder $X = \hat{D}(T)$ und $X_k := \{f \in \mathbb{R}^{[0,k]}: f = g|[0,k]$ für ein $g \in X\}$. Dann gilt: $\xi = (\xi_t)_{t \geq 0}$ ist realisierbar in X, falls für alle $k \in \mathbb{N}$ $\xi^k := (\xi_t)_{t \leq k}$ realisierbar in X_k ist.

<u>Beweis.</u> Gemäß (7.1.19) reicht es zu zeigen, daß $Q_\xi^*(X) = 1$. Sei o.E.

$X = C(T)$ (der Fall $X = \hat{D}(T)$ verläuft analog), also $X_k = \{f \in \mathbb{R}^{[O,k]}$:
f stetig auf $[O,k]\}$. Offensichtlich erfüllt X_k die Voraussetzungen
von 7.2.23 (mit $[O,1]$ ersetzt durch $[O,k]$ und

$$w^{(X_k)}(f,\delta,S) := \sup_{\substack{|t-t'| \le \delta \\ t,t' \in S}} |f(t)-f(t')|, \quad f \in \mathbb{R}^{[O,k]}, \quad \delta > O, \quad S \subset [O,k],$$

als zugehörigem Stetigkeitsmodul). Da ξ^k in X_k realisierbar ist,
$k \in \mathbb{N}$, existiert somit zu fest aber beliebig gewähltem $k \in \mathbb{N}$ und allen
$\varepsilon, \eta > O$ ein $\delta = \delta(\varepsilon,\eta,k) > O$ derart, daß $\mathbb{P}(\{\omega \in \Omega: w^{(X_k)}(\xi^k(\omega),\delta,S) > \varepsilon\}) \le \eta$

für alle $S \in \mathscr{P}_O([O,k])$. Ist $T_O \subset \mathbb{R}$ eine beliebige abzählbare Menge
und setzt man $T_k := T \cap [O,k]$, so folgt wegen (7.2.17)
$\mathbb{P}(\{\omega \in \Omega: w^{(X_k)}(\xi^k(\omega),\delta,T_k) > \varepsilon\}) \le \eta$. Ist T_O speziell der Separator eines
zu ξ äquivalenten separablen stochastischen Prozesses $\tilde{\xi}$, und ist N
gemäß 7.3.1 gewählt, so erhält man (wobei o.E. $k \in T_k$):

$$\{\omega \in \Omega: w^{(X_k)}(\tilde{\xi}^k(\omega),\delta,[O,k]) > \varepsilon\} \setminus \{\omega \in \Omega: w^{(X_k)}(\tilde{\xi}^k(\omega),\delta,T_k) > \varepsilon\} \subset N, \text{ also}$$

$$\tilde{\mathbb{P}}(\{\omega \in \Omega: w^{(X_k)}(\tilde{\xi}^k(\omega),\delta,[O,k]) > \varepsilon\}) = \tilde{\mathbb{P}}(\{\omega \in \Omega: w^{(X_k)}(\tilde{\xi}^k(\omega),\delta,T_k) > \varepsilon\}) =$$

$$\mathbb{P}(\{\omega \in \Omega: w^{(X_k)}(\xi^k(\omega),\delta,T_k) > \varepsilon\}) \le \eta. \text{ Es folgt } \tilde{\mathbb{P}}(\{\omega \in \Omega: \tilde{\xi}^k(\omega) \in X_k\}) =$$

$$\tilde{\mathbb{P}}(\{\omega \in \Omega: \inf_{m \in \mathbb{N}} w^{(X_k)}(\tilde{\xi}^k(\omega),m^{-1},[O,k]) = O\}) = 1 - \lim_{r \to \infty} \tilde{\mathbb{P}}(\{\omega \in \Omega: \inf_{m \in \mathbb{N}} w^{(X_k)}(\tilde{\xi}^k(\omega),m^{-1},$$

$$[O,k]) > r^{-1}\}) = 1 \text{ und damit } \tilde{\mathbb{P}}(\{\omega \in \Omega: \tilde{\xi}(\omega) \in X\}) = 1, \text{ also } Q^*_{\tilde{\xi}}(X) = Q^*_{\xi}(X) = 1.$$

$$\square$$

7.3.6 Korollar. Erfüllt ein stochastischer Prozeß $\xi = (\xi_t)_{t \ge O}$ für ein
$K \ge O$, $a \ge O$ und $b > 1$ sowie für eine stetige Funktion $F: \mathbb{R}_+ \to \mathbb{R}$ die Be-
dingung $\mathbb{P}(\{\omega \in \Omega: |\xi_t(\omega) - \xi_{t'}(\omega)| > \varepsilon\}) \le K\varepsilon^{-a}|F(t)-F(t')|^b$ für alle

$t,t' \ge O$ und $\varepsilon > O$, so ist ξ realisierbar in $(C(\mathbb{R}_+), \mathscr{B}^{*C(\mathbb{R}_+)}_{\mathbb{R}_+})$.

Beweis. Unmittelbare Folgerung aus 7.2.52 und 7.3.5. $\square$

Ein entsprechendes Ergebnis für den Fall $X = \hat{D}(T)$ ergibt sich unter
Verwendung von 7.3.5 unmittelbar aus 7.2.75.

7.4 Prozesse mit unabhängigen Zuwächsen

__7.4.1 Definition.__ Ein stochastischer Prozeß $\xi = (\xi_t)_{t \in \mathbb{R}_+} = (\xi_t)_{t \geq 0}$
über einem W.-Raum $(\Omega, \mathscr{A}, \mathbb{P})$ besitzt __unabhängige Zuwächse__ genau dann,
wenn bei beliebiger Wahl der Parameter $0 \leq t_1 < t_2 < \ldots < t_n$ die __Zu-__
__wächse__ $\xi_{t_2} - \xi_{t_1}, \ldots, \xi_{t_n} - \xi_{t_{n-1}}$ unabhängig sind.

$(\xi_t)_{t \geq 0}$ besitzt __stationäre Zuwächse__ genau dann, wenn

$$Q_{\xi_{t+h} - \xi_{s+h}} = Q_{\xi_t - \xi_s} \quad \text{für alle } h \geq 0 \text{ und } s, t \in \mathbb{R}_+ \text{ mit } s \leq t.$$

Offenbar hat mit $(\xi_t)_{t \geq 0}$ auch der Prozeß $(\xi_t + \xi)_{t \geq 0}$ mit $\xi \in \mathscr{L}(\Omega, \mathscr{A})$ unabhängige bzw. stationäre Zuwächse und umgekehrt. Es bedeutet daher
keine Einschränkung, $(\xi_t)_{t \geq 0}$ durch $(\xi_t - \xi_0)_{t \geq 0}$ zu ersetzen. Im folgenden können wir daher stets annehmen, daß $\xi_0 = 0$.

Die Frage der Existenz stochastischer Prozesse mit unabhängigen Zuwächsen beantwortet der folgende Satz.

__7.4.2 Satz.__ (i) Sei $(\xi_t)_{t \geq 0}$ ein stochastischer Prozeß über $(\Omega, \mathscr{A}, \mathbb{P})$
mit unabhängigen Zuwächsen und $\xi_0 = 0$. Dann folgt:

Die endlichdimensionalen Randverteilungen von $(\xi_t)_{t \geq 0}$ sind durch die
Verteilungen $Q_{st} := Q_{\xi_t - \xi_s}$, $0 \leq s < t$, eindeutig bestimmt. Außerdem
gilt für alle $0 \leq s < r < t$: $Q_{st} = Q_{sr} * Q_{rt}$.

(ii) Sei umgekehrt Q_{st}, $0 \leq s < t$, ein System von W.-Verteilungen auf
$\mathscr{B}^*$ mit $Q_{st} = Q_{sr} * Q_{rt}$ für alle $0 \leq s < r < t$. Dann existiert ein
stochastischer Prozeß $(\xi_t)_{t \geq 0}$ über einem W.-Raum $(\Omega, \mathscr{A}, \mathbb{P})$ mit unabhängigen Zuwächsen, so daß $Q_{\xi_t - \xi_s} = Q_{st}$ für alle $0 \leq s < t$ und $\xi_0 = 0$.

__Beweis.__ Sei $T_n : \mathbb{R}^n \to \mathbb{R}^n$ definiert durch
$T_n(y_1, \ldots, y_n) := (y_1, y_1 + y_2, \ldots, y_1 + \ldots + y_n)$; dann ist T_n bijektiv und
stetig mit stetiger Umkehrabbildung $T_n^{-1}(y_1, \ldots, y_n) = (y_1, y_2 - y_1, \ldots, y_n - y_{n-1})$.

__Beweis von (i):__ Sei $S = \{t_1, \ldots, t_n\}$, $0 \leq t_1 < \ldots < t_n$, beliebig und
$t_0 := 0$. Dann sind nach Voraussetzung $\eta_k := \xi_{t_k} - \xi_{t_{k-1}}$, $1 \leq k \leq n$, unabhängig, also nach 1.15.10 $Q_{\eta_1, \ldots, \eta_n} = \underset{k=1}{\overset{n}{\times}} Q_{\eta_k}$. Da ferner

$(\xi_{t_1}, \ldots, \xi_{t_n}) = T_n \cdot (\eta_1, \ldots, \eta_n)$, erhält man mit 1.10.3:

$$Q_{\xi_{t_1},\ldots,\xi_{t_n}} = T_n Q_{\eta_1,\ldots,\eta_n} = T_n(\underset{k=1}{\overset{n}{\times}} Q_{\eta_k}) = T_n(\underset{k=1}{\overset{n}{\times}} Q_{t_{k-1}t_k}),$$

also die erste Behauptung von (i). Die zweite folgt gemäß 1.15.13
sofort aus der Darstellung $\xi_t - \xi_s = (\xi_r - \xi_s) + (\xi_t - \xi_r)$.

<u>Beweis von (ii)</u>: Für $S = \{t_1,\ldots,t_n\}$, $0 \leq t_1 < \ldots < t_n$, beliebig und
$t_0 := 0$, $Q_{00} := \varepsilon_0$, sei $P^S := T_n(\underset{k=1}{\overset{n}{\times}} Q_{t_{k-1}t_k})$ gesetzt. Wir zeigen:
$(P^S)_{S \in \mathscr{P}_0(\mathbb{R}_+)}$ ist eine projektive Familie. Sei dazu $S = \{t_1,\ldots,t_n\}$
mit $t_0 = 0 \leq t_1 < \ldots < t_n$. Zum Nachweis der VB (7.1.4) genügt es, den
Fall einer $(n-1)$-elementigen Teilmenge $S_j := S \smallsetminus \{t_j\}$ zu betrachten.
Den allgemeinen Fall erledigt man durch Anwendung dieses Spezial-
falls in endlich vielen Schritten (vgl. dazu 1.10.3). Gemäß 1.15.11
existieren ein W.-Raum $(\Omega', \mathscr{A}', \mathbb{P}')$ und unabhängige zufällige Variable
$\eta_k \in \mathscr{Z}(\Omega', \mathscr{A}')$, so daß $Q_{\eta_k} = Q_{t_{k-1}t_k}$ für alle $1 \leq k \leq n$. Ferner ist
$(\eta_1,\ldots,\eta_n) = T_n^{-1} \circ (\xi_1,\ldots,\xi_n)$ mit $\xi_k := \sum_{i=1}^{k} \eta_i$, $1 \leq k \leq n$. Für ein beliebiges $A \in \mathscr{B}_{n-1}^*$ gilt dann:

$$(\pi_{S_j}^S P^S)(A) = (\pi_{S_j}^S \circ T_n)(\underset{k=1}{\overset{n}{\times}} Q_{t_{k-1}t_k})(A) = (\pi_{S_j}^S \bullet T_n)(Q_{\eta_1,\ldots,\eta_n})(A) =$$

$$(\pi_{S_j}^S \bullet T_n)(T_n^{-1} Q_{\xi_1,\ldots,\xi_n})(A) = \mathbb{P}'(\{(\xi_1,\ldots,\xi_{j-1},\xi_{j+1},\ldots,\xi_n) \in A\}) =$$

$$\mathbb{P}'(\{T_{n-1}^{-1} \circ (\xi_1,\ldots,\xi_{j-1},\xi_{j+1},\ldots,\xi_n) \in T_{n-1}^{-1}(A)\}) =$$

$$Q_{\eta_1,\ldots,\eta_{j-1},\eta_j+\eta_{j+1},\eta_{j+2},\ldots,\eta_n}(T_{n-1}^{-1}(A)) =$$

$$T_{n-1}(Q_{\eta_1} \times \ldots \times Q_{\eta_{j-1}} \times Q_{\eta_j+\eta_{j+1}} \times Q_{\eta_{j+2}} \times \ldots \times Q_{\eta_n})(A) = P^{S_j}(A), \text{ da}$$

$$Q_{\eta_j+\eta_{j+1}} = Q_{\eta_j} \bullet Q_{\eta_{j+1}} = Q_{t_{j-1}t_j} \bullet Q_{t_j t_{j+1}} = Q_{t_{j-1}t_{j+1}}.$$

Also erfüllt $(P^S)_{S \in \mathscr{P}_0(\mathbb{R}_+)}$ die VB (7.1.4), und somit existiert nach
7.1.24 ein stochastischer Prozeß $\xi = (\xi_t)_{t \geq 0}$ über einem W.-Raum
$(\Omega, \mathscr{A}, \mathbb{P})$ derart, daß $\pi_S Q_\xi = P^S$ für alle $S \in \mathscr{P}_0(\mathbb{R}_+)$. Es bleibt zu
zeigen, daß für diesen stochastischen Prozeß die Behauptungen des Satzes
zutreffen. Nach Konstruktion ist zunächst $\pi_{\{0\}} Q_\xi = Q_{00} = \varepsilon_0$, also
$\xi_0 = 0$ $\mathbb{P}$-f.s. Durch eine eventuell notwendige Abänderung auf einer $\mathbb{P}$-Null-
menge ist o.E. annehmbar, daß stets $\xi_0 = 0$. Außerdem gilt mit $f: \mathbb{R}^2 \to \mathbb{R}$,

definiert durch $f(x_1, x_2) := x_2 - x_1$: $(f \cdot T_2)(y_1, y_2) = y_2$, also

$$Q_{\xi_t - \xi_s} = f Q_{\xi_s, \xi_t} = f(\pi_{\{s,t\}} Q_\xi) = f P^{\{s,t\}} = (f \cdot T_2)(Q_{0s} \times Q_{st}) = Q_{st} \text{ für alle}$$

$0 \le s < t$. Schließlich besitzt $(\xi_t)_{t \ge 0}$ unabhängige Zuwächse, da

$$Q_{\xi_{t_1} - \xi_{t_0}, \ldots, \xi_{t_n} - \xi_{t_{n-1}}} = T_n^{-1} Q_{\xi_{t_1}, \ldots, \xi_{t_n}} = T_n^{-1} P^{\{t_1, \ldots, t_n\}} =$$

$$\overset{n}{\underset{k=1}{\times}} Q_{\xi_{t_k} - \xi_{t_{k-1}}} \quad \text{für } 0 = t_0 \le t_1 < \ldots < t_n. \quad \square$$

Satz 7.4.2 gilt entsprechend, wenn die Parametermenge des zugrundeliegenden Prozesses ein kompaktes Intervall vom Typ $T = [0,s]$ mit
$s < \infty$ ist. Wir wollen als nächstes die in 7.2 behandelten Fragen der
Realisierbarkeit von stochastischen Prozessen speziell für Prozesse
mit unabhängigen Zuwächsen untersuchen. Da wir zusätzlich zur Unabhängigkeit der Zuwächse keine weiteren Annahmen über die Konvergenz-
geschwindigkeit der Größen $W(\delta, \varepsilon)$ bzw. $\hat{W}(\delta, \varepsilon)$, $\delta \to 0$, machen wollen,
müssen wir zum Beweis eines entsprechenden Satzes einen anderen Weg
als in 7.2.38 oder 7.2.62 wählen. Sei zunächst (o.E.) $T = I = [0,1]$.
Entsprechende Resultate gelten ebenso für Prozesse mit beliebigen
kompakten Parameterintervallen $T = [0,s]$.

<u>7.4.3 Definition.</u> Sei $f \in \mathbb{R}^I$ beliebig und $S \subset I$. Dann besitzt f
(mindestens) m <u>ε-Oszillationen</u> ($m \in \mathbb{N}$, $\varepsilon > 0$) auf S, falls Punkte
$t_0, \ldots, t_m \in S$, $t_0 < t_1 < \ldots < t_m$, derart existieren, daß $|f(t_n) - f(t_{n-1})| > \varepsilon$
für alle $n = 1, \ldots, m$. f besitzt unendlich viele ε-Oszillationen auf S,
falls eine Folge $t_n, t_n \in S$, existiert mit $t_n \uparrow$ oder $t_n \downarrow$ derart, daß
$|f(t_n) - f(t_{n-1})| > \varepsilon$ für alle $n \in \mathbb{N}$. Andernfalls sagen wir, daß f
höchstens endlich viele ε-Oszillationen auf S besitzt.

Wie das folgende Lemma zeigt, ist der Begriff der ε-Oszillation geeignet, die Gesamtheit $\bar{D} = \bar{D}(I)$ aller Funktionen $f \in \mathbb{R}^I$ zu charakterisieren, welche rechts- und linksseitige Limiten besitzen.

<u>7.4.4 Lemma.</u> Sei $f \in \mathbb{R}^I$ beliebig; dann gilt: $f \in \bar{D}(I)$ genau dann, wenn
für alle $\varepsilon > 0$ f höchstens endlich viele ε-Oszillationen auf I besitzt.

<u>Beweis.</u> 1. Sei $f \in \bar{D}(I)$. Angenommen, f besitzt auf I unendlich viele
ε-Oszillationen, d.h. es existiert eine Folge $t^*, t_0, t_1, \ldots$ mit $t_n \uparrow t^*$
oder $t_n \downarrow t^*$ derart, daß $|f(t_n) - f(t_{n-1})| > \varepsilon$ für alle $n \in \mathbb{N}$, ein Wider-
spruch zur Existenz von $f(t^* - 0)$ und $f(t^* + 0)$ (falls definiert).

2. Sei $f \notin \bar{D}(I)$. Dann gibt es ein $t_0 \in I$ derart, daß (o.E.) $f(t_0 - 0)$

nicht existiert. Da $\mathbb{R}$ vollständig ist, existiert somit eine Folge $t_n \uparrow t_o$ und ein $\varepsilon > 0$ mit $\sup_{m>n} |f(t_m)-f(t_n)| > \varepsilon$ für alle $n \in \mathbb{N}$, d.h. f besitzt auf I unendlich viele ε-Oszillationen. $\square$

Sei nun $\xi = (\xi_t)_{t \in I}$ ein stochastischer Prozeß mit unabhängigen Zuwächsen. Für $S \subset I$, $\varepsilon > 0$ und $m \in \mathbb{N}$ setzen wir

$A^m(S,\varepsilon) := \{\omega \in \Omega : \xi(\omega)$ besitzt auf S mindestens m ε-Oszillationen und
$A^\infty(S,\varepsilon) := \{\omega \in \Omega : \xi(\omega)$ besitzt auf S unendlich viele ε-Oszillationen$\}$.

Im folgenden seien $[c,d] \subset I$ und $S = \{s_1,\ldots,s_r\} \in \mathscr{P}_o([c,d])$ mit $s_1 < s_2 < \ldots < s_r$ beliebig aber fest gewählt. Dann ist $A^m(S,\varepsilon) \in \sigma(\{\xi_{s_2}-\xi_{s_1},\ldots,\xi_{s_r}-\xi_{s_{r-1}}\})$ (!), und es gilt

7.4.5 Lemma.

$$\mathbb{P}(A^1(S,\varepsilon)) \leq 2W(d-c, \varepsilon/4).$$

__Beweis.__ Setze $B_k := \{|\xi_c-\xi_{s_n}| \leq \varepsilon/2, \ n=1,\ldots,k-1, |\xi_c-\xi_{s_k}| > \varepsilon/2\}$

$\qquad C_k := \{|\xi_{s_k}-\xi_d| > \varepsilon/4\}, D_k = B_k \cap C_k, \ k=1,\ldots,r,$ und

$\qquad C_o := \{|\xi_c-\xi_d| > \varepsilon/4\}.$

Wir zeigen: $A^1(S,\varepsilon) \subset C_o \cup D_o$, wobei $D_o = \bigcup_{k=1}^{r} D_k$. Sei dazu $\omega \in A^1(S,\varepsilon)$ vorgegeben, d.h. $\xi(\omega)$ besitzt auf S mindestens eine ε-Oszillation. Insbesondere existiert dann ein minimales $s_k \in S$ mit $|\xi_c(\omega)-\xi_{s_k}(\omega)| > \varepsilon/2$, also $\omega \in B_k$. Ist $\omega \notin D_o$, d.h. $|\xi_{s_k}(\omega)-\xi_d(\omega)| \leq \varepsilon/4$, so folgt

$|\xi_c(\omega)-\xi_d(\omega)| \geq |\xi_c(\omega)-\xi_{s_k}(\omega)| - |\xi_{s_k}(\omega)-\xi_d(\omega)| > \varepsilon/4$, d.h. $\omega \in C_o$.

Da der Prozeß ξ nach Voraussetzung unabhängige Zuwächse besitzt, folgt mit Satz 1.15.9, daß für alle k B_k und C_k unabhängig sind, also

$$\mathbb{P}(D_o) = \sum_{k=1}^{r} \mathbb{P}(D_k) = \sum_{k=1}^{r} \mathbb{P}(B_k)\mathbb{P}(C_k) \leq W(d-c, \varepsilon/4) \sum_{k=1}^{r} \mathbb{P}(B_k)$$

$$= W(d-c, \varepsilon/4) \, \mathbb{P}(\bigcup_{k=1}^{r} B_k) \leq W(d-c, \varepsilon/4) \ (B_k \text{ p.d.!}).$$

Somit ist $\mathbb{P}(A^1(S,\varepsilon)) \leq \mathbb{P}(C_o) + \mathbb{P}(D_o) \leq 2W(d-c, \varepsilon/4)$, was zu beweisen war. $\square$

Der allgemeine Fall ergibt sich durch vollständige Induktion über m:

7.4.6 Lemma.

$$\mathbb{P}(A^m(S,\varepsilon)) \leq [2W(d-c, \varepsilon/4)]^m.$$

Beweis. Wegen 7.4.5 reicht es zu zeigen, daß

(7.4.7) $\mathbb{P}(A^m(S,\varepsilon)) \leq 2W(d-c, \varepsilon/4)\, \mathbb{P}(A^{m-1}(S,\varepsilon))$ für alle $m > 1$.

Sei dazu $m > 1$ und $S_k := \{s_1,\ldots,s_k\}$, $k=1,\ldots,r$; $S_0 = \emptyset$. Setze
$B_k^{m-1} := A^{m-1}(S_k,\varepsilon) \smallsetminus A^{m-1}(S_{k-1},\varepsilon)$, $k=1,\ldots,r$. Dann sind die Ereignisse
B_k^{m-1}, $k=1,\ldots,r$, p.d., und es ist $\bigcup\limits_{k=1}^{r} B_k^{m-1} = A^{m-1}(S,\varepsilon) \supset A^m(S,\varepsilon)$.
Andererseits folgt für alle $\omega \in A^m(S,\varepsilon) \cap B_k^{m-1}$, daß $\xi(\omega)$ auf der Menge
$\{s_k, s_{k+1}, \ldots, s_r\}$ mindestens eine weitere ε-Oszillation besitzt, d.h.
$A^m(S,\varepsilon) \subset \bigcup\limits_{k=1}^{r} (B_k^{m-1} \cap C_k')$, wobei $C_k' := A^1(S \smallsetminus S_{k-1},\varepsilon)$. Da ξ nach Voraussetzung unabhängige Zuwächse besitzt und $B_k^{m-1} \in \sigma(\{\xi_{s_2}-\xi_{s_1},\ldots,\xi_{s_k}-\xi_{s_{k-1}}\})$,
$C_k' \in \sigma(\{\xi_{s_{k+1}}-\xi_{s_k},\ldots,\xi_{s_r}-\xi_{s_{r-1}}\})$, folgt: B_k^{m-1} und C_k' sind unabhängig.
Mit 7.4.5 erhält man zusammenfassend:

$$\mathbb{P}(A^m(S,\varepsilon)) \leq \sum_{k=1}^{r} \mathbb{P}(B_k^{m-1})\mathbb{P}(C_k') \leq 2W(d-c, \varepsilon/4) \sum_{k=1}^{r} \mathbb{P}(B_k^{m-1}) =$$

$$2W(d-c, \varepsilon/4)\mathbb{P}\left(\bigcup_{k=1}^{r} B_k^{m-1}\right) = 2W(d-c, \varepsilon/4)\mathbb{P}(A^{m-1}(S,\varepsilon)), \text{ also } (7.4.7). \quad \square$$

7.4.8 Satz.

Ein stochastischer Prozeß $\xi = (\xi_t)_{t \in I}$ über $(\Omega, \mathscr{A}, \mathbb{P})$,
welcher nach Wahrscheinlichkeit stetig ist und unabhängige Zuwächse
besitzt, ist realisierbar in $(\tilde{D}, \mathscr{A}_I^{*\tilde{D}})$.

Beweis. Gemäß (7.1.19) genügt es zu zeigen, daß $Q_\xi^*(\tilde{D}) = 1$ ist.
Wegen 7.3.4 ist dabei o.E. ξ separabel und $(\Omega, \mathscr{A}, \mathbb{P})$ vollständig.
Sei T_0 ein Separator von ξ und $N \in \mathscr{A}$ gemäß 7.3.1 gewählt. Zu $\varepsilon > 0$
beliebig sei $n \in \mathbb{N}$ so gewählt, daß $2W(n^{-1}, \varepsilon/4) := \beta < 1$ (vgl. Ü 7.2.7).
Ist T_r eine Folge von endlichen Mengen mit $T_r \uparrow T_0$ und setzt man
$T_r^k := T_r \cap [kn^{-1}, (k+1)n^{-1}]$, $k=0,1,\ldots,n-1$, so folgt mit 7.4.6

$$\mathbb{P}^*(A^\infty(T_0 \cap [kn^{-1}, (k+1)n^{-1}],\varepsilon)) \leq \mathbb{P}(A^m(T_0 \cap [kn^{-1}, (k+1)n^{-1}],\varepsilon)) =$$

$$\lim_{r \to \infty} \mathbb{P}(A^m(T_r^k,\varepsilon)) \leq \beta^m \text{ für alle } m \in \mathbb{N} \text{ und } 0 \leq k < n,$$

d.h. $\mathbb{P}(A^\infty(T_0 \cap [kn^{-1}, (k+1)n^{-1}],\varepsilon))=0$ und somit $\mathbb{P}(A^\infty(T_0,\varepsilon))=0$. Wegen
$A^\infty(I,\varepsilon) \subset A^\infty(T_0,\varepsilon) \cup N$ ist daher $\mathbb{P}(A^\infty(I,\varepsilon))=0$ für alle $\varepsilon > 0$. Es folgt
(vgl. 7.4.4) $\Omega_0 := \{\omega \in \Omega: \xi(\omega) \notin \tilde{D}\} = \bigcup\limits_{r \in \mathbb{N}} A^\infty(I, r^{-1}) \in \mathscr{A}$ mit $\mathbb{P}(\Omega_0)=0$,
also $\mathbb{P}(\{\omega \in \Omega: \xi(\omega) \in \tilde{D}\})=1$. Damit ist $Q_\xi^*(\tilde{D})=1$ und die Behauptung des

Satzes bewiesen. □

7.4.9 Korollar. Ein stochastischer Prozeß $\xi = (\xi_t)_{t \geq 0}$, welcher nach Wahrscheinlichkeit stetig ist und unabhängige Zuwächse besitzt, ist realisierbar in $(D(\mathbb{R}_+), \mathscr{D})$, wobei $D(\mathbb{R}_+) = \{f \in \mathbb{R}^{\mathbb{R}_+}: f \text{ ist rechts-}$ seitig stetig und besitzt linksseitige Limiten$\}$ und $\mathscr{D} := \mathscr{B}_{\mathbb{R}_+}^{*\,D(\mathbb{R}_+)}$.

Beweis. Folgt sofort aus 7.4.8, 7.3.5 und einem zu 7.2.77 analogen Ergebnis für die Räume $D(I)$ und $\tilde{D}(I)$. □

7.4.10 Korollar. Zu einem stochastischen Prozeß $\xi = (\xi_t)_{t \geq 0}$, welcher nach Wahrscheinlichkeit stetig ist und unabhängige Zuwächse besitzt, existiert stets ein äquivalenter Prozeß $\tilde{\xi}$ über einem W.-Raum $(\Omega', \mathscr{A}', \mathbb{P}')$, so daß sämtliche Pfade von $\tilde{\xi}$ in $D(\mathbb{R}_+)$ liegen. Wir nennen $\tilde{\xi}$ eine **Standardversion** von ξ.

Beweis. Vgl. 7.2.31. Insbesondere zeigt der dortige Beweis, daß wir $(\Omega', \mathscr{A}', \mathbb{P}') = (D(\mathbb{R}_+), \mathscr{D}, \mu)$ und $\tilde{\xi}_t := \pi_t(D(\mathbb{R}_+))$ setzen können, wobei μ das ξ realisierende Maß auf $\mathscr{D}$ ist. □

7.4.11 Bemerkung. Eine entsprechende Aussage gilt, wenn die Parametermenge ein kompaktes Intervall ist.

Wir wollen nun zeigen, daß jeder Prozeß $\xi = (\xi_t)_{t \geq 0}$ mit unabhängigen Zuwächsen ein Markoff-Prozeß im Sinne der folgenden Definition ist.

7.4.12 Definition. Es sei $\xi = (\xi_t)_{t \in T}$ $(T \subset \mathbb{R}_+)$ ein stochastischer Prozeß über einem W.-Raum $(\Omega, \mathscr{A}, \mathbb{P})$. Dann heißt ξ ein **Markoff-Prozeß**, falls er die folgende (einfache) **Markoff-Eigenschaft** besitzt:

$$(7.4.13) \quad \mathbb{P}(\xi_t \in B | \xi_u, u \leq s, u \in T) \underset{[\mathbb{P}]}{=} \mathbb{P}(\xi_t \in B | \xi_s)$$

$$\text{für alle } B \in \mathscr{B}^* \text{ und } 0 \leq s < t, \; s,t \in T.$$

(7.4.13) besagt gerade, daß das wahrscheinlichkeitstheoretische Verhalten des Prozesses zum Zeitpunkt t, vorausgesetzt, daß der Prozeß **bis** zum Zeitpunkt s schon abgelaufen ist, **nur** vom Wert des Prozesses **zum** Zeitpunkt s abhängt. Das folgende Lemma liefert eine zur einfachen Markoff-Eigenschaft äquivalente Bedingung. Dabei seien die auftretenden Zeitparameter stets Werte in T.

7.4.14 Lemma. $\xi = (\xi_t)_{t \in T}$ ist ein Markoff-Prozeß genau dann, wenn

(7.4.15) $\quad \mathbb{P}(\xi_t \in B \mid \xi_{s_1}, \ldots, \xi_{s_n}) \underset{[\mathbb{P}]}{=} \mathbb{P}(\xi_t \in B \mid \xi_{s_n})$

$\qquad$ für alle $B \in \mathscr{B}^*$ und $0 \le s_1 < s_2 < \ldots < s_n < t$.

<u>Beweis.</u> 1. Sei ξ ein Markoff-Prozeß. Dann folgt (vgl. 5.2.10):

$\mathbb{P}(\xi_t \in B \mid \xi_{s_1}, \ldots, \xi_{s_n}) \underset{[\mathbb{P}]}{=} \mathbb{E}(\mathbb{P}(\xi_t \in B \mid \xi_u : u \le s_n) \mid \xi_{s_1}, \ldots, \xi_{s_n}) \underset{[\mathbb{P}]}{=}$

$\mathbb{E}(\mathbb{P}(\xi_t \in B \mid \xi_{s_n}) \mid \xi_{s_1}, \ldots, \xi_{s_n}) \underset{[\mathbb{P}]}{=} \mathbb{P}(\xi_t \in B \mid \xi_{s_n})$, also (7.4.15).

2. Gilt umgekehrt (7.4.15), so folgt für alle $B \in \mathscr{B}^*$, $s_1 < s_2 < \ldots < s_n := s < t$

und $\Lambda \in \sigma(\{\xi_{s_1}, \ldots, \xi_{s_n}\}) : \int_\Lambda \mathbb{P}(\xi_t \in B \mid \xi_s) d\mathbb{P} = \int_\Lambda 1_{\{\xi_t \in B\}} d\mathbb{P}$, also mit 1.7.14

$\int_\Lambda \mathbb{P}(\xi_t \in B \mid \xi_s) d\mathbb{P} = \int_\Lambda 1_{\{\xi_t \in B\}} d\mathbb{P}$ für alle $\Lambda \in \sigma(\{\xi_u, u \le s\})$.

Da $\mathbb{P}(\xi_t \in B \mid \xi_s)$ automatisch $\sigma(\{\xi_u, u \le s\}), \mathscr{B}^*$-meßbar ist, folgt

$\mathbb{P}(\xi_t \in B \mid \xi_s) \underset{[\mathbb{P}]}{=} \mathbb{P}(\xi_t \in B \mid \xi_u, u \le s, u \in T)$, d.h. es gilt (7.4.13). $\square$

Man zeigt leicht durch algebraische Induktion (vgl. dazu auch Ü 5.2.6),
daß jeder Markoff-Prozeß ξ die Bedingung

(7.4.16) $\quad \mathbb{E}(f \circ \xi_t \mid \xi_u, u \le s) \underset{[\mathbb{P}]}{=} \mathbb{E}(f \cdot \xi_t \mid \xi_s)$, $0 \le s < t$,

erfüllt, sofern $f: \mathbb{R} \to \mathbb{R}$ eine $\mathscr{B}^*, \mathscr{B}^*$-meßbare Funktion ist mit
$f \cdot \xi_t \in \mathscr{L}(\Omega, \mathscr{A}, \mathbb{P})$. Insbesondere erhält man (7.4.13) aus (7.4.16)
zurück, wenn man für $B \in \mathscr{B}^*$ $f = 1_B$ setzt. Wir wollen im folgenden
stets annehmen, daß $\mathbb{P}(\xi_t \in \cdot \mid \xi_s)$, $0 \le s < t$, eine reguläre bedingte W.-
Verteilung von ξ_t bzgl. ξ_s ist (zur Definition und Existenz vgl.
5.3.7 und 5.3.16), d.h. setzt man

(7.4.17) $\quad p(s,y,t,B) := \mathbb{P}(\xi_t \in B \mid \xi_s = y)$, $0 \le s < t$,

so ist insbesondere $p(s,y,t,\cdot)$ für alle s,y,t ein W.-Maß auf $\mathscr{B}^*$ und
$\omega \to p(s,\xi_s(\omega),t,B)$ eine Version von $\mathbb{P}(\xi_t \in B \mid \xi_s)$. Wir nennen das durch
(7.4.17) definierte System von W.-Maßen $p(s,y,t,\cdot)$ die dem Prozeß ξ
assoziierte Familie von <u>Übergangswahrscheinlichkeiten</u>. Durch algebraische Induktion zeigt man leicht, daß für alle $0 \le s < t$ und alle
$\mathscr{B}^*, \mathscr{B}^*$-meßbaren Funktionen f mit $f \circ \xi_t \in \mathscr{L}(\Omega, \mathscr{A}, \mathbb{P})$ gilt:

(7.4.18) $\quad \mathbb{E}(f \cdot \xi_t \mid \xi_s) = \int_{\mathbb{R}} f(x) p(s,\xi_s,t,dx)$.

<u>7.4.19 Satz (Chapman-Kolmogoroff-Gleichung).</u> Es sei ξ ein Markoff-

Prozeß und $p(s,y,t,\cdot)$ das zugehörige System von Übergangswahrscheinlichkeiten. Dann gilt für alle $0 \le s < r < t$ und $B \in \mathcal{B}^*$

$$(7.4.20) \quad p(s,x,t,B) = \int_{\mathbb{R}} p(r,y,t,B)\,p(s,x,r,dy) \quad \text{für } Q_{\xi_s}\text{-fast alle } x \in \mathbb{R}.$$

<u>Beweis.</u> Seien $0 \le s < r < t$ und $B \in \mathcal{B}^*$ beliebig. Dann ist wegen (7.4.16)
und (7.4.18) für $\mathbb{P}$-fast alle $\omega \in \Omega$:

$$p(s,\xi_s(\omega),t,B) = \mathbb{P}(\xi_t \in B \mid \xi_s)(\omega) = \mathbb{P}(\xi_t \in B \mid \xi_u,\ u \le s)(\omega) =$$

$$\mathbb{E}(\mathbb{P}(\xi_t \in B \mid \xi_u,\ u \le r) \mid \xi_u,\ u \le s)(\omega) = \mathbb{E}(\mathbb{P}(\xi_t \in B \mid \xi_r) \mid \xi_s)(\omega) =$$

$$\int_{\mathbb{R}} \mathbb{P}(\xi_t \in B \mid \xi_r = y)\,p(s,\xi_s(\omega),r,dy) = \int_{\mathbb{R}} p(r,y,t,B)\,p(s,\xi_s(\omega),r,dy). \quad \square$$

Fassen wir $p(s,x,t,B)$ als Wahrscheinlichkeit dafür auf, daß ein in
$\mathbb{R}$ irrfahrendes Teilchen, welches zum Zeitpunkt s in x startet, sich
zur Zeit t in B befindet, so beschreibt (7.4.20) ein Zufallsverhalten,
welches darin besteht, daß das Teilchen nach Ansteuern irgendeines
"Volumenelementes dy" zu einem Zwischenzeitpunkt r von dort aus nach
B weiterwandert, ohne sich um seine "Erlebnisse" vor dem Zeitpunkt
r zu kümmern.

Umgekehrt kann man nun fragen, ob bei Vorgabe eines Systems von Übergangswahrscheinlichkeiten $p(s,x,t,B)$, welches (7.4.20) (für alle
$x \in \mathbb{R}$) erfüllt, ein Markoff-Prozeß ξ existiert, so daß $\omega \to p(s,\xi_s(\omega),t,B)$
eine Version von $\mathbb{P}(\xi_t \in B \mid \xi_s)$ ist. Eine Antwort auf diese Frage findet
man (unter Zuhilfenahme von 7.1.24) z.B. im Buch von Bauer [5].

Wir kommen nun zum oben angekündigten Ergebnis für Prozesse mit unabhängigen Zuwächsen.

<u>7.4.21 Satz.</u> Sei $\xi = (\xi_t)_{t \ge 0}$ ein stochastischer Prozeß über einem
W.-Raum $(\Omega, \mathcal{A}, \mathbb{P})$ mit unabhängigen Zuwächsen und $\xi_0 = 0$ $\mathbb{P}$-fast sicher.
Dann ist ξ Markoffsch.

<u>Beweis.</u> Seien $B \in \mathcal{B}^*$ und $0 \le s_1 < s_2 < \ldots < s_n < t$ beliebig. Wir zeigen
(7.4.15). Setze $\zeta_1 := \xi_t - \xi_{s_n}$ und $\eta_1 := (\xi_{s_1}, \ldots, \xi_{s_n})$; dann sind ζ_1
und η_1 unabhängig (Beweis!). Sei $\phi_1: \mathbb{R} \times \mathbb{R}^n \to \mathbb{R}$ definiert durch

$$\phi_1(x,\underline{y}) := \begin{cases} 0, & \text{falls } x + y_n \notin B \\ 1, & \text{falls } x + y_n \in B \end{cases} \quad (\underline{y} = (y_1, \ldots, y_n)).$$

Dann ist $\phi_1 \circ (\zeta_1, \eta_1) \in \mathcal{L}_1(\Omega, \mathcal{A}, \mathbb{P})$, und nach 5.3.22 folgt:

$\mathbb{E}(\phi_1\cdot(\zeta_1,\eta_1)\,|\,\eta_1=\underline{y}) = \mathbb{E}(\phi_1\cdot(\zeta_1,\underline{y}))$ für Q_{η_1}-fast alle $\underline{y}\in\mathbb{R}^n$. Entsprechendes gilt für ζ_1, $\eta_2 := \xi_{s_n}$ und $\phi_2\colon \mathbb{R}\times\mathbb{R}\to\mathbb{R}$ definiert durch

$$\phi_2(x,z) := \begin{cases} 0, & \text{falls } x+z\notin B \\ 1, & \text{falls } x+z\in B \end{cases} :$$

$\mathbb{E}(\phi_2\cdot(\zeta_1,\eta_2)\,|\,\eta_2=z) = \mathbb{E}(\phi_2\cdot(\zeta_1,z))$ für Q_{η_2}-fast alle $z\in\mathbb{R}$. Hiermit folgt für $\mathbb{P}$-fast alle $\omega\in\Omega$:

$$\mathbb{P}(\xi_t\in B\,|\,\xi_{s_1},\dots,\xi_{s_n})(\omega) = \mathbb{P}(\xi_t\in B\,|\,\eta_1=\eta_1(\omega)) = \mathbb{E}(\phi_1\cdot(\zeta_1,\eta_1)\,|\,\eta_1=\eta_1(\omega)) =$$

$$\mathbb{E}(\phi_1\cdot(\zeta_1,\eta_1(\omega))) = \mathbb{P}(\{\omega'\in\Omega\colon \xi_t(\omega')-\xi_{s_n}(\omega')+\xi_{s_n}(\omega)\in B\}) =$$

$$\mathbb{E}(\phi_2\cdot(\zeta_1,\xi_{s_n}(\omega))) = \mathbb{E}(\phi_2\cdot(\zeta_1,\eta_2)\,|\,\eta_2=\xi_{s_n}(\omega)) = \mathbb{P}(\xi_t\in B\,|\,\xi_{s_n})(\omega). \qquad \square$$

<u>Zusatz.</u> Der vorstehende Beweis zeigt gleichzeitig, daß das zugehörige System der Übergangswahrscheinlichkeiten durch

$$p(s,y,t,B) := \mathbb{P}(\{\omega\in\Omega\colon \xi_t(\omega)-\xi_s(\omega)\in B-y\})$$

definiert werden kann. In diesem Fall ist (7.4.20) nichts anderes als die Faltungsgleichung (1.10.9).

Im Hinblick auf die uns interessierenden Anwendungen wollen wir im folgenden stets annehmen, daß ξ außerdem stationäre Zuwächse besitzt. Setze $p_t(x,B) := p(0,x,t,B)$.

<u>7.4.22 Korollar.</u> Ist $\xi = (\xi_t)_{t\geq 0}$ ein Prozeß mit unabhängigen und stationären Zuwächsen und ist $\xi_0 = 0$ $\mathbb{P}$-fast sicher, so wird durch $(\omega,B) \to p_t(\xi_s(\omega),B)$ eine reguläre bedingte W.-Verteilung von ξ_{s+t} bzgl. $\sigma(\{\xi_u,\ u\leq s\})$ definiert (mit der Bezeichnungsweise von 5.3 ist hier $(\psi,\mathcal{Y}) = (\Omega,\sigma(\{\xi_u\colon u\leq s\}))$ und $\eta = \mathrm{id}_\Omega$).

<u>Beweis.</u> Setze $v=s+t$. Sei $G\in\sigma(\{\xi_u,u\leq s\})$ und $B\in\mathcal{B}^*$. Dann folgt mit 7.4.21:

$$\mathbb{P}(G\cap\{\xi_v\in B\}) = \int_G \mathbb{P}(\xi_v\in B\,|\,\xi_s)\,d\mathbb{P} = \int_G Q_{\xi_v-\xi_s}(B-\xi_s(\omega))\,\mathbb{P}(d\omega) =$$

$$\int_G Q_{\xi_t}(B-\xi_s(\omega))\,\mathbb{P}(d\omega) = \int_G p_t(\xi_s(\omega),B)\,\mathbb{P}(d\omega). \qquad \square$$

Wir wollen im folgenden zeigen, daß für Standardversionen ξ die Aussage von 7.4.22 wesentlich verallgemeinert werden kann. Dazu sei für alle $t\in\mathbb{R}_+$ $\mathcal{F}_t := \sigma(\{\xi_s\colon 0\leq s\leq t\})$ gesetzt.

7.4.23 Definition. Eine Abbildung $\tau: \Omega \to \overline{\mathbb{R}}_+$ heißt <u>Markoffzeit</u> bzgl. $(\mathscr{F}_t)_{t \geq 0}$, falls für alle $t \in \mathbb{R}_+$ $\{\omega \in \Omega: \tau(\omega) < t\} \in \mathscr{F}_t$.

Ferner setzen wir

$$\mathscr{F}(\tau) := \{A \in \mathscr{A} : A \cap \{\tau < t\} \in \mathscr{F}_t \text{ für alle } t \geq 0\}.$$

Wie in 6.3 zeigt man, daß $\mathscr{F}(\tau)$ eine Sub-σ-Algebra von $\mathscr{A}$, τ $\mathscr{F}(\tau)$, $\mathscr{B}^*$-meßbar ist und $\mathscr{F}(\tau_1) \subset \mathscr{F}(\tau_2)$, falls $\tau_1 \leq \tau_2$.

7.4.24 Beispiel. Sei $\xi = (\xi_t)_{t \geq 0}$ ein Prozeß mit rechtsseitig stetigen Pfaden und $\tau(\omega) := \inf \{t \geq 0: \xi_t(\omega) > 1\}$ (wobei $\inf \emptyset := \infty$). Dann ist τ eine Markoffzeit und $B := \{\omega \in \Omega: \inf_{t \leq \tau(\omega)} \xi_t(\omega) \geq 0\} \in \mathscr{F}(\tau)$.

7.4.25 Lemma. Ist τ eine Markoffzeit bzgl. $(\mathscr{F}_t)_{t \geq 0}$ und $\xi = (\xi_t)_{t \geq 0}$ eine Standardversion, so folgt:

(i) $\omega \to \xi_{\tau(\omega)}(\omega)$ ist auf $\{\tau < \infty\}$ $\{\tau < \infty\} \cap \mathscr{F}(\tau)$, $\mathscr{B}^*$-meßbar

(ii) $\omega \to (\xi_{\tau(\omega)+t}(\omega) - \xi_{\tau(\omega)}(\omega))_{t \geq 0}$ ist auf $\{\tau < \infty\}$ $\{\tau < \infty\} \cap \mathscr{A}$, $\mathscr{D}$-meßbar.

Beweis. Da mit τ auch $\tau + t$, $t \geq 0$, eine Markoffzeit ist, bleibt wegen 1.3.4 nur (i) zu zeigen. Sei dazu $\tau_n(\omega)$ das kleinste j/n mit $j/n > \tau(\omega)$. Dann ist $\tau_n \downarrow \tau$, so daß aufgrund der Rechtsstetigkeit der Pfade folgt

$$\{\omega \in \Omega: \xi_{\tau(\omega)}(\omega) \leq s\} \cap \{\tau < t\} = \bigcap_{m \in \mathbb{N}} \liminf_{n \to \infty} A_{n,m} \text{ für alle } s, t \geq 0,$$

wobei $A_{n,m} := \{\omega \in \Omega: \xi_{\tau_n(\omega)}(\omega) \leq s + m^{-1}\} \cap \{\tau_n < t\}$.

Die Behauptung folgt nun unmittelbar aus der Darstellung

$$A_{n,m} = \bigcup_{j < nt} \{\omega \in \Omega: \xi_{j/n}(\omega) \leq s + m^{-1}, \ (j-1)/n \leq \tau(\omega) < j/n\} \ (\in \mathscr{F}_t). \qquad \square$$

Der folgende Satz macht eine Aussage über die Verteilung des in 7.4.25 (ii) betrachteten Prozesses $(\xi_{\tau+t} - \xi_\tau)_{t \geq 0}$.

7.4.26 Satz. Es sei $\xi = (\xi_t)_{t \geq 0}$ die Standardversion eines Prozesses mit unabhängigen und stationären Zuwächsen, $\xi_0 = 0$ $\mathbb{P}$-fast sicher. Ist dann τ eine Markoffzeit bzgl. $(\mathscr{F}_t)_{t \geq 0}$, so gilt

$$(7.4.27) \quad \mathbb{P}(G \cap \{(\xi_{\tau+t} - \xi_\tau)_{t \geq 0} \in A\}) = \mathbb{P}(G) \, \mathbb{P}(\{(\xi_t)_{t \geq 0} \in A\})$$

$$\text{für alle } A \in \mathscr{D} \text{ und } G \in \mathscr{F}(\tau) \text{ mit } G \subset \{\tau < \infty\}.$$

Insbesondere ist also $(\xi_{\tau+t}-\xi_\tau)_{t\geq 0}$ auf $\{\tau<\infty\}$ unabhängig von $\mathscr{F}(\tau)$ und wie $(\xi_t)_{t\geq 0}$ verteilt.

__Beweis.__ Sei τ_n wie im Beweis zu Lemma 7.4.25 definiert. Setze $A_{nk} := \{\omega\in\Omega:\tau_n(\omega)=kn^{-1}\}$, $k\in\mathbb{N}$. Da ξ rechtsseitig stetige Pfade besitzt und $\tau_n\downarrow\tau$, folgt:

$$(7.4.28)\quad \lim_{n\to\infty}(\xi_{\tau_n(\omega)+t(\omega)}(\omega)-\xi_{\tau_n(\omega)}(\omega))=\xi_{\tau(\omega)+t(\omega)}(\omega)-\xi_{\tau(\omega)}(\omega)$$

$$\text{für alle } \omega\in\{\tau<\infty\} \text{ und } t\in\mathbb{R}_+.$$

Sei $G\in\mathscr{F}(\tau)$, $G\subset\{\tau<\infty\}$, beliebig; dann werden durch
$\mu'(A) := \mathbb{P}(G\cap\{(\xi_{\tau+t}-\xi_\tau)_{t\geq 0}\in A\})$ und $\mu''(A) := \mathbb{P}(G)\mathbb{P}(\{(\xi_t)_{t\geq 0}\in A\})$,
$A\in\mathscr{D}$, zwei Maße auf $\mathscr{D}$ definiert. Wir zeigen $\mu'=\mu''$. Gemäß
7.1.22ff und 1.12.9ff reicht es zu zeigen, daß

$$(7.4.29)\quad \mathbb{E}(1_G f\bullet(\xi_{\tau+t_1}-\xi_\tau,\ldots,\xi_{\tau+t_j}-\xi_\tau)) =\mathbb{P}(G)\mathbb{E}(f\bullet(\xi_{t_1},\ldots,\xi_{t_j}))$$

für jede Wahl von Punkten $0\leq t_1<t_2<\ldots<t_j$ und alle stetigen und beschränkten $f:\mathbb{R}^j\to\mathbb{R}$. Mit dem Satz von der majorisierten Konvergenz folgt aber aus (7.4.28), daß

$$\mathbb{E}(1_G f\bullet(\xi_{\tau+t_1}-\xi_\tau,\ldots,\xi_{\tau+t_j}-\xi_\tau))=\lim_{n\to\infty}\mathbb{E}(1_G f\bullet(\xi_{\tau_n+t_1}-\xi_{\tau_n},\ldots,\xi_{\tau_n+t_j}-\xi_{\tau_n}))=$$

$$\lim_{n\to\infty}\sum_{k\in\mathbb{N}}\mathbb{E}(1_{G\cap A_{nk}}f\bullet(\xi_{kn^{-1}+t_1}-\xi_{kn^{-1}},\ldots,\xi_{kn^{-1}+t_j}-\xi_{kn^{-1}})).$$

Da $G\in\mathscr{F}(\tau)$ und somit $G\cap A_{nk}=G\cap\{(k-1)/n\leq\tau<k/n\}\in\mathscr{F}_{kn^{-1}}$, folgt (da ξ unabhängige Zuwächse besitzt): $1_{G\cap A_{nk}}$ ist unabhängig von

$$f\bullet(\xi_{kn^{-1}+t_1}-\xi_{kn^{-1}},\ldots,\xi_{kn^{-1}+t_j}-\xi_{kn^{-1}}) =$$

$$f\bullet T_j(\xi_{kn^{-1}+t_1}-\xi_{kn^{-1}+t_0},\xi_{kn^{-1}+t_2}-\xi_{kn^{-1}+t_1},\ldots,\xi_{kn^{-1}+t_j}-\xi_{kn^{-1}+t_{j-1}}),$$

wobei $t_0=0$ und $T_j(y_1,\ldots,y_j):=(y_1,y_1+y_2,\ldots,y_1+y_2+\ldots+y_j)$. Damit erhalten wir aufgrund der Stationarität der Zuwächse und wegen $\xi_0=0$ $\mathbb{P}$-f.s.

$$\mathbb{E}(1_G f\bullet(\xi_{\tau+t_1}-\xi_\tau,\ldots,\xi_{\tau+t_j}-\xi_\tau)) =$$

$$\lim_{n\to\infty}\sum_{k\in\mathbb{N}}\mathbb{P}(G\cap A_{nk})\mathbb{E}(f\bullet T_j(\xi_{kn^{-1}+t_1}-\xi_{kn^{-1}+t_0},\ldots,\xi_{kn^{-1}+t_j}-\xi_{kn^{-1}+t_{j-1}}))=$$

$$\lim_{n\to\infty}\sum_{k\in\mathbb{N}}\mathbb{P}(G\cap A_{nk})\mathbb{E}(f\bullet T_j(\xi_{t_1}-\xi_{t_0},\ldots,\xi_{t_j}-\xi_{t_{j-1}})) =$$

$$\lim_{n\to\infty}\sum_{k\in\mathbb{N}}\mathbb{P}(G\cap A_{nk})\mathbb{E}(f\bullet(\xi_{t_1},\ldots,\xi_{t_j}))=\mathbb{P}(G)\mathbb{E}(f\bullet(\xi_{t_1},\ldots,\xi_{t_j})),$$

also (7.4.29). $\square$

Wir sind nun in der Lage, die für Standardversionen angekündigte Verallgmeinerung von 7.4.22 zu beweisen. Dazu setzen wir

$P_x(A) := \mathbb{P}(\{\omega \in \Omega: \xi(\omega) \in A-x\})$, $A \in \mathcal{D}$, $x \in \mathbb{R}$, wobei $A-x := \{f-x: f \in A\}$

und $x \in \mathbb{R}$ in diesem Fall mit der Funktion const$=x$ identifiziert wird.

__7.4.30 Satz (Starke Markoff-Eigenschaft).__ Es sei $\xi = (\xi_t)_{t \geq 0}$ die Standardversion eines Prozesses mit unabhängigen und stationären Zuwächsen, $\xi_0 = 0$ $\mathbb{P}$-fast sicher, und τ eine Markoffzeit bzgl. $(\mathcal{F}_t)_{t \geq 0}$. Dann wird durch $(\omega, A) \to P_{\xi_{\tau(\omega)}(\omega)}(A)$ auf $\{\tau < \infty\}$ eine reguläre bedingte W.-Verteilung von $(\xi_{\tau+t})_{t \geq 0}$ bzgl. $\mathcal{F}(\tau)$ definiert, d.h. für alle $G \in \mathcal{F}(\tau)$, $G \subset \{\tau < \infty\}$ und $A \in \mathcal{D}$ ist

$$(7.4.31) \quad \mathbb{P}(G \cap \{(\xi_{\tau+t})_{t \geq 0} \in A\}) = \int_G P_{\xi_{\tau(\omega)}(\omega)}(A)\, \mathbb{P}(d\omega).$$

__Beweis.__ Die Abbildung $\omega \to P_{\xi_{\tau(\omega)}(\omega)}(A)$ ist als Komposition der $\mathcal{F}(\tau)$, $\mathcal{B}^*$-meßbaren Abbildung $\omega \to \xi_{\tau(\omega)}(\omega)$ sowie der $\mathcal{B}^*, \mathcal{B}^*$-meßbaren Abbildung $x \to P_x(A)$ (!) $\mathcal{F}(\tau), \mathcal{B}^*$-meßbar. Zu zeigen bleibt (7.4.31). Wir bemerken zunächst, daß die Abbildung $\mathbb{R} \times D(\mathbb{R}_+) \ni (x,g) \to x+g \in D(\mathbb{R}_+) \mathcal{B}^* \otimes \mathcal{D}$, $\mathcal{D}$ - meßbar ist und die durch $\mu | \mathcal{D}$ und $g \to x+g$ auf $\mathcal{D}$ induzierte Verteilung mit P_x übereinstimmt (dabei bezeichne μ das ξ realisierende Maß auf $\mathcal{D}$, d.h. es ist $\mu(A) = \mathbb{P}(\{\omega \in \Omega: \xi(\omega) \in A\})$ für alle $A \in \mathcal{D}$). Betrachten wir dann den meßbaren Raum $(\Omega \times D(\mathbb{R}_+), \mathcal{F}(\tau) \otimes \mathcal{D})$, so ist $G^* := \{(\omega,g): \omega \in G$ und $\xi_{\tau(\omega)}(\omega)+g \in A\} \in \mathcal{F}(\tau) \otimes \mathcal{D}$ (vgl. 7.4.25 (i)) $\mu(\{g \in D(\mathbb{R}_+): \xi_{\tau(\omega)}(\omega)+g \in A\}) = P_{\xi_{\tau(\omega)}(\omega)}(A)$. Für die Schnittmengen G^*_ω gilt:

$$G^*_\omega = \begin{cases} \emptyset, \text{ falls } \omega \notin G \\ \{g \in D(\mathbb{R}_+): \xi_{\tau(\omega)}(\omega)+g \in A\}, \text{ falls } \omega \in G \end{cases} .$$

Somit folgt durch Anwendung des Fubinischen Satzes 1.8.18 und unter Berücksichtigung von (7.4.27):

$$\mathbb{P}(G \cap \{(\xi_{\tau+t})_{t \geq 0} \in A\}) = \mathbb{P}(\{\omega \in \Omega: (\omega, (\xi_{\tau(\omega)+t}(\omega) - \xi_{\tau(\omega)}(\omega))_{t \geq 0}) \in G^*\}) =$$

$$(\mathbb{P} \times \mu)(G^*) = \int_\Omega \mu(G^*_\omega)\mathbb{P}(d\omega) = \int_G \mu(\{g \in D(\mathbb{R}_+): \xi_{\tau(\omega)}(\omega)+g \in A\})\, \mathbb{P}(d\omega)$$

$$= \int_G P_{\xi_{\tau(\omega)}(\omega)}(A)\, \mathbb{P}(d\omega). \quad \square$$

7.4.22 ergibt sich unmittelbar aus (7.4.31),wenn man τ = const = s
und im dortigen Beweis A = {g $\in$ D($\mathbb{R}_+$): g(t) $\in$ B} setzt.

Wir wollen abschließend zwei wichtige Prozesse mit unabhängigen Zuwächsen kennenlernen. Ist $\lambda > 0$ fest und Q_{st} die Poisson-Verteilung
zum Parameter λ(t-s), O $\leq$ s < t, d.h. gilt

$$Q_{st}(\{k\}) = e^{-\lambda(t-s)}\frac{[\lambda(t-s)]^k}{k!}, \quad k=0,1,\ldots,$$

so folgt mit 1.17.12 $Q_{st} = Q_{sr} * Q_{rt}$ für O $\leq$ s < r < t. Gemäß 7.4.2 (ii)
existiert somit ein stochastischer Prozeß $\xi = (\xi_t)_{t \geq 0}$ mit unabhängigen Zuwächsen, so daß $Q_{\xi_t - \xi_s} = Q_{st}$, O $\leq$ s < t, und $\xi_0 = 0$ $\mathbb{P}$-fast
sicher. Offensichtlich besitzt ξ auch stationäre Zuwächse. Ferner
gilt für alle $\epsilon > 0$ und O $\leq$ s < t:

$$\mathbb{P}(\{|\xi_t - \xi_s| > \epsilon\}) = \mathbb{P}(\{|\xi_{t-s}| > \epsilon\}) \leq \mathbb{P}(\{\xi_{t-s} \neq 0\}) = 1 - e^{-\lambda(t-s)},$$

d.h. ξ ist nach Wahrscheinlichkeit stetig. Gemäß 7.4.10 existiert somit eine Standardversion $\bar{\xi}$ von ξ, so daß sämtliche Pfade von $\bar{\xi}$ in
D($\mathbb{R}_+$) liegen. Wir werden im nächsten Abschnitt zeigen, daß $\bar{\xi}$ sogar
so gewählt werden kann, daß er ein <u>Poissonscher Prozeß</u> im Sinne der
folgenden Definition ist.

<u>7.4.32 Definition.</u> Ein Prozeß $\xi = (\xi_t)_{t \geq 0}$ über einem W.-Raum (Ω, $\mathscr{A}$, $\mathbb{P}$)
heißt Poissonscher Prozeß zum Parameter $\lambda > 0$, falls gilt:

(i) $\xi_0(\omega) = 0$ für alle $\omega \in \Omega$,

(ii) ξ besitzt rechtsseitig stetige Pfade, welche in Sprüngen der
        Größe 1 monoton wachsend sind

(iii) ξ besitzt unabhängige und stationäre Zuwächse, und es gilt für
        alle O $\leq$ s < t und k=0,1,2,...:

$$\mathbb{P}(\{\omega \in \Omega : \xi_t(\omega) - \xi_s(\omega) = k\}) = e^{-\lambda(t-s)}[\lambda(t-s)]^k/k!.$$

Ein anderes wichtiges Beispiel erhalten wir, wenn wir $Q_{st} := \mathscr{N}(0, t-s)$,
O $\leq$ s < t, setzen. Satz 1.19.1 zeigt, daß wiederum $Q_{st} = Q_{sr} * Q_{rt}$ für
alle O $\leq$ s < r < t. Aufgrund von 7.4.2 (ii) existiert somit ein
stochastischer Prozeß $\xi = (\xi_t)_{t \geq 0}$ mit unabhängigen Zuwächsen, so daß
$Q_{\xi_t - \xi_s} = \mathscr{N}(0, t-s)$ für alle O $\leq$ s < t, und $\xi_0 = 0$ $\mathbb{P}$-fast sicher. Offen-
sichtlich besitzt ξ auch stationäre Zuwächse. Wegen $\mathbb{E}(|\xi_t - \xi_s|^4) = 3|t-s|^2$
(vgl. Ü 1.17.4) erfüllt ξ die Voraussetzungen von 7.3.6 (mit K=3,
a=4, b=2) und ist somit realisierbar in (C($\mathbb{R}_+$), $\mathscr{A}_{\mathbb{R}_+}^{*C(\mathbb{R}_+)}$). Bezeichnet
μ das ξ realisierende Maß auf $\mathscr{A}_{\mathbb{R}_+}^{*C(\mathbb{R}_+)}$ und setzt man

$\Omega := C_o := \{f \in C(\mathbb{R}_+) : f(0) = 0\}$, $\mathscr{A} := \Omega \cap \mathscr{B}_{\mathbb{R}_+}^{*C(\mathbb{R}_+)}$, $W|\mathscr{A} := \mu|\mathscr{A}$, so ist W wegen $\mu(\Omega)=1$ ein W.-Maß über $(\Omega, \mathscr{A})$, und es gilt: Durch $W_t(f) := \pi_t(\Omega)(f)$, $f \in \Omega$, wird im Sinne der folgenden Definition ein (Standard-) Brownscher Bewegungsprozeß (Wiener-Prozeß) definiert.

__7.4.33 Definition.__ Ein Prozeß $\xi = (\xi_t)_{t \geq 0}$ über einem W.-Raum $(\Omega, \mathscr{A}, \mathbb{P})$ heißt Brownscher Bewegungsprozeß, falls gilt:

(i) $\xi_0(\omega) = 0$ für alle $\omega \in \Omega$

(ii) $\xi(\omega)$ ist stetig für alle $\omega \in \Omega$

(iii) ξ besitzt unabhängige und stationäre Zuwächse mit
$$Q_{\xi_t - \xi_s} = \mathcal{N}(0, t-s) \text{ für alle } 0 \leq s < t.$$

Das ξ realisierende Maß $W|C_o \cap \mathscr{B}_{\mathbb{R}_+}^{*C(\mathbb{R}_+)}$ heißt __Wiener-Maß__.

__7.4.34 Bemerkung.__ Aufgrund von 7.4.30 besitzen sowohl der Poissonsche als auch der Wiener-Prozeß die starke Markoff-Eigenschaft.

7.5 Der Poissonsche Prozeß

Wir haben noch den Existenzbeweis für den Poissonschen Prozeß nachzuholen. Wie wir im letzten Abschnitt gesehen haben, existiert ein W.-Raum $(\Omega, \mathscr{A}, \mathbb{P})$ und ein Prozeß $\tilde{\xi} = (\tilde{\xi}_t)_{t \geq 0}$ über $(\Omega, \mathscr{A}, \mathbb{P})$, welcher sämtliche Pfade in $D(\mathbb{R}_+)$ besitzt, $\tilde{\xi}_0 = 0$ $\mathbb{P}$-fast sicher und die Bedingung (iii) in Definition 7.4.32 erfüllt. Sei $\Omega_1 := \{\omega \in \Omega : \tilde{\xi}_s(\omega) \leq \tilde{\xi}_t(\omega)$ für alle $s, t \in \mathbb{Q}_+$, $s < t\}$. Dann besitzt Ω_1 wegen $\mathbb{P}(\{\omega \in \Omega : \tilde{\xi}_s(\omega) > \tilde{\xi}_t(\omega)\}) = Q_{st}(\complement\mathbb{R}_+) = 0$, $0 \leq s < t$, die Wahrscheinlichkeit 1. Da $\tilde{\xi}$ rechtsseitig stetige Pfade besitzt und $\mathbb{Q}_+$ dicht in $\mathbb{R}_+$ ist, erhält man somit, daß $\tilde{\xi}(\omega)$ für alle $\omega \in \Omega_1$ monoton wachsend ist. Entsprechend zeigt man die Existenz einer Menge $\Omega_2 \in \mathscr{A}$, $\mathbb{P}(\Omega_2)=1$, so daß $\tilde{\xi}_t(\omega) \in \mathbb{Z}_+$ für alle $t \geq 0$ und $\omega \in \Omega_2$. Schließlich sei

$$\complement\Omega_3 := \bigcup_{m \in \mathbb{N}} \bigcap_{n \in \mathbb{N}} \bigcup_{k=1}^{n} \{\omega \in \Omega : \tilde{\xi}_{m+kn^{-1}}(\omega) - \tilde{\xi}_{m+(k-1)n^{-1}}(\omega) \geq 2\}.$$

Dann ist

$$\mathbb{P}(\complement\Omega_3) \leq \sum_{m \geq 1} \limsup_{n \to \infty} \sum_{k=1}^{n} \mathbb{P}(\{\omega \in \Omega : \tilde{\xi}_{m+kn^{-1}}(\omega) - \tilde{\xi}_{m+(k-1)n^{-1}}(\omega) \geq 2\}) =$$

$$\sum_{m \geq 1} \limsup_{n \to \infty} n \sum_{i \geq 2} e^{-\lambda/n} \frac{\lambda^i n^{-i}}{i!} \leq \sum_{m \geq 1} \limsup_{n \to \infty} n\lambda^2 n^{-2} = 0.$$

Für alle $\omega' \in \Omega_0 := \{\omega \in \Omega: \bar{\xi}_0(\omega)=0\} \cap \Omega_1 \cap \Omega_2 \cap \Omega_3$ ist $\bar{\xi}(\omega')$ somit ein Pfad, welcher in 0 startet, rechtsseitig stetig ist und in Sprüngen der Größe 1 monoton wächst. Setzt man daher $\xi_t(\omega) := \bar{\xi}_t(\omega)$, falls $\omega \in \Omega_0$ und const $= 0$ sonst, so ist ξ wegen $\mathbb{P}(\Omega_0)=1$ ein Poissonscher Prozeß im Sinne von Definition 7.4.32.

7.5.1 Lemma. Sei ξ ein Poissonscher Prozeß zum Parameter $\lambda > 0$. Für das zugehörig System der Übergangswahrscheinlichkeiten gilt dann:

$p(s,y,t,B)=[1-\lambda(t-s)]1_B(y)+\lambda(t-s)1_B(y+1)+\sigma(t-s)$ für $t-s \to 0$,

speziell also

$$(7.5.2) \quad p(s,y,s+h,y+k) = \begin{cases} 1-\lambda h + \sigma(h) & \text{für } k=0 \\ \lambda h + \sigma(h) & \text{für } k=1 \\ \sigma(h) & \text{für } k > 1, \ h \to 0. \end{cases}$$

Beweis. Gemäß dem Zusatz zu 7.4.21 ist

$$p(s,y,t,B) = \mathbb{P}(\{\xi_t - \xi_s + y \in B\}) = \sum_{\{k \geq 0: k+y \in B\}} \frac{[\lambda(t-s)]^k}{k!} \exp(-\lambda(t-s))$$

$$= [1_B(y) + \lambda(t-s)1_B(y+1) + \sigma(t-s)](1 - \lambda(t-s) + \sigma(t-s))$$

$$= [1-\lambda(t-s)]1_B(y) + \lambda(t-s)1_B(y+1) + \sigma(t-s). \quad \square$$

Setzt man $s=0=y$, so ergibt sich aufgrund der Stationarität der Zuwächse

$$(7.5.3) \quad \begin{cases} \mathbb{P}(\{\omega \in \Omega: \xi_{t+h}(\omega) - \xi_t(\omega) = 1\}) = \lambda h + \sigma(h) \text{ und} \\ \mathbb{P}(\{\omega \in \Omega: \xi_{t+h}(\omega) - \xi_t(\omega) \geq 2\}) = \sigma(h) \text{ für } h \to 0. \end{cases}$$

Wir wollen anhand eines heuristischen Modells nun zeigen, daß viele vom Zufall gesteuerten Phänomene in der Natur, welche in der Zeit ablaufen, als Realisationen eines Poissonschen Prozesses angesehen werden können. Betrachten wir z.B. einen Angler, der versucht, mit einer Angel in einem festen Zeitintervall $T = [0,s)$, $s \leq \infty$, Fische in einem nahegelegenen Teich zu fangen. Durch die Festsetzung $p_t=1$ bzw. 0, je nachdem, ob zum Zeitpunkt t ein Fisch gefangen wurde oder nicht, wird dann ein __zufälliger Punktprozeß__ (auf T) definiert. Wir wollen annehmen, daß die Anzahl der zur Verfügung stehenden Fische sehr groß ist und die im Wasser verbliebenen Fische auch nach mehreren erfolgreichen Versuchen des Mannes nichts dazugelernt haben. Sei $N(t,h)$, $t,h \geq 0$, die Anzahl aller $s \in (t,t+h]$ mit $p_s=1$, d.h. $N(t,h)$ mißt die Anzahl der im gleichen Zeitintervall gefangenen Fische.

308

Sei $(z_t)_{t\geq 0}$ der "<u>zugeordnete Zählprozeß</u>", d.h. $z_t := N(0,t)$, $t > 0$, $z_O := O$. Unter den gemachten Annahmen hinsichtlich des Verhaltens der Fische liegt es nahe, für das Eintreten bzw. Nichteintreten des "Ereignisses E := Fang eines Fisches" zu postulieren:

(A1) Das Eintreten [Nichteintreten] von E in disjunkten Zeitintervallen erfolgt "unabhängig voneinander" und die "Wahrscheinlichkeit"$W(E)$ des Eintretens von E innerhalb eines Zeitintervalls T_O ist für Zeitintervalle gleicher Länge dieselbe.

(A2) Es existiert eine sogenannte "<u>Intensitätsrate</u>", d.h. eine reelle Zahl $\lambda > O$, so daß $W(\{N(t,h)=1\})=\lambda h+\sigma(h)$, und es gelte $W(\{N(t,h)\geq 2\})=\sigma(h)$ für $h \to O$ (vgl. (7.5.2) bzw. (7.5.3)).

Dabei sei $W(\{\ \})$ die "Wahrscheinlichkeit" des in $\{\ \}$ betrachteten Ereignisses, eine Zahl, die dem Angler aufgrund langjähriger Erfahrung hinreichend gut bekannt ist. Sei nun $W_k(t):=W(\{z_t=k\})$, $k=O,1,\ldots$; dann folgt:

<u>$k=O$</u>: $W_O(t+h)=W(\{z_{t+h}=O\})=W(\{z_t=O,z_{t+h}-z_t=O\}) \underset{(A1)}{=} W_O(t)W_O(h)$,

wobei $W_O(O)=1$, da $z_O = O$. Wir erhalten

$$\lim_{h\to O} \frac{W_O(t+h)-W_O(t)}{h} = \lim_{h\to O} W_O(t) \frac{W_O(h)-1}{h} \underset{(A2)}{=} -\lambda W_O(t), \text{ also}$$

$$(7.5.4) \quad W_O(t) = \exp(-\lambda t).$$

<u>$k>O$</u>: $W_k(t+h)=W(\{z_{t+h}=k\})=W(\{z_t=k,z_{t+h}-z_t=O\})+W(\{z_t=k-1,z_{t+h}-z_t=1\}) +$

$\displaystyle\sum_{i=2}^{k} W(\{z_t=k-i,z_{t+h}-z_t=i\}) \underset{(A1),(A2)}{=} W_k(t)W_O(h)+W_{k-1}(t)W_1(h)+\sigma(h) =$

$W_k(t)(1-\lambda h+\sigma(h))+W_{k-1}(t)(\lambda h+\sigma(h))+\sigma(h)=(1-\lambda h)W_k(t)+\lambda h W_{k-1}(t)+\sigma(h)$.

Somit ist

$$\lim_{h\to O} \frac{W_k(t+h)-W_k(t)}{h} = -\lambda W_k(t)+\lambda W_{k-1}(t),$$

d.h. $\frac{d}{dt} W_k(t) = -\lambda W_k(t)+\lambda W_{k-1}(t)$ bzw. $\exp(\lambda t)[\frac{d}{dt} W_k(t)+\lambda W_k(t)] = \lambda \exp(\lambda t)W_{k-1}(t)$, so daß $\frac{d}{dt}(\exp(\lambda t)W_k(t)) = \lambda \exp(\lambda t)W_{k-1}(t)$.

Gemäß (7.5.4) folgt $\frac{d}{dt}(\exp(\lambda t)W_1(t))=\lambda$, also $W_1(t)=(\lambda t+c)\exp(-\lambda t)= \lambda t \cdot \exp(-\lambda t)$, da $c=O$ wegen $W_1(O) = O$.

Durch vollständige Induktion über k erhalten wir:

$$W_k(t) = \exp(-\lambda t) \cdot (\lambda t)^k/k!, \quad k=O,1,2,\ldots,$$

d.h. unter (A1) und (A2) lassen sich die z_t's auffassen als zufällige Variable ξ_t in dem durch 7.4.32 beschriebenen wahrscheinlichkeitstheoretischen Modell eines Poissonschen Prozesses $(\xi_t)_{t \geq 0}$ über dem dortigen W.-Raum $(\Omega, \mathscr{A}, \mathbb{P})$. Dabei wird "W" durch "$\mathbb{P}$" und $W(\{z_t - z_s = k\})$ durch $\mathbb{P}(\{\xi_t - \xi_s = k\}) = Q_{st}(\{k\})$, $k = 0, 1, \ldots$ wahrscheinlichkeitstheoretisch präzisiert. In diesem Fall ist $p_t(\omega) = \xi_t(\omega) - \xi_{t-0}(\omega)$, $t > 0$, $p_0 = 0$, ein Punktprozeß über $(\Omega, \mathscr{A}, \mathbb{P})$ und ξ der zugehörige Zählprozeß. Unter Berücksichtigung von Lemma 7.5.1 haben wir somit gezeigt:

<u>7.5.5 Satz.</u> Ein Zählprozeß $\xi = (\xi_t)_{t \geq 0}$ ist genau dann ein Poissonscher Prozeß (zum Parameter λ), wenn folgende Bedingungen erfüllt sind:

(i) $\xi_0 = 0$
(ii) ξ besitzt unabhängige und stationäre Zuwächse
(iii) $\mathbb{P}(\{\omega \in \Omega : \xi_h(\omega) = 1\}) = \lambda h + o(h)$
(iv) $\mathbb{P}(\{\omega \in \Omega : \xi_h(\omega) \geq 2\}) = o(h)$.

Das Poissonsche Modell ist gleichermaßen anwendbar zur Beschreibung von Zählprozessen, welche auftreten bei der Emission von α-Teilchen eines radioaktiven Präparats, bei der Annahme von Anrufen in einer großen Telefonzentrale oder beim Registrieren von Schadensmeldungen in einer großen Versicherung.

Die Definition des Poissonschen Prozesses schließt nicht aus, daß im Ablauf der Zeit kein Ereignis eintritt. Andererseits kann man sich fragen, mit welcher Wahrscheinlichkeit zu einem festen Zeitpunkt t ein Ereignis (d.h. ein Sprung der Größe 1) beobachtet wird. Im folgenden Satz wird gezeigt, daß dies jeweils nur mit Wahrscheinlichkeit 0 der Fall sein kann.

<u>7.5.6 Satz.</u> Sei $\xi = (\xi_t)_{t \geq 0}$ ein Poissonscher Prozeß zum Parameter $\lambda > 0$ und $t > 0$. Dann gilt:

(i)   Für $\mathbb{P}$-fast alle $\omega \in \Omega$ besitzt $\xi(\omega)$ unendlich viele Sprünge der Größe 1.
(ii)   Für $\mathbb{P}$-fast alle $\omega \in \Omega$ ist $\xi(\omega)$ stetig in t, d.h. es ist
     $p_t(\omega) = \xi_t(\omega) - \xi_{t-0}(\omega) = 0$.

<u>Beweis.</u> (i) Sei $A_n := \{\xi_n - \xi_{n-1} \geq 1\}$ und $A := \limsup_{n \to \infty} A_n$. Wir zeigen $\mathbb{P}(A) = 1$. Wegen der Unabhängigkeit der Folge $(A_n)_{n \in \mathbb{N}}$ bleibt aufgrund des Borel-Cantelli Lemmas 1.16.7 zu zeigen, daß $\sum_{n \geq 1} \mathbb{P}(A_n) = \infty$. Dies

folgt aber sofort aus der Abschätzung $\sum\limits_{n\geq 1} \mathbb{P}(A_n) \geq \sum\limits_{n\geq 1} \lambda e^{-\lambda} = \infty$.

(ii) Sei $\Omega_0 := \{\omega \in \Omega : \xi(\omega) \text{ ist unstetig in } t\} = \bigcap\limits_{\substack{0 \leq s < t \\ s \in \mathbb{Q}}} \{\omega \in \Omega : \xi_t(\omega) - \xi_s(\omega) \geq 1\}$.

Es folgt $\mathbb{P}(\Omega_0) \leq \inf\limits_{\substack{0 \leq s < t \\ s \in \mathbb{Q}}} (1 - e^{-\lambda(t-s)}) = 0$ und damit (ii). $\square$

Faßt man ξ als Zählprozeß für ein bestimmtes Ereignis E auf, so besagt (i) gerade, daß mit Wahrscheinlichkeit 1 über dem Zeitintervall $T = [0,\infty)$ das Ereignis E unendlich oft eintritt. Sei

$\tau_i(\omega) := \inf\{t \in \mathbb{R}_+ : \xi_t(\omega) = i\}$, $\omega \in \Omega$, $i \in \mathbb{N}$, $\tau_0 := 0$, die zugehörige Folge der <u>Wartezeiten</u>, also $\tau_i(\omega) < \infty$ für $\mathbb{P}$-fast alle $\omega \in \Omega$. Offensichtlich ist $\tau_0 < \tau_1 < \tau_2 \ldots$ und τ_i eine Markoffzeit für alle $i \geq 0$. Setze $\eta_i := \tau_i - \tau_{i-1}$, $i \in \mathbb{N}$, ($\eta_i = \infty$, falls $\tau_i = \infty$), d.h. η_i repräsentiert die zufällige Zeitspanne, die zwischen dem (i-1)-ten und i-ten Eintreten von E verstreicht. Man nennt deshalb die Folge $(\eta_i)_{i \in \mathbb{N}}$ die Folge der <u>Zwischeneintrittszeiten</u> ("inter-occurence times" bzw. "inter-arrival times"). Wir zeigen

<u>7.5.7 Satz.</u> Für die Folge $(\eta_i)_{i \in \mathbb{N}}$ der Zwischeneintrittszeiten eines Poissonschen Prozesses (zum Parameter $\lambda > 0$) gilt:

Die Variablen η_i sind unabhängig und identisch verteilt gemäß einer Exponentialverteilung zum Parameter λ, d.h. es ist

$$\mathbb{P}(\{\omega \in \Omega : \eta_i(\omega) \leq t\}) = 1 - e^{-\lambda t}, \quad t \in \mathbb{R}_+.$$

<u>Beweis.</u> 1. Für ein beliebiges $i \in \mathbb{N}$ folgt unter Verwendung der Beziehung (7.4.27):

$$\mathbb{P}(\{\eta_i > t\}) = \mathbb{P}(\{\tau_i - \tau_{i-1} > t\}) = \mathbb{P}(\{\xi_{\tau_{i-1}+t} - \xi_{\tau_{i-1}} = 0\} \cap \{\tau_{i-1} < \infty\})$$

$$= \mathbb{P}(\{\xi_t = 0\}) = e^{-\lambda t}.$$

2. Für beliebige $t_i \geq 0$, $i = 1, \ldots, n+1$, ist

$$\mathbb{P}(\{\eta_i > t_i,\ 1 \leq i \leq n+1\}) = \mathbb{P}(\{\tau_i - \tau_{i-1} > t_i,\ 1 \leq i \leq n, \xi_{\tau_n + t_{n+1}} - \xi_{\tau_n} = 0,\ \tau_n < \infty\}).$$

Wir zeigen:

$$(7.5.8) \quad \{\tau_i - \tau_{i-1} > t_i,\ 1 \leq i \leq n,\ \tau_n < \infty\} \in \mathcal{F}(\tau_n).$$

Da τ_n $\mathcal{F}(\tau_n), \mathcal{B}^*$-meßbar ist und $\mathcal{F}(\tau_i) \subset \mathcal{F}(\tau_n)$ für $i = 1, \ldots, n$, bleibt zu zeigen, daß $\{\tau_i - \tau_{i-1} > t_i\} \in \mathcal{F}(\tau_i)$ für alle $i = 1, \ldots, n$. Sei $t \in \mathbb{R}_+$ beliebig gewählt; dann folgt

$$\{\tau_i - \tau_{i-1} > t_i\} \cap \{\tau_i < t\} = \bigcup_{r \in \mathbb{Q}_+, r \leq t - t_i} \underbrace{\{\tau_{i-1} < r\}}_{\in \mathscr{F}_r} \cap \underbrace{\{\tau_i \geq r + t_i\}}_{\in \mathscr{F}_{r+t_i}} \cap \underbrace{\{\tau_i < t\}}_{\in \mathscr{F}_t} \in \mathscr{F}_t,$$

Unter abermaliger Verwendung der Beziehung (7.4.27) folgt

$$\mathbb{P}(\{\eta_i > t_i, 1 \leq i \leq n+1\}) = \mathbb{P}(\{\eta_i > t_i, 1 \leq i \leq n\}) \cdot \mathbb{P}(\{\xi_{\tau_n + t_{n+1}} - \xi_{\tau_n} = 0\})$$

$$= \mathbb{P}(\{\eta_i > t_i, 1 \leq i \leq n\}) \cdot \mathbb{P}(\{\eta_{n+1} > t_{n+1}\}),$$

und hieraus ergibt sich die behauptete Unabhängigkeit der η_i durch Induktion über n. $\square$

7.5.9 Korollar. Sei ξ ein Poissonscher Prozeß zum Parameter $\lambda > 0$ und $(\tau_n)_{n \in \mathbb{N}}$ die Folge der Wartezeiten. Dann gilt:

(7.5.10) $\mathbb{E}(\tau_n) = n\lambda^{-1}$ und $V(\tau_n) = n\lambda^{-2}$

(7.5.11) $\tau_n/n \to \lambda^{-1}$ $\mathbb{P}$-fast sicher.

Beweis. Folgt unmittelbar aus 7.5.7 und der Darstellung $\tau_n = \sum_{i=1}^{n} \eta_i$. $\square$

Mit Hilfe von 7.5.7 läßt sich nun ebenfalls leicht die gemeinsame Verteilung von $\tau_1, \ldots, \tau_n$ bestimmen.

7.5.12 Satz. Seien τ_i die Wartezeiten zu einem Poissonschen Prozeß mit Parameter $\lambda = 1$. Dann ist für alle $n \in \mathbb{N}$ $(\tau_1, \ldots, \tau_n)$ absolutstetig verteilt bzgl. λ_n mit Dichte

$$f_n(x_1, \ldots, x_n) = \begin{cases} e^{-x_n}, & \text{falls } 0 < x_1 < x_2 < \ldots < x_n \\ 0 \text{ sonst} \end{cases}.$$

Beweis. Der Beweis erfolgt durch vollständige Induktion über $n \in \mathbb{N}$. Für $n=1$ folgt die Behauptung wegen $\tau_1 = \eta_1$ unmittelbar aus 7.5.7. Ist die Behauptung bereits für $n \geq 1$ als richtig nachgewiesen, so folgt für alle $A = (a_1, b_1) \times (a_2, b_2) \times \ldots \times (a_{n+1}, b_{n+1})$ mit $0 \leq a_1 \leq b_1 \leq \ldots \leq a_{n+1} \leq b_{n+1}$:

$$\mathbb{P}(\{\omega \in \Omega: (\tau_1(\omega), \ldots, \tau_{n+1}(\omega)) \in A\}) =$$

$$\int_{a_1}^{b_1} \ldots \int_{a_n}^{b_n} \mathbb{P}(\{a_{n+1} < \tau_{n+1} < b_{n+1}\} \mid \tau_1 = x_1, \ldots, \tau_n = x_n) Q_{\tau_1, \ldots, \tau_n}(dx_1, \ldots, dx_n)$$

$$\int_{a_1}^{b_1} \ldots \int_{a_n}^{b_n} \mathbb{P}(\{a_{n+1} - x_n < \eta_{n+1} < b_{n+1} - x_n\} \mid \eta_1 = x_1, \eta_2 = x_2 - x_1, \ldots, \eta_n = x_n - x_{n-1}) Q_{\tau_1 \ldots \tau_n}(\ldots)$$

$$= \int_{a_1}^{b_1} \ldots \int_{a_n}^{b_n} \mathbf{P}(\{a_{n+1} - x_n < \eta_{n+1} < b_{n+1} - x_n\}) Q_{\tau_1, \ldots, \tau_n}(dx_1, \ldots, dx_n)$$

(zur Gültigkeit der letzten Gleichung vgl. 5.3.10). Unter Verwendung der Induktionsvoraussetzung und von 7.5.7 folgt somit:

$$\mathbf{P}(\{(\tau_1, \ldots, \tau_n) \in A\}) = \int_{a_1}^{b_1} \ldots \int_{a_n}^{b_n} e^{x_n}(e^{-a_{n+1}} - e^{-b_{n+1}}) e^{-x_n} dx_1 \ldots dx_n =$$

$$= \int_{a_1}^{b_1} \ldots \int_{a_{n+1}}^{b_{n+1}} e^{-x_{n+1}} dx_1 \ldots dx_{n+1}.$$

Die Behauptung ergibt sich nun wie im Beweis zu Satz 3.3.5. $\square$

Schließlich stellen wir noch eine Beziehung zu der in 3.3.5 gemachten Verteilungsaussage her.

<u>7.5.13 Satz.</u> Unter den Voraussetzungen von Satz 7.5.12 gilt: Für alle $n \in \mathbb{N}$ ist $(\tau_1/\tau_{n+1}, \ldots, \tau_n/\tau_{n+1})$ absolutstetig verteilt bzgl. λ_n mit Dichte $g_n(x_1, \ldots, x_n) = \begin{cases} n!, & \text{falls } 0 < x_1 < x_2 < \ldots < x_n < 1 \\ 0 & \text{sonst} \end{cases}$.

<u>Beweis.</u> Wie im Beweis zu Satz 3.3.5 bleibt zu zeigen, daß
$$p := \mathbf{P}(\{\omega \in \Omega : a_i < \tau_i(\omega)/\tau_{n+1}(\omega) < b_i \text{ für } i = 1, \ldots, n\}) = n! \prod_{i=1}^{n} (b_i - a_i) \text{ für}$$
alle $0 \leq a_1 \leq b_1 \leq \ldots \leq a_n \leq b_n \leq 1$. Mit 7.5.12 folgt:

$$p = \int_0^\infty \int_0^{x_{n+1}} \ldots \int_0^{x_2} \prod_{i=1}^{n} 1_{(a_i, b_i)}(x_i/x_{n+1}) e^{-x_{n+1}} dx_1 dx_2 \ldots dx_n dx_{n+1} =$$

$$\int_0^\infty \int_{a_n x_{n+1}}^{b_n x_{n+1}} \ldots \int_{a_1 x_{n+1}}^{b_1 x_{n+1}} e^{-x_{n+1}} dx_1 dx_2 \ldots dx_n dx_{n+1} = \int_0^\infty \prod_{i=1}^{n} (b_i - a_i) x^n e^{-x} dx =$$

$$\prod_{i=1}^{n} (b_i - a_i) \int_0^\infty x^n e^{-x} dx = n! \prod_{i=1}^{n} (b_i - a_i) \text{ (vgl. A5)}.$$

<u>7.5.14 Bemerkung.</u> Es stellt sich somit heraus, daß der in Satz 7.5.13 betrachtete Vektor die gleiche Verteilung besitzt wie die zu n unabhängigen und über $[0,1]$ gleichverteilten Variablen gehörende Ordnungsstatistik (vgl. 3.3.5).

7.6 Der Brownsche Bewegungsprozeß

Ähnlich wie beim Poissonschen Prozeß wollen wir zunächst anhand einer
heuristischen Überlegung zeigen, daß für gewisse Klassen von zufälligen Phänomenen, welche in der Zeit ablaufen, das allgemeine
Modell eines Brownschen Bewegungsprozesses eine wahrscheinlichkeitstheoretisch zufriedenstellende Beschreibung darstellt. Betrachten wir
z.B. ein kleines Teilchen, welches zu einem Zeitpunkt t_o in eine
Flüssigkeit oder in ein Gas gegeben wird und unter dem Einfluß von
Molekularstößen irreguläre Bewegungen ausführt. Wir wollen der Einfachheit halber annehmen, daß das Teilchen sich auf einer geraden
Linie fortbewegt und daß zunächst die einzelnen Stöße jeweils in den
Zeitpunkten $t_n := t_o + nh$ ($h > 0$ fest) erfolgen und mit "Wahrscheinlichkeit" $1/2$ die Verschiebungen $\sqrt{h}$ bzw. $-\sqrt{h}$ bewirken. Bezeichnet $\xi^h(t)$
die Lage des Teilchens zum Zeitpunkt t, so sei $\xi^h(t_{n+1}) - \xi^h(t_n)$, also
die Verschiebung des Teilchens im Zeitintervall $[t_n, t_{n+1}]$, unabhängig
von allen vorausgegangenen Verschiebungen. Somit ist

$$\frac{\xi^h(t_n) - \xi^h(t_o)}{\sqrt{nh}} = \sum_{i=1}^{n} \frac{\xi^h(t_i) - \xi^h(t_{i-1})}{\sqrt{nh}}$$

nach dem zentralen Grenzwertsatz asymptotisch $\mathcal{N}(0,1)$-verteilt. Läßt
man nun h, also die Zeit zwischen den Molekularstößen (und damit auch
die Verschiebungen $\pm \sqrt{h}$), gegen 0 konvergieren, und setzt man ferner
voraus, daß das Teilchen keine Sprünge macht, so erhalten wir im Grenzübergang einen Prozeß ξ^o, der unabhängige Zuwächse besitzt, und für
den mit $nh \to t - t_o$ gilt: $\xi^o(t) - \xi^o(t_o)$ ist $\mathcal{N}(0, t - t_o)$ verteilt. Da bei
geeigneter Wahl eines Koordinatensystems o.E. stets $t_o = 0$ und $\xi^o(0) = 0$
wählbar ist, kann somit das stochastische Modell der Brownschen Bewegung herangezogen werden, um das zufällige Verhalten des Teilchens
in zufriedenstellender Weise zu beschreiben. Die Art dieser
(heuristischen) Beschreibung beruht auf Beobachtungen von Brown (1828)
und Resultaten von Einstein und Smoluchowski. Die Existenz eines
stochastischen Modells im Sinne von Definition 7.4.33 wurde zum erstenmal (jedoch unter Verwendung einer anderen Methode) von Wiener 1923
gezeigt (vgl. dazu auch [16], S. 260-261).

Im folgenden sei $B = (B_t)_{t \geq 0} = (\xi_t)_{t \geq 0}$ stets ein Brownscher Bewegungsprozeß (kurz: <u>Brownsche Bewegung</u>) über einem W.-Raum $(\Omega, \mathcal{A}, \mathbb{P})$. Insbesondere besitzt B also unabhängige und stationäre Zuwächse, und es
ist $Q_{B_t - B_s} = \mathcal{N}(0, t-s)$ für alle $0 \leq s < t$, sowie $Q_{B_o} = \varepsilon_o$. Somit folgt:

Für alle $0 \leq s \leq t$ ist $\mathbb{E}(B_t)=0$, $\mathbb{E}(B_t^2)=t$ sowie

$$\gamma_B(s,t):=\mathrm{cov}(B_s,B_t)=\mathbb{E}(B_s B_t)=\mathbb{E}[B_s(B_s+B_t-B_s)]=\mathbb{E}(B_s^2)=s,$$

d.h. $\gamma_B(s,t)=\min(s,t)$. Schließlich ist für alle $0=:t_0 < t_1 < \ldots < t_n$

$$B_{t_i} = \sum_{j=1}^{i}(t_j-t_{j-1})^{1/2}(B_{t_j}-B_{t_{j-1}})/(t_j-t_{j-1})^{1/2} = \sum_{j=1}^{i}(t_j-t_{j-1})^{1/2}\xi_j^*,$$

wobei $\xi_j^*:=(B_{t_j}-B_{t_{j-1}})/(t_j-t_{j-1})^{1/2}, j=1,\ldots,n$, unabhängig und $\mathcal{N}(0,1)$-verteilt sind; in Vektorschreibweise:

$$(B_{t_1},\ldots,B_{t_n})=(\xi_1^*,\ldots,\xi_n^*)\begin{pmatrix} \sqrt{t_1} & \sqrt{t_1} & \cdots & & & \sqrt{t_1} \\ 0 & \sqrt{t_2-t_1} & \cdots\cdots\cdots\cdots\cdots\cdots\cdots & & & \sqrt{t_2-t_1} \\ \cdot & 0 & \sqrt{t_3-t_2} & \cdots\cdots\cdots & & \sqrt{t_3-t_2} \\ \cdot & & \cdots\cdots\cdots\cdots\cdots\cdots\cdots\cdots\cdots\cdots\cdots & & & \\ 0 & 0 & \cdots\cdots\cdots\cdots\cdots\cdots & 0 & & \sqrt{t_n-t_{n-1}} \end{pmatrix}.$$

Damit erweist sich die Brownsche Bewegung als Gaußprozeß im Sinne der folgenden

<u>7.6.1 Definition.</u> Ein stochastischer Prozeß $\xi = (\xi_t)_{t \in T}$ heißt <u>Gauß-prozeß</u>, falls sämtliche endlichdimensionalen Randverteilungen normal sind (im Sinne von 1.19.6).

Gemäß 1.19.11 ist die Verteilung eines zentrierten Gaußprozesses durch die Angabe der Kovarianzstruktur eindeutig bestimmt.

Wir wollen nun einige der wichtigsten Eigenschaften einer Brownschen Bewegung beweisen. Dazu sei $C(\mathbb{R}_+)$ versehen mit der Spur-σ-Algebra $\mathscr{C} := C(\mathbb{R}_+) \cap \mathscr{B}_{\mathbb{R}_+}^*$ und $\Lambda : \Omega \to C(\mathbb{R}_+)$ eine der wie folgt definierten Ab-bildungen:

(a) $\Lambda = B$: $\Lambda(\omega)(t) := B_t(\omega)$

(b) $\Lambda = -B$: $\Lambda(\omega)(t) := -B_t(\omega)$

(c) $\Lambda = \sigma^{-1}B_{\sigma^2 \cdot}, \sigma > 0$: $\Lambda(\omega)(t) := \sigma^{-1}B_{\sigma^2 t}(\omega)$

(d) $\Lambda = x+B,\ x \in \mathbb{R}$: $\Lambda(\omega)(t) := x+B_t(\omega)$

(e) $\Lambda = B_{s+\cdot},\ s \in \mathbb{R}_+$: $\Lambda(\omega)(t) := B_{s+t}(\omega)$

(f) $\Lambda = \Delta_s := B_{s+\cdot}-B_s, s \in \mathbb{R}_+$: $\Delta_s(\omega)(t):= B_{s+t}(\omega)-B_s(\omega)$.

Dann gilt für (a)-(f): Λ ist $\mathscr{A}, \mathscr{C}$-meßbar (vgl. 1.3.4), d.h. in jedem Fall ist das durch $\mathbb{P}$ und Λ auf $\mathscr{C}$ induzierte Maß $\Lambda\mathbb{P}$ definiert. Im Fall (d) schreiben wir kurz P_x für $(x+B)\mathbb{P}$. Setzt man für $s \geq 0$

$\mathscr{C}_s := C([0,s]) \cap \mathscr{B}_{[0,s]}^*$, so folgt entsprechend, daß der Prozeß

$(\Lambda_t)_{t \leq s}$ $\mathcal{A}$, $\mathcal{C}_s$-meßbar ist. Gleiches gilt für den Prozeß

(g) $\Delta_s^- := (B_{s-u}-B_s)_{0 \leq u \leq s}$.

Für die oben definierten Prozesse gilt nun das folgende

7.6.2 Lemma. Sei B eine Brownsche Bewegung. Dann gilt:

(a) $\quad B\, \mathbb{P} \qquad = P_0$

(b) $\quad -B\, \mathbb{P} \qquad = P_0$

(c) $\quad \sigma^{-1}B_{\sigma^2}\, \mathbb{P} = P_0$

(f) $\quad \Delta_s\, \mathbb{P} \qquad = P_0$ und Δ_s ist unabhängig von $\sigma(\{B_t : 0 \leq t \leq s\})$

(g) $\quad \Delta_s^-\, \mathbb{P} \qquad = (B_t)_{0 \leq t \leq s}\, \mathbb{P}$.

Beweis. Man zeigt sofort, daß die Zuwächse der betrachteten Prozesse unabhängig und wie die entsprechenden von B verteilt sind. Die Behauptung folgt dann mittels 7.4.2. $\square$

7.6.3 Bemerkung. Da mit B auch $-B$, $\sigma^{-1}B_{\sigma^2}$, Δ_s und Δ_s^- stetige Pfade besitzen, welche im Nullpunkt starten, liefern die in 7.6.2 betrachteten Prozesse wiederum Beispiele einer Brownschen Bewegung (bzw. von $(B_t)_{0 \leq t \leq s}$ im Falle (g)).

Im folgenden Lemma wird der Zusammenhang zwischen dem Verhalten von B für $t \to \infty$ und $t \to 0$ untersucht.

7.6.4 Lemma. Sei $\bar{B} = (\bar{B}_t)_{t \geq 0}$ definiert durch

$$\bar{B}_t := \begin{cases} tB_{1/t}, & \text{falls } t > 0 \\ 0, & \text{falls } t = 0 \end{cases} .$$

Dann ist $\bar{B}\, \mathbb{P} = B\, \mathbb{P} = P_0$, d.h. $\bar{B}$ ist ein zu B äquivalenter Prozeß.

Beweis. Offensichtlich ist mit B auch $\bar{B}$ ein zentrierter Gaußprozeß, so daß mit 1.19.11 zu zeigen bleibt, daß

$$\gamma_{\bar{B}}(s,t) := \text{cov}(\bar{B}_s, \bar{B}_t) = \min(s,t) \text{ für alle } 0 \leq s,t.$$

Sei dazu $0 < s \leq t$ (der Fall s=0 ist trivial). Dann ist

$$\gamma_{\bar{B}}(s,t) = \text{cov}(sB_{1/s}, tB_{1/t}) = st \cdot \min(1/s, 1/t) = st/t = s. \quad \square$$

Obwohl sämtliche Pfade von $\bar{B}$ stetig über $(0, \infty)$ sind mit $\bar{B}_0 = 0$, besagt 7.6.4 nicht, daß durch $\bar{B}$ eine Brownsche Bewegung definiert wird. In der Tat kann die Stetigkeit in 0 nur mit Wahrscheinlichkeit 1 sichergestellt werden:

(7.6.5) $\mathbb{P}(\{\omega \in \Omega: \lim_{t \to 0} \overline{B}_t(\omega)=0\}) = \mathbb{P}(\{\omega \in \Omega: \lim_{t \to 0} B_t(\omega)=0\}) = 1$

(wobei man beachte, daß aufgrund der Separabilität der Prozesse B bzw. $\overline{B}$ die betrachteten Wahrscheinlichkeiten wohldefiniert sind). Aus (7.6.5) folgt insbesondere das sogenannte "starke Gesetz der großen Zahlen für die Brownsche Bewegung".

<u>7.6.6 Satz.</u> Für $\mathbb{P}$-fast alle $\omega \in \Omega$ ist

(7.6.7) $\lim_{t \to \infty} t^{-1} B_t(\omega) = 0.$

<u>Beweis.</u> Es ist $\lim_{t \to \infty} t^{-1} B_t(\omega)=0$ genau dann wenn $\lim_{t \to 0} \overline{B}_t(\omega)=0$. $\square$

<u>7.6.8 Bemerkung.</u> Für t=n mit n → ∞ folgt (7.6.7) direkt aus 2.3.11. Für festes s > 0 sind aufgrund der Stetigkeit sämtliche Pfade von B über dem Intervall [0,s] beschränkt. Das folgende Lemma zeigt, daß dies nicht mehr richtig bleibt, wenn s → ∞ (ansonsten wäre die Aussage von 7.6.6 trivialerweise richtig).

<u>7.6.9 Lemma.</u> Es ist

$$\mathbb{P}(\{\omega \in \Omega: \limsup_{n \to \infty} B_n(\omega)=\infty\}) = 1$$

und

$$\mathbb{P}(\{\omega \in \Omega: \liminf_{n \to \infty} B_n(\omega)=-\infty\}) = 1.$$

<u>Beweis.</u> Aufgrund von 7.6.2 (b) reicht es, die erste Aussage zu zeigen. Dazu setzen wir $A_n^m := \{\omega \in \Omega: B_n(\omega) \geq m\}$, $n, m \in \mathbb{N}$. Wegen $\mathbb{P}(A_n^m) = \mathbb{P}(\{B_1 \geq mn^{-1/2}\})$ folgt $\lim_{n \to \infty} \mathbb{P}(A_n^m) = 1/2$ für alle $m \in \mathbb{N}$, und somit gemäß (1.6.9): $\mathbb{P}(\limsup_{n \to \infty} A_n^m) \geq \limsup_{n \to \infty} \mathbb{P}(A_n^m) = 1/2$. Mit $m \uparrow \infty$ folgt $\mathbb{P}(\{\limsup_{n \to \infty} B_n = \infty\}) \geq 1/2 > 0$ und damit die Behauptung gemäß 1.16.10. $\square$

Sei $a \geq 0$ im folgenden fest gewählt und $\tau_a(\omega):=\inf\{t \in \mathbb{R}_+: B_t(\omega)=a\}$ (= ∞, falls $\{ \} = \emptyset$), d.h. $\tau_a(\omega)$ ist der Zeitpunkt des erstmaligen Eintritts des Brownschen Pfades B(ω) in die Menge $D_a=\{(t,x):t \in \mathbb{R}_+, x \geq a\}$. Wegen der Stetigkeit von B(ω) folgt mit 7.6.9 (Zwischenwertsatz!), daß τ_a $\mathbb{P}$-fast sicher endlich ist. Man zeigt leicht, daß τ_a eine Markoffzeit bzgl. $\mathscr{F}_t:=\sigma(\{B_s: 0 \leq s \leq t\})$ ist mit $B_{\tau_a(\omega)}(\omega) = a$, falls $\tau_a(\omega) < \infty$. Für die Verteilung von τ_a gilt nun der folgende

__7.6.10 Satz.__ Für alle $t > 0$ ist

$$\mathbb{P}(\{\tau_a < t\}) = 2\,\mathbb{P}(\{\omega \in \Omega : B_t(\omega) > a\}) = \sqrt{2/\pi}\ \int\limits_{a/\sqrt{t}}^{\infty} e^{-x^2/2}dx.$$

__Beweis.__ Sei $\varphi(x) := \begin{cases} 1 & \text{für } x > a \\ 0 & \text{für } x \le a \end{cases}$. Wir zeigen

$$(7.6.11)\quad \mathbb{E}(\int\limits_{\tau_a}^{\infty} e^{-\lambda t}\varphi(B_t)dt) = \int\limits_{0}^{\infty} e^{-\lambda t}\,\mathbb{P}(\{B_t > a\})dt \text{ für alle } \lambda > 0.$$

Nach Definition von φ ist zunächst für alle $\omega \in \Omega$ (wobei o.E. $\tau_a < \infty$ stets)

$$\int\limits_{\tau_a(\omega)}^{\infty} e^{-\lambda t}\varphi(B_t(\omega))dt = \int\limits_{0}^{\infty} e^{-\lambda t}\varphi(B_t(\omega))dt,$$

so daß durch Anwendung des Fubinischen Satzes folgt:

$$\mathbb{E}(\int\limits_{\tau_a}^{\infty} e^{-\lambda t}\varphi(B_t)dt) = \int\limits_{\Omega}\int\limits_{0}^{\infty} e^{-\lambda t}\varphi(B_t(\omega))dt\,\mathbb{P}(d\omega) =$$

$$\int\limits_{0}^{\infty} e^{-\lambda t}(\int\limits_{\Omega}\varphi(B_t(\omega))\,\mathbb{P}(d\omega))dt = \int\limits_{0}^{\infty} e^{-\lambda t}\,\mathbb{P}(\{B_t > a\})dt.$$

Als nächstes zeigen wir unter Verwendung der starken Markoff-Eigenschaft (7.4.31), daß für alle $\lambda > 0$

$$(7.6.12)\quad \mathbb{E}(\int\limits_{\tau_a}^{\infty} e^{-\lambda t}\varphi(B_t)dt) = \mathbb{E}(e^{-\lambda \tau_a})\int\limits_{0}^{\infty} e^{-\lambda t}P_a(\{g \in C(\mathbb{R}_+) : g(t) > a\})dt.$$

Es ist

$$\mathbb{E}(\int\limits_{\tau_a}^{\infty} e^{-\lambda t}\varphi(B_t)dt) = \mathbb{E}(\int\limits_{0}^{\infty} e^{-\lambda(\tau_a+t)}\varphi(B_{\tau_a+t})dt) = \int\limits_{0}^{\infty}\int\limits_{\Omega} e^{-\lambda(\tau_a+t)}\varphi(B_{\tau_a+t})d\mathbb{P}dt =$$

$$\int\limits_{0}^{\infty} e^{-\lambda t}[\int\limits_{\Omega}(e^{-\lambda\tau_a(\omega)})P_{B_{\tau_a(\omega)}(\omega)}(A)\,\mathbb{P}(d\omega)]dt \text{ (mit } A:=\{g \in C(\mathbb{R}_+) : g(t) > a\}),$$

wobei sich die letzte Gleichheit mittels algebraischer Induktion unmittelbar aus (7.4.31) ergibt. Somit folgt

$$\mathbb{E}(\int\limits_{\tau_a}^{\infty} e^{-\lambda t}\varphi(B_t)dt) = \int\limits_{0}^{\infty} e^{-\lambda t}[\int\limits_{\Omega} e^{-\lambda\tau_a(\omega)}P_a(\{g:g(t) > a\})\,\mathbb{P}(d\omega)]dt =$$

$$\mathbb{E}(e^{-\lambda\tau_a})[\int\limits_{0}^{\infty} e^{-\lambda t}P_a(\{g: g(t) > a\})dt, \text{ also } (7.6.12). \text{ Nun ist wegen}$$

(1.8.20)

$$\mathbb{E}(e^{-\lambda\tau_a}) = \int\limits_{0}^{\infty}\mathbb{P}(\{e^{-\lambda\tau_a} > t\})dt = \int\limits_{0}^{\infty}\mathbb{P}(\{\tau_a < -\lambda^{-1}\log t\})dt = \lambda\int\limits_{0}^{\infty} e^{-\lambda t}\,\mathbb{P}(\{\tau_a < t\})dt$$

(Anwendung der gewöhnlichen Substitutionsregel!). Berücksichtigt man

318

ferner, daß für alle a ≥ 0

$$P_a(\{g \in C(\mathbb{R}_+) : g(t) > a\}) = \mathbb{P}(\{\omega \in \Omega : a + B_t(\omega) > a\}) = \mathbb{P}(\{\omega \in \Omega : B_t(\omega) > 0\}) = 1/2,$$

so folgt mit (7.6.11) und (7.6.12):

$$\int_0^\infty e^{-\lambda t}\, \mathbb{P}(\{B_t > a\})\,dt = \frac{\lambda}{2} \int_0^\infty e^{-\lambda t}\, \mathbb{P}(\{\tau_a < t\})\,dt \int_0^\infty e^{-\lambda t}\,dt = \frac{1}{2} \int_0^\infty e^{-\lambda t}\, \mathbb{P}(\{\tau_a < t\})\,dt.$$

Da $\lambda > 0$ beliebig gewählt war, ergibt sich die Behauptung nun unmittelbar aus 1.20.4. □

7.6.13 Bemerkung. Durch Differentiation der rechten Seite in 7.6.10 folgt weiter, daß τ_a, $a > 0$, absolutstetig verteilt ist bzgl. λ_1 mit Dichte

$$f_a(t) := \begin{cases} a(2\pi)^{-1/2} t^{-3/2} \exp(-a^2/2t), & \text{falls } t > 0 \\ 0 & \text{sonst} \end{cases}.$$

Insbesondere besitzt τ_a in diesem Fall eine stetige Verteilungsfunktion, so daß in 7.6.10 $\{\tau_a < t\}$ durch $\{\tau_a \leq t\}$ ersetzt werden kann.

7.6.14 Satz. Sei $a \geq 0$. Dann gilt:

$$\mathbb{P}(\{\omega \in \Omega : \max_{0 \leq s \leq t} B_s(\omega) \geq a\}) = 2\,\mathbb{P}(\{\omega \in \Omega : B_t(\omega) \geq a\}) \quad \text{für alle } t > 0.$$

Beweis. Unmittelbare Folgerung aus 7.6.10 (wegen $\{\tau_a \leq t\} = \{\max_{0 \leq s \leq t} B_s \geq a\}$). □

Zum gleichen Ergebnis führt eine Überlegung, zu deren Präzisierung allerdings auch auf die starke Markoff-Eigenschaft zurückgegriffen werden muß. Dazu sei $B(\omega)$ ein Brownscher Pfad mit $\tau_a(\omega) < \infty$. Für $t > \tau_a(\omega)$ denken wir uns $B(\omega)$ an der horizontalen Geraden $y = a$ gespiegelt und erhalten auf diese Weise einen neuen Pfad $\eta(\omega)$, d.h.

$$\eta(\omega)(t) := \begin{cases} B_t(\omega), & \text{falls } 0 \leq t \leq \tau_a(\omega) \\ 2a - B_t(\omega), & \text{falls } t > \tau_a(\omega) \end{cases}.$$

Wenn wir nun davon ausgehen, daß es sich bei $\eta(\omega)$ ebenfalls um einen Brownschen Pfad handelt, d.h. daß $\eta(\omega) = B(\omega')$ für geeignetes $\omega' \in \Omega$, so erhalten wir auf diese Weise eine 1-1-Korrespondenz zwischen $\{B_t - B_{\tau_a} \geq 0,\ \tau_a \leq t\}$ und $\{B_t - B_{\tau_a} \leq 0,\ \tau_a \leq t\}$, wobei aus Symmetriegründen $\mathbb{P}(\{B_t - B_{\tau_a} \geq 0\} \mid \{\tau_a \leq t\}) = \mathbb{P}(\{B_t - B_{\tau_a} \leq 0\} \mid \{\tau_a \leq t\}) = 1/2$ ist. Somit folgt:

$$\mathbb{P}(\{B_t \geq a\}) = \mathbb{P}(\{B_t \geq a\} \mid \{\tau_a \leq t\}) \cdot \mathbb{P}(\{\tau_a \leq t\}) =$$

$$\mathbb{P}(\{B_t - B_{\tau_a} \geq 0\} \mid \{\tau_a \leq t\}) \cdot \mathbb{P}(\{\tau_a \leq t\}) = 1/2\,\mathbb{P}(\{\tau_a \leq t\})$$

(Zur Präzisierung dieser Argumente vgl. man den Beweis zu 7.4.30).
Offensichtlich kann das soeben beschriebene "Spiegelungsprinzip" für
beliebige Markoffzeiten τ formuliert werden. Sei

$$\eta_t(\omega) := \begin{cases} B_t(\omega), & \text{falls } 0 \leq t \leq \tau(\omega) \\[2mm] 2B_{\tau(\omega)}(\omega) - B_t(\omega) & \text{für } t > \tau(\omega), \\[2mm] \text{also insbesondere } \eta(\omega) = B(\omega), & \text{falls } \tau(\omega) = \infty. \end{cases}$$

Die folgende Aussage, die wir ohne Beweis angeben (vgl. dazu [49],
S. 23), präzisiert nun die oben gemachte Annahme.

<u>Spiegelungsprinzip:</u> η ist eine Brownsche Bewegung.

Wir wollen an dieser Stelle auf weitere Anwendungen verzichten (vgl.
dazu [49], S. 24ff) und uns stattdessen den Eigenschaften Brownscher
Pfade zuwenden.

Wie wir im starken Gesetz der großen Zahlen 7.6.6 gesehen haben, ist
für $\mathbb{P}$-fast alle $\omega \in \Omega$ $B_t(\omega) = o(t)$ für $t \to \infty$. Offenbar ist diese Aussage jedoch nicht zur Klärung der Frage geeignet, ob bei vorgegebener
Funktion $f: \mathbb{R}_+ \to \mathbb{R}$ die Wachstumsentwicklung eines Brownschen Pfades
die gleiche ist wie die von f. Eine Antwort auf diese Frage gibt das
folgende Theorem, der sogenannte "<u>Gesetz vom iterierten Logarithmus</u>
<u>für die Brownsche Bewegung</u>". Er zeigt, daß mit Wahrscheinlichkeit 1
sämtliche Pfade einer Brownschen Bewegung sich zwischen den Graphen
von $f(t) = \pm \sqrt{2t \, \log\log t}$ entwickeln (vgl. dazu auch Abschnitt 4.3).

7.6.15 Satz. Für $\mathbb{P}$-fast alle $\omega \in \Omega$ ist

$$\limsup_{t \to \infty} \frac{B_t(\omega)}{\sqrt{2t \, \log\log t}} = 1 \quad \text{und}$$

$$\liminf_{t \to \infty} \frac{B_t(\omega)}{\sqrt{2t \, \log\log t}} = -1.$$

<u>Beweis.</u> Aufgrund von 7.6.2 (b) reicht es, die erste Aussage zu zeigen.
Setzt man für $n \in \mathbb{N}$ $\xi_n := B_n - B_{n-1}$, so sind die Variablen ξ_n unabhängig und $\mathcal{N}(0,1)$-verteilt, so daß mit 4.3.20 folgt:

$$\limsup_{n \to \infty} \frac{B_n}{\sqrt{2n \, \log\log n}} = 1 \quad \text{und somit} \quad \limsup_{t \to \infty} \frac{B_t}{\sqrt{2t \, \log\log t}} \geq 1 \ \mathbb{P}\text{-f.s.}$$

Zum Beweis des Satzes bleibt zu zeigen, daß für $\varepsilon > 0$ beliebig

$$(7.6.16) \quad \limsup_{n \to \infty} \ \max_{n \leq s \leq n+1} \frac{B_s(\omega) - B_n(\omega)}{\sqrt{2n \, \log\log n}} < \varepsilon \quad \text{für } \mathbb{P}\text{-fast alle } \omega \in \Omega.$$

320

Sei dazu $A_n := \{\ \max\limits_{n \le s \le n+1} [B_s - B_n] \ge \epsilon \sqrt{2n\ \overline{\log\log n}}\}$. Dann ist wegen

7.6.2 (f) (mit s=n) und 7.6.14 $\mathbb{P}(A_n) = \mathbb{P}(\{\ \max\limits_{0 \le s \le 1} B_s \ge \epsilon \sqrt{2n\ \overline{\log\log n}}\}) =$

$2\,\mathbb{P}(\{B_1 \ge \epsilon \sqrt{2n\ \overline{\log\log n}}\,\}) = \mathcal{O}(\exp(-\epsilon^2 n \cdot \log\log n))$ (vgl. 1.19.2), also

$\sum\limits_{n \ge 1} \mathbb{P}(A_n) < \infty$, so daß (7.6.16) eine unmittelbare Folgerung aus dem

Borel-Cantelli Lemma ist. $\square$

<u>7.6.17 Korollar.</u> Für $\mathbb{P}$-fast alle $\omega \in \Omega$ ist

$$\limsup_{t \to 0} \frac{B_t(\omega)}{\sqrt{2t\ \overline{\log\log (1/t)}}} = 1 \quad \text{und}$$

$$\liminf_{t \to 0} \frac{B_t(\omega)}{\sqrt{2t\ \overline{\log\log (1/t)}}} = -1.$$

<u>Beweis.</u> Folgt unmittelbar aus 7.6.4 und 7.6.15. $\square$

Als nächstes wollen wir uns mit der Frage beschäftigen, ob Brownsche
Pfade neben der Stetigkeit weitere Regularitätseigenschaften besitzen.
Schon das eingangs besprochene Beispiel eines Teilchens, welches sich
in einer Flüssigkeit hin- und herbewegt, zwar keine Sprünge macht,
doch unter dem Einfluß der Molekularstöße ständig aus einer einmal
eingeschlagenen Bahn gebracht wird, läßt vermuten, daß über die
Stetigkeit hinaus z.B. keine Differenzierbarkeit oder Monotonie zu
erwarten sind. Dies wird durch die beiden folgenden Sätze präzisiert.

<u>7.6.18 Satz.</u> Es existiert ein $\Omega_o \in \mathscr{A}$ mit $\mathbb{P}(\Omega_o)=1$ derart, daß $B(\omega)$
nirgends differenzierbar ist für alle $\omega \in \Omega_o$.

<u>Beweis.</u> Sei $B(\omega)$ differenzierbar in t und $k \in \mathbb{N}$ mit $t \le k$ beliebig ge-
wählt. Dann ist $|B_t(\omega)-B_s(\omega)| = \mathcal{O}(s-t)$ für $s \downarrow t$, d.h. es existiert
ein $r \in \mathbb{N}$, so daß $|B_t(\omega)-B_s(\omega)| \le r(s-t)$ für $s \downarrow t$. Hieraus folgt aber
für hinreichend große n, daß $|B(j/n,\omega)-B((j-1)/n,\omega)| \le 7r/n$ für
$\langle nt \rangle + 1 < j \le \langle nt \rangle + 4$ (Anwendung der Dreiecksungleichung), d.h.

$$\omega \in A_k := \bigcup_{r \in \mathbb{N}} \bigcup_{m \in \mathbb{N}} \bigcap_{n \ge m} \bigcup_{i=1}^{nk+1} \bigcap_{i < j \le i+3} \{\omega \in \Omega : |B(j/n,\omega)-B((j-1)/n,\omega)| \le 7r/n\},$$

so daß es genügt, wenn wir zeigen, daß $\mathbb{P}(A_k)=0$ für alle $k \in \mathbb{N}$.
Letzteres ergibt sich aber aus der folgenden Abschätzung:

$$\mathbb{P}(\bigcap_{n \ge m} \bigcup_{i=1}^{nk+1} \bigcap_{i < j \le i+3} \{\omega \in \Omega : |B(j/n,\omega)-B((j-1)/n,\omega)| \le 7r/n\}) \le$$

$$\liminf_{n \to \infty} (nk+1) \cdot [\ \mathbb{P}(\{\omega \in \Omega : |B(1/n,\omega)| \le 7r/n\})]^3 =$$

$$\liminf_{n \to \infty} (nk+1) \cdot [\mathbb{P}(\{\omega \in \Omega: |B_1(\omega)| \leq 7rn^{-1/2}\})]^3 = 0 \, .$$

Zum Beweis der letzten Gleichung reicht es zu zeigen, daß

$\mathbb{P}(\{\omega \in \Omega: |B_1(\omega)| \leq 7rn^{-1/2}\}) = \mathcal{O}(n^{-1/2})$. Dies folgt aber sofort aus der

für alle $a > 0$ gültigen Ungleichung $\dfrac{1}{\sqrt{2\pi}} \displaystyle\int_{-a}^{+a} e^{-x^2/2} dx \leq \dfrac{2a}{\sqrt{2\pi}}$. $\square$

7.6.19 Satz. Mit Wahrscheinlichkeit 1 ist $B(\cdot)$ über keinem Intervall monoton.

Beweis. Da jedes nichtleere Intervall ein Intervall mit rationalen Endpunkten enthält, reicht es aufgrund der Abzählbarkeit von $\mathbb{Q}$ zu zeigen, daß über einem festen Intervall J $B(\cdot)$ mit Wahrscheinlichkeit 1 nicht monoton ist. Sei o.E. $J = [0,1]$. Setze $A_n := \{\omega \in \Omega: B((i+1)/n,\omega) \geq B(i/n,\omega)$ für $i=0,1,\ldots,n-1\}$. Mit 7.4.33 (iii) folgt: $\mathbb{P}(A_n) = 2^{-n} \to 0$, also $\mathbb{P}(\bigcap_{n \in \mathbb{N}} A_n) = 0$. Da $B(\omega)$ genau dann monoton wachsend über $J = [0,1]$ ist, wenn $\omega \in \bigcap_{n \in \mathbb{N}} A_n$, ergibt sich die Behauptung für den monoton steigenden Fall. Der andere Fall verläuft analog. $\square$

Betrachtet man ein festes $y \in \mathbb{R}$ und setzt man $S_y(\omega) := \{t \geq 0: B_t(\omega) = y\}$ (Menge der "y-Stellen"), so ist $S_y(\omega)$ wegen der Stetigkeit von $B(\omega)$ trivialerweise abgeschlossen. Lemma 7.6.9 zeigt weiter, daß mit Wahrscheinlichkeit 1 $S_y(\cdot)$ nicht endlich und unbeschränkt ist. Jedoch gilt

7.6.20 Satz. Mit Wahrscheinlichkeit 1 ist $S_y(\cdot)$ eine Menge vom Lebesgue Maß 0.

Beweis. Setze $(X, \mathcal{X}, \mu) := (\Omega \times \mathbb{R}_+, \mathcal{A} \otimes (\mathbb{R}_+ \cap \mathcal{B}^*), \mathbb{P} \times \lambda)$. Dann ist die Abbildung $(\omega,t) \to B_t(\omega)$ $\mathcal{X}, \mathcal{B}^*$-meßbar (Beweis!), und es gilt nach dem Fubinischen Satz:

$$\int_{\Omega} \lambda(S_y(\omega)) \, \mathbb{P}(d\omega) = \mu(\{(\omega,t): B_t(\omega)=y\}) = \int_0^{\infty} \mathbb{P}(\{\omega \in \Omega: B_t(\omega)=y\}) dt = 0,$$

da $\mathbb{P}(\{\omega \in \Omega: B_t(\omega)=y\}) = 0$ für alle $t > 0$. Daraus folgt aber die Behauptung. $\square$

Für die asymptotische Theorie _empirischer Prozesse_, auf die wir später noch zu sprechen kommen, spielt der folgende Prozeß $B^o = (B_t^o)_{0 \leq t \leq 1}$ eine wichtige Rolle. Dazu sei $B = (B_t)_{0 \leq t \leq 1}$ eine Brownsche Bewegung (mit Parametermenge $T = [0,1]$) und

$$(7.6.21) \quad B_t^o := B_t - t B_1, \quad 0 \leq t \leq 1,$$

gesetzt. Dann ist B^O ein zentrierter Gaußprozeß mit

$$\gamma_{B^O}(s,t)=\mathrm{cov}(B^O_s,B^O_t)=\min(s,t)-st.$$

Der Prozeß B^O heißt <u>Brownsche Brücke</u> (man vergegenwärtige sich anhand einer Zeichnung die durch (7.6.21) definierte Transformation eines Brownschen Pfades!).

<u>7.6.22 Lemma.</u> Sei B^O eine Brownsche Brücke über einem W.-Raum $(\Omega,\mathscr{A},\mathbb{P})$. Dann wird durch

$$B^1_t(\omega) := (1+t)B^O(\tfrac{t}{1+t},\omega), \quad t \geq 0, \quad \omega\in\Omega,$$

eine Brownsche Bewegung (mit Parametermenge $\mathbb{R}_+$!) definiert.

<u>Beweis.</u> Man prüft sofort nach, daß B^1 ein Gaußprozeß ist mit $\mathbb{E}(B^1_t)=0$ für alle $t\in\mathbb{R}_+$. Die Behauptung folgt somit unter Verwendung von 1.19.11 aus

$$\gamma_{B^1}(s,t)=\mathrm{cov}(B^1_s,B^1_t)=(1+s)(1+t)\gamma_{B^O}(\tfrac{s}{1+s},\tfrac{t}{1+t}) =$$

$$(1+s)(1+t)\tfrac{s}{1+s}[1-\tfrac{t}{1+t}] = s \text{ für } 0\leq s\leq t<\infty,$$

d.h. $\gamma_{B^1}(s,t) = \min(s,t).$ $\square$

<u>7.6.23 Satz.</u> Sei $a\geq 0$. Dann gilt:

$$(7.6.24) \quad \mathbb{P}(\{\omega\in\Omega: \max_{0\leq s\leq 1} B^O_s(\omega) \geq a\}) = \exp(-2a^2).$$

<u>Beweis.</u> Es ist $\mathbb{P}(\{\omega\in\Omega: \max_{0\leq s\leq 1} B^O_s(\omega)\geq a\}) =\mathbb{P}(\{\omega\in\Omega: \sup_{0\leq t<\infty} \frac{B^1_t(\omega)}{1+t} \geq a\}) =$

$\mathbb{P}(\{\omega\in\Omega: \sup_{0\leq t<\infty} (B^1_t(\omega)-a-at) \geq 0\})$, d.h. mit $\alpha=a=\beta$ ist (7.6.24) ein Spezialfall des folgenden Satzes. $\square$

<u>7.6.25 Satz.</u> Sei $B=(B_t)_{t\geq 0}$ eine Brownsche Bewegung. Dann ist für alle $\alpha,\beta \geq 0$

$$(7.6.26) \quad p(\alpha,\beta) := \mathbb{P}(\{\omega\in\Omega: \sup_{0\leq t<\infty} (B_t(\omega)-(\alpha t+\beta)) \geq 0\}) = \exp(-2\alpha\beta).$$

Die linke Seite von (7.6.26) ist nichts anderes als die Wahrscheinlichkeit, daß ein Brownscher Pfad irgendwann die Gerade $y(t)=\alpha t+\beta$ schneidet. Offensichtlich ist (7.6.26) trivialerweise richtig, wenn $\beta=0$ (beide Seiten gleich 1).

<u>Beweis.</u> Wir zeigen zunächst: $p(\alpha,\beta_1+\beta_2)=p(\alpha,\beta_1)p(\alpha,\beta_2)$, $\beta_1,\beta_2 \geq 0$.

Dazu sei $\tau^*(\omega):=\inf\{t \geq 0: B_t(\omega)=\alpha t+\beta_1\}$ $(\leq \infty)$ der erste Zeitpunkt, in dem $B(\omega)$ die Gerade $y(t) = \alpha t+\beta_1$ trifft. Setze $\tau_s:= \tau^* \wedge s$, $s \geq 0$.

Dann sind τ^* und τ_s Markoffzeiten, und es gilt:

$$\mathbb{P}(\{\omega \in \Omega: \sup_{0 \leq t < \infty} (B_t(\omega)-(\alpha t+\beta_1+\beta_2)) \geq 0,\ \tau^*(\omega) < s\}) =$$

$$\mathbb{P}(\{\sup_{0 \leq t < \infty} (B_{\tau_s+t}-B_{\tau_s}-(\alpha t+\beta_2)) \geq 0,\ \tau_s<s\})= p(\alpha,\beta_2) \cdot \mathbb{P}(\{\tau_s < s\}),$$

wobei die letzte Gleichung mit $G = \{\tau_s < s\}$ unmittelbar aus (7.4.27) folgt. Für $s \uparrow \infty$ erhalten wir:

$$p(\alpha,\beta_1+\beta_2)=\lim_{s \uparrow \infty} p(\alpha,\beta_2)\ \mathbb{P}(\{\tau_s<s\}) =\mathbb{P}(\{\tau^*<\infty\})p(\alpha,\beta_2)=p(\alpha,\beta_1)p(\alpha,\beta_2).$$

Da ferner $p(\alpha,\beta)$ monoton in β fällt und $p(\alpha,\beta)$ stets positiv ist, besitzt p gemäß A15 für ein $\psi(\alpha) \geq 0$ die Darstellung $p(\alpha,\beta)=\exp(-\psi(\alpha)\beta)$. Wir zeigen $\psi(\alpha) = 2\alpha$. Sei $\beta > 0$ fest gewählt. Dann ist

$$p(\alpha,\beta) =\mathbb{P}(\{\sup_{0 \leq t < \infty} (B_t-(\alpha t+\beta)) \geq 0\})= \mathbb{P}(\{\sup_{0 \leq t < \infty} (B_{\tau_\beta+t}-B_{\tau_\beta}-(\alpha t+\alpha \tau_\beta)) \geq 0\}).$$

Da τ_β fast sicher endlich, ist $(B_{\tau_\beta+t}-B_{\tau_\beta})_{t \geq 0}$ gemäß (7.4.27) unabhängig von τ_β und wie $(B_t)_{t \geq 0}$ verteilt. Es folgt $p(\alpha,\beta)=\int_0^\infty p(\alpha,\alpha s)Q_{\tau_\beta}(ds)$ und somit wegen 7.6.13

$$p(\alpha,\beta)=\int_0^\infty e^{-\psi(\alpha)\alpha s}\ \frac{\beta}{(2\pi)^{1/2}s^{3/2}}\ \exp(-\beta^2/2s)ds=2\pi^{-1/2}\int_0^\infty \exp(-t^2-\frac{\beta^2\psi(\alpha)\alpha}{2t^2})dt$$

(man substituiere $\beta^2=2st^2$). Mit A6 erhalten wir

$$p(\alpha,\beta) = \exp(-\psi(\alpha)\beta) = \exp(-\beta(2\psi(\alpha)\alpha)^{1/2}),\ \text{also } \psi(\alpha)=2\alpha. \quad \square$$

Vergleicht man (7.6.24) mit (3.3.10), so stellt sich heraus, daß die dort betrachteten Variablen $n^{1/2}\Delta_n^+$ asymptotisch wie $\max_{0 \leq s \leq 1} B_s^0$ verteilt sind. Eine Erklärung für diesen auf den ersten Blick recht merkwürdig erscheinenden Zusammenhang werden wir allerdings erst in Kapitel X geben können.

Entsprechend könnte man nach der Wahrscheinlichkeit fragen, daß ein Brownscher Pfad irgendwann eine der Geraden $y(t) = \pm (\alpha t+\beta)$ schneidet, d.h. irgendwann das Gebiet $G=\{(t,y): t \geq 0$ und $|y| < \alpha t+\beta\}$ verläßt. Da die dafür notwendigen Rechnungen jedoch erheblich umfangreicher werden, die Beweisideen aber verwandt sind, wollen wir auf Einzelheiten verzichten und nur das entsprechende Ergebnis für die Brownsche Brücke anführen (vgl. (3.3.11)).

7.6.27 Satz. Sei $a > 0$. Dann gilt:

$$\mathbb{P}(\{\omega \in \Omega: \max_{0 \leq s \leq 1} |B_s^o(\omega)| \geq a\}) = 1 - \sum_{m=-\infty}^{\infty} (-1)^m \exp(-2m^2 a^2).$$

Übungen

Abschnitt 7.1

7.1.1. Man zeige, daß unter den Voraussetzungen von Satz 7.1.13 der eindeutig bestimmte projektive Limes $P|\mathscr{A}$ ebenfalls kompakt approximierbar ist (Hinweis: Man benutze die in den Abschnitten 1.4 und 7.1 hergeleiteten Sätze über kompakte Mengensysteme).

7.1.2. Unter den Voraussetzungen von Satz 7.1.16 sei I zusätzlich abzählbar. Dann ist P straff im Sinne von (1.4.20) (Hinweis: Man verwende Satz 1.3.12 und Satz 1.4.19).

7.1.3. Sei $(\eta_n)_{n \in \mathbf{Z}}$ eine beliebige Folge von Variablen über einem W.-Raum $(\Omega, \mathscr{A}, \mathbb{P})$.

(i) Man zeige, daß durch $\xi_t := \sum_{n=-\infty}^{\infty} \eta_n 1_{[n-1,n)}(t)$, $t \in \mathbb{R}$, ein stochastischer Prozeß mit Parametermenge $T = \mathbb{R}$ definiert wird.

(ii) Für jedes $\tau \in \mathscr{T}(\Omega, \mathscr{A})$ ist $(\xi_t')_{t \in \mathbb{R}}$, definiert durch $\xi_t' := \xi_{t-\tau}$, $t \in \mathbb{R}$, ebenfalls ein stochastischer Prozeß über $(\Omega, \mathscr{A}, \mathbb{P})$.

(iii) Bestimmen Sie die endlichdimensionalen Randverteilungen des Prozesses $(\xi_t')_{t \in \mathbb{R}}$ in Abhängigkeit derer von $(\eta_n)_{n \in \mathbf{Z}}$ und der Verteilung von τ, falls τ unabhängig von $(\eta_n)_{n \in \mathbf{Z}}$ ist.

7.1.4. Auf einem geeigneten meßbaren Raum $(\Omega, \mathscr{A})$ gebe man einen stochastischen Prozeß $(\xi_t)_{t \in \mathbb{R}}$ und ein $\tau \in \mathscr{T}(\Omega, \mathscr{A})$ an, so daß durch $\xi_t' := \xi_{t-\tau}$, $t \in \mathbb{R}$, kein stochastischer Prozeß definiert wird.

7.1.5. Sei $(\eta_i)_{i \in \mathbf{N}}$ eine Folge unabhängiger Variabler mit $\mathbb{P}(\{\eta_i=1\}) = \frac{1}{2} = \mathbb{P}(\{\eta_i=-1\})$ für alle $i \in \mathbf{N}$. Dann wird für jedes $k \in \mathbf{Z}$ durch $\xi_n(k) := k + \sum_{i=1}^{n} \eta_i$ ein stochastischer Prozeß mit Parametermenge $T = \mathbf{N} \cup \{0\}$ definiert. Man zeige, daß $p_k := \mathbb{P}(\{\xi_n(k)=0$ für mindestens ein $n \in T\}) = 1$ für alle $k \in \mathbf{Z}$. (Hinweis: Man zeige zunächst, daß $p_k = \frac{1}{2}p_{k-1} + \frac{1}{2}p_{k+1}$, $k \neq 0$).

Abschnitt 7.2

7.2.1. Man zeige: Zu $f \in D(I)$ und $\varepsilon > 0$ existieren höchstens endlich viele Punkte $t, 0 < t < 1$, derart, daß $|f(t+0)-f(t-0)| \geq \varepsilon$.

7.2.2. Man zeige: Zu $f \in D(I)$ und $\varepsilon > 0$ existieren Punkte

$0 = t_0 < t_1 < \ldots < t_n < t_{n+1} = 1$, $n \in \mathbb{N}$, mit der Eigenschaft:

$$\sup_{x,y \in [t_i, t_{i+1})} |f(x) - f(y)| \leq \epsilon \quad \text{für alle } i = 0, 1, \ldots, n.$$

7.2.3. Jedes $f \in D(I)$ ist beschränkt und besitzt höchstens abzählbar viele Unstetigkeitsstellen (Man verwende Ü 7.2.2).

7.2.4. Sei $(f_n)_{n \geq 0}$ eine Folge in $D(I)$ mit $s(f_n, f_0) \to 0$ für $n \to \infty$ (vgl. 7.2.10). Dann gilt $f_n \xrightarrow{L_1} f_0$ (Hinweis: Man verwende Ü 7.2.3 sowie einen entsprechenden Konvergenzsatz aus Abschnitt 1.6).

7.2.5. Zeigen Sie, daß die Abbildung $C \times I \ni (f,t) \to f(t) \; \mathscr{B}(C) \otimes I \cap \mathscr{B}^*$, $\mathscr{B}^*$-meßbar ist (Hinweis: Man verwende Satz 1.3.12).

7.2.6. Sei $X \subset \mathbb{R}^I$ der Raum der absolutstetigen Funktionen auf I, d.h. $f \in X \Leftrightarrow$ Zu $\epsilon > 0$ existiert ein $\delta > 0$ mit $\sum_{k=1}^n |f(x_k) - f(y_k)| < \epsilon$ für jede Wahl von Punkten $0 \leq x_1 < y_1 < x_2 < y_2 < \ldots < x_n < y_n \leq 1$ mit $\sum_{k=1}^n (y_k - x_k) \leq \delta$, $n \in \mathbb{N}$. Man zeige: Ein stochastischer Prozeß $(\xi_t)_{t \in I}$ über einem W.-Raum $(\Omega, \mathscr{A}, \mathbb{P})$ ist realisierbar in $(X, \mathscr{B}_I^{*X})$ genau dann, wenn für alle $\epsilon, \eta > 0$ ein $\delta = \delta(\epsilon, \eta) > 0$ existiert, so daß für alle $S \in \mathscr{P}_0(I)$ $\mathbb{P}(\{\omega \in \Omega: w^{(X)}(\xi(\omega), \delta, S) > \epsilon\}) \leq \eta$. Dabei sei für alle $f \in \mathbb{R}^I$

$$w^{(X)}(f, \delta, S) = \sup_{n \in \mathbb{N}} \sup_{\substack{0 \leq x_1 < y_1 < \ldots < x_n < y_n \leq 1 \\ \sum_{k=1}^n (y_k - x_k) \leq \delta, x_k, y_k \in S}} \sum_{k=1}^n |f(x_k) - f(y_k)|$$

gesetzt.

7.2.7. Zeigen Sie, daß jeder nach Wahrscheinlichkeit stetige Prozeß $\xi = (\xi_t)_{t \in I}$ sogar nach Wahrscheinlichkeit gleichmäßig stetig ist (Hinweis: Der Beweis benutzt lediglich die Kompaktheit von I, d.h. beide Eigenschaften sind im Fall eines Prozesses mit kompakter Parametermenge äquivalent). Man zeige an einem Beispiel, daß dies bei einer entsprechenden Übertragung auf Prozesse $\xi = (\xi_t)_{t \in \mathbb{R}}$ i.a. nicht mehr richtig ist.

Abschnitt 7.3

7.3.1. Untersuchen Sie die Frage, unter welchen Bedingungen an einen Funktionenraum $X \subset \mathbb{R}^{[0,\infty)}$ sich Satz 7.3.5 entsprechend formulieren läßt.

Abschnitt 7.4

7.4.1. Sei $(n_i)_{i \in \mathbb{N}}$ eine Folge unabhängiger identisch verteilter Variabler über einem W.-Raum $(\Omega, \mathscr{A}, \mathbb{P})$ mit Verteilung $Q_{n_1} = \mu$. Sei

$S_n := \sum_{i=1}^{n} \eta_i$, $n \in \mathbb{N}$. Man zeige: Durch $\xi_n(t):=S_{\langle nt \rangle}$, $0 \le t \le 1$, wird für jedes $n \in \mathbb{N}$ ein stochastischer Prozeß ξ_n mit unabhängigen Zuwächsen definiert. Besitzt ξ_n auch stationäre Zuwächse? Bestimmen Sie die endlichdimensionalen Randverteilungen von ξ_n in Abhängigkeit von μ.

7.4.2. Bestimmen Sie für den Poissonschen Prozeß und den Brownschen Bewegungsprozeß das zugehörige System von Übergangswahrscheinlichkeiten.

7.4.3. Sei $\xi = (\xi_t)_{t \in \mathbb{R}_+}$ ein stochastischer Prozeß über einem W.-Raum $(\Omega, \mathscr{A}, \mathbb{P})$ mit unabhängigen Zuwächsen. Sind dann sämtliche ξ_t integrierbar, so gilt für alle $0 \le s < t$: $\mathbb{E}(\xi_t | \xi_u, u \le s) = \mathbb{E}(\xi_t - \xi_s) + \xi_s$ $\mathbb{P}$-f.s. (Hinweis: vgl. Lemma 7.4.14). Im Fall zentrierter Variabler ξ_t ist ξ somit ein <u>Martingal mit kontinuierlicher Zeit</u>.

Abschnitt 7.5

7.5.1. Sei $\xi = (\xi_t)_{t \in \mathbb{R}_+}$ ein Poissonscher Prozeß zum Parameter $\lambda > 0$. Man zeige, daß ξ die Momentenungleichung in Korollar 7.2.76 mit $F = \mathrm{id}_{\mathbb{R}}$, $a_1 = 1 = a_2$, $K = \lambda^2$ sowie $b = 2$ erfüllt.

7.5.2. Sei $\xi = (\xi_t)_{t \in \mathbb{R}_+}$ ein Poissonscher Prozeß zum Parameter $\lambda > 0$ und $\eta: \Omega \to \mathbb{R}_+$ eine von ξ unabhängige Variable. Für die Variable $z(\omega) := \xi_{\eta(\omega)}(\omega)$, $\omega \in \Omega$, gilt dann:

$$\mathbb{P}(\{z=k\}) = \frac{\lambda^k}{k!} \mathbb{E}(e^{-\lambda y} y^k), \quad k=0,1,\ldots.$$

Ferner ist $\mathbb{E}(z) = \lambda \mathbb{E}(\eta)$.

Abschnitt 7.6

7.6.1. Sei $(\xi_t)_{t \in I}$ ein Gaußprozeß über einem W.-Raum $(\Omega, \mathscr{A}, \mathbb{P})$ mit den Eigenschaften

(i) $\xi_o = 0$ (ii) $\mathbb{E}(\xi_t) = 0$ für alle $t \in I$

(iii) $\gamma_\xi(s,t) := \mathrm{cov}(\xi_s, \xi_t) = u(s)v(t)$ für alle $0 \le s \le t \le 1$.

Sei $a(t) := \frac{u(t)}{v(t)}$ stetig und streng monoton wachsend in t mit $a(0)=0$.

Man zeige: Durch $B_t := \dfrac{\xi_{a^{-1}(t)}}{v(a^{-1}(t))}$ wird ein Standard-Brownscher Bewegungsprozeß $(B_t)_{t \in T}$ mit Parameterintervall $T = a(I)$ definiert. Dabei bezeichne a^{-1} die Umkehrabbildung von a. (Hinweis: Man verwende die Bemerkung nach Definition 7.6.1).

7.6.2. Sei $B = (B_t)_{t \in \mathbb{R}_+}$ eine Brownsche Bewegung. Dann ist $\mathbb{P}$-f.s.

$\limsup\limits_{t \to 0} t^{-1} |B_t| = \infty$.

7.6.3. Man zeige für eine Brownsche Bewegung: Für alle $a \ge 0$ und $0 < t < r$

gilt: $\mathbb{P}(\{B_t \leq 0, \max_{t \leq s \leq r} B_s \geq a\}) \leq \mathbb{P}(\{B_{r-t} \geq a\})$ (Hinweis: Man verwende
die starke Markoff-Eigenschaft).

7.6.4. Sei $B = (B_t)_{t \in \mathbb{R}_+}$ eine Brownsche Bewegung und
$\tau_a(\omega) := \inf\{t \in \mathbb{R}_+: B_t(\omega) = a\}$. Man zeige: $a > 0 \Rightarrow \mathbb{E}(\tau_a) = \infty$.

7.6.5. Sei B eine Brownsche Bewegung und $s > 0$. Dann gilt
$\mathbb{P}(\{\min_{0 \leq t \leq s} B_t \geq 0\}) = 0$.

7.6.6. Sei $(\xi_i)_{i \in \mathbb{N}}$ eine Folge $\mathcal{N}(0,1)$-verteilter Variabler und
$(B_n)_{n \in \mathbb{N}}$ eine Folge Brownscher Bewegungen derart, daß $\xi_1, \xi_2, \ldots,$
$B_1, B_2, \ldots$ sämtlich unabhängig sind. Man zeige, daß durch
$B(t) := B_n(t-n+1) - (t-n+1) B_n(1) + S_{n-1} + (t-n+1) \xi_n, n-1 \leq t < n, n \in \mathbb{N}$, wieder eine
Brownsche Bewegung definiert wird mit $B(n) = S_n$ für alle $n \in \mathbb{N}$ ($S_0 := 0$).

Bemerkungen zum Text

Die in Abschnitt 7.2 behandelten Probleme zur Realisierbarkeit
stochastischer Prozesse sind unseres Wissens in dieser allgemeinen
Form noch nicht behandelt worden. Satz 7.2.32 geht als Spezialfall
des allgemeinen Realisierbarkeitssatzes auf Mann [98] zurück. Die
Bedingungen (7.2.39) und (7.2.40) findet man (in einer Reihendarstellung) bei Skorokhod-Gikhman [135] und Neveu [106]. Die Bedingung
(7.2.63) findet sich (in einer Reihendarstellung) ebenfalls bei
Skorokhod-Gikhman [135]. Die Momentenungleichung in Korollar 7.2.76
tritt als Bedingung zum erstenmal in Chentsov [21] auf. Ein Beweis
von 7.2.76, welcher sogenannte Fluktuationsungleichungen benutzt,
findet sich in Billingsley [12]. Im Beweis von Satz 7.4.8 folgen wir
im wesentlichen der Darstellung in Skorokhod-Gikhman. Ein anderer
Beweis, welcher Martingalargumente benutzt, findet sich in Breiman
[16]. Die starke Markoff-Eigenschaft geht auf Blumenthal [15] und
Hunt [67] zurück. Ausführlichere Untersuchungen der Brownschen Bewegung enthalten die Bücher von Freedman [49], Itô-Mc Kean [71] und
Lévy [91].

Kapitel VIII. Zufallselemente in metrischen Räumen

8.1 Einige allgemeine Eigenschaften von Zufallselementen

Wie wir bereits in 7.1.21ff gesehen haben, läßt sich jeder stochastische
Prozeß $\xi = (\xi_t)_{t \in T}$ über einem W.-Raum $(\Omega, \mathscr{A}, \mathbb{P})$ auffassen als eine
$\mathscr{A}, \mathscr{B}_T^*$-meßbare Abbildung von Ω in $\mathbb{R}^T$. Im Gegensatz zu (reellwertigen)
zufälligen Variablen spricht man in diesem Fall auch von einer abstrakt-
wertigen zufälligen Variablen bzw. von einem Zufallselement (ZE) (in
$(\mathbb{R}^T, \mathscr{B}_T^*)$). In einigen wichtigen Spezialfällen haben wir im letzten
Kapitel insbesondere ZE in metrischen Räumen (X,d) kennengelernt
(z.B. $X = C([0,1])$ im Fall einer Brownschen Bewegung über $[0,1]$).

Allgemein nennen wir eine Abbildung ξ, welche über einem W.-Raum
$(\Omega, \mathscr{A}, \mathbb{P})$ definiert ist und Werte in einem topologischen Raum $(X, \mathscr{G})$
annimmt, ein Zufallselement (ZE) in $(X, \mathscr{B}(X))$, falls $\xi \mathscr{A}, \mathscr{B}(X)$-meß-
bar ist (wobei $\mathscr{B}(X)$ die σ-Algebra der Borelschen Mengen in X bezeichnet).
In diesem Sinne ist die soeben getroffene Definition offenbar ein
Spezialfall von Definition 1.2.2 (mit $\mathscr{A}_1 = \mathscr{A}$ und $\mathscr{A}_2 = \mathscr{B}(X)$), so
daß die im ersten Teil von Abschnitt 1.2 erzielten Ergebnisse (ein-
schließlich Satz 1.2.11) auch hier anwendbar sind.

Mitunter ist die folgende Interpretation nützlich: Eine Meßgröße ξ
in X ist ein ZE in $(X, \mathscr{B}(X))$, falls ein W.-Raum $(\Omega, \mathscr{A}, \mathbb{P})$ derart
existiert, daß ξ auffaßbar ist als $\mathscr{A}, \mathscr{B}(X)$-meßbare Abbildung von Ω
in X. Wir werden in diesem Kapitel unser Hauptaugenmerk auf ZE in
metrischen Räumen richten und dabei einige für spätere Anwendungen
wichtige Resultate bereitstellen.

8.1.1 Lemma. Sei $\{A_n: n \in \mathbb{N}\}$ eine Zerlegung von Ω in Mengen $A_n \in \mathscr{A}$. Ferner sei $(x_n)_{n \in \mathbb{N}}$ eine Folge in X und für $\omega \in A_n$ $\xi(\omega) := x_n$ gesetzt.
Dann ist ξ ein ZE in $(X, \mathscr{B}(X))$.

Beweis. Für ein beliebiges $B \in \mathscr{B}(X)$ ist $\xi^{-1}(B) = \bigcup_{n \in N'} A_n \in \mathscr{A}$, wobei
$N' := \{n \in \mathbb{N}: x_n \in B\}$. $\square$

8.1.2 Lemma. Sei (X,d) ein metrischer Raum und $(\xi_n)_{n\in\mathbb{N}}$ eine Folge von ZE in $(X,\mathscr{B}(X))$ derart, daß $\xi(\omega) := \lim\limits_{n\to\infty} \xi_n(\omega)$ für alle $\omega\in\Omega$ existiert. Dann ist ξ ein ZE in $(X,\mathscr{B}(X))$.

Beweis. Gemäß 1.2.7 bleibt zu zeigen, daß $\xi^{-1}(F) \in \mathscr{A}$ für alle $F\in\mathscr{F}(X)$. Sei dazu $F \in \mathscr{F}(X)$ und für $k\in\mathbb{N}$ $G_k := \bigcup\limits_{x\in F} K(x,k^{-1})$ gesetzt, wobei $K(x,k^{-1}) := \{y\in X: d(x,y) < k^{-1}\}$. Dann ist $G_k \in \mathscr{G}(X)$ und somit wegen $G_k^c \downarrow F$

$$\xi^{-1}(F) = \bigcap_{k\in\mathbb{N}} \bigcup_{m\in\mathbb{N}} \bigcap_{n\geq m} \xi_n^{-1}(G_k) \in \mathscr{A} . \quad \square$$

8.1.3 Satz. Sei (X,d) ein separabler metrischer Raum. Dann existiert zu jedem ZE ξ in $(X,\mathscr{B}(X))$ eine Folge $(\xi_n)_{n\in\mathbb{N}}$ von ZE, welche gleichmäßig auf Ω gegen ξ konvergiert und für jedes $n\in\mathbb{N}$ höchstens abzählbar viele Werte in X annimmt.

Beweis. Nach Voraussetzung existiert eine abzählbare dichte Teilmenge $\{x_i: i\in\mathbb{N}\}$ von X. Dann ist $\{K(x_i,n^{-1}): i\in\mathbb{N}\}$ eine offene Überdeckung von X und somit $T_n: X\to X$ mit

$$T_n(x) := \begin{cases} x_1, & \text{falls } x\in K(x_1,n^{-1}) \\ x_k, & \text{falls } x\in K(x_k,n^{-1}) \smallsetminus \bigcup\limits_{i=1}^{k-1} K(x_i,n^{-1}) \end{cases}$$

wohldefiniert. Ferner ist T_n $\mathscr{B}(X)$, $\mathscr{B}(X)$-meßbar mit $d(T_n(x),x) < n^{-1}$ für alle $x\in X$. Setzt man nun $\xi_n := T_n\circ\xi$, so ist ξ_n gemäß 1.2.4 ein ZE in $(X,\mathscr{B}(X))$ mit $d(\xi_n,\xi) < n^{-1}$, also $\xi_n \to \xi$ gleichmäßig für $n\to\infty$, welches nach Konstruktion nur abzählbar viele Werte in X annimmt. $\quad\square$

Im folgenden wird gezeigt, daß unter den Voraussetzungen des letzten Satzes die im Beweis auftretende Abbildung $d(\xi_n,\xi)$ eine zufällige Variable ist.

8.1.4 Satz. Sei (X,d) ein separabler metrischer Raum und ξ,η ZE in $(X,\mathscr{B}(X))$. Dann ist $d(\xi,\eta)$ eine zufällige Variable.

Beweis. Zunächst ist aufgrund der Separabilität $\mathscr{B}(X)\otimes\mathscr{B}(X)=\mathscr{B}(X\times X)$ (vgl. 1.3.12) und somit $(\xi,\eta): \Omega\to X\times X$ ein ZE in $(X\times X,\mathscr{B}(X\times X))$. Da ferner $d: X\times X\to\mathbb{R}$ stetig, also gemäß 1.2.8 auch $\mathscr{B}(X\times X)$, $\mathscr{B}^*$-meßbar ist, folgt die Behauptung aus 1.2.4. $\quad\square$

330

Das folgende Beispiel zeigt, daß im letzten Satz auf die Separabilität i.a. nicht verzichtet werden kann.

8.1.5 Beispiel. Sei $X = \mathscr{P}(\mathbb{R})$ versehen mit der diskreten Metrik, d.h. $d(x,y) = 1$ falls $x \neq y$ und 0 sonst. Wir setzen $(\Omega, \mathscr{A}) = (X \times X, \mathscr{A}(X) \otimes \mathscr{A}(X))$ und $\xi := \pi_1$ bzw. $\eta := \pi_2$. Dann sind ξ und η ZE in $(X, \mathscr{A}(X))$ (Existenz von $\mathbb{P}$ unwesentlich) mit

$$\{d(\xi,\eta) = 0\} = D := \{(x,y) \in \Omega: x=y\}.$$

Aufgabe 1.3.4 zeigt, daß $D \notin \mathscr{A}$ und somit $d(\xi,\eta)$ nicht $\mathscr{A}, \mathscr{B}^*$-meßbar ist.

Im folgenden sei $X(=(X,|\cdot|))$ ein normierter linearer Raum und d die durch
$$d(x,y) := |x-y|, \quad x,y \in X$$

definierte zugehörige Metrik auf $X \times X$. Ferner bezeichne X' den <u>topologischen Dualraum</u> von X, d.h. X' besteht aus der Gesamtheit aller stetigen Linearformen $f: X \to \mathbb{R}$. Insbesondere ist für alle ZE ξ in $(X, \mathscr{A}(X))$ und alle $f \in X'$ die Abbildung $f \circ \xi$ eine zufällige Variable. Im Fall separabler X gilt hiervon auch die folgende Umkehrung.

8.1.6 Satz (Itô-Nisio). Sei X ein separabler normierter linearer Raum; dann sind folgende zwei Aussagen äquivalent:

(i) ξ ist ein ZE in $(X, \mathscr{A}(X))$

(ii) $f \circ \xi$ ist eine zufällige Variable für alle $f \in X'$.

Beweis. Zu zeigen ist die Notwendigkeit von (i). Wegen Satz 1.2.11 bleibt dazu lediglich die Gleichheit von $\mathscr{A}(X)$ und $\mathscr{K} := \sigma(\bigcup_{f \in X'} f^{-1}(\mathscr{B}^*))$ nachzuweisen. Sei $\{x_n: n \in \mathbb{N}\}$ eine abzählbare dichte Teilmenge von X. Definiert man wie üblich die Norm von $f \in X'$ durch $|f| := \sup_{|x| \leq 1} |f(x)|$, so liefert 0.10.1 (Satz von Hahn-Banach) die Existenz einer Folge $(f_n)_{n \in \mathbb{N}}$ in X' mit $|f_n| = 1$ und $f_n(x_n) = |x_n|$ für alle $n \in \mathbb{N}$. Da offensichtlich $\mathscr{K} \subset \mathscr{A}(X)$ und $\mathscr{A}(X)$ aufgrund der Separabilität von X durch die Gesamtheit der abgeschlossenen Kugeln $\{x \in X: |x-x_0| \leq r\}$ erzeugt wird (vgl. 7.2.8 (e)), bleibt zu zeigen, daß jede solche Kugel zu $\mathscr{K}$ gehört. Sei o.E. $x_0 = 0$ (Für ein beliebiges x_0 ergibt sich die Behauptung aus der $\mathscr{K}, \mathscr{K}$-Meßbarkeit der Translation $x \mapsto x-x_0$). Wir zeigen:

$$(8.1.7) \quad \{x \in X: |x| \leq r\} = \bigcap_{n \in \mathbb{N}} \{x \in X: f_n(x) \leq r\}.$$

Offensichtlich ist die linke Menge in der rechten enthalten, da für alle $n \in \mathbb{N}$ $|f_n(x)| \leq |f_n| \cdot |x| = |x|$. Zum Beweis der umgekehrten Inklusion betrachten wir ein $x \in X$ mit $|x| > r$ und zeigen, daß für ein $k \in \mathbb{N}$ folgt $f_k(x) > r$. Da $\{x_n : n \in \mathbb{N}\}$ dicht in X ist, läßt sich ein $k \in \mathbb{N}$ finden mit $|x-x_k| < \frac{1}{2}(|x|-r)$. Es folgt $|x_k| \geq |x| - |x-x_k| > \frac{1}{2}(|x|+r)$ und somit nach Wahl von f_k

$$| f_k(x)-|x_k| | = |f_k(x)-f_k(x_k)| = |f_k(x-x_k)| \leq |x-x_k| < \frac{1}{2}(|x|-r) .$$

Wir erhalten

$$f_k(x) \geq |x_k| - |f_k(x)-|x_k|| > |x_k| - \frac{1}{2}(|x|-r) > \frac{1}{2}(|x|+r-|x|+r) = r .$$

Damit ist (8.1.7) gezeigt und die Aussage des Satzes bewiesen. $\square$

<u>8.1.8 Korollar.</u> Die Summe zweier ZE ξ_1 und ξ_2 in einem separablen normierten linearen Raum $(X, \mathscr{B}(X))$ ist wieder ein ZE in $(X, \mathscr{B}(X))$.

<u>Beweis.</u> Folgt wegen $f \cdot (\xi_1 + \xi_2) = f \cdot \xi_1 + f \cdot \xi_2$ für alle $f \in X'$ sofort aus 8.1.6. $\square$

Wir wollen diesen Abschnitt mit zwei Beispielen für Zufallselemente beschließen.

<u>8.1.9 Beispiel.</u> Für beliebige Variable $\eta_1, \ldots, \eta_n$ und $\zeta_0, \zeta_1, \ldots, \zeta_{n+1}$ über $(\Omega, \mathscr{A}, \mathbb{P})$ mit $\eta_0 := 0 < \eta_1 < \ldots < \eta_n < 1 =: \eta_{n+1}$ sei $\xi : \Omega \to C([0,1]) =: X$ definiert durch

$$\xi(\omega)(t) := \begin{cases} \zeta_i(\omega) & \text{falls } t = \eta_i(\omega) \\ \text{linear sonst} \end{cases} .$$

Dann ist ξ ein Zufallselement in $(X, \mathscr{B}(X))$. Wegen 7.2.8 (e) und 1.2.11 bleibt nur zu zeigen, daß für alle $0 \leq t \leq 1$ die Abbildung $\omega \to \xi(\omega)(t)$ $\mathscr{A}, \mathscr{B}^*$-meßbar ist. Dies folgt aber sofort aus der für alle $0 < t \leq 1$ und $a \in \mathbb{R}$ gültigen Beziehung

$$\{\omega \in \Omega : \xi(\omega)(t) \leq a\} = \bigcup_{i=1}^{n+1} \{\eta_{i-1} < t \leq \eta_i, \zeta_{i-1} + \frac{\zeta_i - \zeta_{i-1}}{\eta_i - \eta_{i-1}} (t - \eta_{i-1}) \leq a\} .$$

<u>8.1.10 Beispiel.</u> Für eine beliebige Folge $(\xi_i)_{i \in \mathbb{N}}$ identisch verteilter Variabler mit Werten im Einheitsintervall $[0,1]$ und gemeinsamer Verteilungsfunktion F ist der zugehörige <u>empirische Prozeß</u> definiert durch

$$\eta_F^{(n)}(\omega)(t) := \sqrt{n} \ (F_n^\omega(t) - F(t)), \ 0 \leq t \leq 1,$$

wobei wie in Abschnitt 3.2 bzw. 3.3 F_n^ω die zu $\xi_1(\omega), \ldots, \xi_n(\omega)$ gehörige empirische Verteilungsfunktion bezeichne. Offenbar ist für alle $\omega \in \Omega$

und $n \in \mathbb{N}$ $\eta_F^{(n)}(\omega) \in D = D(I)$ (vgl. 7.2.1), und wegen 7.2.10 (h) ist $\eta_F^{(n)}$ aufgrund der für alle $0 \leq t \leq 1$ gültigen Darstellung

$$\eta_F^{(n)}(\omega)(t) = \sqrt{n} \left(\frac{1}{n} \sum_{i=1}^{n} 1_{[0,t]} \cdot \xi_i - F(t) \right)$$

ein ZE in $(D, \mathscr{B}(D))$.

8.2 Konvergenzbegriffe für Zufallselemente in metrischen Räumen

In diesem Abschnitt wollen wir die für zufällige Variable aus dem ersten Kapitel bekannten Konvergenzbegriffe auf ZE in $(X, \mathscr{B}(X))$ übertragen und auf ihren Zusammenhang hin untersuchen. Dabei sei $X=(X,d)$ ein separabler metrischer Raum und $(\Omega, \mathscr{A}, \mathbb{P})$ ein fest vorgegebener W.-Raum. Gemäß Satz 8.1.4 sind dann die folgenden Definitionen sinnvoll

<u>8.2.1 Definition.</u> Sei $(\xi_n)_{n \in \mathbb{N}}$ eine Folge von ZE in $(X, \mathscr{B}(X))$ und ξ ein ZE in $(X, \mathscr{B}(X))$. Dann

(i) $\xi_n \underset{\mathbb{P}\text{-f.s.}}{\to} \xi \quad :\bullet \quad \mathbb{P}(\{ \lim_{n \to \infty} d(\xi_n, \xi) = 0 \}) = 1$

(ii) $\xi_n \underset{\mathbb{P}\text{-stoch.}}{\to} \xi :\bullet \quad \lim_{n \to \infty} \mathbb{P}(\{ d(\xi_n, \xi) > \varepsilon \}) = 0$ für alle $\varepsilon > 0$

(iii) $\xi_n \overset{L_p}{\to} \xi \quad (1 \leq p < \infty) :\bullet \quad \lim_{n \to \infty} \mathbb{E}([d(\xi_n, \xi)]^p) = 0$

(iv) $\xi_n \overset{\mathscr{L}}{\to} \xi \quad :\bullet \quad \lim_{n \to \infty} \int_X f(x) Q_{\xi_n}(dx) = \int_X f(x) Q_\xi(dx)$ für alle $f \in C^b(X)$,

wobei in Analogie zu (1.12.1) $C^b(X)$ die Gesamtheit aller stetigen und beschränkten reellwertigen Funktionen auf X bezeichne. Man beachte, daß zur Formulierung von (iv) die gemachten topologischen Voraussetzungen an X entbehrlich sind. Auf das Studium der Verteilungskonvergenz (engl.: convergence in law) unter weitaus allgemeineren Bedingungen werden wir erst im übernächsten Abschnitt näher eingehen.

Zunächst wollen wir die soeben definierten Konvergenzbegriffe auf ihren Zusammenhang hin untersuchen und als erstes bemerken, daß ein 1.11.6 (und somit auch 1.11.8) entsprechendes Ergebnis für beliebige Folgen von ZE richtig ist, sofern man nur $|\xi_n - \xi|$ durch $d(\xi_n, \xi)$ ersetzt. Zur Herleitung von 1.11.9 und 1.11.10 wurde lediglich die Vollständigkeit von $\mathbb{R}$ benutzt, so daß analoge Ergebnisse auch im Fall beliebiger polnischer Räume richtig sind. Entsprechendes gilt für die Aussage in 1.11.13-1.11.15. Trivialerweise ist auch Bemerkung 1.11.12 übertragbar. Insbesondere folgt aus der Konvergenz $\xi_n \underset{\mathbb{P}\text{-stoch.}}{\to} \xi$ die

Konvergenz $f \cdot \xi_n \xrightarrow[\mathbb{P}\text{-stoch.}]{} f \cdot \xi$, sofern f eine stetige Funktion von X
nach $\mathbb{R}$ ist. Da ferner (vgl. (1.13.9))

$$(8.2.2) \quad \mathbb{P}(\{d(\xi,\eta) > \delta\}) \leq \delta^{-p} \, \mathbb{E}([d(\xi,\eta)]^p) \text{ für alle } \delta > 0 \text{ und } 1 \leq p < \infty,$$

erhalten wir desgleichen 1.13.10. Ein wichtiges Kriterium für die
Verteilungskonvergenz von ZE ist im folgenden Satz enthalten.

<u>8.2.3 Satz.</u> Sei X=(X,d) ein metrischer Raum und $(\xi_n)_{n \geq 0}$ eine Folge
von ZE in $(X, \mathcal{B}(X))$. Dann gilt:

$\xi_n \xrightarrow{\mathcal{L}} \xi_0 \Rightarrow h \cdot \xi_n \xrightarrow{\mathcal{L}} h \cdot \xi_0$ für alle reellwertigen stetigen Funktionen h auf X.

<u>Beweis.</u> 1. Für jedes $f \in C^b(\mathbb{R})$ und jedes h gehört die Komposition
$f \cdot h$ wieder zu $C^b(X)$, so daß sich aus der Verteilungskonvergenz von
ξ_n gegen ξ_0 ergibt:

$$\lim_{n \to \infty} \int_{\mathbb{R}} f(y) Q_{h \cdot \xi_n}(dy) = \lim_{n \to \infty} \int_X f \cdot h(x) Q_{\xi_n}(dx) = \int_X f \cdot h(x) Q_{\xi_0}(dx) = \int_{\mathbb{R}} f(y) Q_{h \cdot \xi_0}(dy),$$

also, da $f \in C^b(\mathbb{R})$ beliebig gewählt war, die Konvergenz $h \circ \xi_n \xrightarrow{\mathcal{L}} h \circ \xi_0$.

2. Zum Beweis der Umkehrung sei $f \in C^b(X)$ beliebig gewählt. Dann ist
$\|f\| := \sup_{x \in X} |f(x)| < \infty$, und für die durch

$$g(y) := \begin{cases} -\|f\| & \text{für } y < -\|f\| \\ y & \text{für } |y| \leq \|f\| \\ \|f\| & \text{für } y > \|f\| \end{cases} \quad , \; y \in \mathbb{R},$$

definierte Funktion g gilt: $g \in C^b(\mathbb{R})$ mit $g \cdot f = f$. Mit $f = h$ folgt somit aus unserer Konvergenzannahme

$$\lim_{n \to \infty} \int_X f(x) Q_{\xi_n}(dx) = \lim_{n \to \infty} \int_{\mathbb{R}} g(y) Q_{f \cdot \xi_n}(dy) = \int_{\mathbb{R}} g(y) Q_{f \cdot \xi_0}(dy) = \int_X f(x) Q_{\xi_0}(dx). \quad \Box$$

<u>8.2.4 Satz.</u> Sei X=(X,d) ein separabler metrischer Raum und $(\xi_n)_{n \geq 0}$
eine Folge von ZE in $(X, \mathcal{B}(X))$. Betrachtet man die folgenden Aussagen

(i) $\quad \xi_n \to \xi_0 \quad \mathbb{P}$-fast sicher

(ii) $\quad \xi_n \to \xi_0 \quad \mathbb{P}$-stochastisch

(iii) $\lim_{n \to \infty} \mathbb{E}(|f \cdot \xi_n - f \cdot \xi_0|) = 0$ für alle gleichmäßig stetigen $f \in C^b(X)$

(iv) $\lim_{n \to \infty} \mathbb{E}(|f \cdot \xi_n - f \cdot \xi_0|) = 0$ für alle $f \in C^b(X)$

(v) $\lim_{n \to \infty} \mathbb{E}(f \cdot \xi_n) = \mathbb{E}(f \cdot \xi_0)$ für alle gleichmäßig stetigen $f \in C^b(X)$

(vi) $\lim_{n \to \infty} \mathbb{E}(f \cdot \xi_n) = \mathbb{E}(f \cdot \xi_0)$ für alle $f \in C^b(X)$

(vii) $\xi_n \overset{\mathscr{L}}{\to} \xi_0$,

so gilt: (i) $\to$ (ii) $\to$ (iii) $\to$ (iv) $\to$ (vi) $\to$ (vii) $\to$ (v).

<u>Beweis.</u> Wir haben lediglich die Gültigkeit der Implikationen
"(ii) $\to$ (iv)" und "(iii) $\to$ (ii)" nachzuweisen.

1. Sei (ii) erfüllt und $f \in C^b(X)$ beliebig aber fest gewählt. Da mit $\xi_n \underset{\mathbb{P}\text{-stoch.}}{\to} \xi_0$ auch $f \cdot \xi_n \to f \cdot \xi_0$ $\mathbb{P}$-stochastisch konvergiert und somit aufgrund der Beschränktheit von f sämtliche Voraussetzungen in 1.14.9 (i) erfüllt sind, folgt die Behauptung unmittelbar aus 1.14.9 (ii).

2. Sei (iii) erfüllt und $\varepsilon > 0$ beliebig. Ist $\{x_i : i \in \mathbb{N}\}$ eine abzählbare dichte Teilmenge von X, so läßt sich zu jedem $i \in \mathbb{N}$ ein gleichmäßig stetiges $f_i \in C^b(X)$ finden (!) mit $0 \le f_i \le 1$ und

$$f_i(x) := \begin{cases} 0 \text{ falls } x \in K(x_i, \varepsilon/4) \\ 1 \text{ falls } x \notin K(x_i, \varepsilon/2) \end{cases}.$$

Setzt man $A_1 := \{\xi_0 \in K(x_1, \varepsilon/4)\}$ und für alle $i \ge 2$

$$A_i := \{\xi_0 \in K(x_i, \varepsilon/4), \ \xi_0 \notin K(x_1, \varepsilon/4), \ldots, \xi_0 \notin K(x_{i-1}, \varepsilon/4)\},$$

so bilden die Ereignisse A_i eine Zerlegung von Ω, und es gilt

$$\mathbb{P}(\{d(\xi_n, \xi_0) > \varepsilon\}) = \sum_{i \ge 1} \mathbb{P}(\{d(\xi_n, \xi_0) > \varepsilon\} \cap A_i) \le \sum_{i \ge 1} \mathbb{P}(\{d(\xi_n, x_i) > \tfrac{3}{4}\varepsilon\} \cap A_i)$$

$$= \sum_{i \ge 1} \int_{A_i} 1_{\{d(\xi_n, x_i) > \frac{3}{4}\varepsilon\}} \, d\mathbb{P} \le \sum_{i \ge 1} \int_{A_i} |f_i \cdot \xi_n - f_i \cdot \xi_0| \, d\mathbb{P},$$

wobei die letzte Ungleichung aus der Tatsache folgt, daß für alle $\omega \in \{d(\xi_n, x_i) > \tfrac{3}{4}\varepsilon\} \cap A_i$ gilt: $f_i(\xi_n(\omega)) = 1$ und $f_i(\xi_0(\omega)) = 0$. Setzen wir $g_n(i) := \int_{A_i} |f_i \cdot \xi_n - f_i \cdot \xi_0| \, d\mathbb{P}$ und $g(i) := \mathbb{P}(A_i)$ und deuten wir die letzte Reihe als Integral von g_n bzgl. des Zählmaßes über $\mathbb{N}$, so ist wegen $0 \le g_n \le g$ und $\sum_{i \ge 1} g(i) = \sum_{i \ge 1} \mathbb{P}(A_i) = 1$ jedes g_n integrierbar über $\mathbb{N}$. Da ferner nach Voraussetzung $g_n(i) \to 0$ für $n \to \infty$ und alle i, erhalten wir mit dem Satz von der majorisierten Konvergenz

$$\limsup_{n \to \infty} \mathbb{P}(\{d(\xi_n, \xi_0) > \varepsilon\}) \le \lim_{n \to \infty} \sum_{i \ge 1} g_n(i) = 0. \qquad \square$$

<u>8.2.5 Zusatz.</u> Wir werden im übernächsten Abschnitt als Folgerung aus dem dortigen Portmanteau-Theorem sehen, daß in 8.2.4 die Aussagen (v) und (vii) äquivalent sind. Schließlich werden wir in 8.6.3 zeigen, daß sämtliche Aussagen (ii)-(vii) äquivalent sind, falls ξ_0 ausgeartet

ist, d.h. $\xi_o P = \varepsilon_x$ für ein $x \in X$ (vgl. 1.12.4).

8.2.6 Bemerkung. Aus 8.2.4 folgt insbesondere, daß die betrachteten Konvergenzbegriffe nicht von der Wahl einer speziellen Metrik d auf $X \times X$ abhängen (d.h. d kann ersetzt werden durch jede andere Metrik, welche dieselbe Topologie in X erzeugt).

Wir wollen abschließend noch einmal auf die in Satz 1.12.6 behandelte Fragestellung zurückkommen und ein entsprechendes Ergebnis für ZE mit Werten in einem polnischen Raum formulieren.

8.2.7 Satz. Sei X ein polnischer Raum und $(\xi_n)_{n \geq 0}$ eine Folge von ZE in $(X, \mathscr{B}(X))$ derart, daß $\xi_n \overset{\mathscr{L}}{\to} \xi_o$. Dann existiert über dem in 1.12.6 betrachteten W.-Raum $(\hat{\Omega}, \hat{\mathscr{A}}, \hat{P})$ eine Folge $(\hat{\xi}_n)_{n \geq 0}$ von ZE in $(X, \mathscr{B}(X))$, so daß $\xi_n \overset{\mathscr{L}}{=} \hat{\xi}_n$ für alle $n \in \mathbb{N}$ und $\hat{\xi}_n \to \hat{\xi}_o$ $\hat{P}$-fast sicher.

Ein Beweis dieses Satzes findet sich z.B. in der Monographie [13] von Billingsley (Theorem 3.3 bzw. Korollar 1).

8.3 Ein Gesetz der großen Zahlen für Zufallselemente in einem separablen Banachraum

Nach Einführung der verschiedenen Konvergenzbegriffe im letzten Abschnitt liegt nun die Frage nahe, inwieweit sich die in den Kapiteln II-IV hergeleiteten Grenzwertsätze auf Folgen $(\xi_n)_{n \in \mathbb{N}}$ abstraktwertiger zufälliger Variabler übertragen lassen.

In diesem Abschnitt wollen wir zeigen, wie sich entsprechend zu 2.3.11 ein starkes Gesetz der großen Zahlen für eine Folge $(\xi_n)_{n \in \mathbb{N}}$ von ZE mit Werten in einem separablen Banachraum herleiten läßt. Dazu haben wir zunächst zu klären, was unter dem Erwartungswert $E(\xi)$ eines ZE ξ in $(X, \mathscr{B}(X))$ zu verstehen ist.

8.3.1 Definition. Sei ξ ein ZE in einem separablen normierten linearen Raum $(X, \mathscr{B}(X))$. Dann besitzt ξ einen <u>Erwartungswert</u> $E(\xi)$ ($\in X$), falls

$$(8.3.2) \quad E(f \cdot \xi) = f(E(\xi)) \text{ für alle } f \in X'.$$

Dabei ist X' wieder der topologische Dualraum von X. Man nennt $E(\xi)$ auch das <u>Pettis-Integral von</u> ξ (vgl. Pettis [111]). Unter Verwendung von 0.10.1 zeigt man sofort, daß im Fall der Existenz der Erwartungswert eindeutig bestimmt ist. Offensichtlich ist für einen k-dimensionalen Zufallsvektor $\xi = (\xi_1, \ldots, \xi_k)$ der Erwartungswert

$\mathbf{E}(\xi)$ durch $(\mathbf{E}(\xi_1),\ldots,\mathbf{E}(\xi_k))$ gegeben (falls definiert).

Der folgende Satz gibt nun ein hinreichendes Kriterium für die Existenz von $\mathbf{E}(\xi)$.

8.3.2 Satz. Sei $X = (X,|\cdot|)$ ein separabler Banachraum und ξ ein ZE in $(X,\mathscr{B}(X))$. Dann gilt:

$$\mathbf{E}(|\xi|) < \infty \;\Rightarrow\; \mathbf{E}(\xi) \text{ existiert.}$$

Beweis. 1. Nimmt ξ nur abzählbar viele Werte $\{x_i : i \in \mathbb{N}\} \subset X$ an, so ist wegen $\mathbf{E}(|\xi|) = \sum_{i \geq 1} |x_i|\, \mathbf{P}(\{\xi=x_i\}) < \infty$ die Reihe $\sum_{i \geq 1} x_i\, \mathbf{P}(\{\xi=x_i\})$ absolut konvergent in X, also aufgrund der Vollständigkeit von X konvergent. Sei $x := \sum_{i \geq 1} x_i\, \mathbf{P}(\{\xi=x_i\})$. Dann folgt für alle $f \in X'$

$$f(x) = \sum_{i \geq 1} f(x_i)\, \mathbf{P}(\{\xi=x_i\}) = \mathbf{E}(f\cdot\xi), \text{ also } x = \mathbf{E}(\xi).$$

2. Für ein beliebiges ξ existiert nach 8.1.3 eine Folge $(\xi_n)_{n \in \mathbb{N}}$ von abzählbarwertigen ZE in $(X,\mathscr{B}(X))$, welche gleichmäßig (in ω) gegen ξ konvergiert. Nach Beweisteil 1 existiert somit $\mathbf{E}(\xi_n)$ für alle $n \in \mathbb{N}$. Mit Beweisteil 3 gilt ferner

$$(8.3.3) \quad |\mathbf{E}(\xi_n) - \mathbf{E}(\xi_m)| = |\mathbf{E}(\xi_n - \xi_m)| \leq \mathbf{E}(|\xi_n - \xi_m|) \text{ für alle } n,m \in \mathbb{N}.$$

Somit ist $(\mathbf{E}(\xi_n))_{n \in \mathbb{N}}$ eine Cauchyfolge in X, welche aufgrund der vorausgesetzten Vollständigkeit von X gegen ein $x \in X$ konvergiert. Für alle $f \in X'$ folgt somit

$$\lim_{n\to\infty} \mathbf{E}(f\cdot\xi_n) = \lim_{n\to\infty} f(\mathbf{E}(\xi_n)) = f(\lim_{n\to\infty} \mathbf{E}(\xi_n)) = f(x).$$

Da ferner für alle $f \in X'$ $\mathbf{E}(|f\cdot\xi|) \leq \mathbf{E}(|f|\cdot|\xi|) = |f|\,\mathbf{E}(|\xi|) < \infty$ und somit $f\cdot\xi$ in $\mathscr{L}_1(\Omega,\mathscr{A},\mathbf{P})$ enthalten ist, folgt unter Verwendung der Ungleichung

$$|\mathbf{E}(f\cdot\xi_n) - \mathbf{E}(f\cdot\xi)| = |\mathbf{E}(f\cdot(\xi_n-\xi))| \leq |f|\cdot\mathbf{E}(|\xi_n-\xi|)$$

die Konvergenz

$$\mathbf{E}(f\cdot\xi) = \lim_{n\to\infty} \mathbf{E}(f\cdot\xi_n) = f(x), \text{ d.h. es ist } x = \mathbf{E}(\xi).$$

3. Zum Beweis von (8.3.3) bleibt lediglich die Linearität von $\mathbf{E}$ sowie die Gültigkeit der folgenden Ungleichung

$$(8.3.4) \quad |\mathbf{E}(\xi)| \leq \mathbf{E}(|\xi|) \quad \text{(falls } \mathbf{E}(\xi) \text{ existiert)}$$

zu zeigen. Seien dazu ξ,η beliebige ZE in $(X,\mathscr{B}(X))$ (mit existierendem Erwartungswert) und α,β beliebige reelle Zahlen. Für alle $f \in X'$ ist dann

$$f(\alpha\,\mathbb{E}(\xi)+\beta\,\mathbb{E}(\eta))=\alpha f(\mathbb{E}(\xi))+\beta f(\mathbb{E}(\eta))=\alpha\,\mathbb{E}(f\cdot\xi)+\beta\,\mathbb{E}(f\cdot\eta)=\mathbb{E}(f\cdot(\alpha\xi+\beta\eta)),$$

also $\mathbb{E}(\alpha\xi+\beta\eta)=\alpha\mathbb{E}(\xi)+\beta\mathbb{E}(\eta)$. Ungleichung (8.3.4) ist trivialerweise richtig wenn $\mathbb{E}(\xi)=0\,(\in X)$ oder $\mathbb{E}(|\xi|)=\infty$. Im anderen Fall existiert nach dem Satz von Hahn-Banach ein $f\in X'$ mit $|f|=1$ und $|f(\mathbb{E}(\xi))|=|\mathbb{E}(\xi)|$. Es folgt

$$|\mathbb{E}(\xi)|=|f(\mathbb{E}(\xi))|=|\mathbb{E}(f\cdot\xi)|\leq\mathbb{E}(|f\cdot\xi|)\leq\mathbb{E}(|f|\cdot|\xi|)=\mathbb{E}(|\xi|).\quad\square$$

<u>8.3.5 Beispiel.</u> Für die Brownsche Bewegung ist $\mathbb{E}(|B|)<\infty$ und $\mathbb{E}(B)=0$ (die Funktion const $=0$). Wegen $|B|\leq\max_{0\leq s\leq1}B(s)+\max_{0\leq s\leq1}[-B(s)]$ bleibt zum Beweis der ersten Aussage wegen 7.6.2 und 1.8.22 lediglich zu zeigen, daß die zu $\mathbb{P}(\{\max_{0\leq s\leq1}B(s)\geq n\})$ gehörige Reihe konvergiert. Wegen 7.6.14 und 1.8.22 ist dies aber eine unmittelbare Folgerung aus der Integrierbarkeit von B_1. Zum Beweis der zweiten Aussage ist nach einem bekannten Satz aus der Funktionalanalysis (vgl. Dunford-Schwartz [36], Theorem IV.6.3) zu zeigen, daß

$$\int_{\Omega}\left[\int_{[0,1]}B(t,\omega)\mu(dt)\right]\mathbb{P}(d\omega)=0$$

für jedes finite Borel-Maß μ auf $[0,1]$. Mit dem Satz von Fubini ist die linke Seite aber gleich

$$\int_{[0,1]}\left[\int_{\Omega}B(t,\omega)\mathbb{P}(d\omega)\right]\mu(dt),$$

so daß sich die Behauptung unmittelbar aus der für alle $0\leq t\leq1$ gültigen Beziehung $\mathbb{E}(B_t)=0$ ergibt (die genauen maßtheoretischen Begründungen seien dem Leser zur Übung überlassen).

Der folgende Satz verallgemeinert 2.3.11 auf den Fall von ZE mit Werten in einem separablen Banachraum.

<u>8.3.6 Satz (Mourier).</u> Sei $X=(X,|\cdot|)$ ein separabler Banachraum und $(\xi_i)_{i\in\mathbb{N}}$ eine Folge unabhängiger identisch verteilter ZE in $(X,\mathcal{B}(X))$ mit $\mathbb{E}(|\xi_1|)<\infty$; dann gilt

$$\lim_{n\to\infty}n^{-1}\sum_{i=1}^{n}\xi_i=\mathbb{E}(\xi_1)\quad\mathbb{P}\text{-fast sicher.}$$

<u>Beweis.</u> Mit Satz 8.3.2 folgt zunächst die Existenz von $\mathbb{E}(\xi_1)$. Sei o.E. $\mathbb{E}(\xi_1)=0\,(\in X)$. Ferner sei $\{x_j:\ j\in\mathbb{N}\}$ eine abzählbare dichte Teilmenge von X und $\varepsilon>0$ beliebig. Setzt man $K_j:=K(x_j,\varepsilon):=\{x\in X:|x-x_j|<\varepsilon\}$ und $K_1':=K_1$ bzw. $K_j':=K_j\smallsetminus\bigcup_{k=1}^{j-1}K_k$ für $j\geq2$, so ist $(K_j')_{j\in\mathbb{N}}$ eine Zerlegung von X und $(\xi_i^{-1}(K_j'))_{j\in\mathbb{N}}$ für alle $i\in\mathbb{N}$ eine Zerlegung von Ω.

Sei weiter $\xi_i^*: \Omega \to X$ definiert durch $\xi_i^* := \sum\limits_{j \geq 1} x_j 1_{\xi_i^{-1}(K_j')}$, $i \in \mathbb{N}$. Dann

ist ξ_i^* ein ZE in $(X, \mathscr{B}(X))$ (vgl. 8.1.1) mit $|\xi_i^* - \xi_i| < \varepsilon$, so daß

$$\sum\limits_{j \geq 1} |x_j| \, \mathbb{P}(\{\xi_i \in K_j'\}) = \mathbb{E}(|\xi_i^*|) \leq \mathbb{E}(|\xi_i|) + \varepsilon < \infty \quad \text{für alle } i \in \mathbb{N}.$$

Da die ξ_i identisch verteilt sind, läßt sich ein $m \in \mathbb{N}$ so wählen, daß

$$\sum\limits_{j \geq m} |x_j| \, \mathbb{P}(\{\xi_i \in K_j'\}) < \varepsilon \quad \text{für alle } i \in \mathbb{N}.$$

Setzt man ferner

$$\eta_i^* := \sum\limits_{j \geq m} x_j 1_{\xi_i^{-1}(K_j')} \, , \quad \text{also } \xi_i^* - \eta_i^* = \sum\limits_{j=1}^{m-1} x_j 1_{\xi_i^{-1}(K_j')} \, , \quad \text{so folgt}$$

$$\left| \frac{1}{n} \sum\limits_{i=1}^{n} \xi_i \right| \leq \left| \frac{1}{n} \sum\limits_{i=1}^{n} (\xi_i - \xi_i^*) \right| + \left| \frac{1}{n} \sum\limits_{i=1}^{n} (\xi_i^* - \eta_i^*) \right| + \left| \frac{1}{n} \sum\limits_{i=1}^{n} \eta_i^* \right|$$

$$\leq \varepsilon + \left| \frac{1}{n} \sum\limits_{i=1}^{n} (\xi_i^* - \eta_i^*) \right| + \frac{1}{n} \sum\limits_{i=1}^{n} |\eta_i^*| \, .$$

Nach 1.15.9 sind mit $(\xi_i)_{i \in \mathbb{N}}$ auch $(|\eta_i^*|)_{i \in \mathbb{N}}$ und $(\xi_i^* - \eta_i^*)_{i \in \mathbb{N}}$ jeweils Folgen von unabhängigen und identisch verteilten Variablen bzw. ZE. Ferner ist $\mathbb{E}(|\eta_1^*|) = \sum\limits_{j \geq m} |x_j| \, \mathbb{P}(\{\xi_1 \in K_j'\}) < \varepsilon$, so daß mit 2.3.11 folgt

$$\limsup\limits_{n \to \infty} \frac{1}{n} \sum\limits_{i=1}^{n} |\eta_i^*| \leq \varepsilon \quad \mathbb{P}\text{-fast sicher.}$$

Weiter ist für jedes feste $j \in \{1, \ldots, m-1\}$

$$\lim\limits_{n \to \infty} \frac{1}{n} \sum\limits_{i=1}^{n} 1_{\xi_i^{-1}(K_j')} = \mathbb{P}(\{\xi_1 \in K_j'\}) \quad \mathbb{P}\text{-fast sicher,}$$

also $\mathbb{P}$-fast sicher

$$\lim\limits_{n \to \infty} \frac{1}{n} \sum\limits_{i=1}^{n} (\xi_i^* - \eta_i^*) = \lim\limits_{n \to \infty} \sum\limits_{j=1}^{m-1} x_j \frac{1}{n} \sum\limits_{i=1}^{n} 1_{\xi_i^{-1}(K_j')} = \sum\limits_{j=1}^{m-1} x_j \, \mathbb{P}(\{\xi_1 \in K_j'\}) = \mathbb{E}(\xi_1^* - \eta_1^*) \, .$$

Aufgrund unserer gemachten Annahme ist aber $\mathbb{E}(\xi_1) = 0$ und somit wegen (8.3.4):

$$|\mathbb{E}(\xi_1^* - \eta_1^*)| \leq |\mathbb{E}(\xi_1^*)| + |\mathbb{E}(\eta_1^*)| = |\mathbb{E}(\xi_1^* - \xi_1)| + |\mathbb{E}(\eta_1^*)| \leq \mathbb{E}(|\xi_1^* - \xi_1|) + \mathbb{E}(|\eta_1^*|) \leq 2\varepsilon,$$

so daß sich zusammenfassend ergibt:

$$\limsup\limits_{n \to \infty} \left| \frac{1}{n} \sum\limits_{i=1}^{n} \xi_i \right| \leq 4\varepsilon \quad \mathbb{P}\text{-fast sicher.} \quad \square$$

8.4 Schwache Konvergenz

Wie Bemerkung 1.12.9 gezeigt hat, ist jedes W.-Maß $\mu \mid \mathscr{B}^*$ bereits durch
die Integrale $\int f(x)\mu(dx)$, $f \in C^b(\mathbb{R})$, eindeutig festgelegt. Insbesondere
ist damit (vgl. 1.12.8) der Limes einer schwach konvergenten Folge
von W.-Maßen auf $\mathscr{B}^*$ (vgl. (1.12.1')) eindeutig bestimmt. Da dies
für beliebige topologische Räume i.a. nicht richtig ist, wollen wir
analog zu Topsøe [146] eine Definition der schwachen Konvergenz wählen,
welche vielen Problemen der allgemeinen topologischen Maßtheorie
besser angepaßt ist (vgl. Topsøe [146], Part II), und anschließend
zeigen, daß im Fall metrisierbarer Räume X beide Definitionen übereinstimmen.

__8.4.1 Definition.__ Sei $(X, \mathscr{G})$ ein topologischer Raum und bezeichne
$\mathscr{M}_+(X)$ die Gesamtheit aller finiten Borel-Maße auf $\mathscr{B}(X)$. Unter der
__schwachen Topologie__ $\mathscr{G}_w$ in $\mathscr{M}_+(X)$ versteht man die gröbste Topologie
in $\mathscr{M}_+(X)$, bzgl. welcher für alle $G \in \mathscr{G}(X)$ die Abbildungen $\mu \to \mu(G)$
nach unten halbstetig sind und die Abbildung $\mu \to \mu(X)$ stetig ist.

Eine reellwertige Funktion f über einem topologischen Raum $(Y, \mathscr{G}(Y))$
heißt dabei bekanntlich __nach unten halbstetig__, falls gilt:
$\{y \in Y: f(y) > r\} \in \mathscr{G}(Y)$ für alle $r \in \mathbb{R}$. f heißt __nach oben halbstetig__,
falls $-f$ nach unten halbstetig ist, d.h. falls $\{y \in Y: f(y) < r\} \in \mathscr{G}(Y)$
für alle $r \in \mathbb{R}$. Ist $f=1_A$ speziell die Indikatorvariable zu einer Menge
$A \subset Y$, so ist

$$1_A \text{ nach unten halbstetig} \Leftrightarrow A \in \mathscr{G}(Y)$$
$$1_A \text{ nach oben halbstetig} \Leftrightarrow A \in \mathscr{F}(Y).$$

Unmittelbar aus der Definition der Halbstetigkeit folgt, daß für eine
(nichtleere) Familie $\mathcal{F}$ von nach unten halbstetigen Funktion die
"obere Einhüllende" $\sup \mathcal{F}$ wieder nach unten halbstetig ist (falls
$\sup\{f(y): f \in \mathcal{F}\} < \infty$ für alle $y \in Y$). Entsprechendes gilt für die
"untere Einhüllende" $\inf \mathcal{F}$ einer Familie von nach oben halbstetigen
Funktionen.

__8.4.2 Bemerkung.__ Eine Umgebungsbasis von $\mu_0 \in \mathscr{M}_+(X)$ bzgl. $\mathscr{G}_w$ wird
durch die Mengen
$$U(\mu_0) := \{\mu \in \mathscr{M}_+(X): \mu(G_i) > \mu_0(G_i) - \varepsilon \text{ für } i=1,\ldots,n, |\mu(X)-\mu_0(X)| < \varepsilon\}$$
mit $G_i \in \mathscr{G}(X)$, $i=1,\ldots,n$, $n \in \mathbb{N}$ und $\varepsilon > 0$ beliebig bestimmt. Die zu
$\mathscr{G}_w$ gehörende Konvergenz bezeichnen wir als __schwache Konvergenz__ und
schreiben $\mu_\alpha \to \mu$, falls das Netz $(\mu_\alpha)_\alpha$ in $\mathscr{M}_+(X)$ bzgl. $\mathscr{G}_w$ gegen
$\mu \in \mathscr{M}_+(X)$ konvergiert.

Bevor wir näher auf diese Konvergenz eingehen, wollen wir einige
mehr technische Hilfsmittel voranstellen. Für eine beschränkte
Funktion $f: X \to \mathbb{R}$ seien dazu

$$f_* := \sup\{g: g \leq f \text{ und nach unten halbstetig}\} \text{ bzw.}$$
$$f^* := \inf\{g: g \geq f \text{ und nach oben halbstetig}\} \text{ gesetzt.}$$

Dann ist f_* nach unten halbstetig, f^* nach oben halbstetig, und es
gilt $f_* \leq f \leq f^*$. Der folgende Satz charakterisiert mit Hilfe der
Funktionen f_* und f^* die Menge

$$D(f) := \{x \in X: f \text{ ist unstetig in } x\}.$$

<u>8.4.3 Satz.</u> Für eine beschränkte Funktion $f: X \to \mathbb{R}$ ist $D(f)$ eine
F_σ-Menge (vgl. 0.8.1), also insbesondere $D(f) \in \mathscr{B}(X)$, und es gilt

$$D(f) = \{x \in X: f_*(x) < f^*(x)\}.$$

<u>Beweis.</u> Zum Beweis der Gleichheit sei zunächst $f_*(x_0) = f^*(x_0)$. Wegen
der Halbstetigkeit von f_* bzw. f^* existiert zu beliebigem $\epsilon > 0$ eine
offene Umgebung $U(x_0)$ von x_0, so daß

$$f_*(x) > f_*(x_0) - \epsilon \text{ bzw. } f^*(x) < f^*(x_0) + \epsilon \text{ für alle } x \in U(x_0),$$

also

$$-\epsilon < f_*(x) - f_*(x_0) \leq f(x) - f_*(x_0) = f(x) - f^*(x_0) \leq f(x) - f(x_0) \leq f^*(x) - f_*(x_0)$$
$$= f^*(x) - f^*(x_0) < \epsilon$$

und somit
$|f(x) - f(x_0)| < \epsilon$ für alle $x \in U(x_0)$, d.h. f ist stetig in x_0.

Zum Beweis der umgekehrten Inklusion sei f stetig in x_0. Dann existiert
zu beliebigem $\epsilon > 0$ eine offene Umgebung $U(x_0)$ von x_0, so daß
$|f(x) - f(x_0)| < \epsilon$ für alle $x \in U(x_0)$. Setze $v_0 := \epsilon + 2\|f\| \, \mathbb{1}_{\complement U(x_0)}$. Dann ist v_0
nach oben halbstetig mit $f(x_0) - v_0 \leq f \leq f(x_0) + v_0$. Da ferner die linke bzw.
rechte Seite nach unten bzw. nach oben halbstetige Funktionen sind,
folgt $f(x_0) - v_0 \leq f_* \leq f \leq f^* \leq f(x_0) + v_0$, also $f^*(x_0) - f_*(x_0) \leq 2\epsilon$ und somit
$f_*(x_0) = f^*(x_0)$, da $\epsilon > 0$ beliebig gewählt war.

Der Beweis der F_σ-Eigenschaft folgt unmittelbar aus der Darstellung

$$D(f) = \bigcup_{n \in \mathbb{N}} \{f^* - f_* \geq 1/n\},$$

wenn man beachtet (!), daß $f^* - f_*$ nach oben halbstetig ist und somit
$\{f^* - f_* \geq 1/n\}$ für jedes $n \in \mathbb{N}$ zu $\mathscr{F}(X)$ gehört. $\square$

8.4.4 Bemerkung. Zum Nachweis der F_σ-Eigenschaft ist die Beschränktheit von f nicht wesentlich. Dazu hat man nur $f_n:=\max(-n,\min(n,f))$ zu setzen, so daß wegen $D(f)=\bigcup_{n\in\mathbb{N}}D(f_n)$ die Behauptung für den allgemeinen Fall unmittelbar aus Satz 8.4.3 folgt.

8.4.5 Beispiel. Sei $A\subset X$ beliebig und $f=1_A$. Dann ist $D(f)=\partial A$.

8.4.6 Definition. Sei $\mu\in\mathcal{M}_+(X)$; dann heißt $f\in\mathbb{R}^X$ $\underline{\mu\text{-fast überall stetig}}$, falls $\mu(D(f))=0$. $A\subset X$ heißt $\underline{\mu\text{-randlos}}$, falls 1_A μ-fast überall stetig, d.h. $\mu(\partial A)=0$ ist.

8.4.7 Lemma. Das System $\mathcal{R}_\mu:=\{A\in\mathcal{B}(X):\ \mu(\partial A)=0\}$ aller μ-randlosen Borel-Mengen ist eine Algebra.

Beweis. Es ist $\partial X=\emptyset$, also $\mu(\partial X)=0$ und somit $X\in\mathcal{R}_\mu$. Ferner ist wegen $\partial A=\partial(\complement A)$ $\mathcal{R}_\mu$ abgeschlossen bzgl. Komplementbildung. Die dritte noch fehlende Eigenschaft folgt aus der Inklusion $\partial(A_1\cap A_2)\subset\partial A_1\cup\partial A_2$, $A_1,A_2\in\mathcal{B}(X)$. $\square$

8.4.8 Lemma. Sei $f\in\mathbb{R}^X$ $\mathcal{B}(X)$, $\mathcal{B}^*$-meßbar mit $0\leq f<n$ für ein geeignetes $n\in\mathbb{N}$. Dann gilt für jedes $\mu\in\mathcal{M}_+(X)$ und für alle $0\leq r\leq 1$:

$$r\mu(\{f\geq r\})+\sum_{k=2}^{n}\mu(\{f\geq r+k-1\})\leq\int_X fd\mu\leq\mu(X)+\sum_{k=1}^{n}\mu(\{f\geq r+k-1\}).$$

Beweis. Der Beweis der rechten Ungleichung folgt aus der Abschätzung

$$\int_X fd\mu=\sum_{k=0}^{n}\int_{\{r+k-1\leq f<r+k\}}fd\mu\leq\sum_{k=0}^{n}(r+k)\mu(\{r+k-1\leq f<r+k\})=$$

$$\sum_{k=0}^{n}(r+k)[\mu(\{f\geq r+k-1\})-\mu(\{f\geq r+k\})]\leq r\mu(\{f\geq r-1\})+\sum_{k=1}^{n}\mu(\{f\geq r+k-1\})\leq$$

$$\mu(X)+\sum_{k=1}^{n}\mu(\{f\geq r+k-1\}).$$

Die linke Ungleichung sieht man wie folgt ein:

$$\int_X fd\mu\geq\sum_{k=1}^{n}\int_{\{r+k-1\leq f<r+k\}}fd\mu\geq\sum_{k=1}^{n}(r+k-1)\mu(\{r+k-1\leq f<r+k\})\geq$$

$$r\mu(\{f\geq r\})+\sum_{k=2}^{n}\mu(\{f\geq r+k-1\}).\ \square$$

Wir wollen nun die Topologie $\mathcal{T}_w$ der schwachen Konvergenz näher untersuchen und zeigen als nächstes das sogenannte $\underline{\text{Portmanteau-Theorem}}$.

<u>8.4.9 Satz.</u> Sei $(\mu_\alpha)_\alpha$ ein Netz in $\mathcal{M}_+(X)$ und $\mu \in \mathcal{M}_+(X)$. Dann gilt:

(i) Folgende fünf Aussagen sind äquivalent:

(1) $\mu_\alpha \to \mu$

(2) $\lim\limits_\alpha \mu_\alpha(X) = \mu(X)$ und $\lim\limits_\alpha \inf \mu_\alpha(G) \geq \mu(G)$ für alle $G \in \mathcal{G}(X)$

(3) $\lim\limits_\alpha \mu_\alpha(X) = \mu(X)$ und $\lim\limits_\alpha \sup \mu_\alpha(F) \leq \mu(F)$ für alle $F \in \mathcal{F}(X)$

(4) $\lim\limits_\alpha \inf \int_X f d\mu_\alpha \geq \int_X f d\mu$ für alle beschränkten nach unten halbstetigen f

(5) $\lim\limits_\alpha \sup \int_X f d\mu_\alpha \leq \int_X f d\mu$ für alle beschränkten nach oben halbstetigen f.

(ii) Betrachten wir weiter die folgenden drei Aussagen:

(6) $\lim\limits_\alpha \int_X f d\mu_\alpha = \int_X f d\mu$ für alle beschränkten $\mathcal{B}(X)$, $\mathcal{B}^*$-meßbaren $f \in \mathbb{R}^X$,

   welche μ-f.ü. stetig sind

(7) $\lim\limits_\alpha \mu_\alpha(A) = \mu(A)$ für alle $A \in \mathcal{A}_\mu = \{A \in \mathcal{B}(X) : \mu(\partial A) = 0\}$

(8) $\lim\limits_\alpha \int_X f d\mu_\alpha = \int_X f d\mu$ für alle $f \in C^b(X)$,

so gilt: (1) $\to$ (6) $\to$ (7) $\to$ (8).

(iii) Ist X metrisierbar, so ist jede der Aussagen (1)-(8) äquivalent zu

(9) $\lim\limits_\alpha \int_X f d\mu_\alpha = \int_X f d\mu$ für alle gleichmäßig stetigen $f \in C^b(X)$.

<u>Beweis.</u> Zu (i): Nach Definition von $\mathcal{G}_w$ sind (1) und (2) äquivalent.
Die Äquivalenz von (2) und (3) bzw. von (4) und (5) ergibt sich unmittelbar durch Übergang zu Komplementen der betrachteten Mengen bzw.
durch Übergang zu $-f$. Da ferner 1_G für jedes $G \in \mathcal{G}(X)$ unterhalb stetig
ist und sowohl $f = 1$ als auch $f = -1$ unterhalb stetig sind, folgt (2)
aus (4). Somit bleibt lediglich die Implikation "(3) $\to$ (5)" zu zeigen:
Sei f nach oben halbstetig und beschränkt, wobei wir zunächst zusätzlich voraussetzen wollen, daß $0 < f < 1$. Gemäß 8.4.8 (für r=1)
gilt dann unter Verwendung von (3) für jedes $n \in \mathbb{N}$:

$$\lim\limits_\alpha \sup \int_X n f d\mu_\alpha \leq \lim\limits_\alpha \sup [\mu_\alpha(X) + \sum_{k=1}^n \mu_\alpha(\{nf \geq k\})] \leq$$

$$\lim\limits_\alpha \sup \mu_\alpha(X) + \sum_{k=1}^n \lim\limits_\alpha \sup \mu_\alpha(\{nf \geq k\}) \leq \mu(X) + \sum_{k=1}^n \mu(\{nf \geq k\}) \leq \mu(X) + \int_X nf d\mu,$$

also

$\lim\limits_\alpha \sup \int_X f d\mu_\alpha \leq \mu(X)/n + \int_X f d\mu$. Da $n \in \mathbb{N}$ beliebig gewählt war, folgt (5).

Der allgemeine Fall folgt nun leicht aus dem bereits Bewiesenen durch

Übergang zu $g := \dfrac{f-a}{b-a}$, wobei $a < f < b$.

Zu (ii), "(1) → (6)": Sei f eine beschränkte $\mathscr{B}(X), \mathscr{B}^*$-meßbare Funktion, welche μ-f.ü. stetig ist, also $\mu(D(f))=0$. Wegen Satz 8.4.3 ist $f_* = f^*$ μ-f.ü. und somit wegen $f_* \leq f \leq f^*$

$$(8.4.10) \quad \int_X f_* d\mu = \int_X f d\mu = \int_X f^* d\mu.$$

Da mit f auch f_* und f^* beschränkt sind, erhalten wir unter Verwendung der zu (1) äquivalenten Bedingungen (4) und (5):

$$\int_X f_* d\mu \leq \lim_\alpha \inf \int_X f_* d\mu_\alpha \leq \lim_\alpha \inf \int_X f d\mu_\alpha \leq \lim_\alpha \sup \int_X f d\mu_\alpha \leq \lim_\alpha \sup \int_X f^* d\mu_\alpha \leq \int_X f^* d\mu,$$

also wegen (8.4.10) $\lim_\alpha \int_X f d\mu_\alpha = \int_X f d\mu$.

Da die Implikation "(6) → (7)" trivialerweise richtig ist (vgl. Beispiel 8.4.5), bleibt nur noch "(7) → (8)" zu zeigen.

Wir zeigen

$$(8.4.11) \quad \lim_\alpha \sup \int_X f d\mu_\alpha \leq \int_X f d\mu \quad \text{für alle } f \in C^b(X).$$

(Durch Anwendung von (8.4.11) auf $-f$ folgt $\int_X f d\mu \leq \lim_\alpha \inf \int_X f d\mu_\alpha$, woraus sich dann (8) ergibt). Wir können wiederum o.E. annehmen, daß $0 < f < 1$. Für jedes $n \in \mathbb{N}$ ist $T_n := \{t \in \mathbb{R}_+ : \mu(\{nf=t\}) > 0\}$ abzählbar und somit $T := \bigcup_{n \in \mathbb{N}} T_n$ abzählbar. Daher existiert ein $r \in [0,1] \smallsetminus T$ mit $r+k \notin T$ für alle $k \in \mathbb{Z}_+$. Wegen $\partial(\{nf \geq t\}) \subset \{nf=t\}$ gilt daher nach Voraussetzung für alle $n \in \mathbb{N}$ und $t \in \mathbb{R}_+ \smallsetminus T$: $\lim_\alpha \mu_\alpha(\{nf \geq t\}) = \mu(\{nf \geq t\})$. Unter Verwendung der Ungleichung 8.4.8 erhält man somit für jedes $n \in \mathbb{N}$:

$$\lim_\alpha \sup \int_X nf d\mu_\alpha \leq \lim_\alpha \sup [\mu_\alpha(X) + \sum_{k=1}^n \mu_\alpha(\{nf \geq r+k-1\})] \leq \lim_\alpha \sup \mu_\alpha(X) +$$

$$\sum_{k=1}^n \lim_\alpha \sup \mu_\alpha(\{nf \geq r+k-1\}) = \mu(X) + \sum_{k=1}^n \mu(\{nf \geq r+k-1\}) \leq$$

$$\mu(X) + (1-r)\mu(\{nf \geq r\}) + \int_X nf d\mu \leq 2\mu(X) + \int_X nf d\mu.$$

Daraus folgt aber sofort (8.4.11).

Zu (iii): Da die Implikation "(8) → (9)" aus trivialen Gründen richtig ist, genügt es "(9) → (3)" zu zeigen. Da $f = 1$ gleichmäßig stetig ist, folgt $\lim_\alpha \mu_\alpha(X) = \mu(X)$. Seien nun $F \in \mathscr{F}(X)$ und $\varepsilon > 0$ beliebig vorgegeben. Wird die Topologie $\mathscr{O}(X)$ durch die Metrik d induziert, so ist (vgl. Beweis zu 8.1.2) $G_k := \bigcup_{x \in F} K(x, k^{-1})$ eine Folge offener Mengen mit $G_k \downarrow F$, d.h. es existiert ein $n_0 = n_0(\varepsilon) \in \mathbb{N}$ derart, daß $\mu(G_{n_0}) < \mu(F) + \varepsilon$.

Sei nun

$$\varphi(t) := \begin{cases} 1 & \text{für } t \leq 0 \\ 1-t & \text{für } 0 \leq t \leq 1 \\ 0 & \text{für } t \geq 1 \end{cases} \quad \text{und } f(x) := \varphi(n_0 d(x,F)), \; x \in X,$$

wobei $d(x,F) := \inf\{d(x,y): y \in F\}$, $x \in X$.

Dann ist f gleichmäßig stetig auf X(!) mit $0 \leq f \leq 1$, $\text{rest}_F f = 1$ und $\text{rest}_{\complement G_{n_0}} f = 0$. Es folgt

$$\lim_\alpha \sup \mu_\alpha(F) = \lim_\alpha \sup \int_F f d\mu_\alpha \leq \lim_\alpha \sup \int_X f d\mu_\alpha = \int_X f d\mu = \int_{G_{n_0}} f d\mu \leq \mu(G_{n_0}) < \mu(F) + \varepsilon,$$

d.h. $\lim_\alpha \sup \mu_\alpha(F) \leq \mu(F) \; (\varepsilon \downarrow 0)$.

Damit ist das Portmanteau-Theorem vollständig bewiesen. $\square$

Der letzte Satz zeigt insbesondere, daß für eine Folge $(\xi_n)_{n \in \mathbb{N}}$ von ZE in einem metrischen Raum X die in 8.2.1 definierte Verteilungskonvergenz gleichbedeutend ist mit der durch 8.4.2 definierten schwachen Konvergenz der induzierten Verteilungen. Satz 1.12.5 (iii) zeigt, daß man sich im Fall reeller Variabler in Aussage (ii) (7) auf "spezielle" $A \in \mathscr{A}_\mu$ beschränken kann.

Die Antwort auf die eingangs gestellte Frage nach der Eindeutigkeit des Grenzmaßes μ läßt sich wie folgt zusammenfassen.

<u>8.4.12 Satz.</u> Bezeichnet man mit $\mathscr{M}_+(X,t)$ die Gesamtheit der straffen Borel-Maße auf $\mathscr{B}(X)$, so ist $\mathscr{M}_+(X,t)$, versehen mit der Relativtopologie von $\mathscr{S}_w$, ein topologischer Hausdorffraum (sofern X Hausdorffsch).

Ein Beweis dieses Satzes findet sich in Topsøe [146], Theorem 11.2. Mit Satz 1.4.19 ist also $(\mathscr{M}_+(X), \mathscr{S}_w)$ ein Hausdorffraum, falls $(X, \mathscr{B}(X))$ ein polnischer Raum ist. Man kann zeigen (vgl. dazu Parthasarathy [109], Theorem 6.5), daß in diesem Fall $(\mathscr{M}_+(X), \mathscr{S}_w)$ sogar selbst wieder ein polnischer Raum ist.

Der folgende wichtige Satz, den wir ohne Beweis angeben, charakterisiert relativ kompakte Mengen von W.-Maßen in $(\mathscr{M}_+(X), \mathscr{S}_w)$.

<u>8.4.13 Satz (Prohoroff)</u> (vgl. Billingsley [12], S. 35ff). Sei X ein polnischer Raum und $\mathscr{M}$ eine Menge von W.-Maßen auf $\mathscr{B}(X)$. Dann sind folgende drei Aussagen äquivalent:

(i) $\quad \mathscr{M}$ ist relativ kompakt in $(\mathscr{M}_+(X), \mathscr{S}_w)$

(ii) $\quad \mathscr{M}$ ist relativ folgenkompakt in $(\mathscr{M}_+(X), \mathscr{S}_w)$

(iii) $\mathcal{M}$ ist <u>gleichmäßig straff</u> in X,

d.h. zu jedem $\varepsilon > 0$ existiert ein $K \in \mathcal{K}(X)$ mit $\sup\limits_{\mu \in \mathcal{M}} \mu([K) \le \varepsilon$ (vgl. 1.4.20)).

Für viele Anwendungen entscheidend ist die Eigenschaft der schwachen Konvergenz von Maßen, unter bestimmten Abbildungen erhalten zu bleiben, d.h. unter gewissen Voraussetzungen an $h: X \to Y$ überträgt sich die schwache Konvergenz eines Netzes $(\mu_\alpha)_\alpha$ in $\mathcal{M}_+(X)$ gegen ein $\mu \in \mathcal{M}_+(X)$ auf das Netz $(\nu_\alpha)_\alpha$ der induzierten Maße $\nu_\alpha = h\mu_\alpha \in \mathcal{M}_+(Y)$, welches dann gegen $\nu = h\mu \in \mathcal{M}_+(Y)$ schwach konvergiert. Als unmittelbare Folgerung aus 8.4.9 (i)(2) ergibt sich zunächst

$$(8.4.14) \quad \mu_\alpha \rightharpoonup \mu \text{ und } h: X \to Y \text{ stetig} \Rightarrow \nu_\alpha = h\mu_\alpha \rightharpoonup \nu = h\mu.$$

Das folgende Beispiel zeigt, daß in (8.4.14) die Stetigkeit nicht ersatzlos gestrichen werden kann.

<u>8.4.15 Beispiel.</u> Sei $X = Y = [0,1]$ und $h:[0,1] \to [0,1]$ definiert durch

$$h(t) := \begin{cases} 1 & \text{für } t=0 \text{ und } t=1/2n,\ n \in \mathbb{N} \\ 0 & \text{sonst} \end{cases} .$$

Für $\mu_n := \varepsilon_{1/n}$ und $\mu := \varepsilon_0$ ist dann $\mu_n \rightharpoonup \mu$, $\nu_n = h\mu_n = \varepsilon_{y_n}$ mit $y_n = h(1/n)$ und $\nu = h\mu = \varepsilon_1$. Somit folgt für alle $f \in C^b(Y)$

$$\int_0^1 f d\nu_n = \begin{cases} f(1) & \text{falls } n \text{ gerade} \\ f(0) & \text{sonst} \end{cases} ,$$

d.h. $\nu_n \not\rightharpoonup \nu$ (Man betrachte ein $f \in C^b(Y)$ mit $f(0) \ne f(1)$!).

Mit den obigen Bezeichnungen läßt sich (8.4.14) nun aber wie folgt verallgemeinern. Sei dazu $D(h) := \{x \in X: h \text{ unstetig in } x\}$.

<u>8.4.16 Satz.</u> Sind X und Y topologische Räume und ist $h: X \to Y$ $\mathcal{B}(X), \mathcal{B}(Y)$-meßbar und μ-f.ü. stetig, d.h. es ist $\mu^*(D(h)) = 0$, so folgt aus der Konvergenz $\mu_\alpha \rightharpoonup \mu$ die Konvergenz $\nu_\alpha = h\mu_\alpha \rightharpoonup \nu = h\mu$.

<u>Beweis.</u> Wegen $h^{-1}(Y) = X$ folgt zunächst $\lim\limits_\alpha \nu_\alpha(Y) = \nu(Y)$. Sei nun $F \in \mathcal{F}(Y)$ beliebig, dann gilt $(h^{-1}(F))^C \subset D(h) \cup h^{-1}(F)$ und somit

$$\mu((h^{-1}(F))^C) \le \mu^*(D(h)) + \mu(h^{-1}(F)) = \mu(h^{-1}(F)).$$

Es folgt

$$\lim\limits_\alpha \sup \nu_\alpha(F) = \lim\limits_\alpha \sup \mu_\alpha(h^{-1}(F)) \le \lim\limits_\alpha \sup \mu_\alpha((h^{-1}(F))^C) \le \mu((h^{-1}(F))^C) \le$$
$$\mu(h^{-1}(F)) = \nu(F), \text{ was zu zeigen war. } \square$$

Man kann zeigen (vgl. Billingsley [12], Theorem 5.5 und Billingsley-Topsøe [11], S. 13), daß unter gewissen Bedingungen das Maß ν_α durch ein Maß $\nu'_\alpha = h_\alpha \mu_\alpha$ ersetzt werden darf, bei dem h_α auch von α abhängen kann. Wir wollen dies unter Verwendung von Satz 1.12.6 lediglich für die Verteilungen Q_{ξ_n} einer Folge $(\xi_n)_{n \in \mathbb{N}}$ reeller Variabler untersuchen. Ein entsprechendes Ergebnis läßt sich jedoch ohne weiteres auch für ZE in polnischen Räumen formulieren.

Sei dazu $h_n: \mathbb{R} \to \mathbb{R}$, $n \geq 0$, eine Folge $\mathscr{B}^*$, $\mathscr{B}^*$-meßbarer Abbildungen und $E := \{x_0 \in \mathbb{R}: \text{exist. eine Folge } (x_n)_{n \in \mathbb{N}} \text{ in } \mathbb{R} \text{ mit } x_n \to x_0 \text{ und } h_n(x_n) \to h_0(x_0)\}$. Dann ist $E \in \mathscr{B}^*$ (vgl. Ü 8.4.5), und es gilt

__8.4.17 Satz.__ Sei $(\xi_n)_{n \geq 0}$ eine Folge von Variablen über einem W.-Raum $(\Omega, \mathscr{A}, \mathbb{P})$ mit $\xi_n \xrightarrow{\mathscr{L}} \xi_0$. Ist dann $Q_{\xi_0}(E) = 0$, so folgt $h_n \bullet \xi_n \xrightarrow{\mathscr{L}} h_0 \bullet \xi_0$.

__Beweis.__ Wegen Satz 1.12.6 ist o.E. $\xi_n \to \xi_0$ $\mathbb{P}$-f.s. annehmbar. Setze $\Omega_0 := \{\omega \in \Omega: \xi_0(\omega) \notin E \text{ und } \lim\limits_{n \to \infty} \xi_n(\omega) = \xi_0(\omega)\}$. Dann ist $\mathbb{P}(\Omega_0) = 1$, und für alle $\omega \in \Omega_0$ ist $h_n(\xi_n(\omega)) \to h_0(\xi_0(\omega))$ für $n \to \infty$, d.h. $h_n \bullet \xi_n \to h_0 \bullet \xi_0$ $\mathbb{P}$-f.s. Daraus folgt aber die Behauptung. $\square$

__8.4.18 Bemerkungen.__ Im Fall $E = \emptyset$ spricht man auch von __stetiger Konvergenz__ von h_n gegen h_0. Offensichtlich ist h_n stetig konvergent gegen h_0, falls h_0 stetig ist und h_n gleichmäßig auf $\mathbb{R}$ gegen h_0 konvergiert. Ist für alle $n \geq 0$ $h_n = h$, so folgt $E = D(h)$, d.h. in diesem Fall ist 8.4.17 eine Folgerung aus 8.4.16. Ferner läßt sich 8.4.17 unter Ausnutzung von 8.2.7 wie oben auf ZE in polnischen Räumen übertragen.

__8.5 Zwei Konvergenzsätze von Wichura__

Ist $X = (X,d)$ ein metrischer Raum und $(\xi_n)_{n \geq 0}$ eine Folge von ZE in $(X, \mathscr{B}(X))$, so haben wir in Satz 8.2.3 zwar ein Kriterium für die Verteilungskonvergenz $\xi_n \xrightarrow{\mathscr{L}} \xi_0$ kennengelernt, doch erweist sich der Übergang zu den Kompositionen $h \bullet \xi_n$ für die Anwendungen als nicht gerade geeignet. Denken wir uns etwa als Beispiel den Raum $X = C = C([0,1])$ (versehen mit der Supremumsmetrik), so wird man mit Hilfe der in Kapitel I und IV erzielten Ergebnisse unter Umständen noch für alle $0 \leq t \leq 1$ die Verteilungskonvergenz $\xi_n(t) \xrightarrow{\mathscr{L}} \xi_0(t)$ nachweisen können (also für $h = \pi_t(C)$) bzw. eine entsprechende Konvergenz der endlichdimensionalen Randverteilungen, doch ist man hiermit vom eigentlichen Ziel, nämlich der Konvergenz $\xi_n \xrightarrow{\mathscr{L}} \xi_0$, noch weit entfernt. Wir wollen

i.f. für die Räume X=C=C([0,1]) und X=D=D([0,1]) zwei Konvergenzkriterien beweisen, welche gerade im Hinblick auf die eben angeschnittene Problematik geeignet sind, die noch vorhandene Lücke zu
schließen. Die Beweise gehen in dieser Form auf Wichura [152] zurück. Eine andere Methode, welche mehr auf die in diesem Zusammenhang auftretenden topologischen Gesichtspunkte eingeht, findet man
in den Büchern von Billingsley [12] und Parthasarathy [109] (vgl.
auch 8.5.16).

<u>8.5.1 Satz.</u> Sei $X=(X,d)$ ein separabler metrischer Raum, ξ_n, $n\in\mathbb{N}$, und
ξ ZE in $(X,\mathscr{B}(X))$, welche alle über demselben W.-Raum $(\Omega,\mathscr{A},\mathbb{P})$
definiert sein mögen. Für jedes $k\in\mathbb{N}$ seien $T_k\colon X\to X$ $\mathscr{B}(X),\mathscr{B}(X)$-meß-
bare Abbildungen derart, daß die folgenden drei Bedingungen erfüllt
sind:

(i) $T_k\bullet\xi_n \overset{\mathscr{L}}{\to} T_k\bullet\xi$ für $n\to\infty$ und jedes $k\in\mathbb{N}$

(ii) $\lim\limits_{k\to\infty} (\lim\sup\limits_{n\to\infty} \mathbb{P}(\{d(\xi_n,T_k\bullet\xi_n)>\delta\}))=0$ für alle $\delta>0$

(iii) $\lim\limits_{k\to\infty} \mathbb{P}(\{d(\xi,T_k\bullet\xi)>\delta\})=0$ für alle $\delta>0$.

Dann folgt: $\xi_n \overset{\mathscr{L}}{\to} \xi$.

<u>Beweis.</u> Nach 8.4.9 bleibt zu zeigen, daß

(8.5.2) $\lim\limits_{n\to\infty} \mathbb{E}(f\bullet\xi_n) = \mathbb{E}(f\bullet\xi)$ für alle gleichmäßig stetigen $f\in C^b(X)$.

Für jedes solche f und alle $\delta>0$ ist aber $|\mathbb{E}(f\bullet\xi_n)-\mathbb{E}(f\bullet\xi)| \leq$

$|\mathbb{E}(f\bullet\xi_n)-\mathbb{E}(f\circ(T_k\bullet\xi_n))|+|\mathbb{E}(f\bullet(T_k\circ\xi_n))-\mathbb{E}(f\bullet(T_k\bullet\xi))|+|\mathbb{E}(f\circ(T_k\bullet\xi))-\mathbb{E}(f\bullet\xi)|$

$\leq[2|f|\cdot\mathbb{P}(\{d(\xi_n,T_k\bullet\xi_n)>\delta\})+w(f,\delta)]+|\mathbb{E}(f\bullet(T_k\bullet\xi_n))-\mathbb{E}(f\bullet(T_k\bullet\xi))|+$

$+[2|f|\cdot\mathbb{P}(\{d(\xi,T_k\bullet\xi)>\delta\})+w(f,\delta)]$,

wobei $|f|:=\sup\limits_{x\in X}|f(x)|$ und $w(f,\delta):=\sup\{|f(x)-f(y)|:d(x,y)\leq\delta\}$ gesetzt
sei. Aufgrund der gleichmäßigen Stetigkeit von f ist $\lim\limits_{\delta\downarrow 0} w(f,\delta)=0$,
und wegen (i) ist für jedes $k\in\mathbb{N}$

$$\lim\limits_{n\to\infty} |\mathbb{E}(f\bullet(T_k\bullet\xi_n))-\mathbb{E}(f\bullet(T_k\circ\xi))| = 0,$$

so daß sich die Behauptung aus (ii) und (iii) ergibt. $\square$

Im Fall $X=C=C([0,1])$ erhalten wir als Korollar den ersten

<u>8.5.3 Konvergenzsatz.</u> Seien ξ_n, $n \in \mathbb{N}$, und ξ ZE in $(C, \mathscr{B}(C))$ derart,
daß die beiden folgenden Bedingungen erfüllt sind:

$$(8.5.4) \quad \pi_{\{t_1,\ldots,t_k\}}(C) \cdot \xi_n \;\xrightarrow{\mathscr{L}}\; \pi_{\{t_1,\ldots,t_k\}}(C) \cdot \xi$$

$$\text{für beliebige } t_1,\ldots,t_k \in [0,1], \; k \in \mathbb{N}$$

$$(8.5.5) \quad \lim_{\delta \downarrow 0} \left(\limsup_{n \to \infty} \mathbb{P}(\{\omega \in \Omega : w(\xi_n(\omega),\delta) > \epsilon\}) \right) = 0 \text{ für alle } \epsilon > 0,$$

wobei für $f \in C([0,1])$ analog zu oben $w(f,\delta) := \sup_{|t-t'| \le \delta} |f(t)-f(t')|$
gesetzt sei (vgl. (7.2.5)).

Dann ist $\xi_n \xrightarrow{\mathscr{L}} \xi$.

<u>Beweis.</u> Für $k \in \mathbb{N}$ sei $T_k := i_k \circ \pi_k$ mit $\pi_k = \pi_{\{0,k^{-1},2k^{-1},\ldots,1\}}(C)$ und
$i_k := \mathbb{R}^{k+1} \to C$ definiert durch

$$i_k(x_0,x_1,\ldots,x_k)(t) := \begin{cases} x_m \text{ falls } t=mk^{-1}, \; m=0,1,\ldots,k \\ \text{linear sonst} \end{cases},$$

d.h. $T_k(f)$ entsteht aus f durch lineare Interpolation benachbarter
Funktionswerte $f(t)$ von f für $t=0$, $k^{-1},2k^{-1},\ldots,1$ (zur Meßbarkeit von
T_k vgl. Beispiel 8.1.9). Wegen der Stetigkeit von i_k folgt Bedingung
(i) in 8.5.1 direkt aus (8.5.4) (vgl. (8.4.14)). Die beiden anderen
Bedingungen (ii) und (iii) ergeben sich aus (8.5.5) unmittelbar aus
der für alle $f \in C$ gültigen Ungleichung

$$d(f,T_k(f)) = \sup_{t \in [0,1]} |T_k(f)(t)-f(t)| \le w(f,k^{-1}),$$

womit 8.5.3 bewiesen ist ($\lim_{\delta \downarrow 0} w(f,\delta)=0$ für alle $f \in C$!). $\quad\square$

Man beachte, daß die in (8.5.5) auftretenden Mengen stets zu $\mathscr{A}$ gehören und somit sämtliche Wahrscheinlichkeiten wohldefiniert sind.
Da ξ_n stetige Pfade besitzt, erhält man für $w(\xi_n,\delta)$ nämlich die Dar-
stellung $w(\xi_n,\delta) = \sup_{t,t'} |\xi_n(t)-\xi_n(t')|$, wobei sich das Supremum über
alle rationalen $0 \le t$, $t' \le 1$ mit $|t-t'| \le \delta$ erstreckt. Ferner sind die
Mengen $A_\delta := \{w(\xi_n,\delta) > \epsilon\}$, $n \in \mathbb{N}$, monoton fallend für $\delta \downarrow 0$ mit $\bigcap_{\delta > 0} A_\delta = \emptyset$,
d.h. es gilt stets $\lim_{\delta \downarrow 0} \mathbb{P}(\{w(\xi_n,\delta) > \epsilon\}) = 0$ für alle $n \in \mathbb{N}$ und $\epsilon > 0$.

Im Fall $X=D=D([0,1])$ ergibt sich als Korollar zu 8.5.1 der zweite

<u>8.5.6 Konvergenzsatz</u> (vgl. Billingsley [12], Theorem 15.4). Seien
ξ_n, $n \in \mathbb{N}$, und ξ ZE in $(D, \mathscr{B}(D))$ (wobei D mit der Skorokhod-Metrik s

versehen sei) derart, daß die folgenden Bedingungen erfüllt sind:

$$(8.5.7) \quad \pi_{\{t_1,\ldots,t_k\}}(D)\cdot\xi_n \overset{\mathscr{L}}{\to} \pi_{\{t_1,\ldots,t_k\}}(D)\cdot\xi$$

für beliebige $t_1,\ldots,t_k \in [0,1]$, $k \in \mathbb{N}$

$$(8.5.8) \quad \lim_{\delta\downarrow 0}\,(\limsup_{n\to\infty}\, \mathbb{P}(\{\omega\in\Omega: w''(\xi_n(\omega),\delta)>\epsilon\}))=0 \quad \text{für alle } \epsilon > 0$$

$$(8.5.9) \quad \mathbb{P}(\{\xi \in J_1\})=0 \quad \text{mit } J_1:=\{f\in D: f(1-0)\neq f(1)\},$$

wobei für $f \in D$ $\quad w''(f,\delta):= \sup\limits_{t-\delta\leq t_1\leq t\leq t_2\leq t+\delta} \min\{|f(t_1)-f(t)|,|f(t)-f(t_2)|\}$

gesetzt sei (vgl. (7.2.6)). Dann ist $\xi_n \overset{\mathscr{L}}{\to} \xi$.

Zum Beweis wird das folgende Lemma benötigt.

<u>8.5.10 Lemma</u> (vgl. Billingley [12], S. 119/120). Setzt man für jedes $f \in D$

$$w'(f,\delta) := \inf_{\{t_i\}}\ \max_{0<i\leq r}\ w_f([t_{i-1},t_i]),$$

wobei sich das Infimum über alle endlichen $\{t_i\} \subset [0,1]$ erstreckt mit

$$(8.5.11) \quad \begin{cases} 0=t_0<t_1<\ldots<t_r=1 & \text{und} \\ t_i-t_{i-1} > \delta, & i=1,\ldots,r, \end{cases}$$

und $\quad w_f(A) = \sup\limits_{x,y\in A} |f(x)-f(y)|$, $A\subset[0,1]$, die Oszillation von f auf A
bezeichnet, so folgt aus den Beziehungen

$$(8.5.12) \quad w''(f,\delta) < \epsilon, \quad w_f([0,\delta)) < \epsilon \quad \text{und} \quad w_f([1-\delta,1)) < \epsilon$$

die Abschätzung

$$(8.5.13) \quad w'(f,\delta/2) \leq 6\epsilon.$$

<u>Beweis von Satz 8.5.6.</u> Für $k \in \mathbb{N}$ sei $T_k:=j_k\cdot\pi_k^*$, wobei $j_k: \mathbb{R}^{k+1} \to D$
definiert sei als die Abbildung, die dem Vektor $(x_0,x_1,\ldots,x_k)$ die-
jenige Funktion (in D) zuordnet, welche an den Stellen mk^{-1} die Werte
x_m, $m=0,\ldots,k$ annimmt und auf den Teilintervallen $[mk^{-1},(m+1)k^{-1})$
jeweils konstant ist, und ferner $\pi_k^*:=\pi_{\{0,k^{-1},2k^{-1},\ldots,1\}}(D)$ gesetzt
sei. Wegen der Stetigkeit von j_k (die zusammen mit 7.2.10 (h) die
$\mathscr{B}(D),\mathscr{B}(D)$ - Meßbarkeit von T_k impliziert), folgt (i) in 8.5.1 sofort
aus (8.5.7) (vgl. (8.4.14)).Wir zeigen als nächstes

$$(8.5.14) \quad s(T_k(f),f) \leq k^{-1}+ w'(f,k^{-1}) \quad \text{für alle } f\in D \text{ und } k\in\mathbb{N}.$$

Dazu seien $f \in D$, $k \in \mathbb{N}$ und $0 = t_0 < t_1 < \ldots < t_r = 1$ mit $t_i - t_{i-1} > k^{-1}$, $i = 1, \ldots, r$ beliebig vorgegeben. Sei dann λ derjenige Homöomorphismus von $[0,1]$ auf $[0,1]$ mit $\lambda(0) = 0$ und $\lambda(1) = 1$, welcher jedes t_i auf das kleinste $mk^{-1} \geq t_i$ abbildet und auf den Intervallen $[t_{i-1}, t_i)$ jeweils linear ist. Für den zu λ inversen Homöomorphismus λ^{-1} ist dann wieder $\lambda^{-1}(0) = 0$ und $\lambda^{-1}(1) = 1$, und nach Konstruktion von λ auch

$$\sup_{0 \leq t \leq 1} |t - \lambda^{-1}(t)| < k^{-1} \quad \text{und} \quad \sup_{0 \leq t \leq 1} |T_k(f)(t) - f(\lambda^{-1}(t))| \leq \max_{0 < i \leq r} w_f([t_{i-1}, t_i]),$$

woraus sich aufgrund der Definition der Skorokhod-Metrik s die Ungleichung (8.5.14) ergibt.

Um nun die Bedingungen (ii) und (iii) in 8.5.1 nachzuweisen, sei zu δ und $\eta > 0$ beliebig $k \in \mathbb{N}$ so groß gewählt, daß $(\delta - k^{-1})/6 \geq 4\epsilon$ und $\mathbb{P}(\{\omega \in \Omega : |\xi(\omega)(2k^{-1}) - \xi(\omega)(0)| \geq \epsilon\}) < \eta$, wobei $\epsilon := \delta/48 > 0$ (Rechtsstetigkeit von $\xi(\omega) \in D!$). Da wegen (8.5.7) $\pi_{\{0,2k^{-1}\}}(D) \circ \xi_n \overset{\mathscr{L}}{\to} \pi_{\{0,2k^{-1}\}}(D) \circ \xi$, läßt sich ein $n_0 \in \mathbb{N}$ derart finden (vgl. 8.4.9 (3)), daß

$$\mathbb{P}(\{\omega \in \Omega : |\xi_n(\omega)(2k^{-1}) - \xi_n(\omega)(0)| \geq \epsilon\}) < \eta \quad \text{für alle } n \geq n_0.$$

Da ferner $\lim_{\delta \downarrow 0} w''(f, \delta) = 0$ für alle $f \in D$ (vgl. 7.2.9 (b)), kann k gemäß (8.5.8) außerdem so gewählt werden, daß

$$\mathbb{P}(\{\omega \in \Omega : w''(\xi(\omega), 2k^{-1}) \geq \epsilon\}) < \eta$$

und

$$\mathbb{P}(\{\omega \in \Omega : w''(\xi_n(\omega), 2k^{-1}) \geq \epsilon\}) < \eta \quad \text{für alle } n \geq n_1 \geq n_0.$$

Berücksichtigt man die Tatsache, daß für alle $f \in D$ mit $w''(f, \delta') < \epsilon$ und $|f(\delta') - f(0)| < \epsilon$ folgt: $|f(s) - f(0)| < 2\epsilon$ für alle $0 \leq s \leq \delta'$, also $w_f([0, \delta']) < 4\epsilon$, so erhalten wir zusammenfassend (mit $\delta' = 2k^{-1}$):

$$\mathbb{P}(\{\omega \in \Omega : w_{\xi_{[n]}(\omega)}([0, 2k^{-1}]) \geq 4\epsilon\}) \leq 2\eta \quad [\text{für alle } n \geq n_1].$$

Indem man das gleiche Argument für die Stelle 1 anwendet (wegen (8.5.9) ist ξ $\mathbb{P}$-fast sicher linksseitig stetig in 1!), erhält man ein $n_2 \in \mathbb{N}$, so daß

$$\mathbb{P}(\{\omega \in \Omega : w_{\xi_{[n]}(\omega)}([1 - 2k^{-1}, 1]) \geq 4\epsilon\}) \leq 2\eta \quad [\text{für alle } n \geq n_2].$$

Unter Verwendung von Lemma 8.5.10 und Beziehung (8.5.14) folgt somit für alle $\delta > 0$ und alle großen n:

$$\mathbb{P}(\{s(\xi_n, T_k \cdot \xi_n) > \delta\}) \leq \mathbb{P}(\{w'(\xi_n, k^{-1}) > \delta - k^{-1}\}) \leq$$

$$4\eta + \mathbb{P}(\{w''(\xi_n, 2k^{-1}) \geq \tfrac{1}{6}(\delta - k^{-1})\}) \leq 4\eta + \mathbb{P}(\{w''(\xi_n, 2k^{-1}) \geq \epsilon\}) \leq 5\eta.$$

Die gleiche Abschätzung gilt für $\mathbb{P}(\{s(\xi,T_k\circ\xi)>\delta\})$, so daß damit
auch die Bedingungen (ii) und (iii) in Satz 8.5.1 nachgewiesen sind.

□

Wie im Fall X=C zeigt man unter Verwendung der Aussage in 7.2.9 (b),
daß für festes $n\in\mathbb{N}$ die Bedingung (8.5.8) automatisch erfüllt ist, d.h.
es ist

$$\lim_{\delta\downarrow0}\mathbb{P}(\{\omega\in\Omega:\text{w}''(\xi_n(\omega),\delta)>\varepsilon\})=0 \text{ für alle } \varepsilon>0.$$

<u>8.5.15 Bemerkungen.</u> Da sowohl die in 8.5.3 als auch in 8.5.6 betrach-
teten ZE separable Prozesse im Sinne der Definition 7.3.1 sind (mit
N=∅ und beliebigem abzählbarem dichtem T als Separator) und somit
für alle $\omega\in\Omega$

$$\text{w}(\xi_n(\omega),\delta) = \sup_{\substack{|t-t'|\leq\delta\\t,t'\in T}} |\xi_n(\omega)(t)-\xi_n(\omega)(t')|$$

ist (entsprechend für w''), sind die in (8.5.5) und (8.5.8) betrachteten Wahrscheinlichkeiten wohldefiniert. Rückblickend zeigt der
Beweis von Satz 7.2.38 [bzw. Satz 7.2.62] (vgl. (7.2.47) und (7.2.72)),
daß (8.5.5) [bzw. (8.5.8)] insbesondere dann gültig ist, wenn sich
eine Funktion q finden läßt, welche (7.2.39) und (7.2.40) [bzw.
(7.2.39) und (7.2.63)] für jedes der ξ_n erfüllt. Besondere Bedeutung
kommt dabei den in 7.2.51 und 7.2.74 betrachteten Spezialfällen zu,
in denen die Gültigkeit der entsprechenden Ungleichungen nun für jeden
der Prozesse ξ_n zu fordern ist (mit von n unabhängigen Konstanten).

<u>8.5.16 Bemerkungen.</u> Wenn wir die beiden Konvergenzbegriffe in Satz
8.5.3 (bzw. 8.5.6) vergleichen, so stellen wir fest, daß aus der
Konvergenz $\xi_n\overset{\mathcal{L}}{\to}\xi$ notwendigerweise die in (8.5.4) (bzw. (8.5.7)) betrachtete Konvergenz der endlichdimensionalen Randverteilungen folgt.
Die zusätzlichen Bedingungen (8.5.5) bzw. (8.5.8)–(8.5.9) gestatten es,
umgekehrt von der Konvergenz der endlichdimensionalen Randverteilungen
auf die Verteilungskonvergenz "$\xi_n\overset{\mathcal{L}}{\to}\xi$" zu schließen. Letzteres gelingt nun aber auch, wenn wir einmal annehmen, daß die Familie
$\{Q_{\xi_n}:n\in\mathbb{N}\}$ bzgl. der schwachen Konvergenz folgenkompakt ist, d.h.
daß jede Teilfolge von $(Q_{\xi_n})_{n\in\mathbb{N}}$ eine weitere Teil-Teilfolge besitzt,
welche schwach konvergiert. In diesem Fall ist aufgrund der vorausgesetzten Konvergenz der endlichdimensionalen Randverteilungen die
Grenzverteilung immer die gleiche (vgl. 7.1.22ff) und somit $(Q_{\xi_n})_{n\in\mathbb{N}}$
selbst konvergent. Daß die in den beiden Konvergenzsätzen betrachteten
Bedingungen in der Tat die Folgenkompaktheit implizieren,

wird ausführlich im Buch von Billingsley [12] diskutiert.

8.6 Die Cramérschen Sätze

Sei $X=(X,d)$ wieder ein beliebiger separabler metrischer Raum und $(\xi_n)_{n\in\mathbb{N}}$ etc. eine Folge von ZE in $(X,\mathscr{B}(X))$ über einem W.-Raum $(\Omega,\mathscr{A},\mathbb{P})$. In vielen Anwendungen, insbesondere in der Mathematischen Statistik, ist die Frage nach dem asymptotischen Verhalten von Q_{ξ_n} von großem Interesse, d.h. die Frage nach der Existenz eines W.-Maßes $\mu\,|\,\mathscr{B}(X)$ mit $Q_{\xi_n}\to\mu$. Ein geläufiger Weg zur Lösung dieses Problems besteht nun darin zu zeigen, daß eine Folge $(\eta_n)_{n\in\mathbb{N}}$ von ZE in $(X,\mathscr{B}(X))$ über $(\Omega,\mathscr{A},\mathbb{P})$ existiert, für die (vgl. 1.11.17)

$$(8.6.1) \quad d(\xi_n,\eta_n) \xrightarrow[\mathbb{P}\text{-stoch.}]{} 0$$

und $Q_{\eta_n}\to\mu$ für ein W.-Maß $\mu\,|\,\mathscr{B}(X)$. In Satz 1.12.10 haben wir für reelle Variable bereits gesehen, daß dann auch $Q_{\xi_n}\to\mu$. Wir werden dieses Ergebnis benutzen, um ein entsprechendes Resultat für beliebige ZE in $(X,\mathscr{B}(X))$ herzuleiten. Zuvor bemerken wir, daß wegen Satz 8.4.9 (iii) in Satz 8.2.3 die Bedingung "für alle reellwertigen stetigen Funktionen h auf X" durch "für alle gleichmäßig stetigen $h\in C^b(X)$" ersetzt werden kann. Unter Berücksichtigung dieser Tatsache gilt nun der folgende

<u>8.6.2 Satz.</u> Sind $(\xi_n)_{n\in\mathbb{N}}$ und $(\eta_n)_{n\in\mathbb{N}}$ zwei im Sinne von (8.6.1) stochastisch äquivalente Folgen von ZE in $(X,\mathscr{B}(X))$ und ist ξ ein ZE in $(X,\mathscr{B}(X))$, so gilt

$$\xi_n \xrightarrow{\mathscr{L}} \xi \;\bullet\; \eta_n \xrightarrow{\mathscr{L}} \xi.$$

<u>Beweis.</u> Aus Symmetriegründen bleibt nur eine Richtung zu zeigen. Sei $\xi_n \xrightarrow{\mathscr{L}} \xi$ und $h\in C^b(X)$ gleichmäßig stetig. Mit 8.2.3 bleibt $h\bullet\eta_n \xrightarrow{\mathscr{L}} h\bullet\xi$ nachzuweisen. Abermals mit 8.2.3 und wegen 1.12.10 folgt dies aber, falls $(h\bullet\eta_n)_{n\in\mathbb{N}}$ und $(h\bullet\xi_n)_{n\in\mathbb{N}}$ stochastisch äquivalent sind. Dies ergibt sich aufgrund der gleichmäßigen Stetigkeit von h aber sofort aus der stochastischen Äquivalenz von $(\eta_n)_{n\in\mathbb{N}}$ und $(\xi_n)_{n\in\mathbb{N}}$. $\square$

Ferner ergibt sich entsprechend zu 1.12.4 der

8.6.3 Satz. Ist ξ $\mathbb{P}$-fast sicher konstant, so gilt:

$$\xi_n \xrightarrow{\mathscr{L}} \xi \;\Rightarrow\; \xi_n \xrightarrow[\mathbb{P}\text{-stoch.}]{} \xi.$$

Beweis. Mit Satz 8.2.4 bleibt zu zeigen, daß aus $\xi_n \xrightarrow{\mathscr{L}} \xi$ folgt:

$\lim_{n\to\infty} \mathbb{E}(|f\cdot\xi_n - f\cdot\xi|)=0$ für alle gleichmäßig stetigen $f \in C^b(X)$.

Für jedes solche f ist aber $f\cdot\xi_n \xrightarrow{\mathscr{L}} f\cdot\xi$ und somit, da mit ξ auch $f\circ\xi$
$\mathbb{P}$-f.s. konstant ist, unter Verwendung von 1.12.4 auch $f\cdot\xi_n \xrightarrow[\mathbb{P}\text{-stoch.}]{} f\cdot\xi$.
Da somit wegen der Beschränktheit von f die Voraussetzungen von
1.14.9 (i) erfüllt sind, folgt $f\cdot\xi_n \xrightarrow{L_1} f\cdot\xi$, was zu zeigen war. $\square$

Wir wollen als nächstes einen allgemeinen Satz beweisen, aus dem sich
dann sofort die klassischen Cramérschen Sätze ergeben. Sind dazu
(X_i, d_i), $i=1,2$, separable metrische Räume, so folgt mit 1.3.12
$\mathscr{B}(X_1 \times X_2) = \mathscr{B}(X_1)\otimes\mathscr{B}(X_2)$. Ferner wird durch
$d((x_1, x_2),(y_1, y_2)):=d_1(x_1, y_1)+d_2(x_2, y_2)$ auf $X_1 \times X_2$ eine Metrik d
definiert, welche die Produkttopologie auf $X_1 \times X_2$ erzeugt.

8.6.4 Satz. Sei $(\xi_n)_{n\in\mathbb{N}}$ eine Folge von ZE in $(X_1, \mathscr{B}(X_1))$ mit
$\xi_n \xrightarrow{\mathscr{L}} \xi$ und $(\eta_n)_{n\in\mathbb{N}}$ eine Folge von ZE in $(X_2, \mathscr{B}(X_2))$ mit $\eta_n \xrightarrow{\mathscr{L}} \eta$.
Ist dann η $\mathbb{P}$-f.s. gleich c, so folgt $(\xi_n, \eta_n) \xrightarrow{\mathscr{L}} (\xi, \eta)$.

Beweis. Zunächst folgt aus 8.6.3, daß $\eta_n \xrightarrow[\mathbb{P}\text{-stoch.}]{} \eta$. Wegen
$d((\xi_n, \eta_n),(\xi_n, \eta))=d_2(\eta_n, \eta)$ ist somit (ξ_n, η_n) stochastisch äquivalent
zu (ξ_n, η), so daß wegen 8.6.2 lediglich $(\xi_n, \eta) \xrightarrow{\mathscr{L}} (\xi, \eta)$ zu zeigen
bleibt. Für alle $f \in C^b(X_1 \times X_2)$ liegt aber die Abbildung $x_1 \to f(x_1, c)$
in $C^b(X_1)$, so daß die Behauptung sofort aus der Gleichheit der
beiden Integrale

$$\int_{X_1\times X_2} f(x_1, x_2) Q_{\xi_{[n]}, \eta}(dx_1, dx_2) = \int_\Omega f\cdot(\xi_{[n]}, c)\, d\mathbb{P}$$

folgt. $\square$

8.6.5 Korollar. Ist mit den Bezeichnungen und Voraussetzungen von
Satz 8.6.4 (X_3, d_3) ein weiterer separabler metrischer Raum und ist
$h: X_1 \times X_2 \to X_3$ stetig, so gilt: $h\circ(\xi_n, \eta_n) \xrightarrow{\mathscr{L}} h\circ(\xi, \eta)$.

Aus dem letzten Korollar ergeben sich nun sofort die bekannten
Cramérschen Sätze.

8.6.6 Korollar. Sei $(\xi_n)_{n \geq 0}$ eine Folge von k-dimensionalen und $(\eta_n)_{n \geq 1}$ eine Folge von m-dimensionalen Zufallsvektoren über $(\Omega, \mathscr{A}, \mathbb{P})$. Sei $\xi_n \overset{\mathscr{L}}{\to} \xi_0$ und $\eta_n \overset{\mathscr{L}}{\to} \underline{c} \in \mathbb{R}^m$. Dann folgt:

(i)   für k=m: $\xi_n + \eta_n \overset{\mathscr{L}}{\to} \xi_0 + \underline{c}$

(ii) für m=1: $\xi_n \eta_n \overset{\mathscr{L}}{\to} \xi_0 c$

(iii) für m=1: $\xi_n \eta_n^{-1} \overset{\mathscr{L}}{\to} \xi_0 c^{-1}$, falls $\eta_n \neq \underline{0}$ und $c \neq 0$.

Für c=0 ergibt sich in (ii) $\xi_n \eta_n \underset{\mathbb{P}\text{-stoch.}}{\to} 0$, für c=1 $\xi_n \eta_n \overset{\mathscr{L}}{\to} \xi_0$.

8.7 Die Sätze von Lévy-Cramér und Cramér-Wold

Wir haben bereits in Abschnitt 1.19 gesehen, wie man in naheliegender Weise den Begriff der charakteristischen Funktion einer reellen Variablen auf mehrdimensionale zufällige Vektoren ausdehnen kann. Ist $\xi : \Omega \to \mathbb{R}^k$ ein solcher Vektor, so wurde φ_ξ in (1.19.8) definiert durch

$$\varphi_\xi(\underline{\lambda}) := \mathbb{E}(e^{i \langle \underline{\lambda}, \xi \rangle}), \quad \underline{\lambda} \in \mathbb{R}^k,$$

wobei $\langle \cdot, \cdot \rangle$ das gewöhnliche Skalarprodukt über dem $\mathbb{R}^k$ bezeichne.

Wir wollen in diesem Abschnitt zunächst analog zu 1.17.11 einen entsprechenden Eindeutigkeitssatz herleiten und anschließend den bereits in (1.17.24)ff angekündigten Stetigkeitssatz für charakteristische Funktionen beweisen. In der Darstellung folgen wir dabei Kapitel 1.7 des Buches von Billingsley [12].

8.7.1 Satz (Eindeutigkeitssatz). Für zwei k-dimensionale Zufallsvektoren ξ_1 und ξ_2 gilt:

$$\varphi_{\xi_1} = \varphi_{\xi_2} \iff Q_{\xi_1} = Q_{\xi_2}.$$

Beweis. Offensichtlich ist $\varphi_{\xi_1} = \varphi_{\xi_2}$ notwendig für $Q_{\xi_1} = Q_{\xi_2}$. Zum Beweis der Umkehrung bleibt mit Satz 1.4.10 zu zeigen, daß

(8.7.2) $Q_{\xi_1}(R) = Q_{\xi_2}(R)$ für alle Rechtecke $R = [a_1, b_1] \times \ldots \times [a_k, b_k]$.

Sei $h: \mathbb{R} \to [0,1]$ definiert durch

$$h(x) := \begin{cases} 1 & \text{für } x \leq 0 \\ 1-x & \text{für } 0 \leq x \leq 1 \\ 0 & \text{für } 1 \leq x \end{cases},$$

und für jedes $n \in \mathbb{N}$ sei $h_n(x) := h(nx)$, $x \in \mathbb{R}$, gesetzt. Bezeichnet man mit $\varphi(x,A):=\inf\{|x-a|:a\in A\}$ den Abstand eines Punktes $x\in\mathbb{R}$ von einer Menge $A\subseteq\mathbb{R}$ und setzt man

$$f_j^n(x) := h_n(\varphi(x,[a_j,b_j])), x\in\mathbb{R}, 1\leq j\leq k,$$

und

$$(+)\quad f_n(\underline{x}) := f_1^n(x_1)\cdot f_2^n(x_2)\cdot\ldots\cdot f_k^n(x_k) \text{ für alle } \underline{x}=(x_1,\ldots,x_k)\in\mathbb{R}^k,$$

so folgt $f_n\to 1_R$ und somit nach dem Satz von der majorisierten Konvergenz

$$Q_{\xi_i}(R) = \lim_{n\to\infty} \int_{\mathbb{R}^k} f_n(\underline{x})Q_{\xi_i}(d\underline{x}),\ i=1,2.$$

Somit gilt (8.7.2), falls wir zeigen, daß

$$(8.7.3)\quad \int_{\mathbb{R}^k} f_n dQ_{\xi_1} = \int_{\mathbb{R}^k} f_n dQ_{\xi_2} \text{ für alle } f_n \text{ von der Form } (+).$$

Sei $n\in\mathbb{N}$ beliebig aber fest, $0<\varepsilon<1$ und r so groß gewählt, daß jedes f_j^n außerhalb von $[-r,r]$ verschwindet und gleichzeitig $Q_{\xi_i}(\complement K_r)<\varepsilon$, $i=1,2$, für $K_r:=\{\underline{x}\in\mathbb{R}^k:|x_j|\leq r$ für $j=1,\ldots,k\}$. Da $f_j^n(-r) = f_j^n(r)$, läßt sich jedes f_j^n nach dem Satz von Stone-Weierstraß (vgl. Simmons [131]) gleichmäßig auf $[-r,r]$ durch endliche trigonometrische Summen der Periode $2r$ approximieren, so daß sich wegen $(+)$ auch f_n auf K_r gleichmäßig durch endliche trigonometrische Summen

$$g(\underline{x}) = \sum_m j_m e^{i\langle\underline{\lambda}^{(m)},\underline{x}\rangle}$$

mit der Periode $2r$ in jeder Komponente approximieren läßt. Sei nun g so gewählt, daß $\sup_{\underline{x}\in K_r}|f_n(\underline{x})-g(\underline{x})|\leq\varepsilon$.

Da $0\leq f_n\leq 1$, folgt aus der Periodizität von g: $\sup_{\underline{x}\in\complement K_r}|f_n(\underline{x})-g(\underline{x})|\leq 2+\varepsilon$ und somit

$$\int_{\mathbb{R}^k}|f_n-g|dQ_{\xi_i} \leq\varepsilon+(2+\varepsilon)Q_{\xi_i}(\complement K_r) < 4\varepsilon,\ i=1,2,$$

also

$$\left|\int_{\mathbb{R}^k} f_n dQ_{\xi_1} -\int_{\mathbb{R}^k}f_n dQ_{\xi_2}\right| \leq\left|\int_{\mathbb{R}^k}g dQ_{\xi_1} -\int_{\mathbb{R}^k}g dQ_{\xi_2}\right|+8\varepsilon.$$

Wegen $\varphi_{\xi_1}=\varphi_{\xi_2}$ ist aber $\int_{\mathbb{R}^k}g dQ_{\xi_1} = \int_{\mathbb{R}^k}g dQ_{\xi_2}$, so daß mit $\varepsilon\downarrow 0$ zusammenfassend (8.7.3) folgt. $\square$

Als nächstes betrachten wir eine Folge $(\xi_n)_{n\geq 0}$ von Zufallsvektoren mit $\xi_n\overset{\mathcal{L}}{\to}\xi_0$. Durch Übergang zu Real- und Imaginärteil folgt dann wie in (1.17.24)

$$\lim_{n\to\infty}\varphi_{\xi_n}(\underline{\lambda}) = \varphi_{\xi_0}(\underline{\lambda}) \text{ für alle } \underline{\lambda}\in\mathbb{R}^k.$$

Hiervon gilt nun aber auch die Umkehrung, wie der folgende Satz zeigt.

8.7.4 Satz (Lévy-Cramér). Sei $(\xi_n)_{n \in \mathbb{N}}$ eine Folge von k-dimensionalen Zufallsvektoren und $\varphi : \mathbb{R}^k \to \mathbb{C}$ eine in $\underline{0}$ stetige Funktion. Ist dann

$$\lim_{n \to \infty} \varphi_{\xi_n}(\underline{\lambda}) = \varphi(\underline{\lambda}) \quad \text{für alle } \underline{\lambda} \in \mathbb{R}^k,$$

so existiert ein Zufallsvektor ξ derart, daß $\varphi = \varphi_\xi$ und $\xi_n \xrightarrow{\mathscr{L}} \xi$.

Beweis. Sei $\mathscr{M} := \{Q_{\xi_n} : n \in \mathbb{N}\}$; wir zeigen die Gültigkeit der beiden folgenden Aussagen.

(i) Existiert $\lim_{n \to \infty} \varphi_{\xi_n}(\underline{\lambda})$ für alle $\underline{\lambda} \in \mathbb{R}^k$ und ist $\mathscr{M}$ gleichmäßig straff in $\mathbb{R}^k$ (vgl. 8.4.13), so existiert ein Zufallsvektor ξ mit $\xi_n \xrightarrow{\mathscr{L}} \xi$ (und somit $\varphi_{\xi_n} \to \varphi_\xi$)

(ii) Falls $\varphi_{\xi_n} \to \varphi$ und φ in $\underline{0}$ stetig ist, so ist $\mathscr{M}$ gleichmäßig straff in $\mathbb{R}^k$.

Die Behauptung des Satzes ist offenbar bewiesen, wenn (i) und (ii) gezeigt sind.

Zu (i): Sei $\varphi(\underline{\lambda}) := \lim_{n \to \infty} \varphi_{\xi_n}(\underline{\lambda})$, $\underline{\lambda} \in \mathbb{R}^k$, und $\mathscr{M}$ gleichmäßig straff in $\mathbb{R}^k$. Mit Satz 8.4.13 ist $\mathscr{M}$ in der schwachen Topologie relativ folgenkompakt, so daß zu jeder Teilfolge von $(Q_{\xi_n})_{n \in \mathbb{N}}$ eine weitere Teil-Teilfolge existiert, welche schwach konvergiert. Notwendigerweise ist dann φ als Grenzwert der zugehörigen charakteristischen Funktionen selbst wieder eine charakteristische Funktion. Nach dem Eindeutigkeitssatz 8.7.1 ist ferner das Grenzmaß unabhängig von der gewählten Teil-Teilfolge und somit Q_{ξ_n} selbst konvergent.

Zu (ii): Da mit $\varphi_{\xi_n} \to \varphi$ auch die "Marginalien"

$$\varphi_{\xi_n}^j(\lambda_j) := \varphi_{\xi_n}(0,\ldots,\lambda_j,\ldots,0) \to \varphi(0,\ldots,\lambda_j,\ldots,0) =: \varphi^j(\lambda_j), \quad \lambda_j \in \mathbb{R},$$

punktweise (auf $\mathbb{R}$) konvergieren und die gleichmäßige Straffheit von $\mathscr{M}$ unmittelbar aus der gleichmäßigen Straffheit der eindimensionalen Randverteilungen folgt, ist o.E. k=1 annehmbar. In diesem Fall können wir aber die Ungleichung (1.18.19) anwenden und erhalten für alle $n \in \mathbb{N}$ und $\lambda > 0$:

$$Q_{\xi_n}(\{x : |x| \geq \lambda^{-1}\}) \leq 7\lambda^{-1} \int_0^\lambda (1 - \mathrm{Re}\,\varphi_{\xi_n}(y))\,dy.$$

Zu vorgegebenem $\varepsilon > 0$ sei $\lambda > 0$ nun so klein gewählt, daß $|1-\mathrm{Re}\varphi(y)| < \varepsilon$ für alle $0 \leq y \leq \lambda$ (φ stetig in 0 und $\varphi(0)=1$!). Es folgt

$$\limsup_{n\to\infty} Q_{\xi_n}(\{x:|x|\geq\lambda^{-1}\}) \leq 7\varepsilon$$

und damit die Behauptung. $\square$

Wie im Fall reeller Variabler zeigt man für beliebige Zufallsvektoren ξ, daß φ_ξ stetig auf $\mathbb{R}^k$ ist. Als Anwendung des letzten Satzes ergibt sich daraus der folgende

8.7.5 Satz (Stetigkeitssatz). Sei $(\xi_n)_{n\geq 0}$ eine Folge von k-dimensionalen Zufallsvektoren. Dann gilt:

$$\xi_n \xrightarrow{\mathscr{L}} \xi_0 \iff \lim_{n\to\infty} \varphi_{\xi_n}(\underline{\lambda}) = \varphi_{\xi_0}(\underline{\lambda}) \text{ für alle } \underline{\lambda} \in \mathbb{R}^k.$$

Mit Hilfe des Stetigkeitssatzes kann man nun zeigen, daß jedes k-dimensionale Verteilungsproblem auf ein eindimensionales zurückgeführt werden kann.

8.7.6 Satz ("Cramér-Wold-Device"). Sei $\xi_n = (\xi_{n1},\dots,\xi_{nk})$, $n \geq 0$, eine Folge von k-dimensionalen Zufallsvektoren. Dann gilt:

$$\xi_n \xrightarrow{\mathscr{L}} \xi_0 \iff \sum_{j=1}^k \lambda_j \xi_{nj} \xrightarrow{\mathscr{L}} \sum_{j=1}^k \lambda_j \xi_{0j} \text{ für alle } \underline{\lambda} = (\lambda_1,\dots,\lambda_k) \in \mathbb{R}^k.$$

Beweis. "$\Rightarrow$": Unmittelbare Folgerung aus (8.4.14).

"$\Leftarrow$": Für festes $\underline{\lambda} \in \mathbb{R}^k$ folgt mit (1.17.24) $\varphi_{\langle\underline{\lambda},\xi_n\rangle} \to \varphi_{\langle\underline{\lambda},\xi_0\rangle}$, d.h. für alle $s \in \mathbb{R}$ ist

$$\lim_{n\to\infty} \varphi_{\langle\underline{\lambda},\xi_n\rangle}(s) = \lim_{n\to\infty} \int_\Omega e^{is\langle\underline{\lambda},\xi_n\rangle}\, d\mathbb{P} = \int_\Omega e^{is\langle\underline{\lambda},\xi_0\rangle}\, d\mathbb{P} = \varphi_{\langle\underline{\lambda},\xi_0\rangle}(s).$$

Für $s=1$ erhält man $\lim_{n\to\infty} \varphi_{\xi_n}(\underline{\lambda}) = \varphi_{\xi_0}(\underline{\lambda})$ und somit, da $\underline{\lambda} \in \mathbb{R}^k$ beliebig gewählt war, die Behauptung. $\square$

8.8 Der klassische mehrdimensionale zentrale Grenzwertsatz

Als Anwendung des Cramér-Wold-Device wollen wir hier den klassischen mehrdimensionalen zentralen Grenzwertsatz beweisen. Sei dazu $\xi = (\xi_1,\dots,\xi_k)$ ein Zufallsvektor mit $\mathbb{E}(\xi_j)=0$ und $\mathbb{E}(\xi_j^2) < \infty$ für alle $j=1,\dots,k$. Wie in 1.19.7ff bezeichnen wir mit $\Gamma := (a_{sj})_{1\leq s,j\leq k}$ die Kovarianzmatrix von ξ, d.h. es ist $a_{sj} := \mathbb{E}(\xi_s\xi_j)$.

8.8.1 Satz. Sei $(\xi_n)_{n \in \mathbb{N}}$ eine Folge von unabhängigen identisch verteilten Zufallsvektoren in $\mathbb{R}^k$ mit $\mathbb{E}(\xi_1)=\underline{0}$ und endlicher Kovarianzmatrix Γ. Dann gilt

$$S_n := n^{-1/2} \sum_{i=1}^{n} \xi_i \xrightarrow{\mathscr{L}} \xi_o,$$

wobei ξ_o ein zentrierter normalverteilter Zufallsvektor mit Kovarianzmatrix Γ ist.

Beweis. Sei $\xi_n=(\xi_{n1},\ldots,\xi_{nk})$ und $\xi_o=(\xi_{o1},\ldots,\xi_{ok})$ ein zentrierter normalverteilter Zufallsvektor mit Kovarianzmatrix Γ (zur Existenz vgl. 1.19.12). Wir wenden Satz 8.7.6 an (mit S_n anstelle von ξ_n) und zeigen:

$$(8.8.2) \quad \sum_{j=1}^{k} n^{-1/2}\lambda_j \sum_{i=1}^{n} \xi_{ij} \xrightarrow{\mathscr{L}} \sum_{j=1}^{k} \lambda_j\xi_{oj} \quad \text{für alle } \underline{\lambda}=(\lambda_1,\ldots,\lambda_k) \in \mathbb{R}^k.$$

Zum Beweis von (8.8.2) bemerken wir, daß die rechts stehende Variable zentriert und normalverteilt ist und

$$\sum_{j=1}^{k} n^{-1/2}\lambda_j \sum_{i=1}^{n} \xi_{ij} = n^{-1/2} \sum_{i=1}^{n} \sum_{j=1}^{k} \lambda_j\xi_{ij}$$

als (normierte) Summe der n unabhängigen identisch verteilten Variablen $\eta_i := \sum_{j=1}^{k} \lambda_j\xi_{ij}$ aufgrund des gewöhnlichen zentralen Grenzwertsatzes 4.1.10 in Verteilung gegen $\mathscr{N}(0,r)$ konvergiert. Dabei ist $r=V(\eta_i)$ durch Γ eindeutig bestimmt (vgl. den Beweis zu (1.15.23)) und somit $V(\eta_i) = r = V(\sum_{j=1}^{k} \lambda_j\xi_{oj})$. Dies war aber gerade zu zeigen (im Fall $r \neq 0$ sei $\mathscr{N}(0,r) := \varepsilon_o$). $\square$

Übungen

Abschnitt 8.1

8.1.1. Sei $(X,\|\cdot\|)$ eine separable normierte $\mathbb{R}$-Algebra (vgl. Hirzebruch-Scharlau [64], Definition 5.11). Man zeige: ξ_1,ξ_2 ZE in $(X,\mathscr{B}(X)) \Rightarrow \xi := \xi_1 \cdot \xi_2$ ZE in $(X,\mathscr{B}(X))$.

8.1.2. Es sei $(X,\|\cdot\|_2) = (l^2,\|\cdot\|_2)$ der Hilbertsche Folgenraum und $\xi = (\xi_1,\xi_2,\ldots): (\Omega,\mathscr{A}) \to (X,\|\cdot\|_2)$ eine beliebige Abbildung. Man zeige: ξ ZE in $(X,\mathscr{B}(X)) \Rightarrow \xi_i \in \mathscr{L}(\Omega,\mathscr{A})$ für alle $i \in \mathbb{N}$ (Hinweis: Beispiel 13.4 in Hirzebruch-Scharlau [64]).

Abschnitt 8.2

8.2.1. Sei (X,d) ein metrischer Raum; ferner sei für jedes $x \in X$ und $F \subset X$ $\quad d(x,F) := \inf\{d(x,y): y \in F\}$ gesetzt . Man zeige: Sind F_1 und F_2 disjunkte abgeschlossene Teilmengen von X, so wird durch

$$f(x) := \frac{d(x,F_1)}{d(x,F_1)+d(x,F_2)}, \quad x \in X,$$

eine gleichmäßig stetige Funktion auf X definiert mit $0 \le f \le 1$, $\mathrm{rest}_{F_1} f = 0$ und $\mathrm{rest}_{F_2} f = 1$.

8.2.2. Sei $\xi_n = (\xi_n^1,\dots,\xi_n^k)$, $n \ge 0$, eine Folge von ZE über einem W.-Raum $(\Omega, \mathscr{A}, \mathbb{P})$ mit Werten im k-dimensionalen Euklidischen Raum (versehen mit der gewöhnlichen Metrik). Man zeige: $\xi_n \xrightarrow[\mathbb{P}\text{-stoch.}]{} \xi_0 \bullet \xi_n^i \xrightarrow[\mathbb{P}\text{-stoch.}]{} \xi_0^i$ für alle $i=1,\dots,k$.

8.2.3. Man zeige an einem Beispiel, daß eine Ü 8.2.2 entsprechende Aussage für die Verteilungskonvergenz nicht mehr richtig ist.

Abschnitt 8.3

8.3.1. Sind in dem in 8.1.9 betrachteten Beispiel die Variablen $\zeta_0,\zeta_1,\dots,\zeta_{n+1}$ sämtlich $\mathbb{P}$-integrierbar, so existiert $\mathbb{E}(\xi)$. Sind die Stützstellen $\eta_1,\dots,\eta_n$ unabhängig von $\zeta_0,\dots,\zeta_{n+1}$ und ist $\mathbb{E}(\zeta_i)=0$ für alle $i=0,\dots,n+1$, so folgt $\mathbb{E}(\xi) = \text{const} = 0$.

Abschnitt 8.4

8.4.1. Sei $(h_n)_{n \in \mathbb{N}}$ eine Folge von Funktionen $h_n: \mathbb{R} \to \mathbb{R}$, welche stetig gegen ein h_0 konvergiert. Dann ist h_0 automatisch stetig.

8.4.2. Seien $(\xi_n)_{n \ge 0}$ und $(\eta_n)_{n \ge 0}$ zwei Folgen von Variablen über einem W.-Raum $(\Omega, \mathscr{A}, \mathbb{P})$ mit $\xi_n \xrightarrow{\mathscr{L}} \xi_0$ und $\eta_n \xrightarrow{\mathscr{L}} \eta_0$. Sind dann für jedes $n \ge 0$ ξ_n und η_n unabhängig, so folgt $(\xi_n,\eta_n) \xrightarrow{\mathscr{L}} (\xi_0,\eta_0)$ (Hinweis: Man verwende Satz 1.12.6. Warum ist dies hier möglich? Vgl. dazu auch Ü 1.12.2).

8.4.3. Sei (X,d) ein metrischer Raum. Für $\mu_1,\mu_2 \in \mathscr{M}_+(X)$ sei $\hat{d}(\mu_1,\mu_2) := \inf\{\varepsilon > 0: \mu_1(A) \le \mu_2(A^\varepsilon) + \varepsilon$ und $\mu_2(A) \le \mu_1(A^\varepsilon) + \varepsilon$ für alle $A \in \mathscr{B}(X)\}$ gesetzt, wobei $A^\varepsilon := \{x \in X: d(x,A) < \varepsilon\}$ $(\in \mathscr{G}(X))$. Man zeige: Durch $\hat{d}$ wird auf $\mathscr{M}_+(X)$ eine Metrik, die sogenannte <u>Prohoroff-Metrik</u>, definiert.

8.4.4. Mit den Bezeichnungen von Ü 8.4.3 gilt: Die Abbildung $\mathscr{M}_+(X) \ni \mu \to \mu(F)$ ist für alle $F \in \mathscr{F}(X)$ bzgl. $\hat{d}$ nach oben halbstetig.

8.4.5. Sei (X,d) ein metrischer Raum. Für zwei Punkte $x,y \in X$ bestimme man $\hat{d}(\varepsilon_x,\varepsilon_y)$ in Abhängigkeit von $d(x,y)$.

8.4.6. Man zeige, daß die im Satz 8.4.17 betrachtete Menge E zu $\mathscr{B}^*$ gehört (Eine Lösung dieser Aufgabe findet sich im Buch [12] von

Billingsley, S. 226).

Abschnitt 8.5

8.5.1. Sei ξ_n ein Poissonscher Prozeß zum Parameter n. Man zeige, daß die Folge $(\eta_n)_{n \in \mathbb{N}}$ definiert durch $\eta_n(t) := \dfrac{\xi_n(t)-nt}{\sqrt{n}}$, $0 \le t \le 1$, die Bedingung (8.5.8) erfüllt (Hinweis: Man verwende Ü 7.5.1 und beachte 8.5.15).

8.5.2. Man konstruiere eine Folge $(\xi_n)_{n \in \mathbb{N}}$ von ZE in $(C, \mathscr{B}(C))$, welche (8.5.4) erfüllt, jedoch nicht in Verteilung konvergiert (d.h. Bedingung (8.5.5) ist wesentlich).

8.5.3. Sei $(\xi_n)_{n \in \mathbb{N}}$ eine Folge von ZE in $(C, \mathscr{B}(C))$ mit $\xi_n \xrightarrow{\mathscr{L}} \xi_0$. Zeigen Sie, daß $\sup\limits_{0 \le t \le 1/n} \xi_n(t) \xrightarrow{\mathscr{L}} \xi_0(0)$ für $n \to \infty$.

Abschnitt 8.6

8.6.1. Zeigen Sie an einem Beispiel, daß in Satz 8.6.4 die Bedingung "$\eta = c$ $\mathbb{P}$-f.s." nicht ersatzlos gestrichen werden kann.

8.6.2. Seien $(\xi_n)_{n \in \mathbb{N}}$ und $(\eta_n)_{n \in \mathbb{N}}$ zwei stochastisch äquivalente Folgen von Variablen über einem W.-Raum $(\Omega, \mathscr{A}, \mathbb{P})$ und $h \in C^b(\mathbb{R})$ beliebig. Zeigen Sie an einem Beispiel, daß i.a. $(h \cdot \xi_n)_{n \in \mathbb{N}}$ und $(h \cdot \eta_n)_{n \in \mathbb{N}}$ nicht wieder stochastisch äquivalent sind (d.h. Bedingung "h gleichmäßig stetig" im Beweis zu Satz 8.6.2 ist wesentlich).

Abschnitt 8.7

8.7.1. Zwei finite Maße stimmen genau dann auf $\mathscr{B}_k^*$ überein, wenn sie auf der Gesamtheit aller Halbräume übereinstimmen.

8.7.2. Seien $(X, |\cdot|)$ ein separabler normierter Raum und $\mu, \nu \in \mathscr{M}_+(X)$. Man zeige: $\mu = \nu \Leftrightarrow f\mu = f\nu$ für alle $f \in X'$.

8.7.3. Sei $(X, |\cdot|)$ ein separabler Banach-Raum. Für eine Folge $(\mu_n)_{n \ge 0}$ in $\mathscr{M}_+(X)$ zeige man:
$$\mu_n \rightharpoonup \mu_0 \Leftrightarrow \begin{cases} \text{(i)} & \{\mu_n : n \ge 1\} \text{ relativ folgenkompakt in } (\mathscr{M}_+(X), \mathscr{S}_w) \\ \text{(iii)} & f\mu_n \rightharpoonup f\mu_0 \text{ für alle } f \in X'. \end{cases}$$

8.7.4. Sei $X = \ell^2$ der Hilbertsche Folgenraum mit $x_n := (0,0,\dots,0,1,0,\dots)$ (1 an der n-ten Stelle), $n \ge 1$, und $x_0 := \underline{0} \in \ell^2$. Sei $\mu_n := \varepsilon_{x_n}$. Zeigen Sie, daß $f\mu_n \rightharpoonup f\mu_0$ für alle $f \in X'$, jedoch $\mu_n \not\rightharpoonup \mu_0$, d.h. Bedingung (i) in Ü 8.7.3 (im Fall dim $X = \infty$!) ist wesentlich (Hinweis: Man verwende Beispiel 13.4 in Hirzebruch-Scharlau [64]).

<u>Abschnitt 8.8</u>

8.8.1. Zeigen Sie, daß die in Ü 8.5.1 betrachteten normalisierten
Poissonprozesse (mit Parametermenge $T = [0,1]$) als ZE in $(D, \mathscr{B}(D))$
in Verteilung gegen die Brownsche Bewegung konvergieren.

<u>Bemerkungen zum Text</u>

Eine ausführliche Darstellung der Konvergenz von ZE in normierten
linearen Räumen findet sich im Buch von Padgett-Taylor [108]. Als
Ergänzung zu den Abschnitten 8.4 und 8.5 seien die entsprechenden
Ausführungen in Billingsley [12] und Parthasarathy [109] empfohlen.
Die historich grundlegende Arbeit zur Verteilungskonvergenz von ZE
(bzw. stochastischen Prozessen) ist die von Prohoroff [117]. Der
maßtheoretisch interessierte Leser sei zum Studium der schwachen
Konvergenz auf das Buch von Topsøe [146] verwiesen.

Kapitel IX. Zentrale Grenzwertsätze für Martingaldifferenzschemata

Die für die Herleitung des klassischen zentralen Grnzwertsatzes
4.1.8 angewendete Operatorenmethode nutzte die Unabhängigkeit der
Variablen insofern entscheidend aus, als daß zum Nachweis von (4.1.7)
wesentlich die Identität $Q_{S_n} = \overset{n}{\underset{i=1}{*}} Q_{\xi_i}$ benötigt wurde.

In der neueren Literatur findet man eine Vielzahl von Arbeiten, die
sich mit zentralen Grenzwertsätzen im Fall abhängiger Variabler beschäftigen. Unter ihnen seien besonders die Resultate für mischende
Folgen von Variablen erwähnt (vgl. Billingsley [12] oder Ibragimoff-
Linnik [69]).

Wir wollen wie in Kapitel VI für das starke Gesetz der großen Zahlen
hier einen zentralen Grenzwertsatz für Martingale ableiten, und dabei (basierend auf Brown [17]) anstelle der oben erwähnten Operatorenmethode charakteristische Funktionen benutzen.

Anstelle einer Folge wollen wir gleich ein zweifach indiziertes Schema
(ξ_{ni}), $1 \leq i \leq i_n$, $n \in \mathbb{N}$, von zufälligen Variablen über einem W.-Raum
$(\Omega, \mathscr{A}, \mathbb{P})$ betrachten, sowie für jedes $n \in \mathbb{N}$ eine monoton wachsende
Sequenz $\mathscr{F}_{ni}$, $1 \leq i \leq i_n$, von Sub-σ-Algebren von $\mathscr{A}$ derart, daß für
alle i ξ_{ni} $\mathscr{F}_{ni}, \mathscr{B}^*$-meßbar ist. Ferner sei $\mathscr{F}_{no} := \{\emptyset, \Omega\}$ und $\xi_{no} = 0$
gesetzt. Dann ist die zuletzt genannte Bedingung z.B. immer für
$\mathscr{F}_{ni} := \sigma(\{\xi_{n1}, \ldots, \xi_{ni}\})$ erfüllt. Falls nichts anderes gesagt wird, sei
i.f. stets $\xi_{ni} \in \mathscr{L}_2(\Omega, \mathscr{A}, \mathbb{P})$. Wir setzen

$$\mu_{ni} := \mathbb{E}(\xi_{ni} \mid \mathscr{F}_{n,i-1}), \quad \sigma_{ni}^2 := \mathbb{E}(\xi_{ni}^2 \mid \mathscr{F}_{n,i-1}),$$

$$v_{ni}^2 := \sum_{j=1}^{i} \sigma_{nj}^2 = \sum_{j=1}^{i} \mathbb{E}(\xi_{nj}^2 \mid \mathscr{F}_{n,j-1}), \quad 1 \leq i \leq i_n, \text{ und } v_n^2 := v_{ni_n}^2, \quad n \in \mathbb{N}.$$

Im Fall unabhängiger Variabler $\xi_{n1}, \ldots, \xi_{ni_n}$ (mit $\mathscr{F}_{ni} = \sigma(\{\xi_{n1}, \ldots, \xi_{ni}\})$)
ist somit (vgl. 5.2.14) $\mu_{ni} = \mathbb{E}(\xi_{ni})$ und $v_{ni}^2 = s_{ni}^2 := \sum_{j=1}^{i} \mathbb{E}(\xi_{nj}^2)$.

Im folgenden sollen, auch wenn dies nicht immer ausdrücklich erwähnt wird, Gleichungen bzw. Ungleichungen für bedingte Erwartungen stets als $\mathbb{P}$-fast sicher gültig verstanden werden.

Entsprechend zur klassischen Lindeberg-Bedingung (4.1.9) spielt bei zentralen Grenzwertsätzen für zweifach indizierte Martingaldifferenz-schemata die folgende konditionierte Lindeberg-Bedingung (KL) eine entscheidende Rolle.

<u>9.1.1 Definition.</u> Ein zweifach indiziertes Schema $(\xi_{ni}, \mathscr{F}_{ni})$ erfüllt die konditionierte Lindeberg-Bedingung (KL), falls

$$(9.1.2) \quad KL_n(\delta) := \sum_{i=1}^{i_n} \mathbb{E}(\xi_{ni}^2 I(|\xi_{ni}| > \delta) \mid \mathscr{F}_{n,i-1}) \underset{\mathbb{P}\text{-stoch.}}{\to} 0 \text{ für alle } \delta > 0.$$

(Dabei schreiben wir im folgenden stets $I(|\xi| > \delta)$ anstelle von $1_{\{|\xi| > \delta\}}$).

<u>9.1.3 Bemerkung.</u> (KL) ist schwächer als die klassische Lindeberg-Bedingung (L), welche hier besagt, daß

$$(9.1.4) \quad L_n(\delta) := \sum_{i=1}^{i_n} \mathbb{E}(\xi_{ni}^2 I(|\xi_{ni}| > \delta)) \to 0 \text{ für alle } \delta > 0.$$

In der Tat folgt (9.1.2) nach Integration zusammen mit (9.1.4) aus 1.13.10.

Daß (KL) i.a. echt schwächer als (L) ist, zeigt das folgende

<u>9.1.5 Beispiel.</u> Sei $(\Omega, \mathscr{A}, \mathbb{P}) = ([0,1], [0,1] \cap \mathscr{B}^*, \lambda \mid [0,1] \cap \mathscr{B}^*)$ und $\xi_{ni} := 1_{(0,n^{-1})}$ für alle $n \in \mathbb{N}$ und $1 \leq i \leq i_n = n$. Ferner sei $\mathscr{F}_{ni} = \sigma(\{\xi_{n1}, \dots, \xi_{ni}\})$ für $1 \leq i \leq n$ und $\mathscr{F}_{no} = \mathscr{F}_{n1}$, also $\mathscr{F}_{ni} = \sigma(\{1_{(0,n^{-1})}\})$.

Dann ist ξ_{ni} $\mathscr{F}_{n,i-1}$, $\mathscr{B}^*$-meßbar, und es gilt (KL):

$$\sum_{i=1}^{n} \mathbb{E}(\xi_{ni}^2 I(|\xi_{ni}| > \delta) \mid \mathscr{F}_{n,i-1}) = n1_{(0,n^{-1})} \underset{\mathbb{P}\text{-stoch.}}{\to} 0 \text{ für alle } 0 < \delta < 1,$$

wohingegen für die bedingten Erwartungen gilt:

$$\sum_{i=1}^{n} \mathbb{E}(\xi_{ni}^2 I(|\xi_{ni}| > \delta)) = n \mathbb{E}(\xi_{n1}) = 1 \text{ für alle } n \in \mathbb{N} \text{ und } 0 < \delta < 1.$$

Wie in 4.1.20 zeigt man, daß (KL) eine <u>konditionierte Feller-Bedingung</u> impliziert, welche im Fall zweifach indizierter Schemata $(\xi_{ni}, \mathscr{F}_{ni})$ besagt, daß

$$(9.1.6) \quad \max_{1 \leq i \leq i_n} \sigma_{ni}^2 = \max_{1 \leq i \leq i_n} \mathbb{E}(\xi_{ni}^2 \mid \mathscr{F}_{n,i-1}) \underset{\mathbb{P}\text{-stoch.}}{\to} 0.$$

Man hat nur zu beachten, daß für alle $\delta > 0$

$$\max_{1 \leq i \leq i_n} \sigma^2_{ni} \leq \delta^2 + KL_n(\delta).$$

Im Hinblick auf einen zentralen Grenzwertsatz für zweifach indizierte Martingaldifferenzschemata wird sich ferner die folgende "Normierungsbedingung (N)" als wichtig erweisen:

$$(N) \quad V^2_n = \sum_{i=1}^{i_n} \mathbb{E}(\xi^2_{ni} \mid \mathscr{F}_{n,i-1}) \xrightarrow[\mathbb{P}\text{-stoch.}]{} 1.$$

Man beachte, daß für das unter 9.1.5 aufgeführte Beispiel die Bedingung (N) nicht erfüllt ist.

9.1.7 Zusatz. Erfüllt das Schema $(\xi_{ni}, \mathscr{F}_{ni})$ zusätzlich die Bedingung

$$(9.1.8) \quad V^2_n \leq c \quad \mathbb{P}\text{-f.s. für ein } c > 0 \text{ und alle } n \in \mathbb{N},$$

so zeigt das Prattsche Lemma 1.11.16, daß in diesem Fall für die in (9.1.2), (9.1.6) und (N) betrachteten Variablen sogar die unbedingten Erwartungswerte konvergieren, d.h. daß für $n \to \infty$ gilt:

(i) $\quad L_n(\delta) \to 0$ für alle $\delta > 0$

(ii) $\quad \mathbb{E}(\max_{1 \leq i \leq i_n} \sigma^2_{ni}) \to 0$

(iii) $\quad \sum_{i=1}^{i_n} \mathbb{E}(\xi^2_{ni}) \to 1.$

9.1.9 Lemma. Es seien $Q: \mathbb{R} \to \mathbb{C}$, $M: \mathbb{R}_+ \to \mathbb{R}$ und $N: \mathbb{R} \to \mathbb{R}$ definiert durch

$$Q(x) := \begin{cases} (e^{ix}-1-ix+\frac{1}{2}x^2)/\frac{1}{2}x^2 & \text{für } x \neq 0 \\ 0 & \text{für } x = 0 \end{cases}$$

und

$$M(x) := \min(x/3, 2)$$

$$N(x) := e^{-x}-1+x;$$

dann gilt:

(i) $\quad |1-Q(x)| \leq 1 \qquad$ für alle $x \in \mathbb{R}$

(ii) $\quad |Q(x)| \quad \leq M(|x|)$ für alle $x \in \mathbb{R}$

und

(iii) $\quad |N(x)| \quad \leq x^2/2 \quad$ für alle $x \in \mathbb{R}_+.$

Der Beweis von (i) und (ii) benutzt die Abschätzung (1.17.17), während sich (iii) aus der Darstellung $N(x) = \int_0^x (1-e^{-t})dt$ ergibt.

9.1.10 Lemma. Seien $(\xi_n)_{n \in \mathbb{N}}$ und $(\eta_n)_{n \in \mathbb{N}}$ zwei Folgen von zufälligen Variablen über einem W.-Raum $(\Omega, \mathscr{A}, \mathbb{P})$, $\eta_n(\omega) \neq 0$ für alle $\omega \in \Omega$ und $n \in \mathbb{N}$ und φ eine charakteristische Funktion. Für ein festes $\lambda_o \in \mathbb{R}$ sei $\varphi(\lambda_o) \neq 0$, und es gelte:

(i) $\quad \lim_{n \to \infty} \mathbb{E}[\eta_n^{-1} \exp(i\lambda_o \xi_n) - 1] = 0$

(ii) $\quad \lim_{n \to \infty} \mathbb{E}[\,|\eta_n^{-1} - (\varphi(\lambda_o))^{-1}|\,] = 0.$

Dann folgt: $\lim_{n \to \infty} \varphi_{\xi_n}(\lambda_o) = \varphi(\lambda_o).$

Beweis. Es ist $|\varphi_{\xi_n}(\lambda_o) - \varphi(\lambda_o)| \leq$

$$\mathbb{E}[\,|\exp(i\lambda_o \xi_n)\{1 - \varphi(\lambda_o)\eta_n^{-1}\}|\,] + |\varphi(\lambda_o)|\,|\mathbb{E}[\eta_n^{-1}\exp(i\lambda_o \xi_n) - 1]| =$$

$$\mathbb{E}[\,|1 - \varphi(\lambda_o)\eta_n^{-1}|\,] + |\varphi(\lambda_o)| \cdot |\mathbb{E}[\eta_n^{-1}\exp(i\lambda_o \xi_n) - 1]| \leq$$

$$\mathbb{E}[\,|(\varphi(\lambda_o))^{-1} - \eta_n^{-1}|\,] + |\mathbb{E}[\eta_n^{-1}\exp(i\lambda_o \xi_n) - 1]|,$$

wobei die letzte Ungleichung wegen $|\varphi(\lambda_o)| \leq 1$ folgt. Die Behauptung ergibt sich nun unmittelbar aus (i) und (ii). $\quad \square$

9.2 Ein zentraler Grenzwertsatz für Martingaldifferenzschemata

Mit den Bezeichnungen des letzten Abschnitts definieren wir:

9.2.1 Definition. Ein Schema $(\xi_{ni}, \mathscr{F}_{ni})$ heißt **Martingaldifferenz-schema (MDS)**, falls

$$(9.2.2) \quad \mu_{ni} = \mathbb{E}(\xi_{ni} \mid \mathscr{F}_{n,i-1}) = 0 \quad \text{für alle } 1 \leq i \leq i_n, \; n \in \mathbb{N}.$$

Bedingung (9.2.2) besagt gerade, daß für jedes $n \in \mathbb{N}$ die aus ξ_{ni}, $1 \leq i \leq i_n$, gebildeten Partialsummen (bzgl. der σ-Algebren $\mathscr{F}_{ni}$, $1 \leq i \leq i_n$) ein Martingal bilden.

Als Hauptergebnis wollen wir in diesem Abschnitt den folgenden Satz beweisen.

9.2.3 Satz (Brown). Sei $(\xi_{ni}, \mathscr{F}_{ni})$ ein MDS, welches die Bedingungen

$$(N) \quad V_n^2 = \sum_{i=1}^{i_n} \mathbb{E}(\xi_{ni}^2 \mid \mathscr{F}_{n,i-1}) \xrightarrow{\mathbb{P}\text{-stoch.}} 1$$

und

$$(KL) \quad KL_n(\delta) = \sum_{i=1}^{i_n} \mathbf{E}(\xi_{ni}^2 I(|\xi_{ni}| > \delta) \mid \mathscr{F}_{n,i-1}) \xrightarrow[\mathbf{P}\text{-stoch.}]{} 0 \text{ für alle } \delta > 0$$

erfüllt. Dann folgt:

$$S_n := \sum_{i=1}^{i_n} \eta_{ni} \to \mathscr{N}(0,1),$$

wobei wir i.f. eine $\mathscr{N}(0,1)$-verteilte Variable selbst wieder mit $\mathscr{N}(0,1)$ bezeichnen.

<u>9.2.4 Vorbemerkungen zum Beweis.</u> Wie schon an anderer Stelle werden wir auch hier wieder von der Methode der gestutzten Variablen Gebrauch machen, und zwar in der folgenden Weise: Wir stellen dem Schema $(\xi_{ni}, \mathscr{F}_{ni})$ ein zweites Schema $(\eta_{ni}, \mathscr{F}_{ni})$ zur Seite, wobei die Variablen η_{ni} wie folgt definiert sind:

Für eine beliebige aber feste reelle Konstante $c > 1$ sei

$$\eta_{ni} := \xi_{ni} I(V_{ni}^2 \le c) \quad (\text{wobei } V_{ni}^2 = \sum_{j=1}^{i} \mathbf{E}(\xi_{nj}^2 \mid \mathscr{F}_{n,j-1})).$$

Dann zeigen wir der Reihe nach:

(1) $S_n - T_n \xrightarrow[\mathbf{P}\text{-stoch.}]{} 0$, wobei $T_n := \sum_{i=1}^{i_n} \eta_{ni}$

(2) $(\eta_{ni}, \mathscr{F}_{ni})$ ist ein MDS

(3) $(\eta_{ni}, \mathscr{F}_{ni})$ erfüllt (KL)

(4) $(\eta_{ni}, \mathscr{F}_{ni})$ erfüllt (N)

(5) $\mathbf{P}(\{W_n^2 \le c\}) = 1$ für alle $n \in \mathbf{N}$, wobei $W_n^2 := \sum_{i=1}^{i_n} \mathbf{E}(\eta_{ni}^2 \mid \mathscr{F}_{n,i-1})$,

d.h. $(\eta_{ni}, \mathscr{F}_{ni})$ ist ein MDS, welches neben (KL) und (N) zusätzlich (9.1.8) erfüllt.

Wegen (1) reicht es aufgrund von 1.12.10 zu zeigen, daß $T_n \xrightarrow{\mathscr{L}} \mathscr{N}(0,1)$, was mit Satz 8.7.5 gleichbedeutend damit ist, daß

$$\lim_{n \to \infty} \varphi_{T_n}(\lambda) = e^{-\lambda^2/2} \text{ für alle } \lambda \in \mathbf{R}.$$

<u>Beweis zu 9.2.3.</u> Zusätzlich zu den in 9.2.4 bereits eingeführten Größen sei

$$T_{ni} := \sum_{j=1}^{i} \eta_{nj} \text{ und } W_{ni}^2 := \sum_{j=1}^{i} \mathbf{E}(\eta_{nj}^2 \mid \mathscr{F}_{n,j-1})$$

gesetzt.

Zu (1): Wir zeigen zunächst

$$(9.2.5) \quad \lim_{n \to \infty} \mathbf{P}(\bigcap_{i=1}^{i_n} \{\xi_{ni} = \eta_{ni}\}) = 1.$$

Es ist
$$1 \geq \mathbb{P}(\bigcap_{i=1}^{i_n} \{\xi_{ni}=\eta_{ni}\}) = \mathbb{P}(\bigcap_{i=1}^{i_n} \{\xi_{ni}(1-I(V_{ni}^2 \leq c)) = 0\})$$

$$\geq \mathbb{P}(\{V_n^2 \leq c\}) \geq 1 - \mathbb{P}(\{|V_n^2-1| > c-1\}) \to 1,$$

da $c > 1$ und laut Voraussetzung $V_n^2 \xrightarrow[\mathbb{P}\text{-stoch.}]{} 1$. Damit gilt (9.2.5).

(1) folgt nun unmittelbar aus der für alle $\epsilon > 0$ und $n \in \mathbb{N}$ gültigen Ungleichung:

$$\mathbb{P}(\{|S_n-T_n| > \epsilon\}) \leq 1 - \mathbb{P}(\bigcap_{i=1}^{i_n} \{\xi_{ni}=\eta_{ni}\}).$$

Zu (2): Wegen der $\mathscr{F}_{n,i-1}$-Meßbarkeit von V_{ni}^2 erhält man $\mathbb{P}$-f.s. :

$$\mathbb{E}(\eta_{ni} \mid \mathscr{F}_{n,i-1}) = I(V_{ni}^2 \leq c)\, \mathbb{E}(\xi_{ni} \mid \mathscr{F}_{n,i-1}) = 0.$$

Zu (3): Wegen $|\eta_{ni}| \leq |\xi_{ni}|$, also $\eta_{ni}^2 \leq \xi_{ni}^2$, folgt (3) unmittelbar aus der für $(\xi_{ni}, \mathscr{F}_{ni})$ vorausgesetzten Bedingung (KL).

Zu (4): Aufgrund von 1.11.19 bleibt zu zeigen, daß $(V_n^2)_{n \in \mathbb{N}}$ und $(W_n^2)_{n \in \mathbb{N}}$ stochastisch äquivalent sind. Dies folgt entsprechend wie im Beweis zu (1), indem man zunächst die zu (9.2.5) analoge Aussage

$$\lim_{n \to \infty} \mathbb{P}(\bigcap_{i=1}^{i_n} \{\mathbb{E}(\xi_{ni}^2 \mid \mathscr{F}_{n,i-1}) = \mathbb{E}(\eta_{ni}^2 \mid \mathscr{F}_{n,i-1})\}) = 1$$

beweist.

Zu (5): Es ist
$$\mathbb{P}(\{W_n^2 \leq c\}) = \mathbb{P}(\{\sum_i \mathbb{E}(\eta_{ni}^2 \mid \mathscr{F}_{n,i-1}) \leq c\}) = \mathbb{P}(\{\sum_i \mathbb{E}(\xi_{ni}^2 I(V_{ni}^2 \leq c) \mid \mathscr{F}_{n,i-1}) \leq c\})$$

$$= \mathbb{P}(\{\sum_i \sigma_{ni}^2 I(V_{ni}^2 \leq c) \leq c\}) = 1.$$

Wie in 9.2.4 bemerkt, bleibt zu zeigen, daß $\lim_{n \to \infty} \varphi_{T_n}(\lambda) = e^{-\lambda^2/2}$ für alle $\lambda \in \mathbb{R}$. Nach 9.1.10 (angewandt mit $\varphi(\lambda) = e^{-\lambda^2/2}$, $\xi_n = T_n$ und $\eta_n = \exp(-\frac{1}{2}\lambda^2 W_n^2)$) sind die beiden folgenden Bedingungen nachzuweisen:

(7) $\lim_{n \to \infty} \mathbb{E}[\exp(i\lambda T_n + \frac{1}{2}\lambda^2 W_n^2) - 1] = 0$ für alle $\lambda \in \mathbb{R}$

und

(8) $\lim_{n \to \infty} \mathbb{E}[|\exp(\frac{1}{2}\lambda^2 W_n^2) - \exp(\lambda^2/2)|] = 0$ für alle $\lambda \in \mathbb{R}$.

Zu (8): Die Abbildung $x \to \exp(\frac{1}{2}\lambda^2 x)$ ist für jedes $\lambda \in \mathbb{R}$ stetig, mithin überträgt sich die $\mathbb{P}$-stochastische Konvergenz von W_n^2 gegen 1 (gemäß (4)) auf die $\mathbb{P}$-stochastische Konvergenz von $\exp(\frac{1}{2}\lambda^2 W_n^2)$ gegen $\exp(\lambda^2/2)$, so daß sich (8) unter Verwendung von (5) unmittelbar aus Satz 1.14.9 ergibt.

Die eigentliche Schwierigkeit bereitet der Nachweis von (7).
Sei dazu o.E. $\lambda \neq 0$ und für $1 \leq k \leq i_n$, $n \in \mathbb{N}$,

$$\zeta_{nk} := \exp(i\lambda T_{n,k-1} + \tfrac{1}{2}\lambda^2 W_{nk}^2)[\exp(i\lambda\eta_{nk}) - \exp(-\tfrac{1}{2}\lambda^2\tau_{nk}^2)]$$

gesetzt, wobei $T_{no} = \eta_{no} := 0$ und $\tau_{nk}^2 := \mathbb{E}(\eta_{nk}^2 \mid \mathcal{F}_{n,k-1})$. Es folgt

$$(9.2.6) \qquad \sum_{k=1}^{i_n} \zeta_{nk} = \exp(i\lambda T_n + \tfrac{1}{2}\lambda^2 W_n^2) - 1,$$

d.h. der Integrand in (7) läßt sich als Summe der ζ_{nk} darstellen. Wir formen die ζ_{nk} weiter um und erhalten mit den Bezeichnungen von 9.1.9:

$$\zeta_{nk} = \exp(i\lambda T_{n,k-1} + \tfrac{1}{2}\lambda^2 W_{nk}^2)[\exp(i\lambda\eta_{nk}) - N(\tfrac{1}{2}\lambda^2\tau_{nk}^2) - 1 + \tfrac{1}{2}\lambda^2\tau_{nk}^2] =$$

$$\exp(i\lambda T_{n,k-1} + \tfrac{1}{2}\lambda^2 W_{nk}^2)[1 + i\lambda\eta_{nk} - \tfrac{1}{2}\lambda^2\eta_{nk}^2 + \tfrac{1}{2}\lambda^2\eta_{nk}^2 Q(\lambda\eta_{nk}) - N(\tfrac{1}{2}\lambda^2\tau_{nk}^2) - 1 + \tfrac{1}{2}\lambda^2\tau_{nk}^2] =$$

$$\exp(i\lambda T_{n,k-1} + \tfrac{1}{2}\lambda^2 W_{nk}^2)[i\lambda\eta_{nk} - \tfrac{1}{2}\lambda^2\eta_{nk}^2 + \tfrac{1}{2}\lambda^2\eta_{nk}^2 Q(\lambda\eta_{nk}) + \tfrac{1}{2}\lambda^2\tau_{nk}^2 - N(\tfrac{1}{2}\lambda^2\tau_{nk}^2)].$$

Daher ist für alle $n \in \mathbb{N}$ und $1 \leq k \leq i_n$: $|\mathbb{E}(\zeta_{nk} \mid \mathcal{F}_{n,k-1})| =$

$$|\exp(i\lambda T_{n,k-1} + \tfrac{1}{2}\lambda^2 W_{nk}^2)| \cdot |\mathbb{E}(\tfrac{1}{2}\lambda^2\eta_{nk}^2 Q(\lambda\eta_{nk}) \mid \mathcal{F}_{n,k-1}) - N(\tfrac{1}{2}\lambda^2\tau_{nk}^2)| \leq$$

$$\exp(\tfrac{1}{2}\lambda^2 c) \cdot [\mathbb{E}(\tfrac{1}{2}\lambda^2\eta_{nk}^2 |Q(\lambda\eta_{nk})| \mid \mathcal{F}_{n,k-1}) + |N(\tfrac{1}{2}\lambda^2\tau_{nk}^2)|] =: I$$

Unter Anwendung von 9.1.9 (ii) und (iii) kann der letzte Ausdruck aber wie folgt weiter nach oben abgeschätzt werden:

$$I \leq \exp(\tfrac{1}{2}\lambda^2 c) \cdot [\mathbb{E}(\tfrac{1}{2}\lambda^2\eta_{nk}^2 M(|\lambda\eta_{nk}|) \mid \mathcal{F}_{n,k-1}) + \tfrac{1}{8}\lambda^4\tau_{nk}^4] \leq$$

$$\tfrac{1}{2}\lambda^2\exp(\tfrac{1}{2}\lambda^2 c) \cdot [\mathbb{E}(\eta_{nk}^2 M(|\lambda\eta_{nk}|) \mid \mathcal{F}_{n,k-1}) + \tfrac{1}{4}\lambda^2\tau_{nk}^2 \max_j \tau_{nj}^2].$$

Einsetzen in (9.2.6) liefert

$$|\mathbb{E}[\exp(i\lambda T_n + \tfrac{1}{2}\lambda^2 W_n^2) - 1]| = |\mathbb{E}(\sum_{k=1}^{i_n} \zeta_{nk})| = |\mathbb{E}[\sum_{k=1}^{i_n} \mathbb{E}(\zeta_{nk} \mid \mathcal{F}_{n,k-1})]| \leq$$

$$\tfrac{1}{2}\lambda^2\exp(\tfrac{1}{2}\lambda^2 c)\{[\sum_{k=1}^{i_n} \mathbb{E}(\eta_{nk}^2 M(|\lambda\eta_{nk}|))] + \tfrac{1}{4}\lambda^2 c\, \mathbb{E}(\max_{j=1,\dots,i_n} \tau_{nj}^2)\}.$$

Da der letzte Summand in $\{\dots\}$ aufgrund von 9.1.7 für $n \to \infty$ gegen 0 konvergiert, bleibt zum Beweis des Satzes nur noch zu zeigen, daß

$$(9.2.7) \quad \lim_{n \to \infty} \sum_{k=1}^{i_n} \mathbb{E}(\eta_{nk}^2 M(|\lambda \eta_{nk}|)) = 0.$$

Für alle $\delta > 0$ ist aber nach Definition von M

$$\sum_{k=1}^{i_n} \mathbb{E}(\eta_{nk}^2 M(|\lambda \eta_{nk}|)) \le 2 \sum_{k=1}^{i_n} \mathbb{E}(\eta_{nk}^2 I(|\eta_{nk}| > \delta)) + \frac{|\lambda|\delta}{3} \sum_{k=1}^{i_n} \mathbb{E}(\eta_{nk}^2),$$

so daß unter Beachtung von (3),(4) und (5) aus 9.1.7 folgt:

$$\limsup_{n \to \infty} \sum_{k=1}^{i_n} \mathbb{E}(\eta_{nk}^2 M(|\lambda \eta_{nk}|)) \le \frac{|\lambda|\delta}{3},$$

also (9.2.7) ($\delta \downarrow 0$), was zu beweisen war. $\square$

9.2.8 Zusatz. Ersetzt man auf der rechten Seite von (N) die 1 durch σ^2, so ergibt sich in der Behauptung

$$\sum_{i=1}^{i_n} \xi_{ni} \xrightarrow{\mathscr{L}} \mathscr{N}(0,\sigma^2),$$

wobei $\mathscr{N}(0,\sigma^2) := \varepsilon_0$ im Fall $\sigma^2=0$. Ist nämlich $\sigma^2 > 0$, so folgt dies unmittelbar aus 9.2.3 durch Übergang zum Schema $\eta_{ni}:=\xi_{ni}/\sigma$. Ist $\sigma^2=0$, so können wir wie im Beweis zu 9.2.3 durch einen eventuell notwendigen Übergang zum Schema $\eta_{ni} := \xi_{ni} I(V_{ni}^2 \le c)$ annehmen, daß $V_n^2 \le c$ $\mathbb{P}$-f.s. für alle $n \in \mathbb{N}$. In diesem Fall gilt aber

$$\mathbb{E}(V_n^2) = \sum_{i=1}^{i_n} \mathbb{E}(\xi_{ni}^2) \to 0 \text{ für } n \to \infty$$

und somit (man beachte, daß die Variablen in einer Zeile paarweise unkorreliert sind!) $S_n \xrightarrow{L_2} 0$, also $S_n \xrightarrow[\mathbb{P}\text{-stoch.}]{} 0$.

Als erste Folgerung erhalten wir den klassischen zentralen Grenzwertsatz für zweifach indizierte Schemata.

9.2.9 Korollar. Sei $(\xi_{ni})_{1 \le i \le i_n, n \in \mathbb{N}}$ ein zweifach indiziertes Schema von quadratintegrierbaren, zentrierten und in jeder Zeile unabhängigen Variablen derart, daß

(i) $\quad \sum_{i=1}^{i_n} \mathbb{E}(\xi_{ni}^2) \to 1$

und

(ii) $\quad \sum_{i=1}^{i_n} \mathbb{E}(\xi_{ni}^2 I(|\xi_{ni}| > \delta)) \to 0$ für alle $\delta > 0$.

Dann folgt: $\sum_{i=1}^{i_n} \xi_{ni} \xrightarrow{\mathscr{L}} \mathscr{N}(0,1)$.

9.2.10 Bemerkung. Man zeigt leicht, daß (KL) erfüllt ist, wenn die folgende sogenannte <u>konditionierte Ljapunoff-Bedingung</u> (vgl. 4.1.11) gegeben ist:

$$\sum_{i=1}^{i_n} E(|\xi_{ni}|^{2+\varepsilon} | \mathscr{F}_{n,i-1}) \xrightarrow[P\text{-stoch.}]{} 0 \quad \text{für ein } \varepsilon > 0.$$

9.3 Das Lindeberg-Lévy Theorem für Martingale

Sei $(\xi_i)_{i \in \mathbb{N}}$ eine Folge von quadratintegrierbaren zufälligen Variablen über einem W.-Raum $(\Omega, \mathscr{A}, P)$ und $(\mathscr{F}_i)_{i \in \mathbb{N}}$ eine monoton wachsende Folge von Sub-σ-Algebren von $\mathscr{A}$ derart, daß ξ_i $\mathscr{F}_i, \mathscr{B}^*$-meßbar ist für alle $i \in \mathbb{N}$. Ist dann $0 < s_n^2 < \infty$, $n \in \mathbb{N}$, eine Folge von Normierungskoeffizienten und setzen wir

$$\xi_{ni} := s_n^{-1}\xi_i \quad \text{und} \quad \mathscr{F}_{ni} := \mathscr{F}_i \quad \text{für alle } 1 \le i \le i_n := n \text{ und } n \in \mathbb{N},$$

so wird dadurch ein zweifach indiziertes Schema $(\xi_{ni}, \mathscr{F}_{ni})$ definiert, welches genau dann ein MDS bildet, wenn die folgende Bedingung

(9.3.1) $E(\xi_i | \mathscr{F}_{i-1}) = 0$ P-f.s. für alle $i \in \mathbb{N}$

erfüllt ist (wobei $\mathscr{F}_o := \{\emptyset, \Omega\}$). In diesem Fall nennen wir $(\xi_i, \mathscr{F}_i)$ wie in 6.1.11 eine Martingaldifferenzfolge (MDF), d.h. für eine MDF bilden die Partialsummen ein Martingal (bzgl. $\mathscr{F}_i$, $i \in \mathbb{N}$).

Als unmittelbare Folgerung erhalten wir aus 9.2.3 den

9.3.2 Satz. Sei $(\xi_i, \mathscr{F}_i)$ eine MDF und $0 < s_n^2 < \infty$, $n \in \mathbb{N}$, derart,daß

(N) $\quad s_n^{-2} \sum_{i=1}^{n} E(\xi_i^2 | \mathscr{F}_{i-1}) \xrightarrow[P\text{-stoch.}]{} 1$

und

(KL) $\quad s_n^{-2} \sum_{i=1}^{n} E(\xi_i^2 I(|\xi_i| > \delta s_n) | \mathscr{F}_{i-1}) \xrightarrow[P\text{-stoch.}]{} 0 \quad \text{für alle } \delta > 0.$

Dann folgt: $s_n^{-1} \sum_{i=1}^{n} \xi_i \xrightarrow{\mathscr{L}} \mathscr{N}(0,1)$.

9.3.3 Bemerkung. Sind die Variablen ξ_i unabhängig und ist

$\mathscr{F}_i = \sigma(\{\xi_1, \ldots, \xi_i\})$, so ist (N) mit $s_n^2 = \sum_{i=1}^{n} E(\xi_i^2)$ trivialerweise erfüllt, während (KL) identisch mit der klassischen Lindeberg-Bedingung (4.1.9) ist, d.h. 4.1.8 folgt unmittelbar aus 9.3.2.

Wir wollen i.f. zeigen, daß im Fall identisch verteilter Variabler auf die Unabhängigkeit weitgehend verzichtet werden kann. Das dazu erforderliche Hilfsmittel, der sogenannte Ergodensatz von Birkhoff, wollen wir ohne Beweis voranstellen.

9.3.4 Definition. Eine Folge $(\xi_i)_{i \in \mathbb{N}}$ von zufälligen Variablen über einem W.-Raum $(\Omega, \mathscr{A}, \mathbb{P})$ heißt <u>stationär</u> (im strengen Sinne), falls für jedes $k \in \mathbb{N}$ der Prozeß $(\xi_{k+i})_{i \in \mathbb{N}}$ wie $(\xi_i)_{i \in \mathbb{N}}$ verteilt ist, d.h. falls

$$(9.3.5) \quad \mathbb{P}(\{(\xi_1, \xi_2, \ldots) \in B\}) = \mathbb{P}(\{(\xi_{k+1}, \xi_{k+2}, \ldots) \in B\}) \quad \text{für alle } B \in \mathscr{B}_{\mathbb{N}}^*.$$

Insbesondere sind also die Variablen ξ_i einer stationären Folge identisch verteilt.

9.3.6 Definition. Ein <u>Ereignis</u> $A \in \mathscr{A}$ heißt <u>invariant</u> (bzgl. einer stationären Folge $(\xi_i)_{i \in \mathbb{N}}$), falls ein $B \in \mathscr{B}_{\mathbb{N}}^*$ derart existiert, so daß für jedes $n \in \mathbb{N}$ $\quad A = \{(\xi_n, \xi_{n+1}, \ldots) \in B\}$.

Man sieht sofort, daß die Gesamtheit aller invarianten Ereignisse eine σ-Algebra bildet.

9.3.7 Definition. Eine stationäre Folge $(\xi_i)_{i \in \mathbb{N}}$ über einem W.-Raum $(\Omega, \mathscr{A}, \mathbb{P})$ heißt <u>ergodisch</u>, falls jedes invariante Ereignis A die Wahrscheinlichkeit 0 oder 1 besitzt.

9.3.8 Bemerkung. Da trivialerweise jedes bzgl. $(\xi_i)_{i \in \mathbb{N}}$ invariante Ereignis A terminal ist bzgl. $(\xi_i^{-1}(\mathscr{B}^*))_{i \in \mathbb{N}}$, erhalten wir mit dem Null-Eins-Gesetz 1.16.5, daß jede Folge von unabhängigen und identisch verteilten Variablen eine stationäre und ergodische Folge ist.

Der oben erwähnte Ergodensatz von Birkhoff besagt nun, daß das unter 2.3.11 aufgeführte starke Gesetz der großen Zahlen in gleicher Form für ergodische Folgen Gültigkeit hat.

9.3.9 Satz (Ergodensatz von Birkhoff). Sei $(\xi_i)_{i \in \mathbb{N}}$ eine stationäre und ergodische Folge über einem W.-Raum $(\Omega, \mathscr{A}, \mathbb{P})$ mit $\mathbb{E}(|\xi_1|) < \infty$. Dann gilt

$$n^{-1} \sum_{i=1}^{n} \xi_i \to \mathbb{E}(\xi_1) \quad \mathbb{P}\text{-fast sicher.}$$

Einen Beweis dieses bekannten Satzes findet man z.B. im Buch von
Breiman [16], Theorem 6.28ff.

Damit sind alle Hilfsmittel, die zum Beweis des folgenden Satzes benötigt werden, bereitgestellt.

<u>9.3.10 Satz (Lindeberg-Lévy).</u> Sei $(\xi_i, \mathcal{F}_i)$ eine stationäre und
ergodische MDF über einem W.-Raum $(\Omega, \mathcal{A}, \mathbb{P})$ mit $\mathbb{E}(\xi_1^2) = 1$. Dann folgt:

$$n^{-1/2} \sum_{i=1}^{n} \xi_i \xrightarrow{\mathcal{L}} \mathcal{N}(0,1).$$

<u>Beweis.</u> 1. Da die Aussage des Satzes nur von der Verteilung des
Prozesses $(\xi_i)_{i \in \mathbb{N}}$ abhängt, können wir o.E. zum kanonischen Modell
$(\mathbb{R}^{\mathbb{Z}}, \mathcal{B}_{\mathbb{Z}}^*, Q)$ übergehen. In diesem Fall ist ξ_i die i-te Projektion von
$\mathbb{R}^{\mathbb{Z}}$ auf $\mathbb{R}$ und $Q \mid \mathcal{B}_{\mathbb{Z}}^*$ dasjenige W.-Maß, welches den ω-Mengen
$\{\xi_{i_j} \in B_j: j=1,\ldots,n\}$ die Wahrscheinlichkeit $\mathbb{P}(\{\xi_{i_j}+h \in B_j: j=1,\ldots,n\})$
zuordnet, wobei $h \in \mathbb{N}$ so gewählt sei, daß $i_j+h \in \mathbb{N}$ für alle j. Aufgrund
der vorausgesetzten Stationarität ist dann Q wohldefiniert und die
Stationarität gleichbedeutend mit der Maßtreue des (bijektiven!)
"Linksshifts" $T: \mathbb{R}^{\mathbb{Z}} \to \mathbb{R}^{\mathbb{Z}}$, d.h. es ist $TQ=Q$, wobei $(T(\omega))_i := \omega_{i+1}$ für
alle $\omega \in \mathbb{R}^{\mathbb{Z}}$. Ferner ist in diesem Fall die Ergodizität äquivalent zu
der Bedingung, daß $Q(A)=0$ oder 1 für jede Menge $A \in \mathcal{B}_{\mathbb{Z}}^*$ mit $T^{-1}(A)=A$
(A "T-invariant"). Setzen wir ferner $\mathcal{F}_i^* := \sigma(\{\xi_j: -\infty < j \leq i\})$, so ist
$(\xi_i, \mathcal{F}_i^*)$ eine stationäre und ergodische MDF(!), für welche mit Beweis-
teil 2 sowohl die Variablen $\mathbb{E}(\xi_i^2 \mid \mathcal{F}_{i-1}^*)$ als auch $\mathbb{E}(\xi_i^2 I(|\xi_i|>\epsilon) \mid \mathcal{F}_{i-1}^*)$
(für festes $\epsilon > 0$) eine stationäre ergodische Folge bilden, so daß
mit 9.3.9 $\mathbb{P}$-f.s.

$$n^{-1} \sum_{i=1}^{n} \mathbb{E}(\xi_i^2 \mid \mathcal{F}_{i-1}^*) \to \mathbb{E}(\mathbb{E}(\xi_1^2 \mid \mathcal{F}_0^*)) = \mathbb{E}(\xi_1^2) = 1$$

und

$$(9.3.11) \quad n^{-1} \sum_{i=1}^{n} \mathbb{E}(\xi_i^2 I(|\xi_i|>\epsilon) \mid \mathcal{F}_{i-1}^*) \to \mathbb{E}(\xi_1^2 I(|\xi_1|>\epsilon)).$$

Die erste Konvergenz ist gerade Bedingung (N) in 9.3.2 (mit $s_n^2=n$),
während (KL) sich wie folgt aus (9.3.11) ergibt: für alle $n_0 \in \mathbb{N}$ ist
$\mathbb{P}$-f.s.

$$\limsup_{n \to \infty} n^{-1} \sum_{i=1}^{n} \mathbb{E}(\xi_i^2 I(|\xi_i| > \delta n^{1/2}) \mid \mathcal{F}_{i-1}^*) \leq$$

$$\lim_{n \to \infty} n^{-1} \sum_{i=1}^{n} \mathbb{E}(\xi_i^2 I(|\xi_i| > \delta n_0^{1/2}) \mid \mathcal{F}_{i-1}^*) = \mathbb{E}(\xi_1^2 I(|\xi_1| > \delta n_0^{1/2})).$$

Mit $n_0 \to \infty$ konvergiert die rechte Seite aber gegen O, so daß sich insgesamt (KL) ergibt. Damit folgt die Behauptung des Satzes aus 9.3.2.

2. Wir zeigen zunächst: Für jedes $\mathscr{B}^*, \mathscr{B}^*$-meßbare f mit $f \cdot \xi_1 \in \mathscr{L}(\mathbb{R}^2, \mathscr{B}_2^*, Q)$ ist

$$(9.3.12) \quad \mathbb{E}(f \cdot \xi_{i+1} \mid \mathscr{F}_i^*) = \mathbb{E}(f \cdot \xi_i \mid \mathscr{F}_{i-1}^*) \circ T.$$

Zunächst sind beide Seiten von (9.3.12) $\mathscr{F}_i^*$-meßbar, so daß lediglich die Gleichheit der Integrale über Mengen aus $\mathscr{F}_i^*$ zu zeigen bleibt. Für jedes $F_i \in \mathscr{F}_i^*$ ist aber $T(F_i) \in \mathscr{F}_{i-1}^*$ und somit aufgrund der Maßtreue von T:

$$\int_{F_i} \mathbb{E}(f \cdot \xi_{i+1} \mid \mathscr{F}_i^*) dQ = \int_{F_i} f \cdot \xi_{i+1} dQ = \int_{F_i} f \cdot \xi_i \cdot T dQ = \int_{T(F_i)} f \cdot \xi_i dQ =$$

$$\int_{T(F_i)} \mathbb{E}(f \circ \xi_i \mid \mathscr{F}_{i-1}^*) dQ = \int_{F_i} \mathbb{E}(f \circ \xi_i \mid \mathscr{F}_{i-1}^*) \cdot T dQ,$$

was zu zeigen war. Insbesondere folgt mit (9.3.12), daß die Variablen $\mathbb{E}(f \cdot \xi_i \mid \mathscr{F}_{i-1}^*)$ eine stationäre Folge bilden und jede diesbezüglich invariante Menge sogar T-invariant ist. Somit ist $(\mathbb{E}(f \cdot \xi_i \mid \mathscr{F}_{i-1}^*))_{i \in \mathbb{N}}$ auch ergodisch. $\square$

Übungen

Abschnitt 9.1

9.1.1. Sei $(\xi_{ni}, \mathscr{F}_{ni})$ ein zweifach indiziertes Schema, welches die Normierungsbedingung (N) und die Bedingung (N_1) $\sum_{i=1}^{i_n} \mathbb{E}(\xi_{ni}^2) \to 1$ erfüllt. Man zeige, daß die Bedingungen (KL) und (L) in diesem Fall äquivalent sind.

9.1.2. Zeigen Sie, daß in dem unter 9.1.5 aufgeführten Beispiel die Normierungsbedingung (N) nicht erfüllt ist.

9.1.3. Zeigen Sie, daß die beiden folgenden Bedingungen äquivalent sind:

(i) $\sum_{i=1}^{i_n} \xi_{ni}^2 I(|\xi_{ni}| > \delta) \xrightarrow{\mathbb{P}\text{-stoch.}} 0$ für alle $\delta > 0$

(ii) $\max_{1 \le i \le i_n} |\xi_{ni}| \xrightarrow{\mathbb{P}\text{-stoch.}} 0.$

9.1.4. Zeigen Sie die Gültigkeit der folgenden Implikation:

(L) $\Rightarrow$ $\max_{1 \le i \le i_n} |\xi_{ni}| \to 0$ $\mathbb{P}$-stoch.

Abschnitt 9.2

9.2.1. Zeigen Sie, daß aus der Gültigkeit der konditionierten Ljapunoff-Bedingung die Gültigkeit von (KL) folgt.

9.2.2. Sei $(\xi'_{ni})_{1 \leq i \leq n}$, $n \in \mathbb{N}$, ein zweifach indiziertes Schema von in jeder Zeile unabhängigen zum Parameter p_n Bernoulli-verteilten Variablen. Ferner sei $\lim_{n \to \infty} np_n = \lambda$ für ein $\lambda > 0$. Man zeige, daß $S'_{nn} := \sum_{i=1}^{n} \xi'_{ni}$ in Verteilung gegen eine Poisson-Verteilung zum Parameter λ konvergiert (Hinweis: Man verwende Ü 1.10.2 oder charakteristische Funktionen).

9.2.3. Bezeichne $(\xi_{ni})_{1 \leq i \leq n}$, $n \in \mathbb{N}$, dasjenige Schema, welches aus dem in Ü 9.2.2 betrachteten Schema durch Zentrieren hervorgeht. Man zeige, daß im Fall $\lambda = 1$ die Bedingung (i) in Korollar 9.2.9, jedoch nicht die Lindeberg-Bedingung (ii) erfüllt ist.

9.2.4. Man zeige, daß für das in Ü 9.2.3 betrachtete Schema $(\xi_{ni})_{1 \leq i \leq n}$ die Zeilensummen in Verteilung gegen eine Variable ξ konvergieren, welche (im Fall $\lambda = 1$) die charakteristische Funktion $\varphi_\xi(x) = e^{-ix} \exp(e^{ix}-1)$ besitzt, d.h. Bedingung (ii) in Korollar 9.2.9 ist wesentlich.

Abschnitt 9.3

9.3.1. Begründen Sie, warum es sich bei der im Beweis zu Satz 9.3.10 betrachteten Folge $(\xi_i)_{i \in \mathbb{Z}}$ um eine MDF handelt.

9.3.2. Arbeiten Sie anhand eines der im Literaturverzeichnis genannten Lehrbücher (z.B. Breiman [16]) den Beweis des Birkhoffschen Ergodensatzes durch.

Bemerkungen zum Text

Die in diesem Kapitel zusammengestellten Ergebnisse sind größtenteils neueren Datums. Lediglich Satz 9.3.10 findet sich bereits bei Billingsley [12] (vgl. auch Billingsley [10]).
Dem interessierten Leser empfehlen wir außer der bereits im Text genannten Literatur zum Weiterstudium die Arbeiten von Adler-Scott [2], Mc Leish [101] sowie Scott [129]. Entsprechende Ergebnisse für Inverse Martingale finden sich bei Loynes [94] und Scott [128].

Kapitel X. Invarianzprinzipien

<u>10.1 Ein Invarianzprinzip für den Partialsummenprozeß</u>

Die Grundvoraussetzungen und Bezeichnungen seien dieselben wie im
letzten Kapitel. Gegeben sei also wieder ein W.-Raum $(\Omega, \mathscr{A}, \mathbb{P})$ mit
einem darüber definierten Schema $(\xi_{ni}, \mathscr{F}_{ni})$. Ferner sei

$$S_{nk} := \sum_{i=1}^{k} \xi_{ni} \quad \text{und} \quad s_{nk}^2 := \sum_{i=1}^{k} \mathbb{E}(\xi_{ni}^2), \quad k=0,\ldots,i_n,$$

gesetzt. Wir wollen im folgenden o.E. $\mathbb{E}(\xi_{ni}^2) > 0$ annehmen, da im
anderen Fall $\xi_{ni} = 0$ $\mathbb{P}$-f.s. und aus diesem Grund in den kommenden
Verteilungsaussagen vernachlässigbar ist. Definiert man nun für jedes
$\omega \in \Omega$ und $n \in \mathbb{N}$ $\xi^{(n)}(\omega) \in D = D([0,1])$ durch

$$\xi^{(n)}(\omega)(t) := \xi^{(n)}(t,\omega) := S_{nk}(\omega), \quad \text{falls } t = s_{nk}^2/s_{ni_n}^2$$

und konstant auf den Teilintervallen $[s_{nk}^2/s_{ni_n}^2, s_{n,k+1}^2/s_{ni_n}^2)$,

so wird dadurch für jedes $n \in \mathbb{N}$ ein ZE in $(D, \mathscr{B}(D))$ bestimmt (vgl.
dazu auch 8.1.9 und 8.1.10). Aufgrund seiner speziellen Struktur
heißt $\xi^{(n)}$, $n \in \mathbb{N}$, der <u>Partialsummenprozeß zum Schema $(\xi_{ni}, \mathscr{F}_{ni})$</u>.

Wir werden im folgenden zeigen, daß unter den Voraussetzungen des
Satzes 9.2.3 die (abstrakten) Variablen $\xi^{(n)}$ als ZE im Raum $(D, \mathscr{B}(D))$
in Verteilung gegen die aus Kapitel VII bekannte Brownsche Bewegung
B konvergieren (<u>Invarianzprinzip</u>). Das Bemerkenswerte an diesem Ergebnis ist die Tatsache, daß es mit seiner Hilfe gelingt, unter Verwendung von Satz 8.4.16 entsprechende Konvergenzsätze für eine ganze
Reihe von aus $\xi^{(n)}$ abgeleiteten Prozessen zu gewinnen.

Zum Beweis des Hauptsatzes wollen wir den Konvergenzsatz 8.5.6 anwenden, so daß lediglich die Bedingungen (8.5.7)-(8.5.9) nachzuweisen
sind. Dabei ist (8.5.9) für $\xi=B$ aufgrund der Stetigkeit der Pfade
trivialerweise erfüllt. Für die Konvergenz der endlichdimensionalen
Randverteilungen wird sich anstelle von (N) die etwas stärkere Bedingung

$$(10.1.1) \quad \sum_{i=1}^{k_n(t)} \mathbb{E}(\xi_{ni}^2 \mid \mathcal{F}_{n,i-1}) \xrightarrow[\mathbb{P}\text{-stoch.}]{} t \quad \text{für alle } 0 \leq t \leq 1$$

als wesentlich erweisen, wobei für $0 \leq t \leq 1$

$$k_n(t) := \max\{k \in \{0,1,\ldots,i_n\} : s_{nk}^2 \leq t s_{ni_n}^2\}$$

gesetzt sei. Insbesondere ist $k_n(1)=i_n$, so daß die Bedingung (N) für $t=1$ aus (10.1.1) folgt .

<u>10.1.2 Satz.</u> Sei $(\xi_{ni}, \mathcal{F}_{ni})$ ein zweifach indiziertes Martingaldifferenzschema, welches die konditionierte Lindeberg-Bedingung (KL) und zusätzlich (10.1.1) erfüllt. Dann konvergieren die endlichdimensionalen Randverteilungen des zu $(\xi_{ni}, \mathcal{F}_{ni})$ gehörenden Partialsummenprozesses in Verteilung gegen die entsprechenden endlichdimensionalen Randverteilungen der Brownschen Bewegung B, d.h. für alle $0 \leq t_1 < t_2 < \ldots < t_k \leq 1$, $k \in \mathbb{N}$, gilt

$$(10.1.3) \quad Q_{\xi^{(n)}(t_1),\ldots,\xi^{(n)}(t_k)} \longrightarrow Q_{B(t_1),\ldots,B(t_k)} \quad \text{für } n \to \infty.$$

<u>Beweis.</u> Seien $0 \leq t_1 < t_2 < \ldots < t_k \leq 1$, $k \in \mathbb{N}$, beliebig gewählt. Mit dem Cramér-Wold-Device 8.7.6 bleibt zu zeigen, daß für fest aber beliebig gewählte $\lambda_1,\ldots,\lambda_k \in \mathbb{R}$ gilt:

$$(10.1.4) \quad \sum_{j=1}^{k} \lambda_j \xi^{(n)}(t_j) \xrightarrow{\mathcal{L}} \sum_{j=1}^{k} \lambda_j B(t_j).$$

Dabei können wir o.E. annehmen, daß $t_k=1$ und sämtliche λ's von null verschieden sind. Zunächst ist $\sum_{j=1}^{k} \lambda_j B(t_j)$ als Bild von $(B(t_1),\ldots,B(t_k))$ unter der linearen Abbildung $(x_1,\ldots,x_k) \to \sum_{j=1}^{k} \lambda_j x_j$ eine zentrierte normalverteilte Variable mit Varianz $\sigma^2 := 2 \cdot \sum_{1 \leq j < r \leq k} \lambda_j \lambda_r t_j + \sum_{j=1}^{k} \lambda_j^2 t_j$

(wegen $\mathbb{E}(B_s B_t)=\min(s,t)$!), wobei im Fall $\sigma^2=0$ wieder $\mathcal{N}(0,\sigma^2):=\varepsilon_0$ zu setzen ist . Auf der anderen Seite ist nach Definition von $\xi^{(n)}$

$$\sum_{j=1}^{k} \lambda_j \xi^{(n)}(t_j) = \sum_{j=1}^{k} \lambda_j \sum_{i=1}^{k_n(t_j)} \xi_{ni} = \sum_{i=1}^{i_n} \eta_{ni},$$

wobei zur Abkürzung $\eta_{ni}:=(\lambda_j+\ldots+\lambda_k)\xi_{ni}$, falls $k_n(t_{j-1}) < i \leq k_n(t_j)$ (mit $t_0:=0=k_n(0)$), gesetzt sei. Offenbar ist mit $(\xi_{ni}, \mathcal{F}_{ni})$ auch $(\eta_{ni}, \mathcal{F}_{ni})$ ein MDS. Ferner erfüllt das Schema $(\eta_{ni}, \mathcal{F}_{ni})$ die konditionierte Lindeberg-Bedingung. Für alle $\delta > 0$ ist nämlich $\mathbb{P}$-f.s.

$$\sum_{i=1}^{i_n} \mathbb{E}(\eta_{ni}^2 I(|\eta_{ni}| > \delta) \mid \mathscr{F}_{n,i-1}) \leq \lambda^2 \sum_{i=1}^{i_n} \mathbb{E}(\xi_{ni}^2 I(|\xi_{ni}| > \delta/\lambda) \mid \mathscr{F}_{n,i-1}),$$

wobei $\lambda := \sum_{j=1}^{k} |\lambda_j|$. Da für das Schema $(\xi_{ni}, \mathscr{F}_{ni})$ nach Voraussetzung die Bedingung (KL) erfüllt ist, konvergiert die rechte Seite der letzten Ungleichung für $n \to \infty$ stochastisch gegen null, d.h. (da $\delta > 0$ beliebig gewählt war) (KL) ist ebenfalls für $(\eta_{ni}, \mathscr{F}_{ni})$ gültig.

Mit dem Zusatz 9.2.8 bleibt somit zum Beweis von (10.1.4) lediglich zu zeigen, daß

$$(10.1.5) \qquad \sum_{i=1}^{i_n} \mathbb{E}(\eta_{ni}^2 \mid \mathscr{F}_{n,i-1}) \underset{\mathbb{P}\text{-stoch.}}{\to} \sigma^2.$$

Dies folgt aber sofort aus der Definition von η_{ni}, wenn man beachtet, daß unter Verwendung von (10.1.1) folgt:

$$\sum_{i=1}^{i_n} \mathbb{E}(\eta_{ni}^2 \mid \mathscr{F}_{n,i-1}) = \sum_{j=1}^{k} \sum_{i=k_n(t_{j-1})+1}^{k_n(t_j)} (\lambda_j + \ldots + \lambda_k)^2 \, \mathbb{E}(\xi_{ni}^2 \mid \mathscr{F}_{n,i-1})$$

$$\underset{\mathbb{P}\text{-stoch.}}{\to} \sum_{j=1}^{k} (\lambda_j + \ldots + \lambda_k)^2 (t_j - t_{j-1}).$$

Durch eine einfache Umformung sieht man aber sofort ein, daß der letzte Ausdruck gleich σ^2 ist, d.h. es gilt (10.1.5). Damit ist Satz 10.1.2 vollständig bewiesen. $\square$

Der folgende Satz zeigt, daß im Fall einer MDF die Konvergenz (10.1.1) lediglich für $t=1$ zu fordern ist (was bekanntlich äquivalent zu (N) ist).

<u>10.1.6 Satz.</u> Sei $(\xi_i, \mathscr{F}_i)$ eine MDF. Gelten dann für $s_n^2 := \sum_{i=1}^{n} \mathbb{E}(\xi_i^2)$ die Bedingungen (N) und (KL), d.h. ist

$$(N) \qquad s_n^{-2} \sum_{i=1}^{n} \mathbb{E}(\xi_i^2 \mid \mathscr{F}_{i-1}) \underset{\mathbb{P}\text{-stoch.}}{\to} 1$$

und

$$(KL) \qquad KL_n(\delta) = s_n^{-2} \sum_{i=1}^{n} \mathbb{E}(\xi_i^2 I(|\xi_i| > \delta s_n) \mid \mathscr{F}_{i-1}) \underset{\mathbb{P}\text{-stoch.}}{\to} 0 \text{ für alle } \delta > 0,$$

so folgt für alle $0 \leq t_1 < t_2 < \ldots < t_k \leq 1$, $k \in \mathbb{N}$,

$$(10.1.3) \qquad Q_{\xi^{(n)}(t_1), \ldots, \xi^{(n)}(t_k)} \overset{\to}{} Q_{B(t_1), \ldots, B(t_k)} \text{ für } n \to \infty.$$

Dabei bezeichnet $\xi^{(n)}$, $n \in \mathbb{N}$, den Partialsummenprozeß zum Schema $\xi_{ni} := s_n^{-1}\xi_i$.

<u>Beweis.</u> Gemäß Satz 10.1.2 bleibt lediglich zu zeigen, daß unter den gemachten Annahmen die Bedingung (10.1.1) erfüllt ist.

1. Wir zeigen zunächst, daß mit (N) und (KL) auch die klassische Lindeberg-Bedingung (L) (bzw. (4.1.9)) und somit auch (vgl. 4.1.20) die Fellersche Bedingung

$$(4.1.19) \quad \lim_{n \to \infty} \max_{k=1,\ldots,n} \sigma_k^2 / s_n^2 = 0$$

erfüllt ist. Für alle $\delta > 0$ ist aber $\mathbb{P}$-f.s.

$$0 \leq KL_n(\delta) \leq s_n^{-2} \sum_{i=1}^{n} \mathbb{E}(\xi_i^2 \mid \mathcal{F}_{i-1}) \underset{\mathbb{P}\text{-stoch.}}{\to} 1,$$

so daß sich die Behauptung wegen $L_n(\delta) = \mathbb{E}(KL_n(\delta))$ sofort aus dem Prattschen Lemma 1.11.16 ergibt (mit $g_n = 0 = g$, $G_n = s_n^{-2} \sum_{i=1}^{n} \mathbb{E}(\xi_i^2 \mid \mathcal{F}_{i-1})$, $G = 1$, $\xi = 0$ und "$\xi_n = KL_n(\delta)$").

2. Da (10.1.1) für $t=0$ trivialerweise erfüllt ist, sei im folgenden stets $0 < t \leq 1$. Wir zeigen, daß für diese t $k_n(t) \uparrow \infty$. Offensichtlich ist die Folge $k_n(t)$ aufgrund der Monotonie von s_n^2 monoton wachsend. Angenommen es sei $\lim_{n \to \infty} k_n(t) = k_0 = k_0(t)$ für ein $k_0 \in \mathbb{N}$. Insbesondere existiert dann ein $n_0 \in \mathbb{N}$ mit $k_n(t) = k_0$ für alle $n \geq n_0$, so daß nach Definition von $k_n(t)$ für alle $n \geq n_0$ folgt: $s_n^{-2} s_{k_0+1}^2 > t$. Da aus der Fellerschen Bedingung notwendigerweise $s_n^2 \to \infty$ folgt, ist dies aber ein Widerspruch. Somit ist $k_n(t) \uparrow \infty$, also wegen (N)

$$(10.1.7) \quad s_{k_n(t)}^{-2} \sum_{i=1}^{k_n(t)} \mathbb{E}(\xi_i^2 \mid \mathcal{F}_{i-1}) \underset{\mathbb{P}\text{-stoch.}}{\to} 1.$$

3. Laut Definition von $k_n(t)$ folgt $|s_n^{-2} s_{k_n(t)}^2 - t| \leq s_n^{-2} \mathbb{E}(\xi_{k_n(t)+1}^2)$, so daß wegen (4.1.19)

$$(10.1.8) \quad \lim_{n \to \infty} |s_n^{-2} s_{k_n(t)}^2 - t| = 0.$$

Zusammenfassend erhalten wir unter Verwendung von (10.1.7) und (10.1.8)

$$\left| s_n^{-2} \sum_{i=1}^{k_n(t)} \mathbb{E}(\xi_i^2 \mid \mathcal{F}_{i-1}) - t \right| \leq \left| s_n^{-2} \sum_{i=1}^{k_n(t)} \mathbb{E}(\xi_i^2 \mid \mathcal{F}_{i-1}) - s_n^{-2} s_{k_n(t)}^2 \right| + |s_n^{-2} s_{k_n(t)}^2 - t| =$$

$$s_n^{-2} s_{k_n(t)}^2 \left| s_{k_n(t)}^{-2} \sum_{i=1}^{k_n(t)} \mathbb{E}(\xi_i^2 \mid \mathcal{F}_{i-1}) - 1 \right| + |s_n^{-2} s_{k_n(t)}^2 - t| \underset{\mathbb{P}\text{-stoch.}}{\to} 0,$$

was zu zeigen war. $\square$

Zum Beweis des eingangs bereits erwähnten Invarianzprinzips bleibt somit wegen Satz 8.5.6 lediglich die dortige Bedingung (8.5.8) nachzuweisen. Dies ist gerade die Aussage des folgenden

<u>10.1.9 Lemma.</u> Unter den Voraussetzungen von Satz 10.1.2 gelte zusätzlich $s^2 := \sup\limits_{n\geq 1} s^2_{ni_n} < \infty$. Dann folgt

(8.5.8) $\lim\limits_{\delta\downarrow 0} (\limsup\limits_{n\to\infty} \mathbb{P}(\{\omega\in\Omega: w''(\xi^{(n)}(\omega),\delta)>\varepsilon\}))=0$ für alle $\varepsilon > 0$.

<u>Beweis.</u> Sei $0<\delta\leq 1$ zunächst beliebig aber fest gewählt. Durch Anwendung der Dreiecksungleichung folgt (mit $\xi^{(n)}_t(\omega):=\xi^{(n)}(t,\omega)$)

$$w''(\xi^{(n)}(\omega),\delta) \leq w'(\xi^{(n)}(\omega),\delta)\leq 3\cdot \sup\limits_{j\in J_\delta}\ \sup\limits_{j\delta<t\leq(j+1)\delta} |\xi^{(n)}_t(\omega)-\xi^{(n)}_{j\delta}(\omega)|,$$

wobei für $t>1$ $\xi^{(n)}_t(\omega)=\xi^{(n)}_1(\omega)$ sowie $J_\delta:= \{j\in\mathbb{N}\cup\{0\}:j\delta<1\}$ gesetzt sei. Somit folgt

$$(10.1.10)\ \mathbb{P}(\{\omega\in\Omega: w''(\xi^{(n)}(\omega),\delta)>\varepsilon\})\leq \sum\limits_{j\in J_\delta} \mathbb{P}(\{\sup\limits_{j\delta<t\leq(j+1)\delta} |\xi^{(n)}_t-\xi^{(n)}_{j\delta}|>\tfrac{\varepsilon}{3}\}).$$

Ferner ist

$$\sup\limits_{j\delta<t\leq(j+1)\delta} |\xi^{(n)}_t-\xi^{(n)}_{j\delta}| \leq \max\limits_{k_0\leq k\leq k_1} |\sum\limits_{i=k_0+1}^{k} \xi_{ni}|,$$

wobei wie unter (10.1.1) $k_n(t)=\max\{k\in\{0,1,\ldots,i_n\}:s^2_{nk}\leq ts^2_{ni_n}\}$ sowie $k_0=k_n(j\delta)$ und $k_1=k_n((j+1)\delta)$ gesetzt sei. Mit Hilfe der Brownschen Ungleichung (6.6.14)(angewendet auf $S_0=0,S_1:=\xi_{n,k_0+1},\ldots,S_k:=\sum\limits_{i=k_0+1}^{k}\xi_{ni}$) erhält man somit folgende Abschätzung:

$$I:=\mathbb{P}(\{\sup\limits_{j\delta<t\leq(j+1)\delta} |\xi^{(n)}_t-\xi^{(n)}_{j\delta}|>\varepsilon/3\})\leq\tfrac{6}{\varepsilon} \cdot \int\limits_{\{|\sum\limits_{k_0<i\leq k_1}\xi_{ni}|\geq\varepsilon/6\}} |\sum\limits_{i=k_0+1}^{k_1}\xi_{ni}|\,d\mathbb{P},$$

also unter Anwendung der Hölderschen Ungleichung (1.13.3)

$$I\leq\tfrac{6}{\varepsilon} |\sum\limits_{i=k_0+1}^{k_1}\xi_{ni}|_2[\mathbb{P}(\{|\sum\limits_{i=k_0+1}^{k_1}\xi_{ni}|>\varepsilon/6\})]^{1/2}\leq\tfrac{6s}{\varepsilon}[\mathbb{P}(\{|\sum\limits_{i=k_0+1}^{k_1}\xi_{ni}|\geq\varepsilon/6\})]^{1/2}.$$

Für den letzten Faktor folgt aufgrund der bereits in 10.1.2 nachgewiesenen Konvergenz der endlichdimensionalen Randverteilungen (vgl. (8.4.14)):

$$\lim_{n\to\infty} \mathbb{P}(\{\,|\sum_{i=k_0+1}^{k_1} \xi_{ni}| \ge \epsilon/6\}) = \frac{1}{\sqrt{2\pi\delta}} \int\limits_{\{|x|\ge\epsilon/6\}} e^{-x^2/2\delta}dx = \frac{1}{\sqrt{2\pi}} \int\limits_{\{|x|\ge\epsilon/6\sqrt{\delta}\}} e^{-x^2/2}dx.$$

Zusammenfassend erhalten wir mit (10.1.10) wegen $|J_\delta| \le \delta^{-1}+1 \le 2/\delta$

$$\lim_{n\to\infty} \sup \mathbb{P}(\{\,w^{\prime\prime}(\xi^{(n)},\delta)>\epsilon\}) \le \frac{12s}{\epsilon\delta}[\frac{1}{\sqrt{2\pi}} \int\limits_{\{|x|\ge\epsilon/6\sqrt{\delta}\}} e^{-x^2/2}dx]^{1/2}$$

$$\le \frac{12s}{\epsilon\delta}[\frac{36^2\delta^2}{\epsilon^4\sqrt{2\pi}} \int\limits_{\{|x|\ge\epsilon/6\sqrt{\delta}\}} x^4 e^{-x^2/2}dx]^{1/2} = \text{const}\cdot[\int\limits_{\{|x|\ge\epsilon/6\sqrt{\delta}\}} x^4 e^{-x^2/2}dx]^{1/2},$$

woraus sich sofort (8.5.8) ergibt. $\square$

Zusammenfassend erhalten wir aus Satz 10.1.2 und Lemma 10.1.9 den folgenden

<u>10.1.11 Satz (Invarianzprinzip)</u>. Sei $(\xi_{ni},\mathscr{F}_{ni})$ ein zweifach indiziertes Martingaldifferenzschema, welches die konditionierte Lindeberg-Bedingung (KL)

$$(9.1.2)\quad KL_n(\delta) := \sum_{i=1}^{i_n} \mathbb{E}(\xi_{ni}^2 I(|\xi_{ni}|>\delta)|\mathscr{F}_{n,i-1}) \xrightarrow[\mathbb{P}\text{-stoch.}]{} 0 \text{ für alle } \delta>0$$

sowie die Bedingung

$$(10.1.1)\quad \sum_{i=1}^{k_n(t)} \mathbb{E}(\xi_{ni}^2|\mathscr{F}_{n,i-1}) \xrightarrow[\mathbb{P}\text{-stoch.}]{} t \text{ für alle } 0 \le t \le 1$$

erfüllt. Gilt dann zusätzlich $s^2 := \sup_{n\ge1} s_{ni_n}^2 < \infty$, so folgt für den zum Schema $(\xi_{ni},\mathscr{F}_{ni})$ gehörigen Partialsummenprozeß $\xi^{(n)}$:

$$\xi^{(n)} \xrightarrow[\to]{\mathscr{L}} B \text{ für } n\to\infty.$$

Dabei ist $B=(B_t)_{0\le t\le1}$ aufgefaßt als ZE in $(D,\mathscr{B}(D))$ eine Brownsche Bewegung mit Parameterbereich $[0,1]$.

Für die in 10.1.6 betrachteten MDF ist die Bedingung $s^2 < \infty$ aufgrund der gemachten Normierung trivialerweise erfüllt. Ferner wurde im Beweis zu 10.1.6 gezeigt, daß in diesem Fall die Bedingung (10.1.1) notwendigerweise aus der Bedingung (N) folgt, d.h. wir erhalten als Korollar zu Satz 10.1.11 den

<u>10.1.12 Satz (Brown).</u> Sei $(\xi_i, \mathscr{F}_i)$ eine MDF, welche mit $s_n^2 := \sum_{i=1}^{n} \mathbb{E}(\xi_i^2)$
die Bedingung

(N) $\quad s_n^{-2} \sum_{i=1}^{n} \mathbb{E}(\xi_i^2 \mid \mathscr{F}_{i-1}) \xrightarrow[\mathbb{P}\text{-stoch.}]{} 1$

und

(KL) $\quad KL_n(\delta) = s_n^{-2} \sum_{i=1}^{n} \mathbb{E}(\xi_i^2 I(|\xi_i| > \delta s_n) \mid \mathscr{F}_{i-1}) \xrightarrow[\mathbb{P}\text{-stoch.}]{} 0$ für alle $\delta > 0$

erfüllt. Dann gilt für den <u>zur Folge</u> (ξ_i) (d.h. zum Schema $\xi_{ni} := s_n^{-1} \xi_i$)
<u>gehörigen Partialsummenprozeß</u> $\xi^{(n)}$:

$$\xi^{(n)} \xrightarrow{\mathscr{L}} B \text{ für } n \to \infty.$$

Der Beweis des Satzes 9.3.10 zeigte, daß die Bedingungen (N) und (KL)
insbesondere dann erfüllt sind, wenn es sich bei $(\xi_i, \mathscr{F}_i)$ um eine
stationäre und ergodische MDF handelt, d.h. wir erhalten

<u>10.1.13 Satz</u> (vgl. Billingsley [12], Theorem 23.1). Sei $(\xi_i, \mathscr{F}_i)$
eine stationäre und ergodische MDF über einem W.-Raum $(\Omega, \mathscr{A}, \mathbb{P})$ mit
$\mathbb{E}(\xi_1^2) > 0$. Dann konvergiert der zugehörige Partialsummenprozeß in
Verteilung gegen die Brownsche Bewegung.

Sind die Variablen ξ_i zusätzlich unabhängig und setzt man
$\mathscr{F}_i := \sigma(\{\xi_1, \ldots, \xi_i\})$ (und $\mathscr{F}_0 := \{\emptyset, \Omega\}$ bzw. $\xi_0 = 0$), so ist $(\xi_i, \mathscr{F}_i)$
eine MDF, für die wegen

$$s_n^{-2} \sum_{i=1}^{n} \mathbb{E}(\xi_i^2 \mid \mathscr{F}_{i-1}) = s_n^{-2} \sum_{i=1}^{n} \mathbb{E}(\xi_i^2) = 1 \quad \mathbb{P}\text{-f.s.}$$

die Bedingung (N) automatisch erfüllt ist. Ferner ist (KL) identisch
mit der klassischen Lindeberg-Bedingung (L), so daß im Fall identisch
verteilter Variabler folgt:

<u>10.1.14 Satz (Donsker).</u> Sei $(\xi_i)_{i \in \mathbb{N}}$ eine Folge unabhängiger identisch
verteilter Variabler mit $\mathbb{E}(\xi_1) = 0$ und $0 < V(\xi_1) < \infty$. Dann konvergiert der
zugehörige Partialsummenprozeß in Verteilung gegen die Brownsche Be-
wegung.

<u>10.1.15 Bemerkung.</u> Im zuletzt betrachteten Fall kann die Bedingung
(8.5.8) unter Ausnutzung von 8.5.15 auch leicht wie folgt nachge-
wiesen werden. Für alle $0 \leq t_1 \leq t \leq t_2 \leq 1$ ist wegen der Unabhängigkeit
der ξ_i

382

$$(\infty>)\mathbf{E}(|\xi_t^{(n)}-\xi_{t_1}^{(n)}|^2|\xi_{t_2}^{(n)}-\xi_t^{(n)}|^2) = \mathbf{E}(|\xi_t^{(n)}-\xi_{t_1}^{(n)}|^2)\,\mathbf{E}(|\xi_{t_2}^{(n)}-\xi_t^{(n)}|^2) =$$

$$n^{-2}(\langle nt\rangle-\langle nt_1\rangle)(\langle nt_2\rangle-\langle nt\rangle) \le \left[\frac{\langle nt_2\rangle-\langle nt_1\rangle}{n}\right]^2,$$

wobei man zu beachten hat, daß die "Stützstellen" der Funktion
$\xi^{(n)}(\omega)$ jetzt gleich $0,n^{-1},2n^{-1},\ldots,1$ sind. Im Fall $t_2-t_1 \ge n^{-1}$ ist
die rechte Seite aber kleiner oder gleich $4(t_2-t_1)^2$, während im Fall
$t_2-t_1 < n^{-1}$ die linke Seite verschwindet, so daß zusammenfassend

$$\mathbf{E}(|\xi_t^{(n)}-\xi_{t_1}^{(n)}|^2|\xi_{t_2}^{(n)}-\xi_t^{(n)}|^2) \le 4(t_2-t_1)^2,$$

d.h. 7.2.76 gilt gleichzeitig für alle n mit K=4, $a_1=2=a_2$ und b=2.
Dies war aber gerade zu zeigen (vgl. 8.5.15).

Das Wort "Invarianzprinzip" leitet sich aus der Tatsache ab, daß unter
den Voraussetzungen des Donskerschen Satzes der Grenzprozeß B nicht
von der Verteilung der betrachteten Variablen ξ_i abhängt (die Bedingung $\mathbf{E}(\xi_1)=0$ ist nach Übergang zu zentrierten Variablen o.E. annehmbar),und in den übrigen Sätzen die Verteilungen nur über die bedingten
ersten und zweiten Momente eingehen.Mitunter bezeichnet man die in
diesem Abschnitt hergeleiteten Invarianzprinzipien auch als <u>funktio-
nale Versionen des zentralen Grenzwertsatzes</u>.

·Mit dem Invarianzprinzip sind wir nun in der Lage, für eine ganze
Reihe von Variablen, welche sich als Funktionen der Partialsummen
$S_n= \sum_{i=1}^{i_n} \xi_{ni}$ darstellen lassen, die zugehörige Grenzverteilung konkret
anzugeben. Ist dazu h: $D \to \mathbb{R}$ eine meßbare Abbildung und beachtet man
ferner, daß wegen 7.2.10 (c) (Beweisteil (β))eine bzgl. s konvergente
Folge $(f_n)_{n\in\mathbb{N}}$ in D sogar gleichmäßig konvergiert, falls die Grenz-
funktion stetig ist, so folgt aus der Stetigkeit der Brownschen
Pfade, daß, um Satz 8.4.16 anwenden zu können,lediglich die Stetig-
keit der Abbildung h:$(D,|\cdot|) \to \mathbb{R}$ nachzuweisen bleibt.Man zeige,daß sowohl
die $\mathscr{B}(D),\mathscr{B}^*$-Meßbarkeit als auch die Stetigkeit (bzgl. $|\cdot|$) in den
Beispielen des folgenden Satzes stets erfüllt sind.

<u>10.1.16 Satz.</u> Sei ξ_i, $i\in\mathbb{N}$, eine Folge unabhängiger identisch ver-
teilter Variabler über einem W.-Raum $(\Omega, \mathscr{A}, \mathbf{P})$ mit $\mathbf{E}(\xi_1)=0$ und
$\mathbf{E}(\xi_1^2)=1$. Sei $S_k := \sum_{i=1}^{k} \xi_i$, $k\in\mathbb{N}$. Dann folgt für $n \to \infty$:

(i) $\quad n^{-1/2} \max_{0 \leq k \leq n} S_k \xrightarrow{\mathscr{L}} \max_{0 \leq t \leq 1} B_t$

(ii) $\quad n^{-1/2} \max_{0 \leq k \leq n} |S_k| \xrightarrow{\mathscr{L}} \max_{0 \leq t \leq 1} |B_t|$

(iii) $\quad n^{-2} \sum_{k=1}^{n-1} S_k^2 \xrightarrow{\mathscr{L}} \int_0^1 B_t^2 dt$

(iv) $\quad n^{-3/2} \sum_{k=1}^{n-1} |S_k| \xrightarrow{\mathscr{L}} \int_0^1 |B_t| dt.$

Beweis. Aus dem Satz von Donsker folgt zunächst, daß der zur Folge ξ_i gehörige Partialsummenprozeß $\xi^{(n)}$ in Verteilung gegen B konvergiert. Ferner ist

$$n^{-1/2} \max_{0 \leq k \leq n} S_k = h_1(\xi^{(n)}), \qquad n^{-1/2} \max_{0 \leq k \leq n} |S_k| = h_2(\xi^{(n)})$$

$$n^{-2} \sum_{k=1}^{n-1} S_k^2 = h_3(\xi^{(n)}) \quad \text{und} \quad n^{-3/2} \sum_{k=1}^{n-1} |S_k| = h_4(\xi^{(n)}),$$

wobei die wie folgt definierten Abbildungen $h_m: D \to \mathbb{R}$, m=1,...,4, stets $\mathscr{B}(D), \mathscr{B}^*$-meßbar sowie bzgl. der $|\cdot|$-Topologie auf D stetig sind (!):

$$h_1(f) := \max_{0 \leq t \leq 1} f(t) \quad , \quad h_2(f) := \max_{0 \leq t \leq 1} |f(t)|$$

$$h_3(f) := \int_0^1 f^2(t) dt \quad , \quad h_4(f) := \int_0^1 |f(t)| dt.$$

Die Behauptungen folgen nun unmittelbar aus 8.4.16. $\square$

10.1.17 Bemerkung. Unter Ausnutzung von Satz 7.6.14 folgt aus der Konvergenz (i), daß

$$\lim_{n \to \infty} \mathbb{P}(\{n^{-1/2} \max_{0 \leq k \leq n} S_k \geq a\}) = \frac{2}{\sqrt{2\pi}} \int_a^\infty e^{-x^2/2} dx \text{ für alle } a \geq 0.$$

Die restlichen drei Grenzverteilungen sind von erheblich komplizierterer Struktur und wurden zum erstenmal von Erdös und Kac [39] angegeben.

Als letztes Beispiel setzen wir für jedes $f \in D$

$$h_5(f) := \lambda(\{0 \leq t \leq 1: f(t) > 0\}).$$

Dann ist h_5 $\mathscr{B}(D), \mathscr{B}^*$-meßbar und stetig auf der Menge aller $f \in D$ mit

$\lambda(\{0 \le t \le 1: f(t)=0\})=0$ (vgl. Ü 10.1.2), d.h. h_5 ist wegen 7.6.20 Q_B-fast sicher stetig. Unter den Voraussetzungen des letzten Satzes folgt somit aus 8.4.16:

$$h_5 \cdot \xi^{(n)} \overset{\mathscr{L}}{\to} h_5 \cdot B \text{ für } n \to \infty.$$

Offenbar ist $h_5 \cdot \xi^{(n)}=n^{-1}L_n$, wobei L_n die Anzahl aller $k=1,\ldots,n-1$ bezeichne mit $S_k > 0$. Ferner besitzt $h_5 \cdot B$ die Verteilungsfunktion (vgl. Billingsley [12], S. 82)

$$F(x) := \begin{cases} \dfrac{2}{\pi} \arcsin \sqrt{x} \, , & \text{falls } 0 < x < 1 \\[2mm] 0 \text{ bzw. } 1 & , \text{falls } x \le 0 \text{ bzw. } x \ge 1, \end{cases}$$

so daß wir zusammenfassend den folgenden Satz erhalten.

<u>10.1.18 Satz (Arcus-Sinus-Gesetz)</u>. Unter den Voraussetzungen des letzten Satzes gilt für alle $0 < x < 1$:

$$\lim_{n\to\infty} \mathbb{P}(\{n^{-1}L_n \le x\}) = \frac{2}{\pi} \arcsin \sqrt{x} \, .$$

<u>10.1.19 Bemerkung</u>. Ersetzt man den Prozeß $\xi^{(n)}$ durch einen Prozeß $\tilde{\xi}^{(n)}$, welcher an den Stützstellen wie $\xi^{(n)}(\omega)$ definiert und auf den Teilintervallen linear ist, so ist $\tilde{\xi}^{(n)}$ ein Prozeß mit stetigen Pfaden und

$$|\xi^{(n)}-\tilde{\xi}^{(n)}| \le \max_{i=1,\ldots,i_n} |\xi_{ni}| \, .$$

Wegen 8.6.2 konvergiert mit $\xi^{(n)}$ auch $\tilde{\xi}^{(n)}$ in Verteilung gegen B, sofern nur $\max_{i=1,\ldots,i_n} |\xi_{ni}| \underset{\mathbb{P}\text{-stoch.}}{\to} 0$ (vgl. dazu Ü 9.1.4).

<u>10.2 Ein Invarianzprinzip für den empirischen Prozeß</u>

Der einer Folge $(\xi_i)_{i \in \mathbb{N}}$ von identisch verteilten Variablen mit Werten im Einheitsintervall $[0,1]$ zugeordnete empirische Prozeß $\eta_F^{(n)}$, $n \in \mathbb{N}$, ist bereits in 8.1.10 definiert worden. Bezeichnet man mit F_n^ω wiederum die empirische Verteilungsfunktion zur Stichprobe $\xi_1(\omega),\ldots,\xi_n(\omega)$ und mit $F=F_{\xi_1}$ die gemeinsame Verteilungsfunktion der ξ_i, so war

$$\eta_F^{(n)}(\omega)(t) := \sqrt{n} \, (F_n^\omega(t)-F_{\xi_1}(t)), \ 0 \le t \le 1,$$

gesetzt. Wir hatten bereits erwähnt, daß es sich bei den $\eta_F^{(n)}$ um ZE in $(D, \mathscr{B}(D))$ handelt. Sind sämtliche ξ_i gleichverteilt über $[0,1]$, so setzen wir

$$\eta^{(n)}(\omega)(t) := \sqrt{n}\ (F_n^\omega(t)-t),\ 0 \le t \le 1.$$

Ziel dieses Abschnitts wird es sein, für unabhängige Variable die Verteilungskonvergenz des empirischen Prozesses gegen die aus Abschnitt 7.6 bekannte Brownsche Brücke (aufgefaßt als ZE in $(D, \mathscr{B}(D))$) abzuleiten.

Wie im letzten Abschnitt beweisen wir zunächst die Konvergenz der endlichdimensionalen Randverteilungen.

<u>10.2.1 Satz.</u> Die endlichdimensionalen Randverteilungen des zu einer Folge $(\xi_i)_{i \in \mathbb{N}}$ von unabhängigen über $[0,1]$ gleichverteilten Variablen gehörenden empirischen Prozesses konvergieren schwach gegen die entsprechenden endlichdimensionalen Randverteilungen der Brownschen Brücke $B^O=(B^O(t))_{0 \le t \le 1}$.

<u>Beweis.</u> Für beliebige $0 \le t_1 < t_2 < \ldots \le t_k \le 1$ und $k \in \mathbb{N}$ genügt

$$(\eta^{(n)}(t_1),\ldots,\eta^{(n)}(t_k))=n^{-1/2} \sum_{i=1}^{n} (1_{\{\xi_i \le t_1\}}-t_1,\ldots,1_{\{\xi_i \le t_k\}}-t_k)$$

als (normierte) Summe unabhängiger identisch verteilter zentrierter Zufallsvektoren mit endlicher Kovarianzmatrix Γ dem zentralen Grenzwertsatz 8.8.1, d.h. $(\eta^{(n)}(t_1),\ldots,\eta^{(n)}(t_k))$ konvergiert in Verteilung gegen einen k-dimensionalen normalverteilten Zufallsvektor, welcher zentriert ist und die gleiche Kovarianzmatrix Γ besitzt. Wegen 1.19.11 bleibt demnach nur zu zeigen, daß (vgl. (7.6.21)ff)

$$\mathbb{E}((1_{\{\xi_1 \le t_r\}}-t_r)(1_{\{\xi_1 \le t_j\}}-t_j)) = t_r-t_r t_j \text{ für alle } 1 \le r \le j \le k.$$

Es ist $\mathbb{E}((1_{\{\xi_1 \le t_r\}}-t_r)(1_{\{\xi_1 \le t_j\}}-t_j)) =$

$$\mathbb{P}(\{\xi_1 \le t_r\})-t_j\ \mathbb{P}(\{\xi_1 \le t_r\})-t_r\ \mathbb{P}(\{\xi_1 \le t_j\})+t_r t_j = t_r-t_r t_j.\ \square$$

Zum Nachweis von (8.5.8) ((8.5.9) ist für $\xi=B^O$ trivialerweise erfüllt) zeigen wir, daß die Momentenungleichung in Korollar 7.2.76 mit $a_1=2=a_2$, $K=6$, $b=2$ und $F(t)=t$ gleichzeitig für alle $n \in \mathbb{N}$ erfüllt ist (vgl. 8.5.15).

<u>10.2.2 Lemma.</u> Für alle $0 \le t_1 \le t \le t_2 \le 1$ und $n \in \mathbb{N}$ ist

$$\mathbb{E}(|\eta^{(n)}(t)-\eta^{(n)}(t_1)|^2 |\eta^{(n)}(t_2)-\eta^{(n)}(t)|^2) \le 6(t-t_1)(t_2-t).$$

Beweis. Es ist

$$I := \mathbb{E}(|\eta^{(n)}(t) - \eta^{(n)}(t_1)|^2 |\eta^{(n)}(t_2) - \eta^{(n)}(t)|^2) =$$

$$n^{-2} \mathbb{E}([\sum_{i=1}^{n} (1_{\{t_1 < \xi_i \leq t\}} - (t-t_1))]^2 [\sum_{i=1}^{n} (1_{\{t < \xi_i \leq t_2\}} - (t_2-t))]^2).$$

Ausmultiplikation des Integranden liefert unter Ausnutzung der Unabhängigkeit der ξ_i sowie der Zentriertheit der einzelnen Summanden:

$$I = n^{-2}[n\, \mathbb{E}((1_{\{t_1 < \xi_1 \leq t\}} - (t-t_1))^2 (1_{\{t < \xi_1 \leq t_2\}} - (t_2-t))^2) +$$

$$n(n-1)\mathbb{E}((1_{\{t_1 < \xi_1 \leq t\}} - (t-t_1))^2)\mathbb{E}((1_{\{t < \xi_1 \leq t_2\}} - (t_2-t))^2) +$$

$$2n(n-1)\{\mathbb{E}((1_{\{t_1 < \xi_1 \leq t\}} - (t-t_1))(1_{\{t < \xi_1 \leq t_2\}} - (t_2-t)))\}^2].$$

Die Behauptung ergibt sich nun unmittelbar aus den Abschätzungen

$$\mathbb{E}((1_{\{t_1 < \xi_1 \leq t\}} - (t-t_1))^2 (1_{\{t < \xi_1 \leq t_2\}} - (t_2-t))^2) = (t-t_1)^2(t_2-t)^2(1-t_2+t_1) +$$

$$(1-t+t_1)^2(t_2-t)^2(t-t_1) + (t-t_1)^2(1-t_2+t)^2(t_2-t) \leq 3(t-t_1)(t_2-t),$$

$$\mathbb{E}((1_{\{t_1 < \xi_1 \leq t\}} - (t-t_1))^2)\mathbb{E}((1_{\{t < \xi_1 \leq t_2\}} - (t_2-t))^2) =$$

$$(t-t_1)(1-t+t_1)(t_2-t)(1-t_2+t) \leq (t-t_1)(t_2-t) \quad \text{sowie}$$

$$[\mathbb{E}((1_{\{t_1 < \xi_1 \leq t\}} - (t-t_1))(1_{\{t < \xi_1 \leq t_2\}} - (t_2-t)))]^2 = (t-t_1)^2(t_2-t)^2 \leq (t-t_1)(t_2-t).$$

$$\square$$

Zusammen mit Satz 10.2.1 erhalten wir somit das folgende <u>Invarianzprinzip für den empirischen Prozeß</u>.

<u>10.2.3 Satz.</u> Der einer Folge $(\xi_i)_{i \in \mathbb{N}}$ von unabhängigen über $[0,1]$ gleichverteilten Variablen zugeordnete empirische Prozeß (aufgefaßt als ZE in $(D, \mathscr{B}(D))$) konvergiert in Verteilung gegen die Brownsche Brücke:

$$\eta^{(n)} \xrightarrow{\mathscr{L}} B^o \quad \text{für } n \to \infty.$$

Satz 10.2.3 läßt sich ohne große Mühe auf den Fall nicht notwendig über $[0,1]$ gleichverteilter Variabler übertragen. Wir betrachten dazu eine beliebige Verteilungsfunktion F über $[0,1]$ (d.h. es ist $F(0) = 0$ und $F(1) = 1$) und definieren die zu F "inverse Funktion" F^{-1} durch

(10.2.4) $F^{-1}(x) := \inf\{y \in [0,1]: F(y) \geq x\}$, $0 \leq x \leq 1$.

Dann ist mit F auch F^{-1} monoton wachsend, und es gilt

(10.2.5) $F^{-1}(F(y)) \leq y$ und $F(F^{-1}(x)) \geq x$,

also auch

(10.2.6) $x \leq F(y) \Leftrightarrow F^{-1}(x) \leq y$.

Ist nun $(\xi_i)_{i \in \mathbb{N}}$ eine Folge von unabhängigen über $[0,1]$ gleichverteilten Variablen, so ist wegen (10.2.6) $\mathbb{P}(\{F^{-1} \cdot \xi_i \leq y\}) = F(y)$, $0 \leq y \leq 1$,
d.h. $\xi_i' := F^{-1} \cdot \xi_i$ ist nach F verteilt für alle $i \in \mathbb{N}$. Bezeichnet $\eta^{(n)}$
den zur Folge $(\xi_i)_{i \in \mathbb{N}}$ und $\eta_F^{(n)}$ den zur Folge $(\xi_i')_{i \in \mathbb{N}}$ gehörigen
empirischen Prozeß, so folgt wegen (10.2.6) $\eta_F^{(n)}(t) = \eta^{(n)}(F(t))$. Sei
nun $h: D \to D$ definiert durch $h(f)(t) := f(F(t))$, $0 \leq t \leq 1$. Dann ist h
Q_{BO}-fast sicher stetig $(B^O(\omega) \in C([0,1])$ für alle $\omega \in \Omega!)$, d.h. mit
10.2.3 und 8.4.16 folgt

(10.2.7) $\eta_F^{(n)} = h \cdot \eta^{(n)} \overset{\mathscr{L}}{\to} h \circ B^O =: \eta$.

Dabei ist η offensichtlich ein Gaußprozeß mit $\mathbb{E}(\eta_t) = 0$ für alle $0 \leq t \leq 1$
und $\mathrm{cov}(\eta_s, \eta_t) = \mathrm{cov}(B^O_{F(s)}, B^O_{F(t)}) = F(s)(1-F(t))$ für $s \leq t$.
Damit erhalten wir

<u>10.2.8 Satz.</u> Sei $(\xi_i')_{i \in \mathbb{N}}$ eine Folge von unabhängigen und identisch
verteilten Variablen über einem W.-Raum $(\Omega, \mathscr{A}, \mathbb{P})$ mit Werten im
Einheitsintervall $[0,1]$ und gemeinsamer Verteilung F. Dann konvergiert
der zugehörige empirische Prozeß $\eta_F^{(n)}$ (als ZE in $(D, \mathscr{B}(D))$) in Verteilung gegen einen zentrierten Gaußprozeß η mit Kovarianz

$$\mathrm{cov}(\eta_s, \eta_t) = F(s)(1-F(t)) \quad \text{für alle } s \leq t.$$

<u>Beweis.</u> Da die Aussage des Satzes nur von der Verteilung des Vektors
$(\xi_i': i \in \mathbb{N})$ abhängt (!), können wir o.E. annehmen, daß ξ_i' wie oben die
Darstellung $\xi_i' = F^{-1} \circ \xi_i$ besitzt. In diesem Fall ist die Behauptung
aber gerade in (10.2.7) enthalten. $\square$

Als unmittelbare Anwendung erhalten wir aus dem Invarianzprinzip
10.2.3 den folgenden

<u>10.2.9 Satz.</u> Sei $(\xi_i)_{i \in \mathbb{N}}$ eine Folge unabhängiger identisch verteil-
ter Variabler über einem W.-Raum $(\Omega, \mathscr{A}, \mathbb{P})$ mit <u>stetiger</u> Verteilungs-

funktion F. Dann gilt für alle a > O:

$$\lim_{n\to\infty} \mathbb{P}(\{\omega \in \Omega : n^{1/2} \sup_{x\in\mathbb{R}} |F_n^\omega(x)-F(x)| \leq a\}) = \sum_{m=-\infty}^{\infty} (-1)^m \exp(-2m^2a^2)$$

und

$$\lim_{n\to\infty} \mathbb{P}(\{\omega \in \Omega : n^{1/2} \sup_{x\in\mathbb{R}} [F_n^\omega(x)-F(x)] \leq a\}) = 1-\exp(-2a^2).$$

__Beweis.__ Gemäß 3.3.8 können wir o.E. annehmen, daß sämtliche ξ_i über [O,1] gleichverteilt sind. Da h: $D \to \mathbb{R}$, definiert durch

$$h(f) := \sup_{0\leq x\leq 1} |f(x)| \quad (\text{bzw.} = \sup_{0\leq x\leq 1} f(x) \text{ im zweiten Fall}), \quad Q_{BO}\text{-fast sicher}$$

stetig ist, folgt mit 8.4.16 aus dem Invarianzprinzip:

$$n^{1/2} \sup_{0\leq x\leq 1} |F_n^\omega(x)-x| = h\cdot\eta^{(n)} \overset{\mathscr{L}}{\to} h\cdot B^O.$$

Die Behauptungen ergeben sich nun unmittelbar aus Satz 7.6.27 bzw. (7.6.24). $\square$

Mit Satz 10.2.3 ist nun auch endgültig die am Ende von Abschnitt 7.6 aufgeworfene Frage geklärt worden, inwieweit zwischen (3.3.10) und (7.6.24) bzw. (3.3.11) und 7.6.27 ein innerer Zusammenhang besteht.

10.3 Ein Invarianzprinzip für $\mathscr{U}$-Statistiken

Sei $(\xi_i)_{i\in\mathbb{N}}$ eine Folge von unabhängigen identisch verteilten zufälligen Variablen über einem W.-Raum $(\Omega, \mathscr{A}, \mathbb{P})$ und $U_n = U\circ(\xi_1,\ldots,\xi_n)$, $n\in\mathbb{N}$, eine Folge von $\mathscr{U}$-Statistiken, wie wir sie in Abschnitt 6.9 betrachtet haben. Mit den dortigen Bezeichnungen definieren wir nun eine Folge von ZE $\zeta^{(n)}$ in $(D, \mathscr{B}(D))$ durch:

$$\zeta^{(n)}(\omega)(t) := \begin{cases} O & \text{falls } 0 \leq t \leq (m-1)/n \\[2mm] \dfrac{k[U_k(\omega) - g(Q)]}{m(nz_1(Q))^{1/2}} & \text{falls } t = \dfrac{k}{n}, \ k=m,m+1,\ldots,n, \end{cases}$$

und konstant auf den Teilintervallen $[(k-1)/n, k/n)$.

__Das Invarianzprinzip für__ $\mathscr{U}$__-Statistiken__ ist der Inhalt des folgenden Satzes.

<u>10.3.1 Satz (Miller-Sen)</u>. Sei $0 < z_1(Q) < \infty$ und $z_m(Q) < \infty$. Dann konvergiert die Folge $(\zeta^{(n)})_{n \in \mathbb{N}}$ in Verteilung gegen die Brownsche Bewegung B.

<u>Beweis.</u> Mit den vor 6.9.14 eingeführten Bezeichnungen ist

$$S_n := n \cdot U_{n,1} = \sum_{i=1}^{n} [f_1 \cdot \xi_i - g(Q)],$$

also gleich einer Summe von unabhängigen identisch verteilten Variablen mit Erwartungswert 0 und Varianz $z_1(Q)$ (vgl. (6.9.12ff). Betrachten wir den zur Folge $f_1 \cdot \xi_i - g(Q)$ gehörigen Partialsummenprozeß $\xi^{(n)}$, so ist $\xi^{(n)}$, $n \in \mathbb{N}$, eine Folge von ZE in $(D, \mathscr{B}(D))$, welche nach 10.1.14 in Verteilung gegen die Brownsche Bewegung konvergiert. Zum Beweis des Satzes bleibt wegen 8.6.2 lediglich zu zeigen, daß

$$\sup_{0 \leq t \leq 1} |\xi^{(n)}(t) - \zeta^{(n)}(t)| \underset{\mathbb{P}\text{-stoch.}}{\to} 0$$

(und somit auch $s(\xi^{(n)}, \zeta^{(n)}) \underset{\mathbb{P}\text{-stoch.}}{\to} 0$). Es ist zunächst

$$\sup_{0 \leq t \leq 1} |\xi^{(n)}(t) - \zeta^{(n)}(t)| \leq \sup_{0 \leq t \leq m/n} |\xi^{(n)}(t)| + \sup_{m/n \leq t \leq 1} |\xi^{(n)}(t) - \zeta^{(n)}(t)|.$$

Sei nun $h_n(f) := \sup_{0 \leq t \leq m/n} |f(t)|$ und $h_o(f) := |f(0)|, f \in D$. Dann ist aufgrund der Stetigkeit der Brownschen Pfade $Q_B(E) = 0$, wobei

$$E := \{f \in D: \text{ exist. eine Folge } (f_n)_{n \in \mathbb{N}} \text{ in } D \text{ mit } s(f_n, f) \to 0$$
$$\text{und } h_n(f_n) \to h_o(f)\}.$$

Mit 8.4.17 (bzw. der entsprechenden Verallgemeinerung in 8.4.18 für ZE in polnischen Räumen) folgt $h_n \cdot \xi^{(n)} \overset{\mathscr{L}}{\to} h_o \cdot B = 0$, also mit 1.12.4

$$h_n \cdot \xi^{(n)} = \sup_{0 \leq t \leq m/n} |\xi^{(n)}(t)| \underset{\mathbb{P}\text{-stoch.}}{\to} 0.$$

Somit bleibt zu zeigen, daß

$$\sup_{m/n \leq t \leq 1} |\xi^{(n)}(t) - \zeta^{(n)}(t)| \underset{\mathbb{P}\text{-stoch.}}{\to} 0.$$

Dies ergibt sich aber durch Anwendung von (6.9.15) und 6.9.17 unmittelbar aus der folgenden Umformung:

$$\sup_{m/n \leq t \leq 1} |\xi^{(n)}(t) - \zeta^{(n)}(t)| = \max_{m \leq k \leq n} \frac{k|U_k - g(Q) - m U_{k,1}|}{m(nz_1(Q))^{1/2}} =$$

$$\max_{m \leq k \leq n} \frac{k \left| \sum_{c=2}^{m} \binom{m}{c} U_{k,c} \right|}{m(n z_1(Q))^{1/2}} = \max_{m \leq k \leq n} \frac{k |U_k^*|}{m(n z_1(Q))^{1/2}} \cdot \square$$

<u>10.3.2 Korollar (Hoeffding)</u>. Unter den Voraussetzungen von 10.3.1 gilt

$$\frac{n^{1/2}(U_n - g(Q))}{m[z_1(Q)]^{1/2}} \xrightarrow{\mathcal{L}} \mathcal{N}(0,1)$$

bzw. (vgl. 6.9.13 (vi) und 1.12.11)

$$\frac{U_n - g(Q)}{(V_Q(U_n))^{1/2}} \xrightarrow{\mathcal{L}} \mathcal{N}(0,1).$$

Der folgende Satz, den wir ohne Beweis angeben, zeigt, daß in diesem
Fall auch eine Berry-Esséen Abschätzung gilt.

<u>10.3.3 Satz.</u> Ist $0 < z_1(Q) < \infty$ und der zu U_n gehörige symmetrische
Kern $f \cdot (\xi_1, \ldots, \xi_m)$ 3-fach integrierbar, so gilt:

$$\sup_{x \in \mathbb{R}} \left| \mathbb{P}\left(\left\{ \frac{U_n - g(Q)}{(V_Q(U_n))^{1/2}} \leq x \right\} \right) - \Phi(x) \right| = \mathcal{O}(n^{-1/2} \log^{1/3} n).$$

Ist $f \cdot (\xi_1, \ldots, \xi_m)$ darüber hinaus sogar 4-fach integrierbar, so gilt
die obige Abschätzung sogar mit $\mathcal{O}(n^{-1/2})$ anstelle von $\mathcal{O}(n^{-1/2} \log^{1/3} n)$.

Dieses Ergebnis wurde im Spezialfall $m=2$ von Wierman-Chan [154] und
für beliebiges $m \geq 2$ von Strobel [142] bewiesen.

10.4 Starke Approximationen für Partialsummen unabhängiger identisch
verteilter Variabler

Für eine Folge $(\xi_i)_{i \in \mathbb{N}}$ unabhängiger identisch verteilter Variabler
über einem W.-Raum $(\Omega, \mathscr{A}, \mathbb{P})$ mit $\mathbb{E}(\xi_1)=0$ und $0 < \sigma^2 = V(\xi_1) < \infty$ besagt
der klassische zentrale Grenzwertsatz 4.1.10, daß die zugehörigen
normierten Partialsummen $(n\sigma^2)^{-1/2} S_n$ in Verteilung gegen eine
Standardnormalverteilung konvergieren. Wendet man Satz 1.12.6 auf
diesen Fall an, so läßt sich über einem geeigneten W.-Raum $(\Omega', \mathscr{A}', \mathbb{P}')$
eine Folge $(n\sigma^2)^{-1/2} S_n'$, $n \in \mathbb{N}$, von Variablen finden, welche für jedes
$n \in \mathbb{N}$ die gleiche Verteilung wie $(n\sigma^2)^{-1/2} S_n$ besitzt und $\mathbb{P}'$-f.s. gegen

eine $\mathcal{N}(0,1)$-verteilte Variable ξ_0' konvergiert. Damit ist jedoch nicht gesagt, daß gleichzeitig eine Folge unabhängiger $\mathcal{N}(0,\sigma^2)$-verteilter Variabler ξ_i', $i \in \mathbb{N}$, existiert, so daß $S_n' = \sum_{i=1}^{n} \xi_i'$ für alle $n \in \mathbb{N}$, d.h. daß man S_n' über eine entsprechende Folge $(\xi_i')_{i \in \mathbb{N}}$ als Folge der zugehörigen Partialsummen zurückgewinnt. Ferner macht Satz 1.12.6 keine Aussage über die Konvergenzgeschwindigkeit der $\mathbb{P}'$-f.s. konvergenten Versionen. Es ist das Ziel dieses Abschnitts, in Anlehnung an eine Arbeit von Major [97] diese Gesichtspunkte näher zu untersuchen, um dann mit Hilfe einer solchen <u>starken Approximation</u> aus dem $\mathbb{P}$-f.s. Verhalten der Partialsummen normalverteilter Variabler Rückschlüsse auf das asymptotische Verhalten der eingangs betrachteten S_n zu ziehen. Insbesondere werden wir mit Hilfe von 4.3.14 aus dem Hauptsatz 10.4.12 dieses Abschnitts das Hartman-Wintnersche Gesetz vom iterierten Logarithmus 4.3.20 zurückerhalten.

Bei der nun durchzuführenden starken Approximation tritt das Problem der Konstruktion von unabhängigen Variablen mit vorgegebener Verteilung und gewissen zusätzlichen Eigenschaften auf, so daß wir uns zunächst diesem Problem zuwenden wollen. Der einfachste Fall liegt dann vor, wenn zu einer gegebenen Verteilung Q eine Folge $(\xi_i)_{i \in \mathbb{N}}$ von unabhängigen Variablen mit $Q_{\xi_i} = Q$ konstruiert werden soll. Bekanntlich läßt sich dieses Problem immer durch das kanonische Modell lösen (vgl. 1.15.11).

Sind andererseits $\xi_1, \dots, \xi_n$ unabhängige identisch verteilte Variable mit $Q_{\xi_1} = Q$, so besitzt die Partialsumme S_n die Verteilung $\overset{n}{\underset{i=1}{*}} Q$. Von Interesse ist nun die Umkehrung hiervon, d.h. die Frage, ob, von einer gegebenen nach $\overset{n}{\underset{i=1}{*}} Q$ verteilten Variablen S_n' ausgehend, unabhängige nach Q verteilte Variable $\xi_1', \dots, \xi_n'$ derart existieren, so daß $S_n' = \sum_{i=1}^{n} \xi_i'$. Das folgende Lemma zeigt, daß dies immer möglich ist, sofern der zugrundeliegende W.-Raum reichhaltig genug bzw. im anderen Fall entsprechend vergrößert worden ist.

<u>10.4.1 Lemma (Entfaltungslemma)</u>. Sei $(\Omega, \mathcal{A}, \mathbb{P})$ ein W.-Raum; ferner seien $\xi_1, \dots, \xi_n$, $n \in \mathbb{N}$, unabhängige Variable über $(\Omega, \mathcal{A}, \mathbb{P})$ mit $Q_{\xi_i} = Q$ für alle i. Dann gilt:

(i)   Ist S_n' eine Variable über $(\Omega, \mathcal{A}, \mathbb{P})$ mit der Verteilung $Q_{S_n'} = \overset{n}{\underset{i=1}{*}} Q$, so existiert über $(\Omega \times \mathbb{R}^n, \mathcal{A} \otimes \mathcal{B}_n^{*})$ ein W.-Maß $\mathbb{P}'$

sowie unabhängige Variable $\xi_1', \ldots, \xi_n'$ mit $\xi_i' \mathbb{P}' = Q$ derart, daß

$$\sum_{i=1}^{n} \xi_i' = S_n' \cdot \pi_1 .$$

(Dabei bezeichne π_1 die Projektion von $\Omega \times \mathbb{R}^n$ auf Ω).

(ii) Sind ferner $\eta_1, \ldots, \eta_n$ beliebige $\mathbb{P}$-unabhängige Variable über $(\Omega, \mathscr{A}, \mathbb{P})$, so sind die Variablen $\eta_1 \cdot \pi_1, \ldots, \eta_n \cdot \pi_1$ $\mathbb{P}'$-unabhängig mit $\eta_i \mathbb{P} = (\eta_i \cdot \pi_1) \mathbb{P}'$ für alle $i = 1, \ldots, n$.

<u>Beweis.</u> Zu (i): Wir setzen $S_n := \sum_{i=1}^{n} \xi_i$. Dann ist $Q_{S_n} = Q_{S_n'}$. Ferner sei q eine reguläre bedingte W.-Verteilung von $(\xi_1, \ldots, \xi_n)$ bzgl. S_n (zur Existenz vgl. 5.3.16). Insbesondere wird damit durch $(\omega, B_n) \to q(S_n'(\omega), B_n)$ eine Übergangswahrscheinlichkeit von $(\Omega, \mathscr{A})$ nach $(\mathbb{R}^n, \mathscr{B}_n^*)$ definiert. Mit Satz 1.8.10 folgt die Existenz eines eindeutig bestimmten W.-Maßes $\mathbb{P}' \mid \mathscr{A} \otimes \mathscr{B}_n^*$ mit der Eigenschaft

$$\mathbb{P}'(A \times B_n) = \int_A q(S_n'(\omega), B_n) \mathbb{P}(d\omega) \quad \text{für alle } A \in \mathscr{A} \text{ und } B_n \in \mathscr{B}_n^* .$$

Setzt man nun $\xi_i' = \pi_{i+1}$ für $i = 1, \ldots, n$ (wobei π_{i+1} die Projektion von $\Omega \times \mathbb{R}^n$ auf den entsprechenden Komponentenraum von $\mathbb{R}^n$ bezeichne), so folgt für alle $B_n \in \mathscr{B}_n^*$ und $B \in \mathscr{B}^*$:

$$\mathbb{P}'(\{S_n' \cdot \pi_1 \in B, (\xi_1', \ldots, \xi_n') \in B_n\}) = \int_{\{S_n' \in B\}} q(S_n'(\omega), B_n) \, \mathbb{P}(d\omega) =$$

$$\int_B q(x, B_n) Q_{S_n'}(dx) = \int_B q(x, B_n) Q_{S_n}(dx) = \mathbb{P}(\{(\xi_1, \ldots, \xi_n) \in B_n, S_n \in B\}) .$$

Insbesondere sind damit die Variablen $\xi_1', \ldots, \xi_n'$ $\mathbb{P}'$-unabhängig und besitzen wie die ξ_i die Verteilung Q. Da ferner aufgrund der letzten Gleichungskette die $\mathbb{P}'$-Verteilung des Vektors $(\xi_1', \ldots, \xi_n', S_n' \cdot \pi_1)$ mit der $\mathbb{P}$-Verteilung des Vektors $(\xi_1, \ldots, \xi_n, S_n)$ übereinstimmt, erhalten wir für die Menge $D := \{(r_1, \ldots, r_{n+1}) \in \mathbb{R}^{n+1} : r_1 + \ldots + r_n = r_{n+1}\} \in \mathscr{B}_{n+1}^*$:

$$\mathbb{P}'(\{\xi_1' + \ldots + \xi_n' = S_n' \cdot \pi_1\}) = \mathbb{P}'(\{(\xi_1', \ldots, \xi_n', S_n' \cdot \pi_1) \in D\}) =$$

$$\mathbb{P}(\{(\xi_1, \ldots, \xi_n, S_n) \in D\}) = \mathbb{P}(\{\xi_1 + \ldots + \xi_n = S_n\}) = 1 .$$

Durch Abänderung der Variablen auf einer $\mathbb{P}'$-Nullmenge kann demnach erreicht werden, daß die Gleichheit $\xi_1' + \ldots + \xi_n' = S_n' \cdot \pi_1$ auf ganz $\Omega \times \mathbb{R}^n$ gilt. Damit ist aber (i) vollständig gezeigt.

(ii). Die zweite Behauptung folgt unmittelbar aus der für alle $\eta_1, \ldots, \eta_n$ gültigen Identität

$$\mathbb{P}'(\{(\eta_1 \circ \pi_1, \ldots, \eta_n \circ \pi_1) \in B_n\}) = \mathbb{P}'(\{(\eta_1, \ldots, \eta_n) \in B_n\} \times \mathbb{R}^n)$$

$$= \mathbb{P}(\{(\eta_1, \ldots, \eta_n) \in B_n\}), \quad B_n \in \mathscr{B}_n^*. \quad \square$$

10.4.2 Zusatz. Wir werden das Entfaltungslemma in der folgenden Weise anwenden: Ist $(\xi_i)_{i \in \mathbb{N}}$ eine Folge unabhängiger nach Q verteilter Variabler über einem W.-Raum $(\Omega, \mathscr{A}, \mathbb{P})$ und ist $r_0 = 0 < r_1 < r_2 \ldots$ eine Folge natürlicher Zahlen sowie $(Z_{r_k})_{k \geq 1}$ eine Folge unabhängiger Variabler mit $Q_{Z_{r_k}} = \overset{r_k}{\underset{i=r_{k-1}+1}{*}} Q$, so lassen sich unabhängige nach Q verteilte Variable ξ_i', $i \in \mathbb{N}$, über einer geeigneten Erweiterung von $(\Omega, \mathscr{A}, \mathbb{P})$ finden, so daß $Z_{r_k} = \overset{r_k}{\underset{i=r_{k-1}+1}{\sum}} \xi_i'$ für alle k. Dazu hat man lediglich das Entfaltungslemma (anstelle von S_n') auf jede der Variablen Z_{r_k} anzuwenden und den W.-Raum $(\Omega, \mathscr{A}, \mathbb{P})$ durch seine Erweiterung $(\underset{k \in \mathbb{N}}{X} \Omega_k, \underset{k \in \mathbb{N}}{\otimes} \mathscr{A}_k, \underset{k \in \mathbb{N}}{\times} \mathbb{P}_k')$ zu ersetzen, wobei $n_k = r_k - r_{k-1}$,

$(\Omega_k, \mathscr{A}_k, \mathbb{P}_k') := (\Omega \times \mathbb{R}^{n_k}, \mathscr{A} \otimes \mathscr{B}_{n_k}^*, \mathbb{P}_k')$ und $\mathbb{P}_k'$ gemäß 10.4.1 definiert ist. Dabei identifizieren wir die Z_{r_k} mit den entsprechenden $Z_{r_k} \circ \pi$'s. Schließlich benötigen wir noch die folgende Abschätzung über das Wachstumsverhalten von $\phi(x) = \frac{1}{\sqrt{2\pi}} \int_{-\infty}^{x} e^{-y^2/2} dy$.

10.4.3 Lemma. Für alle $x \in \mathbb{R} \smallsetminus (-1,0)$ gilt

$$\phi(x+1) - \phi(x) \leq \begin{cases} \max\{1 - \phi(x+1), \frac{1}{2} - \frac{1}{2}\phi(x)\}, & \text{falls } x \geq 0 \\ \max\{\phi(x), \frac{1}{2}\phi(x+1)\}, & \text{falls } x \leq -1. \end{cases}$$

Beweis. Wir zeigen die Gültigkeit der Ungleichung lediglich im Fall $x \geq 0$. Es ist

$$\phi(x+1) - \phi(x) = \frac{1}{\sqrt{2\pi}} \int_{x}^{x+1} e^{-y^2/2} dy \leq \frac{1}{\sqrt{2\pi}} e^{-(x+1)^2/2} \leq \frac{1}{(x+1)\sqrt{2\pi}} e^{-(x+1)^2/2} =$$

$$\frac{1}{(x+1)\sqrt{2\pi}} \int_{x+1}^{\infty} y e^{-y^2/2} dy \leq \frac{1}{\sqrt{2\pi}} \int_{x+1}^{\infty} e^{-y^2/2} dy = 1 - \phi(x+1)$$

und somit auch

$$2\phi(x+1) \geq 1+\phi(x) \quad \text{bzw.} \quad \phi(x+1)-\phi(x) \geq \tfrac{1}{2}-\tfrac{1}{2}\phi(x).$$

Die zweite Ungleichung beweist man analog. $\square$

Der folgende Satz liefert nun die eingangs angesprochene starke Approximation von Partialsummen unabhängiger Variabler durch entsprechende Partialsummen $\mathcal{N}(0,1)$-verteilter Variabler. Zu seinem Beweis benötigen wir die in 4.2.20 bewiesene Aussage zur Konvergenzgeschwindigkeit im zentralen Grenzwertsatz, wenn lediglich die Existenz der zweiten Momente vorausgesetzt wird.

<u>10.4.4 Satz.</u> Sei $Q \mid \mathcal{B}^*$ ein beliebiges W.-Maß mit $\int x Q(dx)=0$ und $\int x^2 Q(dx)=1$. Dann existieren zu jedem $0 < \varepsilon < 1$ ein W.-Raum $(\Omega', \mathcal{A}', \mathbb{P}')$ sowie Folgen $(\xi_i')_{i \in \mathbb{N}}$ und $(\eta_i')_{i \in \mathbb{N}}$ von unabhängigen nach Q bzw. $\mathcal{N}(0,1)$-verteilten Variablen, so daß

$$\limsup_{n \to \infty} \frac{\left| \sum_{i=1}^{n} \xi_i' - \sum_{i=1}^{n} \eta_i' \right|}{\sqrt{n \, \log\log n}} \leq \varepsilon \quad \mathbb{P}'\text{-fast sicher.}$$

<u>Beweis.</u> Sei $0 < \varepsilon < 1$ beliebig vorgegeben. Setze $c := 1 + \frac{\varepsilon^2}{81}, n_k := \langle c^k \rangle$ sowie $r_k := \sum_{i=1}^{k} n_i$, $k \in \mathbb{N}$ $(r_0 := 0)$. Ferner sei für alle $n \in \mathbb{N}$

$$\bar{\sigma}_n^2 := \int_{\{|x| < \sqrt{n}\}} x^2 Q(dx) - \left[\int_{\{|x| < \sqrt{n}\}} x Q(dx) \right]^2,$$

so daß nach Voraussetzung $\bar{\sigma}_n^2 \to 1$ für $n \to \infty$. Wir wollen im folgenden o.E. annehmen, daß $\bar{\sigma}_n^2$ stets positiv ist. Die inverse Funktion einer Verteilungsfunktion F wird entsprechend zu (10.2.4) durch $F^{-1}(x) := \inf\{y \in \mathbb{R} : F(y) \geq x\}$, $0 \leq x \leq 1$, definiert. Schließlich sei $(\alpha_i)_{i \in \mathbb{N}}$ eine Folge unabhängiger über $(0,1)$ gleichverteilter Variabler, definiert über einem beliebigem W.-Raum $(\Omega, \mathcal{A}, \mathbb{P})$ (zur Existenz vgl. 1.15.11). Bezeichnet $\bar{F}_n$ wie in 4.2.17 die Verteilungsfunktion der mit $\bar{\sigma}_n \sqrt{n}$ normierten Partialsumme S_n von n unabhängigen nach Q verteilten Variablen, und setzt man $S_0' = 0 = T_0'$, so werden durch

$$(10.4.5) \qquad \frac{S_{r_k}' - S_{r_{k-1}}'}{\bar{\sigma}_{n_k} \sqrt{n_k}} = \bar{F}_{n_k}^{-1}(\alpha_k)$$

und

$$(10.4.6) \qquad \frac{T_{r_k}' - T_{r_{k-1}}'}{\sqrt{n_k}} = \phi^{-1}(\alpha_k), \quad k \in \mathbb{N},$$

rekursiv zwei Folgen $(S'_{r_k})_{k \in \mathbb{N}}$ und $(T'_{r_k})_{k \in \mathbb{N}}$ von Variablen definiert. Da mit (10.2.6) die rechts stehenden Variablen nach $\overline{F}_{n_k}$ bzw. Φ verteilt sind, erhalten wir für die Verteilungen der Differenzen:

$$Q_{S'_{r_k} - S'_{r_{k-1}}} = \mathop{*}_{i=r_{k-1}+1}^{r_k} Q \quad \text{bzw.} \quad Q_{T'_{r_k} - T'_{r_{k-1}}} = \mathop{*}_{i=r_{k-1}+1}^{r_k} \mathcal{N}(0,1).$$

Mit Hilfe von 10.4.2 lassen sich über einer Erweiterung $(\Omega', \mathcal{A}', \mathbb{P}')$ von $(\Omega, \mathcal{A}, \mathbb{P})$ zwei Folgen $(\xi'_i)_{i \in \mathbb{N}}$ und $(\eta'_i)_{i \in \mathbb{N}}$ von jeweils unabhängigen nach Q bzw. $\mathcal{N}(0,1)$-verteilten Variablen finden (!), so daß

$$(10.4.7) \quad S'_{r_k} = \sum_{i=1}^{r_k} \xi'_i \quad \text{und} \quad T'_{r_k} = \sum_{i=1}^{r_k} \eta'_i \quad \text{für alle } k \in \mathbb{N}.$$

Wir zeigen, daß diese Variablen im Sinne der Behauptung geeignet sind. Zunächst gilt (dabei sei o.E. $(\Omega', \mathcal{A}', \mathbb{P}') = (\Omega, \mathcal{A}, \mathbb{P})$)

$$(10.4.8) \quad S'_{r_k} - T'_{r_k} = o(\sqrt{r_k \log\log r_k}) \quad \mathbb{P}\text{-fast sicher.}$$

Mit dem Borel-Cantelli Lemma 1.16.7 bleibt zum Beweis von (10.4.8) nur zu zeigen, daß für alle $\delta > 0$

$$(10.4.9) \quad \sum_{k \geq 1} \mathbb{P}(\{|(S'_{r_k} - S'_{r_{k-1}}) - (T'_{r_k} - T'_{r_{k-1}})| > \delta \sqrt{n_k \log\log n_k}\}) < \infty,$$

da in diesem Fall für $\mathbb{P}$-fast alle $\omega \in \Omega$ mit einer von ω abhängigen Konstanten $K(\omega)$ folgt:

$$|S'_{r_k}(\omega) - T'_{r_k}(\omega)| \leq K(\omega) + \sum_{j=1}^{k} \delta \sqrt{n_j \log\log n_j} \leq K(\omega) + \sum_{j=1}^{k} \delta\, c^{j/2} \cdot \sqrt{\log\log r_k}$$

$$\leq K(\omega) + \frac{2\delta}{\sqrt{c}-1} \cdot \sqrt{r_k \log\log r_k}.$$

Zum Nachweis von (10.4.9) bleibt wegen 4.2.20 lediglich zu zeigen, daß

$$(10.4.10) \quad \mathbb{P}(\{|(S'_{r_k} - S'_{r_{k-1}}) - (T'_{r_k} - T'_{r_{k-1}})| > \delta\sqrt{n_k \log\log n_k}\}) = \mathcal{O}(\log^{-2} n_k + \Delta_k),$$

wobei zur Abkürzung $\Delta_k := \sup_{x \in \mathbb{R}} |\overline{F}_{n_k}(x) - \Phi(x)|$ gesetzt sei. Es ist

$$\mathbb{P}(\{|(S'_{r_k} - S'_{r_{k-1}}) - (T'_{r_k} - T'_{r_{k-1}})| > \delta \sqrt{n_k \log\log n_k}\}) \leq$$

$$\mathbb{P}(\{\overline{\sigma}_{n_k} |\overline{F}_{n_k}^{-1}(\alpha_k) - \Phi^{-1}(\alpha_k)| > \frac{\delta}{2} \sqrt{\log\log n_k}\}) + \mathbb{P}(\{|\Phi^{-1}(\alpha_k)| > \frac{\delta\sqrt{\log\log n_k}}{2(1-\overline{\sigma}_{n_k})}\}).$$

Da die Variable $\phi^{-1}(\alpha_k)$ $\mathcal{N}(0,1)$-verteilt ist, erhält man für den zweiten Summanden wegen 1.19.2 eine Konvergenzordnung $\mathcal{O}(\log^{-2} n_k)$. Für den ersten Summanden folgt mit $\zeta_k := \phi^{-1}(\alpha_k)$ für alle großen k:

$$\mathbb{P}(\{\bar{\sigma}_{n_k} |\bar{F}_{n_k}^{-1}(\alpha_k) - \phi^{-1}(\alpha_k)| > \tfrac{\delta}{2} \sqrt{\log\log n_k}\}) \leq \mathbb{P}(\{|\bar{F}_{n_k}^{-1}(\phi(\zeta_k)) - \zeta_k| > 1\}) \leq$$

$$\mathbb{P}(\{\phi(\zeta_k+1) - \phi(\zeta_k) \leq \Delta_k\}) + \mathbb{P}(\{\phi(\zeta_k) - \phi(\zeta_k-1) \leq \Delta_k\}).$$

Zur Gültigkeit der letzten Ungleichung hat man lediglich zu beachten, daß im Fall $\bar{F}_{n_k}^{-1}(\phi(\zeta_k)) - \zeta_k > 1$ aus der Definition von $\bar{F}_{n_k}^{-1}$ die Ungleichung $\bar{F}_{n_k}(\zeta_k+1) < \phi(\zeta_k)$ und somit auch

$$\phi(\zeta_k+1) - \phi(\zeta_k) \geq \phi(\zeta_k+1) - \bar{F}_{n_k}(\zeta_k+1) \leq \Delta_k$$

folgt, während sich im Fall $\bar{F}_{n_k}^{-1}(\phi(\zeta_k)) - \zeta_k < -1$ die Ungleichung $\bar{F}_{n_k}(\zeta_k-1) \geq \phi(\zeta_k)$, also

$$\phi(\zeta_k) - \phi(\zeta_k-1) \leq \bar{F}_{n_k}(\zeta_k-1) - \phi(\zeta_k-1) \geq \Delta_k$$

ergibt. Durch Anwendung von 10.4.3 erhalten wir somit die Abschätzung

$$\mathbb{P}(\{\bar{\sigma}_{n_k} |\bar{F}_{n_k}^{-1}(\alpha_k) - \phi^{-1}(\alpha_k)| > \tfrac{\delta}{2} \sqrt{\log\log n_k}\}) \leq$$

$$\mathbb{P}(\{1-\phi(\zeta_k) \leq 2\Delta_k, \zeta_k \geq 0\}) + \mathbb{P}(\{\phi(\zeta_k) \leq \Delta_k, \zeta_k \leq -1\}) + \mathbb{P}(\{\min_{-1 \leq x \leq 0}(\phi(x+1) - \phi(x)) \leq \Delta_k\}) +$$

$$\mathbb{P}(\{1-\phi(\zeta_k) \leq \Delta_k, \zeta_k \geq 1\}) + \mathbb{P}(\{\phi(\zeta_k) \leq 2\Delta_k, \zeta_k \leq 0\}) + \mathbb{P}(\{\min_{0 \leq x \leq 1}(\phi(x) - \phi(x-1)) \leq \Delta_k\}).$$

Wegen $\Delta_k \to 0$ verschwinden der dritte und letzte Summand für alle hinreichend großen k, so daß sich, da sämtliche $\phi(\zeta_k)$ über $[0,1]$ gleichverteilt sind (vgl. 1.10.15), für schließlich alle k ergibt:

$$\mathbb{P}(\{\bar{\sigma}_{n_k} |\bar{F}_{n_k}^{-1}(\alpha_k) - \phi^{-1}(\alpha_k)| > \tfrac{\delta}{2} \sqrt{\log\log n_k}\}) \leq 6\Delta_k.$$

Damit ist aber (10.4.10) und mithin auch (10.4.8) nachgewiesen. Als nächstes zeigen wir

$$(10.4.11) \quad \limsup_{k \to \infty} \frac{\sup_{r_k \leq n \leq r_{k+1}} |S_n' - S_{r_k}'|}{\sqrt{r_k \log\log r_k}} \leq \varepsilon/3 \quad \mathbb{P}\text{-fast sicher.}$$

Indem man Lemma 1.18.10 mit $a = \sqrt{2}$ auf die Variablen $\pm\xi'_{r_k+1}, \ldots, \pm\xi'_{r_{k+1}}$ anwendet, erhält man unter Beachtung von $\frac{n_k}{r_k} \to \frac{c-1}{c} < \frac{\varepsilon^2}{81}$, $\frac{n_{k+1}}{n_k} \to c$ sowie

$$\frac{\log\log n_{k+1}}{\log\log n_k} \to 1 \quad \text{für alle großen } k:$$

$$a_k := \mathbb{P}(\{\sup_{r_k \leq n \leq r_{k+1}} |S'_n - S'_{r_k}| > \tfrac{\varepsilon}{3}\sqrt{r_k \log\log r_k}\}) \leq$$

$$\mathbb{P}(\{\sup_{r_k < n \leq r_{k+1}} |S'_n - S'_{r_k}| > 3\sqrt{n_k \log\log n_k}\}) \leq 2\mathbb{P}(\{|S'_{r_{k+1}} - S'_{r_k}| \geq 3\sqrt{n_k \log\log n_k} - \sqrt{2n_{k+1}}\})$$

$$\leq 2\,\mathbb{P}(\{|S'_{r_{k+1}} - S'_{r_k}| > 2\sqrt{n_{k+1}\log\log n_{k+1}}\}) = 2\mathbb{P}(\{|S'_{n_{k+1}}| > 2\sqrt{n_{k+1}\log\log n_{k+1}}\}).$$

Da ferner für alle $r \geq 0$ und alle $n \in \mathbb{N}$ die Abschätzung

$$\mathbb{P}(\{|S'_n| > r\sqrt{n}\}) \leq \mathbb{P}(\{|S'_n| > r\bar{\sigma}_n\sqrt{n}\}) \leq \bar{F}_n(-r) + 1 - \bar{F}_n(r) =$$

$$\Phi(r) - \Phi(-r) + 2\Phi(-r) + \bar{F}_n(-r) - \bar{F}_n(r) \leq 2\sup_{x \in \mathbb{R}}|\bar{F}_n(x) - \Phi(x)| + 2[1 - \Phi(r)]$$

gilt, erhalten wir schließlich $a_k \leq 4[1 - \Phi(2\cdot\sqrt{\log\log n_{k+1}})] + 4\Delta_k$. Unter
Verwendung von 1.19.2 sowie 4.2.20 folgt die Konvergenz der Reihe
$\sum_{k\geq 1} a_k$, also mit dem Borel-Cantelli Lemma auch (10.4.11). Da die
gleiche Aussage auch für die T's richtig bleibt, erhält man zusammen
mit (10.4.8) die Behauptung des Satzes. $\square$

Satz 10.4.4 kann nun dazu benutzt werden, das folgende "starke
Invarianzprinzip" für Partialsummen unabhängiger Variabler mit
existierenden zweiten Momenten zu beweisen.

10.4.12 Satz (Major). Unter den Voraussetzungen des letzten Satzes
existieren ein W.-Raum $(\tilde{\Omega}, \tilde{\mathscr{A}}, \tilde{\mathbb{P}})$ und zwei Folgen $(\tilde{\xi}_i)_{i\in\mathbb{N}}$ und
$(\tilde{\eta}_i)_{i\in\mathbb{N}}$ von jeweils unabhängigen nach Q bzw. $\mathscr{N}(0,1)$-verteilten
Variablen über $(\tilde{\Omega}, \tilde{\mathscr{A}}, \tilde{\mathbb{P}})$, so daß

$$(10.4.13) \quad \lim_{n\to\infty} \frac{|\sum_{i=1}^{n}\tilde{\xi}_i - \sum_{i=1}^{n}\tilde{\eta}_i|}{\sqrt{n\log\log n}} = 0 \quad \tilde{\mathbb{P}}\text{-fast sicher.}$$

Beweis. Nach Satz 10.4.4 existieren zu jedem $k\in\mathbb{N}$ ein W.-Raum
$(\Omega'_k, \mathscr{A}'_k, \mathbb{P}'_k)$ und zwei Folgen $(\xi'_{i,k})_{i\in\mathbb{N}}$ und $(\eta'_{i,k})_{i\in\mathbb{N}}$ von jeweils
unabhängigen nach Q bzw. $\mathscr{N}(0,1)$-verteilten zufälligen Variablen mit

$$(10.4.14) \quad \limsup_{n\to\infty} \frac{|\sum_{i=1}^{n}\xi'_{i,k} - \sum_{i=1}^{n}\eta'_{i,k}|}{\sqrt{n\log\log n}} \leq 1/k \quad \mathbb{P}'_k\text{-fast sicher.}$$

Sei $(\tilde{\Omega}, \tilde{\mathscr{A}}, \tilde{\mathbb{P}})$ das Produkt der W.-Räume $(\Omega'_k, \mathscr{A}'_k, \mathbb{P}'_k)$, $k \in \mathbb{N}$. Indem wir im folgenden $\xi'_{i,k}$ mit $\xi'_{i,k} \cdot \pi_k$ identifizieren (wobei π_k die Projektion von $\tilde{\Omega}$ auf Ω'_k bezeichne), können wir annehmen, daß alle $\xi'_{i,k}$ auf $\tilde{\Omega}$ definiert und sämtlich $\tilde{\mathbb{P}}$-unabhängig sind. Entsprechendes gelte für die $\eta'_{i,k}$'s. Wegen (10.4.14) läßt sich ferner eine Folge $i_0=0<i_1<i_2<\ldots$ natürlicher Zahlen mit den folgenden Eigenschaften finden: i_k ist eine Potenz von 2 mit $i_k > 2^{2^k}$ und

$$(10.4.15) \quad \tilde{\mathbb{P}}(\{\sup_{n \ge i_k} \frac{|\sum_{i=1}^{n} \xi'_{i,k} - \sum_{i=1}^{n} \eta'_{i,k}|}{\sqrt{n \log\log n}} > 2/k\}) < 1/k^2.$$

Die Folgen $(\tilde{\xi}_i)_{i \in \mathbb{N}}$ und $(\tilde{\eta}_i)_{i \in \mathbb{N}}$ seien nun wie folgt definiert: für festes $i \in \mathbb{N}$ sei $\tilde{\xi}_i = \xi'_{i,k}$ und $\tilde{\eta}_i = \eta'_{i,k}$, falls $i_{k-1} < i \le i_k$. Es bleibt lediglich (10.4.13) zu zeigen. Zunächst folgt wie im letzten Teil des Beweises zu (10.4.11), daß für die zugehörigen Partialsummen $\tilde{S}_n := \sum_{i=1}^{n} \tilde{\xi}_i$ und $\tilde{T}_n := \sum_{i=1}^{n} \tilde{\eta}_i$ die Reihen

$$\sum_{k \ge 1} \tilde{\mathbb{P}}(\{|\tilde{S}_{i_k}| > \varepsilon \sqrt{i_k \log\log i_k}\}) \quad \text{und} \quad \sum_{k \ge 1} \tilde{\mathbb{P}}(\{|\tilde{T}_{i_k}| > \varepsilon \sqrt{i_k \log\log i_k}\})$$

für alle $\varepsilon > 0$ konvergieren. Mit dem Borel-Cantelli Lemma folgt

$$\tilde{S}_{i_k} = o(\sqrt{i_k \log\log i_k}) \quad \text{und} \quad \tilde{T}_{i_k} = o(\sqrt{i_k \log\log i_k}) \quad \tilde{\mathbb{P}}\text{-fast sicher,}$$

also

$$|\tilde{S}_{i_k} - \tilde{T}_{i_k}| = o(\sqrt{i_k \log\log i_k}) \quad \tilde{\mathbb{P}}\text{-fast sicher.}$$

Schließlich folgt aus (10.4.15)

$$\lim_{\substack{k \to \infty \\ n \ge i_k}} \sup \frac{|\sum_{i=1}^{n} \xi'_{i,k} - \sum_{i=1}^{n} \eta'_{i,k}|}{\sqrt{n \log\log n}} = 0 \quad \tilde{\mathbb{P}}\text{-fast sicher,}$$

woraus sich zusammenfassend (10.4.13) ergibt. $\square$

<u>10.4.16 Bemerkung.</u> Da das in 4.3 formulierte Gesetz vom iterierten Logarithmus ausschließlich von der Verteilung des Vektors $(\xi_i : i \in \mathbb{N})$ und nicht von der speziellen Wahl der ξ_i abhängt, liefert Satz 10.4.12 unter Anwendung von 4.3.14 einen zweiten Beweis für das Hartman-Wintnersche Resultat 4.3.20. Ferner ermöglicht Satz 10.4.12 einen relativ einfachen Zugang zu einer funktionalen Version des Satzes vom iterierten Logarithmus, wie sie von Strassen [141] bewiesen

und mit Hilfe einer anderen Methode, der sogenannten Skorokhod-Dar-
stellung, z.B. ausführlich im Buch von Freedman [49] diskutiert
wird.

<u>10.4.17 Zusatz.</u> Man kann zeigen (vgl. Major [97]), daß (10.4.13)
unter den Voraussetzungen von 10.4.12 nicht verbessert werden kann.
Dagegen zeigen tiefliegende Ergebnisse von Major [96] und Komlós,
Major, Tusnády [83] , daß sich die Approximationsgüte erhöht, wenn
über das zweite Moment hinaus noch die Existenz höherer Momente ge-
fordert wird.

Übungen

<u>Abschnitt 10.1</u>

10.1.1. Zeigen Sie, daß die im Beweis zu Satz 10.1.16 betrachteten
Abbildungen $h_1, \ldots, h_4$ $\mathscr{B}(D), \mathscr{B}^*$-meßbar und bzgl. $|\cdot|$ stetig sind.

10.1.2. Sei $(f_n)_{n \geq 0}$ eine beliebige Folge von beschränkten (meßbaren)
Funktionen über $[0,1]$ mit $|f_n - f_0| \to 0$ für $n \to \infty$. Man zeige für die
in 10.1.17ff betrachtete Abbildung h_5:

$$\lambda(\{0 \leq t \leq 1: f_0(t)=0\})=0 \;\to\; h_5(f_n) \to h_5(f_0) \text{ für } n \to \infty.$$

10.1.3. Studieren Sie nachträglich noch einmal den Beweis von
Lemma 10.1.9 und beachten Sie, daß zum Nachweis von (8.5.8) lediglich die Konvergenz der zweidimensionalen Randverteilungen benötigt
wurde.

<u>Abschnitt 10.2</u>

10.2.1. Sei $(\xi_i)_{i \in \mathbb{N}}$ eine Folge unabhängiger über $(0,1)$ gleichverteilter Variabler und N eine von $(\xi_i)_{i \in \mathbb{N}}$ unabhängige zum Parameter
$\lambda > 0$ Poisson–verteilte Variable. Man zeige: Der Prozeß η, definiert
durch $\eta_t(\omega) := \sum_{i=1}^{N(\omega)} 1_{[0,t]} \cdot \xi_i(\omega)$, $0 \leq t \leq 1$, ist ein Poissonscher
Prozeß zum Parameter λ mit Parametermenge $[0,1]$ (Wir wollen dabei
o.E. annehmen, daß sämtliche Realisationen $\xi_i(\omega)$ paarweise verschieden sind; sonst Reduktion einer $\mathbb{P}$-Nullmenge).

10.2.2. Sei $(\xi_i)_{i \in \mathbb{N}}$ eine Folge unabhängiger über $(0,1)$ gleichverteilter Variabler sowie für jedes $n \in \mathbb{N}$ N_n eine von $(\xi_i)_{i \in \mathbb{N}}$ unabhängige zum Parameter n Poisson-verteilte Variable. Sei F_n^*,
definiert durch $F_n^*(t) := n^{-1} \sum_{i=1}^{N_n} 1_{[0,t]} \cdot \xi_i$, $0 \leq t \leq 1$, die zugehörige
<u>randomisierte Verteilungsfunktion</u> und $\eta^{*(n)}$, definiert durch

$\eta^{*(n)}(t) := n^{1/2}(F_n^*(t)-t)$, $0 \leq t \leq 1$, der zugehörige <u>randomisierte</u> <u>empirische Prozeß</u>. Man zeige, daß $\eta^{*(n)}$ in Verteilung gegen die Brownsche Bewegung konvergiert (Hinweis: Man verwende Ü 10.2.1 sowie Ü 8.8.1).

Abschnitt 10.3

10.3.1. Man formuliere Korollar 10.3.2 für die in 6.9.9 betrachteten Beispiele.

Abschnitt 10.4

10.4.1. Im folgenden "zeigen" wir, daß der zentrale Grenzwertsatz und das Gesetz vom iterierten Logarithmus nicht verträglich sind. Suchen Sie den Fehler in der Beweisführung! Sei dazu $(\xi_i)_{i \in \mathbb{N}}$ eine Folge unabhängiger identisch verteilter Variabler mit $\mathbb{E}(\xi_1) = 0$ und $V(\xi_1) = 1$ und $S_n^* := n^{-1/2} \sum_{i=1}^{n} \xi_i$. Mit Korollar 4.1.10 folgt $Q_{S_n^*} \rightarrow \mathcal{N}(0,1)$ für $n \rightarrow \infty$. Mit Satz 1.12.6 lassen sich Versionen $\hat{S}_n^*$ von S_n^* finden, welche sogar $\hat{\mathbb{P}}$-fast sicher gegen eine $\mathcal{N}(0,1)$-verteilte Variable $\hat{\xi}$ konvergieren. Nach dem Entfaltungslemma 10.4.1 existieren ferner $\hat{\mathbb{P}}$-unabhängige und wie ξ_1 verteilte Variable $\hat{\xi}_i$ mit $\hat{S}_n^* = n^{-1/2} \sum_{i=1}^{n} \hat{\xi}_i$.

Es folgt $\dfrac{\hat{S}_n^*}{\sqrt{2\log\log n}} = \dfrac{1}{\sqrt{2n\log\log n}} \sum_{i=1}^{n} \hat{\xi}_i \rightarrow 0 \cdot \hat{\xi} = 0$ $\hat{\mathbb{P}}$-f.s., im Widerspruch zu Satz 4.3.20.

Bemerkungen zum Text

Das Invarianzprinzip 10.1.11 geht in dieser Form im wesentlichen auf Brown [17] und Scott [129] zurück. Historisch gesehen bildeten jedoch die Arbeiten von Doob [32] und Donsker [30], [31] den entscheidenden Anstoß zu weiteren Entwicklungen. Die Bemerkung 10.1.15 findet sich bereits bei Billingsley [12]. Breiman [16] gibt einen Beweis von 10.1.14, welcher die sogenannte Skorokhod Darstellung benutzt (vgl. dazu auch Freedman [49]). Das Invarianzprinzip für den empirischen Prozeß wird mit anderen Methoden im Buch von Parthasarathy [109] bewiesen. Breiman [16] schlägt einen Beweis vor (vgl. Problem 9, S. 296), welcher das Invarianzprinzip für den Partialsummenprozeß benutzt. Eine Übersicht zur Theorie empirischer Prozesse findet sich in den Artikeln von Pyke [119] und Gaenssler-Stute [51]. Starke Approximationen haben in letzter Zeit in den Anwendungen der W.-Theorie immer mehr an Bedeutung gewonnen (vgl. z.B. Pyke [118]). Neben den bereits zitierten neueren Ergebnissen sei besonders Bártfai [4] erwähnt.

Formelanhang

A1 $\quad n! := \prod_{i=1}^{n} i, \quad n \in \mathbb{N}; \quad 0! := 1.$

A2 $\quad \binom{n}{k} := \dfrac{n!}{k!\,(n-k)!}, \quad n,k \in \mathbb{N}, \quad k \le n.$

A3 $\quad$ <u>Binomialsatz:</u>

$\quad (a+b)^n = \sum_{k=0}^{n} \binom{n}{k} a^k b^{n-k}.$

A4 $\quad \dfrac{m^2}{n} = \binom{n}{m}^{-1} \sum_{c=1}^{m} c \binom{m}{c} \binom{n-m}{m-c}, \quad m \le n.$

A5 $\quad \int_{0}^{\infty} x^n e^{-x} dx = n!, \quad n \in \mathbb{N}.$

A6 $\quad \int_{0}^{\infty} e^{-x^2 - c^2/x^2} dx = \dfrac{e^{-2c}\sqrt{\pi}}{2}, \quad c \in \mathbb{R}.$

A7 $\quad \int_{0}^{\infty} x^k e^{-\lambda x^2} = \dfrac{1}{2} \lambda^{-\frac{k+1}{2}} \Gamma(\tfrac{k+1}{2}), \quad k \in \mathbb{Z}_{+}, \quad \lambda > 0,$

$\quad$ wobei $\Gamma(\tfrac{1}{2}) = \sqrt{\pi}, \quad \Gamma(1) = \Gamma(2) = 1$ und $\Gamma(x+1) = x\Gamma(x)$ für $x > 0$.

A8 $\quad$ (<u>Césaro</u>). $a_n \to a \implies \dfrac{1}{n} \sum_{i=1}^{n} a_i \to a.$

A9 $\quad a_n \to a \implies (1 + \dfrac{a_n}{n})^n \to e^a.$

A10 $\quad a_n \sim K b_n$ und $a_n, b_n \to \infty \implies \log a_n \sim \log b_n.$

A11 $\quad$ <u>Stirlingsche Formel:</u> $n! \sim (\dfrac{n}{e})^n \sqrt{2\pi n}.$

A12 $\quad \sum_{k=1}^{n} k^{-\alpha} \sim \dfrac{1}{1-\alpha} n^{1-\alpha}, \quad 0 < \alpha < 1,$

$\quad \sum_{k \ge n} k^{-\alpha} \sim \dfrac{1}{\alpha-1} n^{1-\alpha}, \quad 1 < \alpha.$

A13 $\quad 1 - \cos z \le \dfrac{z^2}{2}(1 - \dfrac{z^2}{12}), \quad |z| < 1.$

A14 $\quad \dfrac{\sin z}{z} \le \sin 1, \quad |z| \ge 1.$

A15 $\quad$ Sei $f: \mathbb{R}_{+} \to \mathbb{R}_{+} \setminus \{0\}$ eine positive monotone Funktion mit $f(x_1 + x_2) = f(x_1) f(x_2)$ für alle $x_1, x_2 \ge 0$. Dann existiert ein $a \in \mathbb{R}$ mit $f(x) = e^{ax}$ für alle $x \in \mathbb{R}_{+}.$

Literaturverzeichnis

[1] Acosta, A.D. de: Existence and convergence of probability
      measures in Banach spaces. Trans. Amer. Math. Soc. 152, 273-298
      (1970)
[2] Adler, R.J. und Scott, D.J.: Martingale central limit theorems
      without uniform asymptotic negligibility. Bull. Austral. Math.
      Soc. 13, 45-55 (1975)
[3] Bandelow, C.: Einführung in die Wahrscheinlichkeitstheorie.
      Bochum: Studienverlag Dr. Brockmeyer 1976
[4] Bártfai, P.: Über die Entfernung der Irrfahrtswege. Studia
      Sci. Math. Hung. 5, 41-49 (1970)
[5] Bauer, H.: Wahrscheinlichkeitstheorie und Grundzüge der Maß-
      theorie, 2. Auflage. Berlin: de Gruyter 1974
[6] Baum, L. und Katz, M.: Convergence rates in the law of large
      numbers. Trans. Amer. Math. Soc. 120, 108-123 (1965)
[7] Beek, P. van: An application of Fourier methods to the problem
      of sharpening the Berry-Esséen inequality. Z. Wahrscheinlich-
      keitstheorie verw. Geb. 23, 187-196 (1972)
[8] Berk, R.H.: Limiting behavior of posterior distributions.
      Ann. Math. Statist. 37, 51-58 (1966)
[9] Berry, A.C.: The accuracy of the Gaussian approximation to the
      sum of independent variables. Trans. Amer. Math. Soc. 49,
      122-136 (1941)
[10] Billingsley, P.: The Lindeberg-Lévy theorem for martingales.
      Proc. Amer. Math. Soc. 12, 788-792 (1961)
[11] Billingsley, P. und Topsøe, F.: Uniformity in weak convergence.
      Z. Wahrscheinlichkeitstheorie verw. Geb. 7, 1-16 (1967)
[12] Billingsley, P.: Convergence of probability measures. New York:
      Wiley 1968
[13] Billingsley, P.: Weak convergence of measures: Applications in
      probability. Regional Conference Series in Applied Mathematics
      Vol. 5. Philadelphia, PA.: SIAM 1971
[14] Birnbaum, Z.W. und Tingey, F.H.: One-sided confidence contours
      for probability distribution functions. Ann. Math. Statist. 22,
      592-596 (1951)
[15] Blumenthal, R.M.: An extended Markov property. Trans. Amer. Math.
      Soc. 85, 52-72 (1957)
[16] Breiman, L.: Probability. Reading,Mass.: Addison-Wesley 1968
[17] Brown, B.M.: Martingale central limit theorems. Ann. Math.
      Statist. 42, 54-66 (1971)
[18] Burrill, C.W.: Measure, integration, and probability. New York:
      Mc Graw-Hill 1972
[19] Butzer, P.L., Hahn, L. und Westphal, U.: On the rate of
      approximation in the central limit theorem. J. Appr. Theor. 13,
      327-340 (1975)
[20] Cantelli, F.P.: Sulla determinazione empirica delle leggi di
      probabilità. Giorn. Ist. Ital. Attuari 4, 421-424 (1933)
[21] Chentsov, N.N.: Weak convergence of stochastic processes whose
      trajectories have no discontinuities of the second kind and the
      "heuristic" approach to the Kolmogorov-Smirnov tests. Theor.
      Prob. Appl. 1, 140-144 (1956)
[22] Chow, Y.S.: A martingale inequality and the law of large numbers.
      Proc. Amer. Math. Soc. 11, 107-111 (1960)
[23] Chow, Y.S., Robbins, H. und Siegmund, D.: Great expectations:
      The theory of optimal stopping. Boston : Houghton Mifflin 1971
[24] Chung, K.L.: An estimate concerning the Kolmogorov limit
      distribution. Trans. Amer. Math. Soc. 67, 36-50 (1949)

[25] Chung, K.L.: A course in probability theory, 2nd ed. New York:
      Academic Press 1974
[26] Cramér, H.: Model building with the aid of stochastic processes.
      Bull. Inter. Stat. Inst. 39, 1-30 (1961)
[27] Csáki, E.: An iterated logarithm law for semimartingales and
      its applications to empirical distribution function. Studia
      Sci. Math. Hung. 3, 287-292 (1968)
[28] Csáki, E.: Some notes on the law of the iterated logarithm for
      empirical distribution function. Limit theorems of probability
      theory(ed. by P. Révész). Keszthely: 47-58 (1974)
[29] Dieudonné, J.: Foundations of modern Analysis Vol. I, New York:
      Academic Press 1969
[30] Donsker, M.: Justification and extension of Doob's heuristic
      approach to the Kolmogorov-Smirnov theorems. Ann. Math. Statist.
      23, 277-281 (1952)
[31] Donsker, M.: An invariance principle for certain probability
      limit theorems. Mem. Amer. Math. Soc. 6 (1951)
[32] Doob, J.L.: Heuristic approach to the Kolmogorov-Smirnov
      theorems. Ann. Math. Statist. 20, 393-403 (1949)
[33] Doob, J.L.: Stochastic processes. New York: Wiley 1953
[34] Drogin, R.: An invariance principle for martingales. Ann. Math.
      Statist. 43, 602-620 (1972)
[35] Dudley, R.M.: Speeds of metric probability convergence.
      Z. Wahrscheinlichkeitstheorie verw. Geb. 22, 323-332 (1972)
[36] Dunford, N. und Schwartz, J.T.: Linear operators, Part I.
      New York: Interscience Publ. 1964
[37] Durbin, J.: Distribution theory for tests based on the sample
      distribution function. Regional Conference Series in Applied
      Mathematics Vol. 9. Philadelphia, PA.: SIAM 1973
[38] Empirical distributions and processes. Lecture Notes in
      Mathematics Vol. 566 (ed. by P. Gaenssler and P. Révész).
      Berlin-Heidelberg-New York: Springer 1976
[39] Erdös, P. und Kac, M.: On certain limit theorems of the theory
      of probability. Bull. Amer. Math. Soc. 52, 292-302 (1946)
[40] Esséen, C.G.: Fourier analysis of distribution functions.
      Acta Math. 77, 1-125 (1945)
[41] Fabian, V.: On uniform convergence of measures. Z. Wahrschein-
      lichkeitstheorie verw. Geb. 15, 139-143 (1970)
[42] Feller, W.: Generalization of a probability limit theorem of
      Cramér. Trans. Amer. Math. Soc. 54, 361-372 (1943)
[43] Feller, W.: An introduction to probability theory and its
      applications Vol. I. New York: Wiley 1957
[44] Feller, W.: An introduction to probability theory and its
      applications Vol. II, 2nd ed. New York: Wiley 1971
[45] Finkelstein, H.: The law of the iterated logarithm for empirical
      distributions. Ann. Math. Statist. 42, 607-615 (1971)
[46] Fisz, M.: Probability theory and mathematical statistics.
      New York: Wiley 1963
[47] Fortet, R.: Normalverteilte Zufallselemente in Banachschen
      Räumen, Anwendungen auf zufällige Funktionen. In: Report on
      the Conference of the Calculus of Probability and Math.
      Statistics, Berlin 1954
[48] Fortet, R. und Mourier, E.: Les fonctions aléatoires comme
      eléments aléatoires dans des espaces de Banach. Studia Math.
      55, 62-79 (1955)
[49] Freedman, D.: Brownian motion and diffusion. San Francisco:
      Holden-Day 1971
[50] Gaenssler, P. und Stute, W.: On uniform convergence of measures
      with applications to uniform convergence of empirical distri-
      butions. Lecture Notes in Mathematics Vol. 566, 45-56 (1976)

[51] Gaenssler, P. und Stute, W.: A survey on some results for
      empirical processes in the i.i.d. case. Preprint. Ruhr-Univer-
      sität Bochum
[52] Garsia, A.M.: Martingale inequalities.Seminar notes on recent
      progress. Reading, Mass.: Benjamin, Inc. 1973
[53] Glivenko, V.: Sulla determinazione empirica della legge di
      probabilità. Giorn. Ist. Ital. Attuari 4, 92-99 (1933)
[54] Gnedenko, B.W. und Kolmogorov, A.N.: Grenzverteilungen von
      Summen unabhängiger Zufallsgrößen. Berlin: Akademie-Verlag 1960
[55] Grams, W.F.: Rates of convergence in the central limit theorem
      for dependent variables. Thesis. Florida State University 1972
[56] Grams, W.F. und Serfling, R.J.: Convergence rates for U-statistics
      and related statistics. Ann. Statist. 1, 153-160 (1973)
[57] Halmos, P.R.: Measure theory. New York: van Nostrand 1969
[58] Hartman, P.: Normal distributions and the law of the iterated
      logarithm. Amer. J. Math. 63, 584-588 (1941)
[59] Hartman, P. und Wintner, A.: On the law of the iterated loga-
      rithm. Amer. J. Math. 63, 169-176 (1941)
[60] Hewitt, E. und Savage, L.J.: Symmetric measures on Cartesian
      products. Trans. Amer. Math. Soc. 80, 470-501 (1955)
[61] Heyde, C.C.: Some properties of metrics in a study on conver-
      gence to normality. Z. Wahrscheinlichkeitstheorie verw. Geb.
      11, 181-192 (1969)
[62] Heyde, C.C.: A supplement to the strong law of large numbers.
      J. Appl. Prob. 12, 173-175 (1975)
[63] Hinderer, K.: Grundbegriffe der Wahrscheinlichkeitstheorie.
      Berlin: Springer 1972 (Hochschultext)
[64] Hirzebruch, F. und Scharlau, W.: Einführung in die Funktional-
      analysis. Mannheim: Bibliographisches Institut 1971, Band 296a
[65] Hoeffding, W.: A class of statistics with asymptotically normal
      distribution. Ann. Math. Statist. 19, 293-325 (1948)
[66] Horn, S. und Schach, S.: An extension of the Hewitt-Savage
      zero-one law. Ann. Math. Statist. 41, 2130-2131 (1970)
[67] Hunt, A.: Some theorems concerning Brownian motion. Trans.
      Amer. Math. Soc. 81, 294-319 (1956)
[68] Ibragimov, I.A.: On the accuracy of Gaussian approximation to
      the distribution functions of sums of independent variables.
      Theor. Prob. Appl. 11, 559-579 (1966)
[69] Ibragimov, I.A. und Linnik, Yu.V.: Independent and stationary
      sequences of random variables. Groningen: Wolters-Noordhoff
      1971
[70] Ionescu Tulcea, A. und Ionescu Tulcea, C.: Topics in the theory
      of lifting. Berlin-Heidelberg-New York: Springer 1969
[71] Itô, K. und Mc Kean, H.P.: Diffusion processes and their sample
      paths. Berlin-Heidelberg-New York: Springer 1965
[72] Itô, K. und Nisio, M.: On the convergence of sums of independent
      Banach space valued random variables. Osaka J. Math. 5, 35-48
      (1968)
[73] Jiřina, M.: On regular conditional probabilities. Czechoslovak
      Math. J. 9 (84), 445-450 (1959)
[74] Jiřina, M.: Conditional probabilities on σ-algebras with coun-
      table basis. Select. Translat. math. Statist. Prob. 2, 79-86
      (1962)
[75] Kac, M.: On distributions of certain Wiener functionals. Trans.
      Amer. Math. Soc. 65, 1-13 (1949)
[76] Kawata, T.: Fourier analysis in probability theory. New York:
      Academic Press 1972
[77] Kelley, J.: General topology. New York: van Nostrand 1955
[78] Kiefer, J.: On large deviations of the empiric D.F. of vector
      chance variables and a law of the iterated logarithm. Pacif.

J. Math. 11, 649-660 (1961)

[79] Kingman, J.F.C. und Taylor, S.J.: Introduction to measure and probability. Cambridge: The University Press 1966

[80] Kolmogorov, A.N.: Über das Gesetz des iterierten Logarithmus. Math. Ann. 101, 126-135 (1929)

[81] Kolmogorov, A.N.: Sulla determinazione empirica di una legge di distribuzione. Giorn. Ist. Ital. Attuari 4, 83-91 (1933)

[82] Kolmogorov, A.N.: On Skorokhod convergence. Theor. Prob. Appl. 1, 215-222 (1956)

[83] Komlós, J., Major, P. und Tusnády, G.: An approximation of partial sums of independent rv's, and the sample df. I. Z. Wahrscheinlichkeitstheorie verw. Geb. 32, 111-131 (1975)

[84] Kowalsky, H.J.: Lineare Algebra. Berlin: de Gruyter 1972

[85] Krickeberg, K.: Wahrscheinlichkeitstheorie. Stuttgart: Teubner 1963

[86] Krickeberg, K.: On Cramér's theorems concerning weak convergence of distributions. Metrika 10, 179-181 (1966)

[87] Krickeberg, K. und Ziezold, H.: Stochastische Methoden. Berlin-Heidelberg-New York: Springer (erscheint demnächst als Hochschultext)

[88] Lamperti, J.: Probability. New York-Amsterdam: Benjamin, Inc. 1966

[89] Lévy, P.: Calcul des probabilités. Paris: Gauthier-Villars 1925

[90] Lévy, P.: Théorie de l'addition des variables aléatoires. Paris: Gauthier-Villars 1937

[91] Lévy, P.: Processus stochastiques et mouvement Brownien. Paris: Gauthier-Villars 1965

[92] Lindvall, T.: Weak convergence of p-measures and random functions in the space $D([0,\infty[)$. J. Appl. Prob. 10, 109-121 (1973)

[93] Loève, M.: Probability theory, 3rd ed. Princeton: van Nostrand 1963

[94] Loynes, R.M.: An invariance principle for reversed martingales. Proc. Amer. Math. Soc. 25, 56-64 (1970)

[95] Lukacs, E.: Stochastic convergence. New York: Academic Press 1975

[96] Major, P.: The approximation of partial sums of independent rv's. Z. Wahrscheinlichkeitstheorie verw. Geb. 35, 213-220 (1976)

[97] Major, P.: Approximation of partial sums of i.i.d.r.v.s when the summands have only two moments. Z. Wahrscheinlichkeitstheorie verw. Geb. 35, 221-229 (1976)

[98] Mann, H.B.: On the realization of stochastic processes by probability distributions in function spaces. Sankhyā Ser. A, 11, 3-8 (1951)

[99] Marcinkiewicz, J. und Zygmund, A.: Sur les fonctions indépendants. Fund. Math. 29, 60-90 (1937)

[100] Marczewski, E.: On compact measures. Fund. Math. 40, 113-124 (1953)

[101] Mc Leish, D.L.: Dependent central limit theorems and invariance principles. Ann. Prob. 2, 620-628 (1974)

[102] Meyer, P.A.: Probability and potentials. Waltham, Mass.: Blaisdell 1966

[103] Meyer, P.A.: Martingales and stochastic integrals I. Lecture Notes in Mathematics Vol. 284. Berlin-Heidelberg-New York: Springer 1972

[104] Miller jr., R.G. und Sen, P.K.: Weak convergence of
      U-statistics and von Mises' differentiable statistical func-
      tions. Ann. Math. Statist. 43, 31-41 (1972)
[105] Mourier, E.: Eléments aléatoires dans un espace de Banach.
      Ann. Inst. Henri Poincaré 13, 159-244 (1953)
[106] Neveu, J.: Mathematische Grundlagen der Wahrscheinlichkeits-
      theorie. München: Oldenbourg 1969
[107] Neveu, J.: Discrete parameter martingales. Amsterdam-Oxford-
      New York: North Holland and Amer. Elsevier 1975
[108] Padgett, W.J. und Taylor, R.L.: Laws of large numbers for
      normed linear spaces and certain Fréchet spaces. Lecture
      Notes in Mathematics Vol. 360. Berlin-Heidelberg-New York:
      Springer 1973
[109] Parthasarathy, K.R.: Probability measures on metric spaces.
      New York: Academic Press 1967
[110] Petrov, V.V.: Sums of independent random variables. Berlin-
      Heidelberg-New York: Springer 1975
[111] Pettis, B.J.: On integration in vector spaces. Trans. Amer.
      Math. Soc. 44, 277-304 (1938)
[112] Pfanzagl, J. und Pierlo, W.: Compact systems of sets.
      Lecture Notes in Mathematics Vol. 16. Berlin-Heidelberg-
      New York: Springer 1966
[113] Pfanzagl, J.: On the existence of regular conditional proba-
      bilities. Z. Wahrscheinlichkeitstheorie verw. Geb. 11, 244-
      256 (1969)
[114] Pfanzagl, J.: Convexity and conditional expectations. Ann.
      Prob. 2, 490-494 (1974)
[115] Pitman, E.J.G.: Simple proofs of Steck's determinantal
      expressions for probabilities in the Kolmogorov and Smirnov
      tests. Bull. Austral. Math. Soc. 7, 227-232 (1972)
[116] Pratt, J.W.: On interchanging limits and integrals. Ann. Math.
      Statist. 31, 74-77 (1960)
[117] Prohoroff, Yu.V.: Convergence of random processes and limit
      theorems in probability theory. Theor. Prob. Appl. 1, 157-
      214 (1956)
[118] Pyke, R.: Applications of almost surely convergent constructions
      of weakly convergent processes. In: Lecture Notes in Mathe-
      matics Vol. 89, 187-200. Berlin-Heidelberg-New York:Springer 1969
[119] Pyke, R.: Empirical processes. Jefferey-Williams Lectures.
      Montreal: Can. Math. Cong. 13-43, 1972
[120] Querenburg, B.v.: Mengentheoretische Topologie. Berlin:
      Springer 1973 (Hochschultext)
[121] Rao, R.R.: Relations between weak and uniform convergence of
      measures with applications. Ann. Math. Statist. 33, 659-680
      (1962)
[122] Rényi, A.: Foundations of probability. San Francisco: Holden-
      Day 1970
[123] Révész, P.: The laws of large numbers. New York: Academic
      Press 1968
[124] Richter, H.: Das Gesetz vom iterierten Logarithmus für empi-
      rische Verteilungsfunktionen im $\mathbb{R}^k$. Manuscripta Math. 11,
      291-303 (1974)
[125] Ryll-Nardzewski, G.: On quasi-compact measures. Fund. Math.
      40, 125-130 (1953)
[126] Sahler, W.: A survey on distribution-free statistics based on
      distances between distribution functions. Metrika 13, 144-
      169 (1968)
[127] Schubert, H.: Topologie. Stuttgart: Teubner 1964
[128] Scott, D.J.: An invariance principle for reversed martingales.
      Z. Wahrscheinlichkeitstheorie verw. Geb. 20, 9-27 (1971)

[129] Scott, D.J.: Central limit theorems for martingales and for
       processes with stationary increments using a Skorokhod
       representation approach. Adv. Appl. Prob. 5, 119-137 (1973)
[130] Sen, P.K.: Weak convergence of generalized U-statistics. Ann.
       Prob. 2, 90-102 (1974)
[131] Simmons, G.: Introduction to topology and modern analysis.
       New York: Mc Graw-Hill 1963
[132] Skorokhod, A.V.: Limit theorems for stochastic processes.
       Theor. Prob. Appl. 1, 261-290 (1956)
[133] Skorokhod, A.V.: Limit theorems for stochastic processes with
       independent increments. Teor. Veroyatnost i Primenen 2,
       145-177 (1957)
[134] Skorokhod, A.V.: Studies in the theory of random processes.
       Reading, Mass.: Addison-Wesley 1965
[135] Skorokhod, A.V. und Gikhman, I.I.: The theory of stochastic
       processes I. Berlin-Heidelberg-New York: Springer 1974
[136] Smirnov, N.N.: An approximation to the distribution laws of
       random quantities determined by empirical data. Uspehi Mat.
       Nauk 10, 179-206 (1944) (russisch)
[137] Steck, G.P.: Rectangle probabilities for uniform order
       statistics and the probability that the empirical distribution
       function lies between two distribution functions. Ann. Math.
       Statist. 42, 1-11 (1971)
[138] Stout, W.F.: A martingale analogue of Kolmogorov's law of the
       iterated logarithm. Z. Wahrscheinlichkeitstheorie verw. Geb.
       15, 279-290 (1970)
[139] Stout, W.F.: The Hartman-Wintner law of the iterated logarithm
       for martingales. Ann. Math. Statist. 41, 2158-2160 (1970)
[140] Stout, W.F.: Almost sure convergence. New York: Academic Press
       1974
[141] Strassen, V.: An invariance principle for the law of the
       iterated logarithm. Z. Wahrscheinlichkeitstheorie verw. Geb.
       3, 211-226 (1964)
[142] Strobel, J.: Rates of convergence in the central limit theorem
       for U-statistics. Preprint. Ruhr-Universität Bochum 1976
[143] Stute, W.: On a generalization of the Glivenko-Cantelli theorem.
       Z. Wahrscheinlichkeitstheorie verw. Geb. 35, 167-175 (1976)
[144] Tomkins, R.J.: Some iterated logarithm results related to the
       central limit theorem. Trans. Amer. Math. Soc. 156, 185-192
       (1971)
[145] Topsøe, F.: Preservation of weak convergence under mappings.
       Ann. Math. Statist. 38, 1661-1665 (1967)
[146] Topsøe, F.: Topology and measure. Lecture Notes in Mathematics
       Vol. 133. Berlin-Heidelberg-New York: Springer 1970
[147] Topsøe, F.: Compactness in spaces of measures. Studia Math.
       36, 195-212 (1970)
[148] Trotter, F.: An elementary proof of the central limit theorem.
       Archiv d. Math. 10, 226-234 (1959)
[149] Valentine, F.: Konvexe Mengen. Mannheim: Bibliographisches
       Institut 1968, Band 402/402a
[150] Wald, A.: Sequential analysis. New York: Wiley 1947
[151] Wegner, H.: On the consistency of probability measures. Z.
       Wahrscheinlichkeitstheorie verw. Geb. 27, 335-338 (1973)
[152] Wichura, M.J.: A note on the convergence of stochastic processes.
       Ann. Math. Statist. 42, 1769-1772 (1971)
[153] Wichura, M.J.: Some Strassen-type laws of the iterated loga-
       rithm for multiparameter stochastic processes with independent
       increments. Ann. Prob. 1, 272-296 (1973)
[154] Wierman, J. und Chan, Y.-K.: On the Berry-Esséen theorem for
       U-statistics. Ann. Prob. 5, 136-139 (1977)

Zeichenindex

Sach- und Namenregister

Abbildung 5 (vgl. auch Funktion,
   Variable)
 ~, elementare meßbare 20
 ~en, identisch verteilte 52
 ~en, unabhängige 78-80
 ~, konvexe 9,202
 ~, meßbare 16-23
 ~, strikt konvexe 9
 ~, zufällige 263
Absolutbetrag 19
absolutstetig 41,54,93
 ~ verteilt 52,148,311f,318
abzählbar erzeugt 13,15,23
Additionsformel, allgemeine 27
additiv 25
Algebra 11,13-15,24
 ~, erzeugte 13,110
Anteil
 ~, atomarer 56
 ~, nichtatomarer 56
Approximation, starke 391
Approximationseigenschaft 29
Approximationssatz
 für finite Maße 29
 von Weierstraß 146f
Approximierbarkeit, kompakte 31f,
   196,260,324
Äquivalenz
 ~, stochastische 64,352,360
 ~ von stochastiscnen Prozessen 276
Arcus-Sinus-Gesetz 384
Assoziativgesetz für
 Maße 112
 Mengen 2
 Produkt-σ-Algebren 110
Atom 56
ausgeartet 56
Auswahlsatz von Blaschke 141

Banach 9
Bauer 27,36,41,300
Beek, v. 167
Bernoulli
 ~sches Gesetz der großen Zahlen 119
 ~~-Verteilung 57,91
Bernstein-Polynom 147
Berry 165,171,390
Bewegung, Brownsche 313f,361,376,
   380f,389,400
Bewegungsprozeß, (Standard-)
   Brownscher 306 (→Bewegung)
Bienaymé 82
Bild 5
 ~maß 52

Billingsley 269f,335,344,346-
   349,352,354,360,362,382,384
Binomialsatz 401
Binomialverteilung 56,91
Birkhoff 371
Blaschke 140f
Borel 85
 ~~-Maß 26,339
 ~~-Maß, straffes 32,344
 ~-sche Menge 15
 ~sche σ-Algebra 15
Breiman 211,372,374
Brown 313
Brown 362,365,381
 ~sche Brücke 322,385f
 ~scher Bewegungsprozeß 306
   (→Bewegung)
 ~sche Ungleichung 231
Brücke, Brownsche 322,385f
Butzer 159

Cantelli 85,145
Cantor 1,7
Carathéodory 28
Cauchykriterium 60,62,72
Césaro 127,401
Chan 390
Chapman-Kolmogoroff-Gleichung
   299
Chow 232
 ~sche Ungleichung 229
Chung 180
Cramér 68,353,356
 ~~-Bedingung 167
 ~~-Wold-Device 357
Csáki 234

De Moivre 154
De Morgansche Gesetze 2
Dichte 38
Differenz 2
 ~, Ginis mittlere 240
 ~, symmetrische 2
Dirac
 ~~-Maß 43
 ~~-Verteilung 91
disjunkt 2
diskret 56
 ~ verteilt 52
Distributivgesetze für Mengen 2
Donsker 381
Doob 220,290
 ~sche Ungleichung 230f

Hochschultext/Universitext

In diese Sammlung werden preiswerte Lehrbücher aufgenommen, die,
was Anordnung und Präsentation des Stoffes betrifft, nach didaktischen
Gesichtspunkten aufgebaut und in erster Linie für Studenten mittlerer
Semester geeignet sind. Die einzelnen Bände – es sind entweder
Ausarbeitungen von aktuellen Vorlesungen oder Übersetzungen
bekannter fremdsprachiger Bücher – geben jeweils eine solide Einführung
in ein nicht nur für Spezialisten interessantes Fachgebiet.

M. Aigner, Kombinatorik. I. Grundlagen und Zähltheorie. 1975. DM 36,--
M. Aigner, Kombinatorik. II. Matroide und Transversaltheorie. 1976. DM 34,--
K. Bauknecht/J. Kohlas/C. A. Zehnder, Simulationstechnik. 1976. DM 24,50
K.-D. Becker, Ausbreitung elektromagnetischer Wellen. 1974. DM 32,--
N. Blattner, Volkswirtschaftliche Theorie der Firma. Firmenverhalten, Organisationsstruktur,
Kapitalmarktkontrolle. 1977. DM 24,--
B. Booß, Topologie und Analysis. Einführung in die Atiyah-Singer-Indexformel. 1977. DM 38,--
H. Bühlmann/H. Loeffel/E. Nievergelt, Entscheidungs- und Spieltheorie. 1975. DM 24,80
L. Cremer, Vorlesungen über Technische Akustik. 2., durchgesehene Auflage. 1975. DM 32,--
K. Deimling, Nichtlineare Gleichungen und Abbildungsgrade. 1974. DM 16,80
O. Endler, Valuation Theory. 1972. DM 32,--
E. Fitzer/W. Fritz, Technische Chemie. 1975. DM 44,--
P. Gänssler/W. Stute, Wahrscheinlichkeitstheorie. 1977. DM 36,--
W. Giloi/H. Liebig, Logischer Entwurf digitaler Systeme. 1973. DM 32,--
H. Grauert/K. Fritzsche, Einführung in die Funktionentheorie mehrerer Veränderlicher. 1974.
DM 19,80
M. Gross/A. Lentin, Mathematische Linguistik. 1971. DM 46,--
O. Heer, Flugsicherung. Einführung in die Grundlagen. 1975. DM 48,--
H. Hermes, Introduction to Mathematical Logic. 1973. DM 34,--
H. Heyer, Mathematische Theorie statistischer Experimente. 1973. DM 19,80
K. Hildenbrand/W. Hildenbrand, Lineare ökonomische Modelle. 1975. DM 29,80
K. Hinderer, Grundbegriffe der Wahrscheinlichkeitstheorie. Korr. Nachdruck der 1. Auflage. 1975.
DM 19,80
V. Hubka, Theorie der Konstruktionsprozesse. 1976. DM 42,--
V. Hubka, Theorie der Maschinensysteme. 1973. DM 19,80
R. Isermann, Prozeßidentifikation. 1974. DM 22,--
K. Jänich, Einführung in die Funktionentheorie. 1977. DM 19,80
K. Jörgens/F. Rellich, Eigenwerttheorie gewöhnlicher Differentialgleichungen. 1976. DM 28,--
K. Krickeberg/H. Ziezold, Stochastische Methoden. Erscheint 1977
R. Koller, Konstruktionsmethode für den Maschinen-, Geräte- und Apparatebau. 1976. DM 39,--
G. Kreisel/J.-L. Krivine, Modelltheorie. 1972. DM 35,--
H. Kronmüller/F. Barakat, Prozeßmeßtechnik 1. 1974. DM 20,--
K. Kroschel, Statistische Nachrichtentheorie. Teil 1. 1973. DM 22,--
K. Kroschel, Statistische Nachrichtentheorie. Teil 2. 1974. DM 23,--
H. Kurzweil, Endliche Gruppen. 1977. DM 24,--

H. Labhart, Einführung in die Physikalische Chemie.
Teil I: Chemische Thermodynamik. 1975. DM 16,-
Teil II: Kinetik. 1975. DM 13,60
Teil III: Molekülstatistik. 1975. DM 14,-
Teil IV: Molekülbau. 1975. DM 16,-
Teil V: Molekülspektroskopie. 1975. DM 14,-
A. Langenbach, Monotone Potentialoperatoren in Theorie und Anwendung. 1977. DM 54,--
R. Lauber, Prozeßautomatisierung 1. 1976. DM 48,--
W. Leutzbach, Einführung in die Theorie des Verkehrsflusses. 1972. DM 22,--
H. Liebig, Logischer Entwurf digitaler Systeme. Beispiele und Übungen. 1975. DM 24,--
H. D. Lüke, Signalübertragung. Einführung in die Theorie der Nachrichtenübertragungstechnik. 1975. DM 29,80
H. Lüneburg, Einführung in die Algebra. 1973. DM 24,--
S. MacLane, Kategorien. 1972. DM 38,--
Meereskunde der Ostsee. Hrsg.: L. Magaard/G. Rheinheimer. 1974. DM 39,80
E. Neher, Elektronische Meßtechnik in der Physiologie. 1974. DM 16,80
G. Owen, Spieltheorie. 1971. DM 36,--
J. C. Oxtoby, Maß und Kategorie. 1971. DM 28,--
H. Petermann, Einführung in die Strömungsmaschinen. 1974. DM 24,--
G. Preuss, Allgemeine Topologie. 2. Auflage 1975. DM 38,--
B. v. Querenburg, Mengentheoretische Topologie. Korrigierter Nachdruck der 1. Auflage. 1976. DM 16,80
S. Rolewicz, Funktionalanalysis und Steuerungstheorie. 1976. DM 36,--
R. Richter/U. Schlieper/W. Friedmann, Makroökonomik. 2. Auflage. DM 38,--
B. Roy, Modern Algebra and Graph Theory Applied to Management. Erscheint 1977
W. Rupprecht, Netzwerksynthese. 1972. DM 45,--
E. Seibold, Der Meeresboden. 1974. DM 29,80
D. Seitzer, Arbeitsspeicher für Digitalrechner. 1975. DM 29,--
D. Seitzer, Elektronische Analog-Didital-Umsetzer. 1977. DM 39,--
H. Späth, Elektrische Maschinen. 1973. DM 24,--
K. Stange, Bayes-Verfahren. 1977. DM 39,--
K. Stange, Kontrollkarten für meßbare Merkmale. 1975. DM 24,--
H.-J. Thomas, Thermische Kraftanlagen. 1975. DM 58,--
R. Uhrig, Elastostatik und Elastokinetik in Matrizenschreibweise. 1973. DM 31,--
R. Unbehauen, Elektrische Netzwerke. 1972. DM 43,--
H. Werner, Praktische Mathematik I. 2. Auflage. 1975. DM 19,80
H. Werner/R. Schaback, Praktische Mathematik II. 1972. DM 22,--
H. Wolf, Lineare Systeme und Netzwerke. 1971. DM 24,--
H. Wolf, Nachrichtenübertragung. 1974. DM 32,--

Preisänderungen vorbehalten

Springer-Verlag Berlin Heidelberg New York